도킨스의 글에서는 강렬한 매력이 뿜어져 나온다. 그는 참으로 설명에 능숙하다. 복잡한 생물학적 과정들에 관해 이야기하면서도 독자로 하여금 쉽게 접근할 수 있게 한다. 초기 배아의 발생과정, 기린의 배배 꼬인 해부구조, 인간의 물고기 선조 등 무엇을 이야기하든 마찬가지다.
_엠마 타운센드, 〈인디펜던트〉

이 책은 최상의 도킨스 그 자체이다. 명료하고 깔끔한 논증, 수은처럼 매끄럽게 흐르는 문장! 찰스 다윈이 『종의 기원』에서 그랬듯이, 도킨스도 독자를 단계적으로 설득하는 전략을 취한다. 인위선택과 가축화로 시작한 뒤, 도처에 편재하는 형질 유전 법칙을 설명하고, 결국 자연선택에 의한 진화는 명명백백한 사실이라는 결론으로 나아간다.
_로렌스 D. 허스트, 배스 대학 진화유전학 교수, 〈네이처〉

도킨스는 특유의 재능과 열정을 발휘하여, 진화의 증거들을 멋지게 보여주는 전시회를 세웠다. 그의 말을 빌리자면, 진화는 사실이다. 편견이 없는 독자라면 이 책을 덮을 때쯤에는 누구도 그 사실을 의심하지 않을 것이다.
_앨리스 로버트 박사, 생물인류학자이자 방송인

당신이 진화를 받아들이든 받아들이지 않든, 도킨스의 명료하고도 신선한 진화론 입문을 읽고 나면 진화의 내용 자체는 반드시 이해하게 되었을 것이다. 비유와 은유를 적절히 선택하여 설명하는 도킨스의 능력 덕분에, 독자는 고생물학에서 분자생물학까지 최신 연구의 내용들에 쉽게 접근할 수 있다. 그리고 빠르게 확장되고 있는 진화생물학 분야의 흥분을 고스란히 느낄 수 있다.
_유진 C. 스코트, 미국 국립 과학교육센터 운영위원장

지상 최대의 쇼

The Greatest Show on Earth: The Evidence for Evolution
by Richard Dawkins

copyright © 2009 by Richard Dawkins
All rights reserved.

Korean translation copyright © 2009 by Gimm-Young Publishers, Inc.
All rights reserved.
This Korean edition is published by arrangement with Richard Dawkins
through Brockman, Inc.

리처드 도킨스
RICHARD DAWKINS
지상 최대의 쇼

김명남 옮김

THE GREATEST SHOW ON EARTH

김영사

지상 최대의 쇼

저자_ 리처드 도킨스
역자_ 김명남

1판 1쇄 발행_ 2009. 12. 9.
1판 21쇄 발행_ 2023. 5. 15.

발행처_ 김영사
발행인_ 고세규

등록번호_ 제406-2003-036호
등록일자_ 1979. 5. 17.

경기도 파주시 문발로 197(문발동) 우편번호 10881
마케팅부 031)955-3100, 편집부 031)955-3200, 팩시밀리 031)955-3111

이 책의 한국어판 저작권은 Brockman, Inc를 통한 저자와의
독점 계약에 의해 김영사에 있습니다. 저작권법에 의해 한국 내에서 보호를 받는
저작물이므로 무단 전재와 무단 복제를 금합니다.

값은 뒤표지에 있습니다.
ISBN 978-89-349-3646-6 03400

홈페이지_ www.gimmyoung.com   블로그_ blog.naver.com/gybook
인스타그램_ instagram.com/gimmyoung   이메일_ bestbook@gimmyoung.com

좋은 독자가 좋은 책을 만듭니다.
김영사는 독자 여러분의 의견에 항상 귀 기울이고 있습니다.

우리 주위는 너무나 아름답고 경이로운 생명들로 가득하다.
이것은 우연이 아니며, 무작위적이지 않은 자연 선택에 의한 결과다.
이것은 진화가 펼쳐 낸 지상 최대의 쇼다.

서문
진화가 사실이라는 증거 자체

진화의 증거는 날이 갈수록 늘어나고 있으며, 요즘만큼 강력했던 적이 없다. 그러나 얄궂게도 무지에 기반한 반대 역시, 내가 기억하는 한, 요즘만큼 강력했던 적이 없다. 이 책은 진화 '이론'이 정말 사실이라는 증거들, 다른 과학적 사실들처럼 논박의 여지 없는 사실이라는 증거들을 개인적으로 간추려본 것이다.

내가 진화에 관한 책을 쓴 것이 이번이 처음은 아니므로, 이 책은 어디가 특별한지 설명할 필요가 있겠다. 이 책은 나의 잃어버린 고리다. 《이기적 유전자》와 《확장된 표현형》은 '자연선택'이라는 친숙한 이론을 낯설게 바라보는 시각을 제안한 책들로, 진화의 증거 자체를 논하지는 않았다.

다음 세 권의 책은 진화에 대한 이해를 가로막는 주된 장애물들이 무엇인지 파악한 뒤, 제각기 다른 방식으로 그것들을 해결하는 데 집중했다. 《눈먼 시계공》, 《에덴의 강》, 《불가능의 산을 오르다(Climbing Mount Improbable)》(셋 중에서 내가 가장 좋아하는 책이다)를 통해서는, 가령 '절반의 눈이 무슨 소용일까', '절반의 날개가 무슨 소용일까', '대부분의 돌연변이가 부정적인 영향을 미치는데, 어떻게 자연선택이 작동할까' 같은 질문들에 대답했다. 나는 이 세 책을 통해 거치적거리는 장애물들을 치워냈으나, 이번에도 진화가 사실이라는 실제 증거를 소개하지는 않았다.

가장 두꺼운 책인 《조상 이야기》는 마치 초서(Chaucer) 풍의 성지 순례처럼, 우리 선조를 찾아 시간을 거슬러가며 생명의 역사 전 과정을 펼쳐 보였지만, 역시나 진화가 사실이라는 점은 전제로 깔고 이야기했다.

내가 내 책들을 돌이켜보니, 진화의 증거 자체를 명확하게 제공한 대목은 어디에도 없다는 생각이 들었다. 그리고 그 심각한 빈틈을 메워야겠다는 생각이 들었다. 2009년은 마침 알맞은 시기인 듯했다. 다윈 탄생 200주년인 데다가 《종의 기원》 출간 150주년이니 말이다.

혜안과 불굴의 정신을 소유한 나의 출판대리인 존 브록만이 이 책 《지상 최대의 쇼》를 출판사들에 소개할 때는, 가제가 '그저 하나의 이론(Only a Theory)'이었다. 그런데 알고 보니 케니스 밀러(Kenneth Miller, 미국의 생물학자로 브라운 대학 교수)가 그 제목을 선점해서, 과학 교육의 교과 내용을 법정에서 결정하려 드는 사람들에게 책 한 권 분량의 반박을 제기해놓았다(그런 재판들 중 한 사례에서 밀러가 영웅적인 역할을 수행한 바 있다). 어차피 나는 그 제목이 정말 내 책에 어울리는지 잘 모르겠어서, 그러잖아도 도로 선반에 얹어두려던 차였다.

그때, 다른 선반에 더 완벽한 제목이 줄곧 놓여 있었다는 사실이 떠올랐다. 몇 년 전, 한 익명의 지지자가 내게 바넘(Barnum, 1870년대 미국에서 서커스를 대유행시킨 흥행사로, 바넘 서커스단의 선전 문구가 '지상 최대의 쇼'였다) 식 슬로건이 적힌 티셔츠를 보내주었다. '진화, 지상 최대의 쇼, 마을 유일의 게임'이라는 문구가 적힌 티셔츠였다. 나는 바로 그 제목으로 이따금 강연을 할 때 그 티셔츠를 꺼내 입고는 했다. 그런데 이 문구야말로 이 책에 안성맞춤이라는 생각이 갑자기 든 것이다. 다만 전체를 다 쓰면 너무 길어서, '지상 최대의 쇼(The Greatest Show on Earth)'로 줄였다. '그저 하나의 이론'이라는 문구는 창조론자들의 잘못된 인용을 원천적으로 차단하는 의미에서 끝에 주의 깊은 물음표를 덧붙인 뒤, 1장의 제목으로 삼았다.

많은 분이 다양한 방식으로 나를 도와주었다. 마이클 유드킨, 리처드 렌스키, 조지 오스터, 캐롤라인 폰드, 헨리 D. 그리시노-마이어, 조너선 호지킨, 매트 리들리, 피터 홀런드, 월터 조이스, 얀 윙, 윌 앳킨슨, 라사 메논, 크리스토퍼 그레이엄, 폴라 커비, 리사 바우어, 오언 셀리, 빅터 플린, 캐런 오언스, 존 엔들러, 이언 더글러스-해밀턴, 쉴라 리, 필 로드, 크리스틴 드블라스, 랜드 러셀 등이 그분들이다.

샐리 가미나라와 영국의 출판팀, 힐러리 레드먼과 미국의 출판팀은 전폭적인 지원을 아끼지 않았고, 늘 흔쾌한 태도를 보여주었다. 책이 최종 제작 단계를 거치는 동안 세 번이나 흥미로운 새 과학적 발견이 등장했다. 그때마다 나는 질서정연하고 복잡한 출간 과정을 어떻게든 융통해 새 내용을 끼워넣을 수 없겠느냐고 사뭇 소심하게 요청했다. 여느 정상적인 출판사라면 그런 막판의 변수에 툴툴대기 마련이겠지만, 샐리와 힐러리는 세 번 다 기꺼이 내 제안을 환영했고, 엄청나게 고생하면서 불가능을 가능하게 만들어주었다. 문학적인 지성과 세심함으로 교정교열을 담당한 질리언 서머스케일스도 그 못지않게 열성적으로 도와주었다.

아내 랠러 워드는 이번에도 한결같은 격려와 적재적소의 세련된 비평과 함께 그녀만의 독특한 제안들로 나를 지원했다. 나는 이 책을 찰스 시모니(Charles Simonyi, 헝가리 출신의 소프트웨어 개발업체 CEO로, 마이크로소프트에서 워드와 액셀을 개발했다_옮긴이)의 이름을 딴 교수직에 있던 마지막 몇 달 동안 구상하고 쓰기 시작해서, 은퇴한 뒤 완성했다. 시모니 교수직에서 물러나는 마당에, 찰스와 내가 처음 만난 후로 14년이 흘렀고 그간 일곱 권의 책이 나왔음을 돌이키며, 다시 한 번 그에게 감사의 마음을 전한다. 우리 부부는 우리의 우정이 앞으로도 오래 지속되기를 바라 마지않는다.

나는 이 책을 조시 티모넨에게 바친다. 조시는 물론이고, 처음에 조시와 함께 RichardDawkins.net을 구축한 소수정예 대원들에게 감사한다. 인터넷에서 조시는 출중한 웹사이트 디자이너로 알려져 있지만, 사실 그것은 어마어마한 빙산의 일각일 뿐이다. 조시의 창의력은 훨씬 깊이가 있다. 조시가 우리 공통의 사업에 얼마나 팔방미인으로 기여를 하는지, 얼마나 따스하고 유쾌한 웃음으로 일을 해내는지는 빙산으로도 결코 묘사할 수 없을 것이다.

차례

서문 _ 진화가 사실이라는 증거 자체 6

1. 그저 하나의 이론? 13
   이론이란 무엇인가? 사실이란 무엇인가? 22

2. 개, 소, 그리고 양배추 37
   진화의 발견을 가로막은 플라톤의 마수 39 | 유전자풀 조각하기 46

3. 대진화의 꽃길 69
   최초의 원예가였던 곤충들 71 | 당신은 나의 자연선택 83 |
   인위선택과 자연선택, 그리고 쥐의 충치 저항력 102 | 다시, 개 이야기 105 |
   다시, 꽃 이야기 113 | 선택 행위자로서의 자연 118

4. 침묵과 느린 시간 121
   나이테시계 126 | 방사능시계 130 | 탄소시계 146

5. 바로 우리 눈앞에서 153
   포드 므르차라의 도마뱀 158 | 실험실에서 벌어진 4만 5천 세대의 진화 161 |
   23개월 만에 관찰된 거피들의 진화 184

6. 잃어버린 고리? 뭘 잃어버렸단 말인가 197
   "악어오리를 보여주시지!" 208 | "원숭이가 사람 아기를 낳는다면 진화를
   믿겠어요" 212 | '존재의 대사슬'이라는 해로운 유산 212 |
   바다에서 뭍으로 220 | 나, 다시 바다로 가리 232

7. 잃어버린 사람들? 다시 찾은 사람들 249
   여전히 내가 짓궂게 바라는 것은…… 257 | 일단 가서 보세요 272

8. 우리가 아홉 달 만에 스스로 해낸 일 285
안무가가 없는 춤 289 | 발생에 대한 비유들 299 | 세포들을 모형화하기 310 | 촉매계의 챔피언, 효소 317 | 그러면 벌레들이 먼저 시도해보리라 328

9. 대륙의 방주 341
새로운 종은 어떻게 태어나는가? 344 | 우리는…… 상상할 수 있다 348 | 땅이 움직였을까? 368

10. 친척들의 계통수 383
뼈가 뼈로 다가가고 384 | 빌려오기 없음 397 | 갑각류, 단단한 외골격과 다채로운 부속들 407 | 다시 톰슨에게 컴퓨터가 있었다면? 412 | 분자생물학적 비교 419 | 분자시계 438

11. 우리 몸에 쓰인 역사 449
한때 자랑스러웠던 날개들 457 | 뒤집힌 망막, 심각한 실수를 땜질하는 자연선택 466 | 지적이지 못한 설계 473

12. 무기경쟁과 진화적 신정론 495
자연은 설계된 경제인가, 진화된 경제인가? 496 | 아무리 달려도 제자리 504 | 진화적 신정론? 516

13. 이러한 생명관에는 장엄함이 있다 525
"자연의 전쟁으로부터, 기근과 죽음으로부터" 527 | "우리가 상상할 수 있는 가장 고귀한 것" 530 | "생명의 숨결이 불어넣어졌다" 532 | "소수의 형태 혹은 하나의 형태에" 540 | "행성이 고정된 중력의 법칙에 따라 영원히 돌고 도는 동안" 542 | "이토록 단순한 시작으로부터" 550 | "너무나 아름답고 너무나 멋진 무한한 형태가 진화해 나왔고, 지금도 진화하고 있는 것이다" 559

부록 _ 역사 부인주의자들 567 | **옮긴이의 말** _ 친절한 진화론 입문서, 명쾌한 창조론 반박서 579 | 주 585 | 참고문헌 595 | 사진과 그림 자료 출처 608 | 찾아보기 616

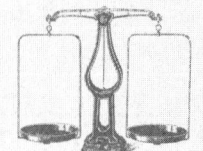

ONLY A THEORY?

1

그저 하나의 이론?

당신이 로마사와 라틴어를 가르치는 교사라고 상상해보라. 당신은 고대에 대한 당신의 열정을 전수하고 싶어서 안달이 난다. 오비디우스의 애가(愛歌)와 호라티우스의 서정시를, 키케로의 웅변에 드러난 라틴어 문법의 박력과 간결미를, 포에니 전쟁의 정묘한 전략들을, 줄리우스 카이사르의 통솔력을, 후대 황제들의 방탕과 무절제를 말하고 싶다. 실로 간단치 않은 일이고, 시간과 집중력과 헌신을 요하는 일이다.

그런데 자꾸만 당신의 귀중한 시간을 갉아먹고, 학생들의 주의를 흩뜨리는 문제가 있다. 정치적으로, 특히 경제적으로 강력한 지원을 등에 업은 일군의 무식한 자들이 늑대 떼처럼 당신을 몰아세우며, 가엾은 당신의 제자들에게 '로마인은 존재하지 않았다'는 주장을 설득시키려고 끈질기게 노력한다. 그들에 따르면, 로마제국이란 존재하지 않았다는 것이다. 이 세상은 현재로부터 그리 오래지 않은 시점에 생겨났다는 것이다. 스페인어, 이탈리아어, 프랑스어, 포르투갈어, 카탈루냐어, 프로방스어, 로망슈어…… 이 모든 언어와 그 방언들은 자발적으로, 그리고 독자적으로 생겨났을 뿐, 라틴어 같은 선조 언어에 빚진 바가 없다는 것이다.

당신은 고전학자이자 선생이라는 고결한 소명에 온전히 몰입하는 대신, 로마인들이 실제로 존재했다는 명제를 방어하는 일에 시간과 정력을 쏟아야 한다. 그들과 싸우느라고, 바쁘지만 않다면 주저앉아 울고 싶을 정도로 무지하게 느껴지는 그 편견에 맞서느라고.

라틴어 교사를 상상하는 것이 너무 먼 일이라면, 더 현실적인 예를 들어보자. 당신이 근세사를 가르치는 교사라고 상상해보라. 당신이 20세기 유럽사를 가르치려는데, 튼튼한 조직에 탄탄한 자금에 정치적 완력까지 갖춘 홀로코스트 부인주의자 집단이 수업을 보이콧하거나 야유를 퍼부어 이야기를 중단시킨다.

'로마 부인주의자'라는 존재는 내 상상이었지만, 홀로코스트 부인주의자는 실제로 존재한다. 목소리가 크고, 겉은 번드르르하며, 학자연하는 데 도통한 사람들이다. 현재의 강대국들 중에서 적어도 한 나라의 대통령이 그들을 지지하며, 로마 가톨릭 교회의 주교들 중에서 적어도 한 명이 그 집단에 속해 있다. 상상해보라. 그들은 유럽사 선생인 당신에게 '논란'에 대해서도 가르치라는 둥, 홀로코스트는 실제로 일어났던 사건이 아니라 일군의 시온주의자들이 날조해낸 이야기라는 '대안 이론'에도 '동등한 시간'을 할애하라는 둥, 호전적인 요구를 끊임없이 제기한다.

상대주의라는 유행을 좇는 지식인들도 이에 영합해, 세상에 절대적인 진리는 없다고 말한다. 홀로코스트가 사실이냐 아니냐 하는 것은 개인적 신념의 문제라고 말한다. 모든 관점이 똑같이 유효하므로 똑같이 '존중되어야' 한다고 말한다.

오늘날 많은 과학 교사가 겪는 곤란도 결코 이에 뒤지지 않는다. 교사가 생물학의 핵심이자 길잡이가 되는 원리를 설명할라치면, 교사가 현재의 세상을 역사적 맥락(진화)에 놓아보는 성실한 시도를 할라치면, 교사가 생명의 근본적인 속성을 탐구하고 해설할라치면, 사람들은 그들을 괴롭히거나 가로막고, 들볶거나 따돌리며, 실업자가 되게 만들겠다고 으름장까지 놓는다. 상황이 이보다는 낫다고 해도, 번번이 시간을 낭비하는 것만은 분명하다. 부모들에게 협박 편지를 받고, 세뇌당한 아이들의 빈정대는 비웃음이나 단단하게 팔짱 낀 모습을 대면한다.

교사에게 주어지는 정부 승인 교과서들을 보면 '진화'라는 단어가 체계적으로 삭제되었거나, '시간에 따른 변화'라는 표현으로 수정되었다. 한때 우리는 그것을 미국에서나 있을 법한 현상이라고 웃어넘길 수 있었다. 하지만 이제 영국과 유럽의 교사들도 같은 문제에 직면하고 있다. 미국의 영향도 있지만, 더 큰 이유는 교실에 이슬람 학생의 수가 늘었기 때문이다. 공식적으로 '다문화주의' 입장을 취해야 하고, 혹여 인종차별주의자로 비치지 않을까 걱정도 되기 때문이다.

고위 성직자들과 신학자들은 진화에 이견이 없다. 많은 경우에 그들이 과학자들을 활발하게 돕고 나서는 것도 사실이다. 나는 지금은 '해리스 경'이 된 옥스퍼드 주교와 두 차례 아주 유쾌한 협동 작업을 한 경험이 있기 때문에, 진화에 대한 그들의 생각을 잘 안다. 우리 둘은 2004년에 〈선데이 타임스〉에 공동으로 기사를 기고했는데, 그 마지막 문장은 다음과 같았다. "오늘날에는 전혀 논쟁할 것이 없다. 진화는 사실이고, 기독교적 시각에서 볼 때, 하느님의 위대한 업적 중 하나다." 맨 마지막 문장은 리처드 해리스(Richard Harries)가 쓴 것이지만, 기사의 나머지 내용에 대해서는 우리 둘 다 동의했다. 그 2년 전에는 당시 총리였던 토니 블레어에게 보내는 서한도 함께 작성했다. 내용은 다음과 같았다.

친애하는 총리 귀하
우리 과학자들과 주교들은 게이츠헤드에 있는 이매뉴얼 시티 과학대학의 과학 교육에 관하여 저희의 우려를 표하고자 이 편지를 씁니다.
 진화는 대단한 설명력을 지닌 과학 이론으로서, 수많은 분야에 걸친 광범위한 현상들을 해설해줍니다. 진화론은 개량될 수 있고, 확증될 수 있고, 증거에 기반하는 한 극단적으로 변형될 수도 있습니다. 그 대학의 대변인들은 진화론이 성경적 창조론과 같은 부류에 속하는 '신념의 문제'라고 주장하지만, 그렇지 않습니다. 창조론과 진화론은 서로 전혀 다른 기능과 목적을 갖고 있습니다.
 이것은 현재 한 대학의 교육 내용에만 국한되는 문제가 아닙니다. 이른바 신앙 학교라는 새로운 형태의 학교들에서 무엇을 어떻게 가르치는지, 사람들의 우려가 점증하고 있습니다. 우리는 이매뉴얼 시티 과학대학을 비롯한 그런 학교들의 교과과정을 엄격하게 감독할 필요가 있다고 믿습니다. 과학과 종교라는 두 분야를 각자 적절하게 존중하기 위해서 말입니다.

_옥스퍼드 주교 리처드 해리스, 왕립학회 회원 데이비드 아텐보로경, 세인트 알반스 주교 크리스토퍼 허버트, 왕립학회 회장 옥스퍼드

의 메이 경, 왕립학회 물리학 간사이자 왕립학회 회원 존 엔더비 교수, 헤리퍼드 주교 존 올리버, 버밍엄 주교 마크 산터, 국립 역사박물관장 닐 찰머스 경, 서데크 주교 토머스 버틀러, 왕실 천문학자이자 왕립학회 회원 마틴 리스, 포츠머스 주교 케니스 스티븐슨, 왕립학회 생물학 간사이자 왕립학회 회원 패트릭 베이트슨, 로마 가톨릭 교회 포츠머스 주교 크리스피언 홀리스, 왕립학회 회원 리처드 사우스우드 경, 전 왕립학회 물리학 간사이자 왕립학회 회원 프랜시스 그레이엄-스미스 경, 왕립학회 회원 리처드 도킨스 교수 드림.

해리스 주교와 나는 이 탄원서를 급하게 조직했다. 내 기억이 옳다면, 우리가 접촉한 사람들 가운데 100퍼센트가 기꺼이 편지에 서명했다. 과학자들이나 주교들이나 이의가 없었다. 캔터베리 대주교도 진화에 대해 아무런 이의가 없고, 교황도 그러하며(고생물학적으로 정확히 언제 인간의 영혼이 육체에 주입되었는가 하는 기묘한 문제를 놓고 의견차가 좀 있긴 하지만), 학식 있는 사제나 신학 교수라면 다들 마찬가지다.

이 책은 진화가 사실이라는 확실한 증거들에 관한 책이다. 종교에 반대하려는 책이 아니다. 그 일은 내가 다른 곳에서 이미 했다. 그것은 다른 티셔츠고, 지금 다시 꺼내 입을 계제는 아니다. 진화에 대한 증거들을 주의 깊게 살펴본 성직자들과 신학자들은 이미 맞서 싸우기를 포기했다. 마지못해 포기한 사람도 있고, 리처드 해리스처럼 열성적으로 포기한 사람도 있지만. 한심하리만치 무지한 자들을 제외하고는 다들 내키지 않더라도 진화가 사실임을 받아들였다. 신의 손길이 진화 과정을 개시했으나 이후의 발전에 대해서는 손을 뗐다고 생각하는 사람도 있을 것이다. 최초에 신이 우주에 시동을 걸었고, 모종의 심원한 목적을 충족시키는 방향으로 물리 법칙들과 상수들을 조화롭게 부여함으로써 우주의 탄생을 경건하게 하였으며, 결국 우리 인간이 그 목적 안에서 어떤 역할을 수행할 것이라고 믿는 사람도 있다. 그러나 툴툴거리면서 인정하든, 행복한 마음으로 인정하든, 사려 깊고 합리적인 종교계 인사들은 모두 진화의 증거를 받아들였다.

하지만 우리는 주교들과 박식한 성직자들이 진화를 받아들인다고 해서 신도들도 그러하리라고 어수룩하게 믿어버려서는 안 된다. 내가 이 책의 부록에 정리해두었듯, 여론조사 결과들을 보면 오히려 그 반대라는 증거가 넘친다. 미국인 가운데 40퍼센트 이상은 인간이 다른 동물에서 진화했다는 사실을 부정하고, 하느님이 지난 1만 년 안짝에 우리를(의미상 모든 생명을) 창조했다고 믿는다. 영국에서 그렇게 믿는 사람들의 비율은 미국만큼 높지는 않지만 충분히 걱정스러운 정도다. 이것은 비단 과학자들뿐만 아니라 교회로서도 걱정스러운 일이어야 한다.

이 책은 꼭 필요하다. 나는 진화를 부정하는 사람들을 '역사 부인주의자'라고 부르겠다. 세상의 나이가 몇십억 년이 아니라 몇천 년 단위라고 믿는 사람들, 인간이 공룡과 함께 살았다고 믿는 사람들이다. 반복하건대, 그런 사람들이 미국 인구의 40퍼센트 이상을 차지한다. 수치가 그보다 높은 나라도 있고 낮은 나라도 있지만, 대체로 40퍼센트를 평균이라고 볼 수 있다. 따라서 때때로 역사 부인주의자들을 '40퍼센트의 사람들'이라고도 부를 것이다.

계몽된 주교들과 신학자들로 돌아와서, 그들이 스스로도 개탄해 마지않는 반과학적인 난센스와 싸우는 일에 좀 더 노력을 기울여주

"그래도 그건 하나의 이론일 뿐이야!"

면 좋겠다. 진화는 진실이고 아담과 이브는 존재한 적이 없다는 사실에 동의하면서도, 설교단에 설 때는 아담과 이브가 실존 인물이 아니었다는 점을 전혀 언급하지 않은 채 그들을 거론하면서 도덕적 또는 신학적 교훈을 강론하는 무분별한 설교자가 얼마나 많은가! 그런 지적을 하면, 그들은 순전히 '상징적인' 의미에서 언급한 것뿐이라고, 아마도 '원죄'나 순결의 미덕 등을 설명하려 한 것뿐이라고 항변할 것이다. 외려 자기들의 말을 문자 그대로 받아들일 만큼 어리석은 청중이 있겠느냐며 난감해할지도 모른다.

하지만 신도들도 그 사실을 알까? 신자석에 앉았거나 예배용 깔개에 무릎 꿇은 사람들이 성경의 어떤 부분은 문자 그대로 받아들이고 어떤 부분은 상징적으로 받아들여야 하는지를 어떻게 안단 말인가? 교육 수준이 높지 않은 신자들도 쉽게 짐작할 만큼 그게 그렇게 쉬운 일인가? 많은 경우에 대답은 '절대 그렇지 않다'일 것이다. 충분히 헷갈릴 만하다. 내 말이 미덥지 못하다면 부록을 보라.

주교들이여, 생각해보시라. 목사들이여, 조심하시라. 당신들은 언제 터질지 모르는 몰이해의 다이너마이트를 만지작거리고 있는 것이다. 사전에 조치를 취하지 않는 한 거의 반드시 터져버릴 다이너마이트인지도 모른다. 청중 앞에서 "여러분은 '예' 할 것은 '예' 하고 '아니요' 할 것은 '아니요'라고만 하십시오. 그래야 심판을 받지 않을 것입니다(《야고보서》 5장 12절_옮긴이)"라고 말할 때 더욱 조심해야 하지 않겠는가? 이미 엄청나게 널리 퍼진 대중적 몰이해를 바로잡고, 과학자들과 과학 교사들을 열성적으로 지지하는 일에 더욱 힘을 쏟아야 하지 않겠는가?

나는 이 책을 통해 물론 역사 부인주의자들을 만나고 싶다. 하지만 내가 더 중요하게 생각하는 독자는, 본인이 역사 부인주의자는 아니지만 아마도 가족이나 교회의 지인들 중에서 그런 사람을 몇 명 알고 있는 사람들, 그런데 진화를 옹호하는 주장을 펼치기에는 스스로 아는 바가 부족하다고 느끼는 사람들이다. 내가 그런 독자들을 무장시킬 수 있기를 간절히 바란다.

진화는 사실이다. 합리적인 의혹을 넘어서는 사실, 심각한 의혹을 넘어서는 사실, 정보에 기반하여 제정신으로 주장하는 지적인 의혹을 넘어서는 사실, 그 어떤 의혹도 넘어서는 사실이다. 홀로코스트는 목격자 증언까지 있지만, 진화의 증거는 홀로코스트의 증거에 뒤지지 않을 만큼 강력하다. 우리가 침팬지의 친척이라는 것은 명백한 진실이다. 우리는 원숭이의 먼 친척이고, 땅돼지와 매너티의 더 먼 친척이고, 바나나와 순무의 아주 먼 친척이고…… 원하는 대로 얼마든지 확장할 수 있다.

그런데 이것이 꼭 진실이어야 할 이유는 없었다. 이것은 자명하고, 동어반복적이고, 누가 봐도 뻔한 진실은 아니다. 교양인을 포함하여 대부분의 사람이 진실이 아니라고 생각하던 시절도 있었다. 그렇다. 이것이 꼭 진실이어야 하는 것은 아니다. 하지만 진실이다. 진화를 지지하는 증거들이 물 밀듯 차오르고 있기 때문에 우리는 그렇다는 사실을 안다. 진화는 사실이고, 이 책은 그 점을 입증할 것이다. 제대로 된 과학자라면 누구도 이 사실을 반박하지 않을 것이고, 편견이 없는 독자라면 이 책을 덮을 때쯤에는 누구도 이 사실을 의심하지 않을 것이다.

그렇다면 왜 우리는 '다윈의 진화 *이론*'이라는 표현을 쓰는가? '이론'이라는 단어를 일종의 유보로 간주하는 창조론 유파들(역사 부인주의자들, 40퍼센트의 사람들)에게 그릇된 위안을 주고, 모종의 선물이나 승리를 안긴 것 같은 꼴이 되지 않는가?

이론이란 무엇인가? 사실이란 무엇인가?

하나의 이론일 뿐이라고? 그렇다면 '이론'이라는 말의 뜻을 살펴보자. 《옥스퍼드 영어사전》에 따르면 '이론'에는 두 가지 정의가 있다 (실제로는 더 많지만, 지금은 아래 두 가지만 관련이 있다).

이론, 정의1 모종의 설명으로 제공된 어떤 사상들이나 진술들의 체계, 또는 일군의 사실들과 현상들에 대한 해설. 관찰이나 실험을 통해 확인 또는 입증되었으며, 알려진 사실들을 잘 설명한다고 제안 또는 인정된 가설. 일반법칙, 원리, 알려지거나 관찰된 사실에 대한 원인으로 주장된 진술.

이론, 정의2 모종의 설명으로 제안된 가설. 즉 가정, 추론, 추정. 무언가에 대한 하나의 사상 혹은 사상들의 집합. 개인적인 의견이나 견해.

주지하다시피 두 의미는 상당히 다르다. 진화 이론에 대한 문제에 한마디로 답하자면, 과학자들은 '정의1'의 뜻으로 이 단어를 쓰는 반면에, 창조론자들은 '정의2'의 뜻으로 쓴다(일부러 그럴 수도 있고 진심일 수도 있다).

'정의1'의 좋은 사례는 지구와 다른 행성들이 태양 주위를 돈다는 태양중심설이다. 진화도 '정의1'에 완벽하게 들어맞는다. 다윈의 진화론은 정말로 "어떤 사상들이나 진술들의 체계"다. 아주 방대한 "일군의 사실들과 현상들"을 해설한다. "관찰이나 실험을 통해 확인 또는 입증된" 가설이고, 보편적인 지적 합의에 따라 "일반법칙, 원리, 알려지거나 관찰된 사실에 대한 원인으로 주장된 진술"로 여겨진다. 단순한 "가정, 추론, 추정"과는 확실히 거리가 멀다.

과학자들과 창조론자들은 '이론'이라는 단어를 각각 몹시 상이한 두 의미로 이해하고 있다. 진화는 태양중심설과 같은 의미에서 하나의 이론이다. 두 사례를 '그저 하나의 이론'이라고 불러서는 안 된다. '그저'라는 말을 빼야 한다.

진화가 결코 '증명되지' 않았다는 주장에 관해서 말하자면, 근래 들어 과학자들에게 증명이라는 개념을 믿지 말라고 겁을 주는 경향이 있었다. 과학은 아무것도 증명할 수 없다고 유력한 철학자들이 말했다. 수학자들은 뭔가 증명할 수 있을지도 모르지만(오직 수학자들만이 증명을 주장할 수 있다는 엄격한 견해가 있다), 다른 과학자들은 아무리 노력해봐야 뭔가를 반증하는 데 실패할 수 있을 뿐이고, 자신들이 얼마나 노력했는지 보여줄 수 있을 뿐이다.

달이 태양보다 작다는 반박 불가능한 이론조차도, 가령 피타고라스의 정리를 증명하는 수준으로 충분히 증명할 수는 없다고 말하는 철학자들이 있다. 하지만 그 이론을 강하게 뒷받침하는 증거가 어마어마하게 많기 때문에, 그것에 '사실'의 지위를 주지 않는 것은 우스꽝스러운 공론에 불과하다. 진화도 마찬가지다. 프랑스 파리가 북반구에 있는 것이 사실이듯, 진화도 사실이다. 비록 논리론자들이 마을을 지배하여도,■ 어떤 이론은 분명히 합리적인 의혹을 뛰어넘으며, 우리는 그것을 '사실'이라고 부른다. 이론에 대해 반증하려는 노력이 열성적이고 철저할수록, 그 공격을 감내해내는 이론은 일상적으로 충분히 사실이라고 부를 만한 지위에 바짝 다가선다.

'정의1의 이론'과 '정의2의 이론'이라고 계속 말할 수도 있지만, 숫자는 기억하기 어렵다. 대체할 단어가 필요하다. '정의2의 이론'에 대해서는 이미 '가설'이라는 좋은 단어가 있다. 가설은 확증(또는 반증)을 기다리는 임시적 발상이라는 것을 모르는 사람은 없다. 진화론도 다윈의 시절에는 그런 임시성을 짊어지고 있었지만, 오늘날에는 다 떨쳐버린 것이다.

한편 '정의1의 이론'은 더 엄격하다. '이론'이라는 단어를 계속 쓰면서 '정의2'는 없는 듯 취급하는 게 아마 제일 좋을 것이다. 사

■ 예이츠의 시구들 중에서 내가 그리 좋아하는 구절은 아니지만(〈톰 오루그리〉라는 시의 한 구절이다. 옮긴이), 이 대목에는 어울리는 듯하다.

실 '가설'이라는 단어가 이미 존재하는 마당이니, 혼란스럽고 불필요한 '정의2'는 존재하지 *않아야 한다고*도 주장할 수 있을지 모른다. 하지만 정의2가 흔히 사용되고 있기 때문에 우리가 명령으로써 사용을 금할 수 없다는 점이 안타까울 뿐이다.

그래서 나는 상당히 멋대로이긴 하지만 용서될 만한 편법을 쓸까 한다. 수학에서 '정리'라는 단어를 빌려와서 정의1의 뜻으로 쓰는 것이다(도킨스는 자신의 차용 용법에 대해서는 'theorem' 대신 'theorum'이라는 철자를 써서 구분했는데, 우리말에서는 그런 식의 구분이 어려우므로 '수학적 정리'와 '과학적 정리'라고 대응해 옮겼다_옮긴이). 꽤 무리한 차용이라는 것은 잠시 뒤 나도 이야기하겠지만, 그래도 혼란의 위험보다는 편익이 크다고 생각한다. 우선 '정리'의 엄격한 수학적 용례를 보자. 앞서 엄격한 의미에서는 수학자들만이 뭔가를 *증명한다*고 자처할 권리가 있다(변호사들도 그런 권리를 주장해 풍족한 보수를 받지만, 그것은 거짓된 주장이다)고 했던 말이 무슨 뜻인지도 함께 밝혀질 것이다.

수학자에게 '증명'이란 사실로 가정된 공리들로부터 필연적으로 따라나오는 결론을 논리적으로 보여주는 것이다. "두 평행선은 결코 만나지 않는다" 등의 유클리드 기하학 공리들을 사실로 가정하는 한, 피타고라스의 정리는 참일 수밖에 없다. 직각삼각형 수천 개를 측정해 피타고라스의 정리에 대한 반증 사례를 찾아보았자 시간 낭비일 뿐이다. 피타고라스학파가 이미 '증명'을 했고, 누구나 그 증명을 뒤쫓아 이해할 수 있으며, 그것은 가타부타 더 말할 것도 없는 진실이다.

수학자들은 증명을 기준으로 삼아 '추측'과 '정리'를 구별하는데, 이것은 《옥스퍼드 영어사전》에 실린 '이론'의 두 정의와도 조금 비숫하다. 추측은 참인 듯하나 아직 증명되지 않은 명제를 말한다. 증명이 되는 날, 그것은 정리가 될 것이다. 유명한 예로 골드바흐의 추측이 있다. "모든 짝수 자연수는 두 소수의 합으로 표시할 수 있다"는 명제인데, 수학자들이 3×10^{23}까지의 모든 수에 대해서는 이 명제를 반증하는 데 실패했기 때문에, 상식적으로 '골드바흐의 사실'이라고 해도 무방하다. 그럼에도 불구하고 이것은 증명되지 않은 명제다. 이 문제의 해결에 쏠쏠한 상금까지 걸려 있다. 수학자들은 이것을 아직 '정리'의 대좌에 올려놓기를 완강히 거부하고 있으며, 그것은 당연한 일이다. 누군가 증명을 해내야만 골드바흐의 추측은 골드바흐의 정리로 격상될 것이다. 증명을 해내는 똑똑한 수학자의 이름을 따서 '아무개의 정리'가 될 수도 있겠다.

칼 세이건(Carl Sagan)은 자신이 외계인에게 납치되었다고 주장하는 사람들을 비아냥거리며 반격할 때, 골드바흐의 추측을 이용하곤 했다.

이따금 외계 생명체와 '접촉한다'고 주장하는 사람들이 나에게 편지를 보내, 나더러 '무엇이든 그들에게 물어볼' 기회를 주겠다고 한다. 그렇게 세월이 흐르다 보니 나는 짤막한 질문 목록을 갖추게 되었다. 외계 생명체들은 몹시 발전한 문명들이라는 것을 잊지 말자. 그래서 나는 '페르마의 마지막 정리에 대한 짧은 증명을 알려주십시오' 같은 요구를 한다. 아니면 골드바흐의 추측이나…… 나는 한 번도 답을 듣지 못했다. 반면에 '우리는 착하게 살아야 합니까?' 따위의 질문을 하면, 거의 대부분 답이 나온다. 모호한 문제라면, 특히 관습적인 도덕적 판단에 관한 문제라면, 외계인들은 지극히 기꺼운 마음으로 대답을 해주는 것 같다. 하지만 구체적인 문제라면, 그리고 그들이 인간보다 더 지적이라면 아마도 답을 알 것이라고 예상되는 문제에 대해서라면, 오로지 침묵뿐이다.

페르마의 마지막 정리도 골드바흐의 추측과 마찬가지로 단 하나의 예외도 발견되지 않은 정수론의 명제다. 1637년에 피에르 드 페르마가 낡은 수학책의 여백에 "나는 정말로 경이로운 증명을 발견했지만 여백이 너무 좁아 적지 않는다"라고 써둔 이래, 수학자들은 마치 성배처럼 그 증명을 찾아헤맸고, 마침내 1995년 영국 수학자 앤드루 와일스가 증명해냈다. 그전에는 페르마의 '정리'가 아니라 페르마의 '추측'이라고 불러야 한다고 생각하는 수학자도 있었다. 와일스의 성공적인 증명이 몹시 길고 복잡하며 20세기의 발전된 수학 기법과 지식에 의존했음을 볼 때, 그것을 증명했노라 하는 페르마의 주장은 (솔직한) 착각이었으리라는 게 수학자들의 대체적인 의견이다. 물론 내가 이 이야기를 꺼낸 것은 추측과 정리의 차이를 보여주기 위해서다.

앞서 말했듯이, 나는 수학자들의 용어인 '정리'를 빌려와서 '이론' 대신 '과학적 정리'라고 말하겠다. 진화론이나 태양중심설 같은 과학적 정리는 《옥스퍼드 영어사전》의 '정의 1'을 충족시키는 의미의 이론이다.

(그것은) 관찰이나 실험을 통해 확인 또는 입증되었으며, 알려진 사실들을 잘 설명한다고 제안 또는 인정된 가설이다. (그것은) 일반법칙, 원리, 알려지거나 관찰된 사실에 대한 원인으로서 주장된 진술이다.

과학적 정리는 수학적 정리가 증명되는 방식으로 증명되지 않는다. 그것은 애초에 불가능하다. 하지만 지구가 평평하지 않고 둥글다는 '이론'이 사실이고, 초록식물들이 태양으로부터 에너지를 얻는다는 이론이 사실이듯이, 우리는 상식적으로 그것을 '사실'로 취급한다. 이들은 방대한 양의 증거로 뒷받침되고, 모든 학식 있는 관찰자에게 동의를 얻고, 일상적인 의미에서 반박 불가능한 사실이라는 점에서 모두 과학적 정리다.

공론을 펼치기로 작정한다면야, 어떤 사실에 대해서든 우리의 측정 도구들이나 도구를 읽는 감각기관들이 거대한 사기극의 희생양이라고 주장하지 못할 것도 없다. 버트런드 러셀은 이렇게 말했다. "우리 모두가 불과 5분 전에 등장했는지도 모른다. 조작된 기억과, 구멍 난 양말과, 자를 때가 된 머리카락까지 갖춘 채로." 현재 주어진 증거들을 볼 때, 진화를 사실이 아닌 다른 무엇이라고 말하려면 이런 창조주의 사기극으로나 설명할 수 있다. 그러나 유신론자들이라도 신을 사기극의 작가로 보고 싶진 않을 것이다.

이제 '사실'의 사전적 정의를 살펴볼 차례다. 《옥스퍼드 영어사전》의 정의는 이렇다(역시 더 많은 정의가 있지만, 지금 적합한 것은 다음 한 가지다).

사실 실제로 일어났거나 정말 그 주장대로인 것. 분명히 그런 성격을 지녔다고 알려진 것. 즉, 실제 관찰이나 진짜 증언을 통해서 알려진 어떤 진실로, 그저 추론된 내용이나 추측이나 허구와는 반대되는 것. 경험적 데이터로서, 그에 기초해 끌어낸 결론과는 구분되는 것.

과학적 정리와 마찬가지로, 이런 의미의 사실도 수학적 정리(일군의 가정된 공리들로부터 필연적으로 유도되어 증명되는)만큼 엄밀한 지위는 갖지 못한다. 더구나 "실제 관찰이나 진짜 증언"은 법정에서는 과대평가될지언정, 실제로는 끔찍하게 잘못될 수 있다. 이 점을 충격적으로 보여준 심리학 실험이 많이 있다. 그것들을 보면 '목격자 증언'에 우월한 무게를 두어온 법리학자들도 걱정이 생길 것이다.

특히 일리노이 대학에서 대니얼 사이먼스(Daniel J. Simons) 교수가 수행한 실험이 유명하다. 실험자는 여섯 명의 청년이 둥그렇게 서서 농구공 두 개를 주고받는 장면을 25초간 녹화한 뒤, 실험 대상자인 우리에게 영상을 보여주었다. 청년들은 안팎으로 드나들고 자리를 바꿔가며 공을 주고받기 때문에, 영상은 상당히 역동적이고 복잡하다. 영상을 보기 전에, 실험자는 우리에게 관찰력 시험 과제를 수행하는 것이라며 주의사항을 일러준다. 공이 손에서 손으로 몇 번 전달되었는지 총 횟수를 헤아리라는 것이다. 우리는 영상을 보고 나서 착실히 그 횟수를 적어 제출한다. 하지만 이것은 진짜 시험이 아니다! (물론 청중은 전혀 모르는 일이다.)

영상을 다 보고 횟수를 적은 종이도 다 걷은 뒤, 실험자가 폭탄선언을 한다. "여러분 가운데 고릴라를 본 사람이 있습니까?" 우리 대부분은 황당한 표정이다. 그런 기억은 없는 것이다. 실험자는 영상을 다시 틀면서, 이번에는 아무것도 헤아리지 말고 느긋하게 보라고 말한다. 놀랍게도, 9초쯤 지났을 때 고릴라 옷을 입은 웬 남자가 청년들 가운데로 태연하게 걸어들어와, 잠깐 서서 카메라를 보며 주먹으로 가슴을 때리는 시늉을 한다. 목격자 증언을 경멸하는 듯한 도전적인 태도로. 그러고서는 아까와 마찬가지로 태평하게 어슬렁거리며 나간다(컬러 화보 8쪽을 보라).

그는 9초가량(전체 영상의 3분의 1이 넘는다) 전신을 드러냈는데, 대다수의 목격자는 그를 보지도 못했다. 목격자들은 고릴라 옷을 입은 남자는 절대 없었다고 법정에서 맹세라도 할 것이다. 공을 주고받는 횟수를 세어야 했기 때문에, 25초 내내 평소보다 훨씬 집중해서 관찰했노라고 맹세할 것이다.

그간 이런 취지의 실험이 많이 수행되었다. 결과는 다 비슷했고, 나중에 진실을 들은 피험자들이 어이없고 믿을 수 없다는 반응을 보인 것도 다 비슷했다. 목격자 증언, 실제 관찰, 경험적 데이터…… 이런 것들은 절대로 미덥지 못하다. 적어도 미덥지 못할 가능성이 있다. 마술사들은 바로 이런 미덥지 못한 면을 노려서, 현란한 주의 분산 기법으로 관중을 속인다.

'사실'의 사전적 정의는 "*실제 관찰이나 진짜 증언을 통해서 알려진 어떤 진실로, 그저 추론된 내용이나 추측이나 허구와는 반대되는 것*"이라고 했다. "그저"에 담긴 비방의 기색이 다소 뻔뻔하게 느껴진다. 실제로는 세심한 추론이 "실제 관찰"보다 훨씬 믿음직할 수 있다. 우리의 직관은 그 사실을 강하게 부정하겠지만 말이다. 나 자신도 사이먼스의 영상에서 고릴라를 못 봤다는 걸 알았을 때 깜짝 놀랐고, 고릴라가 등장했다는 말을 듣고도 결단코 믿지 않았다. 영상을 다시 본 뒤에 나는 슬펐지만, 그만큼 현명해졌다. 나는 두 번 다시 간접적인 과학적 추론보다 목격자 증언이 당연히 낫다고 여기지 않기로 결심했다. 우리는 평결을 내리러 들어가는 배심원들에게 고릴라 영상이나 그 비슷한 것을 보여줘야 할지도 모른다. 모든 판사에게도.

인정하건대, 추론은 궁극적으로 우리의 감각기관들을 통한 관찰에 의존할 수밖에 없다. 예를 들어, DNA 서열 분석기나 강입자 충돌기(LHC)에서 출력되어 나온 결과를 우리 눈으로 관찰해야 한다. 하지만 실제로 벌어진 어떤 사건에 관한 직접 관찰이(가령 살인사건에 대한 목격이) 훌륭한 추론기계에 사건의 결과물을 입력해서 얻은 간접 관찰보다(가령 혈흔의 DNA보다) 반드시 더 믿을 만한 것은 아니다. 우리의 직관을 거스르는 일이지만 어쩔 수 없다.

DNA 증거에서 끌어낸 간접적 추론보다 직접적인 목격자 증언 쪽이 신원을 잘못 파악할 가능성이 높다. 말이 나왔으니 말이지만, 목격자 증언에 따라 실수로 유죄를 선고받았다가 나중에(몇 년이 지난 뒤일 때도 있다) 새로운 DNA 증거 덕분에 풀려난 사람이 갑갑하게도 얼마나 많은지 모른다. 법정에서 DNA가 증거로 채택된 후, 텍사스 주에서만도 35명의 기결수가 무죄로 밝혀졌다. 그것도 생존한 사람들만 따진 것이다. 사형 집행을 애호하는 텍사스의 성향을 볼 때(조지 W. 부시는 주지사로 재직한 6년 동안 평균 2주에 한 번꼴로 사형 명령서에 서명했다), 이미 처형된 사람들 중에도 DNA 증거가 제때 준비되었더라면 무죄 방면되었을 사람이 적지 않을 것이다.

이 책은 추론을 진지하게 여길 것이다. 물론 그냥 추론이 아니라 적절한 과학적 추론이다. 나는 진화가 사실이라는 추론에 탄탄한 설득력이 있음을 보여줄 것이다. 진화적 변화에서 압도적인 부분들은 분명히 우리가 직접 목격자 관찰을 할 수 없다. 변화의 대부분은 우리가 태어나기도 전에 일어났고, 그렇지 않더라도 보통 너무 느리게 진행되는 과정이어서 한 사람의 생애 중에 관찰하기란 어렵다. 아프리카와 남아메리카 대륙이 쉼 없이 서로 멀어지는 현상도 마찬가지다. 9장에서 살펴보겠지만, 그 또한 너무 느린 과정이라서 우리가 목격할 수 없다.

 진화에 대해서든 대륙 이동에 대해서든, 우리가 할 수 있는 일은 사건에 대한 추론뿐이다. 사건이 완결될 때까지 우리가 살아 있을 수 없다는 뻔한 이유 때문이다. 하지만 그런 추론의 힘을 한순간이라도 과소평가하지 말자. 남아메리카와 아프리카 대륙이 느릿느릿 멀어지고 있다는 것은 이제 일상어의 의미에서 '사실'로 확립된 일이고, 인간이 호저(豪豬)나 석류와 공통선조를 갖고 있다는 사실도 마찬가지다.

 우리는 범죄가 저질러진 뒤에 현장에 도착한 탐정과 같다. 범인의 행동은 과거가 되어 사라졌다. 탐정이 실제 범행을 제 눈으로 목격할 가능성은 없다. 더구나 고릴라 실험이나 비슷한 다른 실험들을 통해서 우리는 우리 눈을 불신하라는 것을 배웠다. 탐정이 실제로 갖고 있는 것은 남은 흔적들뿐이지만, 그것들은 상당히 믿을 만하다. 발자국이 있고, 지문이 있고(요즘은 DNA 지문도 있다), 혈흔, 편지, 일기장 등이 있다. 우리도 세상의 현재 모습을 잘 살피면, 이러이러한 역사가 아니라 저러저러한 역사 때문에 이런 결과가 나올 수밖에 없었구나 하고 말할 수 있다.

 '이론'의 두 사전적 의미 간의 차이는 절대 건널 수 없는 간격은 아니다. 많은 역사적 사례가 그 점을 보여주었다. 과학사에는 처음에 '그저' 가설로 시작한 과학적 정리가 더러 있다. 대륙이동설처럼 심지어는 비웃음을 한 몸에 받은 채 경력을 시작했으나 이후 고된 단계를 착실히 밟아 과학적 정리, 또는 반박할 수 없는 사실의 위치에 오른 발상도 있다.

이것은 철학적으로 딱히 까다로운 이야기도 아니다. 과거에 널리 받아들여졌던 어떤 신념이 결국 실수로 판명되었다고 해서, 현재의 신념들도 미래의 증거들에 의해 죄다 거짓으로 폭로되면 어쩌나 두려워할 필요는 없다. 현재 신념들의 취약성은, 여러 요인이 있겠지만, 주로 그 증거가 얼마나 강력한가에 달린 문제다. 옛날 사람들이 태양이 지구보다 작다고 생각했던 것은 증거가 부족했기 때문이다. 현재 우리에게는 예전에는 알 수 없었던 증거가 있다. 태양이 훨씬 크다는 것을 결정적으로 보여주는 증거들이 있고, 우리는 이 증거가 절대로 폐기되지 않을 것이라고 전적으로 확신한다.

이것은 용케 반증을 피해온 임시적 가설이 아니다. 우리가 현재 지닌 신념들 중에서 많은 것이 앞으로 반증되겠지만, 한편으로 우리는 절대로 반증되지 않을 게 분명한 사실들의 목록을 철저한 확신 하에 작성할 수 있다. 과거에는 그 목록에 진화론과 태양중심설이 들어가지 않았지만, 지금은 들어간다.

생물학자들은 진화라는 *사실*(모든 생물은 친척이다)과 진화를 추진하는 힘에 관한 *이론*(보통 자연선택을 뜻하며, 라마르크의 '용불용설' 및 '획득 형질의 유전' 같은 경쟁 이론들과 대비시킬 때도 있다)을 구분하곤 한다. 하지만 다윈은 두 가지를 다 임시적이고, 가설적이고, 추정적인 의미의 이론으로 간주했다. 당시에는 주어진 증거들이 덜 강력했고, 어엿한 과학자들이 진화와 자연선택을 모두 반박하는 일이 여전히 가능했기 때문이다. 오늘날에는 진화라는 사실 자체를 반박하기란 더는 불가능하다. 반면 자연선택이 진화의 주된 추진력인가 하는 점은 아직 의심해볼 수 있다(아마도 그저 의심만 할 수 있으리라).

다윈의 자서전을 보면, 1838년에 토머스 맬서스(Tomas Malthus)의

그저 하나의 이론?

《인구론(On Population)》을 '재미로' 읽다가(매트 리들리의 짐작이 옳다면, 아마도 다윈의 형인 이래즈머스의 친구이자 가공할 만큼 지적이었던 해리엇 마티노의 영향이었을 것이다) 자연선택에 대한 영감이 떠올랐다고 한다. "이로써 드디어 나는 궁구해볼 만한 이론을 얻었다." 다윈에게 자연선택은 하나의 가설일 뿐이었다. 옳을 수도 있고 틀릴 수도 있는 이론이었다.

다윈은 진화 자체에 대해서도 마찬가지로 생각했다. 오늘날 우리는 진화를 사실이라고 부르지만, 1838년에 진화는 증거를 더 모아야 하는 가설이었다. 《종의 기원(On the Origin of Species)》이 출간된 1859년 무렵에 다윈은 진화를 주장하기에 충분한 증거를 모은 상태였지만, 자연선택에 대해서는 그렇지 못했다. 자연선택이 사실의 지위에 오르기까지는 갈 길이 멀었다. 다윈이 위대한 책의 대부분을 할애해 몰두한 일이 바로 그 가설을 사실로 격상시키는 일이었다.

격상 과정은 이후에도 이어졌고, 드디어 오늘날에는 진지한 사람이라면 누구도 진화를 의심하지 않게 되었다. 과학자들은 적어도 비공식적으로나마 진화를 *사실*이라고 말한다. 어엿한 생물학자라면 모두 자연선택이 진화의 가장 중요한 추진력이라는 데 동의한다. 아마도 (몇몇 생물학자가 특히 강하게 고집하는 대로) 유일한 추진력은 아니겠지만 말이다. 설령 유일한 힘이 아닐지언정, 적응적 진화(긍정적 개선을 향한 진화)의 추진력으로서 자연선택이 아닌 대안을 구체적으로 내놓는 진지한 생물학자를 나는 아직 한 명도 만나지 못했다.

이 책에서, 나는 진화가 회피할 수 없는 사실임을 보여줄 것이다. 그 엄청난 설명력과 간결미와 아름다움을 찬양할 것이다. 진화는 우리 안에 있고, 우리 밖에 있고, 우리 사이에 있다. 억겁의 과거에 만들어진 바위들 속에 그 작동의 증거가 새겨져 있다. 대부분의 경우 우리는 진화가 눈앞에서 펼쳐지는 것을 목격할 만큼 오래 살 수 없으므로, 범행이 저질러진 뒤 현장에 당도해서 추론하는 탐정에 다시 비유해야겠다. 과학자들로 하여금 '진화는 사실'이라고 추론하게 하는 증거들은, 어느 시대의 어느 법정에서 어떤 범죄의 유죄 확정에 동원된 목격자 증언들보다 더 풍부하고, 더 결정적이고, 더 확실하다. 합리적인 의혹을 넘어서는 증명이냐고? *합리적인 의혹?* 세상에 이보다 더 심한 과소평가는 또 없을 것이다.

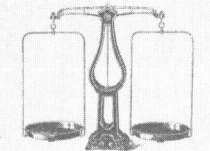

DOGS, COWS AND CABBAGES

2

개, 소, 그리고 양배추

다윈이 등장하기까지 왜 그렇게 오랜 시간이 걸렸을까? 언뜻 보기에는 뉴턴이 그 200년 전에 우리에게 안겨준 수학적 발상들보다도, 아니 그 2,000년 전에 아르키메데스가 안겨준 발상들보다도 훨씬 이해하기 쉬울 정도로 단순미가 빛나는 발상을 인류는 왜 그렇게 늦게야 떠올렸을까?

답은 여러 가지가 있다. 어쩌면 그토록 큰 변화에 필요한 방대한 시간 앞에서 인간의 마음이 주눅 들었는지도 모른다. 우리가 요즘 '지질학적 시대'라고 부르는 방대한 시간과, 인간이 시간에 대한 이해의 잣대로 쓰는 짧은 수명 간의 격차가 너무나 어마어마하기 때문인지도 모른다. 또 어쩌면 우리가 종교적 교리에 억눌려 있었는지도 모른다. 또 어쩌면, 생물의 눈처럼 복잡한 기관들을 보고, 그런 복잡성은 전능한 기술자가 설계한 것일 수밖에 없다는 생각에 현혹되었기 때문인지도 모른다. 아마 그 모두가 영향을 미쳤을 것이다.

그런데 '신다윈주의 종합'을 이룬 대가로서 2005년에 100살의 나이로 죽은 에른스트 마이어(Ernst Mayr)는, 그와는 전혀 다른 요인을 지속적으로 의심했다. 마이어가 볼 때, 진짜 범인은 오늘날 *본질주의*라고 명명된 고대의 철학사조였다. 플라톤의 마수가 진화의 발견을 가로막았다는 것이다.■

진화의 발견을 가로막은 플라톤의 마수

플라톤에게는, 우리가 본다고 생각하는 '현실'은 사실 깜박이는 모닥불빛에 의해 동굴 벽에 투사된 그림자에 불과하다. 여느 고전 그리스 사상가들과 마찬가지로, 플라톤도 마음 깊숙한 곳에서는 기하학자였다. 플라톤에 따르면, 모래에 그린 삼각형은 진정한 삼각형의 본질을 불완전하게 투영한 그림자일 뿐이다.

본질적 삼각형의 선들은 길이는 있으되 넓이가 없는 순수한 유클리드적 선들로서, 정의상 무한히 좁고, 평행하는 두 선은 영원히 만나지 않는다. 본질적 삼각형의 내각들을 더하면 직각을 두 개 더한 것과 정확하게 일치하며, 1피코초(picosecond)도 더하거나 덜하지 않는다. 그런데 모래에 그린 삼각형은 그렇지 않다. 플라톤에게 모래 위의 삼각형은 이상적인 삼각형의 본질에 대한 불안정한 그림자에 불과하다.

마이어에 따르면, 생물학도 나름의 본질주의에 시달려왔다. 생물

■ 이것은 마이어의 표현은 아니지만, 그의 생각을 잘 드러낸 말이다.

학적 본질주의는 맥(貘), 토끼, 천산갑, 단봉낙타 등을 삼각형, 마름모, 포물선, 십이면체처럼 취급하는 시각이다. 우리가 보는 토끼는 이상적이고 본질적이고 플라톤적인 토끼의 창백한 그림자일 뿐이다. 그 완벽한 관념적 토끼는, 완벽한 기하학 도형들과 함께, 어딘가에 있을 관념의 공간에 존재한다. 피와 살을 지닌 토끼들이 보여주는 다양한 변이는 이상적인 토끼의 본질에서 벗어난 흠이라고 간주된다.

속수무책으로 비진화적인 그림 아닌가! 플라톤주의자들이 볼 때, 토끼들에게 일어난 모든 변화는 토끼적 본질로부터의 성가신 일탈이고, 언제나 그런 변화에 대한 저항이 있을 것이다. 모든 토끼가 투명하고 탄력적인 끈으로 천상의 본질적 토끼에 묶여 있기라도 한 것 같은 생각이다.

진화적 생명관은 이와는 극단적으로 다르다. 후손들은 선조 형태로부터 무한정 멀어질 수 있고, 멀어진 형태 또한 미래의 변이를 낳는 잠재적 선조가 된다. 다윈과 동시에, 그러나 독자적으로 자연선택에 의한 진화를 발견한 알프레드 러셀 월리스(Alfred Russel Wallace, 1823~1913)는 자신의 논문 제목을 '원형으로부터 무한정 멀어지며 다양화하는 경향에 관하여'라고 지었다.

정말로 '표준적 토끼'라는 것이 있다면, 그것은 우르르 몰려다니고 뛰어다니고 변이하는 진짜 토끼들이 이루는 종형 분포에서 한가운데 위치한 개체라는 뜻밖에 없다. 분포는 시간에 따라 이동한다. 분포가 여러 세대 동안 점차 이동하면, 확실하게 어느 시점이라고 말할 수는 없어도, 우리가 토끼라고 불렀던 녀석들의 표준이 너무나 멀리 이동해서 다른 이름을 붙여줘야 하는 때가 올 것이다.

영원한 토끼성이나 본질적 토끼 따위는 없다. 털북숭이에 긴 귀, 배설물을 먹는 습관에 수염을 실룩거리는 버릇이 있는 개체가 많고, 그들이 크기와 형태와 성질에서 통계적인 변이 분포를 보일 뿐이다. 어떤 녀석이 예전 분포에서는 귀가 긴 쪽에 해당되었지만, 지질학적인 시간이 흐른 뒤에는 중간에 분포할지도 모른다. 충분히 많은 세대가 지나면, 선조 분포와 후손 분포가 전혀 겹치지 않을지도 모른다. 선조들 중 가장 길었던 귀가 후손들 중 가장 짧은 귀보다 더 짧을 수도 있다. 또 다른 그리스 철학자 헤라클레이토스가 말했듯이, 만물은 유전(流轉)한다. 고정된 것은 아무것도 없다. 1억 년쯤 지나면, 후손 동물들의 선조가 토끼였다는 사실을 믿기 어려운 지경이 될지도 모른다.

그렇지만 진화 과정 중 어느 세대에서도 개체군의 최빈값 형태는 바로 앞이나 뒤 세대의 최빈값 형태와 크게 다르지 않았다. 마이어는 이런 식의 생각을 *개체군적 사고*라고 불렀고, 이야말로 본질주의에 대한 안티테제라고 믿었다. 마이어에 따르면, 다윈이 등장하기까지 터무니없을 만큼 오랜 시간이 걸린 까닭은, 인간의 정신적 DNA에 본질주의가 각인되어 있기 때문이다. 그리스인들의 영향 때문이든, 다른 어떤 이유 때문이든.

플라톤 식 눈가리개를 벗지 못한 사람에게는 토끼는 어디까지나 토끼다. 토끼라는 종은 흘러가는 구름처럼 이동하는 통계적 평균이라는 생각, 오늘날의 전형적인 토끼는 100만 년 전이나 100만 년 후의 전형적인 토끼와는 다를지도 모른다는 생각은, 그들에게는 마음속 금기를 깨뜨리는 말처럼 느껴진다. 심리학자들이 언어 발달을 연구한 결과에 따르면, 실제로 아이들은 타고난 본질주의자들이다.

어쩌면 모든 사물을 분류해 각기 고유한 명사 아래 묶는 발달 과정을 밟으면서, 한편으로 멀쩡한 정신을 유지하기 위해서는, 반드시 본질주의자가 되어야만 하는지도 모른다. 〈창세기〉 신화에서 아담의 첫 임무는 동물들의 이름을 짓는 것인데, 과연 그럴 만한 것이다.

　마이어의 견해가 옳다면, 인류가 19세기 들어서도 한참 지나서야 겨우 다윈을 맞이한 것도 과연 그럴 만한 일이었다. 진화가 얼마나 반본질주의적인지 극적으로 확인할 수 있는 생각을 해보자. '개체군적 사고'에 기반한 진화적 시각에서는, 모든 동물이 다른 모든 동물과 연결되어 있고(가령 토끼가 표범과 연결되어 있고), 그 사이에는 일련의 중간 형태가 있는데, 중간 형태 각각은 바로 옆 연결고리와 아주 비슷하기 때문에, 이론적으로는 양옆의 이웃들과 교배해 생식력 있는 후손을 낳을 수 있다. 본질주의적 금기를 이처럼 철두철미하게 깨뜨리는 생각도 없을 것이다. 또한 이것이 상상에 국한된 막연한 사고실험에 불과한 것도 아니다.

　진화적 견해에서 보면, 정말로 토끼와 표범을 잇는 일련의 중간 형태 동물이 존재했다. 그들 모두가 한때 이 땅에 살아 숨쉬었으며, 그 각각은 길고 매끄러운 연속 과정에서 제 양옆에 위치한 이웃 종들과 틀림없이 같은 종으로 취급될 만한 형태였다. 사실 연속 과정의 구성원들 각각이 한쪽 이웃의 자식이자 다른 쪽 이웃의 부모였다. 그런데도 전체 연쇄사슬은 토끼에서 표범으로 가는 매끄러운 다리가 되었다. 다만, 조금 뒤에 보겠지만, '토끼표범' 같은 동물은 존재하지 않았다. 토끼에서 웜뱃까지, 표범에서 가재까지, 어떤 동식물에서 어떤 동식물까지 다 이런 다리가 있다.

　왜 진화적 세계관에서는 이런 충격적인 결과가 따라나올까? 스스로 그 이유를 추론해낸 독자도 있겠지만, 나도 한번 상세하게 설명해보겠다. 나는 이것을 '머리핀 사고실험(hairpin thought experiment)'이라고 부른다.

암컷 토끼를 한 마리 떠올려보자. 어떤 토끼든 상관없다(편의상 암컷들만 생각하자고 했지만, 논증에는 어차피 아무 영향이 없다). 그 옆에 엄마 토끼를 놓자. 엄마 토끼 옆에는 할머니 토끼, 그런 식으로 계속…… 수백만 년을 거슬러 올라가며, 모든 토끼가 제 딸과 엄마 사이에 끼도록 무한히 줄을 세워보자.

이제 우리가 토끼들의 줄을 따라 걸으면서, 마치 감별하는 사람처럼 꼼꼼히 녀석들을 살펴본다고 상상하자. 줄을 따라 걷다 보면, 옆에 있는 고대의 토끼들이 앞서 흔히 보았던 현대 토끼들과는 조금 다르다고 느껴지는 지점이 있을 것이다. 하지만 변화의 속도가 워낙 느리기 때문에 한 세대 사이에서는 경향성을 눈치 챌 수 없다. 시계에서 시침의 움직임이 우리 눈에 보이지 않는 것처럼, 혹은 아이가 자라나는 게 우리 눈에 보이지 않다가 나중에야 어느새 10대가 되었구나, 성인이 되었구나 깨닫게 되는 것처럼 말이다.

우리가 한 세대 사이에서 토끼들의 변화를 눈치 채지 못하는 이유가 하나 더 있다. 어느 시대든, 엄마들과 딸들 사이의 변이보다는 현재 개체군 내부의 변이가 더 크다. 그렇기 때문에 우리가 엄마들과 딸들을 비교하거나 할머니들과 손녀들을 비교함으로써 '시침'의 움직임을 판별할라치면, 설령 사소한 차이들이 있더라도 같은 초원에서 뛰노는 친구나 친척 토끼들과의 차이에 파묻혀 크게 드러나지 않는 것이다.

그럼에도 불구하고, 우리가 계속 거슬러 올라가면, 확연하지 않은 변화라도 착실히 누적될 것이고, 결국 토끼를 덜 닮고 뒤쥐를 더 닮은(사실 어느 쪽과도 그다지 비슷하다고는 할 수 없는) 선조에까지 다다를 것이다. 그런 생물들 중 하나를 '머리핀 굴곡(hairpin bend)'이라고 부르자. 이유는 분명하다. 그 동물은 토끼들이 표범들과 공유하는 가장 최근의 공통선조다(암컷 계통에서지만, 그것은 중요한 문제가 아니다). 녀석이 어떻게 생겼는지는 알 수 없지만, 진화적 시각에 따르면 그런 녀석이 틀림없이 존재해야 한다. 그 동물도 다른 동물들처럼 제 딸이나 어미와 같은 종에 속한다.

산책을 계속하자. 다만 이제는 머리핀의 굴곡에 따라 방향을 틀어, 시간을 따라 내려가자. 미래의 표범을 향해 가보자. 표범은 머리핀이 낳은 무수히 다양한 후손들 가운데 하나다. 걷다 보면 끊임없이 갈림길이 나올 것이고, 그때마다 우리는 표범들에게 이어지는 갈래를 선택해야 한다. 미래를 향한 길에서 뒤쥐처럼 생겼던 그 동물의 딸들이 계속 이어질 것이다. 천천히, 눈에 보이지 않을 정도로, 뒤쥐 같은 동물들도 변해간다. 중간 형태들은 현대의 어느 동물도 닮지 않았겠지만, 서로간에는 굉장히 닮았을 것이다. 어쩌면 대강 족제비처럼 생긴 중간 형태들을 거칠지도 모른다. 그러다 보면 결국, 갑작스러운 변화는 전혀 없었는데도, 우리는 표범에 도착해 있을 것이다.

이 사고실험을 놓고 여러 가지 이야기를 해볼 수 있다.

첫째, 우리는 토끼에서 표범으로 가는 길을 살펴보았지만, 거듭 강조하자면 호저에서 돌고래로, 왈라비에서 기린으로, 인간에서 대구로 가는 길도 얼마든지 선택할 수 있다. 중요한 것은, 어떤 한 쌍의 동물이든지 그들을 잇는 머리핀 경로가 있다는 것이다. 모든 종은 다른 모든 종과 선조를 공유한다는 단순한 이유 때문이다. 한 종에서 공통선조로 가는 길을 거슬러 올라간 뒤에, 머리핀 굴곡에서 방향을 틀어 다른 종을 향한 길로 내려오면 된다.

둘째, 우리는 한 현생 동물을 다른 현생 동물과 잇는 일련의 단계를 확인했다는 점을 명심하자. 토끼를 표범으로 *진화시킨* 것은 결코 아니다. 머리핀까지 올라가는 과정은 역 진화고, 거기서 표범까지 내려오는 과정은 진화라고 말할 순 있다. 현생 종이 다른 현생 종으로 진화하진 않는다는 것을 몇 번이고 반복해서 설명해야 하는 현실이 안타까울 뿐이다. 현생 종들은 선조를 공유하는 친척들이다. "정말로 인간이 침팬지에서 진화했다면, 왜 아직도 침팬지들이 돌아다니는 거죠?" 심란할 정도로 흔한 이런 질문에 대한 답이 이것이다.

셋째, 머리핀 굴곡에서 미래로 나아갈 때, 우리는 임의로 표범으로 향하는 길을 선택했다. 이것은 진화사에 실제로 존재했던 경로다. 하지만 중요한 점이기에 또 지적하자면, 우리는 무수히 많은 다른 종착점으로 갈 수 있는 무수히 많은 갈림길에서 다른 쪽을 다 무시한 것이다. 머리핀 굴곡의 동물은 토끼와 표범만의 공통선조가 아니라, 다른 많은 현생 포유류의 선조다.

넷째 요점은 앞서 이미 강조한 것이다. 머리핀 양끝(가령 토끼와 표범)의 차이가 아무리 크고 넓어도, 양자를 잇는 연결고리들의 각 단계는 아주아주 작다. 각 개체는 연쇄사슬에서 제 양옆에 있는 개체들과 몹시 비슷하다. 그도 그럴 것이, 엄마와 딸은 비슷할 수밖에 없지 않은가. 그리고 이것 역시 앞서 언급했지만, 그 개체는 자신을 둘러싼 개체군의 전형적인 구성원들보다 오히려 연쇄사슬 양옆의 개체들을 *더* 닮았을 것이다.

머리핀 사고실험은 플라톤의 이상적 형상이라는 우아한 그리스 신전을 미꾸라지처럼 빠져나간다. 마이어의 통찰대로 인간이 본질주의적 선입견에 깊이 물들어 있다면, 인류가 역사적으로 진화를 소화하기 힘들었던 까닭도 정말로 그 때문이었을 것이다.

'본질주의'라는 단어는 1945년에 발명되었다. 따라서 다윈은 모르는 말이었다. 하지만 다윈은 '종의 불변성'이라는 형태로 드러난 생물학적 본질주의를 너무나도 잘 알고 있었다. 그리고 그런 이름의 적을 물리치는 데 온 힘을 기울였다. 사실 다윈의 책들을 잘 이해하려면, 진화를 사실로 전제하는 현대적 시각을 버리고 볼 필요가 있다(《종의 기원》보다는 다른 책들이 더 그렇다). 다윈의 독자는 대부분 종의 불변성을 추호도 의심하지 않는 본질주의자들이었다는 사실을 기억해야 한다. 다윈이 이른바 종의 불변성에 반론을 제기할 때 쓴 가장 강력한 무기는 '가축화'의 증거들이었는데, 이 장의 나머지 부분에서는 그 이야기를 해보겠다.

유전자풀 조각하기

다윈은 동식물 육종(育種)에 관해 지식이 풍부했다. 그는 비둘기 사육가나 원예학자들과 교유했고, 개를 매우 사랑했다.■ 《종의 기원》 첫 장이 온통 동식물 가축종들에 관한 이야기일 뿐 아니라, 다윈은

■ 인간의 좋은 친구인 개를 사랑하지 않을 자가 어디 있겠는가?

그 주제로 아예 책을 한 권 쓰기도 했다. 《사육 동식물의 변이》는 장별로 개와 고양이, 말과 나귀, 돼지, 소, 양과 염소, 토끼, 비둘기(다윈이 특별히 아꼈으므로 두 장에 걸쳐 다뤘다), 닭과 여러 종류의 새, 식물, 그리고 가장 놀라운 양배추를 다룬 책이다.

양배추는 본질주의와 종의 불변성에 과감하게 도전하는 채소다. 야생 양배추인 브라시카 올레라케아(Brassica oleracea)는 아무 특징도 없는 식물로, 작물화한 양배추의 잡초 형태쯤으로 보인다. 원예학자들은 선택적 육종 기법의 도구상자에 든 얇고 굵은 끌들을 마음껏 휘둘러, 고작 몇 세기 만에 이 평범한 식물로부터 무수한 후손을 만들어냈다. 후손들은 야생 선조와는 물론 자기들끼리도 충격적일 만큼 큰 차이를 보인다. 브로콜리, 콜라비, 케일, 방울양배추, 스프링그린, 로마네스크 브로콜리…… 그리고 흔히 양배추라고 불리는 다양한 채소종도 있다.

또 다른 친숙한 사례는 늑대 카니스 루푸스(Canis lupus)를 카니스 파밀리아리스(Canis familiaris), 즉 개로 조각해낸 것이다. 영국 케널 클럽(Kennel Club, 세계 최초로 설립된 애견협회. '케널'은 개집이라는 뜻이다_옮긴이)이 인정하는 독자적 종은 200여 가지이며, 이 밖에도 아파르트헤이트 식 혈통 보존에 따라 유전적으로 서로 격리된 품종의 수는 더 많다.

여담이지만, 가축화한 모든 개의 야생 선조는 늑대였던 것 같다(전 세계 여러 곳에서 독립적으로 가축화가 진행되긴 했지만). 진화론자들이 언제나 그렇게 생각했던 것은 아니다. 다윈도 많은 동시대인과 마찬가지로 늑대나 자칼 등 개과의 여러 종이 가축화한 개의 계통에 기여했다고 짐작했다.

노벨상 수상자인 오스트리아의 행동학자 콘라트 로렌츠(Konrad Lorenz)도 같은 견해였다. 1949년에 출간된 《인간, 개를 만나다(Man Meets Dog)》에서, 로렌츠는 개의 품종이 크게 두 집단으로 나뉜다고 보았다. 자칼에서 유래한 품종들(이쪽이 다수다)과 늑대에서 유래한 품종들(로렌츠는 차우차우가 포함된 이쪽을 선호했다)이다. 이분법에 대한 구체적인 증거는 없었고, 그가 품종들의 성격과 특징에서 읽어낸 차이에만 기반했던 것 같다.

이 문제는 해결되지 않은 채로 남아 있다가, 분자생물학적 증거가 나타나고서야 매듭이 지어졌다. 알고 보니 모든 개 품종은 변형된 늑대였다. 자칼도, 코요테도, 여우도 아니었다.

내가 가축화에서 지적하고 싶은 논지는, 가축화가 얼마나 강력하고 빠르게 야생 동물들의 형태와 행동을 바꿔놓았는가 하는 점이다. 사육가들은 마치 무한한 가소성을 지닌 점토로 작업하는 모형가처럼, 또는 끌과 정을 자유자재로 휘두르는 조각가처럼, 내키는 대로 개와 말과 소와 양배추를 조각하는 것 같다. 이런 이미지에 대해서는 잠시 뒤 다시 이야기하겠다. 가축화를 자연적 진화와 비교하면, 선택의 행위자가 자연이 아니라 인간이라는 것 외에는 모든 과정이 정확하게 같다. 그래서 다윈도 《종의 기원》 들머리에서 가축화를 그토록 강조했던 것이다. 인위선택에 의한 진화의 원리는 누구나 쉽게 이해할 수 있다. 자연선택도 한 가지 세부 사항이 바뀌었을 뿐, 마찬가지다.

엄밀하게 말하면, 사육가(조각가)는 개나 양배추의 몸통이 아니라 그 품종의 유전자풀(gene pool)을 조각하는 것이다. 유전자풀이란 '신다윈주의 종합'의 기치 아래 묶인 일군의 지식과 이론에서 중심적인 개념이다. 물론 다윈은 이것을 전혀 몰랐다. 유전자풀이란 다윈의 지적 세계에는 존재하지 않는 요소였고, 사실인즉 유전자도 그랬다. 다윈은 형질이 가계를 따라 전수된다는 사실은 알고 있었고, 자식이 부모와 형제를 닮는 경향이 있다는 것도 알았고, 개나 비둘기의 특정 형질들이 조상의 상태를 유지하며 순종으로 이어진다는 것도 알았다. 유전(遺傳)은 자연선택 이론을 지지하는 핵심적 널빤지였다. 하지만 유전자풀은 좀 다른 문제다.

유전자풀 개념은 멘델의 독립유전 법칙에 비추어 생각해야만 의미가 있다. 오스트리아의 수사이자 유전학의 아버지인 그레고어 멘델(Gregor Mendel)과 동시대에 살긴 했지만, 다윈은 멘델의 법칙들을 몰랐다. 멘델은 자신의 발견을 독일어 학술지들에 발표했고, 다윈은 그것들을 읽지 않았기 때문이다.

멘델 식 유전자는 양자택일되는 존재다. 수정 순간에 우리가 아버지로부터 물려받는 것은 원재료가 아니다. 아버지의 재료가 어머니의 재료와 만나서, 마치 푸른 물감이 붉은 물감과 섞여 보라색이 되듯, 그렇게 섞이는 게 아니다. 유전이 그렇게 작동한다면(다윈 시대 사람들은 막연히 그렇게 생각했다), 우리는 다 부모의 중간쯤 되는 평균적 존재일 것이다. 그렇다면 모든 변이가 개체군에서 빠르게 사라져버릴 것이다(보라색 물감을 보라색 물감과 아무리 바지런히 섞어봤자 결코 원래의 붉은색이나 푸른색을 다시 얻을 수 없다). 물론 누구나 뻔히 관찰할 수 있듯이, 개체군에서 변이가 줄어드는 내재적 경향성은 전혀 없다.

멘델은 부계 유전자와 모계 유전자가 아이에게서 결합할 때('유전자'라는 단어는 1909년에 생겨났으므로, 멘델이 그 단어를 쓰지는 않았다), 물감처럼 혼합되는 게 아니라 카드패처럼 섞인다고 생각했다. 요즘 우리는 유전자가 카드처럼 물리적으로 떨어진 개체들이 아니라 긴 DNA 부호라는 사실을 알지만, 어쨌든 원리는 유효하다. 유전자들은 혼합되지 않고 섞일 뿐이다. 게다가 확실하게 잘 섞이지 않는다고도 할 수 있다. 여러 세대에 걸쳐 섞어치기를 하는 동안에도 일군의 패가 내내 한데 붙어 있다가 우연한 기회에야 갈라지는 경우도 있으니 말이다.

우리 몸속의 난자(또는 정자)는 특정 유전자에 대해 아버지와 어머니의 버전을 둘 다 갖고 있다. 둘이 혼합된 형태를 갖고 있는 것이 아니다. 그 특정 유전자는 네 조부모 중 한 명에게서 온 것이고, 나아가 여덟 명의 증조부모 중 한 명에게서 온 것이다.■

이제 와서 돌이켜보면, 모두 참으로 뻔한 사실들이다. 암컷과 수컷을 교배시키면 딸이나 아들이 나오지, 암수한몸을 기대하는 사람은 없지 않은가.■■ 지금 생각해보면, 누구든 안락의자에 앉은 채로 형질들의 양자택일적 유전에 대한 일반원리를 발견할 수도 있었을 것 같다. 흥미로운 점은, 다윈도 그 발견에 아슬아슬하게 다가갔다는 것이다. 하지만 그는 완전히 연관짓지 못하고 그전에 멈췄다. 1866년에 다윈은 알프레드 월리스에게 이런 편지를 썼다.

■ 멘델이 우리에게 제공한 유전학 모형, 그리고 1950년대의 왓슨–크릭 혁명 이전까지 모든 생물학자가 따른 유전학 모형에 의하면, 이것은 엄연한 사실이다. 그러나 유전자가 긴 DNA 조각이라는 것을 알게 된 오늘날에 보면, 이것은 거의 사실이긴 하지만 완벽한 사실은 아니다. 어쨌든 현실적으로는 사실로 간주해도 문제가 없다.

■■ 내가 유년기를 보낸 농장에는 유난히 난폭하고 공격적인 암소가 한 마리 있었다. 아루샤라는 그 암소는 '한 성질' 하는 문젯거리였다. 어느 날, 가축 돌보는 일을 하던 에번스 씨가 유감스럽다는 듯이 이렇게 말했다. "아루샤는 꼭 황소랑 암소를 교배해놓은 것 같단 말이지."

친애하는 월리스!

특정 변이들의 비혼합성이라는 내 말을 잘 이해하지 못한 것 같군요. 생식력을 가리키는 말이 아니었습니다. 예를 들어 설명하는 게 좋겠지요. 내가 서로 다른 색깔의 변종들인 페인티드레이디 스위트피와 퍼플 스위트피를 교배시켰더니, 그 중간형이 아니라 양쪽의 색을 그대로 간직한 스위트피들이 나왔고, 심지어 한 꼬투리 안에서 양쪽이 다 나온 경우도 있었습니다. 당신의 나비들에서도 처음에 이 비슷한 일이 일어나지 않았을까 생각됩니다만…… 이런 사례들이 겉보기에는 몹시 신기하지만, 세상의 모든 여성이 확연하게 남성과 여성으로 구분되는 자손을 낳는 것보다 더 신기한 일인지는 모르겠습니다.

다윈은 (우리의 용어를 쓰자면) 유전자의 비혼합성이라는 멘델의 법칙을 발견하는 데에 *그만큼 가까이 갔다.*▪ 패트릭 매슈(Patrick Matthew)나 에드워드 블라이스(Edward Blyth) 등 다른 빅토리아 시대 과학자들이 다윈에 앞서 자연선택을 발견했다고 고집하는 몇몇 사람의 불만 가

▪ 어느 루머에 따르면, 멘델의 실험 결과가 발표된 독일 학술지를 다윈도 한 부 갖고 있었으나, 다윈 사후에 확인한 결과 해당 쪽들이 잘리지 않은 채 봉해져 있었다고 한다. 끈질기게 언급되는 루머지만, 실은 거짓이다. 이 밈(meme)은 다윈이 W. O. 포케의 《식물의 변종》을 갖고 있었다는 사실에서 유래했을 것이다. 포케가 멘델을 간략하게 언급했고, 다윈의 책에서 그 부분이 봉해져 있는 것은 사실이다. 하지만 포케는 멘델의 작업을 특별히 강조하지 않았고, 그 중요성을 이해하지도 못한 것 같다. 그러므로 다윈이 해당 부분을 열어 읽었더라도 요지를 간파할 수 있었을지는 분명치 않다. 게다가 다윈의 독일어 실력은 뛰어나지 못했다. 다윈이 멘델의 논문을 읽었더라면 생물학사는 무척 달라졌으리라. 어쩌면 멘델 본인도 자기 발견의 의미를 완전히 이해하지 못했다. 그가 충분히 이해했더라면 다윈에게 편지를 썼을지도 모른다. 나는 브르노에 있는 멘델의 수도원 도서관에서 멘델이 소장했던 (독일어로 된) 《종의 기원》을 손에 쥐어보았고, 그가 그 책을 읽었음을 말해주는 여백의 문구들을 확인했다.

득한 주장과 비슷한 이야기다. 어떤 의미에서는 그 주장이 사실이었고, 다윈도 선배들을 인정했다. 하지만 여러 증거로 볼 때, 그들은 자연선택의 중요성을 이해하지 못했다. 다윈이나 월리스와 달리, 그들은 그것이 보편적 의미를 띤 *일반적* 현상이라는 것을 깨닫지 못했다. 자연선택이 모든 생명의 진화를 긍정적 개선의 방향으로 추진하는 힘이라는 것을 깨우치지 못했다.

마찬가지로, 월리스에게 쓴 편지를 볼 때 다윈이 유전의 비혼합성 개념을 거의 다 파악할 정도로 아슬아슬하게 가까이 다가간 것은 분명하나, 그는 그 일반성을 깨닫지 못했다. 특히 그것이 개체군에서 변이가 자동적으로 사라지지 않는 수수께끼 같은 현상에 대한 해답이라는 사실을 꿰뚫어보지 못했다. 그런 통찰은 시대를 앞섰던 멘델의 발견을 재발견하여 그 토대 위에서 작업해나갈 20세기 과학자들의 몫이었다.*

유전자풀 개념은 이제야 의미를 띠기 시작한다. 성적으로 번식하는 개체군, 가령 까마득히 먼 남대서양에 고립된 어센션 섬의 쥐들이라면, 섬 안의 모든 유전자가 끝없이 섞일 것이다. 그래도 각 세대가 전 세대보다 더 적은 변이를 보이는 내재적 경향성은 없을 것이고, 갈수록 지루한 중간 형태들이 되어가는 경향성도 없을 것이다. 유전자들은 말짱하게 보존된다. 세대가 지남에 따라 이 개체의 몸에

---

* 귀여운 괴짜이자 크리켓 애호가였던 수학자 G. H. 하디와 독일 의사 빌헬름 바인베르크가 1908년에 독자적으로 멘델의 이론을 재발견한 이래, 위대한 유전학자 겸 통계학자 로널드 피서, 그와 공동으로 집단유전학을 창시한 J. B. S. 홀데인, 시월 라이트가 역시나 대체로 독자적으로 그 이론을 정점에 올려놓는 연구들을 수행했다.

서 저 개체의 몸으로 옮겨갈 뿐이다. 결코 서로 혼합되지 않고, 결코 서로 오염시키지 않는다. 어느 한 시점에 모든 유전자는 개체들의 몸 안에 담겨 있거나, 아니면 정자를 통해 새로운 개체의 몸으로 이동하는 중일 것이다. 하지만 수많은 세대를 아울러서 전체적인 그림을 보면, 섬의 모든 쥐 유전자는 잘 섞인 한 벌의 카드처럼 하나의 유전자풀을 이룬다.

짐작하기로, 어센션 섬처럼 작고 고립된 섬의 쥐 유전자풀은 자족적인 데다가 비교적 잘 섞였을 것이다. 어느 쥐의 최근 선조들은 그 섬 어딘가에 살았지, 다른 어디서 들어오지 않았을 거라는 뜻이다. 물론 간간이 배를 타고 들어온 밀항자는 있었겠지만 말이다.

반면 유라시아 대륙처럼 거대한 땅덩이의 유전자풀은 훨씬 복잡할 것이다. 마드리드의 쥐는 대부분의 유전자를 유라시아 대륙 서단에 살았던 선조들에게서 받았지, 몽골이나 시베리아처럼 먼 곳의 쥐에게서 받지는 않았을 것이다. 유전자 흐름에 특별한 장벽이 있어서가 아니라(물론 장벽도 있긴 하지만), 순전히 거리가 너무 멀기 때문이다. 대륙의 한 끝에서 다른 끝까지 유전자가 유성생식으로 섞여들어 가려면, 시간이 걸린다. 설혹 강이나 산맥 같은 장벽이 없더라도 큰 땅덩이의 유전자 흐름은 느릴 수밖에 없어서, 유전자풀에 '점성'이 있다는 표현이 적합한 상태다.

블라디보스토크 쥐의 유전자는 대부분 동쪽 끝의 선조들에게서 유래했을 것이다. 유라시아 대륙의 유전자풀도 어센션 섬의 유전자풀처럼 섞이기야 하지만, 거리가 하도 멀다 보니 균질하게 잘 섞이지는 못한다. 게다가 산맥이나 큰 강, 사막 같은 부분적 장벽들이 균질한 뒤섞임을 방해하기 때문에, 유전자풀은 조각이 나고 복잡해진다. 그렇더라도 유전자풀의 개념적 가치가 없어지는 것은 아니다. 완벽하게 섞인 유전자풀은 여전히 유용한 추상적 개념이다. 수학자의 완벽한 추상적 직선과 비슷하다.

현실의 유전자풀은 어센션 섬처럼 작은 섬에서라도 불완전한 근사적 형태고, 부분적으로만 섞인다. 섬이 더 작을수록, 덜 울퉁불퉁할수록, 현실의 유전자풀은 완벽하게 섞인 추상적 이상형에 더 가까워질 것이다.

유전자풀 이야기를 마무리하면서 한 가지 지적할 점이 있다. 우리가 개체군에서 보는 각 개체는 당시의 유전자풀(또는 그 부모 세대의 유전자풀이라고 하는 게 더 정확할지도 모르겠다)에서 뽑아낸 하나의 표본이라는 점이다. 유전자풀에서 어떤 유전자의 빈도가 커지거나 작아지는 내재적 경향성이 꼭 있어야 하는 것은 아니다. 하지만 한 유전자풀에서 특정 유전자의 빈도가 체계적으로 커지거나 작아지는 경향성이 *실제*로 관찰된다면, 그것이야말로 우리가 진화라고 부르는 현상이다. 따라서 질문은 이렇게 바뀐다. *왜* 유전자의 빈도에 체계적인 증가나 감소 경향이 생겼을까? 이 대목에서 비로소 상황이 흥미로워지는데, 이 이야기는 나중에 때가 되면 이어서 할 것이다.

가축화한 개들의 유전자풀에서는 재미있는 일이 일어난다. 순종 페키니즈나 달마시안 사육가들은 한 유전자풀에서 다른 유전자풀로 유전자들이 넘어가는 것을 막으려고 안간힘을 쓴다. 그들에게는 수세대까지 거슬러 올라가는 혈통서가 있다. 순종 사육가의 세상에서 일어날 수 있는 최악의 사건은 바로 잡종이다. 마치 각각의 품종이 저만의 협소한 어센션 섬에 유폐된 채, 다른 품종들로부터 격리된 것 같다. 하지만 이종교배의 실제 장애물은 푸른 바닷물이 아니라 사람이 정한 규칙이다. 모든 품종이 지리적으로 겹치지만, 주인들이 교배 기회를 단속하기 때문에 개들은 서로 다른 섬에 격리된 것이나 마찬가지다.

물론 시시때때로 규칙을 깨는 일이 벌어진다. 배에 숨어 어센션 섬으로 들어간 쥐처럼, 가령 휘핏 암캐 한 마리가 목줄을 벗어나 스패니얼과 교배할 수 있다. 그러나 그렇게 탄생한 잡종 강아지는 제아무리 사랑스러워도 순종 휘핏의 섬에서 당장 추방된다.

섬은 순수한 휘핏들만의 섬으로 남는다. 순종교배된 휘핏 개체들이 가상의 휘핏 섬 유전자풀을 오염되지 않은 상태로 유지한다. 각각의 순혈 품종마다 이런 인공의 '섬'이 있으니, 물경 수백 개의 섬이 있는 셈이다. 지리적 소재가 없다는 점에서 이들은 가상의 섬이다. 순종 휘핏이나 순종 포메라니안은 전 세계에 존재하며, 자동차나 배나 비행기가 그들의 유전자를 한 장소에서 다른 장소로 실어나른다. 페키니즈 유전자풀이라는 가상의 유전자 섬은 복서 유전자풀이나 세인트버나드 유전자풀과 지리적으로 겹치지만, 유전적으로는 겹치지 않는다(암캐가 갑자기 뛰쳐나가지 않는 한).

이제 유전자풀에 대한 논의를 시작하면서 했던 말로 돌아가보자. 인간 사육가를 조각가라고 본다면, 그들이 끌로 깎아내는 것은 개의 몸뚱어리가 아니라 유전자풀이라고 했다. 사육가의 의도는, 가령 복서들의 주둥이를 더 짧게 만들겠다는 식이므로, 어떻게 보면 실제로 개의 몸을 깎는 게 아닌가 싶기도 하다. 그런 의도의 결과물은 실제 짧아진 주둥이로 나타나므로, 마치 끌이 선조 복서들의 얼굴을 깎아낸 것 같다.

하지만, 앞서 지적했듯이, 한 세대의 전형적인 한 마리 복서는 현재의 유전자풀에서 취한 하나의 표본일 뿐이다. 수년간 깎고 다듬어진 것은 유전자풀이다. 긴 주둥이 유전자들이 유전자풀에서 깎여나가고, 짧은 주둥이 유전자들이 그 자리를 차지했다. 닥스훈트든 달마시안이든, 복서든 보르조이든, 푸들이든 페키니즈든, 그레이트데인이든 치와와든, 모든 개 품종이 그 몸뚱어리 자체가 아니라 유전자풀이 조각되고, 깎여나가고, 치대어져서 성형된 것이다.

모든 작업이 조각처럼 이루어지는 것은 아니다. 우리에게 친숙한 품종들 중에는 다른 품종끼리의 잡종으로 탄생한 것도 많다. 상당히 최근에 생겨난 것들도 있어서, 가령 19세기에 만들어진 품종도 있다. 잡종화는 가상의 유전자풀 섬들이 처해 있던 고립상태를 의도적으로 침범하는 것이다. 어떤 잡종화 계획은 참으로 세심하게 설계된 것이라서, 그 생산물을 가리켜 잡종이나 혼혈이라고 하면 사육가들은 진노한다(오바마 미국 대통령은 자못 유쾌하게 스스로를 그렇게 칭하지만).

래브라두들(Labradoodle)은 일반적인 푸들과 래브라도리트리버의 잡종인데, 두 품종의 미덕만을 얻기 위해 세심하게 가공한 결과다. 래브라두들을 키우는 사람들도 순혈종의 주인들처럼 협회나 단체를 조직한다. 래브라두들 애호가 집단 내부에는, 다른 설계된 잡종견들의 경우와 마찬가지로, 두 유파가 있다. 푸들과 래브라도를 계속 교배시켜서 래브라두들을 만드는 데 만족하는 파가 있고, 래브라두들 간의 교배에서 순혈 래브라두들이 태어나도록 새 유전자풀을 만들어내려는 파가 있다.

현재로서는 2세대 래브라두들 유전자들끼리 조합하면 순종 개들보다 더 큰 변이를 보인다. 요즘의 '순종'들도 처음에는 그렇게 시작한 것이 많다. 변이성이 높은 중간 단계들을 거치면서, 세대마다 세심한 교배를 통해 지속적으로 다듬어져온 것이다.

가끔 두드러진 돌연변이 하나를 채택함으로써 새 품종이 시작되는 경우도 있다. 진화가 유전자들을 원재료로 삼아 무작위적이지 않은 선택을 하는 반면, 돌연변이는 그 유전자들에 무작위적인 변화를 일으킨다. 자연에서는 큰 돌연변이가 살아남는 경우가 드물지만, 유전학자들은 실험실에 등장한 돌연변이를 아주 좋아한다. 연구하기가 쉽기 때문이다.

바셋하운드나 닥스훈트처럼 다리가 짧은 품종은 연골발육부전증이라는 유전자 돌연변이를 일으킴으로써 한 단계 만에 그런 특징을 얻었다. 이것은 자연에서는 생존할 가능성이 희박한 돌연변이의 전형적 사례. 사람에게 이 비슷한 돌연변이가 일어나면 사람의 왜소발육증 중에서 가장 흔한 형태가 만들어진다. 몸통은 거의 정상이지만 다리와 팔이 짧아지는 것이다.

원래 체형의 비율을 유지한 채 크기만 소형화되는 돌연변이 경로들도 있다. 사육가들은 연골발육부전증 같은 몇몇 주요 돌연변이 유전자를 다른 여러 보조적 유전자와 결합해 선택함으로써, 개의 크기와 형태를 변화시킨다.

유전학을 알아야만 변화를 효율적으로 이끌어낼 수 있는 것은 아니다. 유전학을 전혀 몰라도 된다. 어느 녀석을 어느 놈과 교배시킬지 잘 선택하기만 하면, 원하는 형질을 갖춘 온갖 형태를 길러낼 수 있다. 개를 비롯해 대부분의 동식물 사육가들은 유전학에 대한 이해가 손톱만큼도 없던 때부터 몇백 년 동안이나 이런 식으로 일해왔다. 여기에서 우리는 자연선택에 관한 한 가지 교훈을 얻을 수 있다. 당연한 말이지만, 자연도 사육가들과 마찬가지로 아무것도 이해하거나 인식하지 않은 채 작업한다는 것이다.

미국의 동물학자 레이먼드 코핀저(Raymond Coppinger)는 서로 다른 품종의 강아지들이 성견들보다 서로 더 닮았다는 점을 지적했다. 강아지들은 서로 크게 달라지기가 어렵다. 그들이 주로 하는 일인 젖빨기는 어떤 품종에게든 똑같은 과제이기 때문이다. 특히 젖을 잘 빨려면 주둥이가 보르조이나 리트리버처럼 길면 안 된다. 강아지들이 죄다 퍼그처럼 생긴 것은 그 때문이다. 퍼그 성견은 강아지에서 얼굴이 제대로 발육하지 않은 결과라고 할 수도 있겠다. 대부분의 개가 젖을 뗀 뒤 비교적 긴 주둥이를 성장시키지만, 퍼그와 불도그와 페키니즈는 예외다. 이들은 다른 부분은 자라지만 주둥이만은 유아적 비율을 유지한다. 이런 현상을 전문용어로 *유형성숙(neoteny)* 이라고 한다. 7장에서 인간의 진화를 이야기할 때 이 현상을 다시 만날 것이다.

동물의 모든 신체 부위가 같은 비율로 자라서 성체가 유아의 형태를 일정하게 부풀린 것에 불과할 때, 등장성성장(isometric growth)이라고 한다. 등장성성장은 상당히 드물다. 반면 상대성장은 서로 다른 부위들이 서로 다른 비율로 자라는 것이다. 여러 신체 부위 사이의 성장비율이 간단한 수학적 관계를 이룰 때도 있는데, 1930년대에 줄리언 헉슬리(Julian Huxely) 경이 열심히 탐구한 현상이다.

서로 다른 품종들이 서로 다른 형태를 취하는 것은 신체 부위들 간의 상대성장적 관계를 바꿔놓는 유전자들 때문이다. 예를 들어, 불도그가 처칠 같은 우거지상을 갖게 된 것은 코뼈들의 성장이 느려지는 방향으로 유전적 변화가 일어났기 때문이다. 이 변화는 주변 뼈들의 상대성장에도 연쇄반응을 일으켰고, 사실상 주변 모든 조직에 변화를 초래했다. 입천장이 위로 당겨져서 어색한 위치에 놓인 것도 그런 연쇄효과들 중 하나다. 그래서 이빨이 튀어나오고, 침을 잘 흘리는 것이다. 불도그는 자주 호흡곤란을 겪는데, 페키니즈도 비슷한 문제가 있다. 불도그는 출산을 하기도 어렵다. 머리가 상대적으로 너무 크기 때문이다. 우리가 요즘 보는 불도그는, 전부는 아니라도 대부분, 제왕절개로 태어난 녀석들이다.

보르조이는 정반대다. 녀석의 주둥이는 극단적으로 길다. 주둥이가 길어지는 과정이 출생 전부터 시작된다는 점도 참으로 특이한데, 아마도 그래서 보르조이 강아지들은 다른 품종의 강아지들보다 젖 빨기에 능숙하지 못할 것이다. 코핀저의 추측에 따르면, 보르조이 강아지들도 어떻게든 젖을 빨아 생존하는 능력을 유지해야 할 테니, 보르조이의 주둥이를 늘리려는 인간의 욕망은 이미 벽에 부딪혀 한계에 다다랐을 것이다.

우리는 개의 가축화에서 어떤 교훈을 얻을 수 있을까? 첫째, 그레이트데인에서 요크셔테리어까지, 스코티시테리어에서 에어데일테리어까지, 리지백에서 닥스훈트까지, 휘핏에서 세인트버나드까지…… 개 품종이 이토록 다양한 것을 볼 때, 유전자들에 대한 무작위적이지 않은 선택을 통해서 유전자풀을 깎고 다듬음으로써 해부구조와 행동양식에 극적인 변화를 일으키는 것은 상당히 쉬운 일인 셈이다. 놀랄 만큼 적은 수의 유전자만 관계되는 일이다. 그런데도 결과적인 변화는 참으로 커서(품종들 간의 차이는 극적이다), 그 진화에 수백 년이 아니라 수백만 년은 걸렸을 것 같은 인상을 준다. 수백 년, 심지어 수십 년 만에 그런 진화적 변화가 가능하다면, 수천만 년이나 수억 년 동안에는 어떤 일이 가능할지 상상해보라.

지난 수백 년을 돌이켜볼 때, 인간 사육가들이 점토를 다루듯이 개의 몸뚱어리를 밀고 당기고 성형해 어느 정도 입맛에 맞게 만들어 냈다고 생각하는 것도 영 틀린 것은 아니다. 물론 우리가 실제로 주무르는 것은 개의 몸이 아니라 유전자풀이다. 그리고 '주무른다'보다는 '조각하다'가 더 나은 비유다.

어떤 조각가들은 점토 덩어리를 주물러 모양을 잡아나가는 방식으로 작업하지만, 어떤 조각가들은 돌이나 나무를 정으로 조금씩 깎아서 *삭제*하는 방식으로 작업한다. 개 육종가들이 개의 몸뚱어리를 깎아 조각하는 것은 물론 아니지만, 유전자풀에 대해서는 깎는다고 말할 수도 있다. 하지만 단순한 빼기보다는 조금 복잡하다. 미켈란젤로는 대리석 한 덩어리를 조금씩 깎아내 그 안에 숨은 다비드를 드러냈다. 더한 것은 아무것도 없었다. 반면 유전자풀은 한쪽에서는 무작위적이지 않은 죽음으로 인한 빼기가 계속되지만, 다른 한쪽에서는 돌연변이 같은 현상들로 인한 더하기 또한 끊임없이 진행된다. 이 지점에서 '조각' 비유가 엇나가기 시작하므로, 비유를 지나치게 밀어붙이지는 말자. 이 부분은 8장에서도 살펴볼 것이다.

조각상을 생각하다 보면, 근육이 지나치게 붙은 보디빌더들의 체형이 떠오르고, 동물계의 보디빌더라 할 수 있는 벨지언블루 소 같은 녀석들이 떠오른다(컬러 화보 2쪽을 보라). 걸어다니는 고기 공장인 녀석들은 '이중근육화'라는 유전자 조작을 통해 특별히 고안된 품종이다. 근육의 성장을 통제하는 마이오스타틴이라는 단백질이 있는데, 이것을 만드는 유전자가 고장이 나면 근육은 정상보다 훨씬 커진다. 한 유전자가 하나 이상의 방식으로 돌연변이를 일으켜서 같은 결과를 내는 경우가 종종 있는데, 마이오스타틴 생성 유전자도 그런 경우라서 여러 방식으로 고장이 나지만 항상 같은 효과를 낸다. 다른 사례로 블랙이그저틱이라는 돼지 품종도 있다. 개들 중에서도 여러 품종에서 같은 이유로 근육조직이 과장된 개체가 곧잘 등장한다.

한편, 인간 보디빌더는 극단적이고 체계적인 운동을 통해서, 또 가끔은 단백동화 스테로이드 약물을 통해서 비슷한 체형을 얻는다. 환경적 기법들로 벨지언블루나 블랙이그저틱의 돌연변이 유전자를 흉내 내는 것이다. 그 결과에 차이가 없다는 점에서, 우리는 또 하나의 교훈을 얻을 수 있다. 유전적 변화와 환경적 변화가 동일한 결과를 낼 수 있다는 교훈 말이다.

아이를 보디빌더 대회에서 우승시키고 싶다면, 아울러 당신에게 몇백 년쯤 시간이 있다면, 유전자 조작을 시도해볼 수도 있겠다. 벨지언블루 소나 블랙이그저틱 돼지를 독특하게 만드는 괴물 유전자를 인간에게서 개발하는 것이다. 실제로 마이오스타틴 유전자에 삭제가 일어나서 근육이 비정상적으로 자라는 사람의 사례가 몇 알려져 있다. 그런 돌연변이 아기를 만들어서 바벨까지 들어올리게 하면 (소나 돼지는 이런 운동을 하도록 꾀일 수가 없다), 미스터 유니버스보다 훨씬 그로테스크한 뭔가를 만들어낼 수 있을 것이다.

인간에 대한 우생학적 조작을 정치적으로 반대하는 사람들은 가끔 열의에 찬 나머지, 그런 일은 불가능하다고 단언한다. 그런 일이 비도덕적인 것은 물론이요 애초에 가능하지도 않다는 것이다. 안타깝게도, 무언가가 도덕적으로 잘못되었거나 정치적으로 바람직하지 않다고 해도 그것이 반드시 잘 작동하지 말라는 법은 없다. 나는 추호의 의심도 없이 믿는데, 우리가 확실히 마음을 먹고 충분한 시간과 정치력을 조달한다면, 틀림없이 뛰어난 보디빌더와 높이뛰기 선수, 투포환 선수, 잠수부, 스모 선수, 단거리 육상 선수를 길러낼 수 있을 것이다. 그리고 아마 뛰어난 음악가, 시인, 수학자, 와인 감별사도 육성할 수 있을 것이다(여기에 대해서는 확신이 좀 덜한데, 왜냐하면 동물의 선례가 없는 영역들이기 때문이다).

인간에게서 육체적 능력을 선택적으로 육종할 수 있다고 확신하는 까닭은, 그런 특징들은 우리가 경주마나 짐말, 경주견이나 썰매 개에게서 멋지게 끌어낸 특징들과 매우 비슷하기 때문이다. 정신적 형질처럼 인간에게만 독특한 형질들에 대해서도 선택적 육종이 현실적으로 가능할 것이라고 상당히 확신하는 까닭은(도덕적 또는 정치적으로 바람직한가 하는 문제는 아니다), 동물에게서 몹시 놀라운 특징을 선택적으로 끌어내려고 했던 시도들이 실패한 경우가 거의 없기 때문이다. 개에게서 양떼를 모는 능력이나 사냥감 위치를 가리키는 능력, 소를 물어뜯는 능력을 끌어낼 수 있을 거라고 처음부터 상상한 사람이 있을까?

우유를 월등하게 많이 생산하는 소를 만들고 싶은가? 송아지를 키우는 어미보다 몇십, 몇백 배 많이 우유를 생산하는 소를 바라는가? 선택적 육종으로 만들어낼 수 있다. 암소를 변형시켜 거대하고 꼴사나운 젖통을 키우게 할 수 있고, 정상적인 수유기가 끝난 뒤에도 한참 더 계속 우유가 나오게 할 수 있다. 무슨 이유 때문인지 말에 대해서는 이런 육종이 이루어진 예가 없지만, 나는 시도하면 해낼 수 있다는 데 걸겠다. 누구 반대에 걸 사람 있나?

물론 시도하는 사람이 있어야 하겠지만, 아마 사람에 대해서도 마찬가지일 것이다. 많은 여성이 멜론 모양의 유방이 매력적이라는 신화에 속아넘어가 의사에게 거금을 주고 실리콘을 삽입하지만, (만약 내 돈이라고 생각하면) 결과는 기대에 미치지 못하는 경우가 많다. 충분한 세대가 주어진다면 선택적 육종을 통해 여성들이 마치 프리지안 젖소와 같은 기형적 결과를 얻을 수도 있다는 것을 의심하는 사람이 있을까?

25년쯤 전에 나는 인위선택의 힘을 보여주기 위해 컴퓨터 시뮬레이션을 하나 개발했다. 품종 대회에 출품할 장미나 개, 소를 길러내는 것과 비슷한 컴퓨터 게임이었다. 게임을 시작하면 화면에 아홉 가지 '컴퓨터 생물 형태'가 등장하는데, 가운데 있는 것이 다른 여덟 가지 형태의 '부모'다. 모든 형태는 약 10여 개 '유전자'의 영향에 따라 형성되는데, 유전자는 '부모'에서 '자식'에게 전달되는 단순한 숫자들로, 그 과정에 작은 '돌연변이'가 개입할 가능성이 있다. 돌연변이는 부모의 유전자값이 살짝 커지거나 작아지는 것이다. 각 생물 형태는 10여 개 유전자가 취하는 특정 수치들의 집합에 따라 만들어지는 셈이다.

게임을 하는 사람은 유전자는 전혀 보지 않는다. 그냥 아홉 가지 형태를 보고, 개중 마음에 들어서 더 길러보고 싶은 '몸'을 선택하면 된다. 그러면 다른 여덟 가지 생물 형태가 화면에서 사라지고, 선택된 하나가 가운데로 미끄러져 이동하며, 새로운 여덟 가지 돌연변이 '자식'이 화면에 '탄생한다'.

시간이 허락하는 대로 오래 이 과정을 반복해 많은 '세대'를 거치면, 화면에 등장하는 '생물체'들의 평균 형태가 서서히 '진화한다'. 세대에서 세대로 전해지는 것은 유전자뿐이므로, 우리가 눈으로 선택한 것은 생물 형태지만 실은 모르는 사이에 유전자들을 선택한 셈

〈눈먼 시계공〉 프로그램에 등장한 생물 형태들

이다. 사육가들이 개나 장미를 선택하는 과정도 바로 이렇다.

유전학은 이만하면 됐다. 게임이 진정 흥미로워지는 것은 우리가 '발생학'까지 고려할 때다. 화면에 등장하는 생물 형태들의 발생학은 '유전자'들, 즉 수치들이 형태에 영향을 미치는 과정을 말한다. 상당히 다양한 방식의 발생 과정을 상상해볼 수 있는데, 나는 개중 몇 가지를 시험해보았다.

첫 프로그램인 〈눈먼 시계공〉에서는 나뭇가지 성장 식 발생 과정을 사용했다. 굵은 '둥치' 하나에서 '가지' 두 개가 뻗어나오고, 각 가지에서 또 잔가지 두 개가 뻗는 식이었다. 가지의 수와 각도와 길이는 모두 유전적 통제 하에 있으므로, 유전자 수치값들에 따라 결정되었다. 가지치기 발생학의 중요한 속성은 '재귀성'이다. 여기서 그 개념을 상세하게 설명하진 않겠지만, 요컨대 하나의 돌연변이가 나무의 한구석에만 영향을 미치는 게 아니라 나무 전체에 영향을 미친다는 뜻이다.

〈눈먼 시계공〉 프로그램은 단순한 모양의 나무로 시작하지만, 금세 신기한 진화 형태들의 세상으로 빠져든다. 기묘하게 아름다운 형태도 많고, 몇몇은 프로그램 실행자의 의도에 따라 곤충이나 거미나 불가사리 등 친숙한 생물의 형태를 띤다. 왼쪽 그림은 한 실행자가 (내가) 그 기묘한 컴퓨터 세상의 샛길들과 막다른 골목들에서 만난 생물 형태들을 모은 '사파리 동물원'이다. 프로그램의 나중 버전에서는 발생학의 범위를 확장시켜 보기도 했다. 유전자들이 '나뭇가지'들의 색깔과 모양까지 통제할 수 있도록 말이다.

다음으로 나는 당시 애플컴퓨터사에서 일하던 테드 켈러와 함께 〈절지 형태〉라는 더 정교한 프로그램을 만들었다. 이때는 흥미로운 생물학적 속성들을 몇 가지 포함한 '발생학'을 적용했는데, 곤충류나 거미류, 지네류, 기타 절지동물을 닮은 형태를 길러내기에 알맞도록 조절한 것이었다. 이 〈절지 형태〉와 앞서 말한 〈생물 형태〉, 그리고 〈패류 형태(컴퓨터 연체동물)〉, 기타 비슷한 종류의 프로그램들에 관해서는 《불가능의 산을 오르다》에서 설명했다.

특히 패류의 발생 과정에 관한 수학적 내용은 잘 알려져 있으므

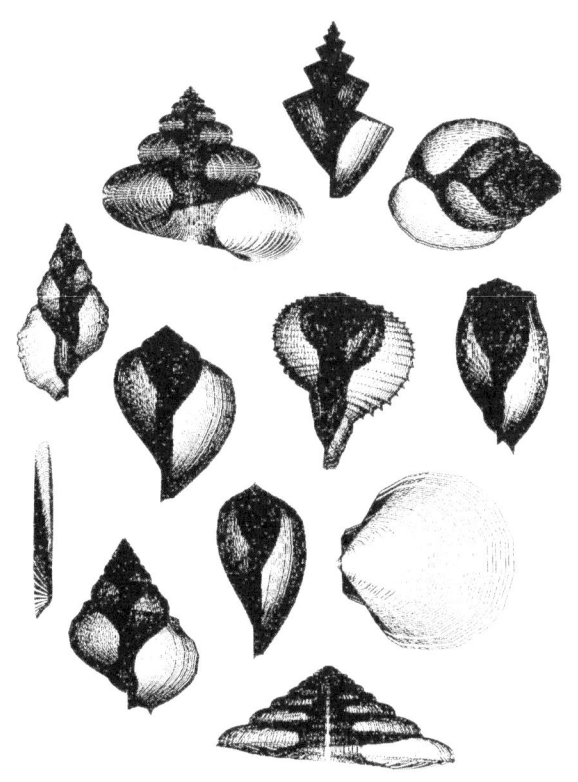

패류 형태들. 인위선택으로 만들어낸 컴퓨터 조개들이다.

로, 〈패류 형태〉 프로그램으로 인위선택한 결과는 실제의 생물 형태들과 무척 비슷했다(위의 그림을 보라). 마지막 장에서도 이 프로그램들을 다시 거론할 텐데, 그때는 전혀 다른 요지를 이야기할 것이다. 어쨌든 지금 이 프로그램들을 소개한 이유는, 극도로 단순화한 컴퓨터 환경에서도 인위선택의 힘이 이토록 강력하다는 것을 보여주기 위해서다. 농학과 원예학의 현실 세계, 비둘기 애호가와 개 사육가의 현실 세계에서는 인위선택이 훨씬 많은 일을 해낸다. 〈생물 형태〉, 〈절지 형태〉, 〈패류 형태〉가 인위선택의 원리를 잘 보여주듯이, 인위선택 자체는 우리가 다음 장에서 이야기할 자연선택의 원리를 잘 보여준다.

다윈은 인위선택의 힘을 몸소 경험했고, 《종의 기원》 1장에서 자랑스럽게 그 체험을 소개했다. 다윈은 독자를 자신의 위대한 통찰인 자연선택으로 곧장 안내하는 대신, 먼저 독자의 저항을 누그러뜨리고자 한 것이다. 인간 사육가가 고작 몇백 년이나 몇천 년 만에 늑대를 페키니즈로, 야생 양배추를 콜리플라워로 변형시킬 수 있다면, 야생 동식물의 무작위적이지 않은 생존이 수백만 년에 걸쳐서 같은 일을 해내지 못하란 법이 없지 않은가? 그것이 다음 장의 결론이다. 하지만 나는 다윈의 유화책을 좀 더 연장해서, 자연선택에 대한 이해의 길을 좀 더 부드럽게 닦아놓는 전략을 택할까 한다.

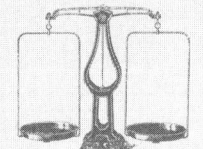

THE PRIMROSE PATH TO MACRO-EVOLUTION

3

대진화의 꽃길

2장에서 우리는 인간의 눈이 어떻게 수세대에 걸친 선택적 육종을 통해 개의 몸뚱어리를 조각하고 주물렀는지, 그리하여 눈이 돌아갈 정도로 다양한 형태, 색깔, 크기, 행동양식을 지닌 품종들을 만들어 냈는지 살펴보았다. 하지만 우리는 사람이다. 고의적이고 계획된 선택을 하는 데 원래 익숙하다. 그렇다면 다른 동물 중에도 인간 사육가와 같은 일을 하는 녀석들이 있을까? 고의성이나 의도는 없더라도 비슷한 결과를 내는 녀석들이 있을까?

그렇다! 그런 녀석들이 이 책의 유화 전략을 착실히 진행시켜줄 것이다. 이 장은 독자들의 마음을 한 단계 한 단계 유혹함으로써 개 품종과 인위선택의 익숙한 영역을 떠나 다윈이 발견한 자연선택의 위대한 영토로 들어가게 할 것이다. 그리고 그 도중에 다채로운 중간 단계들을 거칠 것이다. 이 유혹의 길을 환락의 꽃길(이 장의 원제에도 들어간 'primrose path(앵초꽃길)'라는 표현은 셰익스피어의 《햄릿》에 나오는 말로, 환락을 추구하는 길을 뜻한다. 다윈이 앵초를 연구했다는 말도 잠시 뒤에 나온다

_옮긴이)이라고 하면 과한 표현일까? 어쨌든 그 길을 구성하는 중간 단계들 중에서 첫 단계는 꿀이 흐르는 꽃들의 세계다.

야생 장미는 작지만 보기 좋고 충분히 예쁜 꽃이다. 하지만 우리가 피스나 러블리 레이디나 오필리아 같은 개량 품종들에게 아낌없이 퍼붓는 찬사의 말을 받을 만큼 아름답지는 않다. 야생 장미에도 간과할 수 없는 섬세한 향이 있지만, 메모리얼 데이나 엘리자베스 하크니스나 프래그런트 클라우드 같은 개량종들처럼 까무러칠 만큼 진하진 않다.

사람의 눈과 코는 야생 장미를 개량해왔다. 크기를 키우고, 모양을 내고, 꽃잎 수를 두 배로 늘리고, 색깔을 입히고, 꽃송이를 다듬고, 향기를 북돋워 어지러울 지경으로 진하게 만들고, 생장 습관을 조절하고…… 결국 세련된 이종교배 전략의 세계로 끌어들였다. 그리하여 수십 년간의 교묘한 선택적 육종을 거친 오늘날, 제가끔 무언가를 추억하거나 기념하는 이름을 지닌 수백 가지의 멋진 변종이 탄생했다. 자기 이름을 딴 장미를 갖고 싶지 않은 사람이 어디 있겠는가.

최초의 원예가였던 곤충들

장미는 개와 똑같은 이야기를 들려준다. 다만 단 하나의 차이가 있는데, 우리 유화 전략에서는 그 차이가 중요한 대목이다. 장미는 인간의 눈과 코가 그 유전자를 조각하기 전부터, 곤충의 눈과 코(곤충은 더듬이로 냄새를 맡으니까, 더듬이라고 해야 하나?)에 의한 조각 작업에 수백만 년 동안 제 몸을 맡겨왔다. 우리의 정원을 수놓는 모든 꽃이 마찬가지다.

학명이 헬리안투스 안누스(*Helianthus annuus*)인 해바라기는 북아메리카산 식물로, 야생 상태의 꽃은 쑥부쟁이나 커다란 데이지를 닮았다. 꽃이 큰 접시만 한 요즘의 해바라기들은 모두 품종개량된 것이다.[•] 원래 러시아에서 육종된 '매머드' 해바라기는 키가 3.5~5.2미터에, 머리 지름은 30센티미터 가까이 되어 야생 해바라기의 열 배가 넘는다. 야생의 꽃은 작은 꽃이 많이 뭉친 형태였던 데 비해, 개량 해바라기는 보통 식물 하나당 꽃이 하나다.

러시아 사람들이 아메리카산 꽃을 육종하기 시작한 것은 종교적인 이유 때문이었다. 러시아 정교회에서는 사순절과 강림절에 기름을 써서 요리하는 것을 금한다. 그런데 나로서는 도무지 헤아릴 수 없는(신학의 심원함을 교육받지 못한 몸이다 보니) 어떤 이유 때문인지, 해바라기씨 기름은 면제되었다고 한다.^{••} 이것이 최근의 선택적 해바라기 육종에 대한 여러 경제적 유인 중 하나다.

■ 국화과의 모든 꽃이 그렇듯이, 해바라기 '꽃'은 사실 수많은 작은 꽃(小花)이 중앙의 어두운 원반에 모여 만들어진 것이다. 해바라기의 노란 꽃잎은 원반에서 제일 가장자리에 있는 작은 꽃들의 꽃잎이다. 안쪽의 작은 꽃들도 꽃잎이 있지만 너무 작아서 눈에 띄지 않는다.

■■ 해바라기가 신대륙 식물이다 보니 성경에 명시적으로 언급되지 않았기 때문일 것이다. 신학자들은 세세한 섭식 금기들을, 그리고 잔꾀를 부려 금기에서 빠져나가는 것을 좋아한다. 남아메리카에서는 카피바라(거대한 기니피그 같은 동물)를 명목상 어류로 간주해, 금요일에는 고기를 먹으면 안 된다는 가톨릭 금기의 예외로 쳤다. 아마 카피바라가 물에 산다는 이유 때문이었을 것이다. 음식에 관한 글을 쓰는 도리스 레이놀즈에 따르면, 프랑스의 가톨릭 미식가들도 금기의 허를 찌르는 방법을 발견했다. 그들은 양의 다릿살을 우물에 담근 뒤 '낚아올려서' 물고기로 취급했다. 그들의 신은 한심할 정도로 잘 속는가 보다.

하지만 아메리카인들도 현대로 접어들기 한참 전부터 이 꽃을 재배했다. 그들은 아름답고 영양 만점인 이 꽃을 식품이나 염료나 장식으로 이용했고, 그 과정에서 야생 해바라기와 극단적인 현대 변종의 중간쯤 되는 단계들을 만들었다. 하지만 그보다도 더 앞서서, 여느 밝은색 꽃들처럼 해바라기 역시, 곤충들에 의한 선택적 육종을 겪었다.

우리가 보는 대부분의 꽃도 마찬가지였다. 색깔이 초록색이 아닌 꽃들, 막연한 식물 냄새 이상의 향기가 나는 꽃들은 아마 전부 그럴 것이다. 물론 곤충들이 모든 일을 해낸 것은 아니다. 어떤 꽃들의 경우, 처음에 선택적 육종을 시작한 수분 매개자가 벌새나 박쥐 또는 개구리였다. 하지만 원리는 늘 같다.

정원의 꽃들은 인간이 향상시킨 결과물이지만, 그 원재료였던 야생화들은 이전에 곤충을 비롯한 다른 선택 행위자들의 작업을 겪었기 때문에 애초에 우리 눈에 들었던 것이다. 수세대의 선조 곤충들과 벌새들과 기타 자연적 수분 매개자들이 수세대의 선조 꽃들을 선택해왔다. 이것은 선택적 육종의 완벽한 사례다. 사육가가 사람이 아니라 곤충이나 벌새라는 작은 차이가 있을 뿐이다. 적어도 내가 보기에는 작은 차이인데, 그렇지 않다고 생각하는 독자가 있을지도 모르니 유화책을 좀 더 동원해보자.

이것을 큰 차이라고 생각하는 사람이 있다면, 그 이유는 무엇일까? 일단, 인간은 *의식적*으로 육종에 착수한다. 가령 최대한 어둡고 짙은 보라색 장미를 얻으려고 한다면, 그 이유는 미학적 취향을 만족시키기 위해서거나 또는 남들이 그런 장미에 돈을 지불할 거라고 예상하기 때문일 것이다. 그렇다면 곤충들이 선택적 육종을 하는 이유는?

 자, 이 대목에서 배경지식이 좀 필요하다. 먼저 꽃과 수분 매개자의 관계 전반을 살펴볼 필요가 있다. 자세한 이유를 설명하진 않겠지만, 유성생식의 핵심을 한마디로 말하면, 스스로 수정해서는 안 된다는 것이다. 만약에 그렇게 해도 괜찮다면, 골치 아프게 유성생식을 하고 말고 할 것도 없었을 것이다. 꽃가루는 어떻게든 반드시 한 식물에서 다른 식물로 옮겨져야 한다. 꽃 하나에 암술과 수술을 모두 가진 양성식물은 자신의 수술이 자신의 암술을 수정시키지 못하도록 까다로운 노력을 기울인다. 다윈도 앵초의 기발한 자가수정 방지법을 연구한 적이 있다.

 타가수정(이화수분)이 필수라면, 꽃들은 어떻게 멀찌감치 떨어져 있는 같은 종의 다른 꽃들에게 제 꽃가루를 전달할까? 어떤 방법으로 물리적 거리를 극복하는 묘기를 연출할까?

 가장 쉽기로는 바람을 이용하는 방법이 있고, 수많은 식물이 실제로 그렇게 한다. 꽃가루는 미세하고 가볍다. 바람 부는 날 그것을 잔뜩 뿌려두면 한두 알쯤은 운 좋게 같은 종의 다른 꽃 위로 착륙할지도 모른다. 하지만 바람을 통한 수분은 낭비가 크다. 어마어마한 양의 잉여 꽃가루를 제조해야 한다. 꽃가루 알레르기 환자들은 잘 알리라. 꽃가루 중 압도적으로 많은 양이 내리지 말아야 할 곳에 떨어지기 때문에, 그 모든 에너지와 값비싼 무기들이 낭비되고 만다. 그보다 통제된 방식으로 꽃가루를 목표 지점까지 보내는 다른 방법이 필요하다.

 식물은 왜 동물의 전략을 따르지 않았을까? 같은 종의 다른 식물을 찾아 이동해서 교배하면 되지 않는가? 이 질문은 언뜻 짐작하기보다 훨씬 까다로운 문제다. 식물은 걷지 않기 때문에 그렇다고 말하는 것은 분명 순환논법이지만, 아쉽게도 지금으로서는 그 정도만 말해둬야 할 것 같다.* 어쨌든 식물은 걷지 못한다. 하지만 동물은 걷는다. 동물은 날기도 한다. 그리고 동물에게는 신경계가 있으므로, 자신이 원하는 형태와 색깔의 특정 목표물을 겨냥해 움직일 수 있다. 그러니까 동물의 몸에 꽃가루를 묻힌 뒤, 같은 종의 다른 식물을 향해 걸어가게 만들 수 있다면, 더 좋기로는 날아가게 만들 수 있다면, 그렇게 하도록 설득하는 방법이 있다면……

그 답은 비밀이 아니다. 정확하게 바로 그런 일이 이미 벌어지고 있다. 어떤 경우에는 몹시 복잡한 과정이 되기도 하지만, 어느 경우든 매한가지로 환상적인 이야기들이다. 많은 꽃이 주로 꿀이라는 먹을거리를 뇌물로 쓴다. '뇌물'이 너무 음흉한 단어라면, '서비스에 대한 대가'라고 하면 좀 나을까? 그런 표현들을 인간적인 방식으로 오독하지 않는 한, 나는 어느 쪽이든 좋다.

꿀은 달콤한 시럽이다. 식물이 꿀을 만드는 이유는 오로지 벌, 나비, 벌새, 박쥐, 기타 운반자들에게 대가를 치르고 연료를 주기 위해서다. 꿀을 만드는 데는 비용이 든다. 식물이 광전지판이나 다름없는 잎을 통해 수확한 햇빛에너지 중 일부를 쏟아부어야 한다. 한편 벌이나 벌새의 관점에서는, 꿀은 고에너지 비행 연료다.

꿀의 당분에 담긴 에너지는 식물 경제의 다른 곳에서 쓰일 수도 있었다. 뿌리를 만들거나, 우리가 덩이줄기나 알뿌리나 알줄기라고

---

* 올리버 모턴(Oliver Morton)은 도발적이고도 서정적인 책 《태양을 먹다(Eating the Sun)》에서 이 문제를 비롯한 관련 주제들을 다뤘다.

부르는 지하 저장고들을 채우거나, 바람에 실어 사방팔방으로 날려 보낼 막대한 양의 꽃가루를 만드는 데 쓰일 수도 있었다. 그러나 수많은 식물종의 경우, 곤충과 새의 날개에 대가를 지불하는 쪽으로, 그들의 비행 근육에 당분이라는 연료를 제공하는 쪽으로 저울이 기울었다.

하지만 그쪽이 언제나 압도적으로 유리하다고는 할 수 없다. 바람에 의한 수분 방법을 이용하는 식물들도 있기 때문이다. 이들은 나름대로 자신이 처한 환경의 세부 사항들 때문에 균형추가 이쪽으로 기울었을 것이다. 식물에게는 에너지 경제가 있고, 여느 경제구조가 다 그렇듯이, 서로 다른 환경에서는 서로 다른 전략이 선호되는 법이다. 이것도 진화의 중요한 교훈이다. 서로 다른 종들이 서로 다른 방식으로 일을 하기에, 한 종의 전체 경제구조를 다 점검하기 전에는 그 차이를 제대로 이해할 수 없다는 것.

바람에 의한 수분이 이화수분 기법의 한쪽(씀씀이가 헤픈 쪽이라고 해야 할까?) 극단이라면, 반대쪽 극단에는 무엇이 있을까? '마법의 탄환' 기법? 어떤 꽃에서 꽃가루를 묻힌 뒤 정확하게 그와 같은 종의 다른 꽃으로 날아가는 마법 탄환 같은 곤충은 거의 기대하기 어렵다. 어떤 녀석들은 성숙한 꽃이면 아무 꽃으로나 날아갈 테고, 또 어떤 녀석들은 같은 색 꽃이라면 아무 데로나 날아갈 것이다. 방금 꿀로 대가를 지불한 꽃과 같은 종을 찾아가느냐 마느냐는 순전히 운에 달린 문제다. 그러나 마법 탄환에 몹시 가까이 다가간 멋진 사례도 얼마간 있는데, 그 목록의 최상위에 난초가 있다. 다윈이 책 한 권을 바쳐 난초를 다룬 것도 무리가 아니다.

자연선택의 공동 발견자인 다윈과 월리스는 마다가스카르에 서식하는 안그레쿰 세스퀴페달레(Angraecum sesquipedale)라는 놀라운 난초에 주목했다(컬러 화보 4쪽을 보라). 두 사람 다 그로부터 주목할 만한 예측을 내놓았는데, 예측은 나중에 보기 좋게 사실로 확인되었다. 이 난초는 관 모양의 꿀주머니를 갖고 있다. 다윈의 줄자로 쟀을 때 그 길이는 28센티미터나 됐다. 이와 가까운 종인 안그레쿰 론지칼카르(Angraecum longicalcar)의 꿀주머니는 더 길어서, 약 40센티미터나 된다. 1862년의 난초 책에서, 다윈은 A. 세스퀴페달레가 마다가스카르에 존재한다는 사실 하나만을 근거로, 틀림없이 '25~28센티미터의 돌출부가 있는 나방'이 존재할 거라고 예측했다. 5년 뒤, 월리스는 주둥이 길이가 얼추 그 조건에 맞는 나방들이 몇 있다고 적었다(월리스가 다윈의 책을 읽었는지는 분명치 않다).

나는 대영박물관에 있는 남아메리카 수집품들 중에서 마크로실라 클루엔티우스(Macrosila cluentius) 표본의 주둥이 길이를 세심하게 재보았다. 그것은 23.5센티미터였다! 열대 아프리카의 한 표본(Macrosila morganii)은 19.1센티미터였다. 주둥이가 그보다 5~7.5센티미터 더 긴 종이 있다면, 꿀주머니 길이가 25~35.5센티미터인 가장 큰 안그레쿰 세스퀴페달레 꽃에서도 꿀을 빨 수 있을 것이다. 우리는 마다가스카르에 그런 나방이 있을 거라고 예측해도 무방하다. 그 섬을 방문하는 박물학자들은 천문학자들이 해왕성을 수색할 때와 똑같은 확신을 갖고 수색해봐야 할 것이다. 그러면 분명히 똑같은 성공을 거둘 것이다!

1903년, 다윈은 죽은 뒤였으나 월리스의 긴 생애는 아직 끝나지 않았던 그 해에, 다윈과 월리스의 예측을 만족시키는 새 나방이 발견되었다. 그 사실을 합당하게 기념하기 위해서, 녀석에게는 프레딕타(praedicta)라는 아종명이 주어졌다. 하지만 '다윈의 박각시나방'이라고도 불리는 그 윽산토판 모르가니 프레딕타(*Xanthopan morgani praedicta*)조차도 A. 론지칼카르를 수분시킬 만큼 주둥이가 길지는 않다. 그러므로 그 꽃이 존재하는 것을 볼 때, 우리는 월리스가 해왕성 발견에 대한 확신과 동일하다고 했던 확신으로, 주둥이가 더욱 긴 나방이 존재할 것임을 예상할 수 있다.

여담이지만, 이 작은 사례를 통해 우리는 진화과학이 과거의 역사를 다루는 학문이기 때문에 예측력을 갖지 못한다는 주장이 허위임을 알 수 있다. 물론 프레딕타 나방은 다윈과 월리스가 예측하기 전부터 이미 존재했지만, 그래도 다윈과 월리스의 예측은 유효하다. 미래의 어느 시점에 누군가가 A. 세스퀴페달레의 꿀에 닿을 만큼 주둥이가 긴 나방을 발견할 것이라고 예측한 것이니 말이다.

곤충은 색각(色覺)이 뛰어나지만, 그들이 보는 빛스펙트럼은 자외선 쪽에 치우쳐 있고 붉은색은 빠진다. 사람처럼 곤충도 노란색, 초록색, 푸른색, 보라색을 보지만, 사람과 달리 곤충은 자외선 영역을 잘 보는 반면에 우리의 스펙트럼 끝에 있는 붉은색은 못 본다. 당신의 정원에 길쭉한 모양의 붉은 꽃이 있다면, 야생에서 그 꽃은 곤충이 아니라 새에 의해 수정된다고 짐작해도 아마 틀리지 않을 것이다. 확실한 예측은 아니지만 말이다. 새들은 스펙트럼의 붉은색도 잘 본다. 신대륙 식물이라면 아마도 벌새가, 구대륙 식물이라면 아마도 태양새가 수분해주고 있을 것이다.

우리 눈에 평범해 보이는 식물이 사실은 곤충들만 볼 수 있는 반점이나 줄무늬로 화려하게 치장하고 있을지도 모른다. 우리는 자외선에 색맹이기 때문에 그 장식을 보지 못한다. 많은 꽃이 자외선 색소로 꽃잎에 작은 활주로 같은 것을 그려서 벌들이 쉽게 착륙하도록 인도하는데, 사람의 눈에는 그것 역시 보이지 않는다.

가령 달맞이꽃(외노테라, Oenothera)은 우리에게 무늬 없는 노란색으로 보이지만, 자외선 필터를 걸고 찍은 사진을 보면 벌들을 위한 무늬가 드러난다. 물론 인간의 정상 시각으로는 보이지 않는다(컬러 화보 5쪽을 보라). 사진에서는 무늬가 붉은색으로 보이지만, 그것은 사진 처리 과정에서 임의로 선택한 '가짜' 색깔이지, 벌들도 붉은색으로 본다는 뜻은 아니다. 벌에게 자외선이 어떻게 보이는지(노란색인지 다른 어떤 색인지)는 아무도 모른다(나는 붉은색이 독자들에게 어떻게 보이는지도 모른다. 알다시피 이것은 해묵은 철학적 논점이다).

꽃들이 가득한 초원은 자연의 타임스 스퀘어이자 자연의 피카딜리 서커스 광장이다. 슬로모션으로 점멸하는 네온사인들처럼, 계절에 따라 서로 다른 꽃들이 피어나면서 매주 광경이 달라진다. 꽃들은 낮 길이의 변화 같은 단서들에 민감하게 반응함으로써 같은 종의 다른 꽃들과 동시에 피어난다. 초원의 녹색 캔버스에 호화롭게 흩뿌려진 색색의 꽃들은, 동물들의 눈에 의한 선택에 따라 그 모양과 색깔이 정해지고, 그 크기와 맵시가 단장되어온 것이다. 벌의 눈, 나비의 눈, 꽃등에의 눈에 의해서. 신대륙의 숲이라면 벌새의 눈, 아프리카의 숲이라면 태양새의 눈도 추가하자.

부연하자면, 벌새와 태양새는 근연관계가 특별히 가까운 종이 아니다. 그들의 생김새와 행동이 비슷한 이유는 같은 생활방식, 즉 주로 꽃과 꿀을 중심으로 살아가는 방식(꿀뿐 아니라 곤충도 먹긴 한다)으로 수렴했기 때문이다. 그들의 부리는 꿀주머니를 쑤시기 좋게끔 기다랗고, 혀는 그보다 더 길다. 헬리콥터처럼 뒤로도 날 수 있는 벌새와 달리, 태양새는 선회 능력이 좀 떨어진다. 동물계에서 한참 더 먼 곳에서 이들과 비슷하게 수렴한 녀석으로 벌새박각시나방이 있다. 이 녀석들도 끝내주게 긴 혀와 완벽한 선회 비행 능력을 갖고 있다. (컬러 화보 5쪽에 이런 꿀 중독자들의 사진이 실려 있다.)

수렴 진화 이야기는 나중에, 우리가 자연선택을 충분히 이해한 후에 다시 살펴보자. 지금은 꽃들이 우리를 유혹해 자연선택을 이해하는 길로 한 걸음 한 걸음 꾀어들이는 과정이다. 벌새의 눈, 박각시나방의 눈, 나비의 눈, 꽃등에의 눈, 벌의 눈이 야생화들을 날카롭게 살펴서, 수많은 세대 동안 그들의 모양을 다듬고, 색을 내고, 부풀리고, 무늬와 점을 찍었다. 나중에 사람의 눈이 정원의 꽃들에 대해서, 그리고 개와 소, 양배추와 옥수수에 대해서 한 일과 정확하게 같은 일이었다.

꽃의 입장에서 보자면, 곤충 수분은 산탄총을 쏘듯 낭비가 심한 바람 수분보다 엄청나게 경제적인 방법이다. 벌이 닥치는 대로 꽃들을 방문한다고 해도, 가령 미나리아재비에서 수레국화로, 양귀비에서 애기똥풀로 무차별적으로 옮겨다닌다고 해도, 벌의 털북숭이 복부에 매달린 꽃가루가 정확한 목표(같은 종의 다른 꽃)에 가닿을 확률은 바람에 흩날릴 때보다는 훨씬 높다. 특정 색깔의 꽃을, 가령 푸른 꽃만을 선호하는 벌이라면 더 좋으리라. 아니면 장기적으로 특정 색을 선호하는 경향은 없더라도 단기적인 색깔 선호 습관이 있어서 같은 색만 연속적으로 택하는 벌도 좋을 것이다.

그보다 더 좋은 것은 한 종의 꽃만 찾아다니는 곤충이다. 다윈과 월리스의 예측에 영감을 준 마다가스카르 난초처럼, 특정 꽃에 전문화함으로써 독점의 이득을 누리는 곤충들에게만 꿀을 내주는 꽃들이 있다.

마다가스카르 나방들은 궁극의 마법 탄환이다. 나방의 관점에서 보자면, 꽃은 유순하고 생산적인 젖소마냥 꿀을 제공해주는 믿음직한 존재다. 꽃의 관점에서 보자면, 자기 꽃가루를 같은 종의 다른 꽃들에게 확실하게 옮겨주는 나방은 일류 특송 서비스 또는 잘 훈련된 전서구와 같다. 어느 쪽이든, 한쪽이 다른 한쪽으로 하여금 기존에 하던 일을 더 잘 하도록 부추김으로써 선택적으로 길들였다고 말할 수 있다.

장미를 개량해온 사람들은 곤충이 꽃에게 미치는 영향력을 거의 그대로 흉내 냈다고 할 수 있다. 다만 좀 더 과장했을 뿐이다. 곤충들은 화사하고 화려한 꽃을 길러왔고, 정원사들은 그것을 더욱 화사하고 화려하게 만들었다. 곤충들은 장미의 향을 향긋하게 만들어왔고, 우리는 그 뒤를 이어 더욱 진한 향기를 만들었다.

사실 벌이나 나비가 선호하는 향기가 사람에게도 매력적이라는 것은 뜻밖의 우연이다. 쉬파리나 송장벌레를 수분 매개자로 삼는 '냄새 나는' 벤저민(*Trillium erectum*)이나 시체꽃(*Amorphophallus titanum*) 같은 꽃들은 썩은 고기 냄새를 모방한 향이기 때문에, 우리에게는 역하게 느껴진다. 그런 꽃의 향취를 향상시키려 노력한 인간 원예사는 이제껏 아무도 없지 않았을까 싶다.

물론 곤충과 꽃의 관계는 쌍방통행이므로, 우리는 양방향을 다 살펴보아야 한다. 곤충이 꽃을 '길들여' 더욱 아름답게 만들긴 했지만, 아름다움을 감상하려고 그런 것은 아니다.* 차라리 꽃이 곤충에게 매력적으로 보임으로써 득을 본다는 편이 옳을 것이다. 곤충은 가장 매력적인 꽃을 방문함으로써 무의식중에 꽃의 아름다움을 '육성하고', 동시에 꽃은 곤충의 수분 능력을 육성한다.

그리고 낙농업자가 거대한 젖통의 프리지안 젖소를 길러내듯이, 곤충은 꿀을 많이 생산하는 꽃을 길러낸다. 그런데 꽃의 입장에서는 꿀을 적절히 배급하는 것도 하나의 관심사다. 곤충의 배를 너무 불려주면 녀석이 다음 꽃을 찾아가지 않을 것이고, 이것은 첫 번째 꽃에게는 나쁜 일이기 때문이다. 곤충이 수분을 위해 두 번째 꽃을 방문하는 것이야말로 이 모든 사업의 핵심이다. 꽃으로서는 꿀을 지나치게 많이 제공하는 것(곤충이 두 번째 꽃을 방문하지 않는다)과 지나치게 조금 제공하는 것(곤충이 첫 번째 꽃을 방문하지 않는다) 사이에서 세심하게 균형을 잡아야 한다.

곤충들은 꽃에서 꿀을 짜내면서, 꽃이 꿀 생산량을 늘리도록 길들여왔다. 방금 이야기했듯이, 그 과정에서 아마 꽃들의 저항에도 부딪혔을 것이다. 양봉가들도(또는 양봉가의 이익을 염두에 둔 원예가들도) 꿀 생산성이 높은 꽃을 육종해왔을까? 낙농업자들이 프리지안 젖소나 저지 젖소를 육종해냈듯이? 나는 그 답이 몹시 궁금하다. 여하튼, 예쁘고 향기로운 꽃을 길러내는 원예가의 작업과 벌, 나비, 벌새, 태양새의 작업이 아주 비슷하다는 사실에는 의심의 여지가 없다.

■ 적어도 곤충들이 그런다고 생각할 이유가 없다. 십분 양보해도 우리가 느끼는 방식으로 즐긴다고 생각할 이유는 없다. 우리가 끈질기게 그렇게 생각하려고 하는 충동에 대해서는 12장에서 다시 이야기할 것이다.

당신은 나의 자연선택

인간 아닌 동물의 눈에 의해 선택적 육종이 이루어진 사례가 또 있을까? 그야 물론이다. 암꿩의 칙칙한 보호색 깃털과, 동일한 종 수꿩의 화려한 깃털을 대비해서 생각해보자. 만약 개체의 생존이 유일한 관심사라면, 수컷 금계는 암컷을 닮은 모습이나 어렸을 때의 제 외모를 그대로 키운 모습을 '선호할' 것이 분명하다. 암컷이나 어린 꿩들은 척 보기에도 아주 잘 위장하고 있기 때문이다. 금계 수컷들도 일신의 생존이 우선적인 관심사라면 그런 모습을 취할 것이다. 은계(무지개꿩)나 그보다 흔한 동그란테두리무늬꿩 등 다른 꿩들도 마찬가지다. 종마다 방식은 다르지만 수꿩은 모두 현란한 외모라 포식자의 눈길을 끌기에 딱 좋은 반면, 암꿩은 종마다 별 차이 없이 칙칙한 색깔로 위장하고 있다. 어찌된 일일까?

다윈의 용어로 표현하자면, 이것이 '성선택'이다. 다른 식으로 표현하자면(내가 소개하는 꽃길에서는 이 표현이 더 어울린다), '암컷들에 의한 수컷들의 선택적 육종'이다. 화려한 색깔은 분명히 포식자의 눈길을 끌겠지만, 암꿩의 눈길도 끈다. 암꿩들은 수세대 동안 화려하고 현란한 빛깔의 수꿩들과 교배하기를 '선택'해왔다. 암컷들의 선택적 육종이 없었다면 아마도 수컷들이 계속 유지할 상태였을 지루한 갈색 개체들과는 교배하기를 꺼렸다.

암컷 공작도 마찬가지로 수컷 공작을 선택적으로 육종했고, 암컷 극락조는 수컷 극락조를 선택했다. 기타 조류, 포유류, 어류, 양서류, 파충류, 곤충류에서도 암컷들이 경쟁 수컷들 사이에서 선택을 한 사례가 무수히 많다(이처럼 수컷이 아니라 암컷이 선택하는 경우가 일반적

닭의 변종들. 다윈의 《사육동식물의 변이》에 실린 삽화다.

인데, 그 이유는 여기에서 논하지 않겠다).

정원의 꽃들과 마찬가지로, 인간 꿩 사육가들은 암꿩들이 앞서 해두었던 선택 작업을 이어받아 더욱 개선함으로써 금계처럼 눈부신 변종을 만들어냈다. 다만 사람들은 수세대에 걸친 교배를 통해 점진적으로 모양을 갖추기보다는 한두 가지 주요한 돌연변이를 골라내는 방식으로 작업했다. 사람들은 비둘기(다윈이 직접 경험한 대상)와 닭에서도 선택적 육종을 통해 몇몇 놀라운 변종을 만들어냈다. 그 많은 닭 변종은 모두 갈루스 갈루스 (*Gallus gallus*)라는 극동의 적색야계에서 유래했다.

이 책에서는 주로 시각을 통한 선택을 예로 들었지만, 다른 감각들도 같은 일을 할 수 있다. 카나리아 애호가들은 새의 외모는 물론이고 노래를 위해 육종하기도 했다. 야생 카나리아는 노르스름한 갈색 핀치 같은 모습으로, 대단히 아리따운 생김새는 아니다. 사람들은 카나리아의 무작위적인 유전자 변이에 의해 주어진 오만가지 색조의 팔레트에서 원하는 색을 선택함으로써, 그 새의 이름을 따 '카나리아 옐로'라는 색깔명이 생길 정도로 독특한 색을 창조해냈다. 여담이지만, 카나리아라는 이름은 카나리아 제도에서 딴 것이지," 그 반대가 아니다. 반면에 갈라파고스 제도는 스페인어로 '거북'을 뜻하는 단어에서 이름을 따왔다. 그런데 카나리아는 노래로 더 잘 알려져 있고, 그 속성 역시 인간 사육가들에 의해 증폭되고 풍성해졌다.

사람들은 그간 다양한 명금(鳴禽)을 만들어냈다. 롤러는 부리를 닫은 채 노래할 수 있게 길러진 품종이고, 워터슬래저는 졸졸거리는 물소리처럼 노래하는 품종이고, 팀브라도는 종소리 같은 금속성 목소리와 더불어 스페인산답게 캐스터네츠를 짝짝거리는 듯한 소리를 내는 품종이다. 사육 품종들의 노래는 야생 선조들의 노래보다 길고, 크고, 잦다. 하지만 오늘날 우리가 사랑하는 그런 노래들은 야생 카나리아들이 이미 갖고 있던 요소들로부터 만들어졌다. 개 품종들의 습성이나 기교가 늑대의 전형적인 행동양식으로부터 만들어진 것과 마찬가지다.""

이 경우에도 인간 사육가들은 암컷 새들이 해온 선택적 육종 작업을 더욱 강화했을 뿐이다. 야생 카나리아 암컷들은 가장 매력적으로 노래하는 수컷을 선택해 교배하는 일을 수세대 동안 반복함으로써,

---

■ 제도의 이름은 대 플리니우스의 《박물지》에 '매우 큰 개가 많은' 섬이라고 묘사된 데서 유래했다. 개의 속명을 보면 알 수 있듯이, 라틴어로 개가 카니스(canis)이기 때문이다_옮긴이].
■■ 일례로 목양견의 양떼 모는 솜씨는 늑대가 사냥감에 접근하는 행동에서 유래했다. 연속 동작의 맨 마지막 단계인 물어 죽이기만 빠진 것이다.

사무라이 가부키 가면

무의식중에 수컷들의 노래 실력을 키웠다.

사실 카나리아에 대해서는 그보다 더 상세한 정보들이 알려져 있다. 호르몬과 번식 행동 연구 분야에서 카나리아와 바르바리비둘기가 대상으로 선호되어왔기 때문이다. 두 종 모두, 수컷의 노래를 들은 암컷들은 난소가 부풀고, 번식 상태로 만들어주는 호르몬들이 분비되기 때문에 교배에 더 적극적이다. 어떻게 보면, 수컷 카나리아는 노래로써 암컷 카나리아들을 성적으로 자극하는 것이다. 거의 호르몬 주사를 놓는 것이나 마찬가지다. 또 어떻게 보면, 암컷들이 수컷들을 선택적으로 길들여서 갈수록 노래를 잘 부르게 만드는 것이다. 두 가지 관점은 동전의 양면이다. 덧붙이자면, 다른 새들과 마찬가지로 카나리아의 노래에도 한 가지 목적이 더 있다. 노래는 암컷을 매료시키는 도구일 뿐만 아니라 경쟁 수컷들을 물리치는 도구도 된다. 하지만 그 이야기는 제쳐두자.

헤이케아 야포니카 게

논의를 진전시키는 차원에서, 위의 그림들을 보자. 사무라이의 얼굴이 그려진 왼쪽 그림은 일본의 가부키 가면을 묘사한 목판화다. 오른쪽의 사진은 일본 해역에 서식하는 헤이케아 야포니카(*Heikea japonica*) 게다. 속명인 헤이케아는 단노우라 해전(1185)에서 경쟁 가문인 겐지 일족에게 패한 헤이케 일족의 이름에서 따왔다. 전설에 따르면, 익사한 헤이케 전사들의 유령이 요즘도 바다 바닥에서 헤이케아 야포니카의 몸속에 들어가 살고 있다고 한다. 이 게의 등껍질이 무시무시하게 찡그린 사무라이의 얼굴을 닮았기 때문에, 신화는 더욱 공고해졌다.

유명한 동물학자인 줄리언 헉슬리 경은 그 닮은꼴에 깊은 인상을 받아 다음과 같은 글을 남겼다. "도리페(*Dorippe*)와 성난 일본 전사의 얼굴은, 우연이라고 하기에는 너무나 구체적으로, 너무나 속속들이 닮았다…… 아마도 더욱 완벽하게 전사의 얼굴을 닮은 게들은 다른 게들보다 덜 잡아먹혔기 때문에 그런 현상이 생겼을 것이다."
(헉슬리가 이 글을 쓴 1952년에는 이 게가 도리페라고 불렸다. 그러다가 1990년에 헤이케아로 돌아갔는데, 일찍이 1824년에 이미 헤이케아라고 명명되었던 사실을 누군가가 재발견했기 때문이다. 동물학적 명명의 우선권 규칙은 이토록 엄격하다.)

어부들이 수세대 동안 인간의 얼굴을 닮은 게를 바다로 도로 던져왔다는 이 이론은, 1980년에 칼 세이건의 멋진 책 《코스모스》에 언급됨으로써 더욱 지지를 받았다. 세이건은 이렇게 썼다.

이 게의 먼 선조들 중에서 우연히, 아주 살짝 사람의 얼굴을 닮은 녀석이 생겼다고 가정해보자. 단노우라 전투가 있기 전이라도 어부들은 그런 게 먹기를 꺼렸을 것이다. 그 게를 바다에 도로 던짐으로써, 어부들은 진화 과정을 개시한 셈이다…… 게와 어부가 여러 세대를 거쳐가는 동안, 사무라이의 얼굴을 닮은 무늬의 게들이 우선적으로 생존했을 것이고, 결국에는 그냥 사람의 얼굴이나 그냥 일본인의 얼굴이 아니라 무시무시하게 찡그린 사무라이의 표정이 만들어졌다.

사랑스러운 이론이다. 쉽게 기각하기가 아까울 정도로 멋진 이론이다. 그래서인지 이 밈(meme)은 거듭 복제되며 규범의 반열에 들었다. 나는 이 이론을 놓고 투표를 하는 웹사이트도 보았다. 이 이론이 사실인지(1,331명의 투표자 가운데 31퍼센트), 사진이 위조되었는지(15퍼센트), 일본의 장인들이 게 껍질을 조각한 것인지(6퍼센트), 우연히 닮은 것인지(38퍼센트), 심지어 게가 정말로 익사한 사무라이들의 환생인지 묻는 보기도 있었다(놀랍게도 10퍼센트나 이 보기를 선택했다).

물론 과학적 진실은 투표로 결정되지 않는다. 나도 투표를 했지만, 그러지 않으면 투표 결과를 볼 수 없게끔 되어 있어서 했을 뿐이다. 내가 흥을 깨는 쪽으로 표를 던진 것 같아 좀 미안하기도 하다. 나는 이 닮은꼴이 아마도 우연일 거라고 생각한다.

어느 권위 있는 비판자는 게 껍질의 굴곡이 그 아래 근육들의 부착 형태를 보여줄 뿐이라고 지적했는데, 나는 꼭 그렇다고만 생각하지는 않는다. 헉슬리와 세이건의 이론에서, 미신을 믿는 어부들은 처음에 아무리 사소한 것이라도 유사점을 발견했기 때문에 그것을 믿기 시작했을 텐데, 대칭적인 근육 부착 형태는 그 최초의 유사성을 제공하기에 딱 알맞은 원인이다. 나는 그보다는 역시 그 비판자가 지적한 다른 측면이 더 인상적이다. 그 게가 너무 작아서 어차피 먹을 만하지 못하다는 지적이다. 그만한 크기의 게는 등껍질이 사람 얼굴을 닮았든 안 닮았든 죄다 도로 던져졌을 거라는 말이다. 하지만 좀 더 유효한 그 비판에 흠집을 내는 광경을 내가 목격했다는 말을 덧붙여야겠다.

도쿄에서 식사 대접을 받은 일이 있는데, 나를 초대한 분은 일행들을 위해 게 한 접시를 주문했다. 게들은 헤이케아보다 훨씬 컸고, 튼튼하고 딱딱한 등딱지로 두껍게 덮여 있었다. 그러나 이 슈퍼맨은 그에 아랑곳하지 않고 게를 한 마리씩 통째로 집어서, 소름 끼치는 잇몸 출혈을 예고하는 듯 와그작와그작 소리를 내면서, 사과라도 먹듯 우걱우걱 씹어먹었다. 그런 미식계의 챔피언에게는 헤이케아처럼 작은 게는 누워서 떡 먹기일 것이다. 눈썹 하나 까딱하지 않고 삼켜버릴 게 분명하다.

내가 헉슬리와 세이건의 이론에 회의적인 진짜 이유는, 사람의 뇌가 무작위적인 무늬에서 어떻게든 인간의 얼굴을 읽어내는 경향이 있다는 사실 때문이다. 과학적 증거를 봐도 그렇거니와, 전설도 수없이 많지 않은가. 예수, 성모 마리아, 테레사 수녀의 얼굴이 토스트에, 피자에, 축축한 벽에 떠올랐다는 이야기들 말이다. 무늬가 무작위성을 벗어나 대칭을 이루듯 형성된다면, 사람들의 믿음은 더욱 열렬해진다. 나도 헤이케아가 사무라이를 닮은 것이 자연선택에 의해 강화된 결과라고 무척 믿고 싶다. 하지만 아무리 내키지 않아도, 그것은 우연에 불과하다고 짐작할 수밖에 없다.

어쨌거나 상관없다. 이른바 동물 '어부'들이 식량이 될 만한 것을 보고서도 그것이 사악한 무언가와 닮았다는 이유로 도로 던져버리는(또는 눈길조차 주지 않는) 사례, 사람이 관여하지 않는 그런 사례가 얼마든지 있기 때문이다.

당신이 애벌레를 사냥하러 숲으로 나선 한 마리 새라고 상상해보라. 갑자기 뱀과 맞닥뜨리면 어떻게 하겠는가? 모르긴 몰라도 놀라서 펄쩍 뛰고는, 멀찍이 거리를 둘 것이다. 그런데 자, 누가 봐도 확실히 뱀을 닮은 애벌레(정확히 말하자면 애벌레의 뒷부분)가 있다면? 당신이 뱀을 두려워한다면, 그 애벌레에 대해서도 분명히 경각심을 느낄 것이다. 부끄럽게도 내가 그렇다. 나는 그 동물을 집는 것조차 꺼릴 것 같다. 그것이 사실은 무해한 애벌레라는 것을 너무나 잘 알아도 말이다. (이 특이한 생물의 사진은 컬러 화보 7쪽에 실려 있다.)

나는 말벌이나 벌을 닮은 꽃등에를 만지는 데도 비슷한 곤란을 느낀다. 꽃등에게 날개가 한 쌍밖에 없는 것으로 보아 쏘지 않는 파리에 불과하다는 것을 너무도 똑똑히 알면서도 말이다. 이들은 다른 무언가를 닮음으로써 보호효과를 얻는 무수한 동물을 대표하는 사례다. 자갈이나 나뭇가지나 해초처럼 못 먹는 것을 닮거나, 뱀이나 말벌이나 잠재적 포식자의 이글대는 눈동자처럼 확실히 성가신 것을 닮은 동물들이 많다.

그렇다면 새의 눈이 곤충들로 하여금 못 먹거나 독이 있는 대상을 닮도록 육성했다고 말할 수 있을까? 어떤 면에서는 틀림없이 그렇다고 답할 수밖에 없다. 그런데 암컷 공작이 수컷 공작의 아름다움을 육성하는 경우나 사람이 개와 장미를 육종하는 경우와 이 사례 사이에 차이가 있다면, 무엇일까? 공작이 매력적인 모습에 다가감으로써 긍정적으로 육성한다면, 애벌레를 사냥하는 새들은 혐오스러운 것을 회피함으로써 부정적으로 육성한다는 점일 것이다.

그렇다면, 좋다. 또 다른 사례가 있다. 이번에는 '육성'이 긍정적이긴 하지만, 선택자가 자신의 선택으로부터 하등의 이득을 얻지 못하는 경우다. 이득은커녕 오히려 정반대다.

심해의 아귀는 바다 바닥에 가만히 앉아서 먹이가 다가오기를 참을성 있게 기다린다.▪ 많은 심해어류가 그렇듯이, 아귀는 우리 기준에서 보면 엄청나게 못생겼다. 어쩌면 물고기의 기준에서도 그럴지 모르지만, 어차피 그들이 사는 저 아래는 너무 어두워 별로 보이는 것이 없으니, 아무려나 문제가 안 된다.

여느 심해어류들과 마찬가지로, 암컷 아귀도 스스로 빛을 낸다. 정확하게 말하면 빛을 내는 박테리아들을 수용하는 특수한 수용체가 있다. 그런 '생물 발광'은 주변을 상세하게 비출 만큼 밝진 않지만, 다른 물고기들을 꾀기에는 충분하다.

▪ 내가 말하려는 논지와는 상관이 없지만, 어쨌든 이 이야기는 암컷 아귀에게만 해당된다. 수컷은 보통 난쟁이처럼 작고, 여분의 작은 지느러미처럼 암컷의 몸에 붙어 기생한다.

아귀는 정상적인 물고기의 지느러미 가시에 해당하는 가시 하나가 길쭉하고 딱딱하게 늘어져서 낚싯대처럼 되어 있다. 어떤 종은 '낚싯대'가 굉장히 길고 유연해서 낚싯줄이라고 불러야 할 지경이다. 낚싯대건 낚싯줄이건, 그 끝에는 미끼가 붙어 있다(달리 뭐가 달렸겠는가?). 미끼는 종마다 생김새가 다르지만, 작은 먹이 모양인 것은 다 같다. 벌레나 작은 물고기, 아니면 뭐라 형용할 수 없지만 아무튼 유혹적으로 대롱거리는 덩어리 모양이다. 미끼가 빛을 내는 경우도 종종 있다. 이것 또한 자연의 네온사인이고, 거기서 번쩍거리는 글씨는 '와서 나를 먹어요'다.

작은 물고기들은 정말로 유혹을 느끼고 미끼 가까이 접근한다. 그것이 녀석들의 생애 마지막 행동이다. 그 순간 아귀가 거대한 아가리를 벌리고, 물살과 함께 먹이를 삼킨다.

이 경우에도 작은 먹이 물고기가 더욱 매력적인 미끼를 '육성한다'고 말할 수 있을까? 암컷 공작이 더욱 매력적인 수컷을 육성하고, 원예가가 더욱 매력적인 장미를 육성하듯이? 아니라고 말할 이유를 찾기 어렵다. 원예가는 가장 매혹적인 장미 꽃송이를 의도적으로 선택해 육성한다. 암컷 공작이 수컷 공작을 선택하는 경우도 비슷하다. 어쩌면 원예가와는 달리 암컷 공작은 자신의 선택을 의식하지 못할 수도 있지만, 그 차이가 그다지 중요한 것 같지는 않다.

한편 아귀와 위 두 사례 간의 구분은 좀 더 의미가 있는 듯하다. 먹이가 된 물고기는 가장 '매력적인' 아귀가 번식하도록 실제로 선택했지만, 그것은 그들의 먹이가 됨으로써 생존을 보장해주는 간접적인 방법이었다. 매력적이지 않은 미끼를 지닌 아귀는 굶어죽기 쉬울 것이고, 따라서 번식하기 어려울 것이다. 작은 먹이 물고기는 정말로 '선택'을 하지만, 자신의 목숨을 내놓고 하는 것이다!

자, 지금 우리는 진정한 자연선택을 향해 나아가는 과정이고, 단계적 유인인 이 장의 이야기도 끝이 보이기 시작한다. 그 유인 단계들을 나열하면 다음과 같다.

1. 사람은 매력적인 장미나 해바라기, 기타 등등을 의도적으로 선택해 육종한다. 그럼으로써 매력적인 속성을 만드는 유전자들을 보존한다. 이것이 인위선택이고, 다윈이 등장하기 한참 전부터 사람들이 잘 알고 있던 내용이다. 이것이 늑대를 치와와로 바꾸고, 옥수수 속대의 길이를 수십 센티미터에서 수 미터로 늘릴 만큼 강력하다는 것을 모두 인정한다.

2. 암컷 공작은 매력적인 수컷을 선택해 번식시킴으로써, 역시 매력적인 유전자들을 보존한다(의식적이고 의도적인 행위인지는 알 수 없지만, 일단 그렇지 않다고 가정하자). 이것이 성선택이고, 다윈이 이것을 발견했다. 혹은 명료하게 인식하고 이름 지었다.

3. 작은 먹이 물고기는 가장 매력적인 아귀에게 제 몸을 먹임으로써, 매력적인 아귀가 생존하도록 선택한다(단연코 의도적인 행위가 아니다). 그 아귀가 존속하고 번식하도록 무의식중에 선택한 셈이고, 그럼으로써 아귀가 매력적인 속성을 만드는 유전자들을 보존하도록 선택한 셈이다. 이것이 자연선택이고(그렇다, 우리는 마침내 도달했다), 이것이 다윈의 가장 위대한 발견이다.

다윈은 특별한 천재성을 발휘해, 자연이 선택 행위자 역할을 할 수 있다는 사실을 꿰뚫어보았다. 누구나 인위선택은 알고 있었다.* 적어도 농장이나 정원, 개 품평회나 비둘기장을 경험한 사람들은 다 알고 있었다. 하지만 따로 선택 행위자가 없어도 된다는 사실을 처음 간파한 것은 다윈이었다. 선택은 생존에 의해서, 또는 생존의 실패에 의해서 자동적으로 이루어질 수 있다. 생존이 중요한 이유는, 생존자만이 번식을 해 생존을 도운 유전자(다윈은 이 단어를 쓰지 않았지만)들을 후대에 전달할 수 있기 때문이다. 다윈은 그 점을 깨우쳤던 것이다.

내가 아귀의 예를 택한 데는 이유가 있다. 그 경우에도 여전히 행위자는 제 눈을 써서 어느 쪽을 생존시킬지 선택했기 때문이다. 하지만 우리의 논증은 선택 행위자를 이야기할 필요가 없는 지점(다윈

■ 히틀러가 다윈에게서 영감을 받았다는 유언비어가 있다. 아마도 히틀러와 다윈 둘 다 수백 년 동안 잘 알려진 사실로부터 새롭게 깊은 인상을 받았기 때문일 것이다. 동물에게서 우리가 원하는 특징들을 육성할 수 있다는 사실 말이다. 히틀러는 이 상식을 인간종에 적용하기를 열망했다. 다윈은 그렇지 않았다. 다윈의 열망은 한층 흥미롭고 독창적인 방향으로 그를 이끌었다. 다윈의 위대한 통찰은 육종의 행위자가 아예 필요하지 않다는 사실을 깨우친 것이었다. 자연이, 생존 자체를 통해서든 번식의 차등적 성공을 통해서든 육종가의 역할을 할 수 있다. 히틀러의 '사회다윈주의', 인종들 간의 투쟁에 대한 신념은 사실 지극히 *비* 다윈주의적이다. 다윈에게 있어서 생존 투쟁은 한 종 내의 개체들 간 투쟁이지, 종과 종, 인종과 인종, 기타 집단들 간의 투쟁이 *아니었다*. 다윈의 위대한 저작에 딸린 부제가 '생존 투쟁에 있어서 선호되는 종족들의 보존'이긴 하지만, 안타깝게도 잘못 표현되었을 뿐이니 호도하지 말자. 본문을 보면 다윈이 종족을 '공통 유래나 기원으로 연결된 일군의 사람, 동물, 식물(《옥스퍼드 영어사전》, 정의 6-I)'이라는 뜻으로 사용한 게 아님이 분명하다. 차라리 그는 《옥스퍼드 영어사전》의 정의 6-II에 해당하는 뜻을 의도했다. '공통의 속성이나 속성들을 지닌 사람들, 동물들, 사물들의 집합이나 부류.' 정의 6-II의 예를 들라면 '(지리적 인종에 무관하게) 푸른 눈을 지닌 모든 개인' 같은 것이 된다. 다윈은 모르는 표현들이었지만, 현대 유전학의 용어로 '종족'의 뜻을 표현하면, '특정 대립 형질을 보유한 모든 개인'쯤이 된다. 다윈의 생존 투쟁을 개체들로 구성된 *집단들* 사이의 투쟁으로 파악하는 오해(이른바 '집단선택 오류')는 안타깝게도 히틀러 식 인종주의에만 국한되지 않는다. 아마추어들이 다윈주의를 잘못 해석할 때도 끊임없이 등장하는 주장이고, 그들보다 더 잘 알아야 마땅한 전문 생물학자들 중에도 간혹 그렇게 주장하는 이들이 있다.

의 지점)까지 이미 도달했다. 아귀 말고, 가령 참치나 풀잉어처럼 적극적으로 먹이를 쫓는 물고기로 옮겨가보자. 우리가 아무리 언어와 상상력을 확장하더라도, 이 경우에 먹이가 자기가 먹힐 풀잉어를 선택함으로써 어느 풀잉어를 생존시킬지 '선택한다'고는 도저히 말할 수 없다. 어떤 이유(잽싸게 헤엄치는 근육, 예리한 눈……)에서든 먹이를 잘 잡을 수 있는 풀잉어가 생존자가 될 것이고, 번식을 해 그 성공적 유전자를 물려줄 거라고만 말할 수 있다. 그 풀잉어는 살아남는 행위로써 '선택된' 것이고, 대조적으로 *어떤 면에서든* 잘 갖춰지지 못한 다른 풀잉어는 생존하지 못할 것이다. 그러니 우리는 목록에 네 번째 단계를 추가할 수 있다.

4. 선택 행위자가 없어도, 우연히 유리한 생존 도구를 갖췄다는 사실 때문에 '선택된' 개체들이 가장 잘 번식할 것이고, 따라서 유리한 도구의 유전자를 물려줄 것이다. 따라서 모든 종의 유전자풀은 생존과 번식에 유리한 도구를 만드는 유전자로 가득 차는 경향이 있을 것이다.

자연선택이 얼마나 포괄적인지 보라. 앞서 언급한 다른 예들, 즉 단계 1, 2, 3과 기타 많은 사례는 일반적인 현상의 특수한 사례들로서 모두 자연선택에 포함된다. 다윈은 기존에 제한된 형태로만 알려졌던 현상을 보다 일반화한 경우를 생각해냈다. 사람들이 인위선택이라는 특수한 경우밖에 몰랐던 때에 말이다.

일반적인 경우라는 것은 무작위적으로 변이하는 유전 장치들의 무작위적이지 않은 생존이다. 어떻게 무작위적이지 않은 생존이 이루어지느냐는 상관할 문제가 아니다. 그것은 행위자에 의한 교묘하고 명백하고 의도적인 선택일 수도 있고(사람이 순종 그레이하운드를 선택 육종하듯이), 명백한 의도가 없는 행위자에 의한 무의식적인 선택일 수도 있고(암컷 공작이 수컷을 선택하듯이), 선택자가 피하는 편이 좋은(우리는 그렇게 말할 수 있지만 선택자 본인은 알 수 없는 사실이다) 무의식적인 선택일 수도 있고(먹이 물고기가 아귀의 미끼에 접근하기로 선택하듯이), 우리가 아예 선택이라고 간주하지 않는 무언가에 따른 결과일 수도 있다. 가령 풀잉어의 근육 깊은 곳에 모종의 생화학적 장점이 있어서, 먹이를 쫓을 때 남들보다 더 속도를 잘 내는 것처럼 말이다. 다윈도 《종의 기원》에서 직접 이 점을 아름답게 설명했다. 다윈 본인도 좋아했던 다음 문단을 보자.

> 자연선택은 매일매일 시시각각 전 세계를, 모든 변이를, 아무리 사소한 것까지 모두 점검한다고도 말할 수 있다. 자연선택은 나쁜 것을 기각하고, 좋은 것을 보존하고 다 더한다. 자연선택은 기척도 없이 조용하게 작동하며, 언제 어디서든 기회가 될 때마다, 각 유기체를 그 생명이 처한 유기적, 무기적 조건들에 맞추어 개량한다. 우리는 이런 느린 변화들이 진행하는 모습을 직접 볼 수 없다. 시간의 바늘이 아주 기나긴 시대를 다 거친 후에야 우리가 깨달을 수 있지만, 그렇더라도 과거 기나긴 지질학적 시대에 대한 우리의 시각은 너무나 불완전하기 때문에, 오직 예전의 생명 형태들이 지금과 다르다는 점만을 볼 수 있을 뿐이다.

다른 인용문들과 마찬가지로 이것도 다윈의 걸작 초판에서 인용했

"하느님께서 그들에게 복을 내리며 말씀하셨다. 자식을 많이 낳고 번성하여 땅을 가득 채우고 지배하여라. 그리고 바다의 물고기와 하늘의 새와 땅을 기어다니는 온갖 생물을 다스려라."

여론조사 결과를 보면, 모든 생물이 6천 년 전 일주일 만에 생겨났다고 믿는 창조론자가 많다.

인위선택이 몹시 짧은 시간에 해낼 수 있는 일. 야생 양배추(a)와
그 유용한 후손들(b)과 괴물 같은 후손(c). 해바라기(d)는 오래전에
아메리카 원주민들의 인위선택을 경험했고(e),
현대 원예학자들의 손에 의해 더욱 개량된 식물이다.

고기 덩어리 같은 벨지언블루 소는 인위적으로 돌연변이를 일으킨 결과다(f).
육체파 여성의 몸은 운동을 통해 인위적으로 길러진 것이다(g).
환경적 변화는 유전적 변화를 아주 닮을 수 있다.

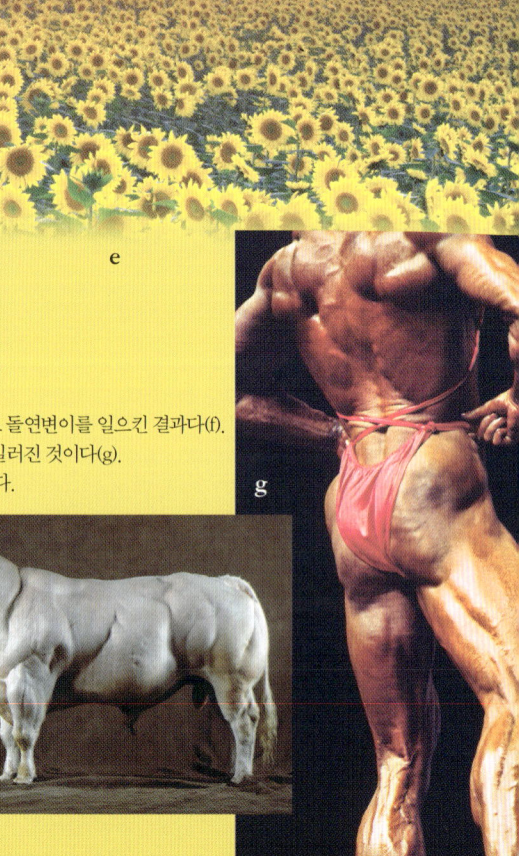

치와와와 그레이트데인, 둘 다 한 꺼풀 벗기면 늑대지만, 수백 년간 인위선택이 진행된 지금에 와서는 누가 이들의 외모를 보고 그 사실을 짐작하겠는가?

4

(a) 마다가스카르 난초의 긴 꿀주머니를 보고 다윈과 월리스는 그에 맞게 긴 혀를 지닌 나방이 결국 발견될 거라고 예측했다. 수년 뒤, 그런 나방이 발견되었다. 윽산토판 모르가니 프레딕타(*Xanthopan morgani praedicta*), 다윈의 나방이다.
(b) 양동이난초. 특별한 묘책으로 수분을 달성하는 정교한 꽃들의 대표 사례.
(c) 유글로신 벌이 양동이난초를 벗어나려 애쓰고 있다. 그러는 동안 꽃가루가 몸에 묻는다.

a

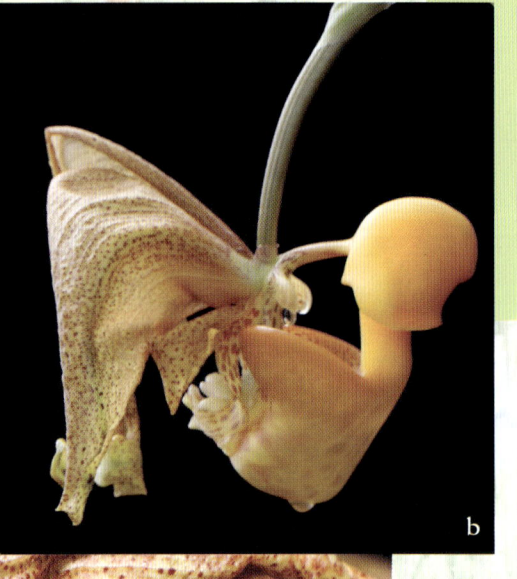

b

c

(d) 자기가 벌새라고 생각하는 나방? 벌새박각시나방은 수렴 진화의 멋진 사례다.
(e) 정교하게 비행 중인 벌새. 붉은 꽃들은 보통 새에 의해 수분된다. 새는 곤충과 달리 붉은색도 잘 보기 때문이다.
(f) 아프리카의 태양새가 붉은 꽃에서 꿀을 빨고 있다.
(g) 틴니드 말벌이 말을 타듯 망치난초에 올라탔다.
(h) 꿀을 이용한 덫? 이 난초는 사기꾼이다. 암컷 벌의 생김새를 흉내 내 교미를 원하는 수컷 벌을 꾄다.
(i) 우리가 보는 달맞이꽃.
(j) 곤충이 보는 달맞이꽃? 정확히 그렇지는 않지만, 가짜로 입힌 색깔은 곤충의 눈에 보이는 자외선 무늬를 보여준다.
(k) 거미난초. 거미를 닮은 모양은 자연선택에 의해 형성된 것일까?

(a) 수컷 꿩의 화려한 색깔은 수세대의 암컷 꿩들에 의해 선택된 결과다.
(b) 물속의 수컷 꿩들? 포식자 없는 물속의 수컷 거피들은 포식자의 눈을 끌 만한 화려한 색깔을 자유롭게 진화시킨다. 사람 사육가들은 장미나 튤립과 마찬가지로 거피에 대해서도 그 경향을 더 밀어붙였다. 이 거피들은 암컷들뿐만 아니라 관상어 애호가들의 눈도 즐겁게 해준다.

(c) 아름다움에 잠복한 위험. 꽃을 모방한 형태의 보라색 사마귀가 꽃에 앉아서 곤충들이 꾀기를 기다리고 있다.
(d) 어떤 사마귀들은 나뭇잎을 모방한다. 이것은 그런 사마귀의 약충이다(유충 단계).
(e) 남아메리카의 도마뱀붙이 같은 동물들은 시든 나뭇잎을 모방한다.
(f) 이것은 뱀의 머리가 아니라 애벌레의 뒷부분이다. 이 생물의 선조들은 이 닮은꼴로 포식자들을 겁줌으로써 더 잘 살아남았을 것이다.

(a) 한가운데에 등장한 고릴라. 목격자 증언이 얼마나 못 믿을 것인지 보여주는 충격적인 증거다(본문 29쪽을 보라).

(b) 진화가 사실이라면, 왜 세상에 악어오리, 개구리원숭이, 개하마, 캥거루토끼가 넘치지 않는가? 이 압도적인 논증을 기념하는 의미에서(본문 208~209쪽을 보라), 조시 티모넨이 고맙게도 나에게 악어오리 넥타이를 만들어주었다. 전 세계 창조론자들을 기리면서 매라고 말이다.

(c) 열렬한 창조론자들을 낚을 만한 유혹적인 미끼(본문 211쪽을 보라).

다. 그런데 나중 판본들에는 흥미로운 삽입구가 있다. "자연선택은 매일매일 시시각각…… 점검한다고도 *비유적*으로 말할 수 있다." '……말할 수 있다'만으로도 충분히 조심스러운데 말이다. 1866년에 다윈은 자연선택의 공동 발견자인 월리스로부터 편지를 받았는데, 개탄스러운 일이긴 하나 세간의 오해에 대항해 담을 더 높이 쌓을 필요가 있겠다고 제안하는 내용이었다.

친애하는 다윈, 저는 알 만한 사람들 중에도 자동적이고 필연적인 자연선택의 효과를 확실히 또는 전혀 이해하지 못하는 사람이 많다는 사실에 거듭 충격을 받습니다. 그래서 자연선택이라는 용어와 당신이 그것을 묘사한 방식이 우리를 비롯한 많은 사람에게는 참으로 명료하고 아름답지만, 박물학자들 일반에게 잘 각인시키기에 가장 적합한 상태는 아니라는 결론을 내리게 되었습니다.

월리스는 계속하여 자네(Janet)라는 프랑스 저자를 인용했다. 그는 월리스나 다윈과는 달리 깊은 혼란에 빠졌음에 분명하다.

그는 '자연선택의 작용에 의도와 방향이 필수적'이라는 사실을 모르는 것이 당신의 약점이라고 생각합니다. 당신의 주된 반대자들이 그런 반론을 수십 번 제기했거니와, 제가 남들과의 대화에서 직접 접한 적도 왕왕 있습니다. 제가 생각할 때, 이 문제는 거의 전적으로 자연선택이라는 용어 때문에 생긴 것입니다. 당신이 자연선택의 효과를 사람의 선택에 자꾸 비교하면서, 자연이 '선택'하고 '선호'하고…… 등등을 한다는 듯이 자주 의인화하기 때문입니다. 소수의 사람에게는 이것이 햇살처럼 명료하고 아름다운 표현이지만, 많은 사람에게는 이것이 분명한 걸림돌입니다. 그래서 저는 오해의 소지를 원천적으로 피할 방법을 제안하려고 합니다. 당신이 앞으로의 위대한 작업과 향후 《종의 기원》 판본들에서 스펜서의 용어를 채택한다면 간단히, 매우 효과적으로 문제를 해결할 수 있을 것입니다…… '적자생존'이라는 그 용어는 <u>사실</u>을 평이하게 표현한 것이지만, '자연선택'은 비유적인 표현입니다…….

월리스의 말은 옳았다. 사실 스펜서의 '적자생존'도 나름대로 문제를 일으키는 용어지만, 그것은 월리스가 내다볼 수 없는 문제들이었다. 여기서 그 점을 따지진 않겠다. 월리스의 경고에도 불구하고, 나는 가축화와 인위선택을 거쳐서 자연선택을 소개하는 다윈의 전략이 마음에 들기 때문에, 이 책에서 그 전략을 좇았다. 이번에는 '자네' 씨도 제대로 이해시킬 만한 설명이었다면 좋겠다.

그런데 내가 다윈의 선례를 따른 이유가 또 하나 있다. 이것은 아주 괜찮은 이유다. 과학적 가설에 대한 궁극의 검증은 실험이다. 실험이란 자연이 뭔가 해주기를 기다리면서 수동적으로 현상들의 연관성을 관찰하기만 하지 않는다는 것이다. 실험이란 내가 직접 뛰어들어서 뭔가를 *하는* 것이다. 내가 *조작하는* 것이다. 내가 뭔가를 체계적인 방식으로 *바꾸고*, 그 결과를 변화가 없는 '대조군'과 비교하거나 다른 변화의 결과와 비교하는 것이다.

실험적 개입은 어마어마하게 중요하다. 그것 없이는 우리가 관찰한 연관관계에 실제로 인과적 의미가 있는지 확신할 수 없기 때문이다. 이른바 '성당 종시계의 오류'를 보면 이 점을 잘 알 수 있다. 이웃한 두 성당의 종탑들이 시각을 알리는 종을 울리는데, A성당의 종이 B성당보다 약간 앞선다. 지구에 온 어느 화성인이 그 점을 인식한다면, A성당의 종이 B성당의 종을 울리는 *원인*이라고 추론할지도 모른다. 우리야 물론 그렇지 않다는 것을 알지만, 가설을 정말로 확인해보는 유일한 방법은 A성당의 종을 한 시간에 한 번이 아니라 *무작위*로 울리는 실험을 해보는 것이다. 화성인의 예측에 따르면, A성당의 종이 울린 후에 즉각 B성당의 종도 울려야 한다(이 경우에는 결국 반증이 될 것이다). 관찰된 연관관계가 실제 인과관계인지 확인하는 방법은 실험적 조작밖에 없다.

무작위적인 유전자 변이들의 무작위적이지 않은 생존이 진화적 결과에 중요한 영향을 미친다는 게 우리의 가설이라면, 그것을 실험*적*으로 시험하는 방법은 무엇일까? 우리가 교묘하게 개입해보는 것이다. 어떤 변이는 생존하고 어떤 변이는 생존하지 못하도록 우리가 *조작하는* 것이다. 어떤 종류의 개체들을 번식시킬지를 사육가로서 우리가 *선택하는* 것이다. 그리고 그것이 *바로* 인위선택이다. 인위선택은 자연선택의 *비유*에 불과한 것이 아니다. 인위선택은 선택이 진화적 변화를 일으킨다는 가설에 대한 진정한 실험적 확인이다. 관찰을 통한 확인과는 대조되는 것이다.

인위선택의 유명한 사례(가령 다양한 개 품종의 제작)들은 대부분 과거의 역사를 돌이켜보아 확인한 내용이었지, 조건들을 통제한 실험 상황에서 의도적으로 예측을 시험해본 것은 아니었다. 하지만 오늘날에는 그런 적절한 실험이 많이 수행되었고, 그 결과는 개나 양배추나 해바라기 같은 일회적인 사례들을 바탕으로 예측한 것과 늘 같았다.

여기 전형적인 실험 사례가 하나 있다. 일리노이 농업시험장에서

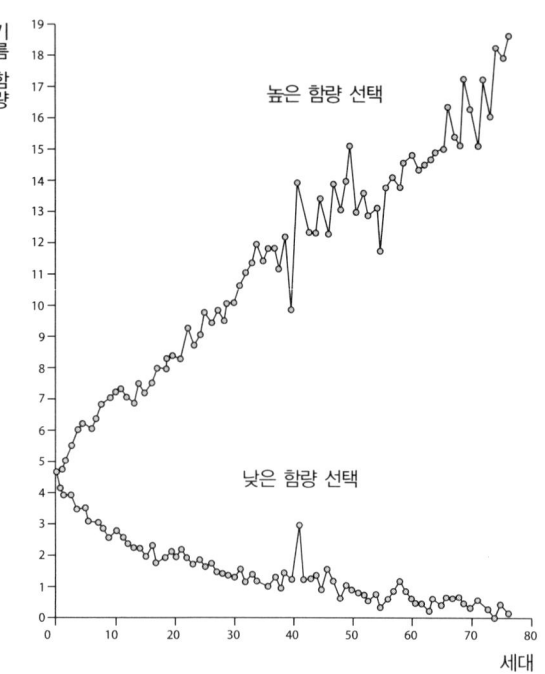

옥수수씨유 함량이 높은 것과 낮은 것을 선택한 두 계열선

옥수수를 대상으로 실험한 것인데, 상당히 오래전인 1896년에 시작한 실험이기 때문에 특히 훌륭한 사례라고 할 수 있다(위 그래프에서 세대1이 1896년이다). 위 그래프는 서로 다른 인위선택을 경험한 두 옥수수 집단의 기름 함량을 그래프화한 것이다. 한쪽은 높은 함량을 선택한 결과고, 다른 쪽은 낮은 함량을 선택한 결과다. 두 가지 의도적인 조작 혹은 개입의 결과를 비교할 수 있으므로, 이것은 진정한 실험이다. 척 보면 알 수 있듯이, 차이는 극적이었고, 계속 커졌다. 상승하는 경향선이든 하강하는 경향선이든 결국에는 아마 수평을 이룰 것이다. 낮은 쪽은 기름 함량을 0 아래로는 떨어뜨릴 수 없을

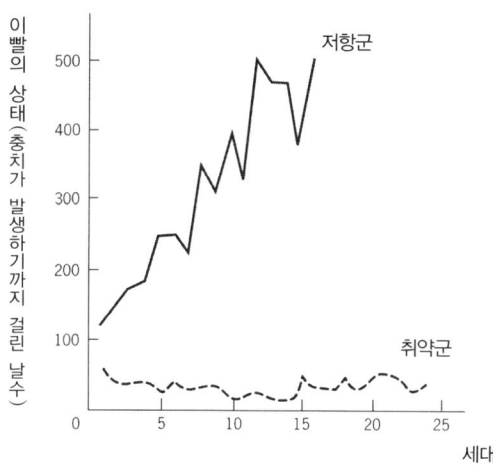

쥐들의 충치 저항력이 높은 것과 낮은 것을 선택한 두 계열선

테고, 높은 쪽도 그에 못지않게 당연한 여러 이유 때문에 결국 안정화할 것이다.

　인위선택의 힘을 실험실에서 잘 보여준 사례를 하나 더 보자. 이 실험은 또 다른 의미에서 교훈적이다. 위 그래프는 17세대에 걸쳐서 쥐들의 충치 저항력을 인위선택한 결과다. 그래프에 찍힌 값들은 쥐들이 충치 없이 지낸 기간을 날수로 표시한 것이다. 실험이 시작되었을 때, 쥐들에게 충치가 생기기까지 걸린 평균 시간은 약 100일이었다. 이후 충치에 대한 높은 저항력을 체계적으로 선택한 결과, 10여 세대 만에 시간이 4배 이상으로 늘었다. 이 실험에서도 연구진은 반대 방향의 진화도 별도로 선택해보았다. 충치에 걸리기 쉬운 녀석들도 체계적으로 선택한 것이다. 이 실험은 우리에게 자연선택에 대해 생각해볼 계기를 마련해준다.

　이제 우리는 자연선택에 관해 이야기할 채비를 다 마쳤다. 이제부터 나는 본래적인 의미의 자연선택에 관한 짧은 이야기 세 편을 소개할 텐데, 쥐의 충치에 관한 논의가 그 첫 번째다. 다른 두 이야기에서는 우리가 가축화로부터 걸어온 '진화의 꽃길'에서 이미 만났던 생물들, 즉 개와 꽃을 다시 만나볼 것이다.

인위선택과 자연선택, 그리고 쥐의 충치 저항력

인위선택으로 그렇게 쉽게 쥐들의 충치 저항력을 높일 수 있다면, 왜 자연선택은 애초에 일을 엉망으로 해놓았을까? 분명히 충치에 편익 따위는 없다. 인위선택이 충치를 줄일 수 있다면, 왜 자연선택은 오래전에 같은 일을 해놓지 않았을까? 나는 두 가지 답을 생각할 수 있는데, 둘 다 교훈적이다.

첫 번째 답은, 인간 선택자들이 원재료로 사용한 쥐 개체군은 야생 쥐가 아니라 실험실에서 육성된 흰쥐들이라는 점이다. 실험실 쥐는 현대의 인간과 비슷해서, 첨단의 자연선택으로부터 보호되는 안락한 처지다. 야생이라면 충치를 발생시키기 쉬운 유전적 소인이 쥐의 번식 가능성을 크게 감소시킬 것이다. 하지만 실험실에서는 쥐의 생활이 훨씬 편하고, 어느 쥐가 번식할 것인가를 사람이 결정할 뿐 쥐의 생존과는 무관하기 때문에, 충치가 있든 없든 큰 차이가 없다. 이것이 질문에 대한 첫 번째 답이다.

더 흥미로운 것은 두 번째 대답이다. 이 답은 인위선택에 대해서는 물론이고 자연선택에 대해서도 중요한 교훈을 주기 때문이다. 그 교훈인즉, 우리가 식물의 수분 전략에서도 간단히 언급한 대가교환의 원리다. 세상에 공짜는 없다. 모든 것에 가격표가 붙어 있다. 충치는 어떤 비용을 지불하고서라도 피해야 할 현상임에 분명하고, 충치가 쥐의 수명을 상당히 깎아먹는다는 사실에도 의심의 여지가 없다. 하지만 동물의 충치 저항력을 높이기 위해서는 어떻게 해야 하는지 잠깐 생각해보자. 상세한 내용은 알 수 없지만, 하여간 그 일에도 분명히 대가가 따를 것이다. 그 점만 확실하면 된다.

충치 저항력을 높이려면 이빨을 두껍게 만들어야 하고, 그러려면 여분의 칼슘이 필요하다고 가정해보자. 여분의 칼슘을 찾기가 불가능한 것은 아니지만, 그것은 어딘가에서 끌어와야지, 공짜로 주어지는 것은 아니다. 칼슘(또는 다른 어떤 제약 자원)은 공기 중에 둥둥 떠다니지 않는다. 칼슘은 음식을 통해 몸에 들어오고, 아마도 이빨 말고 다른 곳들에도 쓰일 것이다. 몸에는 칼슘 경제라고 할 만한 체계가 있다. 칼슘은 뼈에도 필요하고, 젖에도 필요하다. (지금은 칼슘이라고 가정했지만, 꼭 칼슘이 아니라도 다른 값비싼 제약 자원이 있을 테고, 그것이 무엇이든 논리는 달라지지 않는다. 나는 편의상 계속 칼슘이라고 하겠다.)

다른 조건들이 모두 같을 경우, 보통보다 튼튼한 이빨을 가진 쥐는 이빨이 쉽게 썩는 쥐보다 오래 사는 *경향이* 있을 것이다. 하지만 다른 조건들이 모두 동일할 수가 없다. 이빨을 강화하는 데 소요된 칼슘은 다른 어딘가에서, 가령 뼈에서 왔을 테니 말이다. 칼슘을 뼈에서 빼오게 하는 유전적 소인이 없는 경쟁 개체가 어쩌면 결과적으로 더 오래 살지도 모른다. 이빨 상태는 엉망이라도 뼈가 튼튼할 테니 말이다. 혹은 칼슘이 풍부한 젖을 생산하는 경쟁 개체가 새끼들을 더 잘 키울지도 모른다.

경제학자들이 즐겨 인용하는 로버트 하인라인(Robert Heinlein,

1907~1988, 미국의 SF소설 작가_옮긴이)의 말마따나, 세상에 공짜 점심은 없다. 지금 살펴본 쥐 사례는 가설이지만, 어쨌든 경제학적 이유에 의거해 이빨이 *지나치게* 완벽한 쥐도 있음직하다. 그러나 한 부문의 완벽은 다른 부문의 희생이라는 대가를 주고 사와야 하는 것이다.

이 교훈은 모든 생물에게 적용된다. 생물의 몸이 생존에 적합하게 갖춰졌으리라고 예상하는 것은 괜찮지만, 그렇다고 어느 한 차원이 완벽할 것이라는 뜻은 아니다. 다른 영양들보다 다리가 약간 긴 개체는 더 빨리 달리고, 표범에게서 더 쉽게 달아날 것이다. 하지만 다리가 지나치게 긴 영양은 설령 포식자를 앞질러 달리는 데는 적합하더라도, 몸의 경제 중 어딘가 다른 부문에서 대가를 치러야 한다. 긴 다리를 위해 여분의 뼈와 근육을 만드는 데 쓴 재료는 어딘가 다른 곳에서 가져온 것이다. 그래서 다리가 긴 개체는 포식자에게 잡아먹히는 것 외에 다른 이유 때문에 더 쉽게 죽을지도 모른다. 아니, 어쩌면 포식자에게 더 잘 잡아먹힐지도 모른다. 다리가 말짱할 때는 빨리 달리지만, 긴 다리는 부러지기 쉽고, 일단 부러지면 전혀 달릴 수 없으니 말이다. 몸은 숱한 타협들의 조각보와 같다. 이 점에 대해서는 무기경쟁을 다룬 장에서 다시 이야기하겠다.

가축들은 야생 동물의 삶을 단축시켰던 많은 위협으로부터 인위적으로 보호된다. 순종 젖소는 굉장한 양의 우유를 생산하지만, 거치적거리게 디룽디룽 매달린 녀석의 젖통은 사자를 앞질러 달릴라치면 심각한 방해물이 될 것이다. 서러브레드 경주마는 뛰어난 달리기 주자이자 높이뛰기 선수지만, 녀석의 다리는 경주중에, 특히 점프를 하다가 부상을 입기 쉽다. 인위선택은 자연선택이라면 결코 용인하지 않았을 영역으로까지 녀석을 밀어붙인 것이다. 서러브레드는 또 인간이 공급하는 풍부한 식단을 먹을 때만 잘 자란다. 영국 토종 조랑말은 초원에서도 잘 자라지만, 경주마는 곡물과 보충 영양소가 풍부한 식단을 먹어야만 번성한다. 그런 식단은 야생에서는 구할 수 없다. 이 점에 대해서도 무기경쟁을 다룬 장에서 다시 설명하겠다.

다시, 개 이야기

마침내 우리가 자연선택을 직접 이야기하게 되었으니, 개들의 사례로 돌아가서 다른 중요한 교훈들도 살펴보자. 개가 '가축화한 늑대'라는 이야기는 벌써 했지만, 개의 진화에 관한 환상적인 이론에 비추어 그 사실을 다시 살펴보자.

앞에서 소개했던 레이먼드 코핀저가 더없이 깔끔하게 구축해낸 이 이론의 발상을 한마디로 요약하면, 개의 진화는 인위선택의 역사만은 아니었다는 것이다. 늑대들이 자연선택을 통해 인간의 생활방식에 적응한 역사였다는 설명에도 최소한 동등한 무게를 주어야 한다. 개의 가축화 초기 단계는 인위선택이 아니라 자연선택에 의해 매개된 *자발적* 가축화였다. 우리가 인위선택의 도구상자에서 정을 꺼내들기 한참 전부터, 자연선택이 늑대들을 조각해 자발적으로 가축화한 '마을개'들을 만들어냈다. 사람의 개입이 전혀 없는 상태에서 말이다. 사람은 나중에야 이 마을개들을 변형시키는 일에 착수했고, 철저한 성형 과정을 통해서, 오늘날 크러프츠(Crufts, 영국에서 해마다 열리는 개 품평회_옮긴이)나 여타 행사장에서 그 자질과 아름다움(이 단어가 적절하다면)을 뽐내는(역시 이 단어가 적절하다면) 무지개처럼 다채로운 개 품종들을 빚어냈다.

코핀저는 가축들이 풀려나서 야생으로 돌아간 뒤에 수세대가 지나면, 그들이 보통 야생 선조와 비슷한 상태로 복귀한다는 점을 지적했다. 그렇다면 우리는 야생으로 돌아간 개들이 늑대 같아지지 않을까 짐작해볼 수 있다. 그러나 사실은 그렇지 않다. 야생으로 돌아간 개들은 제3세계 도처에서 인간의 거주지 주변을 알짱거리는 마을개(들개라고도 한다)들과 비슷한 상태가 된다. 이 점을 볼 때, 인간 사육가들이 택한 대상은 이미 늑대라고 볼 수 없는 상태였다는 코핀저의 주장이 일리가 있다. 늑대들은 이미 '스스로' 개로 변해 있었던 것이다. 마을개, 들개, 아마도 딩고 같은 존재로.

진짜 늑대들은 무리지어 사냥하는 사냥꾼이다. 마을개들은 쓰레기더미나 퇴비를 뒤적이는 청소동물이다. 늑대들도 간혹 청소부 노릇을 하지만, 녀석들은 '도주거리'가 길기 때문에 천성적으로 청소 행위에 맞지 않는다. 어떤 동물의 도주거리를 재려면, 그 동물이 식사를 하고 있을 때 가만히 접근해서 당신이 얼마나 가까이 갔을 때 녀석이 도망치는지 보면 된다.

동물종마다 특정 상황에서 취하는 최적의 도주거리가 있을 것이다. 너무 가까워서 지나치게 위험하거나 무모한 거리도 아니고, 너무 멀어서 지나치게 몸을 사리거나 위험을 회피하는 거리도 아니고, 그 중간쯤일 것이다. 위험이 닥쳤을 때 너무 늦게 내빼는 개체들은 그 위험 때문에 죽기 쉽다. 그보다는 상황이 덜 분명하지만, 너무 일찍 내빼는 경우도 있을 수 있다. 너무 몸을 사리는 개체들은 위험의 기미만 보여도 달아날 테니, 한 번도 푸짐하게 먹을 수 없다.

우리 인간은 지나친 위험 회피의 문제를 쉽게 간과한다. 얼룩말이나 영양들이 사자가 시야에 뻔히 들어오는데도 기껏 경계를 늦추지 않을 뿐 태연자약하게 풀을 뜯는 광경을 보면, 우리는 혼란스럽다. 우리는 수킬로미터 내에 사자 코빼기도 보이지 않을 때라도 스스로 (혹은 사파리 안내인)의 위험 회피 성향을 좇아 랜드로버 안에 들어앉아 꿈쩍도 하지 않는다. 그것은 우리가 공포를 저울질할 다른 대상이 없기 때문이다. 우리는 사파리 오두막으로 돌아가서 푸짐하게 식사를 할 것이기 때문이다.

아마도 우리의 야생 선조들은 위험을 감수하는 얼룩말들에게 더 크게 공감했을 것이다. 얼룩말처럼 그들도 잡아먹힐 위험과 아무것도 못 먹을 위험을 저울질해야 했을 테니 말이다. 물론 사자가 공격해올지도 모른다. 하지만 내가 속한 무리의 규모를 감안할 때, 사자가 나 아닌 다른 구성원을 잡을 가능성이 높다. 그리고 풀밭으로 진출하지 않는다면, 혹은 물가로 내려가지 않는다면, 어차피 굶주림이나 갈증으로 죽을 것이다. 우리가 앞서 두 번이나 언급한 바로 그 경제적 대가교환의 교훈이다.*

여담이 길어졌지만, 요는 야생 늑대에게도 다른 동물들처럼 최적의 도주거리가 있다는 것이다. 너무 대담한 거리와 너무 소심한 거

---

* 심리학자들은 사람에 대해서도 유사한 위험 감수 실험을 해보았다. 그 결과, 흥미롭게도 사람마다 차이가 있었다. 일반적으로 사업가들은 기꺼이 위험을 감수하는 태도를 보였다. 조종사, 암벽등반가, 오토바이 경주자, 기타 극한 스포츠 애호가들도 그랬다. 여성들은 남성들보다 위험을 회피하는 편이었다. 페미니스트라면 이 대목에서 인과의 화살을 거꾸로 돌릴 수도 있다고 지적하리라. 여성들은 사회가 여성들에게 허용한 직업에 종사함으로써 위험 회피 성향을 띠게 된 것이라고 말이다.

리의 중간쯤에 적당히 놓인, 그리고 아마도 유연하게 바뀔 수 있는 거리일 것이다. 진화적으로 긴 시간에 걸쳐 환경이 바뀌면, 자연선택은 도주거리를 조절해 연속선상에서 이쪽 아니면 저쪽으로 이동시킬 것이다. 만약 늑대들의 세상에 갑자기 마을의 쓰레기더미라는 풍부한 식량원이 새로 등장하면, 최적의 도주거리는 짧은 쪽을 향해 이동할 것이다. 즉, 새로운 진수성찬을 더 오래 즐기기 위해 쉽게 달아나지 않는 쪽으로 바뀔 것이다.

마을 변두리의 쓰레기더미를 뒤지는 야생 늑대들을 상상해보자. 녀석들 대부분은 돌과 창을 던지는 사람들이 무서워서 도주거리가 아주 길 것이다. 사람의 모습이 저 멀리 나타났다 싶으면 당장 안전한 숲으로 내뺄 것이다. 하지만 몇몇 개체가, 유전적 우연에 의해, 평균보다 살짝 짧은 도주거리를 갖게 되었다. 녀석들은 위험을 약간 더 감수하는(용감하되 무모하지는 않은) 태도 때문에 위험을 회피하는 경쟁자들보다 더 많이 먹는다. 세대가 갈수록, 자연선택은 점점 더 도주거리가 짧은 개체들을 선호할 것이고, 결국 녀석들은 인간이 던진 돌에 맞을 만큼 도주거리가 짧아질 것이다. 새롭게 수중에 들어온 식량원 때문에 늑대들의 최적 도주거리가 변한 것이다.

코핀저의 견해는 이런 식의 진화적 도주거리 단축이 개의 가축화 첫 단계였다는 것이다. 그것은 인위선택이 아니라 자연선택이 낳은 결과였다. 짧은 도주거리는 더 유순한 행동의 척도이기도 하다. 이 초기 단계에서는 사람들이 일부러 유순한 개체들을 택해서 사육한 게 아니었다. 이 단계에서 사람과 최초의 개들 사이의 상호작용은 오직 적대적일 뿐이었다. 늑대들이 길들여진 것은 자발적 가축화였지, 사람에 의한 의도적 사육이 아니었다. 의도적 가축화는 나중에 이루어졌다.

유순함이나 기타 속성들이 어떻게 조각되는지(자연적으로든 인위적으로든) 알아볼 수 있는 환상적인 실험이 현대에 들어 수행된 적이 있다. 모피 무역으로 각광받았던 러시아 은여우의 가축화 과정이었다. 이 사례는 여러 모로 흥미롭다. 다윈이 말했던 내용을 우리에게 보여주는 것은 물론이고, 더불어 가축화 과정에 관해서, 선택적 육종의 '부작용'에 관해서, 그리고 다윈도 잘 알았던 인위선택과 자연선택의 유사성에 대해서도 알려주기 때문이다.

은여우는 흔한 붉은여우 불페스 불페스(*Vulpes vulpes*)의 색깔 변종으로, 아름다운 털 때문에 가치가 높았다. 1950년대에 러시아 유전학자 드미트리 벨랴예프(Dmitri Belyaev)가 은여우 모피 농장의 운영자로 임명되었다. 후에 그는 리센코의 반과학적 이데올로기와 충돌하는 과학적 유전학을 주장한다는 이유로 해고되었다. 리센코는 어쩌다 스탈린의 환심을 사서 소련 유전학계와 농학계를 거의 20년간이나 좌지우지하며 크게 망쳐놓은 사기꾼 생물학자였다. 벨랴예프는 여우에 대한 사랑과 (리센코와는 다른) 진정한 유전학에 대한 신념을 고수했고, 나중에 다시 시베리아의 유전학연구소 소장이 됨으로써 두 연구를 모두 재개할 수 있었다.

야생 여우들은 다루기가 까다롭다. 벨랴예프는 유순한 품종을 개량해내기로 결심했다. 당시의 여느 동식물 사육가와 마찬가지로, 그의 기법은 자연선택을 응용한 것이었다(당시에는 유전공학이 없었다). 즉, 그가 추구하는 이상에 가장 근접한 암컷과 수컷을 골라서 선택적으로 번식시키는 것이었다. 유순한 개체들을 고를 때, 벨랴예프는 제일 자기 맘에 드는 개체들, 아니면 제일 귀여운 표정으로 자신을 바라보는 개체들을 택할 수도 있었다. 그렇게 했더라도 미래 세대들에서 유순함이라는 원하던 효과를 얻었을 것이다. 하지만 그는 더 체계적인 방법을 사용하기로 했고, 우리가 야생 늑대 이야기에서 언급했던 '도주거리'와 사뭇 비슷한 척도를 새끼여우들에게 어울리게 적용했다.

벨랴예프와 동료들은(실험은 벨라예프가 죽은 후에도 이어졌다) 새끼여우들을 대상으로 표준화한 실험을 실시했다. 실험자는 새끼에게 손으로 먹이를 주면서, 쓰다듬거나 어루만지려고 했다. 새끼들은 세 집단으로 분류되었다. 집단III의 새끼들은 도망치거나 사람을 무는 녀석들이었다. 집단II는 사람의 손길을 허락하지만, 실험자에게 딱히 호의적인 반응을 보이지 않는 녀석들이었다. 가장 유순한 집단I의 새끼들은 실험자에게 호의적으로 접근하고 꼬리를 흔들면서 낑낑거리는 녀석들이었다. 실험자들은 새끼들이 자라기를 기다려, 가장 유순한 집단만을 체계적으로 교배시켰다.

선택적으로 유순함을 육성한 지 고작 6세대 만에, 여우들은 크게 달라졌다. 실험자들이 '가축화한 엘리트'라는 새 집단을 설정해야 할 정도였다. 이 녀석들은 "사람과 접촉하기를 바라고, 관심을 끌기 위해 끙끙거리고, 개처럼 실험자의 냄새를 맡거나 핥았다". 실험을 처음 시작했을 때는 엘리트 집단에 드는 여우가 한 마리도 없었다. 그런데 유순함을 육성한 지 10대째에는 18퍼센트가 '엘리트'였고, 20대째에는 35퍼센트, 30~35대에는 전체 실험군의 70~80퍼센트가 '가축화한 엘리트' 개체였다.

결과 자체는 크게 놀라울 게 없지만, 그런 효과가 그토록 강력하고 빠르게 진행되었다는 사실은 매우 놀랍다. 35세대는 지질학적

개처럼 유순해진 여우들과 함께 있는 벨랴예프

시간 규모에서는 눈치도 채지 못할 만큼 한순간이다. 그런데 더욱 흥미로운 현상이 있었다. 유순함을 선택적으로 육성하다 보니 예상 치 못한 부가적 효과들이 뒤따랐는데, 그야말로 환상적이고 전혀 예 측하지 못한 현상이었다. 개를 사랑했던 다윈이 이 사실을 알았다면 아마도 넋을 잃었으리라.

길든 여우들은 행동만 개 같아진 것이 아니라 모습도 개 같아졌 다. 그들은 여우다운 털가죽을 잃었고, 웰시콜리 같은 흑백 얼룩무늬가 나타났다. 여우답게 쫑긋 섰던 귀는 개처럼 펄럭거렸다. 꼬리 끝도 여우답게 아래로 향하는 것이 아니라 개처럼 위로 섰다. 원래 암여우는 1년에 한 번 발정하지만, 녀석들은 암캐처럼 반년마다 발정했다. 벨랴예프에 따르면, 녀석들은 짖는 소리도 개를 닮았다.

개를 닮은 이런 특징들은 그야말로 곁다리 효과였다. 벨랴예프의 연구진은 그런 특징들을 일부러 노린 적이 없다. 그들이 의도한 것은 유순함뿐이었다. 개를 닮은 다른 특징들은 유순함을 낳는 유전자에 진화적으로 편승한 것으로 보인다. 이것은 유전학자들에게는 놀라운 현상이 아니다. 하나의 유전자가 겉보기에 서로 무관한 듯한 여러 효과를 초래하는 '다형질 발현' 현상은 널리 알려져 있다. 여기에서 '겉보기에'라는 단어가 중요하다. 발생학적 발달은 복잡한 사업이다. 우리가 그 복잡한 내용을 속속들이 알고 보면, "겉보기에 서로 무관한 듯했던" 것들이 "우리가 예전에는 몰랐지만 지금은 이해하게 된 어떤 경로에 의해 연결된" 것들로 바뀐다.

짐작건대, 펄럭대는 귀와 얼룩덜룩한 털은 유순함 유전자들에 결부되어 다형질 발현한 특징들일 것이다. 개는 물론이고 여우에게서도 말이다. 우리는 여기서 진화에 관한 일반적이고 중요한 교훈을 또 배운다. 우리가 동물의 한 특징을 놓고서 그 다윈주의적 생존 가치가 무엇인지 물을 때, 잘못된 질문을 던졌을 가능성이 늘 있다는 사실이다. 우리가 고른 특징이 중요하지 않은 것인지도 모른다. 어쩌면 그 특징은 다형질 발현으로 함께 엮인 다른 특징에 '편승해' 진화 과정을 함께 밟아온 것뿐인지도 모른다.

코핀저가 옳다면, 개의 진화는 인위선택만의 과정이 아니었다. 그것은 자연선택(초기의 가축화 단계 지배)과 인위선택(최근에야 전면에 등장)

이 복잡하게 얽힌 과정이었다. 아마 이음매를 알기 어려울 만큼 매끈하게 이행되었을 것이다. 그 점에서도 우리는 인위선택과 자연선택이 얼마나 유사한지 (다윈이 느꼈던 것처럼) 더욱 깊이 느낄 수 있다.

다시, 꽃 이야기

가볍게 자연선택을 건드려보는 세 번째 사례로, 꽃과 수분 매개자들의 이야기로 넘어가보자. 자연선택이 얼마나 강한 힘으로 진화를 추진하는지 볼 수 있을 것이다. 수분 과정의 생물학을 살펴보면 상당히 희한한 현상이 더러 있는데, 그중에서도 경이의 극치에 자리잡은 것이 바로 난초다. 다윈이 난초를 예리하게 살핀 것도 무리가 아니고, 《곤충에 의해 수정되는 난초들의 여러 가지 장치에 관하여》라는 책을 쓴 것도 이해가 된다.

우리가 앞서 본 마다가스카르 난초 같은 '마법 탄환' 난초들은 수분 매개자에게 꿀을 주지만, 먹이를 주는 대신 그들을 속임으로써 대가를 치르지 않아도 되는 방법을 알아낸 난초들도 있다. 어떤 난초들은 암컷 벌(또는 말벌이나 파리)과 비슷한 모습을 하고 있다. 수컷 벌이 와서 교미하려고 할 정도로 그럴싸하다. 난초가 특정 곤충종의 암컷을 더욱 그럴듯하게 모방할수록, 그 종의 수컷들이 마법 탄환처럼 그 꽃들만 찾아다닐 가능성이 높아진다.

난초가 특정 종의 벌이 아니라 '그냥 벌' 같은 모양이라도, 그 모습에 속아넘어간 벌들은 '상당히 마법적인' 탄환으로 기능할 것이다. 우리가 파리난초나 벌난초를 가까이 들여다보면(컬러 화보 5쪽을 보라) 그것이 진짜 곤충이 아닌 줄 알겠지만, 시야 가장자리에서 스치듯이 보면 아마 속을 것이다. 정면으로 잘 보아도, 사진의 벌난초(h)는 꿀벌난초라기보다 뒤영벌난초라고 불러야 할 것 같은 인상이다. 곤충들의 겹눈은 우리의 카메라 식 눈만큼 예리하지 않으므로, 난초들이 형태와 색에서 대강 곤충을 모방하고, 게다가 암컷 곤충의 유혹적인 냄새까지 모방하면 수컷들을 충분히 속이고도 남는다. 여담이지만, 자외선 영역에서 난초를 보면 모방이 한결 훌륭해 보일 가능성도 충분한데, 물론 우리는 그런 식으로 보지 못한다.

흔히 거미난초라고 불리는 브라시아(*Brassia*, 컬러 화보 5쪽의 k)는 다른 종류의 속임수를 통해 수분을 이룬다. 단독생활하는 말벌들(미국에서 보통 옐로재킷이라고 불리는 흔한 가을철 해충처럼 큰 벌집을 짓고 군거생활을 하는 종류가 아니다) 중에는 암컷이 거미를 잡아서 가시로 마비시킨 뒤, 그 속에 알을 낳아 유충들에게 살아 있는 식량을 제공하는 종들이 있다. 거미난초는 거미를 닮은 모양으로 암컷 말벌들을 꾀어 가시로 찌르게 한다. 그 과정에서 말벌의 몸에 난초가 생산한 화분괴(꽃가루 덩어리)가 묻는다. 그 말벌이 다른 거미난초를 찌르려고 하면 화분괴가 옮겨진다. 또 여담이지만, 정확히 그 거꾸로인 경우도 있다는 것을 말하고 싶어서 못 견디겠다. 에피카두스 헤테로가스테르(*Epicadus heterogaster*)라는 거미는 난초를 모방한다. '꽃'에 다가와 꿀을 얻으려고 하는 곤충들을 순식간에 잡아먹는 것이다.

이런 유혹책을 구사하는 난초들 중에서 가장 신기한 종류가 서부 오스트레일리아에 산다. 드라케아(*Drakaea*) 속의 여러 종은 일명 망치난초라고 알려져 있다. 각 종은 틴니드(thynnid)라는 말벌류의 각 종과 특수한 관계를 맺는다. 난초 꽃의 일부분이 대충이나마 곤충을 닮은 형태라서, 수컷 턴니드 말벌이 거기에 속아 교미를 하려 든다. 여기까지만 말하면 다른 곤충 모방 난초들과 별 차이가 없는 것 같지만, 드라케아는 놀라운 기술을 하나 더 감춰두고 있다.

드라케아의 가짜 '말벌'은 '팔' 끝에 붙어 있고, 팔에는 경첩처럼 접히는 유연한 '팔꿈치'가 있다. 사진에서 그 경첩이 잘 보인다(컬러 화보 5쪽의 g). 진짜 벌이 가짜 벌을 잡으려고 푸드덕거리면 그 움직임 때문에 '팔꿈치'가 접히고, 벌은 망치처럼 꽃의 건너편(이 부분을 '모루'라고 하자)에 앞뒤로 연거푸 처박힌다. 모루 부위에 꽃의 생식기가 있기 때문에 그곳에서 떨어져나온 화분괴가 벌의 몸에 붙는다. 벌은 어찌어찌 탈출해 날아가지만, 이 속상한 경험에서 교훈을 얻지 못한 듯 다른 망치난초에 가서 같은 공연을 펼치고, 그곳에서도 착실히 제 몸과 몸에 붙은 꽃가루를 모루에 찧는다. 그럼으로써 벌이 실은 화물은 예정된 안식처인 다른 꽃의 암술에 안착한다.

나는 이 멋진 공연의 영상을 '아이들을 위한 왕립연구소 크리스마스 강연'에서 보여준 적이 있다. '자외선 정원'이라는 제목이 붙은 그 강연의 녹화물을 보면, 이 영상도 나온다.

같은 강연에서 나는 남아메리카의 '양동이난초'도 소개했다. 이들도 못지않게 놀라운 방법으로 수분을 하지만, 방식은 좀 다르다. 이들에게도 전문화한 수분 매개자가 있는데, 말벌이 아니라 꿀벌과에 속하는 유글로신(Euglossine) 벌들이다. 양동이난초들도 이 수분 매개자들에게 꿀을 제공하지 않는다. 벌을 꾀어서 교미를 시도하게끔 하지도 않는다. 대신, 이 난초들은 수컷 벌들에게 결정적으로 도움이 되는 도구를 하나 제공한다. 그것이 없으면 수컷 벌들은 암컷들을 유혹할 수가 없다.

남아메리카에만 사는 이 작은 벌들은 이상한 습성이 있다. 녀석들은 향기롭든 아니든 좌우간 냄새 나는 물질들을 수집하는 데 갖은 공을 들이고, 수집품을 크게 부푼 뒷다리의 특수 저장고에 담아둔다. 종에 따라 냄새물질을 꽃에서 얻기도 하고, 썩은 나무나 심지어 배설물에서 얻기도 한다. 녀석들은 그렇게 모은 '향수'를 암컷을 꾀는 등 구애 행동에 쓰는 듯하다.

사실 많은 곤충이 특수한 냄새로 이성을 유혹하는데, 대부분은 제 몸에 있는 특수한 분비샘에서 향수를 제조한다. 가령 암컷 누에나방은 독특한 향취를 발산함으로써 엄청나게 멀리 있는 수컷들까지 끌어들인다. 더듬이로 그 향을 감지하는 수컷들은 수킬로미터 밖에서도 아주 미량의 향까지 알아차린다.

유글로신 벌들의 경우 향기를 쓰는 쪽이 수컷이다. 그리고 암컷 누에나방과 달리, 직접 향수를 만드는 게 아니라 수집한 냄새물질을 활용한다. 순수한 냄새물질을 그대로 쓰는 것도 아니고, 전문 조향사처럼 수집품들을 섬세하게 섞어서 원하는 향을 만들어낸다. 각 종은 다양한 장소에서 모은 물질들을 이용해 그 종만의 독특한 혼합물을 제조한다. 그중 한 종이 제 종의 냄새를 만들기 위해 코리안테스(*Coryanthes*) 난초 속의 특정 종(양동이난초) 꽃들이 공급하는 물질을 필요로 하는 것이다. 때문에 유글로신 벌의 일반명은 '난초벌'이다.

이 얼마나 정교한 상호의존의 그림인가. 난초는 통상적인 '마법 탄환'으로서 유글로신 벌들을 필요로 한다. 이 벌들은 양동이난초라는 훌륭한 공급원이 아니고는 구할 수 없거나 적어도 구하기가 무척 어려운 물질이 있어야만 암컷을 꾈 수 있다는 다소 괴상한 이유로 난초를 필요로 한다. 그런데 수분이 이루어지는 과정은 그보다 더 괴상하다. 외견상 벌이 협력 파트너가 아니라 희생자처럼 보인다.

수컷 유글로신 벌은 난초가 뿜어내는 냄새에 이끌려 꽃을 찾아온다. 암컷을 꾀는 향수를 제조하려면 그 냄새물질이 필요하기 때문이다. 벌은 양동이 가장자리에 내려앉은 뒤, 말랑말랑한 향수물질을 북북 긁어서 뒷다리의 특수 주머니에 담기 시작한다. 그런데 발밑의 양동이 가장자리는 미끄럽다. 벌은 양동이에 빠지고, 그 안의 액체에서 허우적거린다. 양동이 벽면이 미끄럽기 때문에 기어서 올라올 수는 없다. 탈출 경로는 딱 하나뿐이다. 양동이 옆면에 벌만 한 크기의 특별한 구멍이 나 있는 것이다(컬러 화보 4쪽의 사진에서는 구멍이 보이지 않는다).

벌은 구멍까지 난 '징검돌'들의 안내를 따라 올라가기 시작한다. 구멍은 벌에게 꽉 끼는 크기고, 갈수록 더 빡빡해지다가, '턱(선반 물림쇠나 전기 드릴처럼 생긴 이 턱은 사진에서 잘 보인다)'에 이르면 수축이 되어 벌을 사로잡는다. 꽃은 벌을 잡고 있는 동안 화분괴 두 개를 등에 붙인다. 풀이 굳는 데 얼마간 시간이 걸리므로, 한참 후에야 턱이 다시 느슨해지며 벌을 풀어준다.

벌은 화분괴 두 개를 등에 붙인 채 날아간다. 여전히 향수로 쓸 귀중한 재료를 찾는 중이므로, 벌은 또 다른 양동이난초에 내려앉고, 전 과정이 다시 반복된다. 다만 이번에는 벌이 양동이 구멍을 빠져나오려고 안간힘을 쓸 때 전에 붙은 화분괴들이 긁혀 떨어지면서 두 번째 난초의 암술머리를 수정시킨다.

꽃과 수분 매개자의 밀접한 관계는 이른바 공진화(co-evolution)의 사랑스러운 사례다. 함께 진화한다는 뜻의 공진화는 서로 얻을 것이 있는 생물들 간에 주로 일어나는 현상으로, 상대방에게 서로 뭔가를 기여하고, 협력을 통해 둘 다 이득을 보는 관계다.

그런 아름다운 사례를 또 하나 들라면, 세계 곳곳의 산호초들에서 독자적으로 형성되어온 청소부 물고기와 큰 물고기의 관계가 있다. 청소부 물고기에도 여러 종이 있는데, 물고기가 아니라 새우인 경우도 있다. 이것은 또 수렴 진화의 멋진 사례라고도 할 수 있다. 산호초 어류들의 청소 행위는 포유류의 사냥이나 풀 뜯기나 개미 먹기처럼 널리 퍼진 생활양식이다. 청소부들은 큰 '고객'의 몸에서 기생충을 떼어내 먹고 산다. 고객도 이득을 본다는 사실은 실험을 통해 깔끔하게 입증된 바 있다. 실험 지역 산호초에서 청소부들을 모두 제거했더니, 많은 어류의 건강상태가 나빠졌다. 청소 습관에 관해서는 내가 다른 곳에서 논한 적이 있으니, 여기서는 넘어가겠다.

공진화는 상대방의 존재로부터 이득을 얻지 못하는 종들 사이에서도 일어난다. 포식자와 먹이, 기생자와 숙주 같은 경우다. 이런 종류의 공진화를 가리켜 '무기경쟁'이라고도 하며, 그에 관해서는 12장에서 다룰 것이다.

선택 행위자로서의 자연

이 장과 앞 장의 결론을 내리자. 선택은, 사람 사육가들에 의한 인위 선택 형태로 몇백 년 만에 들개를 페키니즈로, 야생 양배추를 콜리플라워로 바꿔놓을 수 있다. 어느 두 품종의 개들 간의 차이를 생각해보면, 천 년도 안 되는 기간에 얼마나 큰 진화적 변화가 가능한지 가늠할 수 있다.

우리가 물어야 할 다음 질문은, 생명의 역사 전체를 설명할 기간으로 우리에게 주어진 시간이 얼마나 되는가 하는 것이다. 몇백 년의 진화로 들개와 페키니즈라는 어마어마한 차이가 생겨났다면, 진화의 시작에서 우리까지는 얼마나 긴 시간이 있어야 할까? 또는 포유류의 시작에서 우리까지는? 그도 아니면 어류가 뭍에 오른 때부터 지금까지는? 답인즉슨, 생명은 몇백 년 전이 아니라 몇 천만 년 전에 시작되었다.

지구의 나이는 약 46억 년으로 추정된다. 이것은 100년이 4,600만 번 흐른 시간이다. 모든 현생 포유류의 공통선조가 지구 위를 걸었던 시기로부터 지금까지는 약 2억 년이 흘렀다. 이것은 100년이 200만 번 흐른 시간이다. 우리에게는 100년도 충분히 길어 보인다. 100년이 200만 번이나 줄줄이 이어진 것을 상상이나 할 수 있겠는가? 우리의 어류 선조가 물에서 기어나와 뭍에 오른 때로부터 지금까지는 약 3억 5,000만 년이 흘렀다. 이것은 100년이 350만 번 흐른 시간이다. 다시 말하자면, 모든 개의 공통선조로부터 다양한, 정말이지 몹시 다양한 개 품종이 생겨나는 데 걸린 시간의 2만 배쯤 되는 것이다.

페키니즈와 들개의 차이가 어느 정도인지 대강 머릿속에 그려보자. 정도를 정확하게 재자는 말이 아니므로, 어떤 한 품종과 다른 품종 간의 차이라도 괜찮다. 평균적으로 그 차이는 인위선택이 그들의 공통선조에게 일으킨 변화량의 두 배쯤 될 것이다. 그만큼의 진화적 변화를 머리에 그린 채, 그것을 과거로 2만 배 확장해보자. 그렇게 하면 진화가 물고기를 사람으로 변형시키는 수준의 변화도 이뤄낸다는 사실을 충분히 받아들일 마음이 들 것이다.

하지만 이 모든 이야기는 우리가 지구의 나이를 알고, 화석기록에 드러난 다양한 경계 지점들을 안다는 사실을 전제로 한다. 이 책은 증거를 제시하는 책이므로, 나는 그냥 그런 날짜라고 우길 게 아니라 반드시 정당화해야 한다. 우리는 특정 암석의 나이를 어떻게 알아낼까? 화석의 나이를 어떻게 알까? 지구의 나이를 어떻게 알까? 정말이지, 우주의 나이를 어떻게 알까? 우리에게는 시계가 필요하다. 다음 장의 주제가 바로 시계들이다.

SILENCE AND SLOW TIME

4

침묵과 느린 시간

진화의 사실을 의심하는 역사 부인주의자들이 생물학에 무지한 이들이라면, 세상이 1만 년 안짝에 시작되었다고 생각하는 사람들은 무지보다 더 심한 상태다. 현혹됨이 지나쳐 옹고집 수준에 이른 자들이다. 그들은 생물학의 사실들만 부인하는 게 아니라 물리학, 지질학, 우주론, 고고학, 역사, 화학의 사실들까지 부인하는 것이다. 이 장에서는 우리가 어떻게 암석의 연대를 알아내고, 그 안에 묻힌 화석들의 나이를 알아내는지 설명하겠다. 생명이 지구 위에서 작동해온 시간의 규모는 수천 년이 아니라 수억 년으로 측정된다는 증거를 제시하겠다.

 잊지 말자. 진화과학자들은 현장에 뒤늦게 도착한 탐정과 같다. 사건이 언제 벌어졌는지 지정해서 말하려면, 시간의존적 과정들이 남긴 자취에 의지해야 한다. 그것이 넓은 의미의 '시계들'이다. 탐정이 살인사건을 수사할 때 제일 먼저 하는 일은 의사나 병리학자에게 사망시각을 추정해달라고 요청하는 것이다. 그 정보에서 많은 것을 알 수 있기 때문이다. 탐정소설에서는 병리학자의 추정 시각에 거의 미신에 가까운 권위를 부여하곤 한다. '사망 추정 시각'은 모든 것의 기준이 되는 사실이고, 그 확고한 축을 중심으로 탐정의 다소 억지스러운 추리가 회전한다.

하지만 당연히 추정에는 오류가 있을 수 있다. 우리는 오차의 정도도 측정할 수 있는데, 그것이 상당히 큰 경우도 있다. 병리학자는 다양한 시간의존적 과정들을 이용해 사망 시각을 추정한다. 체온은 일정한 속도로 떨어지고, 사후경직은 일정한 시각에 이루어진다는 등. 이런 것들이 살인사건 수사관에게 주어진 다소 조악한 '시계들'이다. 그에 비하면 진화과학자에게 주어진 시계들이 훨씬 더 정교하다! 물론 다루는 시간 규모에 비례해 그렇다는 것이지, 시간 단위까지 정확하다는 뜻은 아니다. 어쨌든 정밀한 시계라는 비유는 병리학자의 손에 잡힌 식어가는 시체보다는 지질학자의 손에 들린 쥐라기의 암석에 더 잘 어울린다.

사람이 만든 시계들은 진화적 기준에서 볼 때 몹시 짧은 시간 규모(시, 분, 초)에서 작동하며, 그 시계들이 사용하는 시간의존적 과정들 역시 몹시 빠르다. 흔들리는 추, 회전하는 태엽, 진동하는 결정(結晶), 타들어가는 촛불, 용기에서 빠져나가는 물, 회전하는 지구(해시계가 이 현상을 측정한다). 무릇 시계는 우리에게 잘 알려진, 어떤 일정한 속도로 진행되는 과정을 이용한다.

진자는 일정한 속도로 흔들린다. 적어도 이론적으로는, 그 속도가 진자의 길이에만 달려 있고, 진폭이나 끝에 달린 추의 질량과는 무관하다. 추시계의 원리는 진자를 탈진기에 연결해서, 탈진기로 맞물린 톱니바퀴들을 차례차례 감는 것이다. 톱니를 거칠수록 회전 속도가 감소하고, 결국 초침과 분침과 시침의 회전으로 연결된다. 태엽시계도 비슷한 방식으로 작동한다. 디지털시계는 진자의 전자적 대용물을 사용한다. 전지가 공급한 에너지를 받아 진동을 일으키는 특정 종류의 결정들을 이용하는 것이다.

물시계와 촛불시계는 훨씬 정확도가 떨어지지만, 사건을 계수(計數)하는 시계들이 발명되기 전에는 나름대로 유용했다. 그런 시계들은 추시계나 디지털시계처럼 뭔가를 계수하는 게 아니라, 모종의 양을 계량한다. 시각을 말하는 방법으로서 해시계는 부정확한 도구지만,* 해시계가 이용하는 시간의존적 과정인 지구의 자전은 달력이라는 더 느린 규모의 시계에서 볼 때는 정확한 도구다. 그때는 계량하는 시계가 아니라(해시계는 연속적으로 변화하는 태양각을 계량한다) 계수하는 시계가 되기 때문이다(달력은 낮밤의 주기를 계수한다).

우리가 진화라는 어마어마하게 느린 시간 규모를 측정할 때도 계수하는 시계와 계량하는 시계를 모두 쓸 수 있다. 하지만 진화를 조사하려면 해시계나 손목시계처럼 현재 시각을 알려주는 시계만 있어서는 안 된다. 영점으로 맞출 수 있는 스톱워치 같은 시계가 필요하다. 즉, 진화적 시계는 특정 시점에서 영점화(zeroed)되어야 한다. 그래야만 시작점으로부터 지금까지 흐른 시간을 계산할 수 있고, 암석 같은 대상들의 절대적인 나이를 알아낼 수 있다. 화성암(화산암)의 연대를 측정하는 데 쓰이는 방사능시계들은, 편리하게도 용암이

---

* 나는 해시계, 손목시계가 훨씬 잘해둔 일을
  엉망진창 망쳐놓는 데 선수.
  _ 힐레르 벨록(Hilaire Belloc, 1870-1953, 프랑스 출신 영국 시인_옮긴이)

응고해 암석이 형성된 그 순간에 영점화된다.

다행스러운 것은, 영점화가 가능한 자연의 시계가 다양하게 존재한다는 점이다. 다양하다는 것은 좋은 일이다. 한 시계를 사용해서 다른 시계의 정확도를 확인할 수 있으니 말이다. 더욱 다행스러운 것은, 시계들의 민감도가 놀랍도록 넓은 시간 범위를 아우른다는 점이다. 진화의 시간 규모는 일고여덟 자릿수에 걸치기 때문에 이 점은 필수적이다.

이 말이 무슨 뜻인지 해설해두는 편이 좋겠다. 자릿수 크기란 수가 얼마나 정확한가를 뜻하는 척도다. 자릿수가 하나 변한다는 것은 10을 곱한다는(혹은 나눈다는) 뜻이다. 우리는 십진법을 쓰기 때문에,■ 어떤 수의 자릿수를 알려면 소수점 앞이나 뒤에 있는 0의 개수를 헤아려보면 된다. 따라서 여덟 자릿수의 범위란 1억까지를 아우른다. 시계의 초침은 분침보다 60배 빨리 돌고, 시침보다 720배 빨리 도니까, 세 바늘을 다 합해서 아우르는 범위는 세 자릿수다. 이것은 우리의 지질학적 시계들이 아우르는 여덟 자릿수에 비하면 몹시 작다. 물론 방사능시계로도 짧은 시간 규모를 잴 수 있어서 1초 아래까지 재는 시계도 있지만, 진화 연구라는 목적에서는 100년 단위 또는 10년 단위까지 측정하는 것이면 충분히 빠른 시계다.

자연의 시계들 중에서 빠른 쪽에 해당하는 것들(나이테와 탄소 연대측정)은 고고학적 용도로 유용하고, 개나 양배추 품종개량에 소요되

■ 우리의 손가락이 우연히도 열 개이기 때문일 것이다. 프레드 호일의 독창적인 추론에 따르면, 만약 우리의 손가락이 여덟 개라서 십진법 대신 팔진법에 익숙했다면, 우리는 이진수학과 그에 기반한 전자 컴퓨터를 실제보다 한 세기쯤 빨리 발견했을 것이다(8은 2의 세제곱이니 말이다).

는 기간쯤 되는 표본들을 측정할 때도 유용하다. 하지만 그 반대쪽 끝에서는 수억 년, 나아가 수십억 년을 잴 수 있는 자연의 시계들이 필요하다. 하느님께 감사할지니! 자연은 우리가 필요한 만큼 넓은 범위를 아우르는 시계들 또한 제공해준다. 게다가 시계들의 민감도 범위가 서로 겹치기 때문에, 하나로 다른 하나를 확인해가며 쓸 수도 있다.

나이테시계

나이테시계는 가령 튜더 시대(영국사에서 튜더 왕조가 다스린 1485~1603년을 뜻한다_옮긴이)의 저택을 떠받치고 있는 들보 같은 나뭇조각의 연대를 측정하는 데 쓰이는데, 놀랍도록 정확하기 때문에 말 그대로 연도까지 맞힐 수 있다. 작동법은 이렇다. 첫째, 대부분의 사람이 알고 있듯이, 방금 벌목한 나무의 나이는 둥치의 나이테를 헤아려보면 알 수 있다. 가장 바깥쪽 고리가 현재를 뜻한다고 가정하면 된다. 나이테는 나무가 계절에 따라(겨울이냐 여름이냐, 건기냐 우기냐) 차별적으로 성장했음을 드러내고, 계절 차이가 뚜렷한 고위도에서 특히 더 또렷하게 형성된다.

다행스럽게도, 나무의 연대를 알기 위해서 꼭 벨 필요는 없다. 나무를 죽이지 않아도, 중앙까지 작은 구멍을 뚫어 속심 표본을 추출하면 된다. 하지만 그저 나이테를 헤아리기만 해서는 저택의 들보나 바이킹 배 롱십의 돛대가 몇 세기에 살았던 나무인지 알 수 없다. 오래전에 죽은 나무의 연대를 측정하려면 보다 세심하게 접근해야 한다. 나이테의 수만 헤아리는 게 아니라, 굵고 얇은 고리들의 패턴을 살펴보아야 한다.

　나이테로부터 성장이 좋았던 계절과 나빴던 계절의 주기가 있다는 것을 알 수 있듯이, 비슷한 식으로 어떤 해는 다른 해보다 특히 좋았다는 것을 확인할 수 있다. 기후는 계절에 따라서도 달라지지만, 또한 매년 달라지기 때문이다. 성장을 가로막는 가뭄의 해도 있고, 성장을 북돋우는 풍요의 해도 있다. 추웠던 해와 더웠던 해, 심지어 뜻밖의 엘니뇨나 크라카타우(인도네시아 순다 해협의 섬으로, 1883년의 화산 분출은 유사 이래 최대 규모로 기록되었다_옮긴이) 식 대재앙이 덮친 해도 있다. 나무의 입장에서 좋은 해에는 나쁜 해에 비해 나이테들이 두꺼워진다. 그리고 특정 지역 나이테의 넓고 좁은 패턴은 그 지역에서 좋았던 해와 나빴던 해가 어떤 순서로 왔다 갔는가에 달렸으므로, 모든 나무에서 확인할 수 있을 정도로 특징적이다. 그것은 고리들이 만들어진 특정 연도들을 알려주는 지문과 같다.

　연륜연대학자들은 우선 최근 나무들의 나이테를 측정한다. 베어진 연도를 아는 나무를 놓고, 나이테를 거꾸로 헤아려가며 각 고리의 정확한 나이를 읽어낸다. 그들이 이런 측정을 통해 나이테 패턴의 참조 컬렉션을 구축해두었으므로, 우리는 연대를 알고 싶은 고고학적 나무 표본이 있을 경우, 표본의 나이테 패턴을 그 참조 컬렉션과 비교하면 된다. 그러면 이런 식의 보고서가 나온다. "이 튜더 시대 재목의 나이테에는 참조 컬렉션 가운데 1541~1547년에 베어진 나무들의 패턴과 일치하는 표지 서열이 들어 있습니다. 따라서 그 집은 1547년 이후에 지어진 것으로 보입니다."

　아주 좋다. 하지만 오늘날의 나무들이 모두 튜더 시대에 살았던 것은 아니다. 석기시대나 그 이전은 말할 것도 없다. 어떤 나무들(강털소나무나 몇몇 미국삼나무)은 수천 년도 거뜬히 살지만, 목재로 쓰이는 대부분의 나무는 100년 안짝으로 비교적 어릴 때 벌목한 것이다. 그렇다면 어떻게 더 오래전 나무들에 대한 나이테 참조 컬렉션을 만들 수 있을까? 현생 최고령의 강털소나무조차 닿지 못하는 까마득한 과거에 대해서 말이다.

독자 여러분은 이미 답을 짐작했을 것이다. 그렇다, 겹치기다! 100미터짜리 길고 강한 밧줄이라도 그 속 섬유들의 길이는 총장의 일부에 지나지 않는다. 연륜연대학에서 겹치기 원리를 응용하려면, 우선 나이가 알려져 있는 현대의 나무에서 참조 지문 패턴을 읽는다. 그리고 현대 나무의 오래된 고리들과 같은 지문을 오래된 나무의 젊은 고리들에서 찾는다. 그런 다음 그 오래된 나무의 오래된 고리들 지문과 같은 패턴을 더 오래된 나무의 젊은 고리들에서 찾는다. 이런 식으로 계속 꼬리를 물고 올라가면, 이론적으로는 화석림을 사용해 수백만 년까지도 거슬러 올라갈 수 있다. 하지만 현실적으로는 고고학적 시간 규모인 수천 년 수준에서만 연륜연대학이 사용된다.

연륜연대학에서 또 하나 놀라운 점은, 적어도 이론적으로는, 설령 1억 년 된 화석림이라도 정확한 연도까지 맞힐 수 있다는 것이다. 이 쥐라기 화석림의 고리는 다른 쥐라기 화석림의 이 고리보다 정확히 257년 뒤에 형성되었다고 말할 수 있다는 것이다! 현재로부터 꼬리에 꼬리를 물고 과거로 갈 수 있게끔 화석림 표본이 충분하기만 하다면. 이 나무가 후기 쥐라기에 살았다고만 말할 게 아니라 정확히 기원전 151,432,657년에 살았다고까지 말할 수 있다! 하지만 안

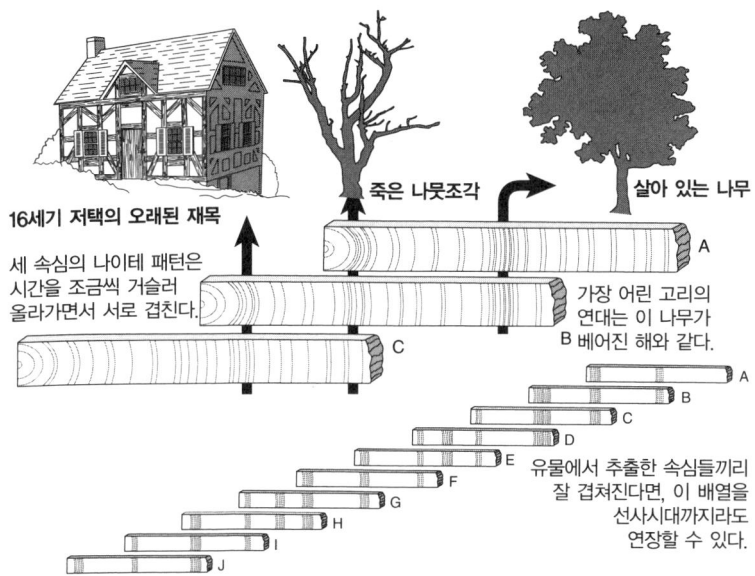

연륜연대학의 원리

타깝게도, 그렇게 끊어지지 않고 이어진 표본은 없다. 실제로는 연륜연대학이 약 11,500년 전까지만 거슬러 올라갈 수 있다. 그러나 화석림 표본이 충분하다면 수억 년 범위에서 정확한 연도까지 측정해낼 수 있다는 사실은 생각만으로도 짜릿하지 않은가.

정확한 연도까지 제시해주는 체계로 나이테만 있는 것은 아니다. 빙호점토층은 빙하호 바닥에 깔린 퇴적층인데, 이 또한 나이테와 마찬가지로 계절마다 해마다 달라진다. 따라서 이론적으로 같은 원리가 적용되고, 정확도도 같다. 산호초 또한 나무처럼 해에 따른 성장 고리를 드러내는데, 환상적이게도 이것으로 고대에 지진이 일어났던 연대까지 탐지할 수 있다. 사실은 나이테로도 지진 발생 연대를 알아낼 수 있다. 한편, 이것들 이외의 연대 측정 체계들은 오차 범위 내에서만 정확하고, 오차 범위는 각 기법이 다루는 시간 규모에 비례한다. 수천만 년, 수억 년, 수십억 년의 시간 규모에 적용되는 방사능시계들도 마찬가지다.

방사능시계

이제 방사능시계로 눈을 돌려보자. 상당히 많은 종류의 방사능시계가 있어서 우리는 다양하게 선택할 수 있고, 앞서 말했듯이, 이것들은 고맙게도 수백 년에서 수억 년까지 전 범위를 아우른다. 시계마다 오차 범위가 있고, 그 값은 보통 1퍼센트쯤 된다. 그러니 수십억 년 된 암석의 나이를 알고 싶다면, 앞뒤로 수천만 년의 오차는 허용해야 한다. 수억 년 된 암석이라면 수백만 년의 오차에 만족해야 하고, 수천만 년밖에 안 된 암석이라면 앞뒤로 수십만 년의 오차 정도는 눈을 감아줘야 한다.

 방사능시계의 작동법을 이해하려면 먼저 방사능 동위원소가 무엇인지 알아야 한다. 모든 물질은 원소로 구성되었고, 원소들은 보통 다른 원소들과 화학적으로 결합해 있다. 세상에는 약 100가지 원소가 있는데, 실험실에서만 탐지되는 원소들까지 세면 살짝 더 많고, 자연에서 발견되는 원소들만 따지면 약간 적다. 원소들의 이름을 한번 보자. 탄소, 철, 질소, 알루미늄, 마그네슘, 플루오린, 아르곤, 염소, 나트륨, 우라늄, 납, 산소, 인, 칼륨, 주석……

 창조론자들을 비롯하여 아마도 모든 사람이 인정하리라 짐작되는 원자론에 따르면, 원소를 이루는 원자는 저마다 독특하다. 원자란 어떤 원소의 성질을 해치지 않으면서 최대한 잘게 나누었을 때의 최소 입자를 가리킨다. 원자는 어떻게 생겼을까? 납 원자, 구리 원자, 탄소 원자는 어떻게 생겼을까? 글쎄, 납이나 구리나 탄소처럼 생기지 않았다는 것만은 분명하다. 그것은 무엇과도 비슷해 *보이지* 않을 것이다. 어차피 너무 작아서 우리 망막에 아무런 영상도 맺지 못하기 때문이다. 심지어 초고배율 현미경으로 봐도 마찬가지다. 우리는 비유나 모형의 도움을 받아야만 원자의 모습을 시각화할 수 있다.

가장 유명한 모형은 위대한 덴마크 물리학자 닐스 보어(Niels Bohr)가 제안한 것인데, 오늘날에는 다소 시대에 뒤떨어진 것이 되었지만, 하여간 그 모형은 태양계의 축소판이다. 태양 역할은 원자핵이 맡고, 태양 주변을 도는 행성들 역할은 전자들이 맡는다. 태양계와 마찬가지로, 원자의 거의 모든 질량이 핵(태양)에 담겨 있고, 거의 모든 부피가 전자들(행성들)과 핵 사이의 빈 공간에 해당한다. 전자는 핵에 비해 무지하게 작고, 전자들과 핵 사이의 공간은 어느 입자와도 비교할 수 없을 만큼 광대하다. 원자핵을 체육관 한가운데에 놓인 파리에 비유한다면, 가장 가까이 있는 이웃 원자핵은 인접한 다른 체육관 중앙에 있는 다른 파리가 될 것이다. 전자들은 각각의 파리 주변을 윙윙대며 날아다니는 각다귀들인데, 그 어떤 작은 각다귀보다도 더 작아서 파리를 보는 축척의 시각에서는 눈에 띄지도 않을 지경이다.

우리가 철이나 바위 같은 고체 덩어리를 볼 때, 사실은 거의 텅 빈 공간을 보고 있는 것이다. 그것이 단단하고 불투명하게 느껴지는 까닭은, 우리 감각계와 뇌가 그것을 단단하고 불투명하다고 취급하는 편이 편리하기 때문이다. 우리가 바위를 뚫고 들어갈 수 없기 때문에 뇌로서는 그것을 단단하다고 이해하는 편이 편리하다. '단단함'이란 원자들 간의 전자기력 때문에 우리가 물체 속으로 걸어들어가거나 통과해 지날 수 없다는 사실에 대한 우리 식의 체험이다. 또 '불투명함'이란 빛이 물체를 통과하지 못하고 표면에서 반사되어 나온다는 사실에 대한 우리 식 체험이다.

원자는 세 종류의 입자로 구성된다. 적어도 보어 모형에서는 그렇게 파악한다. 전자는 이미 소개했다. 다른 두 입자는 전자보다야 어마어마하게 크지만 여전히 우리 감각으로 상상하거나 경험할 수 있는 어떤 것보다도 작은데, 각각 양성자와 중성자라고 한다. 이들은 원자핵 속에 들어 있다. 두 입자는 크기가 엇비슷하다. 양성자의 수는 원소마다 고정되어 있고, 그 원소에 담긴 전자의 수와 같다. 이 수를 원자번호라고 한다. 원자번호는 각 원소의 독특한 특징이다. 원소들을 나열한 목록인 주기율표를 보면,■ 원자번호들 사이에 빈 틈이 전혀 없다. 주기율표의 각 원자번호는 정확하게 딱 하나의 원소에만 해당한다. 원자번호가 1인 원소는 수소고, 2는 헬륨, 3은 리튬, 4는 베릴륨, 5는 붕소, 6은 탄소, 7은 질소, 8은 산소…… 이렇게 우라늄의 92 같은 큰 수까지 올라간다.

양성자와 전자는 서로 반대되는 전하를 띤다. 각각 양전하와 음전하라고 불리지만, 이것은 임의의 작명일 뿐이다. 전하는 원소들이 주로 전자를 매개로 상호작용해 화학적 화합물을 형성하는 과정에

■ 아, 드미트리 멘델레예프가 주기율표를 꿈에서 보았다는 유명한 전설은 사실이 아니다.

서 중요하게 작용한다. 중성자들은 양성자들과 한데 뭉쳐 핵을 이룬다. 중성자는 양성자와 달리 전하가 없고, 화학반응에서 아무 역할도 하지 않는다. 어느 원소의 양성자, 중성자, 전자들은 다른 원소의 입자들과 전혀 차이가 없다. 금의 성질을 띤 양성자라거나 구리의 성질을 띤 전자, 칼륨의 성질을 띤 중성자 따위는 없다는 말이다. 양성자는 양성자일 뿐이고, 구리 원자를 구리로 만들어주는 것은 그 안에 정확하게 29개의 양성자(그리고 정확하게 29개의 전자)가 있다는 점이다.

우리가 구리의 성질이라고 생각하는 것은 화학의 문제다. 화학이란 전자들이 추는 춤이고, 원자들이 제 전자들을 사용해 갖가지 상호작용을 하는 과정이다. 화학결합은 쉽게 깨졌다가 수선되곤 하는데, 화학반응에서는 전자들만 떨어져나와 교환되기 때문이다. 반면에 원자핵 내부의 인력은 깨기가 훨씬 어렵다. 그래서 '원자를 깨다(splitting the atom)'라는 말이 그토록 무시무시한 뉘앙스를 풍기는 것이다. 하지만 화학반응이 아니라 '핵'반응에서는 실제로 그런 일이 벌어지며, 방사능시계는 바로 그런 핵반응에 의존한다.

전자들의 질량은 그야말로 무시할 만하므로, 원자의 총질량 즉 '질량수'는 양성자들과 중성자들의 수를 더한 것으로 정의된다. 보통 이것은 원자번호의 2배가 좀 넘는데, 핵에는 보통 양성자보다 좀 더 많은 중성자가 들어 있기 때문이다. 양성자 수와 달리, 어느 원자의 중성자 수는 그 원소만의 특징이 아니다. 그래서 한 원소의 원자들이 양성자 수는 같지만 중성자 수가 다른 상황이 있을 수 있고, 그렇게 서로 다른 형태들을 *동위원소*라고 한다.

플루오린 같은 원소는 자연적으로 발생하는 동위원소가 하나밖에 없다. 플루오린의 원자번호는 9, 질량수는 19이므로, 양성자 9개와 중성자 10개가 있다고 유추할 수 있다. 반면에 동위원소를 많이 거느리는 원소도 있다. 납은 다섯 가지 흔한 동위원소가 있다. 양성자 수는 모두 납의 원자번호인 82로 일정하지만(전자 수도 같다), 질량수는 202~208로 다양하다. 탄소는 자연에서 발생하는 동위원소가 세 가지 있다. 가장 흔한 것은 탄소-12로, 중성자 수와 양성자 수가 모두 6이다. 탄소-13은 수명이 너무 짧아서 그다지 신경 쓸 만한 것이 못 되고, 탄소-14는 드물긴 해도 비교적 젊은 유기물 표본의 연대를 측정하는 데 쓸 수 있을 만큼은 존재한다. 이 이야기는 나중에 다시 하겠다.

다음 단계의 배경지식으로 넘어가자. 어떤 동위원소들은 안정하고, 어떤 녀석들은 불안정하다. 납-202는 불안정한 동위원소고, 납-204, 납-206, 납-207, 납-208은 안정하다. '불안정하다'는 것은 원자가 자발적으로 붕괴해 다른 원자로 바뀐다는 뜻인데, 붕괴 속도는 예측할 수 있지만 어느 순간에 붕괴할지는 예측할 수 없다. 이 붕괴율의 예측 가능성이야말로 방사능시계들의 핵심이다. '불안정하다'는 '방사능'이라는 말도 된다. 방사능 붕괴에도 몇 종류가 있기 때문에, 유용한 시계가 여러 종류 존재하게 된다. 사실 우리 논의에서는 그 내용을 꼭 이해해야 하는 것은 아니지만, 물리학자들이 이런 현상을 얼마나 속속들이 연구했는가를 보여주고 싶어서라도 굳이 설명해볼까 한다. 그런 세부 사항들을 보면, 방사능 연대 측정의 증거를 요리조리 피해가며 지구를 피터팬처럼 젊게 유지하려는 창조론자들의 필사적인 시도가 비웃음거리로밖에 느껴지지 않는다.

모든 형태의 불안정성에는 중성자가 관여한다. 한 형태에서는 중성자가 양성자로 변한다. 따라서 질량수는 그대로지만(양성자와 중성자는 질량이 같다) 원자번호는 하나 커져서, 원자가 주기율표에서 한 단계 위에 있는 다른 원자로 바뀐다. 가령 나트륨-24는 마그네슘-24로 변한다. 다른 형태의 방사능 붕괴에서는 정확히 그 반대의 일이 벌어진다. 양성자가 중성자가 되는 것이다. 이때도 질량수는 그대로지만, 이번에는 원자번호가 하나 작아지고, 원자는 주기율표에서 한 단계 아래에 있는 다른 원자로 바뀐다.

세 번째 형태의 방사능 붕괴도 두 번째와 결과는 같다. 길을 잃고 돌아다니던 중성자가 우연히 핵에 부딪혀 양성자 하나를 밀어내고 그 자리를 차지한다. 이번에도 질량수는 변함이 없고, 원자번호는 한 단계 작아지며, 원자는 주기율표에서 한 단계 아래에 있는 다른 원자로 바뀐다.

좀 더 복잡한 형태의 붕괴도 있는데, 원자가 '알파 입자'라는 것을 내놓는 경우다. 알파 입자는 양성자 2개와 중성자 2개가 뭉친 것이기 때문에, 원자의 질량수는 4가 줄고 원자번호는 2 낮아지며, 원자는 주기율표에서 두 단계 아래에 있는 다른 원자로 바뀐다. 방사능이 몹시 큰 우라늄-238(양성자 92개와 중성자 146개)이 토륨-234(양성자 90개와 중성자 144개)로 바뀌는 것이 알파 붕괴의 사례다.

우리는 이제 전체 문제의 요점에 바싹 다가왔다. 불안정한 방사능 동위원소들은 저마다 독특한 속도로 붕괴하며, 그 속도는 정확하게 알려져 있다. 다른 원소들에 비해 엄청나게 느린 속도로 붕괴하는 원소도 있지만, 어떤 경우든 붕괴는 지수적이다. 즉, 방사능 동위원소 100그램에서 시작한다면, 주어진 시간 동안 그중 정해진 양이, 가령 10그램이 다른 원소로 변하는 게 아니라, 남은 양 중에서 정해진 *비*율이 변한다는 뜻이다.

 붕괴율을 재는 잣대로는 '반감기'가 선호된다. 방사능 동위원소의 반감기는 원소들 중 절반이 붕괴하는 데 걸리는 시간을 말한다. 지금까지 얼마나 많은 원소가 붕괴했는가에 상관없이 반감기는 늘 일정하다는 것, 이것이 지수적 붕괴의 참뜻이다. 쉽게 짐작할 수 있다시피, 그런 연속적 반감에서는 원소들이 완전히 없어지는 시점을 짚어 말할 수가 없다. 하지만 충분한 시간(가령 반감기 열 번)이 흐른 뒤에는, 남은 원자들의 수가 너무 적어서 현실적인 의미에서는 다 없어졌다고 봐도 좋을 것이다. 예를 들어, 탄소-14의 반감기는 5천~6천 년이다. 따라서 약 5만~6만 년보다 오래된 표본에 대해서는 탄소 연대 측정이 소용이 없다. 그때는 더 느린 시계를 찾아야 한다.

 루비듐-87의 반감기는 490억 년이다. 페르뮴-244는 3.3밀리초다. 이처럼 너무나 극단적으로 차이가 난다는 것은, 굉장히 넓은 범위의 시계들이 있을 수 있다는 뜻이다. 탄소-15의 반감기는 2.4초라서 진화적 질문에 답하기에는 너무 짧지만, 탄소-14의 반감기는 5,730년이므로 고고학적 시간을 재기에 딱 알맞다. 이 이야기는 좀 있다가 다시 하자.

 진화적 시간 규모에서 흔히 사용되는 동위원소는 반감기가 12억 6천만 년인 칼륨-40이다. 이 원소를 예로 삼아서 방사능시계의 전반적인 원리를 설명해보자. 칼륨-40이 붕괴할 때 생기는 원소들 중 하나가 아르곤-40이기 때문에(아르곤은 주기율표에서 칼륨의 한 단계 아래다. 다른 형태의 붕괴를 통해서 주기율표 한 단계 위인 칼슘-40도 생긴다), 이 시계는 '칼륨 아르곤 시계'라고도 불린다.

 일정량의 칼륨-40으로 시작하면, 12억 6천만 년 뒤에는 그중 절반이 아르곤-40으로 붕괴할 것이다. 그것이 반감기의 뜻이다. 또다시 12억 6천만 년이 흐르면, 남은 것의 절반(원래 양의 4분의 1)이 더 붕괴할 테고…… 이런 식으로 반감은 계속된다. 만약 채 12억 6천만 년이 다 흐르지 않았다면, 원래의 칼륨 양에 비례하되 절반보다 적은 양이 붕괴했을 것이다.

자, 우리가 아르곤-40이 전혀 없는 밀폐된 공간에 일정량의 칼륨-40을 넣었다고 상상하자. 몇 억 년이 흐른 뒤, 과학자가 그 공간에 들어가서 칼륨-40과 아르곤-40의 상대적 비율을 측정한다. 그 비율을 알고(절대적인 양은 상관없다), 칼륨-40의 반감기를 알고, 처음에 아르곤이 없었다고 가정한다면, 우리는 붕괴 과정이 시작된 후 시간이 얼마나 흘렀는지 계산할 수 있다. 시계가 '영점화'되었기 때문이다. 우리에게 필요한 것은 부모 동위원소(칼륨-40)와 딸 동위원소(아르곤-40)의 비율이라는 사실을 잊지 말자. 그리고 앞서도 말했듯이, 우리에게는 영점화할 수 있는 시계가 필요하다. 그런데 방사능시계가 '영점화'된다는 것이 대체 무슨 뜻일까? 그 답은 결정화 과정에 있다.

지질학자들이 사용하는 여느 방사능시계들과 마찬가지로, 칼륨아르곤 시계 장치는 화성암에서만 작동한다. 라틴어로 '불'을 뜻하는 단어를 어원으로 하는 화성암(영어로 igneous rock, 라틴어로 ignis가 불을 뜻한다_옮긴이)은 용융된 암석이 굳어서 생긴 바위다. 화강암이라면 지하의 마그마가, 현무암이라면 화산의 용암이 굳은 것이다. 용암이 굳어 화강암이나 현무암이 되는 과정에서 결정이 형성된다. 석영처럼 크고 투명한 결정이 아니라, 보통은 너무 작아서 육안으로는 결정처럼 보이지 않는 결정이다. 이런 결정에는 갖가지 종류가 있고, 몇몇 운모를 비롯한 여러 종류는 칼륨 원자를 담고 있다.

그 칼륨 원자들 중에는 방사능 동위원소인 칼륨-40도 섞여 있다. 결정이 처음 형성될 때, 즉 용암이 굳는 순간, 거기에 칼륨-40은 있지만 아르곤은 없다. 이처럼 결정에 아르곤 원자가 하나도 없었다는 의미에서 시계가 '영점화'되었다고 하는 것이다. 이후 수백만 년 동안 결정 속의 칼륨-40 원자들이 서서히 붕괴하고, 아르곤-40 원자들이 생겨나서 칼륨-40 원자들을 하나하나 대체한다. 그렇게 누적된 아르곤-40의 양은 암석이 형성된 순간으로부터 흐른 시간의 척도인 것이다.

하지만 방금 설명한 이유 때문에, 이 양은 칼륨-40에 대한 상대 *비*율로 표현될 때만 의미가 있다. 시계가 영점화된 순간 그 비율은 칼륨-40으로만 100퍼센트였을 것이다. 12억 6천만 년이 흐른 뒤에는 비율이 50 대 50일 것이다. 또 12억 6천만 년이 흐른 뒤에는 남은 칼륨-40 중 절반이 아르곤-40으로 변환될 것이고…… 이런 식으로 계속된다. 비율이 중간쯤 된다면, 결정 시계가 영점화된 순간으로부터 그 중간쯤 되는 시간이 흘렀다는 뜻이다.

따라서 지질학자들은 현재 집어든 화성암 속의 칼륨-40과 아르곤-40의 비율을 측정함으로써, 용융 상태의 암석이 결정화되기 시작한 순간으로부터 세월이 얼마나 흘렀는지 알 수 있다. 화성암에는 보통 칼륨-40 외에도 여러 방사능 동위원소가 들어 있다. 화성암 고형화 과정은 순식간에 진행된다는 장점이 있으므로, 덕분에 한 바위 안의 모든 시계가 동시에 영점화된다.

오직 화성암만이 방사능시계를 제공하지만, 화성암에서 화석이 발견되는 일은 거의 전혀 없다는 것이 문제다. 화석은 석회암이나 사암 같은 퇴적암에서 형성된다. 퇴적암은 고형화한 용암이 아니라, 진흙이나 실트나 모래가 바다나 호수나 강어귀 바닥에 꾸준히 층층이 쌓여서 만들어진다. 모래나 진흙이 오랜 세월 동안 다져져 바위처럼 단단해진 것이다. 진흙에 갇힌 사체는 화석화할 가능성이 있다. 실제로는 사체에서도 일부만이 화석화하지만, 아무튼 화석을 담을 수 있는 바위는 퇴적암뿐이다.

안타깝게도 퇴적암의 연대는 방사능시계로 잴 수 없다. 퇴적암을 구성하는 개별 실트나 모래 입자에 칼륨-40 같은 방사능 동위원소가 들어 있을 것이므로 방사능시계가 있다고도 할 수 있지만, 안타깝게도 그 시계들은 우리에게 소용이 없다. 왜냐하면 적절히 영점화되지 않았기 때문이고, 영점화되었더라도 서로 다른 시각에 되었을 테니 말이다. 퇴적암으로 다져지기 전에 그 모래 입자들은 원래 화성암에서 나왔겠지만, 아마 서로 다른 시점에 굳은 여러 바위에서 나왔을 것이다. 모래 입자마다 각기 다른 시점에 영점화한 시계를 품고 있을 테고, 그 시점은 퇴적암이 형성되기 시작한 시점, 즉 우리가 연대를 알고 싶어 하는 화석이 매몰된 시점으로부터 한참 전일 것이다.

따라서 시간 측정자의 관점에서 보면, 퇴적암은 혼란 그 자체다. 쓸모가 없다. 최선의 방도(상당히 괜찮은 방도이긴 하다)는 퇴적암 근처나 퇴적암 속에서 발견된 화성암의 연대를 사용하는 것이다.

하지만 말 그대로 두 화성암반 사이에 낀 화석이어야만 연대를 알 수 있는 것은 아니다. 그것이 원리를 깔끔하게 설명해주는 경우긴 하지만, 실제로는 좀 더 세련된 기법이 사용된다. 세계 전역의 퇴적암들은 비슷한 지층들을 드러낸다. 방사능 연대 측정법이 개발되기 한참 전에도 우리는 지층들을 각각 확인하고 명명했다. 캄브리아기, 오르도비스기, 쥐라기, 백악기, 에오세, 올리고세, 마이오세 등. 데본기 퇴적층은 데본(Devon, 지층명의 어원이 된 잉글랜드 남서부의 주)에만 있는 게 아니라 세계 각지에서 볼 수 있다. 각지의 데본기 지층들끼리 서로 비슷하다는 것은 눈으로도 쉽게 알 수 있고, 지층들에 담긴 화석들의 목록도 비슷하다.

지질학자들은 명명된 퇴적층들이 쌓인 순서를 오래전부터 알고 있었다. 다만 방사능시계들이 등장하기 전이라, 퇴적층들이 *언제* 쌓였는지를 몰랐을 뿐이다. 보통 오래된 퇴적물이 더 젊은 퇴적물 밑에 깔리기 때문에(당연한 일이다), 우리가 그것들의 순서를 정렬해볼 수 있다. 세계 곳곳에서 데본기 퇴적층과 석탄기(석탄이 자주 발견되는 지층이라 이렇게 명명되었다) 퇴적층이 함께 등장할 때마다 데본기 지층이 석탄기 지층 밑에 깔려 있었기 때문에, 우리는 데본기 지층이 석탄기 지층보다 오래되었다는 사실을 알아냈다(규칙을 깨는 예외적인 장소도 있는데, 다른 증거들로 미루어볼 때 암반이 경사지거나 거꾸로 뒤집힌 지역들이다).

맨 아래 캄브리아기부터 맨 위 현세까지 한 단계도 빼놓지 않고 지층들이 쌓인 곳이 있다면 우리에게 큰 행운이겠지만, 그런 일은 없다. 하지만 지층들은 각각 특색이 확연하기 때문에, 전 세계에서 구한 표본들을 잇거나 끼워맞추면 각 지층의 상대적인 나이를 알 수 있다.

자, 우리는 화석들의 나이를 알아내기 한참 전부터, 그것들이 어떤 순서로 쌓였는지는 알았다. 적어도 명명된 퇴적층들이 어떤 순서로 쌓였는지는 알았다. 까마득한 과거인 캄브리아기의 화석들은 오르도비스기 화석들보다 오래되었고, 오르도비스기는 실루리아기보다 오래되었고, 다음에는 데본기가 왔고, 다음에는 석탄기, 페름기, 트라이아스기, 쥐라기, 백악기 등이 왔다는 것을 알고 있었다. 지질학자들은 주요 지층들의 내부에서도 영역을 구분했다. 상부(후기) 쥐라기, 중부 쥐라기, 하부(전기) 쥐라기 식으로.

명명된 지층을 확인할 때는 대개 그 안에 담긴 화석들을 단서로 쓴다. 화석들의 순서를 진화의 증거로 삼는 것이다! 이것은 순환논증에 빠질 위험이 있지 않을까? 절대 아니다. 이렇게 생각해보자. 캄브리아기 화석 집합은 틀림없이 캄브리아기의 것이라고 인정할 만한 특징을 갖춘 화석들의 모음이다. 당분간은 이 특징적인 화석 집합을 캄브리아기 암석들에 대한 표지(표시종)로만 사용하자. 그 화석들이 발견되면, 그곳은 캄브리아기 암석이다. 그렇기 때문에 실제로 석유회사들이 화석 전문가를 고용해 특정 암석 지층을 확인해달라고 요청하는 것이다. 전문가는 보통 미(微)화석들을 단서로 삼는데, 유공충이나 방산충 같은 작은 생물들이다.

마찬가지 방식으로, 우리는 특징적인 화석 목록을 이용해 오르도비스기 암석도 확인하고, 데본기 암석도 확인한다. 자, 지금까지 우리는 특정 암반이 페름기 것이냐 실루리아기 것이냐를 판별하는 용도로만 화석 집합들을 이용했다. 다음은 명명된 지층들이 쌓인 순서를 증거로 특정 지층이 다른 지층보다 앞서는지 뒤서는지 판별하는 단계다. 물론 전 세계의 지층들을 동원해야 할 것이다.

이렇게 두 종류의 정보를 확립한 뒤에, 이제 우리는 갈수록 젊어지는 지층들 속의 화석들을 순서대로 비교하면서, 그것이 과연 합리적인 진화적 서열인지 살펴본다. 화석들은 합리적인 방향으로 나아가는가? 예를 들어, 포유류 등 특정 종류의 화석은 반드시 특정 시점 *이후에*만 등장하고, 이전에는 등장하지 않는가? 이런 질문들에 대한 대답은 모두 '그렇다'다. 언제나 그렇다! 예외는 없다. 이것은 진화에 대한 강력한 증거다. 왜냐하면 이것은 결코 필연적인 사실이 아니기 때문이다. 우리의 지층 판별 기법이나 시계열 파악 기법으로부터 꼭 따라나와야 하는 결과가 아니기 때문이다.

정말이지, 데본기 암석이나 그보다 더 오래된 지층에서는 막연하게라도 포유류라고 볼 수 있는 화석은 하나도 발견되지 않았다. 후기 암석보다 데본기 암석에서 통계적으로 드물다는 말이 아니다. 특정 시점 이전의 암석에서는 말 그대로 *하나도* 발견되지 않는다. 이것은 꼭 그래야만 하는 사실이 아니다. 우리가 데본기에서 더 깊이 파내려가 실루리아기를 지나고 더 오래된 오르도비스기까지 지났더니, 캄브리아기(가장 오래된 지층이다)에서 갑자기 포유류들이 콸콸 쏟아져나올 수도 있는 일이었다. 물론 우리가 실제로 발견하는 사실은 *그렇지 않다*. 하지만 그럴 가능성이 존재한다는 것 자체가, 이 논증을 순환논증으로 비난할 수 없는 증거가 된다. 언제든 누군가 캄브리아기 암석에서 포유류를 한 마리만 캐내면, 진화 이론은 당장에 물거품이 될 것이다. 캐내기만 한다면! 달리 말해, 진화는 반증 가능한 이론이고, 따라서 과학적인 이론이다. 이 점은 6장에서 다시 이야기하겠다.

창조론자들이 이런 발견들을 설명하려고 애쓴 것을 보면, 때로 코미디가 따로 없다. 그들에 따르면, 노아의 홍수로써 주요 동물 집단들의 화석 순서를 이해할 수 있다고 한다. 무슨 상까지 받았다는 창조론 웹사이트에서 다음 글을 고스란히 인용해본다.

지층의 화석 서열은 다음과 같다.

① 무척추동물(움직임이 느린 해양동물)들이 먼저 사멸하고, 뒤이어 보다 이동성이 높은 어류가 홍수 토사에 덮여 사라진다.
② 양서류(바다에 가까이 산다)가 물이 차오름에 따라 사멸한다.
③ 파충류(움직임이 느린 육상동물)가 다음으로 죽는다.
④ 포유류는 차오르는 물을 피해 도망칠 수 있고, 크고 빠른 동물일수록 오래 버틴다.
⑤ 사람은 가장 뛰어난 재주를 부릴 수 있다. 나무에 매달리는 등의 방식으로 홍수를 피했다.

이것은 지층에서 발견되는 다양한 화석들의 순서를 완벽하고 만족스럽게 설명하는 서열이다. 이것은 동물들이 진화한 순서가 **아니라** 노아의 홍수 때 그들이 침수된 순서다.

이 놀라운 설명에 반대할 이유는 숱하게 많지만, 다 제쳐두고 한 가지만 지적하면, 이것은 통계적 경향성일 수밖에 없다. 포유류가 파충류보다 차오르는 물살을 더 잘 피하는 것은 *평균적인 경향이었을 것이다*. 그러나 실제 지질학적 기록을 보면, 낮은 지층에서는 포유류가 말 그대로 *한 마리도* 발견되지 않는다. 현실은 진화 이론의 예측에 부합한다. 만약에 오래된 암석으로 내려갈수록 포유류의 수가 통계적으로 줄어드는 경향이 있다면, '도망친 순서' 이론이 좀 더 근거 있어 보일 것이다. 하지만 페름기 지층 위로는 삼엽충이 *한 마리도* 없고, 백악기 지층 위로는 공룡이(조류는 제외하고) *한 마리도* 없다. 다시 말하지만 '도망친 순서' 이론에 따른 예측은 통계적인 감소여야 한다.

연대 측정과 방사능시계 이야기로 돌아오자. 명명된 퇴적층들의 상대적 순서가 잘 알려져 있고, 그 순서가 전 세계에서 공통적으로 확인되기 때문에, 우리는 퇴적층의 위아래에 깔렸거나 속에 낀 화성암을 이용해서 퇴적층의 연대를 알 수 있고, 그리하여 그 안에 든 화석들의 연대도 알 수 있다. 더 세세하게 기법을 적용하면, 가령 석탄기나 백악기 지층의 꼭대기쯤에 놓인 화석은 같은 지층의 낮은 곳에 놓인 화석보다 더 최근의 것이라고 할 수 있다. 꼭 연대를 확인하고 싶은 특정 화석의 근처에 화성암이 있어야 하는 것은 아니다. 데본기 지층 내부에서 화석이 놓인 높이를 보면, 예를 들어 후기 데본기의 것이구나 하고 알 수 있다. 그리고 우리는 세계 각지에서 데본기 지층과 함께 발견된 화성암들을 방사능 연대 측정함으로써, 데본기는 약 3억 6천만 년 전에 끝났다는 사실을 알고 있다.

'칼륨 아르곤 시계'는 지질학자들이 동원할 수 있는 많은 시계 중 하나일 뿐이다. 다른 시계들은 다른 시간 규모를 다루지만, 원리는 다 같다. 오른쪽 표는 느린 것부터 빠른 것 순으로 시계들을 나열한 것이다. 다시 한 번, 반감기의 범위가 얼마나 넓은지 눈여겨보라. 가장 느린 쪽은 490억 년이고 가장 빠른 쪽은 6천 년이 못 된다. 탄소-14처럼 빠른 시계들은 조금 다른 방식으로 작동한다. 이런 고속 시계들은 '영점화' 원리가 다르기 때문이다. 반감기가 짧은 동위원소라면, 지구가 형성될 때 존재했던 원래 원자들은 오래전에 다 사라지고 없다.

탄소 연대 측정의 원리로 넘어가기 전에, 지구가 수십억 년을 헤아리는 오래된 행성임을 말해주는 좋은 증거를 하나 더 보자.

이제껏 지구에 등장한 모든 원소 가운데 150종은 안정된 동위원

불안정한 동위원소	붕괴 후 원소	반감기(년)
루비듐-87	스트론튬	49,000,000,000
레늄-187	오스뮴-187	41,600,000,000
토륨-232	납-208	14,000,000,000
우라늄-238	납-206	4,500,000,000
칼륨-40	아르곤-40	1,260,000,000
우라늄-235	납-207	704,000,000
사마륨-147	네오디뮴-143	108,000,000
아이오딘-129	제논-129	17,000,000
알루미늄-26	마그네슘-26	740,000
탄소-14	질소-14	5,730

방사능시계들

소였고, 158종은 불안정한 동위원소였다. 다 합쳐 308종이다. 불안정한 158종 가운데 121종은 이미 다 사라졌거나 아니면 탄소-14처럼 끝없이 재생되기 때문에(좀 있다 이야기하겠다) 현존하는 것들이다. 사라지지 않은 37종을 살펴보면, 의미심장한 점이 하나 있다. 이 동위원소들은 하나도 빠짐없이 모두 반감기가 7억 년 이상이다. 한편, 사라진 121종은 하나도 빠짐없이 모두 반감기가 2억 년 미만이다. 다만, 착각은 하지 말자. 우리는 *반감기*를 이야기하는 것이지, 원소의 수명을 이야기하는 것은 아니다!

반감기가 1억 년인 동위원소의 운명을 생각해보자. 반감기가 지구 나이의 10분의 1쯤에 못 미치는 원소들은 사실상 멸종했을 것이다. 특수한 상황이 아니라면 현재 존재하지 않을 것이다. 현재 지구에 존재하는 동위원소들은 이 늙은 행성보다 오래 살아남을 정도로 반감기가 충분히 긴 것들뿐이다. 다만 우리가 납득할 만한 특수한 이유로 살아남은 예외들이 있는데, 탄소-14는 그 예외에 속한다. 예외가 된 이유도 흥미롭다. 끝없이 재생되기 때문이다. 따라서 탄소-14가 시계로 기능하는 원리는 더 오래 사는 다른 동위원소들과는 다르게 이해해야 한다. 특히 탄소-14 시계가 *영점화*한다는 것은 무슨 뜻일까?

탄소시계

탄소는 모든 원소 중에서 가장 생명에 필수불가결한 원소인 듯하다. 탄소가 없으면 지구의 생명은 상상조차 하기 어렵다. 그 이유는 탄소가 사슬이나 고리나 기타 복잡한 분자구조들을 형성하는 능력이 탁월하기 때문이다. 탄소는 광합성을 통해 먹이사슬에 들어온다. 광합성을 하는 초록식물은 공기 중의 이산화탄소 분자들을 받아들인 뒤, 햇빛에너지로 탄소 원자들과 물을 결합시킴으로써 당을 만든다. 사람은 물론이고 모든 생물의 몸속 탄소는 식물에서 왔고, 결국 대기 중 이산화탄소에서 비롯되었다. 탄소는 우리가 숨을 내쉴 때, 배설할 때, 죽을 때 대기로 돌아가서 끝임없이 재활용된다.

    대기 중 이산화탄소 속의 탄소는 대개 방사능이 없는 탄소-12다. 그러나 1조 개 중 하나꼴로 방사능 동위원소인 탄소-14가 있다. 앞서 보았듯이, 탄소-14는 반감기가 5,730년이고, 비교적 빨리 붕괴해 질소-14가 된다. 식물의 생화학은 두 탄소의 차이를 알지 못한다. 식물에게 탄소는 탄소일 뿐이다. 식물은 탄소-12와 함께 탄소-14도 흡수하고, 두 종류의 탄소 원자들을 당에 엮어넣는다. 따라서 당 속의 탄소-14 비율은 대기 중의 비율과 같다. 식물이 초식동물에게 먹히고, 초식동물이 육식동물에게 먹힘에 따라, 대기에서 흡수된 탄소들은 (탄소-14의 비율을 그대로 유지한 채) 급속히(탄소-14의 반감기에 비해 빠르다는 말이다) 먹이사슬 전반으로 퍼진다. 식물이든 동물이든 모든 생물은 탄소-12와 탄소-14의 비율이 대체로 일정하고, 그 값은 대기 중의 비율과 같다.

그렇다면 탄소시계는 언제 영점화될까? 식물이든 동물이든 생물이 죽는 순간이다. 그 순간에 생물은 먹이사슬에서 잘려나가고, 식물을 통해 대기로부터 신선한 탄소-14를 받아들이는 일도 더는 불가능하다. 이후 수백 년이 흐르는 동안, 시체든 장작이든 천조각이든 다른 무엇이든, 그 속의 탄소-14들이 착실히 붕괴해 질소-14가 된다. 따라서 표본 속의 탄소-12에 대한 탄소-14의 비율이 점차 떨어져, 생물이 살았을 때의 값인 표준 대기 비율에서 점차 멀어진다. 결국에는 온통 탄소-12만 남는다. 보다 엄밀하게 말하면, 탄소-14 함량이 너무 줄어 측정이 불가능해진다. 그러므로 탄소-12와 탄소-14의 비율은 생물이 죽어 먹이사슬에서 벗어나고 대기와의 상호교환이 불가능해진 시점으로부터 지금까지 흐른 시간을 계산하는 데 쓰일 수 있다.

아주 좋다! 그런데 이 이야기가 통하려면, 탄소-14가 대기에 끊임없이 새로 공급된다는 전제가 있어야 한다. 그렇지 않다면 반감기가 짧은 탄소-14는 역시 반감기가 짧은 다른 자연적 동위원소들과 마찬가지로 진작 지구에서 사라졌을 것이다. 탄소-14의 특별한 점은, 상층 대기에 쉴 새 없이 쏟아지는 우주선(宇宙線) 때문에 질소가 탄소-14로 끊임없이 바뀐다는 점이다. 질소는 대기에 가장 흔한 기체로, 질량수가 탄소-14와 같은 14다. 차이라면 탄소-14는 양성자 6개와 중성자 8개를 지니는데, 질소-14는 양성자 7개와 중성자 7개를 지닌다는 점이다(중성자와 양성자의 질량은 거의 같다는 점을 잊지 말자).

강력한 우주선 입자들은 질소 핵 속의 양성자를 때려서 중성자로 바꾼다. 그러면 원자는 탄소-14가 된다. 주기율표에서 질소 바로 아래가 탄소이기 때문이다. 이런 변환이 일어나는 속도는 세기마다 대체로 일정하고, 바로 그 덕분에 탄소 연대 측정이 가능해진다.

사실을 말하자면, 그 속도가 정확하게 고정된 것은 아니라서, 이상적인 결과를 원한다면 그 문제를 보완할 필요가 있다. 다행스럽게도 우리는 대기 중 탄소-14의 공급량 변동을 정교하게 보정하는 방법을 알고 있으므로, 이 점을 감안해 연대 계산을 수정할 수 있다. 그리고 탄소 연대 측정이 아우르는 시대에 대한 대안 기법이 있다는 것도 잊지 말자. 나무를 이용한 그 대안적 연대 측정(연륜연대학)은 심지어 연도 단위까지 정확하다. 나이테를 이용해 이미 연대를 측정한 나무 표본에 탄소 연대 측정법을 적용함으로써, 탄소 연대 측정의 변동 오차를 보정할 수 있다. 그런 다음 나이테 정보가 없는 유기물 표본(이런 것이 대부분이다)을 다룰 때 그 보정값을 이용하면 된다.

탄소 연대 측정은 비교적 최근의 발명으로, 1940년대에야 등장했다. 초기에는 상당히 많은 양의 유기물 재료가 있어야 측정을 할 수 있었다. 그러다가 1970년대에 들어 질량 분석 기법이 탄소 연대 측정법에 적용됨으로써, 미량의 재료로도 충분하게 되었다. 이것은 고고학적 연대 측정에 있어서 가히 혁명이었다.

아마도 세간에 가장 널리 알려진 탄소 연대 측정 사례는 토리노의 수의 사건일 것이다. 그 악명 높은 천조각에는 신비롭게도 십자가 책형을 받은 수염 난 사내의 영상이 찍혀 있었으므로, 많은 사람은 그것이 예수의 시대로부터 전해진 물건이기를 바랐다. 수의는 14세기 프랑스에서 처음 역사기록에 등장했고, 그전에 어디에 있었는지는 아무도 모른다. 1578년 이래 토리노에 보관되었다가, 1983년부터 바티칸의 관리를 받았다. 질량 분석기가 등장함으로써 예전처럼 상당한 넓이를 베어낼 필요 없이 작은 조각으로도 연대를 측정할 수 있게 되자, 바티칸은 수의를 조금 잘라내도록 허락했다. 그 조각은 다시 세 쪽으로 나뉘었고, 각각 전문적으로 탄소 연대 측정을 하는 옥스퍼드, 애리조나, 취리히의 선도적 실험실에 보내졌다.

세 실험실은 철저하게 독립적으로(기록을 비교하거나 하는 일 없이) 작업한 끝에, 천의 재료인 아마가 베어진 연대에 대해 각각 평결을 내렸다. 옥스퍼드는 서기 1200년이라고 했고, 애리조나는 1304년, 취리히는 1274년이라고 평결했다. 세 연대는 (정상적인 오차 범위에서) 서로 합치하는 결과고, 수의가 역사에 처음 언급된 1350년대와도 합치하는 결과다.

이 수의의 연대 측정은 여전히 논란이 되고 있지만, 탄소 연대 측정 기법 자체에 문제가 있기 때문은 아니다. 그보다는 가령 1532년에 발생했다는 화재 때문에 수의의 탄소가 오염되었을지도 모른다는 식의 문제다. 이 문제를 더 파고들지는 않겠다. 수의는 진화적 관심사가 아니라 역사적 관심사니까. 어쨌든 이 사건은 탄소 연대 측정 기법을 잘 보여주는 좋은 사례였고, 연륜연대학과는 달리 탄소 연대 측정으로는 정확한 연도까지 맞히기는 불가능하고 세기 정도를 알아맞힐 수 있다는 점도 잘 보여주었다.

현대의 진화론 탐정은 수많은 다양한 시계를 쓸 수 있다는 것, 시계들은 서로 다른 시간 범위에서 작동하지만 범위들끼리 겹치는 부분이 있다는 것을 나는 연거푸 강조했다. 바위 하나에 여러 방사능 시계를 써서 개별적으로 나이를 측정할 수도 있다. 바위가 굳는 순간 모든 시계가 동시에 영점화되었을 테니 말이다. 실제로 그렇게 비교해보면, 서로 다른 시계들의 결과가 예상했던 오차 범위 내에서 다 일치한다. 이로써 우리는 시계들의 정확도를 확신할 수 있다. 연대가 이미 알려진 암석들에 대해 이런 식으로 시계들을 상호 보정하고 확인하면, 다른 흥미로운 연대 측정 문제들에 시계들을 적용할 때 한결 확신을 할 수 있다.

지구의 나이 측정도 그런 문제다. 현재 합의된 46억 년은 놀랍게도 여러 시계가 한결같이 수렴하는 측정값이다. 솔직히 결과에 대해 합의가 이뤄졌다는 게 전혀 놀라운 일은 아니지만, 안타깝게도 우리는 자꾸 그것을 강조해야 하는 형편이다. 내가 서문에서도 지적했듯이(부록에도 자료를 실었다), 미국인의 40퍼센트와 그보다 좀 낮은 비율의 영국인이 지구의 나이가 수십억 년이 아니라 1만 년도 채 안 된다고 믿기 때문이다. 미국과 대부분의 이슬람 세계에서 그런 역사 부인주의자들이 학교 행정과 교과목에 실력을 행사한다는 게 한탄스러울 따름이다.

역사 부인주의자들은 '칼륨 아르곤 시계'에 잘못된 점이 있다고 주장할지도 모른다. 칼륨-40의 붕괴 속도가 현재 무척 느리지만, 혹시 노아의 홍수 이후로 그렇게 된 것이라면? 그전에는 칼륨-40의 반감기가 전혀 달랐고, 12억 6천만 년이 아니라 가령 몇백 년이었다면? 이런 주장은 빤한 궤변이다. 대관절 왜 물리법칙들이 변하겠는가? 그것도 그렇게 대대적으로, 역사 부인주의자들에게 편리하게 변하겠는가? 더구나 시계 각각에 개별적으로 적용하는 궤변들이 서로 어울려야 하므로, 더욱 빤한 소리다.

현재로서는 적용 가능한 모든 동위원소의 결과가 한결같이 지구의 기원을 40억~50억 년 전으로 지적한다. 물론 그들의 반감기가 오늘날의 측정값과 언제나 같았다는 가정 하에서고, 우리가 아는 물리법칙들에 따르면 실제로 그랬을 가능성이 매우 높다. 만약에 역사 부인주의자들이 모든 동위원소의 결과를 6천 년 전으로 일치시키고 싶다면, 모든 동위원소의 반감기를 서로 다른 비율로 요리조리 손질해야 한다. 그것이 궤변이 아니고 무엇이란 말인가! 나는 방사능 연대 측정과 동일한 결과를 낳는 대안적 기법이 있다는 것, 가령 '핵분열 연대 측정법'이 있다는 얘기는 꺼내지도 않았다.

여러 시계의 시간 범위가 엄청나게 다르다는 것을 명심하자. 그토록 광범위한 자릿수를 아우르는 시계들이 한결같이 지구의 나이를 46억 년이 아니라 6천 년으로 지목하게 만들려면, 물리법칙들을 얼마나 기발하고 복잡하게 뜯어고쳐야 할지 상상해보자. 그런 조작을 서슴지 않게 만드는 유일한 동기가 고작 청동기시대 사막 부족의 한 분파가 믿었던 창조 신화를 지지하기 위해서라니! 아무리 줄여 말하려고 해도, 한 사람이라도 거기에 속는다는 게 놀랍다.

진화적 시계에는 한 종류가 더 있다. 분자시계다. 하지만 그 논의는 분자유전학의 몇 가지 개념을 소개한 다음인 10장으로 미루자.

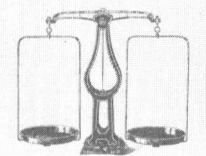

BEFORE OUR VERY EYES

5

바로 우리 눈앞에서

나는 앞에서 탐정의 비유를 들었다. 탐정은 상황이 다 끝난 후에 범죄 현장에 도착해서, 남아 있는 단서들을 갖고 어떤 일이 벌어졌는지 재구성해야 한다. 하지만 어쩌면 나는 진화를 직접 목격할 수 없다는 사실을 너무 쉽게 인정해버린 것인지도 모르겠다. 압도적으로 많은 진화적 변화가 인간이 이 땅에 태어나기 전에 이루어졌지만, 그 속도가 무척 빨라서 우리가 일생 중에 우리 눈으로 직접 목격할 수 있는 진화 사례도 간간이 존재한다.

어쩌면 코끼리에게 그런 일이 벌어졌을지도 모른다는 그럴듯한 증거가 있다. 세상에서 가장 느리게 번식하는 동물이자 세대교체 속도가 가장 느린 동물이라고 다윈이 지목했던 코끼리에게 말이다. 아프리카 코끼리의 주된 사망 원인은 인간이다. 전리품이나 조각용으로 상아를 얻기 위해서 총으로 코끼리를 사냥하는 사람들. 사냥꾼들은 자연히 엄니가 큰 개체를 선택하는 경향이 있다. 그 말인즉, 적어도 이론적으로는 엄니가 작은 개체들이 선택적으로 유리하다는 얘

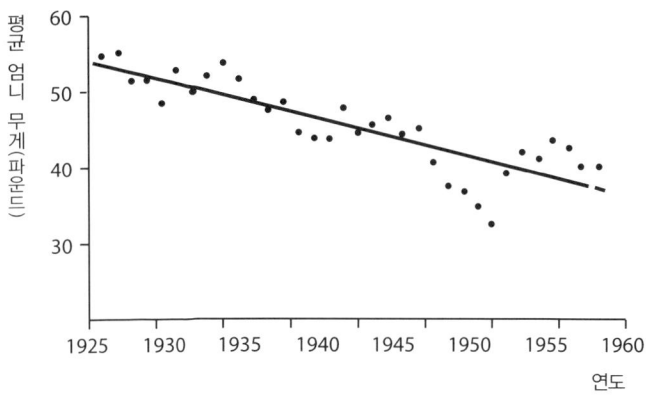

우간다 코끼리들의 엄니 무게

기가 된다.

 진화가 늘 그렇듯이, 여기에도 상충되는 선택압들이 있을 테고, 우리가 실제로 보는 진화 현상은 그것들이 타협한 결과일 것이다. 엄니가 크면 다른 코끼리들과 경쟁할 때 분명히 유리할 것이고, 이 유리함은 총을 든 사람들과 마주쳤을 때의 불리함과 균형을 이룰 것이다.

 불법적 밀렵이든 합법적 사냥이든 인간의 사냥 행위가 증가하면, 균형은 작은 엄니를 선호하는 쪽으로 기울기 쉬울 것이다. 따라서 다른 조건들이 다 같을 경우, 우리는 인간의 사냥 때문에 작은 엄니를 향한 진화적 경향성이 있으리라 예측할 수 있다. 하지만 실제로 그 경향성을 감지하려면 수천 년쯤은 지나야 하지 않을까? 인간의 한 생애 내에 그것을 볼 수 있으리라고 누가 감히 기대하겠는가. 그렇다면 이제, 수치들을 좀 살펴보자.

 위 그래프는 우간다 사냥부가 1962년에 발표한 데이터로 그린 것이다. 허가받은 사냥꾼들이 합법적으로 쏴 죽인 코끼리만 집계한 것으로, 1925~1958년(그동안 우간다는 영국의 보호령이었다)에 매년 코끼리들의 평균 엄니 무게를 파운드로 쟀다. 그래프의 점들은 각 해의 수치다. 점들 사이에 그어진 선은 눈으로 대강 그린 게 아니라, 선형 회귀 분석이라는 통계 기법으로 그린 것이다.* 33년 동안 무게가 줄어드는 경향이 있음을 알 수 있고, 이는 통계적으로도 몹시 유의한 경향성이다. 즉, 무작위적인 우연한 효과가 아니라, 거의 틀림없이 진정한 경향성이라는 뜻이다.

통계적으로 유의하게 엄니가 줄어드는 경향성이 있다고 해서, 그것이 반드시 진화적 경향성인 것은 아니다. 만약 20세기의 각 해마다 20세 남성들의 평균 신장을 측정해 그래프로 그린다면, 많은 나라에서 키가 점점 커지는 유의한 경향성이 드러나겠지만, 이것은 보통 진화적 경향성이 아니라 영양상태 개선의 효과라고 간주된다.

그럼에도 불구하고, 코끼리의 경우에는 큰 엄니를 억제하는 강한 선택압이 있다고 생각할 근거가 충분해 보인다. 그래프의 데이터는 허가된 사냥에서 얻은 엄니들만을 대상으로 했지만, 이런 경향성을 초래한 선택압은 대부분 밀렵에서 비롯되었을 거라는 점을 잊지 말

■ 이런 식으로 생각해보자. 상상할 수 있는 모든 직선을 다 그어본다. 그런 다음 각 선에 대해서 선과 점들의 거리를 재고, 그 거리들을 다 더한다(정확하게 말하면 제곱한 다음에 더하는데, 거기에는 수학적으로 마땅한 이유가 있지만 여기서 그것까지 설명하면 너무 벗어날 것이다). 모든 직선 중, 선에서 점까지 거리를 제곱한 값들의 합이 *최소화*되는 선이 바로 회귀선이다. 회귀선을 그려보면 혼란스럽게 흩어진 개별 점들에 시선을 빼앗기지 않고 경향성을 파악할 수 있다. 통계학자들은 회귀선이 경향성의 지표로서 얼마나 *믿을 만한가*를 계산하는 별도의 기법들도 갖고 있다. 그것을 통계학적 유의수준 검정이라고 한다. 선에 대해 점들이 흩어진 폭을 살펴보는 기법들이다.

자. 우리는 이것이 진정한 진화적 경향성일지도 모른다는 가능성을 진지하게 따져보지 않을 수 없고, 만일 그게 사실이라면 이것은 눈에 띄게 빠른 경향성이다.

물론 너무 많은 결론을 내리지 않도록 조심해야겠다. 우리가 관찰한 것이 강한 자연선택의 사례이되, 어쩌면 개체군 내의 유전자 빈도 변화에 따른 결과일 가능성도 있다. 하지만 그런 유전적 효과는 아직까지 확인된 바가 없다. 또 어쩌면 엄니의 크고 작음이 유전적 차이가 아닐 수도 있다. 그럼에도 불구하고, 나는 이것이 진정한 진화적 경향성이라는 가능성을 진지하게 받아들이는 입장이다.

나보다 더 권위 있는 의견을 소개하자면, 내 동료이자 야생 아프리카 코끼리 개체군에 관한 세계적 권위자인 이언 더글러스-해밀턴(Iain Douglas-Hamilton) 박사도 이 경향성을 진지하게 받아들이며, 좀 더 면밀하게 살펴볼 필요가 있다고 믿는다. 분명히 옳은 생각이다. 그에 따르면, 경향성은 1925년보다 한참 전에 시작되었고, 1958년 이후에도 이어졌을 것이다. 그리고 아시아 코끼리들 중에서 여러 지역의 개체군들이 아예 엄니가 없는 것도 과거에 동일한 원인이 작용했기 때문이라고 볼 만한 이유가 있다.

우리는 바로 우리 눈앞에서 극명하게 진행되는 재빠른 진화의 사례를 보고 있는지도 모른다. 연구를 한다면 충분히 보답이 있을 만한 사례다.

이제, 다른 사례로 넘어가자. 아드리아 해의 작은 섬에 사는 도마뱀들 이야기로, 최근에 사뭇 흥미로운 연구가 이루어진 사례다.

포드 므르차라의 도마뱀

크로아티아 해상에는 포드 코피슈테와 포드 므르차라라는 작은 섬이 있다. 1971년에 사람들이 확인했을 때, 포드 코피슈테에는 주로 곤충을 먹고 사는 흔한 지중해 도마뱀 포다르치스 시쿨라(*Podarcis sicula*)가 있었지만, 포드 므르차라에는 한 마리도 없었다. 그 해에 연구자들이 포다르치스 시쿨라 다섯 쌍을 포드 코피슈테에서 포드 므르차라로 옮겨놓았다.

2008년, 안토니 헤렐(Anthony Herrel)을 위시해 주로 벨기에 과학자들로 구성된 다른 연구진이 섬을 방문해 상황을 확인했다. 이제 포드 므르차라에도 도마뱀 개체군이 융성하고 있었는데, DNA 분석 결과 틀림없는 포다르치스 시쿨라였다. 녀석들은 옛날에 옮겨진 다섯 쌍의 선조들로부터 태어난 후손들인 듯했다.

헤렐과 동료들이 옮겨진 도마뱀들의 후손을 꼼꼼히 관찰한 뒤 원래의 선조 섬에 사는 도마뱀들과 비교했더니, 둘 사이에 뚜렷한 차이가 있었다. 과학자들은 다음과 같이 가정했다. 선조 섬인 포드 코피슈테의 도마뱀들은 37년 전 조상 도마뱀들이 변하지 않은 그 상태 그대로일 것이다. 달리 말해, 연구진은 포드 므르차라의 진화한 도마뱀들과 포드 코피슈테의 진화하지 않은 '선조(동시대의 개체들이지만 선조 형태라는 뜻이다)'들을 비교한다고 가정했다. 아마도 정당한 가정일 것이다. 설령 틀린 짐작이라고 해도(가령 포드 코피슈테의 도마뱀들이 포드 므르차라의 도마뱀들만큼 빨리 진화해왔더라도), 우리는 여전히 수십 년 만에 자연에서 벌어진 진화적 발산을 목격하는 것이다. 이는 인간이 한 생애 안에 목격할 수 있는 시간 범위다.

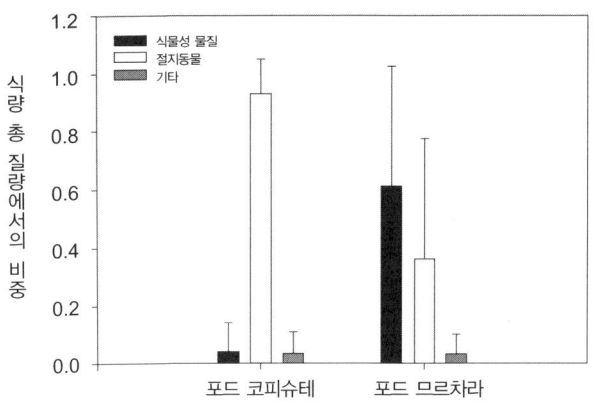

아드리아 해의 두 섬에 사는 도마뱀들의 여름철 식단

두 섬의 개체군들 사이에는 어떤 차이가 있을까? 어떤 차이기에 고작 37년 만에 진화했을까?* 우선, 포드 므르차라의 도마뱀들('진화한' 개체군)은 '선조' 포드 코피슈테 개체군보다 머리가 상당히 컸다. 머리가 더 길고, 넓고, 높았다. 이것은 씹는 힘이 현저하게 커졌다는 뜻이 된다. 동물이 초식에 치중할 때 발견되는 전형적인 변화인데, 실제로 포드 므르차라의 도마뱀들은 포드 코피슈테의 '선조' 형태들보다 식물성 물질을 눈에 띄게 더 많이 먹는다. 현대의 포드 코피슈테 개체군은 아직도 거의 곤충(위 그래프에는 절지동물이라고 표현되었다)으로만 이루어진 식단을 따르는 데 비해, 포드 므르차라의 도마뱀들은 주로 초식을 하는 식습관으로 바뀌었다. 여름에는 더욱 그렇다.

---

* 만약 포드 코피슈테 도마뱀들도 37년 전의 공통선조 이래 같은 속도로 진화했다면, 이 기간을 두 배로 늘려서 생각해야 한다.

동물이 초식으로 전환하면 어째서 씹는 힘이 더 세질까? 식물의 세포벽은 동물과는 달리 셀룰로스로 강화되어 있기 때문이다. 말, 소, 코끼리 같은 초식 포유류들은 셀룰로스를 빻기 위해 큰 맷돌처럼 생긴 이빨을 갖고 있다. 육식동물의 창 같은 이빨이나 식충동물의 바늘 같은 이빨과는 사뭇 다르다. 초식동물은 턱 근육도 비대하고, 그에 상응해 근육이 붙는 두개골도 강건하다(고릴라의 머리 꼭대기를 가로지르는 탄탄한 정중선 뼈마루를 떠올려보라).■

초식동물은 장에도 특이한 점이 있다. 일반적으로 동물은 박테리아나 기타 미생물의 도움 없이는 셀룰로스를 소화하지 못하기 때문에, 많은 척추동물이 장의 막다른 끝에 맹장이라는 공간을 두어, 그곳에 그런 박테리아를 보관하면서 마치 발효통처럼 활용한다(사람의 충수는 초식동물에 가까웠던 선조들이 지녔던 더 긴 맹장의 흔적기관이다). 전적으로 초식만 하는 동물은 맹장을 비롯해 장의 여러 부분이 상당히 정교한 반면, 육식동물은 보통 초식동물보다 장이 단순하고 짧다.

초식동물의 장에 삽입된 복잡한 기관으로 장판막이라는 것이 있다. 판막이란 부분적으로만 닫히는 가로막인데, 근육으로 되어 있는 경우도 있다. 주된 역할은 장내의 물질 흐름을 통제하거나 늦추는 것이고, 단순히 맹장의 내부 표면적을 넓히는 역할을 하기도 한다. 오른쪽 그림은 식물성 물질을 많이 먹는 도마뱀들과 연관된 다른 종의 맹장을 열어 보인 것이다. 화살표가 가리키는 것이 판막이다.

■ 우리의 튼튼한 사촌인 파란트로푸스 보이세이(*Paranthropus boisei*, '호두까기 사람'이라고도 하고, '진즈'나 '디어보이'라는 별명으로도 불린다)도 두개골과 이빨에 고릴라와 같은 속성들이 있는 것을 볼 때, 거의 틀림없이 채식을 했을 것이다.

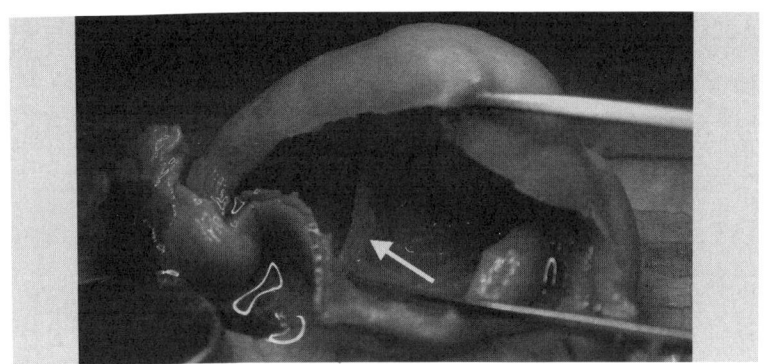

맹장 판막

 이 대목에서 환상적인 사실을 밝혀보자. 원래 포다르치스 시쿨라는 맹장 판막이 없다. 이들이 속한 과에서도 판막은 드문 편이다. 그런데 지난 37년 동안 초식성으로 진화한 포드 므르차라의 P. 시쿨라 개체군에서 판막이 진화하기 시작한 것이다! 연구진은 포드 므르차라의 도마뱀들에게서 그 밖의 진화적 변화들도 발견했다. 녀석들은 개체 밀도가 높아졌고, 포드 코피슈테의 '선조' 개체군과는 달리 영역 다툼을 하지 않았다. 반복하지만, 이 이야기에서 정말로 유별난 대목은, 그리고 내가 여기에서 사례로 든 이유는, 모든 일이 극히 빠르게 진행되었다는 점이다. 수십 년 만에, 바로 우리 눈앞에서.

실험실에서 벌어진 4만 5천 세대의 진화

 이 도마뱀들의 평균 세대교체 기간은 약 2년이다. 포드 므르차라에서 관찰된 진화적 변화는 고작 18세대 또는 19세대에 해당했다. 그러니 몇 년이 아니라 몇 시간이나 몇 분으로 한 세대가 측정되는 박테리아들의 진화를 30~40년 동안 추적한다면 대체 무엇을 볼 수 있을까? 박테리아는 진화론자들에게 주어진 또 하나의 귀중한 선물이다. 경우에 따라서는 박테리아를 무한정 오랫동안 얼려두었다가 나중에 소생시킬 수도 있는데, 그러면 그들은 아무 일도 없었다는 듯이 증식을 재개한다. 그렇다는 것은, 실험자가 직접 '살아 있는 화석기록'을 만들 수도 있다는 뜻이다. 박테리아의 진화가 바람직한 지점에 도달한 특정 순간을 포착해둘 수 있는 것이다.

도널드 조핸슨(Donald Johanson)이 발견한 멋진 원시 인류 화석, 루시를 냉동고에서 끄집어낸 뒤 현재에 되살려, 그 계통을 더 진화시킨다고 상상해보라! 미시간 주립대학의 박테리아학자 리처드 렌스키(Richard Lenski)와 동료들은 에스케리키아 콜리(*Escherichia coli*) 박테리아, 즉 대장균을 대상으로 눈부시게 훌륭한 장기 실험을 수행함으로써, 바로 그런 일을 해냈다. 요즘의 과학 연구는 팀 작업인 경우가 많다. 앞으로 내가 편의상 '렌스키'라고만 말할 때가 있겠지만, 여러분은 그것을 '렌스키와 동료들과 실험실의 학생들'이라고 읽어주셔야 한다.

앞으로 보겠지만, 렌스키의 실험은 중요한 한 가지 이유 때문에 창조론자들에게 특히 거슬리는 연구였다. 이 실험은 진행형 진화를 아름답게 보여준 사례로서, 비웃어넘기고 싶은 욕구가 아무리 크다 해도 도저히 그럴 수 없는 사례다. 어쨌든 철두철미한 창조론자들의 욕구는 정말로 몹시 컸다. 이 이야기는 마지막에 다시 하겠다.

대장균은 흔한 박테리아다. 정말 흔하다. 어느 시점에든 전 세계적으로 1억조 마리의 대장균이 있고, 렌스키의 계산에 따르면 그중

10억 마리 정도가 바로 이 순간, 당신의 대장 속에 있다. 대부분은 무해하고 심지어 유용하기까지 하나, 이따금 골치 아픈 균주가 등장해서 신문을 장식할 때도 있다. 녀석들의 수를 다 더해보면, 돌연변이가 아무리 드문 사건이라고 해도 박테리아에게서 진화적 혁신이 주기적으로 나타나는 것이 전혀 놀랄 일이 아니다. 박테리아의 증식 과정 중 한 유전자에 돌연변이가 일어날 확률이 10억 번 중 한 번꼴로 낮더라도, 개체 수가 그야말로 막대하기 때문에 세계 어딘가에서는 매일 박테리아 게놈의 모든 유전자가 돌연변이를 일으키고 있을 것이다. 리처드 렌스키가 말했듯이, "그것은 엄청난 진화의 기회들"이다.

렌스키와 동료들은 그 기회를 통제된 방식으로, 실험실에서 응용했다. 그들의 연구는 극도로 철저했고, 속속들이 세심했다. 그 세심함으로 말미암아 실험이 보여준 진화의 증거가 더욱 충격적으로 느껴지기 때문에, 나는 굳이 요약하지 않고 세부 사항을 충분히 설명하겠다. 따라서 다음 몇 쪽의 내용은 하는 수 없이 다소 복잡하다. 어렵다는 게 아니라, 정교하고 복잡하다는 말이다. 당신이 피곤한 상태라면, 가령 긴 하루의 끝이라면, 이 부분을 나중으로 미루는 것이 좋을지도 모른다. 하지만 모든 세부 사항이 논리적이기 때문에, 따라 읽기가 그리 어렵지는 않을 것이다. 머리를 긁적이면서 이게 무슨 말일까 고민해야 하는 대목은 하나도 없다. 그러니 탁월한 구성에 깔끔한 수행이 돋보이는 이 실험 속으로, 나와 함께 한 걸음 한 걸음 들어가보시길 바란다.

대장균은 무성생식(단순한 세포분열)으로 번식하기 때문에, 유전적으로 동일한 개체들로 구성된 거대한 개체군을 짧은 시간에 복제하기 쉽다. 1988년 렌스키는 그런 개체군 하나를 가져다가 같은 모양의 플라스크 12개에 나눠 담고, 각각에 동일한 조성의 배양액을 더했다. 배양액에는 대장균의 주된 식량인 글루코스도 들어 있었다. 각각의 창시자 개체군을 담은 12개의 플라스크는 '진동 인큐베이터'로 옮겨졌다. 그곳에서 편안하고 따스하게 보관하면서, 박테리아가 배양액에 골고루 퍼지도록 잘 섞었다. 12개의 플라스크는 향후 20년 이상 서로 격리되어 진화할 열두 계통의 기틀이었다. 이스라엘의 열두 부족과 비슷하다고나 할까. 이스라엘 부족들에게는 서로 섞이지 말라는 규율이 없었겠지만.

박테리아 열두 부족은 긴 세월 내내 같은 플라스크에 담겨 있지 않았다. 그러기는커녕 부족마다 매일 새로운 플라스크가 주어졌다. 열두 계열의 플라스크들을 각각 한 줄로 늘어놓는다고 상상해보자. 한 계열당 7천 개가 넘는 플라스크가 늘어설 것이다! 연구진은 열두 부족 각각에 대해서 매일, 전날의 플라스크에서 취한 배양액을 깨끗한 새 플라스크로 옮겼다. 옛 플라스크의 부피에서 정확하게 100분의 1에 해당하는 소량을 추출해, 글루코스가 풍부한 새 배양액이 든 새 플라스크로 옮긴 것이다. 새 플라스크로 간 박테리아 개체군은 폭발적으로 성장했다. 하지만 곧 식량이 동나고 굶주림이 시작되기 때문에, 다음 날이 되면 개체군은 일정 수준에서 안정되었다.

요약하자면, 모든 플라스크의 개체군이 일단 어마어마하게 증식했다가, 정체기에 도달하고, 그 시점에서 일부가 새 표본으로 추출되어 다음 날 같은 주기를 반복한다. 박테리아들은 자기들로서는 지질학적 시간에 맞먹는 기간 동안 매일, 통틀어 수천 번 주기를 반복한 것이다. 횡재를 만나 팽창했다가 곧 굶주리고, 개중 운 좋은 100

분의 1만이 유리로 된 노아의 방주를 타고 구출되고, 다시 신선한 (하지만 역시 일시적인) 글루코스 횡재를 맞는 주기였다. 이것은 진화를 일으키기에 더없이 완벽하고 완벽하고 또 완벽한 조건이었다. 더구나 별개의 열두 계열에서 나란히 같은 실험이 진행되었다.

렌스키의 연구진은 이 일상적인 작업을 자그마치 20년 이상 지속했다. '플라스크 세대'로 7천 세대, 박테리아 세대로 4만 5천 세대였다. 하루에 박테리아가 평균 예닐곱 세대쯤 진행되기 때문이다. 이것이 어느 정도인지 감을 잡기 위해서 사람의 4만 5천 세대를 거슬러 올라가 보면, 대강 100만 년 전이다. 호모 에렉투스의 시대다. 그리 까마득한 과거는 아닌 셈이다. 그러니 인간의 100만 년에 해당하는 세월에 렌스키가 박테리아들에게 일으킨 진화적 변화가 어느 정도든, 가령 1억 년의 포유류 진화 역사에서는 얼마나 큰 변화가 가능했겠는가 상상해보라. 1억 년조차 지질학적 기준에서는 비교적 근래다.

렌스키는 중심적인 진화 실험 외에도 유익한 파생 실험들을 다양하게 실시했다. 일례로, 2천 세대가 지난 뒤에는 글루코스를 말토스당으로 교체하는 실험 등이었다. 우리는 처음부터 끝까지 글루코스만 사용한 중심 실험에 집중할 것이다. 연구진은 20년 동안 적당한 간격을 두고 열두 부족의 표본들을 채취했다. 진화가 어떻게 진행되고 있는지 확인하기 위해서였다. 연구진은 그 표본들을 냉동시켰다. 그것은 진화 경로상의 여러 전략적 지점을 보여줄 '화석'으로서, 나중에 소생시킬 수 있는 녀석들이었다. 연구진이 실험을 얼마나 훌륭하게 계획했는지는 아무리 강조해도 지나치지 않다.

연구진의 선견지명이 돋보인 탁월한 계획을 하나 소개해보자. 열두 창시자 플라스크는 모두 같은 복제군에서 온 것이라, 유전적으로 동일하게 시작했다고 말한 바 있다. 그런데 사실은 꼭 그렇다고 할 수만은 없는, 흥미롭고 기발한 이유가 있었다. 렌스키의 실험실은 이전에 아라(ara)라는 유전자를 연구한 일이 있는데, 이 유전자는 Ara+와 Ara-라는 두 형태로 존재한다. 하지만 박테리아를 취해서 배양액과 아라비노스 당과 테트라졸륨이라는 화학 염료를 포함한 한천배지에 '평판배양' 해보기 전에는, 두 형태를 구분할 수 없다.

평판배양은 박테리아학자들이 늘 하는 작업인데, 얇은 한천막으로 덮인 배지(培地)에 박테리아가 담긴 액체를 한 방울 떨어뜨리고서 배양하는 것이다. 박테리아 군락들은 한천에 섞인 영양소들을 먹고 동그란 원이 점점 커지는 모양(작은 요정의 고리들 같다*)으로 자란다. 배지에 아라비노스와 염료가 들어 있으면, 흡사 불에 쬐어야 드러나는 투명 잉크처럼 Ara+와 Ara-의 차이가 드러난다. 각각 흰색과 붉은색 군락으로 보이는 것이다. 렌스키의 연구진은 이 색깔 구분이 표지로서 유용하리라고 예상했기 때문에, 여섯 부족은 Ara+로, 나머지 여섯 부족은 Ara-로 설정했다.

박테리아의 색깔 암호를 연구진이 어떻게 활용했는지 한 가지 예를 들면, 그들은 그것을 실험 과정에 대한 점검 도구로 사용했다. 연구진은 매일 새 플라스크로 옮기는 작업을 할 때, Ara+와 Ara- 플라스크를 번갈아가며 다루었다. 그러면 혹시나 실수를 했을 때(피펫

---

* 이것은 그저 시시한 비유는 아니다. 우리가 요정의 고리라고 부르는 버섯들은 정확히 같은 이유 때문에 그런 고리들을 갖게 된다(고리 모양의 균인 균륜을 가리켜 요정의 고리라고도 부르기에 하는 말이다_옮긴이).

에 다른 액체가 묻었거나 등등) 나중에 표본들에 대해 붉은색·흰색 검사를 해보면 결과가 드러날 것이다. 기발하지 않은가? 그렇다! 그리고 꼼꼼하다. 정말로 좋은 과학자들은 두 가지를 다 놓치지 않는다.

하지만 당장은 Ara+와 Ara-를 잊자. 다른 모든 면에서는, 열두 부족 창시자 개체군들이 동일하게 시작했다. Ara+와 Ara- 사이에 다른 차이는 전혀 확인되지 않았으므로, 그것은 정말 편리한 색깔 표지로 간주될 수 있다. 조류학자들이 새의 발목에 걸어두는 색깔 고리와 마찬가지다.

그렇다면 좋다! 열두 박테리아 부족이 있다. 이들은 나름의 지질학적 시간에 해당하는 기간을 초고속으로 경험하면서, 동일한 호·불황의 주기를 나란히 밟아간다. 이제 흥미로운 질문을 던져보자. 그들은 선조들과 같은 상태로 머무를까? 아니면 진화할까? 진화한다면, 열두 부족이 모두 같은 식으로 진화할까? 아니면 서로 발산해 나갈까?

앞서 말했듯이, 배양액에는 글루코스가 들어 있었다. 그 외에도 영양소들이 더 있었지만, 글루코스가 제약 자원이었다. 매일 모든 플라스크에서 개체군이 성장을 멈추고 정체기에 도달하는 까닭은 주로 글루코스 때문이라는 뜻이다. 뒤집어 생각하면, 만약 실험자가 플라스크에 글루코스를 더 넣어주면, 개체군은 더 높은 수준까지 성장한 뒤에 정체할 것이다. 개체군이 정체기에 도달한 뒤 두 번째 글루코스 방울을 떨어뜨려주면, 개체군은 다시 한 번 폭발적으로 성장한 뒤에 새로운 정체기에 다다를 것이다.

이런 조건에서는 다음과 같은 다윈주의 식 예측을 할 수 있다. 만약 개별 박테리아로 하여금 글루코스를 보다 효율적으로 이용하도록 돕는 돌연변이가 발생한다면, 자연선택은 그 돌연변이를 선호할 것이다. 돌연변이 개체들이 비돌연변이 개체들을 앞질러 증식함에 따라, 돌연변이는 플라스크 전체로 퍼질 것이다. 큰 비중을 차지하게 된 돌연변이들이 다음 플라스크로 옮겨질 테고, 그렇게 플라스크에서 플라스크로 이어지다 보면, 머지않아 돌연변이 형태가 그 부족을 독점할 것이다.

이런 현상이 실제로 열두 부족 모두에서 일어났다. '플라스크 세대'가 이어지면서 모든 부족이 제 선조보다 개선되었다. 즉, 글루코스를 영양소로 활용하는 능력이 더 나아졌다. 더욱 환상적인 점은, 부족마다 서로 다른 돌연변이 집합을 발전시킴으로써 서로 다른 방식으로 개선되었다는 것이다.

과학자들은 박테리아들이 개선되었다는 사실을 어떻게 알까? 진화한 계통에서 표본을 추출해, 원래의 창시자 개체군에서 따로 떼어놓았던 '화석'과 비교해보면 된다. 화석이란 얼린 박테리아 표본임을 잊지 말자. 이것을 해동하면, 박테리아들은 다시 살아나서 정상적으로 증식한다. 렌스키와 동료들은 박테리아들의 '적합성'을 어떻게 비교했을까? 어떻게 '현대' 박테리아를 제 '화석' 선조와 비교했을까? 엄청나게 기발한 방법이 있었다.

연구진은 진화했을 것으로 추정되는 개체군의 표본을 취해 깨끗한 플라스크로 옮겼다. 냉동한 선조 개체군의 표본도 같은 양만큼 취해서 같은 플라스크에 담았다. 당연한 얘기지만, 이렇게 섞인 플라스크는 장기적 진화 실험에 사용되는 열두 부족의 계통 플라스크들과는 전혀 접촉하지 않았다. 이 병행 실험에 사용된 표본들은 향후의 중심 실험에서는 전혀 쓰이지 않았다.

자, '현대' 균주와 '살아 있는 화석' 균주가 한데 담겨 경쟁하는 플라스크가 있다. 우리는 둘 중 어느 균주가 상대방을 능가해 증식하는지 알고 싶다. 하지만 '경쟁 플라스크' 속에 녀석들이 마구 뒤섞여 있는데 어떻게 두 균주를 구별할까? 그러니까 내가 기발하다고 하지 않았는가! 붉은색(Ara-)과 흰색(Ara+) 색깔 암호를 기억하는지? 우리가 가령 부족5와 그 선조 화석 개체군의 적합성을 비교하고 싶다면 어떻게 할까? 부족5가 Ara+라고 가정하자. 그러면 그것과 비교하는 선조 화석은 Ara-여야 할 것이다. 만약 부족6이 Ara-라면, 그들과 섞으려고 해동하는 '화석'은 Ara+로 선택해야 한다. 렌스키 연구진이 과거의 작업에서 이미 확인한바, Ara+와 Ara- 유전자는 적합도에 아무런 영향을 미치지 않았다. 따라서 그것은 오직 색깔 표지의 역할만 했고, 덕분에 연구진은 진화한 부족과 화석화된 선조들을 모든 면에서 같은 경쟁적 기준에 놓고 능력을 비교할 수 있었다. 연구진은 섞인 플라스크의 표본을 평판배양해, 한천에 흰색 박테리아 군락과 붉은색 군락이 얼마나 많이 자라는지 보면 그만이었다.

앞서 말했듯이, 열두 부족 모두 수천 세대가 지난 뒤에는 평균 적합성이 증가했다. 열두 계열 모두 글루코스가 한정된 조건에서 더 잘 살아가는 법을 익힌 것이다. 적합성 증가는 여러 가지 변화에 기인한 것일 수 있다. 열두 계열 모두 후속 플라스크로 갈수록 개체군이 더 빨리 자랐고, 박테리아의 평균 크기도 커졌다.

170쪽의 그래프는 전형적인 한 부족의 박테리아 평균 크기 변화를 그래프화한 것이다. 데이터는 점들로 표시되었고, 함께 그어진 곡선은 수학적 근사치다. 이런 종류의 곡선을 쌍곡선이라고 하는

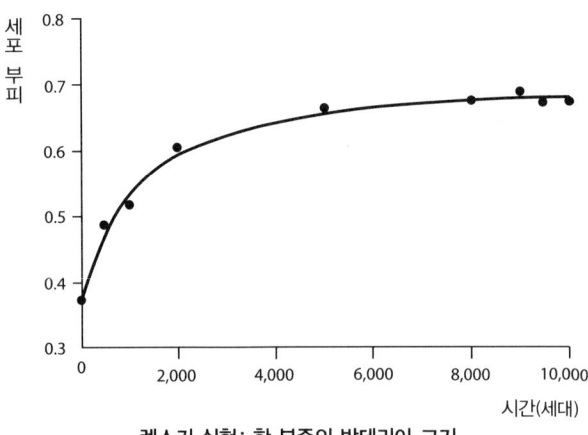

렌스키 실험: 한 부족의 박테리아 크기

데, 그림의 곡선은 관찰된 데이터에 가장 잘 들어맞는다고 확인된 것이다.■ 쌍곡선보다 더 복잡한 함수를 써서 데이터에 더 가까운 선을 찾을 수도 있지만, 쌍곡선만 해도 충분히 근사하기 때문에 공연히 더 수고할 필요는 없어 보인다. 생물학자들은 관찰된 데이터에 맞는 수학적 곡선을 찾는 이런 일을 자주 수행하지만, 물리학자들과는 달리 이렇게나 잘 맞는 선은 쉽게 보기 힘들다. 우리의 데이터는 보통 더 산란하다. 물리과학과 달리, 생물학에서는 철저하게 통

■ 1925~1958년 코끼리들의 엄니 크기가 감소한 데이터에 가장 잘 들어맞는 직선을 그었던 것을 기억하는가? 나는 가능한 모든 직선을 그은 뒤에 그래프의 점들과 선까지의 거리 제곱의 합이 최소화되는 선으로 정하면 된다고 설명했다. 그 기법을 꼭 직선에만 적용할 필요는 없다. 수학적으로 정의된 특정 종류의 곡선을 선택한 뒤, 가능한 모든 곡선을 그려볼 수도 있다. 쌍곡선도 그런 수학적 곡선의 한 종류다. 이 경우, 우리는 가능한 모든 쌍곡선을 차례차례 살펴보면서, 그래프의 점들과의 거리를 재고, 그 거리를 제곱한 다음 모든 점에 대해 다 더한다. 모든 쌍곡선에 대해 같은 작업을 한 후에 합계가 최소화되는 것을 고르면 된다. 렌스키는 그런 진 빠지는 작업의 지름길에 해당하는 수학 기법을 적용함으로써 최적의 쌍곡선을 알아냈다. 그 결과가 위 그래프에 그려진 것이다.

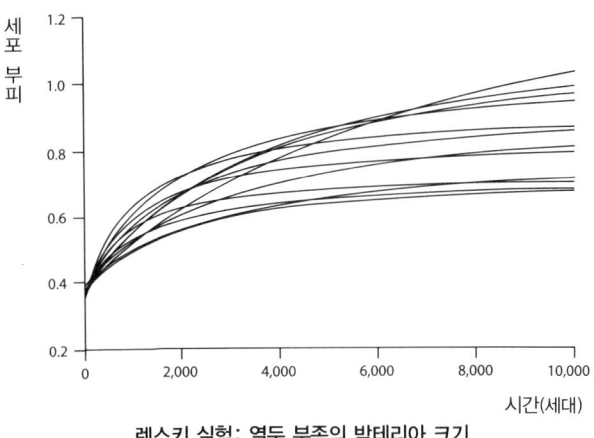

렌스키 실험: 열두 부족의 박테리아 크기

제된 조건에서 어마어마하게 방대한 양의 데이터를 모은 연후에야 부드럽게 맞아드는 곡선을 기대할 수 있다. 렌스키의 연구는 그야말로 일류였다.

크기 증가는 최초 2천 세대쯤에서 대부분 일어났음을 알 수 있다. 다음으로 던질 흥미로운 질문은 이렇다. 진화 기간 내에 열두 부족 모두 크기가 증가했는데, 그 방식도 모두 같았을까? 동일한 유전적 경로를 따랐을까? 아니, 그렇지 않았다. 이것이 바로 두 번째 흥미로운 결과다.

왼쪽의 그래프는 열두 부족 중 하나에 대한 것이다. 이제 열두 부족의 최적 쌍곡선을 한데 모아서 보자(위 그래프). 곡선들끼리 상당히 벌어져 있음을 알 수 있다. 다들 일정한 정체값으로 다가가는데, 열두 곡선의 정체값들 중 가장 높은 값은 가장 낮은 값의 거의 두 배다. 곡선들의 모양도 다 다르다. 가령 1만 세대쯤에서 최대값에 다다른 한 곡선을 보면, 다른 곡선들보다 늦게 증가하기 시작했지만 7천 세대 직전쯤에 모두를 추월했다. 노파심에서 덧붙이자면, 이 정체값을 각 플라스크가 매일 도달한 개체군 크기의 정체값과 헷갈리지 말자. 이 곡선들은 진화 기간 전반에 걸친 여러 플라스크 세대의 값을 측정한 것이지, 한 플라스크에서 몇 시간 만에 이루어지는 현상을 측정한 것이 아니다.

이런 진화적 변화가 보여주는바, 글루코스가 풍부한 환경과 부족한 환경을 번갈아 겪는 상황에서 살아남으려면, 왜인지는 몰라도 덩치가 커지는 편이 좋은 듯하다. 크기 증가가 왜 유리한지에 관해서 따로 추측을 덧붙이지는 않겠지만(여러 가능성이 있다), 열두 부족이 모두 그런 것을 보면, 어쨌든 꼭 그래야만 하는 모양이다. 그런데 크기 증가에도 수많은 방법(서로 다른 돌연변이 집합들)이 있을 텐데, 렌스키 실험의 진화 계열들은 저마다 다른 방법을 발견한 듯하다. 꽤 흥미로운 일이다.

그러나 더욱 흥미로운 것은, 이따금 두 부족이 독자적으로 *같은 방식을* 발견했다는 사실이다. 렌스키와 또 다른 구성의 동료 연구진은, 2만 세대 이후에 동일한 진화 궤적을 따른 것으로 보이는 Ara+1 부족과 Ara-1 부족의 DNA를 비교함으로써 이 현상을 더 깊이 조사했다. 결과는 놀라웠다. 두 부족에서 공히 59개 유전자의 발현 수준이 바뀌었는데, *59가지 모두 같은 방향으로 변화*한 것이다. 자연선택 때문이 아니고는 도저히 이럴 수 없을 것이다. 59개 유전자가 독립적으로 모두 병행 진화했다고는 결코 믿을 수 없으니 말이다. 그런 일이 우연히 벌어질 확률은 어안이 벙벙할 정도로 낮다.

이것은 창조론자들이 절대로 일어날 수 없다고 지적하는 바로 그런 종류의 현상이다. 우연히 일어나기에는 너무 가망이 없다고 지적하는 바로 그런 현상이다. 그러나 실제로 이런 일이 벌어졌다. 이 현상을 설명하려면, 당연히 우연이 *아니라고* 해야 한다. 점진적이고 단계적이고 누적적인 자연선택이 두 계열에서 독립적으로 동일한 (말 그대로 완벽하게 동일한) 유익한 변화들을 선호했기 때문이라고 설명해야 한다.

세대가 지날수록 세포가 커지는 데이터를 그린 그래프(170쪽)의 곡선이 참으로 매끄러운 것을 보면, 개량이 점진적으로 이루어진다는 생각이 옳은 듯하다. 하지만 혹시 너무 점진적인 게 아닐까? 다음 번 개량적 돌연변이가 등장할 때까지 개체군이 '기다리는' 시간이 있으니, 차라리 *단계적*이어야 하는 것 아닐까? 꼭 그렇지는 않다. 세포의 크기는 관련 돌연변이의 수, 각 돌연변이가 미치는 영향의 규모, 유전자가 아닌 다른 영향력들에 의한 세포 크기 변이, 박테리아 표본의 추출 빈도 등 여러 가지 요인에 따라 달라지는 문제이기 때문이다.

흥미롭게도, 적합성 증가 데이터를 그래프로 그려보면, 세포 크기 그래프보다는 단계적이라고 해석할 만한 그림이 된다(174쪽의 그래프를 보라). 내가 쌍곡선을 소개할 때 했던 말을 기억하는지? 데이터에 더 잘 들어맞는 더 복잡한 함수를 찾는 것도 얼마든지 가능하다고 했다. 수학자들은 그런 함수를 '모형'이라고 부른다. 174쪽 그래프의 점들에 대해서 앞의 그래프와 마찬가지로 쌍곡선 모형을 적용할 수도 있지만, 그림에서 볼 수 있듯이, 그보다는 '계단 모형'이 더 잘 들어맞는다. 세포 크기 그래프의 쌍곡선만큼 꼭 들어맞지는 않지만 말이다. 어차피 어느 경우든 데이터가 그 모형에 정확하게 들어맞는다고 입증할 수는 없다. 애초에 그런 입증은 불가능하다. 어쨌든 이

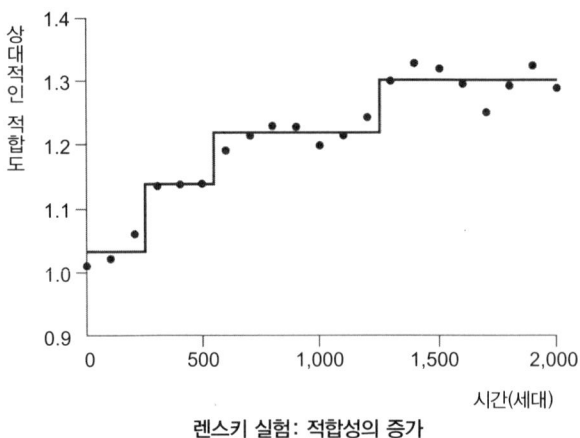

렌스키 실험: 적합성의 증가

데이터는 단계적인 돌연변이 축적에 의해 진화적 변화가 일어났으리라는 예측에 합치한다.*

지금까지 우리는 현재진행형 진화를 아름답게 보여주는 사례를 살펴보았다. 바로 우리 눈앞에서 일어나는 진화, 독립적인 열두 계열을 비교해가며 확인한 진화, 비유가 아니라 문자 그대로 과거에서 돌아온 '살아 있는 화석'들과 각 계열을 비교함으로써 확인한 진화

---

* 박테리아처럼 (대부분의 경우) 무성생식하는 생물에 대해서만 단계적 진화 패턴을 예상할 수 있다. 유성생식하는 우리 같은 동물들은 하나의 결정적인 돌연변이가 튀어나올 때까지 '기다리느라' 진화적 변화가 '멈춰 있지' 않는다(세련된 척하면서 진화에 반대하는 사람들이 곧잘 주장하는 잘못된 의견이다). 유성생식하는 개체군은 늘 대체로 충분한 유전적 변이를 공급받고 있으므로, 그 안에서 자유롭게 선택할 수 있다. 어느 시점에 어느 유전자풀에든 항상 무수한 유전적 변이가 존재하는 것이다. 그것들도 원래는 과거의 어느 돌연변이들에서 유래했겠지만, 성적 재조합에 의해 이미 뒤섞여 있는 상태다. 자연선택은 결정적인 돌연변이의 등장을 기다리기보다는 현재의 변이들 간 균형을 이동시키는 역할을 한다. 한편, 성적으로 번식하지 않는 박테리아에게는 유전자풀이라는 개념을 제대로 적용할 수 없다. 그래서 조류나 포유류나 어류 개체군에 대해서는 이산적(discrete) 단계들을 기대하지 않지만, 박테리아에 대해서는 현실적으로 기대할 수 있는 것이다.

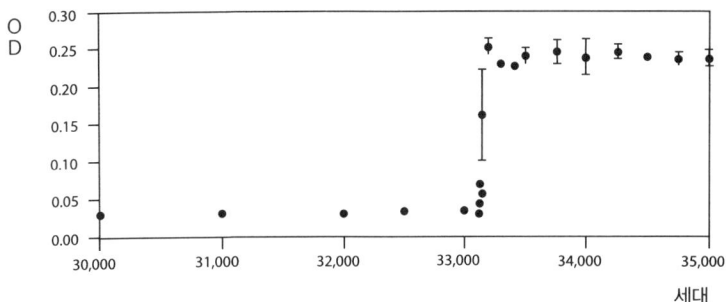

렌스키 실험: 개체군 밀도

였다.

이제 우리는 더욱더 흥미로운 결과로 넘어갈 채비가 되었다. 지금까지 나는 열두 부족 모두 상당히 비슷한 방식으로 더 나은 적합성을 진화시켰다는 듯이 설명했다. 어떤 부족은 좀 빠르고 어떤 부족은 좀 느린 세세한 차이가 있었을 뿐, 다들 일반적인 방식으로 진화했다고 말이다. 하지만 실험을 장기적으로 끌고 간 결과, 극적인 예외가 등장했다. 3만 3천 세대 직후에 눈에 확 들어오는 사건이 벌어졌다. 열두 계통 중 하나인 Ara-3 부족이 갑자기 날뛰기 시작한 것이다.

위 그래프를 보자. 세로축에 적힌 OD(Optical Density)는 광학밀도 즉 '뿌연 정도'를 말하는데, 이것은 플라스크 개체군의 밀도를 재는 잣대다. 박테리아 수가 압도적으로 많아지면 액체가 뿌여진다. 그 탁한 정도를 수치로 측정할 수 있고, 그것이 개체군 밀도의 지표가 된다. 그래프를 보면, 대략 3만 3천 세대까지는 Ara-3 부족의 평균 개체군 밀도가 0.04OD쯤에서 저공비행했다. 다른 부족들과 크게 다르지 않은 값이었다.

그런데 33,100세대 직후에 Ara-3 부족의 OD값이 수직으로 상승했다(열두 부족 가운데 이 부족에만 나타난 현상이다). 수치가 6배나 커져서, 약 0.25OD가 되었다. 후속 플라스크들에서도 이 부족의 개체군은 비슷한 정도로 번성했다. 며칠이 지나자 이 부족 플라스크들의 정체값은 과거의 OD값보다 6배 높은 수치로 안정되었고, 반면 다른 부족들은 옛 수치에 머물렀다. 마치 다른 부족은 다 내버려두고 Ara-3의 플라스크에만 매일 글루코스를 추가로 준 것 같았다. 하지만 그런 일은 없었다. 모든 플라스크가 엄격하게 같은 양의 글루코스를 지급받았다.

어떻게 된 일일까? Ara-3 부족에서 갑자기 무슨 일이 일어난 걸까? 렌스키와 두 동료 연구자가 사태를 더 파헤친 끝에 답을 알아냈다. 실로 환상적인 사연이었다. 글루코스가 제약 자원이라고 했던 것을 기억하는지? 따라서 글루코스를 보다 효율적으로 다루는 법을 '발견한' 돌연변이라면 뭐든지 유리하다. 열두 부족 모두 진화 과정에서 실제로 그런 돌연변이가 등장했다.

하지만 배양액에 든 영양소가 글루코스만은 아니라는 이야기도 했다. 배양액에는 시트르산(레몬의 신맛을 내는 물질과 관련이 있다)이라는 영양소도 풍부하게 들어 있지만, 보통의 대장균은 그것을 쓸 줄 모른다. 적어도 렌스키의 플라스크처럼 산소가 녹아 있는 액체 환경에서는 쓸 줄 모른다. 이때 만일 시트르산 다루는 법을 '발견한' 돌연변이가 등장한다면, 횡재나 다름없으리라. Ara-3에게 바로 그런 일이 일어났다. 이 부족은 글루코스만이 아니라 시트르산까지 먹을 수 있는 능력을 갑자기 얻었다. 오직 이 부족만이. 따라서 후속 플라스크들에게 훨씬 많은 영양소가 주어진 것이나 마찬가지였다. 그래서 후속 플라스크들의 개체군은 매일 더 높은 위치에서 안정화되었던 것이다.

Ara-3 부족의 특이점을 알아낸 렌스키와 동료들은 다음 흥미로운 질문으로 넘어갔다. 영양소 섭취 능력이 갑작스레 개선된 것은 하나의 극적인 돌연변이 덕분이었을까? 그 돌연변이가 너무나 귀하기 때문에 열두 계통 중 운 좋은 하나만이 경험한 것일까? 달리 말해, 앞서 소개한 적합성 그래프(174쪽)의 작은 단계들 중 하나라고 할 수 있는 돌연변이였을까?

렌스키는 그렇지 않을 거라고 생각했다. 합당한 이유가 있었다. 우리는 대장균 게놈에 존재하는 모든 유전자 각각의 평균 돌연변이율을 알고 있다. 렌스키가 그것을 바탕으로 계산해본 결과, 3만 세대라면 열두 계통 각각에서 모든 유전자가 적어도 한 번씩은 돌연변이를 일으키기에 충분한 시간이었다. 그러니까 희귀한 돌연변이 때문에 Ara-3가 두각을 나타낸 것은 아닐 것이다. 그렇다면 다른 여러 부족도 그 돌연변이를 '발견했어야' 한다.

렌스키에게는 한 가지 다른 이론적 가능성이 있었다. 몹시 기대되는 가능성이었다. 그런데 여기서부터 이야기가 꽤 복잡해지므로, 당신이 늦은 밤에 책을 읽고 있다면, 내일 마저 읽는 편이 나을 것이다.

시트르산을 먹는 생화학적 마법에 필요한 돌연변이가 하나가 아니라 두 가지라면(혹은 세 가지라면)? 단순한 더하기를 통해 서로 강화하는 돌연변이들을 말하는 게 아니다. 그런 것이라면, 두 돌연변이를 어떤 순서로 얻든 상관없을 것이다. 어느 쪽이든 하나만 얻어도 목표에 절반은(가령 말이다) 다가갈 테니 말이다. 둘 중 하나만 얻어도 시트르산을 영양소로 활용하는 능력이 얼마간 개선될 텐데, 다만 두 돌연변이가 함께 있을 때만큼 강력하지는 못할 것이다. 그런 돌연변이라면 우리가 크기 증가를 이야기할 때 언급했던 돌연변이들과 다를 게 없다.

하지만 그런 상황은 Ara-3 부족의 극적인 특이성을 설명할 정도로 희귀할 리가 없다. 시트르산 대사 능력이 이토록 희귀한 것을 보면, 현실은 오히려 창조론자들의 표어인 '환원 불가능한 복잡성'에 어울릴 상황이다. 한 화학반응의 생산물이 두 번째 화학반응에 공급되는 생화학적 경로이자, 서로 *상대방이 없으면 아무런 영향도 미치지 못하는* 반응들인 듯하다. 그런 상황이라면, 두 반응에 대한 촉매로서 A와 B라는 돌연변이가 모두 있어야 할 것이다. 이 가설대로라면, *아무리 작은 개선이라도 돌연변이가 둘 다 반드시 필요하다.* 이런 상황은 과연 드물 것이다. 열두 부족 중 하나만 묘기를 이뤄냈다는 실제 관찰을 설명할 수 있을 정도로 드물 것이다.

지금까지의 설명은 가설이었다. 렌스키의 연구진은 실험을 통해 실제 상황을 알아낼 수 있었을까? 그들은 이 방향으로도 대단한 진전을 이루었다. 연구에 지속적으로 도움이 된 냉동 화석들을 멋지게 활용한 덕분이었다. 가설을 다시 설명하자면 이렇다.

언제인지 몰라도 하여간 어느 시점에, Ara-3 부족은 우연히 돌연변이 A를 일으켰다. 하지만 또 다른 필수 요소인 돌연변이 B는 아직 없었기 때문에, 눈에 띄는 효과는 전혀 나타나지 않았다. 돌연변이 B는 꼭 이 부족에서만이 아니라 다른 어느 부족에서도 등장할 수 있었다. 실제로도 그랬던 것 같다. 하지만 그 부족이 사전에 돌연변이 A를 일으켜 준비를 해두지 않은 이상, B만으로는 아무 소용이(아무리 작은 유용한 효과도 전혀) 없었다. 우연히도 오직 Ara-3 부족만이 준비를 해두었던 것이다.

렌스키는 이 가설을 검증 가능한 예측의 형태로 표현할 수도 있었을 것이다. 예측으로 표현해보는 것은 재미있는 일인데, 이것이 어떤 의미에서는 과거에 관한 진술임에도 불구하고, 틀림없는 예측이기 때문이다. 여기, 내가 렌스키였다면 어떤 식으로 예측했을지 적어보았다.

나는 Ara-3 부족의 화석들을 해동할 것이다. 시간을 거슬러 올라가면서, 전략적으로 다양한 지점들을 선택할 것이다. 그런 다음 '라자로(예수가 기적을 일으켜 죽음에서 부활시킨 인물이다_옮긴이) 클론'들에게 더 진화할 시간을 주겠다. 진화 실험에서 쓴 것과 비슷한 조건을 가하되, 물론 그들과는 완전히 격리시켜서 배양할 것이다. 내 예측은 이렇다. 라자로 클론들 중 몇몇은 시트르산 다루는 법을 '발견할' 것이다. 다만 원래의 진화 실험에서 결정적인 시점에 해당했던 세대가 *지난 후의* 화석기록으로부터 해동된 것들만이 그럴 것이다. 그 마법의 세대가 언제였는지는 우리가 (아직) 모르지만, 확인할 수 있을 것이다. 우리의 가설에 따르면, 바로 그 세대에 돌연변이A가 부족에 등장했을 것이다.

기뻐하시라! 렌스키의 학생인 재커리 블라운트가 그 '발견'을 해냈다. 40조(40,000,000,000,000) 개 남짓의 대장균 세포를 수세대에 걸쳐 다루는 기진맥진한 실험을 수행한 끝에 말이다! 마법의 순간은 2만 세대 무렵이었다. 2만 세대 이후의 '화석기록'에서 해동한 Ara-3 클론들은 후속 세대에서 시트르산 대사 능력을 진화시킬 확률이 높았고, 2만 세대 이전의 클론들은 전혀 진화시키지 못했다.

가설에 따르면, 2만 세대 이후의 클론들은 '준비'가 되었기 때문에, 언제든 돌연변이B가 나타나기만 하면 이득을 취할 수 있었다. 화석의 '부활일'이 마법의 2만 세대 이후인 한, 후속 세대들의 발견 가능성은 일정했다. 블라운트가 2만 세대 이후의 어느 세대에서 표본을 취하든, 해동된 화석이 나중에 시트르산 대사 능력을 획득할 가능성은 일정하게 높은 값으로 드러났다는 뜻이다. 반면에 2만 세대 이전에서 해동한 화석들은 시트르산 대사 능력을 개발할 가능성이 전혀 높아지지 않았다.

Ara-3 부족도 2만 세대 이전에는 다른 부족들과 똑같았다. 돌연변이A가 없었기 때문이다. 하지만 2만 세대 이후 Ara-3 부족은 '준비'를 갖추었다. 이제 그들만이 돌연변이B가 등장하면 그 혜택을 누릴 수 있었다. 실제로 다른 몇몇 부족에서도 돌연변이B가 등장했지만, 아무런 긍정적인 효과도 내지 못했다. 과학 연구에는 큰 환희의 순간들이 있게 마련인데, 블라운트의 순간이 바로 그러했을 것이다.

렌스키의 연구는 실험실이라는 소우주에서의 진화, 굉장한 속도로 진행되어 바로 우리 눈앞에서 펼쳐지는 진화를 보여줌으로써, 자연선택에 의한 진화의 핵심 요소들을 몇 가지 확인시켜주었다. 무작위적인 돌연변이에 뒤이은 무작위적이지 않은 자연선택, 같은 환경에 대해 서로 다른 독립적인 경로로 적응하는 현상, 성공적인 돌연변이가 후손에게 구축되어 진화적 변화를 생산하는 현상, 어떤 유전자가 다른 유전자의 존재를 전제로만 효과를 발휘하는 현상……일반적인 진화의 기간에 비하면 시시한 순간에 불과한 시간 안에 이 모든 일이 벌어진 것이다.

과학적 노고로 당당하게 승리를 거둔 이 이야기에는 코믹한 속편이 딸려 있다. 창조론자들은 이 연구를 질색한다. 이 실험이 현재진행형 진화를 보여주었기 때문만은 아니다. 설계자가 개입하지 않아도 게놈에 새 정보가 삽입될 수 있다는 사실을 보여주었기 때문만도 아니다. 설계자의 개입이 필요 없다는 것은 그들도 줄곧 들어온 말이지 않은가(굳이 '들었다'고 표현한 까닭은, 대부분의 창조론자가 '정보'가 무슨 뜻인지 이해하지 못하기 때문이다). 이 실험은 또한 창조론자들 특유의 순진한 계산에 따르면 거의 불가능에 가까운 유전자 조합을 자연선택이 만들어낼 수 있다는 것을 보여주었는데, 이것 때문만도 아니다. 창조론자들이 질색하는 진짜 이유는, 이 연구가 자신들의 핵심 교리인 '환원 불가능한 복잡성'을 잠식하기 때문이다. 그들이 크게 동요해 어떻게든 트집을 잡으려고 하는 것도 무리가 아니다.

어느 날, 렌스키 박사는 앤드루 슐래플리(Andrew Schafly)라는 사람으로부터 편지를 받았다. 그는 위키피디아를 모방해 독자를 호도하는 것으로 악명 높은 웹사이트 컨서버피디아(Conservapedia)를 운영하는 창조론자다. 그는 렌스키의 원 데이터에 접근할 수 있게 해달라고 요청하면서, 그 진실성이 의심스럽다는 듯한 속뜻을 내비쳤다. 렌스키는 그런 무례한 요구에 답할 의무가 없었지만, 아주 신사다운 방식으로 답장을 했다.

렌스키는 슐래플리에게, 수고롭겠지만 논문을 비판하기 전에 먼저 읽어보는 것이 어떻겠느냐고 부드럽게 제안했다. 그러고는 답변의 요지를 이렇게 밝혔다. 제일 좋은 데이터는 냉동된 배양균 형태로 보관되어 있고, 원칙적으로 누구든 그것을 조사해서 자신의 결론을 점검할 수 있다. 균을 취급할 자격이 되는 박테리아학자라면 누구에게나 기꺼이 표본을 보내겠지만, 자격 없는 사람의 손에서는 균이 상당히 위험할 수 있다.

렌스키는 냉혹하리만치 꼬치꼬치 자격 요건을 늘어놓았다. 슐래플리가 우수하고 안전하게 실험을 수행하고 결과를 통계·분석할 박테리아학자급 실력을 갖추지 못했음은 물론(그는 글쎄 과학자가 아니라 변호사란다), 렌스키의 말을 해독하기도 벅찰 것이라는 점을 염두에 두고 그 글을 읽으면, 렌스키가 얼마나 흥에 겨워 답장을 썼는지 고스란히 느껴진다. 유명한 과학 블로그를 운영하는 PZ 마이어스(Paul Zachary Myers, 미국 미네소타 모리스 대학의 생물학자로, 그가 운영하는 블로그는 http://scienceblogs.com/pharyngula다_옮긴이)는 다음 문장으로 시작하는 글로써 사태를 멋지게 갈무리했다. "리처드 렌스키는 다시 한 번 컨서버피디아의 얼간이들과 바보들에게 답을 띄웠고……만세! 그들을 납작하게 눌러버렸다."

렌스키의 실험은, 특히 천재적인 '화석화' 기법은, 자연선택의 힘이 인간의 수명으로 인식되는 시간 안에 진화적 변화를 일으킬 만큼, 바로 우리 눈앞에서 볼 수 있을 만큼 강력하다는 것을 잘 보여준다. 그런데 이 실험보다 해설은 덜 되었지만, 못지않게 인상적인 다른 박테리아 사례들이 있다. 많은 박테리아 균주가 놀랍도록 짧은 기간에 항생제에 대한 저항성을 키워왔다는 사실이다. 플로리와 체인이 영웅적으로 최초의 항생제인 페니실린을 개발해낸 것이 고작 제2차 세계대전 무렵이었지 않은가. 이후로 새로운 항생제들이 꾸준히 자주 등장했고, 박테리아는 거의 매번 그에 대한 저항성을 진화시켜왔다.

요즘 가장 불길한 박테리아는 MRSA(메티실린 내성 황색포도상구균)로, 많은 병원을 위험한 장소로 만들어버렸다. C. 디프(*Clostridium difficile*)도 위협적이다. 이 경우에도 자연선택이 항생제 저항성이 있는 균주를 선호해온 것인데, 게다가 자연선택의 효과를 넘어선 다른 효과도 있었다. 우리가 항생제를 지속적으로 복용하면 나쁜 박테리아는 물론이고 장내의 '좋은' 박테리아들까지 죽기 쉽다. C. 디프는 대부분의 항생제에 저항력이 있는데다가, 원래 경쟁하는 관계이던 다른 박테리아들이 *부재*하는 상황에서도 크게 도움을 받는다. '내 적의 적은 내 친구' 원리인 셈이다.

언젠가 주치의의 대기실에서 기다리다가, 항생제 복용을 서둘러 끊는 것의 위험을 알리는 팸플릿을 보고 살짝 짜증이 났다. 경고 자체는 잘못된 게 없었다. 하지만 그 이유라고 적힌 것이 걱정스러웠다. 팸플릿은 박테리아들이 '똑똑하기' 때문에 항생제에 대처하는 법을 '학습한다'고 설명했다. 아마도 자연선택보다는 박테리아의 학습으로 항생제 내성을 설명하는 편이 이해하기 쉽다고 생각했을 것이다. 하지만 '똑똑한 박테리아가 학습을 한다'고 설명하는 것은 터무니없이 혼란을 주는 표현이고, 무엇보다도 왜 정해진 투약 기간이 끝날 때까지 복용을 멈춰서는 안 되는지 이해시켜주지 못한다. 박테리아를 똑똑하다고 묘사하는 것이 그다지 바람직하지 않다는 사실은 바보라도 알 수 있을 것이다. 설령 똑똑한 박테리아가 있다 해도, 성급한 복용 중단이 똑똑한 박테리아의 학습 재주에 무슨 차이를 초래한단 말인가?

자연선택의 용어들로 생각하기 시작하면, 사태는 완벽하게 이해된다. 모든 독약이 그렇듯이, 항생제도 그 효과가 복용량에 비례하기 쉽다. 충분히 많은 양을 복용하면 모든 박테리아가 죽는다. 지나치게 적은 양을 복용하면 박테리아가 하나도 죽지 않는다. 그 중간쯤 되는 양을 복용하면 일부는 죽고 일부는 죽지 않을 것이다. 박테리아들 사이에 유전적 변이가 있어서 개체마다 항생제에 대한 민감성이 다르다면, 중간 정도의 복용량은 저항 유전자를 가진 개체들을 선택하도록 특별히 처방된 것이나 마찬가지다. 의사가 약을 끊지 말라고 당부하는 것은, 확실히 저항력이 있거나 반쯤 있는 돌연변이들을 남겨두지 않고 모든 박테리아를 죽일 확률을 높이기 위해서다.

지나고 나서 하는 말이지만, 우리가 다윈주의식 사고를 더 잘 교육받았다면, 저항성 균주들이 선택될 위험에 관해 조금이라도 일찍 깨달았을지 모른다. 병원 대기실에 있던 그런 팸플릿은 교육에 도움이 되지 않는다. 자연선택처럼 경이로운 현상을 가르칠 기회를 놓치다니, 얼마나 슬픈 일인가!

23개월 만에 관찰된 거피들의 진화

최근에 북아메리카에서 엑서터 대학으로 옮겨온 존 엔들러(John Endler) 박사가 나에게 재미있는(한편 울적한) 이야기를 들려주었다.

엔들러가 미국에서 국내선 비행기로 여행을 하고 있을 때, 옆 좌석에 앉은 승객이 그에게 무슨 일을 하느냐며 말을 걸어왔다. 엔들러가 트리니다드에서 야생 거피(guppy) 개체군을 연구하는 생물학 교수라고 대답하자, 남자는 그의 연구에 흥미가 동하는 듯 많은 질문을 던졌다. 남자는 엔들러의 실험을 지지하는 이론이 참으로 우아하다고 느꼈는지, 누가 제창한 무슨 이론이냐고 물었다. 그제야 엔들러는 아마도 남자에겐 폭탄선언일 거라고 짐작하며 대답했다. "바로 다윈의 자연선택에 의한 진화 이론이지요!"

과연 폭탄선언이었다. 남자의 태도가 삽시간에 변했다. 얼굴이 붉어졌고, 휑하니 몸을 돌리더니, 그때까지의 화기애애한 대화를 종결하고 한마디도 더 하지 않았다. 사실 화기애애 이상이었다. 엔들러는 나에게 이렇게 말했다. "그전에 던진 몇 가지 훌륭한 질문으로 볼 때 마음으로나 머리로나 논증을 따라오고 있었던 겁니다. 그런데…… 정말로 비극적인 일이지요."

존 엔들러가 꽉 막힌 옆자리 승객에게 설명한 실험은 참으로 우아하고 단순하며, 자연선택이 얼마나 빨리 일을 해내는지 멋지게 보여주는 사례였다. 내가 여기서 엔들러의 연구를 소개하는 것은 참 마침맞은 일이다. 그는 그런 사례들을 모아서 기법을 해설한 《야생의 자연선택(Natural Selection in the Wild)》이라는 훌륭한 책도 썼다.

거피는 친근한 민물 관상어다. 3장에서 본 꿩처럼, 거피도 수컷이 암컷보다 색깔이 더 화려하다. 어류 사육가들은 이들이 더 화려해지도록 만들어왔다. 엔들러는 트리니다드, 토바고, 베네수엘라의 산악 하천에 서식하는 야생 거피(*Poecilia reticulata*)들을 연구했다. 그는 여러 지역의 개체군들이 충격적일 만큼 서로 다른 것을 목격했다. 어떤 개체군은 성체 수컷이 수족관의 관상어들만큼이나 현란한 무지갯빛이었다. 엔들러는 녀석들의 선조가 암컷들에 의해 성선택됨으로써 밝은색을 띠게 되었다고 짐작했다. 수꿩이 암꿩에 의해 선택되어온 것처럼 말이다. 다른 지역 수컷들은 한결 칙칙한 색깔이었지만, 그래도 암컷들보다는 밝았다. 또 암컷들보다야 덜하지만, 수컷들도 자기들이 서식하는 하천 바닥의 자갈을 닮은 위장색을 띠고 있었다.

엔들러는 베네수엘라와 트리니다드의 여러 장소를 정량적으로 비교함으로써, 수컷들이 덜 현란한 곳일수록 포식압이 극심한 하천이라는 사실을 멋지게 밝혀냈다. 포식압이 낮은 개천의 수컷들은 색깔이 더 현란하고, 반점 무늬가 더 크고 과시적이고 수도 많았다. 그런 곳에서는 수컷들이 마음껏 밝은색을 진화시켜 암컷을 유혹할 수 있었다. 암컷들이 수컷들에게 밝은색을 진화시키도록 압력을 가하는 것은 어느 곳의 어떤 개체군에서나 다 마찬가지지만, 각 지역의 포식자들이 때로는 강하게 때로는 약하게 그 반대 방향으로 압력을 가했던 것이다. 언제나 그렇듯이, 진화는 이 경우에도 상충하는 선택압들 사이에서 타협점을 찾아낸다. 거피의 독특한 점이라면, 그 타협이 여러 개천에서 다양하게 이루어지는 광경을 엔들러가 실제로 목격했다는 것이다. 그런데 엔들러는 관찰 이상의 일을 해냈다. 그는 내처 실험에 나섰다.

우리가 위장색의 진화를 입증하는 실험을 설계한다고 생각해보자. 어떻게 할까? 위장하는 동물들은 그들의 배경 환경을 닮는다. 동물에게 어떤 배경을 실험적으로 제공한 다음, 동물이 배경을 닮아가는 과정을 바로 우리 눈앞에서 보는 실험이 가능할까? 더 바라기는, 서로 다른 두 배경에 서로 다른 개체군을 두어보면 좋을 것이다. 3장에서 옥수수의 기름 함량이 높고 낮은 두 계열을 선택한 사례를 보았는데, 지금 이 실험의 목표도 그런 것이다. 하지만 여기서는 사람이 아니라 포식자들과 암컷 거피들이 선택을 할 것이다. 두 계열을 가르는 유일한 차이는 우리가 그들에게 제공할 서로 다른 배경이다.

위장 능력이 있는 동물종, 가령 곤충들을 데려다가, 서로 다른 색깔이나 무늬의 배경이 깔린 장(우리든 연못이든, 아무튼 적합한 공간)에 무작위로 나누어 넣는다. 가령 우리들의 절반에는 초록 숲 배경을 깔고, 나머지 절반에는 불그스름한 갈색 사막 배경을 깐다. 곤충들을 초록 우리와 갈색 우리에 나눠 넣은 뒤, 그들이 세대를 이어가며 번식하도록 시간이 허락하는 한 오래 둔다.

그렇게 한참이 지난 뒤, 그들이 초록이나 갈색의 배경을 모방해 진화했는지 확인해보자. 물론 우리에 포식자도 함께 넣어주어야만 결과를 기대할 수 있다. 가령 카멜레온을 넣었다고 하자. 모든 우리에? 물론 아니다. 이것은 실험이라는 것을 잊지 말자. 초록 우리들 가운데 절반과 붉은 우리들 가운데 절반에만 카멜레온을 넣어야 한다. 실험이 확인하고자 하는 예측은 다음과 같다. 포식자가 있는 우리에서는, 곤충들이 초록이든 갈색이든 자신의 배경에 더 비슷해지는 방향으로 진화할 것이다. 포식자가 없는 우리에서는, 곤충들이 진화를 하더라도 배경과 달라지는 방향으로 진화할 것이다. 암컷들의 눈에 더 잘 띄기 위해서 말이다.

나는 초파리를 대상으로 바로 그런 실험을 시행해보고 싶다는 '야심'을 예전부터 품어왔다(초파리는 세대교체 시간이 무척 짧기 때문이다). 그러나 나는 손을 댈 여력이 없었다. 그렇기 때문에, 존 엔들러가 곤충이 아니라 거피에 대해 바로 그런 실험을 실시했다는 사실을 밝히는 지금, 나는 이렇게 즐거울 수가 없다.

엔들러는 포식자로 카멜레온 대신 당연히 물고기를 썼다. 그가 선택한 포식 물고기는 꼬치시클리드라고 불리는 크레니치클라 알타

(*Crenicichla alta*)였는데, 녀석은 야생에서 거피의 무시무시한 포식자다. 또 당연한 말이지만, 그는 초록과 갈색 배경 대신 훨씬 흥미로운 장치를 마련했다. 그는 거피들의 위장이 대부분 반점으로 이루어진다는 것을 알았다. 반점이 꽤 큰 경우도 있는데, 그 무늬는 녀석들이 사는 개천 바닥의 자갈을 닮았다. 어떤 개울은 자갈이 거칠고 굵지만, 어떤 개울은 모래알처럼 잘다. 이것이 그가 사용한 두 배경이다. 그가 확인하려는 위장은 내가 말한 초록 대 갈색보다 훨씬 미묘하고 흥미롭다는 것을 여러분도 인정하시리라.

엔들러는 거피들의 고향인 열대를 모방하기 위해 커다란 온실을 하나 구한 다음, 그 안에 연못을 열 개 만들었다. 연못 바닥에는 다 자갈을 깔았는데, 다섯 개에는 거칠고 굵은 자갈을 깔고, 나머지 다섯 개에는 모래알처럼 잔 자갈을 깔았다. 어떤 의도인지 알 만하다. 그의 예측은, 강한 포식압에 노출된 상태에서 진화적으로 긴 시간이 흐르면, 서로 다른 배경에 사는 거피들이 각자의 배경에 맞는 방향으로 발산해 진화하리라는 것이었다. 반면 포식압이 약하거나 없으면, 수컷들은 암컷들의 시선을 끌기 위해 더 눈에 띄는 방향으로 진화하는 경향이 있을 것이다.

엔들러는 연못 절반에는 포식자를 넣고 절반에는 넣지 않는 대신, 이번에도 좀 더 미묘하게 장치했다. 그는 세 수준의 포식압을 설정했다. 연못 두 개(잔 자갈 한 곳과 굵은 자갈 한 곳)에는 포식자를 넣지 않았다. 연못 네 개(잔 자갈 두 곳과 굵은 자갈 두 곳)에는 위험한 꼬치시클리드를 넣었다. 나머지 네 개에는 리불루스 하르티(*Rivulus bartii*)라는 다른 물고기를 도입했다. 영국에서 흔히 '킬리피시'라고 불리는 이 물고기는 이름과 달리(사실은 킬리 씨의 이름을 딴 것이기 때문에 '죽이다'

라는 뜻과는 상관없지만), 거피들에게 큰 위험이 되지 않는다. 꼬치시클리드가 강한 포식자라면 킬리피시는 약한 포식자다. '약한 포식자' 상황은 포식자가 전혀 없는 상황보다 더 나은 통제 조건이다. 왜냐하면, 엔들러가 설명했듯이, 우리는 지금 자연적인 두 환경을 모방하려는 것인데, 자연에서는 어떤 개천이든 포식자가 전혀 없는 경우는 없기 때문이다. 따라서 강한 포식압과 약한 포식압 사이의 비교가 더 자연에 가까운 비교다.

설정은 끝났다. 거피들은 연못 열 개에 무작위로 배정되었다. 다섯 개는 자갈이 굵고, 다섯 개는 잔 연못이었다. 모든 거피 군락은 우선 6개월 동안 포식자 없이 자유롭게 번식했다. 실험은 그 지점에서 시작되었다. 엔들러는 굵은 자갈 연못 두 개와 잔 자갈 연못 두 개에 '강한 포식자'를 한 마리씩 넣었다. 다른 굵은 자갈 연못 두 개와 잔 자갈 연못 두 개에는 '약한 포식자'를 여섯 마리씩 넣었다(한 마리가 아니라 여섯 마리인 까닭은, 야생에서 두 물고기의 상대적 빈도에 맞춘 것이다). 나머지 두 연못은 포식자를 넣지 않은 상태 그대로 두었다.

실험을 시작한 지 다섯 달 후, 엔들러는 모든 연못의 개체 수를 조사하고, 모든 거피의 반점 개수를 헤아리고 크기를 쟀다. 그로부터 아홉 달 뒤, 그러니까 실험 시작 14개월 뒤에도 똑같이 개체 수와 반점을 조사했다.

결과는 어땠을까? 그토록 짧은 기간이었음에도 결과는 놀라웠다. 엔들러는 거피들의 색깔 형태를 측정할 때 다양한 잣대를 썼는데, 그중 하나가 '물고기당 반점 수'였다. 거피들을 처음 연못에 풀어놓고 포식자를 도입하지 않았을 때는 개체들 간 반점 수의 차이가 아주 컸다. 포식압 수준이 다양한 여러 하천에서 데려온 물고기들이었기 때문이다. 포식자가 도입되기 전 6개월 동안, 개체당 평균 반점 수는 크게 솟구쳤다. 아마도 암컷들의 선택에 반응한 결과였을 것이다. 그러다가 포식자가 도입되자, 극적인 변화가 일어났다.

강한 포식자가 도입된 연못 네 개에서는 개체당 평균 반점 수가 곤두박질쳤다. 5개월째 조사에서 벌써 차이가 확연했고, 14개월째 조사에서는 반점 수가 그보다 더 감소했다. 하지만 포식자가 없는 두 연못과 포식압이 약한 네 연못에서는 반점 수가 계속 증가하다가 5개월째 조사에서 안정기에 접어든 것으로 확인되었고, 14개월째 조사에서는 높은 상태 그대로 유지되었다. 반점 수에 있어서는 포식압이 약한 상태와 아예 없는 상태가 거의 비슷한 듯했다. 약한 포식압은 많은 반점을 선호하는 암컷들의 성선택에 쉽게 압도되었기 때문일 것이다.

반점 수 이야기는 이쯤 하자. 반점 크기에 대한 이야기도 못지않게 흥미롭다. 강하든 약하든 포식자가 존재할 때, 굵은 자갈에서는 상대적으로 큰 반점들이 생겼고, 잔 자갈에서는 상대적으로 작은 반점들이 선호되었다. 반점 크기가 돌맹이 크기를 모방한 것이라고 쉽게 해석할 수 있다. 더 환상적인 점은, 포식자가 전혀 없는 두 연못에서는 정확하게 그 반대의 경향이 나타났다는 것이다. 잔 자갈 연못에서는 반점이 큰 수컷 거피들이 선호되었고, 굵은 자갈 연못에서는 작은 반점이 선호되었다. 거피들이 배경에 깔린 돌을 모방하지 않을 때에는 오히려 더 눈에 띄는 쪽으로 변한 것이다. 그것은 암컷을 끌기에 좋은 방법이다. 깔끔하지 않은가!

그렇다, 깔끔하다! 하지만 이것은 실험실에서의 일이었다. 엔들러가 야생에서도 비슷한 결과를 얻을 수 있었을까? 역시 그렇다!

그는 위험한 꼬치시클리드가 있는 자연 하천을 찾아서, 그곳의 수컷 거피들이 모두 상대적으로 눈에 띄지 않는 무늬임을 확인했다. 그는 그곳에서 암수 거피들을 잡아다가, 거피도 없고 강한 포식자도 없고 약한 포식자인 킬리피시만 있는, 같은 하천의 다른 지류로 이주시켰다. 그러고는 녀석들이 계속 번식하며 살아가게 내버려두었다.

23개월 후, 그는 그곳으로 돌아가서 거피들이 어떻게 되었는지 점검했다. 놀랍게도, 고작 2년도 안 되는 시간에 수컷들은 보다 현란한 색을 띠는 방향으로 두드러지게 바뀌었다. 의심할 나위 없이 그것은 암컷들에게 이끌린 결과였고, 강한 포식자가 없어서 마음대로 변화할 수 있었기 때문이다.

과학의 멋진 점 중 하나는 공공 행위라는 것이다. 과학자들은 결론만이 아니라 기법까지 발표하기 때문에, 세계 어디에 있는 누구든지 그 작업을 반복해볼 수 있다. 그때 동일한 결과가 나오지 않으면, 우리는 왜 그런지 이유를 알아야 한다. 보통은 예전 작업을 단순히 반복하기보다는 확장해서 실시한다. 한 발짝 더 전진하는 것이다. 존 엔들러의 탁월한 거피 연구는 뒤이은 확장 연구를 간절히 호소하는 내용이었다. 리버사이드 소재 캘리포니아 대학의 데이비드 레즈닉(David Reznic)도 그 호소를 받아들인 사람들 중 하나였다.

엔들러가 하천의 표본들에서 놀라운 결과를 확인한 후 9년이 흐른 시점에, 레즈닉과 동료들은 같은 장소를 방문했다. 그리고 엔들러의 실험 개체군이 낳은 후손들을 대상으로 다시 표본조사를 했다. 이제 수컷들은 굉장히 밝은색을 띠고 있었다. 엔들러가 목격했던 암컷들의 선택에 의한 경향성이 이후에도 꿋꿋하게 이어진 것이다. 그뿐만이 아니었다. 3장에서 본 은여우들을 기억하는가? 한 가지 특징(유순함)을 인위선택하다 보니 번식기, 귀와 꼬리 모양, 털 색깔 등 다른 특징들까지 덩달아 변했던 사례 말이다. 비슷한 현상이 자연선택 하의 거피들에게서도 발견되었다.

레즈닉과 엔들러는 포식자가 들끓는 하천의 거피들과 포식압이 약한 하천의 거피들을 비교할 때 색깔 차이는 빙산의 일각에 불과하다는 사실을 잘 알았다. 덩달아 생긴 다른 차이도 많았다. 포식압이 낮은 하천의 거피들은 포식압이 높은 하천의 거피들보다 성적으로 늦게 성숙했고, 성체의 몸 크기가 더 컸다. 새끼 낳는 빈도도 줄었다. 새끼들은 태어날 때는 더 작은 편이었지만, 나중에는 덩치가 더 컸다.

레즈닉이 엔들러 거피들의 후손을 조사했을 때, 그 결과는 너무 훌륭해서 사실로 믿기 어려울 정도였다. 포식자의 압력에 따라 개체의 생존을 꾀하는 대신, 암컷의 성선택 압력에 따를 수 있게 된 수컷들은 색깔만 현란해진 것이 아니었다. 녀석들은 내가 방금 나열한 모든 측면에서 변화했다. 포식자가 없는 야생 개체군에서 일반적으로 발견되는 특징들 쪽으로 변한 것이다. 이 거피들은 포식자가 들끓는 개울의 거피들보다 성적으로 늦게 성숙했고, 더 컸고, 새끼를 더 조금 낳았고, 새끼들은 몸집이 더 컸다. 포식자가 없는 연못, 성적인 매력이 우선순위를 차지하는 연못의 표준 쪽으로 균형이 이동한 것이다.

이 모든 일이 진화적 기준으로 볼 때 얼떨떨하리만치 빠른 속도로 진행되었다. 이 책 후반에서 우리는 엔들러와 레즈닉이 목격한 이 진화적 변화, 오직 자연선택에 의해서 추진된(엄밀하게 말하면 성선택을 포함한다) 변화의 속도가 가축에 대한 인위선택의 속도보다도 빨랐음

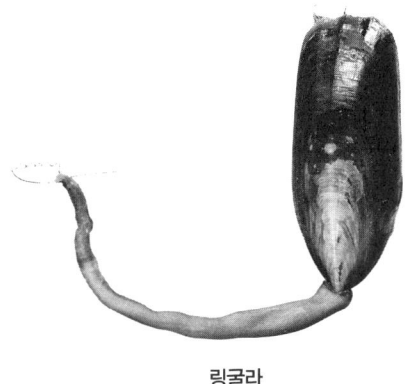
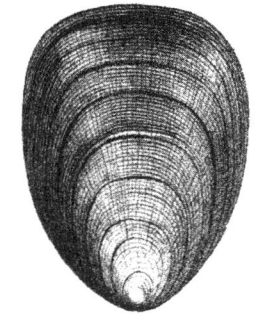

링굴라

링굴렐라.
현대의 친척들과 거의 같다.

을 살펴볼 것이다. 바로 우리 눈앞에서 벌어지는 진화에 대한 굉장한 예제인 셈이다.

우리가 진화에 관해 배운 사실들 중 또 놀라운 것은, 진화가 몹시 빠르게 일어나는가 하면(이 장에서 확인했듯이), 어떤 상황에서는 몹시 느리게 진행된다는 점이다. 화석기록에서 알 수 있듯이 말이다. 그중에서도 최고로 느린 것이 우리가 '살아 있는 화석'이라고 부르는 생물들이다. 이들은 렌스키의 냉동 박테리아처럼 말 그대로 죽었던 것을 되살린 것은 아니다. 하지만 먼 선조시대 이래로 바뀐 것이 너무나 적어서, 거의 화석이나 다름이 없다.

내가 가장 좋아하는 '살아 있는 화석'은 완족류인 링굴라(*Lingula*)다. 완족류가 뭔지는 몰라도 상관없다. 만약 지구 역사를 통틀어 가장 큰 재난이었던 페름기 멸종으로부터 2~3억 년쯤 전에 해산물 식당이 유행했더라면, 틀림없이 고정 메뉴였을 것 같은 녀석들이다. 언뜻 보면 완족류를 이매패(홍합 종류)와 혼동하기 쉽지만, 사실 이들은 전혀 다르다. 완족류의 두 껍질은 위와 아래에 해당하지만, 홍합의 껍질은 왼쪽과 오른쪽이다.

스티븐 제이 굴드(Stephen Jay Gould)가 기억하기 쉽게 표현했듯이, 진화의 역사에서 완족류와 이매패는 "스쳐지나는 사람들"이었다. 소수의 완족류가 '대멸종(The Great Dying, 역시 굴드의 표현이다)'에서 살아남았는데, 현생 완족류 링굴라(193쪽 사진 왼쪽)는 그 오른쪽의 화석 링굴렐라(Lingulella)와 굉장히 닮았다. 링굴렐라가 처음에 링굴라와 같은 속명을 받았을 정도다. 이 링굴렐라 표본은 지금으로부터 4억 5천만 년 전인 오르도비스기의 것이지만, 약 5억 년 전인 캄브리아기 지층에서도 원래 링굴라라고 불렸으나 요즘은 링굴렐라라고 불리는 이 화석들이 발견된다. 물론 화석화한 조개가 그리 대단한 사건은 아니라는 사실은 나도 인정한다. 동물학자들 중에는 링굴라가 거의 변하지 않은 '살아 있는 화석'이라는 것을 부정하는 이들도 있다.

진화적으로 논쟁되는 문제들 중에는 동물들이 사려 깊지 못하게시리 서로 다른 속도로 진화하기 때문에, 심지어 전혀 진화하지 않기 때문에 생긴 문제가 많다. 진화적 변화의 정도가 흘러간 시간에 반드시 정비례해야 한다는 자연법칙이 있다면, 생물들 간의 닮은 정도는 근연관계를 충실히 반영할 것이다. 하지만 현실 세계에서, 우리는 조류 같은 진화적 달리기 선수가 있다는 사실을 인정할 수밖에 없다. 새들은 파충류였던 옛 기원을 중생대의 먼지 속에 남겨둔 채 빠르게 진화했다. 게다가 진화 계통수에서 조류의 옆에 있던 이웃들이 우연히도 하늘에서 날아든 재앙 때문에 모두 죽어버렸으므로, 우리는 조류를 더욱 독특한 형태로 인식하게 되었다. 한편 반대쪽 극단에는 링굴라 같은 '살아 있는 화석'들이 있다. 이들은 변한 데가 너무 없기 때문에, 극단적으로 말하자면 자신의 먼 선조들과 교배할 수 있을지도 모른다. 우리가 짝짓기용 타임머신을 발명해서 데이트를 주선한다면 말이다.

  살아 있는 화석으로 유명한 것이 링굴라만은 아니다. '투구게'라고 불리는 리물루스(*Limulus*)나 실러캔스도 그런 사례들인데, 이들을 다음 장에서 만나볼 것이다.

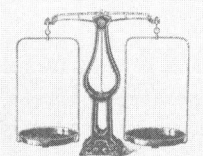

MISSING LINK? WHAT DO YOU MEAN 'MISSING'?

6

잃어버린 고리? 뭘 잃어버렸단 말인가

창조론자들은 화석기록에 몹시 연연한다. 그들은 그것에 '빈틈'이 가득하다는 주문을 거듭 또 거듭 반복 학습해왔기 때문이다(서로서로 가르쳐준다). "당신네 '중간 형태'들을 보여달란 말이오!" 그들은 '빈틈'이 진화론자들에게 당황스러운 존재일 거라고 상상하기를 좋아한다(몹시 좋아한다).

사실은 화석이 하나라도 있다는 게 우리에게는 행운이다. 그러므로 진화 역사를 써야 할 만큼 방대한 양이 현존한다는 것은 크나큰 행운이 아닐 수 없다. 그리고 화석들 중 상당수가 어떤 기준으로 보더라도 아름다운 '중간 형태'들이다. 나는 9장과 10장에서 화석이 하나도 없어도 진화가 사실임을 입증할 수 있다는 것을 보여주겠다. 시체가 단 한 구도 화석화하지 않았더라도, 진화의 증거는 전적으로 탄탄하다. 풍성한 이음매 같은 화석들을 실제로 많이 캐낼 수 있다는 것, 요즘도 매일매일 더 많은 화석이 발견된다는 것은 보너스나 마찬가지다. 여러 주요 동물 집단이 진화해왔다는 화석 증거는 경이로울 만큼 강력하다. 그럼에도 불구하고 물론 빈틈은 있고, 창조론자들은 그 빈틈을 집착적으로 사랑한다.

목격자가 없는 범죄 현장에 뒤늦게 달려온 탐정의 비유를 다시 떠올려보자. 남작이 총에 맞아 살해되었다. 지문, 발자국, 권총에 묻은 땀에서 얻은 DNA, 강력한 동기가 모두 집사를 지목한다. 굳이 재판을 열 것도 없는 사건이고, 배심원들을 비롯해 법정의 모든 사람이 집사가 범인이라고 확신한다. 배심원들이 보나마나 유죄 평결을 내리기 위해 퇴장하려는 찰나, 아슬아슬한 막판에 새로운 증거가 발견된다. 남작이 도둑이 들 것에 대비해 몰래카메라들을 설치해두었다는 사실을 누군가 기억해낸 것이다. 법정은 숨을 죽인 채 영상을 본다. 한 영상에, 집사가 자기 창고에 있는 서랍을 열고, 권총을 꺼내 장전한 뒤, 음흉한 눈빛으로 살그머니 방을 나가는 장면이 딱 잡혔다. 이로써 집사에 대한 의혹은 더욱 견고해지는 듯 보인다.

그러나 이어지는 이야기를 들어보라. 집사의 변호사가 단호하게 지적하고 나선다. 살인이 벌어진 서재에는 몰래카메라가 없으며, 집사의 창고에서 이어지는 복도에도 몰래카메라가 없다고 말이다. 그는 변호사들의 전매특허인 '손가락 근사하게 까딱하기'를 선보이며 말한다. "비디오 기록에는 *빈틈*이 있습니다! 우리는 집사가 창고에서 나온 뒤로 무슨 일이 있었는지 모릅니다. 이것은 내 의뢰인에게 유죄를 선고하기에는 부족한 증거입니다."

소용없는 노릇이겠지만, 검사가 당구장에 설치된 두 번째 카메라를 지적한다. 이 카메라에는 집사가 총을 겨눈 채 열린 문을 발끝으로 살금살금 넘어와 서재로 향하는 장면이 찍혔다. 이로써 비디오 기록의 빈틈이 메워진 것 아닐까? 이로써 집사에 대한 의혹을 부인할 수 없게 된 것 아닐까?

그렇지 않다. 변호사는 의기양양 술책을 부린다. "우리는 집사가 열린 당구장 문을 통과하기 전이나 후에 무슨 일이 있었는지 모릅니다. 이제 비디오 기록에는 두 개의 *빈틈*이 있습니다. 배심원 여러분, 이것으로 제 변론을 마칩니다. 이제 제 의뢰인을 지목하는 증거는 좀 전보다 더 희박해졌습니다."

살인사건의 몰래카메라처럼, 화석기록은 *보너스*다. 우리는 그것을 당연한 것으로 인정할 권리가 없다. 몰래카메라가 없어도 집사에게 유죄를 선고할 증거는 충분했고, 배심원들은 몰래카메라가 발견되기 전에도 유죄 평결을 내릴 생각이었다. 이와 비슷하게, 진화가 사실이라는 증거는 현생 종들의 비교연구를 통해(10장), 그리고 종들의 지리적 분포를 통해(9장) 충분히 제공되었다. 화석은 필요 없다. 화석이 없어도 진화에 대한 변론은 물 샐 틈 없이 확실하다. 그러니 화석기록의 빈틈을 진화에 반대하는 증거인 양 사용하는 것은 참으로 얄궂은 일이다. 또 한 번 말하지만, 우리에게 화석이 하나라도 있다는 것은 크나큰 행운이다.

정말로 진화에 반대하는 증거는 무엇일까? 단 하나의 화석이라도 잘못된 지층에서 발견되는 것이다. 그것은 실로 강력한 반대 증거일 것이다. 이 점은 4장에서 이미 지적했다. 유명한 일화에 따르면, J. B. S. 홀데인에게 진화 이론을 반증할 수 있는 관찰을 하나만 들어 보라고 하자, 그는 "선캄브리아기 지층에서 발견된 토끼 화석!"이라고 응수했다. 그런 토끼는 없다. 종류를 불문하고 진정으로 시대착오적인 화석은 여태껏 하나도 발견되지 않았다. 우리가 갖고 있는 모든 화석은, 정말로 아주아주 많은 그 화석들은, 단 하나의 진정한 예외도 없이, 모두 적합한 시간적 순서로 등장했다.

그렇다! 빈틈들은 존재한다. 화석이 하나도 없는 기간들이 있다. 하지만 그것은 충분히 예상할 수 있는 현상이다. 반면에 자신의 진화 시점 *이전*에 발견된 화석은 단 하나도 없다. 이것은 무척 의미 깊은 사실이다(창조론에서도 이 사실을 예상할 이유는 없다). 4장에서 잠깐 언급했듯이, 좋은 과학 이론은 반증에 취약함에도 불구하고 반증되지 않는 이론이다. 진화는 더없이 쉽게 반증될 수 있다. 어떤 화석 하나가 잘못된 연대에서 발견되면 그만이다. 그러나 진화는 이 시험을 여봐란듯이 통과했다.

진화 회의론자들이 정말로 자신의 주장을 입증하고 싶다면, 세계 각지의 암석을 열심히 파헤치고 다니면서 시대착오적인 화석이 없는지 절실하게 찾아보는 편이 나을 것이다. 어쩌면 하나쯤 발견될지도 모르니 말이다. 어떤가, 나와 내기해보겠는가?

가장 큰 빈틈이자 창조론자들이 가장 사랑하는 빈틈은 이른바 캄브리아기 폭발에 선행하는 빈틈이다. 캄브리아기는 지금으로부터 5억 년 전보다 조금 더 앞선 시기로, 대부분의 주요한 동물 문(門, 동물계의 가장 굵직한 구분 단위)이 당시의 화석기록에 '갑자기' 등장한다. 갑자기라고는 했지만 캄브리아기보다 오래된 암석에서는 그런 동물 집단들의 화석이 하나도 발견되지 않았다는 뜻에서 갑작스럽다는 것이지, 한순간이었다는 뜻은 아니다. 지금 이야기하는 기간은 대략 2천만 년을 아우른다. 5억 년 전의 2천만 년이라면 짧게 느껴지지만, 그것은 당연히 오늘날의 2천만 년과 같은 기간이다! 그래도 어쨌든 상당히 급작스럽기는 하다. 내가 다른 책에서 썼듯이, 캄브리아기에는 주요한 동물 문의 상당수가……

맨 처음 등장하는 순간부터 이미 발전된 진화 상태로 모습을 드러냈다. 마치 아무런 진화 역사도 없이 그곳에 그냥 심어진 것만 같다. 말할 필요도 없는 일이겠지만, 이 갑작스러운 등장은 창조론자들을 기쁘게 해왔다.

마지막 문장에서 알 수 있듯이, 나는 창조론자들이 캄브리아기 폭발을 좋아하리라는 것을 알아차릴 만큼의 눈치가 있었다. 하지만 그들이 내 문장을 자기들에게 유리하게 인용해 득의만면 거꾸로 나를 겨누고, 내 세심한 설명을 세심하게 누락하는 일을 끝도 없이 저지르리라고는 예상하지 못했다. 문득 생각이 나서, 나는 "마치 아무런 진화 역사도 없이 그곳에 그냥 심어진 것만 같다"는 문장을 인터넷에서 검색해보았다. 결과는 1,250건 남짓 되었다. 그 대부분이 창조론자들의 자의적 인용일 것이라는 가설을 시험해볼 겸, 《눈먼 시계공》에서 위 인용문 바로 다음에 이어지는 구절을 조악한 대조군 삼아 역시 검색해보았다. "그렇지만 온갖 부류의 진화론자들도 그것이 정말 화석기록의 커다란 빈틈이라고 믿는다"는 문장이었다. 결과는 63건이었다. 앞 문장의 1,250건과 비교해보라. 1,250은 63의 19.8배다. 이것을 '자의적 인용 지수'라고 불러도 좋을 것이다.

캄브리아기 폭발에 관해서는 내가 다른 지면에서 길게 다룬 바 있다. 특히 《무지개를 풀며(*Unweaving the Rainbow*)》에서 상세히 논했다. 여기서는 편형동물에 관한 새로운 이야기를 하나만 덧붙일까 한다. 벌레들로 이루어진 이 대규모 문에는 기생성 흡충류와 촌충류가 포함되는데, 이들은 의학적으로 대단히 중요하다. 그러나 내가 제일 좋아하는 종류는 자유생활을 하는 와충류다. 와충강에는 포유류의

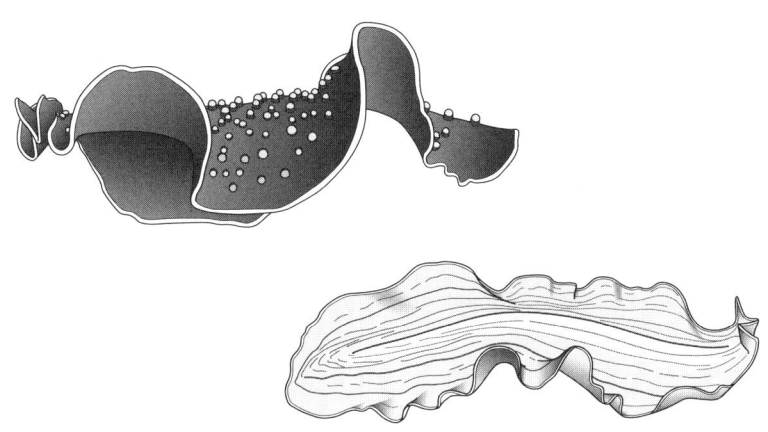

와충류. 화석기록은 없지만 틀림없이 오래전부터 줄곧 존재해왔을 것이다.

종수를 다 합친 것쯤 되는 4천 종의 벌레가 포함된다. 위 그림이 보여주듯이, 와충류 중 몇몇은 대단히 아름답다.

편형동물이 물에서나 뭍에서나 흔한 것으로 보아, 그들은 아마 매우 오랜 기간 흔하게 존재해왔을 것이다. 따라서 풍부한 화석 역사를 기대해볼 법하다. 그러나 안타깝게도, 기록은 거의 하나도 없다. 모호한 한 줌의 흔적 화석들 말고는 여태까지 편형동물의 화석은 한 점도 발견되지 않았다. 편형동물은 "맨 처음 등장하는 순간부터 이미 발전된 진화 상태로 모습을 드러냈다(벌레의 기준에서 발전된 모습이라는 말이다)". 그리고 "마치 아무런 진화 역사도 없이 그곳에 그냥 심어진 것만 같다".

하지만 이 경우에 "맨 처음 등장하는 순간"은 캄브리아기가 아니라 현재다. 이것이 무슨 뜻인지 알겠는가? 적어도 창조론자들에게 무슨 뜻이어야 하는지 알겠는가? 창조론자들은 편형동물이 다른 모든 생물처럼 〈창세기〉의 일주일 안에 창조되었다고 믿는다. 따라서 편형동물에게 주어진 화석화 시간도 다른 동물들과 똑같았을 것이다. 뼈나 껍질이 있는 동물들이 무더기로 묻혀 화석이 되는 기나긴 세월 동안, 편형동물들도 곁에서 행복하게 살았으면서도 자기들의 자취를 전혀 바위에 남기지 않았다는 말이 된다.

만약에 그렇다면, *실제로 화석화한 동물들의 기록에 존재하는 빈틈이 무슨 대수겠는가?* 편형동물의 과거 역사가 통째로 *하나의 커다란 빈틈인 마당에?* 창조론자들이 스스로 내놓은 설명에 따르면, 편형동물도 똑같은 시간을 살아오지 않았는가? 대부분의 동물이 캄브리아기에 갑자기 등장했다고 주장하고, 캄브리아기 폭발 이전의 빈틈이 그 증거라고 주장한다면, 정확하게 같은 '논리'를 적용해서 편형동물은 어제 갑자기 등장했다고 말할 수 있다. 그러나 이것은 편형동물이 다른 동물들과 함께 그 창조적인 일주일 동안 만들어졌다는 창조론자들의 신념에 위배된다. 양쪽 다 옳을 수는 없는 것이다. 이 논증을 통해서 우리는 화석기록상의 선캄브리아기 빈틈이 진화의 증거를 약화시킨다는 창조론자들의 주장을 일거에 철저히 무너뜨렸다.

그러면 캄브리아기 이전에 화석이 적은 이유를 진화적 시각에서는 어떻게 설명할까? 지질학적 과거에서 현재에 이르기까지 편형동물에게 적용된 요인들이 무엇이든지 간에, 그것이 고스란히 캄브리아기 이전의 나머지 동물계에도 적용되었을 것이다. 대부분의 동물이 캄브리아기 이전에는 편형동물처럼 부드러운 몸이었을 것이고, 와충류처럼 다소 작은 크기였을 것이다. 따라서 화석 재료로 적합하지 않았던 것이다. 그러던 중 5억 년쯤 전에 동물들의 화석화를 도

외주는 변화가 일어났다. 단단하게 석회화한 골격 같은 것들이 생겨난 것이다.

'화석기록의 빈틈(gap in the fossil record)'의 옛 이름은 '잃어버린 고리(missing link)'였다. 이것은 후기 빅토리아 시대 영국에서 대유행한 표현으로, 20세기까지도 살아남았다. 다윈의 이론에 대한 오해와 맞물려, 과거에 이 표현은 오늘날의 일상회화에서 '네안데르탈인'이라는 표현이 (부당하게도) 모욕으로 사용되는 것과 비슷한 방식으로 쓰였다. 《옥스퍼드 영어사전》에 실린 대표적인 인용문들 가운데 D. H. 로렌스가 1930년에 쓴 글이 있다. 어느 여인이 로렌스에게 당신의 이름은 "악취가 난다"고 말하고는, 이어서 "당신은 잃어버린 고리와 침팬지의 잡종이에요"라고 말했다는 것이다.

이 표현의 원래 의미는 다윈 이론에서 인간과 다른 영장류를 이어주는 핵심 고리가 빠져 있다는 뜻이었다. 이것이 착각에서 나온 오해였다는 이야기는 좀 있다 하겠다. 사전에 실린 생생한 인용문들 가운데 하나를 더 소개하면, 빅토리아 시대에는 이런 식으로 그 표현을 활용했다. "사람과 퍼기 사이에 잃어버린 고리가 어쩌고 하는 이야기를 들었다네."(퍼기는 원숭이를 가리키는 스코틀랜드 방언이다.) 이날 이때까지도 역사 부인주의자들은 자기들 딴에는 한껏 비아냥대는 투로, "하지만 아직도 잃어버린 고리가 발견되지 않았잖습니까?"라고 말하기를 좋아한다.

그리고 덤으로 필트다운인(Piltdown Man)을 비웃는다. 필트다운 날조 사건(1912년 영국 필트다운에서 선조 인류의 것으로 보이는 두개골과 아래턱뼈 화석이 발견되었으나, 후에 오랑우탄과 현생 인류의 뼈를 화석처럼 보이게 조작한 사기였던 것으로 밝혀졌다_옮긴이)을 누가 저질렀는지는 확실히 밝

혀지지 않았지만, 어쨌든 그 범인은 마땅히 이 사태에 대해 단단히 책임을 져야 할 것이다.■

인간-유인원 화석의 첫 후보자가 가짜로 판명되었기 때문에, 역사 부인주의자들에게는 가짜가 아닌 수많은 화석도 무시할 핑계가 생겼다. 그들은 지금까지도 그 문제를 목청 높여 지적한다. 그러나 역사 부인주의자들이 실제 사실들을 살펴본다면, 인간과 침팬지의 공통선조에서 현생 인류까지 이어주는 중간 단계 화석들이 이제 풍부하게 존재한다는 것을 당장 알 수 있을 것이다. 단, 분기점에서 인간으로 이어지는 쪽만 그렇다. 공통선조(침팬지도 인간도 아니었다)에서 현생 침팬지까지 이어지는 화석들은 흥미롭게도 아직 발견되지 않았다. 어쩌면 침팬지가 숲에서 살기 때문인지도 모른다. 숲은 화석화에 알맞은 조건이 되지 못한다. '잃어버린 고리'라는 것이 정말로 있더라도, 그것을 불평할 권리는 사람이 아니라 침팬지에게 있는 것이다!

좌우간 이것이 '잃어버린 고리'의 한 가지 뜻이다. 사람과 다른 동물들 사이에 빈틈이 있다는 의미다. 이런 의미의 잃어버린 고리는, 조심스럽게 말해서, 더는 잃어버린 상태가 아니다. 이 점에 관해서는 인간 화석들만을 별도로 다룬 다음 장에서 이야기할 것이다.

'잃어버린 고리'의 또 다른 뜻은, 가령 파충류와 조류, 어류와 양

■아마추어 고생물학자 찰스 도슨을 범인으로 의심하는 견해가 대부분이지만, 스티븐 제이 굴드는 피에르 테야르 드 샤르댕이 범인일지도 모른다는 재미난 의견을 유포한 바 있다. 테야르의 이름을 예수회 신학자로 기억하는 독자가 있을지도 모르겠다. 테야르의 책《인간 현상》에 대해서, 대담무쌍한 피터 메더워는 역사를 통틀어 최고로 부정적이라고 해도 될 만한 서평을 썼다(메더워의《해결의 기술》과《플라톤의 국가론》에 실려 있는 서평이다).

서류 같은 주요 집단들 사이에 '전이 형태'가 부족하다는 주장이다. "당신네 중간 형태들을 꺼내보시지!" 역사 부인주의자들이 이렇게 도전해올 때, 어떤 진화론자들은 파충류와 조류의 중간 형태로 유명한 시조새의 뼈를 던져주곤 한다. 그러나 이것은 실수다. 시조새는 도전에 대한 답이 아니다. 애당초 대답할 가치가 있는 도전이 아니기 때문이다. 시조새 같은 유명한 화석을 하나 내세우는 것은 오류를 방조하는 격이다. 그 밖의 많은 화석도 사실 무엇과 다른 무엇의 중간 형태일 수 있다. 우리로 하여금 시조새를 꺼내게 만드는 창조론자들의 도발적인 주장은 '존재의 대사슬'이라는 케케묵고 잘못된 개념에 기반한 것이다. 잠시 뒤에 바로 그 제목으로 그 내용을 상세히 살펴볼 것이다.

'잃어버린 고리' 주장들 중에서도 가장 한심한 것은 다음의 두 가지 형태다(혹은 이 형태의 숱한 변종이다). 첫째, "정말로 사람이 물고기와 개구리를 거친 뒤에 원숭이에게서 생겨났다면, 어째서 화석기록에는 '개구리원숭이'가 없나요?". 나는 왜 '악어오리'가 없느냐고 호전적으로 따지고 드는 이슬람 창조론자를 만난 적도 있다. 둘째, "원숭이가 사람 아기를 낳는 것을 내 눈으로 보면 진화를 믿겠어요". 이 말은 다른 실수들은 물론이고, 굵직한 진화적 변화가 하룻밤 새에 이루어진다고 생각하는 실수까지 저지르고 있다.

나는 다윈에 관한 텔레비전 다큐멘터리의 진행을 맡은 일이 있다. 그 방송에 대한 기사가 〈선데이 타임스〉에 실리자 무수한 댓글이 붙었는데, 공교롭게도 위의 두 오류를 드러낸 댓글들이 나란히 붙었다.

종교에 대한 도킨스의 의견은 어리석다. 진화 자체가 종교에 지나지 않기 때문이다. 진화에서는 우리가 하나의 세포에서 생겨났다는 것을 믿어야 한다…… 달팽이가 원숭이가 될 수 있다는 등의 말을 믿어야 한다. 하하, 이보다 더 우스꽝스러운 종교가 어디 있는가!!

_조이스, 영국 워릭셔

도킨스는 왜 과학이 잃어버린 고리들을 찾는 데 실패했는지 설명해야 한다. 근거 없는 과학에 대한 믿음은 신에 대한 믿음보다도 훨씬 허구에 가깝다.

_보브, 미국 라스베이거스

이 장은 서로 연관된 이 모든 오류를 다룰 것이다. 우선 가장 한심한 오류에서 시작하자. 이 질문에 대한 답이 다른 답들에 대한 서론이 되어줄 것이다.

"악어오리를 보여주시지!"

"왜 화석기록에 개구리원숭이가 없나요?" 그야 물론 원숭이는 개구리에서 유래하지 않았기 때문이다. 제정신이 있는 진화론자치고 그런 말을 한 사람은 없다. 혹은 오리가 악어에서 유래했다거나 그 거꾸로라거나 하는 말을 한 사람도 없다. 원숭이와 개구리가 선조를 공유한 것은 사실이다. 그러나 그 공통선조는 개구리처럼 생기지도, 원숭이처럼 생기지도 않았을 것이다. 어쩌면 도롱뇽을 살짝 닮았을지는 모르겠다. 실제로 적절한 연대에서 도롱뇽을 닮은 화석들이 나오기도 했다.

하지만 그게 요점이 아니다. 수백만 가지의 동물종 각각이 다른 모든 동물종과 선조를 공유한다. 진화에 대한 이해가 너무나 왜곡된 나머지, 개구리원숭이나 악어오리를 기대해도 좋다고 생각하는 사람이라면, 개하마나 코끼리침팬지 따위가 없는 것에 대해서도 또한 냉소해야 하리라. 사실 포유류로만 국한할 필요도 없지 않은가? 캥거루바퀴벌레나 문어표범이라고 해서 안 될 게 뭔가? 이런 식으로 꿸 수 있는 동물 이름은 무한히 많다.■ 물론 하마는 개에서 유래하지 않았고, 거꾸로도 아니다. 침팬지는 코끼리에서 유래하지 않았고, 거꾸로도 아니다. 원숭이가 개구리에서 유래하지 않았듯이, 어떤 현생 종도 다른 현생 종에서 유래하지 않았다(극히 최근에 갈라진 종들은 예외다).

개구리와 원숭이의 공통선조에 가까운 화석을 찾을 수 있는 것처럼, 코끼리와 침팬지의 공통선조에 가까운 화석도 얼마든지 찾을 수 있다. 210쪽에 에오마이아(*Eomaia*)라는 화석을 소개했다. 1억 년이 좀 넘는 초기 백악기에 살았던 녀석이다. 보면 알겠지만, 에오마이아는 침팬지처럼 생기지도, 코끼리처럼 생기지도 않았다. 오히려 얼추 뒤쥐를 닮았다. 실제로 에오마이아는 뒤쥐와의 공통선조와 상당히 비슷한 생물이었던 듯하고, 둘 다 대강 동시대에 살았다.

에오마이아 같은 선조에서 코끼리 후손으로 내려오는 경로든, 에오마이아 같은 선조에서 침팬지 후손으로 내려오는 경로든, 양쪽 다

■ 여기서 '무한'이란 종종 오용되곤 하는 일상적인 의미를 말한다. 즉, 매우 매우 많다는 수사적 표현이다. 실제로는 각 종을 다른 모든 종과 쌍쌍이 조합하여 세어본 결과일 텐데, 이것은 실로 무한에 가까울 정도로 크기 때문에 현실적으로 별 차이가 없다.

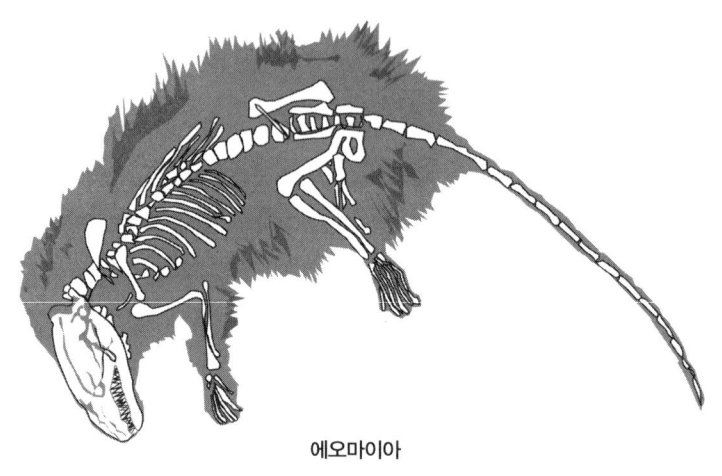

에오마이아

상당한 진화적 변화를 겪었으리라는 것을 알 수 있다. 하지만 어떤 의미에서도 에오마이아를 코끼리침팬지라고 부를 수는 없다. 그렇다면 에오마이아는 또한 개매너티도 되어야 한다. 침팬지와 코끼리의 공통선조는 또한 개와 매너티의 공통선조이기 때문이다. 에오마이아는 땅돼지하마도 되어야 한다. 그 공통선조가 또한 땅돼지와 하마의 공통선조이니 말이다. 개매너티(혹은 코끼리침팬지, 땅돼지하마, 캥거루코뿔소, 물소사자)라는 발상 자체가 지극히 비진화적이고 우스꽝스럽다. 개구리원숭이도 마찬가지다.

오스트레일리아의 순회 설교자로서 세상에 작은 우매함을 퍼뜨리고 다니는 존 매케이가 2008년과 2009년에 영국의 학교들을 순방한 일이 있다. 지질학자인 척 가장한 그는 화석기록에 개구리원숭이가 없으면 진화는 사실이 아니라는 주장을 순진한 아이들에게 가르쳤다. 얼마나 부끄러운 일인가!

못지않게 익살스러운 사례가 하나 더 있다. 무슬림 창조론자인 하룬 야히아가 쓴 《창조의 아틀라스》라는 책이다. 거대한 크기, 고급스러운 장정, 번쩍번쩍한 삽화를 자랑하지만 알맹이라곤 없이 무지한 이 책은 제작에 한재산 들어갔을 것이 분명하다. 나까지 포함해서 수만 명의 과학 교사에게 무료로 배포되었으니 말이다. 그래서 더욱 놀랍다.

책을 만드는 데 들어갔을 막대한 자금은 그렇다 쳐도, 책에 담긴 오류들도 사뭇 전설적이다. 고대 화석들 대부분이 현대의 생물들과 거의 분간되지 않는다는 거짓말을 주장하면서, 야히아는 그 증거로 바다뱀을 '장어'라고 소개했고(척추동물문의 서로 다른 강에 속할 만큼 전혀 다른 동물이다), 불가사리를 '거미불가사리'라고 했으며(극피동물문의 서로 다른 강에 속한다), 꽃갯지렁이를 '바다나리'라고 했다(환형동물과 극피동물. 이 쌍은 서로 다른 문을 넘어서 서로 다른 아계에 속한다. 일부러 찾는다고 해도 이보다 먼 짝을 찾기 힘들 것이다. 뭐, 둘 다 동물이기는 하다). 최고 중의 최고는 낚시용 미끼를 '날도래'라고 한 것이다(컬러 화보 8쪽을 보라).

지나친 충정이 낳은 소중한 유머들 외에도, 이 책에는 잃어버린 고리에 관한 장이 있다. 책은 진지하게 사진까지 실어가며 물고기와 불가사리의 중간 형태가 없다는 점을 설명한다. 저자는 정말로 진화론자들이 불가사리와 물고기처럼 극단적으로 다른 동물들 사이의 전이 형태를 기대한다고 생각하는 걸까? 나로서는 그가 진심임을 믿기가 어렵다. 그래서 나는 그가 자신의 독자들을 잘 꿰뚫고 있다고 짐작해본다. 그가 독자들의 무지를 의도적·냉소적으로 이용하는 것이라고 생각한다.

"원숭이가 사람 아기를 낳는다면 진화를 믿겠어요"

다시 말하지만, 사람은 원숭이에서 유래하지 않았다. 우리는 원숭이와 공통선조를 갖고 있을 뿐이다. 물론 공통선조가 사람보다는 원숭이를 훨씬 많이 닮았을 것이다. 우리가 약 2,500만 년 전에 공통선조를 만났다면, 틀림없이 그것을 원숭이라고 불렀을 것이다. 하지만 마땅히 원숭이라고 부를 만한 선조로부터 인간이 진화했다고 하더라도, 한 종이 순식간에 새 종을 낳을 수는 없다. 적어도 사람과 원숭이처럼, 사람과 침팬지처럼 차이가 나는 종을 갑자기 낳을 수는 없다. 진화는 그런 것이 아니다.

진화가 점진적인 과정이라는 것은 엄연한 사실일 뿐 아니라, 진화가 조금이라도 설명력이 있으려면 반드시 *점진적이어야* 한다. 한 세대 만에 엄청난 도약이 일어나는 것은(원숭이가 사람을 낳는 것이 그런 경우다) 신에 의한 창조만큼이나 불가능한 일이다. 그리고 신에 의한 창조와 같은 이유로, 즉 통계적으로 거의 불가능하다는 이유로 기각되는 일이다. 진화에 반대하는 사람들이 제발 눈곱만큼이라도 수고를 들여서 자기들이 반대하는 내용의 초보적인 원리만이라도 배웠으면 좋겠다.

'존재의 대사슬'이라는 해로운 유산

'잃어버린 고리'를 요구하는 그릇된 주장들의 기저에는 중세의 신화가 깔려 있다. 다윈의 시대까지 남성들의 마음을 꽉 사로잡았으며, 그 후로도 끈질기게 우리를 혼란에 빠뜨려온 신화다. '존재의 대사슬(The Great Chain of Being)'이라는 이 신화에 따르면, 우주 만물은 하나의 사다리에 앉아 있다. 맨 꼭대기에 신이 있고, 그 아래로 대천사가, 다음으로 다양한 계급의 천사들이 있고, 그다음에 인간이 있고, 다음에 동물이, 다음에 식물이, 다음에 돌이나 기타 무생물 창조물들이 있다.

각종 인종차별이 제2의 본성이던 시절의 개념임을 감안할 때, 사람이라고 다 같은 발판에 앉아 있는 것은 아니라는 사실을 따로 지적할 필요도 없겠다. 절대 아니다! 남성이 여성보다 더 높고 단단한 발판을 차지했다(그래서 내가 처음에 굳이 '남성들의 마음을 꽉 사로잡았다'고 표현한 것이다).

동물계에 위계가 있다는 이 개념은 진화라는 발상이 처음 등장했을 때 그 배경을 엄청나게 흐려놓았다. '하등' 동물이 '고등' 동물로 진화한다는 가정은 언뜻 자연스러워 보였다. 그것이 사실이라면, 우리는 사다리 위쪽으로든 아래쪽으로든 연결고리들을 볼 수 있어야 한다. 발판이 수두룩하게 빠진 사다리는 신뢰성이 떨어지기 때문이다. '잃어버린 고리'를 언급하는 회의론의 이면에는 발판이 빠진 사다리 이미지가 숨어 있다. 그러나 실은 사다리 신화라는 것 자체가 몹시 잘못되고 반진화적인 개념이다.

우리는 '고등동물'이나 '하등동물'이라는 표현을 술술 뱉어내기 때문에, 그것이 우리 생각처럼 진화적 사고에 매끄럽게 들어맞는 개념이 아니라 오히려 정반대의 개념이었다는(물론 지금도 그렇다) 사실을 알게 되면 충격이 크다. 우리는 침팬지가 고등동물이고 지렁이가 하등동물이라는 사실을 잘 알고 있다고 생각한다. 그게 무슨 뜻인지

늘 잘 이해해왔다고 생각한다. 진화는 그 사실을 더욱 선명하게 만들어주었다고 생각한다. 하지만 그렇지 않다! 그 뜻은 결코 확실하지 않다. 설령 어떤 뜻이 있더라도, 상이한 여러 내용을 싸잡아 뜻하는 것이라서 호도의 우려가 있고 해롭기까지 하다.

여기, 원숭이가 지렁이보다 '고등'하다는 말이 지닐 수 있는 여러 의미를 나열해보았다. 혼란스러운 상황이 한눈에 보인다.

1. *원숭이는 지렁이에서 진화했다.* 사람이 침팬지에서 진화했다는 말이 거짓이듯, 이 말도 거짓이다. 원숭이와 지렁이는 공통선조를 갖고 있을 뿐이다.
2. *원숭이와 지렁이의 공통선조는 원숭이보다는 지렁이를 더 많이 닮았다.* 이것은 좀 말이 되는 표현이다. '선조를 닮았다'는 의미에 국한한다면 '원시적'이라는 단어도 쓸 수 있다. 이런 의미에서는 어떤 현생 동물이 다른 동물보다 더 원시적이라고 말할 수 있다. 이것이 정확히 어떤 뜻인지 곰곰이 생각해보면, 더 원시적인 종은 공통선조 이래 변화가 더 적었다는 말이 된다(충분히 거슬러 올라가기만 한다면, 하나의 예외도 없이 모든 종이 다른 종들과 공통선조를 갖는다). 따라서 한쪽이 다른 쪽보다 특별히 더 많이 변하지 않은 경우라면, '원시적'이라는 단어로 두 종을 비교해서는 안 된다.

여기서 잠시 관련 있는 다른 이야기를 짚고 넘어가자. 닮은 정도를 측정하는 것은 어려운 일이다. 그리고 어떤 경우라도 두 현생 동물의 공통선조가 어느 한쪽을 더 닮아야 할 필연적인 이유는 없다. 가령 청어와 오징어를 놓고 보면, 한쪽이 다른 쪽보다 공통선조를 더 닮을 *가능성*은 얼마든지 있지만, 꼭 그래야 한다는 법은 없다. 선조로부터 발산해나갈 시간은 양쪽에 정확히 똑같이 주어졌으므로, 진화론자가 이런 점에 대해 뭔가 예상을 하는 게 가능하다면, 차라리 어떤 현생 동물도 다른 동물보다 더 원시적이어서는 안 된다고 예측할 것이다. 둘 다 공통선조 이래 똑같은 정도로 변해왔고, 다만 방향이 달랐을 것이라고 예측할 것이다. 알다시피 이 예측은 종종 깨지는데(원숭이와 지렁이의 경우처럼), 그렇다고 해서 꼭 깨어진다고 예측할 만한 필연적인 이유는 또 없다.

　게다가 동물의 몸은 모든 부분이 다 같은 속도로 진화하지 않는다. 허리 아래로는 원시적이지만 허리 위로는 고등하게 진화할 수도 있다. 좀 더 진지한 예를 들면, 어떤 동물은 신경계가 보다 원시적이지만 다른 동물은 골격계가 보다 원시적일 수도 있다. 여기서 잠깐! '원시적'이라는 단어는 '선조를 닮았다'는 뜻일 뿐 '단순하다(덜 복잡하다)'는 뜻은 아님을 명심하자. 말의 발은 사람의 발보다 단순하지만(말은 발가락이 다섯 개가 아니라 한 개다), 사람의 발이 더 원시적이다(우리와 말의 공통선조는 우리처럼 발가락이 다섯 개였으므로, 말이 우리보다 더 많이 변했다고 할 수 있다). 이 이야기는 목록의 다음 항목으로 자연스럽게 넘어간다.

3. *원숭이는 지렁이보다 더 똑똑하다*(혹은 더 예쁘다, 게놈이 더 크다, 체제가 더 복잡하다 등등). 우리가 이 속물적인 생각을 과학적으로 적용할라치면, 당장 엉망이 된다. 이 항목이 다른 항목들과 쉽게 혼동된다는 문제만 없다면, 나는 아예 언급도 하지 않았을

것이다. 혼동을 정리하는 최선의 방법은 폭로하는 것이기에 이야기할 뿐이다. 동물에게 등수를 매기는 척도는 내가 언급한 네 가지 외에도 무수하게 상상할 수 있다. 그중 한 사다리에서 높았던 동물이 다른 사다리에서는 높지 않을 수도 있다. 포유류는 도롱뇽보다 뇌가 분명히 더 크지만, 게놈의 양은 몇몇 도롱뇽보다 적다.

4. *원숭이는 지렁이보다 더 사람을 닮았다.* 원숭이와 지렁이라는 특수한 사례에서는 이것이 부인할 수 없는 사실이다. 하지만 그래서 어떻다는 것인가? 왜 우리는 사람을 기준으로 다른 생물들을 판단해야 하는가? 거머리가 들으면 분개할 일이다. 지렁이는 사람보다 거머리를 더 닮은 미덕이 있다고 반론할지도 모른다. 전통적으로 존재의 대사슬에서 사람이 동물과 천사 사이에 놓이지만, 진화가 어떻게든 인간을 '향한다'거나 인간이 '진화의 최종 발언'이라는 가정은 결코 진화적으로 정당화될 수 없다. 이런 교만한 가정이 이토록 흔하게 설쳐대는 것이 놀라울 따름이다. 가장 조잡한 수준에서 이 가정은 "침팬지가 사람으로 진화했다면, 어째서 아직도 침팬지들이 돌아다니는 거죠?"라는 흔해빠진 투정으로 드러난다. 내가 앞에서도 이 질문을 언급했는데, 농담이 아니다. 나는 이 질문을 받고 받고 또 받는다. 때로는 교양 있어 보이는 사람들에게도.*

5. *원숭이는*(그리고 다른 '고등' 동물들은) *지렁이보다*(그리고 다른 '하등' 동물들보다) *더 생존에 뛰어나다.* 이것은 합리적이거나 진실일 싹수조차 없는 말이다. 현생 종들은 너나 할 것 없이 모두, 적어도 현재까지는 생존에 성공했다. 원숭이 중에서 어여쁜 황금

색 타마린원숭이 같은 몇몇 종은 멸종 위기에 처해 있으니, 지렁이보다 생존력이 떨어진다. 많은 사람이 쥐나 바퀴벌레를 가리켜 고릴라나 오랑우탄보다 '하등'하다고 말하지만, 번성하는 것은 쥐와 바퀴벌레고, 멸종 위기에 처한 것은 고릴라와 오랑우탄이다.

'고등'이니 '하등'이니 하는 말에 분명한 의미가 있기라도 한 듯 현생 종들을 사다리에 올려 등수를 매기는 게 얼마나 난센스인지, 그것이 얼마나 비진화적인 생각인지, 이만하면 충분히 보셨기를 바란다. 무수히 많고 많은 사다리를 상상해보는 것은 자유다. 개중 몇몇 사다리에 동물들을 올려보는 게 의미 있는 경우도 있다. 하지만 사다리들은 일관되게 서로 상응하지 않으며, 그중 어느 것도 '진화의 척도'라고 불릴 자격은 없다.

역사적 착각 때문에 "왜 개구리원숭이가 존재하지 않나요?" 같은 조잡한 의문이 생긴다는 것을 앞서 이야기했다. '존재의 대사슬'이라는 해로운 유산은 또한 "주요 동물 집단들 사이의 중간 형태는 어디에 있나요?"라는 질문도 낳는다. 그런 도전에 대해 진화론자들이 '파충류와 조류의 중간 형태'로 칭송되는 시조새 같은 특정 화석을 꺼내 대답하는 경향이 있는데, 이것은 도발 못지않게 불명예스러운

■ 나는 '교양 있는 사람(well-educated)'이라는 말을 들으면 피터 메더워의 심술궂을 정도로 예리한 관찰이 떠오른다. "중등교육의 확산과 최근의 고등교육 확산으로 인해, 문학적 취향이나 학술적 취향은 대체로 잘 갖추었지만 자신의 분석적 사고력을 뛰어넘을 정도로 지나치게 교육된 인구가 많이 탄생했다." 가치를 매길 수 없을 정도로 멋진 말이다! 이런 글을 보면 나는 거리로 뛰쳐나가서 누구하고든(아무하고나) 함께 나누고 싶다. 혼자만 알기에는 너무 멋진 글이다.

일이다. 이 또한 해로운 유산을 바탕에 깔고 있기 때문이다.

그런데 시조새 오류에는 그것 말고도 또 하나의 쟁점이 있다. 보편적 중요성을 띤 쟁점이므로, 한두 문단을 할애해 설명해보겠다. 시조새는 그 일반적인 상황을 보여주는 한 특수한 사례다.

동물학자들은 전통적으로 척추동물문을 여러 강으로 나눈다. 포유강, 조강, 파충강, 양서강 등이 주요 집단의 이름이다. 그런데 '분지학자(cladist)'라고˙ 불리는 몇몇 동물학자는 강에 대해 좀 다른 생각을 갖고 있다. 그들이 생각하는 적절한 분류란, 어떤 강의 구성원들이 공유하는 공통선조 역시 그 강에 속하고, 그 집단 외부에는 그 공통선조의 후손이 하나도 없는 것이다.

조류는 이런 의미에서 좋은 강이다.˙˙ 모든 새는 한 선조에서 유래했고, 그 선조는 깃털이나 날개나 부리 등 현생 조류의 핵심 특징들을 지닌다는 면에서 '새'라고 불릴 만한 동물이었을 것이다. 흔히 파충류라고 불리는 집단은 이런 의미에서 좋은 강이 아니다. 적어도 통상적인 분류학에서는 파충강에서 조류를 *배제하는데*(새들은 별개의 '조강'을 이룬다), 보통 파충류라고 여겨지는 몇몇 파충류(가령 악어나 공룡)는 다른 파충류(가령 도마뱀이나 거북)들보다는 차라리 새들과 더 가깝기 때문이다. 사실 어떤 공룡들은 다른 공룡들보다는 새들과 더

˙ '분지군'은 진화적으로 한 공통선조로부터 유래한 모든 후손을 아우르는 생물 집단을 말한다.
˙˙ 적어도 동물학자들의 대체적인 합의에 따르면, 그렇다. 나도 논의의 편의상 조류를 훌륭한 강의 사례로 계속 사용할 것이다. 최근의 화석 연구에서 깃털 달린 공룡이 많이 발견되었기 때문에, 우리가 조류라고 부르는 현생 동물 중 일부는 전혀 다른 깃털 달린 공룡 집단에서 유래했다는 주장도 얼마든지 가능하다. 만약에 현생 조류의 가장 최근 공통선조가 조류로 분류될 수 없는 동물이었음이 밝혀진다면, 나는 조류가 좋은 강이라는 발언을 수정해야 할 것이다.

가깝다. 그렇다면 '파충강'은 인위적인 분류다. 새들이 인위적으로 *배제되었기* 때문이다. 우리가 엄밀한 의미의 자연적 강으로 파충류를 설정하려면, 그 안에 새들도 포함해야 한다.

분지군을 선호하는 학자들은 '파충류'라는 단어를 아예 쓰지 않는다. 대신 아르코사우루스(악어, 공룡, 새), 레피도사우루스(뱀, 도마뱀, 뉴질랜드에 서식하는 희귀한 옛도마뱀), 거북류로 나눈다. 특별히 분지학에 기울지 않은 동물학자들은 '파충류'라는 단어를 흔쾌히 사용한다. 조류를 인위적으로 배제한 분류라고는 해도 묘사적으로 유용한 구분법이기 때문이다.

그런데 우리는 왜 새들을 파충류에서 떼어낼 생각을 했을까? 진화적으로 조류가 파충류의 한 가지일 뿐인데, 왜 새들에게 '강'의 명예를 안겨줘도 좋다고 판단했을까? 생명의 계통수에서 조류의 가까운 이웃이었던 녀석들, 조류의 바로 옆을 둘러쌌던 파충류들이 우연히도 멸종해버렸기 때문이다. 그 종류에서는 새들만 남아서 행진해왔기 때문이다. 새의 가까운 친척들은 모두 오래전에 멸종한 공룡들이었다. 만약 공룡 계통이 폭넓게 생존해왔다면, 새들이 두드러져 보이지 않았을 것이다. 새들이 척추동물문에서 별개의 강으로 격상되는 일이 없었을 것이고, 우리가 "파충류와 조류 사이의 잃어버린 고리는 어디에 있나요?" 같은 질문을 받는 일도 없었을 것이다.

그래도 시조새는 여전히 박물관에 전시할 만큼 멋진 화석이겠지만, 오늘날처럼 "당신네들이 말하는 중간 형태를 보여주시지!" 같은 공허한 도전의 모범답안으로 활약하는 일은 없었을 것이다. 멸종의 패가 다르게 분배되었다면 지금도 많은 공룡이 돌아다니고 있을지 모른다. 그중에 깃털 달리고, 날아다니고, 부리가 있는 녀석을 우리가 '새'라고 불렀을지도 모른다. 실제로 깃털 달린 화석 공룡이 갈수록 많이 발견되고 있으므로, "잃어버린 고리를 보여주시지!" 같은 도전은 말이 안 된다는 것이 분명해지고 있다. 시조새를 들어 대답할 필요도 없는 것이다.

이제 논의를 진전시키자. '잃어버린 고리'가 있는 시기라고들 하는 주요한 진화적 전이 사건들을 살펴보자.

바다에서 뭍으로

우주로 진출하는 것을 제외한다면, 물을 떠나 마른 뭍으로 나오는 것만큼 대담하게 생명을 뒤흔드는 이행은 또 없을 것이다. 두 생활 영역은 많은 면에서 너무나 다르기 때문에, 한쪽에서 다른 쪽으로 이동하려면 몸의 거의 모든 부분이 극단적으로 달라져야 한다. 물에서 산소를 추출할 때 유용했던 아가미는 공기 중에서 전혀 쓸모가 없고, 폐는 물에서 쓸모가 없다. 물에서 빠르고, 우아하고, 효율적으로 이동할 수 있게 해주었던 추진 기법은 땅에서는 위험천만하고 서툴 뿐이며, 그 역도 마찬가지다. '물 밖으로 나온 물고기'나 '물에 빠진 사람' 같은 표현이 관용구가 된 것도 무리가 아니다. 또 이 분야 화석에서의 '잃어버린 고리'가 크나큰 관심사가 된 것도 무리가 아니다.

과거로 충분히 올라가보면, 우리는 모두 바다에서 살았다. 짭짤한 바다는 모든 생명의 출신성분이다. 진화 역사의 여러 지점에서 다양한 동물 집단의 모험심 강한 개체들이 육지로 올라왔다. 몸속에 피와 세포액 형태로 바닷물을 간직한 채, 세상에서 가장 메마른 사막까지 진출한 녀석들도 있었다. 우리가 주변에서 흔히 보는 파충류, 조류, 포유류, 곤충 외에도 생명의 자궁에서 벗어나는 위대한 모험에 성공한 동물이 더 있다. 전갈, 달팽이, 쥐며느리와 참게 같은 갑각류, 노래기, 지네, 거미와 그 친족들, 그리고 적어도 세 문의 벌레들이다. 식물도 잊지 말아야겠다. 식물은 유용한 형태의 탄소를 조달하는 능력을 지닌 유일한 존재다. 그들이 우리에 앞서서 육지로 진출하지 않았다면, 다른 이주들도 실현되지 못했을 것이다.

다행스럽게도, 물고기가 땅으로 올라온 대이동의 전이 단계들은 화석으로 아름답게 기록되었다. 훨씬 나중에 고래와 듀공의 선조들이 힘들게 얻은 마른 땅 고향을 버리고 선조들의 바다로 되돌아간 과정도 마찬가지로 아름답게 기록되었다. 어느 경우든, 한때는 잃어버린 듯했던 고리들이 지금은 풍성하게 발견되어 박물관을 장식하고 있다.

'어류'가 땅에 올라왔다고 말할 때, 그 '어류'는 '파충류'와 마찬가지로 자연적 집단이 아님을 명심해야 한다. 어류는 배제를 통해 정의된다. 어류는 땅에서 살아가는 척추동물을 제외한 나머지 모든 척추동물을 가리킨다. 척추동물의 초기 진화 역사가 줄곧 물에서 진행되었으므로, 척추동물 계통수에서 지금까지 살아남은 가지들의 대부분이 아직 바다에 있는 것도 당연한 일이다.

우리는 다른 '어류'와는 근연관계가 먼 녀석들도 다 '어류'라고 부른다. 송어나 다랑어는 상어보다는 사람과 더 가깝지만, 우리는 그 모두를 '어류'라고 부른다. 폐어나 실러캔스는 송어나 다랑어보다는(물론 상어보다도) 사람과 더 가깝지만, 우리는 그 모두를 '어류'

라고 부른다. 상어조차도 칠성장어나 먹장어보다는(한때 다양하게 번성했던 무악어류 집단에서 유일하게 현대까지 살아남은 녀석들이다) 사람과 더 가깝다. 하지만 우리는 그 모두를 '어류'라고 부른다. 척추동물 가운데 그 선조가 뭍으로의 모험을 감행하지 않은 녀석들은 모두 '어류'처럼 생겼고, 모두 '어류'처럼 헤엄친다(가령 돌고래와는 다르다는 말이다. 돌고래는 척추를 위아래로 구부리며 헤엄치지만, 물고기는 좌우로 흔들며 헤엄친다). 짐작건대, 맛도 모두 어류 같을 것이다.

파충류와 조류의 사례에서 보았듯이, 진화론자들이 말하는 '자연적' 동물 집단은 모든 구성원이 집단 밖의 다른 동물들보다는 집단 내의 동물들과 더 가까운 경우다. '조류'는 자연적 집단이다. 모든 조류가 가장 최근의 공통선조를 공유하고, 조류가 아닌 다른 동물들 중에는 그 선조를 공유하는 것이 없기 때문이다. 같은 정의로 따질 때, '어류'와 '파충류'는 자연적 집단이 아니다. 모든 '어류'의 가장 최근 공통선조를 어류 아닌 다른 동물들도 역시 선조로 삼기 때문이다.

우리가 먼 친척인 상어를 한쪽으로 밀어내면, 포유류는 현생 경골어류(연골어류인 상어와 달리 골격이 있는 물고기들)를 포함하는 자연적 집단에 속한다. 경골어류 중에서 '가시지느러미 어류(연어, 송어, 다랑어, 에인절피시 등 상어가 아닌 거의 모든 물고기라고 볼 수 있다)'를 또 한쪽으로 밀어내면, 우리는 육상 척추동물과 이른바 엽상 지느러미 어류를 포함하는 자연적 집단에 속한다. 우리는 바로 이 엽상 지느러미 어류에서부터 생겨났다. 그러니 이들에 대해 특별히 관심을 쏟을 필요가 있다.

엽상족 어류는 오늘날 폐어와 실러캔스만으로 격감했다('어류 중에서 '격감'했다는 것이지, 땅에서는 오히려 엄청나게 확대되었다. 육상 척추동물들은 변형된 폐어나 다름없다). '엽상족'이라고 하는 까닭은 이들의 지느러미가 보통 물고기들의 가시지느러미보다는 우리의 다리를 닮았기 때문이다. J. L. B. 스미스는 실러캔스를 대중적으로 소개하는 책의 제목을 '오래된 네 발(Old Fourlegs)'이라고 지었다.

남아프리카공화국 출신의 생물학자로서 스미스는 실러캔스에게 세계적인 주목을 안긴 장본인이다. 1938년 남아프리카의 한 트롤어선이 살아 있는 실러캔스를 최초로 낚은 극적인 사건에 대해, 스미스는 이렇게 말했다. "공룡이 걸어오는 것을 보았다 해도 이보다 더 놀라지는 않았을 것이다." 실러캔스는 화석으로는 예전부터 알려져 있었지만, 공룡의 시대 이후 멸종한 것으로 생각되었다. 스미스는 충격적인 발견을 처음 목격한 순간을 다음과 같이 감동적으로 기록했다. 첫 발견자인 마거릿 라티머〔스미스는 나중에 현생 실러캔스에게 라티메리아(*Latimeria*)라는 속명을 붙였다〕가 전문가의 견해를 듣고자 그를 불렀다.

우리는 곧장 박물관으로 향했다. 라티머 양은 잠깐 자리를 비운 참이었고, 대리인이 우리를 서둘러 안쪽 방으로 안내했다. 그곳에 그것이 있었다. 그렇다, 실러캔스가 있었다. 하느님 맙소사! 준비를 하고 갔음에도 불구하고, 처음 그것을 보자마자 나는 뜨거운 충격파에 얻어맞은 듯했다. 심장이 떨리며 어질어질하고, 온몸이 짜릿짜릿했다. 나는 돌로 변한 듯 우뚝 서 있었다. 정말이었다. 의심의 여지라고는 없이, 그것은 비늘 하나하나, 뼈 하나하나, 진정한 실러캔스였다. 2억 년 전의 생물이 되살아났다고 해도 좋을 정도였다.

나는 모든 걸 잊고 그저 바라보고 또 바라보았다. 그러다가 거의 두려운 마음으로 가까이 다가가서 어루만져보았다. 내 아내는 그런 나를 조용히 바라보았다. 이때 라티머 양이 들어와서 우리를 환대했다. 그제야 내 목소리가 돌아왔다. 내가 정확히 뭐라고 말했는지는 잊었지만, 어쨌든 그것이 진짜라는 말이었다. 그것은 틀림없는 진짜고, 의문의 여지 없이 진짜 실러캔스라는 말이었다. 나도 더는 아무런 의혹이 없었다.

실러캔스는 다른 물고기들에게보다 우리에게 더 가깝다. 실러캔스도 사람과의 공통선조 이래 조금 변하기는 했지만, 일반인이나 어부들이 일상적으로 '어류'라고 분류하는 동물 집단에서 벗어날 만큼 많이 변하지는 않았다. 그래도 실러캔스와 폐어는 송어나 다랑어나 기타 대부분의 어류보다는 인간과 훨씬 더 가깝다. 실러캔스와 폐어는 '살아 있는 화석'의 사례다.

그럼에도 불구하고 우리는 폐어에서 유래하지 않았고, 실러캔스에서 유래하지도 않았다. 우리는 폐어와 선조를 공유한다. 선조는 우리보다는 폐어를 더 닮았지만, 사실 어느 쪽과도 아주 많이 닮지는 않았다. 폐어가 살아 있는 화석일망정, 우리 선조와 똑같다고는 할 수 없다. 진짜 선조를 만나고 싶다면, 우리는 바위 속의 화석들을 수색해봐야 한다. 특히 물에 살았던 어류와 육지로 올라온 첫 척추동물 사이의 전이기에 해당하는 데본기 화석들을 살펴봐야 할 것이다. 화석들 중에서라도 말 그대로 '딱' 우리 선조를 찾아내겠다는 것은 너무 낙천적인 바람이지만, 우리 선조와 충분히 가까운 친척들을 기대할 수는 있다. 그들이 우리 선조가 어떻게 생겼는지 대략적

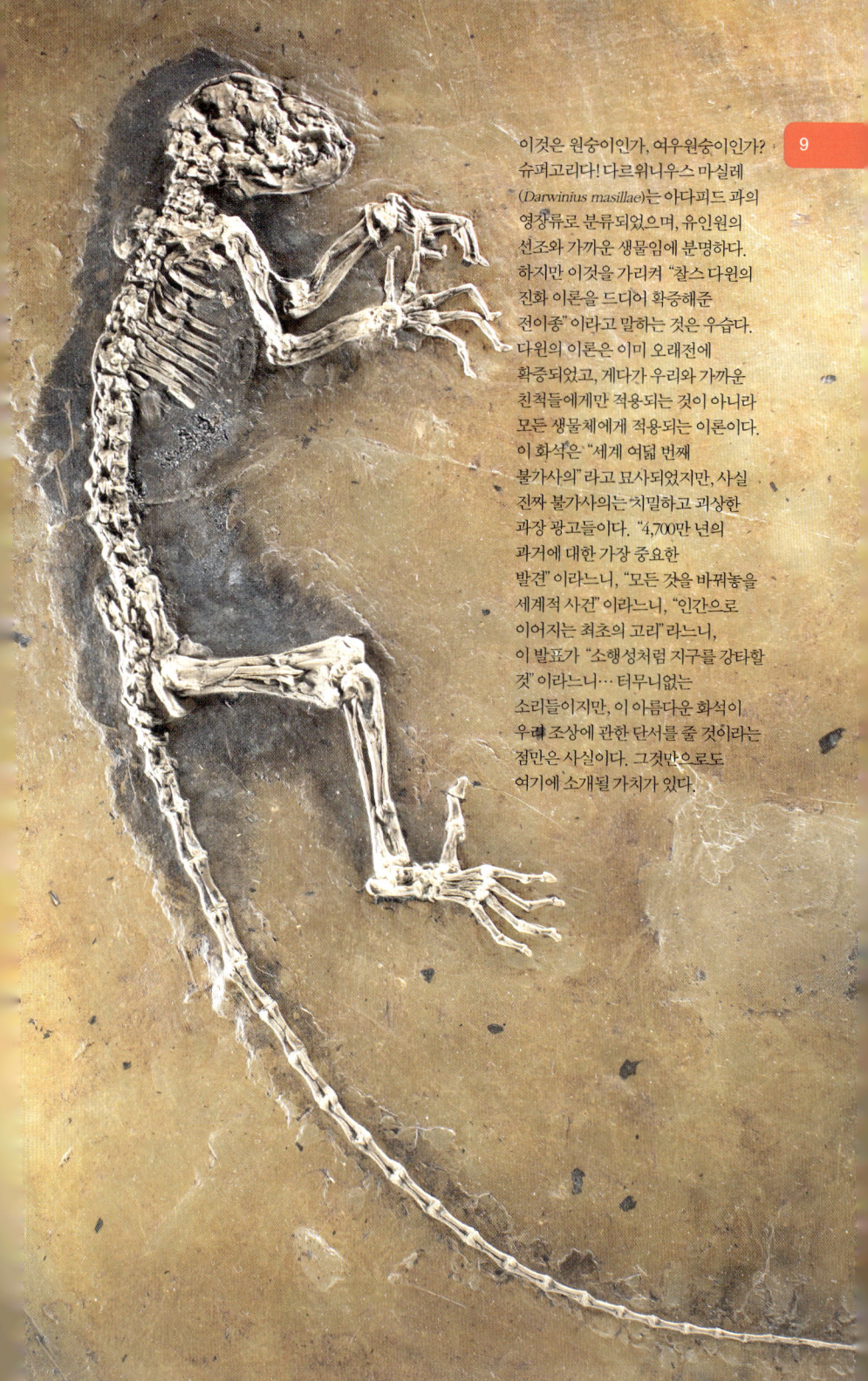

이것은 원숭이인가, 여우원숭이인가? 슈퍼고리다! 다르위니우스 마실레 (*Darwinius masillae*)는 아다피드 과의 영장류로 분류되었으며, 유인원의 선조와 가까운 생물임에 분명하다. 하지만 이것을 가리켜 "찰스 다윈의 진화 이론을 드디어 확증해준 전이종"이라고 말하는 것은 우습다. 다윈의 이론은 이미 오래전에 확증되었고, 게다가 우리와 가까운 친척들에게만 적용되는 것이 아니라 모든 생물체에게 적용되는 이론이다. 이 화석은 "세계 여덟 번째 불가사의"라고 묘사되었지만, 사실 진짜 불가사의는 치밀하고 괴상한 과장 광고들이다. "4,700만 년의 과거에 대한 가장 중요한 발견"이라느니, "모든 것을 바꿔놓을 세계적 사건"이라느니, "인간으로 이어지는 최초의 고리"라느니, 이 발표가 "소행성처럼 지구를 강타할 것"이라느니… 터무니없는 소리들이지만, 이 아름다운 화석이 우리 조상에 관한 단서를 줄 것이라는 점만은 사실이다. 그것만으로도 여기에 소개될 가치가 있다.

(a) 데본기의 육지는 물고기들이 대대적으로 이동해올 날을 희망에 부풀어 기다리고 있었다. 캐나다에서 발견된 귀한 화석 틱타알릭(b)은, 그 거대한 전이를 몸으로 보여준다(c). 아직 발견되지 않은 다른 '잃어버린' 고리들도 마찬가지다.

하지만 육지를 점령한 동물들이 모두 계속 땅에 남은 것은 아니다. 매너티(d, 새끼들과 함께 있다)와 듀공(e)은 다시 물로 돌아갔다(성적 불만에 찬 선원들이 인어라고 착각하기도 했던 이들은 해우류라고 불린다). 어떤 집단은 (f, 등딱지가 없는 오돈토켈리스 세미테스타체아 *Odontochelys semitestacea*처럼 환상적인 동물이 말해주듯이) 물로 돌아온 다음 나중에 또 뭍으로 올라갔다.

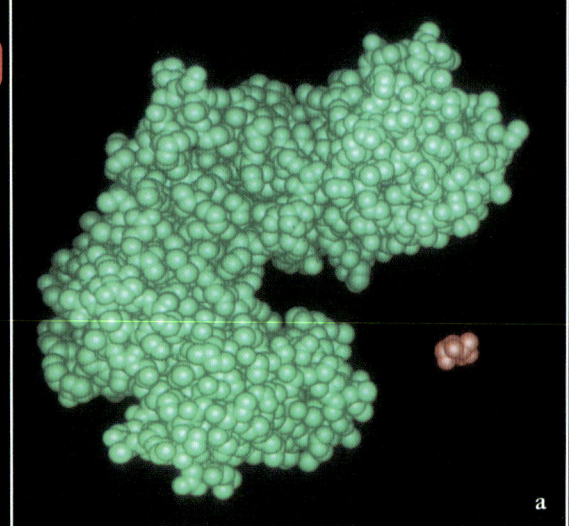

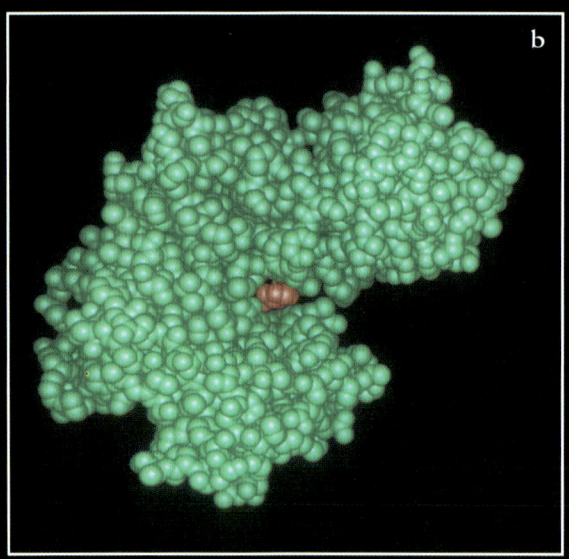

(a), (b) 커다란 초록색 분자는 헥소키나아제다. 이것은 글루코스(작은 갈색 분자)에 인산기를 더해주는 중요한 효소다. (a)에서는 효소의 '입'이 열려 있다(효소의 '활성 부위'다). 이것이 글루코스를 문 채 닫혀서(b), 인산기를 붙인 뒤 풀어준다.
(c) 하나의 세포도 말문이 막힐 정도로 복잡하다. 세포에는 그냥 액체 같은 것만 들어 있는 게 아니라, 막으로 만들어진 정교한 기계와 분자 운반 벨트가 가득하다. 이런 복잡성이 어떻게 만들어지는지 이해하려면, 국지적 규칙들을 따르는 작은 개체들이 국지적으로 작업한다는 사실을 깨달아야 한다.

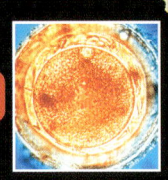

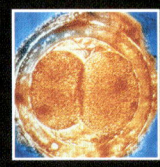
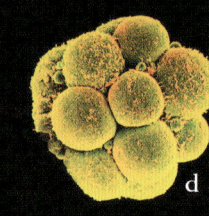
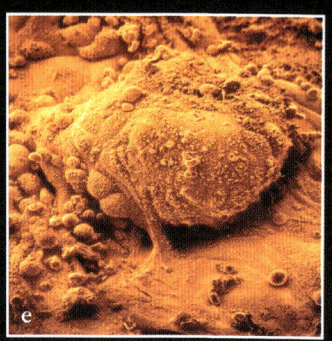

사람의 발생 단계. 수정란 혹은 접합자(a)가 세포 두 개로 분열하고(b), 다시 네 개로, 여덟 개로(c), 열여섯 개로(d) 분열한다. 이때는 전체 크기가 달라지지 않는다. 배아는 수정 열흘째에 자궁벽에 착상한다(e). 22일째에는 신경관이 형성되기 시작한다(f). 24일 된 배아(g)는 작은 물고기를 닮았다. 25일째에는 얼굴이 형성된다(h). 머리 뒤쪽의 작은 구멍은 배아의 귀다.

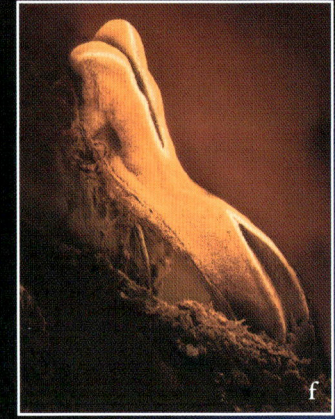
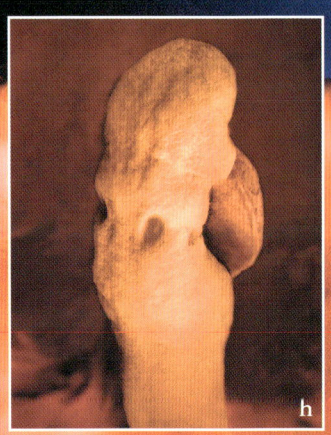
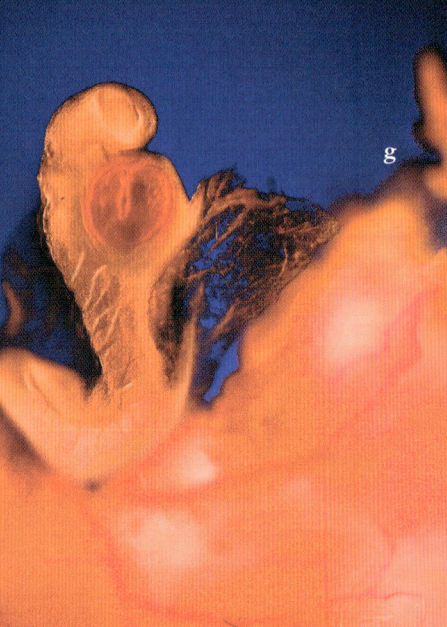

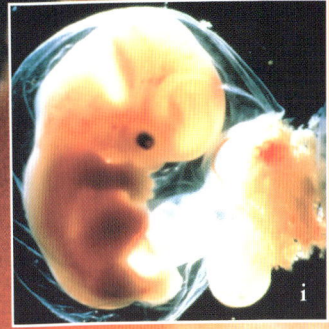
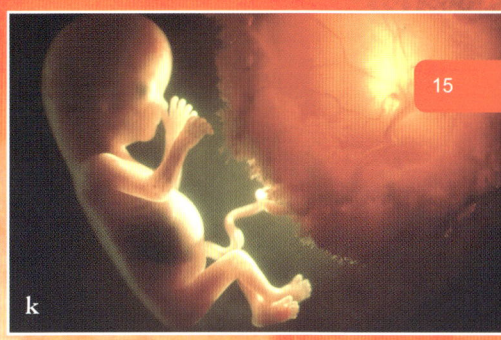
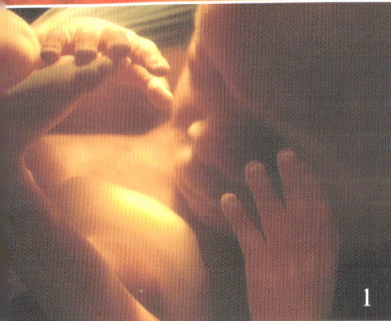

5주에서 6주로 넘어가면서 배아는 아기의 모습을 띠기 시작한다(i). 이대로 비율이 거의 변하지 않은 채 계속 자라며, 그런 성장은 출생(m)과 그 이후까지 계속된다.

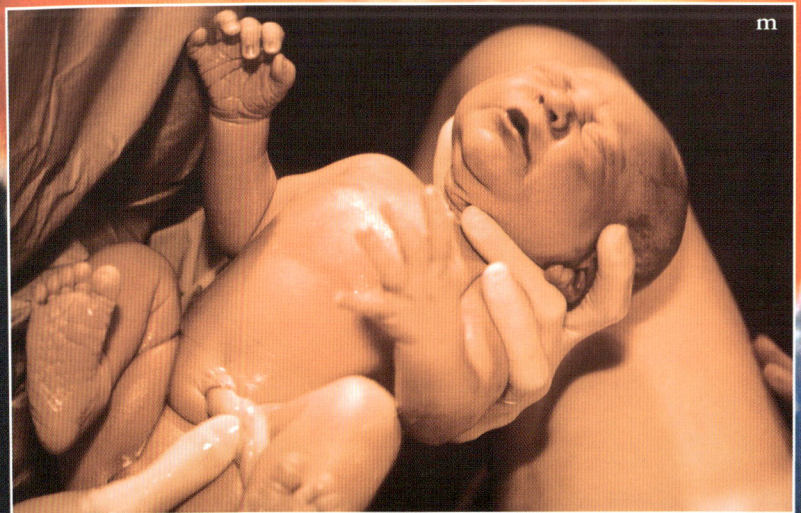

세상에서 가장 경이로운 광경 중 하나라고 해도 좋을 장면. 옥스퍼드 근처 오트무어의 하늘에서 찌르레기 떼가 날고 있다. 집단정신? 아니다. 국지적 규칙들을 따르는 국지적 단위들일 뿐!

으로 말해줄 것이다.

화석기록의 유명한 빈틈들 중에 '로머의 빈틈(Romer's Gap)'이 있다. 얼마나 눈에 띄면 이름까지 붙였겠는가(A. S. 로머는 미국의 저명한 고생물학자였다). 데본기 끝 무렵인 약 3억 6천만 년 전부터 '석탄층'이라고도 불리는 석탄기 초기에 해당하는 약 3억 4천만 년 전까지의 기간이다.

로머의 빈틈 이후의 화석들을 보면, 틀림없이 양서류라고 할 만한 동물들이 늪으로 많이 기어올라왔다는 것을 알 수 있다. 도롱뇽처럼 생긴 동물들이 다채로운 종류로 등장한다. 개중 몇몇은 악어만큼 크다. 아닌 게 아니라 외견상 악어를 닮았다. 당시는 거인들의 시대였던 듯하다. 날개가 내 팔만큼 긴 잠자리도 있었다. 녀석들은 이 땅에 살았던 가장 큰 곤충이다.■ 약 3억 4천만 년 전부터 시작되는 석탄기는 공룡의 시대 못지않게 화려했던 양서류의 시대였다. 하지만 그 전에는 로머의 빈틈이 있다. 로머가 확인했던 대로, 빈틈 전에는 물에 사는 어류, 엽상족 어류밖에 없다. 중간 형태들은 어디에 있을까? 무엇 때문에 어류는 뭍으로의 모험을 감행했을까?

■ 여담이지만, 당시에 대기 중 산소 농도가 높았기 때문에 거대화가 가능했다는 가설이 있다. 곤충은 폐가 없는 대신 작은 기관들로 공기를 끌어들여서 몸에 공급한다. 기관은 혈관처럼 정교하고 종합적인 분포체계를 갖추지 못한다. 이 때문에 몸 크기가 한정될 가능성이 있다. 오늘날 우리가 숨쉬는 공기는 산소 함량이 21퍼센트에 불과하지만 당시의 대기는 35퍼센트나 되었으니, 그 한계 규모가 더 컸을 것이다. 이것은 거대한 잠자리들을 만족스럽게 설명하는 이론이긴 하지만, 그렇다고 반드시 옳은 것은 아니다. 또 말이 나왔으니 말이지만, 그렇게 산소가 많았는데 어째서 항상 불이 타오르지 않았는지 궁금하다. 어쩌면 실제로 그랬을지도 모른다. 요즘보다 훨씬 산불이 잦았을 것이다. 당시의 화석을 보면 불에 잘 견디는 식물종들의 비중이 높다. 왜 석탄기와 페름기에 대기 중 산소 농도가 정점에 달했다가 이후 떨어졌는지는 확실히 알 수 없다. 아마도 다량의 탄소가 석탄 형태로 포획되어 지하에 묻힌 사건과 관련이 있을 것이다.

나는 옥스퍼드에 다니는 대학생이었을 때, 천재적으로 박식한 해럴드 퓨지(Harold Pusey)의 수업을 듣고 상상력이 폭발하는 경험을 했다. 무미건조하고 길게 수업하는 경향이 있었음에도 불구하고, 퓨지는 메마른 뼈에서 피와 살이 있는 동물들을 생생하게 살려내는 재능이 있었다.■ 지나간 과거에는 분명 이 땅 위에 살았을 동물들을 말이다.

퓨지는 엽상족 어류가 왜 폐와 다리를 발달시켰는지에 관한 로머의 견해를 수업에서 재연해 보였는데, 학생이었던 내 귀에는 그것이 합리적이고 기억할 만한 이야기로 들렸다. 로머 당시에 비해 요즘의 고생물학자들 사이에서는 그 이론이 인기가 덜하지만, 그래도 나는 여전히 충분히 말이 되는 이론이라고 생각한다.

로머는, 그리고 퓨지는, 매년 가뭄이 들어 호수와 개울이 말라붙고, 이듬해가 되어서야 다시 물이 넘치는 환경을 상상했다. 그렇다면 평소 물에서 살지만 땅에서도 잠시나마 살 수 있는 물고기들이 유리할 것이다. 당장 말라버릴 듯한 얕은 호수나 연못을 떠나 더 깊은 물로 옮김으로써 다음 우기까지 생존할 수 있을 테니 말이다. 이런 견해에서 보자면, 우리 선조들은 육지를 다른 물로 탈출하기 위한 임시적인 다리로만 여겼다. 현생 동물들 중에도 그런 동물이 많다.

■ 모교 옥스퍼드의 학장으로서, 퓨지는 학부생들을 가르치는 것이 자신의 임무라고 믿었다. 그는 오늘날의 연구 평가 문화에서는 살아남지 못했을 것이다. 그는 자신의 이름으로 된 논문은 거의 하나도 발표한 적이 없다. 하지만 그가 남긴 유산은 그의 지혜와 방대한 학식 중 일부나마 물려받은 여러 세대 제자들의 감사하는 마음속에 살아 있다.

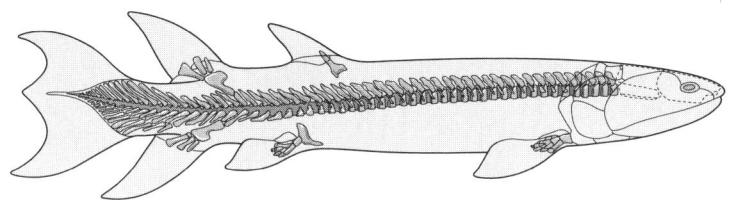

유스테노프테론

다소 안타깝게도, 로머는 이론에 앞서 붙인 서문에서 데본기를 가뭄의 시대로 가정했다. 그래서 최근에 그 가정을 훼손하는 증거들이 등장하자, 로머의 이론 전체가 훼손되는 듯한 인상이다. 로머는 서문을 싣지 않는 편이 나았을 것이다. 어차피 지나친 강조였다. 데본기 가뭄이 로머의 생각만큼 잦지 않았더라도 그의 이론은 여전히 유효하기 때문이다. 나는 《조상 이야기(The Ancestor's Tale)》에서 이 점을 따져보았다.

화석 자체로 눈길을 돌려보자. 석탄기 바로 앞인 데본기 후기 전반에 걸쳐 화석이 드문드문 조금씩 발견된다. '잃어버린 고리'의 감질나는 흔적이자, 데본기 바다에 풍부했던 엽상족 어류와 석탄기 늪지대를 기어다녔던 양서류 사이 빈틈을 어느 정도 메우는 동물들의 화석이 발견되는 것이다.

빈틈에서 어류에 가까운 쪽을 보면, 유스테노프테론(Eusthenopteron)이 있다. 이것은 1881년에 캐나다의 화석 수집품 중에서 발견되었다. 초기에는 유스테노프테론에 관해 온갖 상상력 넘치는 재구성들이 있었지만, 실제로 이것은 물 표면에서 사냥하는 어류였던 듯하다. 뭍에는 아마 전혀 오르지 않았을 것이다. 그럼에도 불구하고 녀석은 5천만 년 뒤의 양서류들과 해부학적으로 닮은 데가 많다. 머리

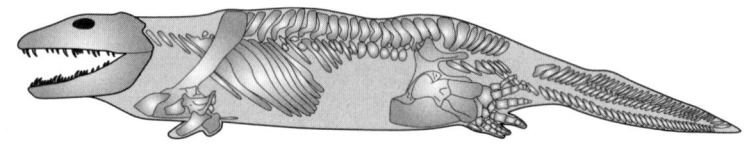

익티오스테가

뼈들이 그렇고, 이빨이 그렇고, 무엇보다도 지느러미가 그렇다. 지느러미는 헤엄치는 데 사용되었을 뿐 걷는 데 쓰이진 않았겠지만, 그 속의 뼈들은 전형적인 사지동물(육상 척추동물 모두를 가리키는 표현이다)의 뼈 형태다. 앞지느러미를 보면 하나의 위팔뼈에 노뼈와 자뼈라는 두 뼈가 달려 있고, 다음으로는 사지동물에서 손목뼈와 손바닥뼈와 손가락뼈에 해당하는 작은 뼈들이 많이 달려 있다. 뒷지느러미도 사지동물과 비슷한 패턴이다.

빈틈에서 양서류에 가까운 쪽을 보면, 2천만 년쯤 더 지난 데본기와 석탄기의 경계 무렵에 살았던 익티오스테가(*Ichthyostega*)가 있다. 1932년 그린란드에서 발견된 익티오스테가는 대단한 흥분을 불러일으켰다. 그린란드라고 해서 추위와 눈을 떠올리고 황당해하지 말자. 익티오스테가의 시절에 그린란드는 적도에 있었다.

에리크 야르비크(Erik Jarvik)라는 스웨덴 고생물학자가 1955년에 처음으로 익티오스테가를 재구성했는데, 현대 전문가들이 생각하는 것보다 훨씬 육상동물에 가까운 형태로 녀석을 묘사했다. 가장 최근에 재구성한 사람은 야르비크와 마찬가지로 웁살라 대학에 몸담고 있는 페르 알베리(Per Ahlberg)다. 그는 익티오스테가가 이따금 땅으로 진출했을 가능성은 있지만 주로 물에 살았을 거라고 짐작한

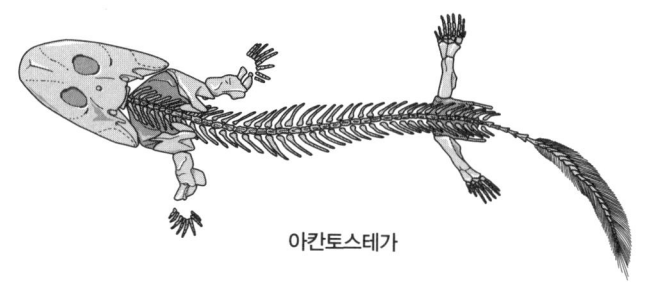

아칸토스테가

다. 그럼에도 불구하고 녀석은 물고기라기보다는 커다란 도롱뇽처럼 생겼고, 양서류의 특징인 납작한 머리를 지녔다. 현대의 사지동물은 모두 손가락과 발가락이 다섯 개씩(성체에서 일부를 잃는 경우는 있지만 적어도 배아일 때는 다들 그렇다)인 데 비해, 익티오스테가는 발가락이 일곱 개였다. 초기의 사지동물들은 발가락 수를 이러저러하게 달리 해보는 '실험'을 요즘보다 더 자유롭게 즐겼던 듯하다. 그러다가 발생학적 과정의 어느 시점에서 다섯 개로 고정되었을 것이고, 한번 그 단계가 진행되자 다시 물리기 어려웠을 것이다. 물론 절대 불가능할 정도로 어려운 것은 아니다. 요즘도 가끔 발가락이 여섯 개인 고양이가 있고, 사람도 그렇다. 잉여의 발가락은 발생 중에 실수로 중복현상이 일어난 결과일 것이다.

역시 흥분되는 또 다른 발견도 역시 열대 그린란드에서 이루어졌다. 이 또한 데본기와 석탄기의 경계 무렵 화석으로, 아칸토스테가(*Acanthostega*)라고 한다. 아칸토스테가도 양서류를 닮은 납작한 두개골과 사지동물을 닮은 팔다리를 지녔다. 하지만 녀석은 우리가 표준으로 생각하는 다섯 발가락에서 익티오스테가보다 더 멀어졌다. 녀석의 발가락은 여덟 개였다. 아칸토스테가에 대한 정보를 주로 밝혀낸 케임브리지 대학의 제니 클랙(Jenny Clack)과 마이클 코츠(Michael

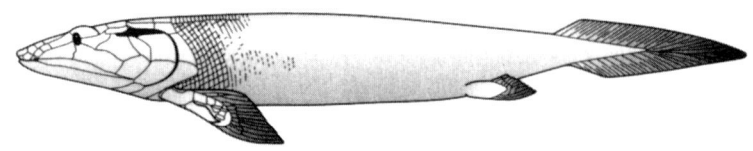

판데릭티스

Coates)에 따르면, 녀석은 익티오스테가처럼 주로 수생생활을 했을 것이다. 하지만 폐와 사지의 형태를 볼 때, 꼭 필요한 경우라면 육지 생활도 꾸려나갈 수 있었을 가능성이 높다. 아칸토스테가 역시 커다란 도롱뇽처럼 보인다.

이제 빈틈에서 어류 쪽으로 넘어오면, 판데릭티스(*Panderichthys*)가 있다. 역시 후기 데본기의 화석으로 유스테노프테론보다는 살짝 더 양서류답고 살짝 덜 어류답다. 하지만 우리가 녀석을 직접 본다면 도롱뇽이라기보다는 틀림없이 물고기라고 부르고 싶을 것이다.

자, 이제 우리에게 남은 것은 양서류를 닮은 어류 판데릭티스와 어류를 닮은 양서류 아칸토스테가 사이의 빈틈이다. 그 사이의 '잃어버린 고리'는 어디에 있을까? 닐 슈빈(Neil Shubin)과 에드워드 데쉴러(Edward Daeschler)가 이끈 펜실베이니아 대학 연구진이 그것을 찾아나섰다. 슈빈은 그 탐사 경험으로부터 인간 진화에 관한 재미난 고찰들을 끌어내 《내 안의 물고기(*Your Inner Fish*)》라는 책을 쓰기도 했다.

연구진은 어느 곳이 최적의 탐사지일지 면밀하게 따져본 뒤, 캐나다 북극권에 있는 적절한 연대의 후기 데본기 암석을 조심스럽게 선택했다. 그들은 그곳으로 향했고, 동물학계의 보물을 캐냈다. 틱타알릭(*Tiktaalik*)! 한번 들으면 절대 잊을 수 없는 이름이다. 이뉴잇어로 '큰 민물고기'를 뜻하는 말이다.

종명은 로제에(*roseae*)인데, 여기에 관해서는 내가 부끄러움을 무릅쓰고 말씀드릴 경고의 이야기가 있다. 처음 그 이름을 듣고, 이 책의 컬러 화보 10쪽에 실린 것과 비슷한 사진들을 보았을 때, 내 마음은 당장 데본기로 날아갔다. '오래된 붉은 사암'의 빛깔, 데본기에게 이름을 빌려준 데본 지역의 그 빛깔, 페트라의 빛깔이겠거니('영겁의 반만큼 오래된, 붉은 장밋빛 도시여')! 그러나 아뿔싸, 나는 이만저만 틀린 게 아니었다. 사진은 장밋빛이 과장된 것이었을 뿐이고, 그 명칭은 북극 탐사를 재정적으로 뒷받침한 후원자의 이름을 딴 것이었다.

나는 틱타알릭 로제에를 직접 보는 영예를 누린 바 있다. 발견이 이루어지고 얼마 되지 않았을 때, 필라델피아에서 대쉴러 박사와 점심식사를 함께 할 기회가 있었다. 그것을 보자마자 내 안의 동물학자(내 안의 물고기라고 해야 할까?)는 감동으로 말문이 막혔다. 장밋빛 색안경을 낀 탓이기도 했겠지만, 좌우간 나는 내 직계 선조의 얼굴을 대면하고 있다고 상상했다. 물론 그것은 비현실적인 상상이었다. 하지만 별로 장밋빛을 띠지 않은 이 화석은 아마 내가 만날 수 있는 존재들 중에서 영겁의 반만큼 오래된 내 직계 선조에 가장 가까운 녀석일 것이다.

우리가 살아 있는 틱타알릭을 만날 기회가 있다면, 녀석과 주둥이를 맞대는 순간에 마치 악어라도 만난 것처럼 깜짝 놀라 물러날 것이다. 그 얼굴이 정말 악어를 닮았기 때문이다. 악어의 얼굴에 도롱뇽의 상체, 뒤에는 물고기의 하체와 꼬리가 달린 모습이다. 다른 어류들과는 달리 틱타알릭은 목이 있었다. 머리를 돌릴 수 있었다. 거의 모든 세세한 면에서, 틱타알릭은 완벽한 '잃어버린 고리'다. 어류와 양서류로부터 정확하게 절반쯤 떨어진 존재라는 점에서 완벽하고, 더는 잃어버린 고리가 아니라는 점에서 완벽하다. 우리는 그 화석을 찾아냈다. 우리는 그것을 보고, 만지고, 그 나이를 짐작해볼 수 있다. 아마도 맞히기는 쉽지 않겠지만.

나, 다시 바다로 가리[*]

물에서 뭍으로의 이동은 호흡에서 생식까지, 삶의 모든 면을 크게 재설계해야 하는 대역사였다. 넓은 생물 공간을 가로지르는 고된 여정이었다. 그럼에도 불구하고, 심술궂은 기벽이라고밖에 할 수 없는 이유로, 철저하게 육상화했던 동물들 가운데 적잖은 수가 다시 바다로 돌아갔다. 육지 환경에 맞추어 힘들게 재편성했던 도구들을 다 버리고서 말이다. 바다표범과 바다사자는 절반만 돌아갔다. 그들은 고래나 듀공 같은 극단적인 사례의 중간 형태가 어땠을지 보여준다.

고래(우리가 돌고래라고 부르는 작은 고래류도 포함한다)와 듀공과 그들의 가까운 친척인 매너티는 육상생물이기를 완전히 포기하고, 머나먼 선조들처럼 완벽한 수생동물로 돌아갔다. 이들은 번식할 때도 물가

---

[*] '바다로 가다'라는 표현을 'go down to sea' 대신 'go down to seas'라고 흔히 표기하곤 하는데, 이것은 잘못된 것이다. 《옥스퍼드 인용사전》에 따르면, 이 표현의 유래가 된 존 메이스필드의 시가 1902년 처음 인쇄될 때 오타가 난 것이 원인이었다. 성공적인 돌연변이 밈을 잘 보여주는 사례다.

에 오르지 않는다. 하지만 공기를 숨쉬는 것은 여전하다. 과거의 해양 조상들이 지녔던 아가미와 비슷한 것은 결코 발달시키지 않았다.

이 외에도 육지에서 물로 돌아간 동물로는, 늘 물에 있는 것은 아니지만 일정 기간을 물에서 보내는 것들까지 포함하면, 민물달팽이, 물거미, 물딱정벌레, 악어, 수달, 물뱀, 물뒤쥐, 날지 못하는 갈라파고스 가마우지, 갈라파고스 바다이구아나, 물주머니쥐(남아메리카 대륙의 수생 유대류), 오리너구리, 펭귄, 거북이 있다.

고래는 늘 신비로운 존재였다. 하지만 최근 들어 고래의 진화 과정에 대한 정보가 꽤 풍성해졌다. 분자유전학적 증거를 볼 때(이런 증거들의 성격에 관해서는 10장을 참고하라), 고래와 가장 가까운 친척은 하마고, 다음은 돼지, 다음은 반추동물들이다. 더 놀라운 사실은, 역시 분자적 증거를 볼 때 하마는 다른 우제류(돼지나 반추동물들)보다는 고래와 더 가깝다는 것이다. 이것은 실제 근연관계와 외형적 유사성이 때로 합치하지 않는다는 점을 잘 보여주는 또 한 사례다. 어류 중에도 다른 어류보다 인간과 더 가까운 녀석들이 있다는 이야기를 앞에서 했다. 인간의 계통은 물을 떠나 땅에 오름으로써 진화의 급물살에 휩쓸려 멀리 떠내려간 반면에, 우리가 뒤에 남겨둔 친척인 폐어와 실러캔스는 계속 물에만 머물러 있음으로써 먼 선조를 닮은 모습을 지켜왔다.

지금 하려는 이야기도 같은 현상이되, 상황이 역전되었다. 하마는 적어도 부분적으로는 아직 땅에 발을 붙이고 있기 때문에 먼 친척인 육상 반추동물들과 닮은 모습을 유지했다. 반면에 고래는 바다로 떠남으로써 극적인 변화를 겪었다. 그래서 분자생물학자들 말고는 생물학자들조차 고래와 하마의 근연성을 놓쳤던 것이다. 머나먼 선조

어류들이 원래 그 반대 방향으로 갔을 때처럼, 고래의 선조들이 바다로 돌아간 것도 대역사였을 것이다. 공중으로 이륙하거나 풍선을 띄우는 것과 좀 비슷하지 않았을까? 중력의 무거운 짐을 벗고 육지에 내렸던 닻을 잘라 둥둥 뜨게 되었으니 말이다.

고래의 진화에 관한 화석기록은 한때 빈약한 편이었지만, 그간 착실히 빈틈이 채워졌다. 파키스탄에서 발견된 수집품들이 크게 기여했다. 그렇지만 화석 고래들의 이야기는 도널드 프로테로(Donald Prothero)의 《진화, 화석의 이야기는 왜 중요한가(Evolution: What the Fossils Say and Why it Matters)》나 더 최근에 나온 제리 코인의 《왜 진화는 사실인가》 같은 책에서 이미 잘 다루어졌으므로, 나까지 세세하게 이야기하지는 않겠다. 대신 프로테로의 책에서 가져온 도표를 하나 소개하는 것으로 갈음하자.

오른쪽 도표는 화석들을 시간 순으로 배열한 것이다. 그림이 얼마나 조심스러운 방식으로 그려졌는지 눈여겨보라. 누구나 화석들을 오래된 것부터 젊은 것 순으로 일렬로 배열하고 싶을 것이다. 실제로 옛날 책들은 그렇게 하기도 했다. 하지만 누구도 가령 암불로체투스(Ambulocetus)가 파키체투스(Pakicetus)에서 유래했다고 말할 수는 없다. 바실로사우루스(Basilosaurus)가 로도체투스(Rodhocetus)에서 유래했다고 말할 수는 없다.

오른쪽 도표는 보다 조심스러운 정책을 취했다. 암불로체투스와 동시대에 살았으며, 아마도 암불로체투스와 비슷하게 생겼을 어떤 동물로부터(어쩌면 그것이 실제로 암불로체투스였을지도 모른다) 고래가 유래했다고 제안하는 전략이다. 그림에 소개된 화석들은 고래 진화의 다양한 단계들을 대표한다. 뒷다리가 점진적으로 사라지는 현상, 앞

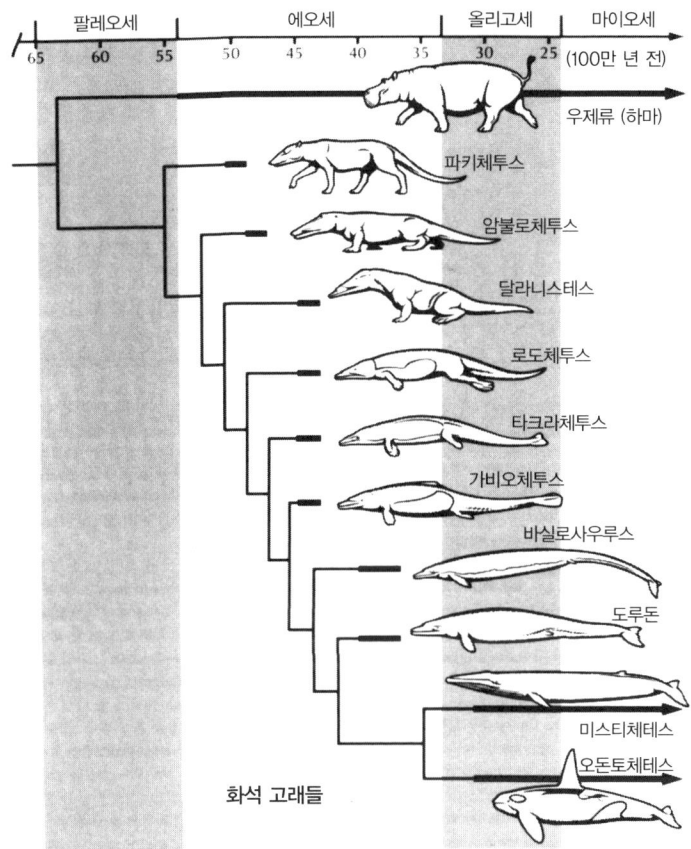

그림 14-16. 육상생물로부터 고래의 진화. 아프리카와 파키스탄의 에오세 암반에서 발견된 많은 전이 화석을 보여준다. (칼 뷰엘 그림)

다리가 걷는 다리에서 헤엄치는 지느러미로 변형되는 현상, 꼬리가 고래 꼬리답게 넙적해지는 현상 등의 변화들이 매끄럽게 이어지며 진행되었다.

고래의 화석 역사에 관해서는 이쯤 이야기하겠다. 앞서 언급한 다른 책들에 무척 잘 다뤄져 있으니 말이다. 그런데 고래만큼 수가 많

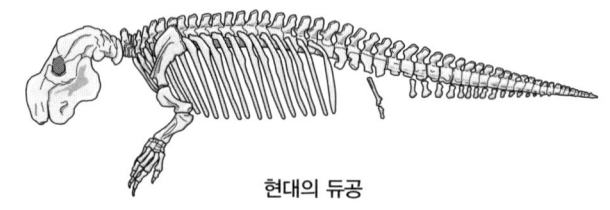
현대의 듀공

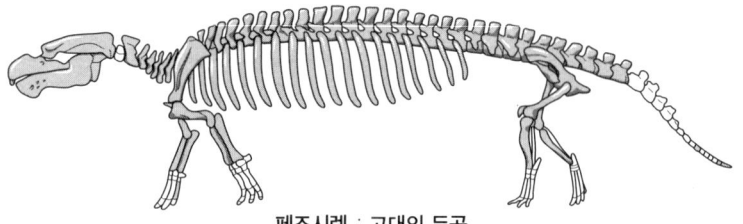
페조시렌 : 고대의 듀공

거나 다양하진 않지만 고래만큼이나 철저하게 수생동물이 된 다른 해양포유류, 즉 해우류(듀공과 매너티)는 화석기록이 그만큼 꼼꼼하지 않다. 다행히 이쪽에서도 최근에 뛰어나게 아름다운 '잃어버린 고리' 하나가 발견되었다. 에오세의 '걸어다니는 고래'라고 할 수 있는 암불로체투스와 대략 동시대에 살았던 '걸어다니는 매너티' 화석이 자메이카에서 발견된 것이다. 바로 페조시렌(*Pezosiren*)이다. 페조시렌은 매너티나 듀공과 아주 비슷하게 생겼다. 하지만 페조시렌은 앞뒤에 모두 적절한 걷는 다리가 있는 반면, 매너티와 듀공은 앞에는 지느러미발이 있고 뒤에는 아무것도 없다. 위 그림에서 위가 현대 듀공의 골격이고, 아래가 페조시렌이다.

고래가 하마와 친척이듯, 해우류는 코끼리와 친척이다. 가장 중요한 분자적 증거를 비롯하여 많은 증거가 증언하는 사실이다. 하지만 페조시렌은 생활방식이 아마 하마와 비슷했을 것이다. 대부분의 시간을 물에서 보내고, 다리를 사용해 헤엄도 치고 물 바닥도 걸었을 것이다. 페조시렌의 두개골은 틀림없는 해우류의 형태다. 페조시렌이 현생 매너티와 듀공의 실제 선조인지 아닌지 확실히 알 수는 없지만, 그 역할에 지원할 자격은 충분하다.

이 책을 인쇄기에 걸리는 찰나, 〈네이처〉를 통해 흥분되는 소식이 하나 들려왔다. 현생 바다표범, 바다사자, 바다코끼리(합쳐서 '기각류'라고 한다) 계통의 빈틈을 메우는 새 화석이 캐나다 북극권에서 발견되었다는 것이다. 65퍼센트쯤 온전한 하나의 골격이었다. 푸이일라 다르위니(*Puijila darwini*)라고 명명된 그 화석은 초기 마이오세(약 2천만 년 전)의 것이다.

마이오세는 그다지 오래전은 아니기 때문에, 당시의 세계지도는 오늘날과 거의 같았다. 따라서 이 초기의 바다표범-바다사자(당시에는 아직 갈라지지 않았다)는 북극의 차가운 물에 사는 동물이었다. 증거를 볼 때, 녀석은 민물에 서식하며 물고기를 잡아먹었을 것이고(유명한 캘리포니아 해달을 제외한 모든 수달이 그렇다), 바다에 살지 않았다(유명한 바이칼 호 바다표범을 제외한 모든 현대 바다표범이 그렇다). 푸이일라는 지느러미발은 없고, 대신 발에 물갈퀴가 있었다. 아마 땅에서 개처럼 달릴 수도 있었겠지만(현생 기각류는 거의 불가능하다) 대부분의 시간을 물에서 보냈을 것이고, 헤엄칠 때는 현대 바다표범과 바다사자의 각기 다른 수영법과는 또 다르게, 마치 개처럼 헤엄쳤을 것이다. 푸이일라는 기각류의 계통에서 육지와 물 사이에 있었던 빈틈에 깔끔하게 다리를 놓았다. 더는 잃어버렸다고 할 수 없는 '찾아낸 고리'들의 목록에 추가된 또 하나의 즐거운 사례다.

이제, 땅에서 물로 돌아간 또 다른 동물 집단을 살펴보자. 이것은 특이나 호기심을 끄는 사례인데, 왜냐하면 이 집단의 몇몇 구성원이 이주 과정을 한 번 더 뒤집어서 두 번째로 육지로 진출했기 때문이다! 바다거북은 알을 낳을 때는 해변으로 올라오기 때문에, 고래나 듀공만큼 완벽하게 물로 돌아가지는 못한 셈이다. 물로 돌아간 여느 척추동물들처럼 거북도 여전히 공기를 숨쉬는데, 이 점에 있어서는 몇몇 거북이 고래보다 좀 나은 실력을 뽐낸다. 물에서 산소를 추출하는 추가적인 호흡법이 있기 때문이다. 그런 거북들은 몸 뒷부분에 혈관이 풍부한 한 쌍의 빈 공간이 있어서, 그곳으로 산소를 받아들인다. 한 오스트레일리아 강거북은 대부분의 산소를 궁둥이 호흡으로 얻는다.

논의를 진행하기 전에, 용어에 대해 피곤한 지적을 해두지 않을 수가 없다. "영국과 미국은 공통의 언어로 나뉜 두 나라"라고 한 조지 버나드 쇼의 말이 안타깝게도 사실이기 때문이다. 영국에서는 바다에 사는 거북을 터틀(turtle)이라고 하고, 땅에 사는 거북을 토터스(tortoise)라고 하며, 민물이나 반염수에 사는 거북을 테러핀(terrapin)이라고 한다. 미국에서는 땅에 살든 물에 살든 다 '터틀'이라고 한다. 내게는 '땅에 사는 터틀'이라는 표현이 이상하지만, 미국인들에게는 괜찮다. 미국에서는 터틀의 하위 집합으로 땅에 사는 녀석들을 가리켜 토터스라고 한다. 어떤 미국인들은 현생 땅거북과의 학명인 테스투디니데(Testudinidae)를 가리키는 엄격한 분류학적 의미에서 '토터스'라는 표현을 쓰기도 한다. 영국 사람들은 땅거북과든 아니든 땅에 사는 거북은 죄다 토터스라고 부르는 경향이 있다(좀 있다 보겠지만, 땅에 살았으면서도 땅거북과가 아닌 화석 거북들이 있다).

앞으로 나는 영국과 미국의 독자를 모두 염두에 두고(이와는 또 용례가 다른 오스트레일리아의 독자도) 최대한 혼동을 피하기 위해서 노력하겠지만, 쉽지 않을 것이다. 아무리 좋게 말해도, 이런 용어 상황은 엉망진창이다. 동물학자들은 어떤 영어를 쓰는 사람이든 터틀, 토터스, 테러핀 같은 거북들을 모두 '킬로니언(chelonian)'이라고 부른다〔우리말에서는 터틀, 토터스, 테러핀을 따로 구분하지 않으므로, 이후 적절하게 모두 거북으로 옮겼다. 거북목을 '킬로니아(Chelonia)'라고 하며, 여기에 속하는 모든 거북을 '킬로니언'이라고도 부른다_옮긴이〕.

거북에게서 제일 먼저 눈에 띄는 특징은 껍질이다. 껍질은 어떻게 진화했을까? 중간 형태들은 어떻게 생겼을까? 잃어버린 고리들은 어디에 있을까? 절반의 껍질은 무슨 소용일까(창조론 광신자가 물을 법한 질문이다)? 이 질문들에 유창하게 답해줄 멋진 화석이 최근 새롭게 발견되었다. 내가 이 원고를 출판사에 넘기기 직전에 〈네이처〉에 데뷔한 그 화석은 수생 거북으로, 중국의 후기 트라이아스기 퇴적층에서 발견되었고, 약 2억 2천만 년 된 것으로 추정된다.

학명이 오돈토켈리스 세미테스타체아(*Odontochelys semitestacea*)라는 데서 미루어 짐작할 수 있듯이(odont와 chelys는 그리스어로 각각 '이빨'과 '거북'을 뜻하고, semi와 testa는 라틴어로 각각 '절반'과 '껍질'을 뜻한다_옮긴이), 녀석은 현생 거북들과 달리 이빨이 있고 껍질이 절반밖에 없었다. 현생 거북들보다 꼬리도 훨씬 길었다. 세 속성을 볼 때 녀석은 '잃어버린 고리'의 후보자로 손색이 없다. 녀석의 배에는 오늘날의 바다거북과 비슷한 형태로 배딱지가 덮여 있었다. 하지만 녀석에게는 등딱지가 거의 없다. 흡사 도마뱀의 등처럼 부드러웠던 듯하다. 다만 등 중앙에 척추를 따라서 악어의 등처럼 단단한 뼈조각들이 있고, 등딱지 진화 과정을 막 시작하기라도 한 듯 갈비뼈들이 편평해져 있다.

이 화석은 재미있는 논쟁을 불러일으켰다. 오돈토켈리스를 세상에 소개한 논문의 저자들, 즉 리, 우, 리펠, 왕, 자오는(리펠은 중국인이 아니지만 편의상 '중국인 저자들'이라고 부르겠다) 이 동물이 완전한 딱지를 갖춰가는 과정에 있었다고 생각한다. 한편, 거북의 딱지가 물에서 진화했다는 증거로 오돈토켈리스를 해석할 수 있다는 주장에 반대하는 학자들도 있다.

〈네이처〉는 그 주의 가장 흥미로운 논문에 관해 저자가 아닌 다른 전문가들에게 논평을 써달라고 부탁해서 그것을 '뉴스와 의견' 난에 싣는 훌륭한 전통이 있다. 오돈토켈리스 논문에 대한 논평은 로버트 레이츠(Robert Reisz)와 제이슨 헤드(Jason Head)라는 두 캐나다 생물학자가 썼다. 이들은 대안적인 해석을 내놓았다. 어쩌면 오돈토켈리스의 선조가 물로 돌아가기 전에 땅에서 이미 껍질 전체를 진화시켰을지도 모른다. 오돈토켈리스는 물로 돌아간 뒤에 등딱지를 잃은 것인지도 모른다. 레이츠와 헤드는 오늘날의 바다거북들 중에도 장수거북 같은 몇몇 종은 등딱지가 아예 없거나 크게 줄었다는 사실을 지적했다. 그들의 이론은 상당히 그럴듯하다.

삼천포로 빠지는 이야기지만, '절반의 껍질이 무슨 소용인가?'라는 질문에 잠시 답하고 싶다. 특히 오돈토켈리스는 어째서 위가 아니라 아래에 방패를 갖추었을까? 어쩌면 위험이 아래에서 왔기 때문인지도 모른다. 그렇다면 이 생물은 물 표면에서 헤엄치는 시간이 많았다는 말이 된다. 물론 녀석은 숨을 쉬기 위해서라도 표면으로 올라와야 했을 것이다. 요즘의 상어들은 먹잇감을 아래에서 공격하는 경우가 많은데, 오돈토켈리스의 세계에서도 상어가 무시무시한

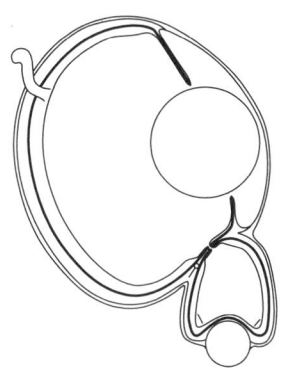

바틸리크노프스의 추가적인 눈

역할을 했을 것이며, 상어들의 사냥 습관이 그때라고 달랐을 이유가 없다.

여기에 비견할 만한 예가 있다. 바로 눈이 두 쌍인 바틸리크노프스(*Bathylychnops*)라는 물고기다. 진화의 가장 놀라운 업적 중 하나라고 꼽을 만한 이 추가적인 눈은 아마 아래에서 접근하는 포식자의 공격을 감지하고자 생겨났을 것이다. 원래의 눈들은 정상적인 물고기의 눈처럼 앞쪽을 보지만, 그것에 하나씩 딸린 작은 잉여의 눈들은 아래를 향해 박혀 있다. 이들도 수정체와 망막을 모두 갖추었다. 바틸리크노프스가 아래로부터의 공격을 감지하기 위해 눈 한 쌍을 추가로 만들어낼 만큼 수고를 들일 수 있다면(비유적인 표현이라는 것을 여러분도 잘 알 테니 괜히 꼬치꼬치 따지지 말자), 오돈토켈리스도 같은 방향으로부터의 공격을 방어하기 위해 방패를 길렀을 가능성이 있다. 배딱지가 합리적인 것이다.

혹 확실을 기하기 위해서라도 "왜 등딱지도 기르지 않았느냐?"고

묻는다면, 대답은 쉽다. 껍질은 무겁고 거추장스럽다. 기르는 데도 대가가 따르고 달고 다니는 데도 대가를 치러야 한다. 진화에는 항상 대가교환이 따른다. 땅거북의 경우에는 배에는 물론이고 등에도 튼튼하고 무거운 딱지를 선호하는 쪽으로 저울이 기울었다. 많은 바다거북의 경우 아래에는 강한 배딱지를 키우지만 위에는 가벼운 방패에 만족하는 쪽으로 방향이 잡혔다. 오돈토켈리스가 그 경향을 좀더 밀어붙인 것이라고 봐도 크게 무리는 아닐 것이다.

만약 중국인 저자들이 옳다면, 그러니까 오돈토켈리스가 완전한 껍질을 진화시키는 과정에 있었다면, 그러니까 거북의 껍질은 물에서 진화한 것이라면, 잘 발달한 껍질을 지닌 현대 땅거북들은 수생거북에서 유래했을 것이라는 추측이 따라나온다. 좀 있다 보겠지만, 이것은 아마도 사실이다. 그리고 참으로 주목할 만한 사실이다. 왜냐하면 오늘날의 땅거북들은 물에서 뭍으로의 이주를 두 *번째*로 감행한 것이 되기 때문이다. 고래나 듀공의 경우에는 그들이 물로 몰려간 뒤에 *다시* 땅으로 돌아왔다는 이야기가 전혀 없다. 땅거북들에 대한 대안적 설명은 그들이 줄곧 육지에 살았고, 물의 친척들과 같은 방향으로, 그러나 독자적으로 껍질을 진화시켰다는 것이다. 이것도 불가능한 얘기는 아니다. 하지만 우리에게는 바다거북들이 실제로 다시 한 번 땅으로 돌아가서 땅거북이 되었다고 믿을 만한 이유가 있다.

분자생물학적 증거나 여타 비교를 통해서 모든 현생 거북의 계통수를 그려보면(오른쪽 그림), 대부분의 가지가 수생이다(일반적인 형태). 계통수에서 육생 거북은 굵은 글씨로 표기되어 있는데, 보면 알다시피 오늘날의 땅거북은 풍성한 수생 거북의 가지들에 파묻힌 단 하나

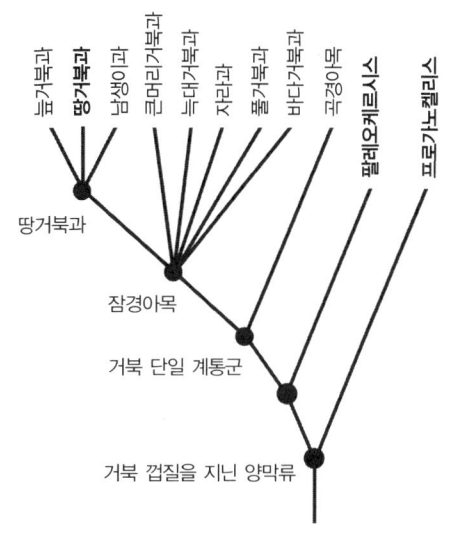

거북의 계통수

의 가지, 땅거북과로만 존재한다. 땅거북과의 가까운 친척들은 모두 수생이다. 땅거북과 하나를 제외하면 현대 거북들의 계통수는 모두 수생인 것이다. 그런 수생 선조가 육지로 진출해서 땅거북이 된 것이다. 이것은 오돈토켈리스 같은 생물이 물에서 껍질을 진화시켰으리라는 가설과 합치한다.

그런데 까다로운 문제가 또 하나 있다. 계통수에는 땅거북과(모든 현생 땅거북) 말고도 프로가노켈리스(*Proganochelys*)*와 팔레오케르시스(*Palaeochersis*)라는 두 속이 있다. 이들은 완전히 발달한 껍질을 지닌 화석 동물이다. 이들도 육생 거북으로 표시되어 있는데, 그 이유는 다음 단락에서 설명하겠다. 녀석들은 수생 가지들의 오른쪽 바깥에 놓여 있다. 두 속이 고대의 동물이었다는 뜻이다.

오돈토켈리스가 발견되기 전에는 이 두 화석이 가장 오래된 거북류였다. 오돈토켈리스처럼 그들도 후기 트라이아스기에 살았지만, 오돈토켈리스보다는 1,500만 년쯤 뒤에 살았다. 그들이 민물에 살았다고 재구성한 전문가도 있었지만, 최근의 증거에 따르면 확실히 땅에 살았던 것 같다. 그래서 계통수에도 굵은 글씨로 표기되었다.

조각조각 발견된 화석 동물이 땅에 살았는지 물에 살았는지 어떻게 알까? 어떤 경우에는 상황이 꽤 분명하다. 익티오사우루스(어룡)는 공룡과 동시대에 살았던 파충류인데, 지느러미가 있고 몸통이 유선형이다. 골격이 돌고래처럼 생긴 그들은, 아닌 게 아니라 거의 틀림없이 돌고래처럼 물에서 살았을 것이다.

거북의 경우에는 그렇게까지 분명하지는 않다. 쉽게 짐작하겠지만, 가장 큰 단서는 팔다리다. 물을 젓는 노와 걷는 다리는 정말이지 한참 다르다. 예일 대학의 월터 조이스(Walter Joyce)와 자크 고티에(Jacques Gauthier)는 숫자를 써서 이 상식적인 직관을 뒷받침했다. 그들은 현생 거북 71종의 팔뼈와 손뼈들에 대해 세 가지 핵심적인 길이를 측정했다. 그들의 깔끔한 계산을 상술하고 싶은 욕구를 억누르고 결론만 말하자면, 그들의 결과는 확실했다. 이 화석 거북들은

■ 이것은 그리스어로 말이 안 되는 표현이다. 만약 프로고노켈리스(*Progonochelys*)라고 했다면 완벽하게 말이 되었을 것이다. 그렇다면 '고대 거북'이나 '원시 거북'이라는 뜻이었을 테니까(그리스어로 progonos는 선조, chelys는 거북을 뜻하지만, proganos는 아무 뜻이 없다_옮긴이). 원 작명자들도 그런 의도였을 거라고 짐작이 되지만, 안타깝게도 동물학적 명명 규칙은 엄격하다. 뻔한 실수라도 일단 명명되어 문헌에 모셔진 뒤에는 바꿀 수가 없다. 분류학에는 그런 화석화한 실수들이 넘쳐난다. 내가 제일 좋아하는 사례는 아프리카 마호가니의 속명인 크하야(*Khaya*)다. 전설에 따르면(내가 너무나 믿고 싶은 전설이다), 그것은 그 지방 말로 '모른다'는 뜻이란다. '게다가 나는 관심도 없으니까, 멍청하게 자꾸 식물 이름 따위를 물어보는 짓 좀 그만해라'라는 속뜻이 담겼을 것이다.

노가 아니라 걷는 다리를 갖고 있었다. 영국 영어로 말하자면 '터틀'이 아니라 '토터스'였다. 그들은 땅에 살았다. 하지만 그들은 현대 땅거북과는 아주 관계가 멀다.

그렇다면 우리에게는 문제가 하나 생긴다. 오돈토켈리스 논문의 저자들 말마따나 반만 생긴 그 껍질이 물에서 진화했다면, 그로부터 1,500만 년 뒤에 완전한 껍질을 갖춘 채 땅에서 살았던 두 속의 거북은 어떻게 설명할 것인가? 오돈토켈리스가 발견되기 전이었다면 나도 주저 없이 프로가노켈리스와 팔레오케르시스는 물로 돌아가기 전에 땅에서 살았던 선조 거북이라고 말했을 것이다. "껍질은 땅에서 진화했고, 껍질을 갖게 된 거북들 중 일부가 나중의 바다표범이나 고래나 듀공과 마찬가지로 바다로 돌아갔다. 땅에 남은 일부도 간단히 멸종하지 않았다. 그러다가 바다거북들 중 일부가 다시 땅으로 올라왔고, 모든 현생 땅거북을 낳았다." 나라도 그렇게 말했을 것이다. 실제로 오돈토켈리스가 발표되기 전에 작성했던 이 장의 초고에서는 그렇게 적었다. 하지만 오돈토켈리스가 이 추론을 혼란의 소용돌이로 밀어넣었다. 이제 우리에게는 세 가지 가능성이 있는데, 하나같이 흥미롭다.

1. 프로가노켈리스와 팔레오케르시스는 원래 땅에 살았던 동물들이 남긴 후대의 생존자인지도 모른다. 그 조상 동물들이 이들에 앞서 일부를 바다로 보냈고, 그리하여 오돈토켈리스 등의 선조가 되었다. 이 가설에 따르면 껍질은 일찍이 땅에서 진화했고, 오돈토켈리스는 물로 간 뒤에 등딱지를 잃고 배딱지만 남은 것이다.

2. 중국인 저자들이 제시한 대로, 껍질이 물에서 진화했을지도 모른다. 배를 보호하는 배딱지가 먼저 진화하고, 등딱지는 나중에 진화했을 것이다. 그렇다면 절반의 껍질을 지니고 물에서 산 오돈토켈리스보다 후대에 땅에서 산 프로가노켈리스와 팔레오케르시스를 어떻게 해석해야 할까? 이들은 독자적으로 껍질을 진화시켰을지도 모른다. 하지만 또 다른 가능성도 있다.
3. 즉, 프로가노켈리스와 팔레오케르시스가 더 일찍 물에서 뭍으로 돌아간 사례라는 가능성이다. 깜짝 놀랄 만큼 흥분되는 생각 아닌가?

거북들이 진화 역사에서 땅으로의 진출 과정을 두 번이나 밟았다는 것은 이제 충분한 증거로 거의 확인된 사실이다. 처음에 땅에 살았던 거북들이 그들의 어류 선조가 살았던 물 환경으로 돌아가서 바다거북이 되었다. 그 바다거북들이 다시 땅으로 올라와서 새로운 종류의 땅거북들로 재탄생했다. 그것이 땅거북과다. 이것은 사실이다. 혹은 거의 사실이다. 그런데 우리는 이제 이 왔다갔다 하는 과정이 두 번 일어났을지도 모른다는 상황에 직면한 것이다! 현대 거북을 낳은 과정이 아니라, 훨씬 이전 트라이아스기에 프로가노켈리스와 팔레오케르시스를 낳은 과정이 또 있었을지도 모른다는 것이다.

나는 다른 책에서 DNA를 가리켜 '죽은 자들의 유전자 책'이라고 표현했다. 자연선택의 특수한 작동 방식 때문에, 동물의 DNA는 그 선조들이 자연선택되었던 옛 세상을 문자로 묘사한 것이나 마찬가지다. 어류의 경우라면, 죽은 자들의 유전자 책에 고대의 바다가 적혀 있다. 우리를 비롯한 대다수 포유류의 경우라면, 책의 초반부는 바다에서 펼쳐지고 후반부는 육지에서 펼쳐진다. 고래, 듀공, 바다이구아나, 펭귄, 바다표범, 바다사자, 거북의 경우라면 먼 과거에 누볐던 배경인 바다로 다시 돌아간 서사를 그린 3부가 붙어 있다. 게다가 땅거북들의 경우라면, 4부까지 있다. 아마도 멀찌감치 떨어진 두 시점에 서로 독립적으로 다시 육지로 올라온 과정을 그린 마지막 장(정말 마지막일까?)이 있는 것이다.

죽은 자들의 유전자 책이 거듭된 진화적 유턴들로 뒤덮여 마치 팰림프세스트(palimpsest, 원문을 지우고 그 위에 덮어쓴 필사본_옮긴이)처럼 된 동물이, 거북 말고도 또 있을까? 최후의 한마디를 남기자면, 나는 민물이나 반염수에 사는 거북(테러핀)들에 대한 생각도 머리에서 지울 수가 없다. 그들은 땅거북의 가까운 친척이다. 그들의 선조들은 바다에서 반염수로, 다음에는 민물로 올라왔을까? 즉, 바다에서 육지로 올라오는 과정의 중간 단계일까? 아니면 현대 땅거북의 선조가 또 한 번 물로 돌아간 것일 수도 있을까? 거북들은 진화 기간 내내 쉴 새 없이 물과 뭍을 왕복했을까? 내가 지금까지 이야기한 것보다 더 겹겹이 팰림프세스트가 쓰여 있을까?*

■ 내가 이 책의 교정을 보던 2009년 5월 19일, 여우원숭이와 원숭이형 유인원 사이의 '잃어버린 고리'를 발견했다는 소식이 온라인 과학저널 〈플로스원(*PLOS One*)〉에 떴다. 다르위니우스 마실레(*Darwinius masillae*)라고 명명된 그 화석은 오늘날의 독일에 해당하는 지역에서 4,700만 년 전에 살았던 우림종이다. 저자들에 따르면, 그것은 이제껏 발견된 어느 화석 영장류보다도 완벽한 상태다. 뼈만 있는 것이 아니라 피부, 머리카락, 최후의 식사를 담은 내장기관들도 좀 남아 있다. 다르위니우스 마실레는 분명 아름답다. 하지만 그것에 달라붙은 과장보도의 꼬리는 명확한 사고를 방해한다. 〈스카이 뉴스〉의 표현을 빌리면, 그것은 '찰스 다윈의 진화 이론을 드디어 확증한 세계 여덟 번째 불가사의'란다. 세상에나! 그다지 합리적이지 않은 '잃어버린 고리' 개념은 그 신비한 매력을 전혀 잃지 않았나 보다.

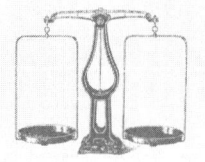

MISSING PERSONS?
MISSING NO LONGER

7

잃어버린 사람들?
다시 찾은 사람들

가장 유명한 저서 《종의 기원》에서, 다윈은 인간의 진화에 관해서는 엄숙한 열 어절로만 언급했다(원문은 '열두 단어'다. Light will be thrown on the origin of man and his history_옮긴이). "인간의 기원과 인간의 역사에 대해서도 이해의 빛이 비춰지게 될 것이다." 이것 역시 내가 항상 인용하는 초판에서 가져온 문장이다. 여섯 번째 개정판(마지막 개정판이다)을 낼 무렵, 다윈은 스스로에게 주장을 확장할 자유를 허락했다. 그래서 문장은 "인간의 기원과 인간의 역사에 대해서도 많은 이해의 빛이 비춰지게 될 것이다"로 바뀌었다. 나는 그 위대한 인물이 '많은'이라는 사치를 스스로에게 허락해도 좋을지 신중하게 궁리하는 동안, 《종의 기원》 다섯 번째 판본 위에 멈춰 있었을 그의 펜을 떠올려보곤 한다. 이 문장은 그 수식을 붙이고서라도 여전히 계산된 겸손이었다.

다윈은 인간 진화에 대한 논의를 일부러 미뤘다가 나중에 《인간의 유래(The Descent of Man)》라는 두 권짜리 책으로 다루었다. 이 책에서 그가 인간 진화에 관한 내용보다 '성에 관련된 선택'이라는 부제에 관한 내용(주로 새를 대상으로 한 조사였다)에 더 많은 지면을 할애한 것은 어쩌면 당연한 일이었다. 왜냐하면 다윈이 글을 쓴 시기에는 인간을 가장 가까운 유인원들과 이어주는 화석이 전혀 없었기 때문이다. 다윈은 살아 있는 유인원을 관찰하는 수밖에 없었고, 그들을 아주 잘 활용했다.

다윈은 인간과 가장 가까운 현생 친척들은 모두 아프리카 출신일 거라고(고릴라와 침팬지가 아프리카 유인원이고, 당시에 침팬지와 별개로 인식되지 않았던 보노보 역시 어쨌든 아프리카 출신이다) 정확하게 주장했다(그렇게 말한 사람은 거의 그 혼자뿐이었을 것이다). 따라서 앞으로 원시 인간의 화석이 발견된다면 그 장소는 아프리카일 것이라고 예측했다. 다윈은 화석자료가 빈약한 것을 한탄했지만, 항상 굳건하게 낙관적인 태도를 견지했다. 자신의 스승이자 당대의 위대한 지질학자였던 찰스 라이엘(Charles Lyell)을 인용하여, "모든 척추동물강에서 화석 잔해의 발견은 극히 느리고 우연한 과정"이었음을 지적하고, "인간과 모종의 유인원 같은 멸종 생물을 잇는 화석을 제공할 가망이 제일 높은 지역은 지질학자들이 아직 수색하지 않은 곳임을 명심하라"고도 덧붙였다. 다윈이 뜻한 것은 아프리카였다. 그러나 다윈의 바로 뒤를 이은 후예들은 그의 충고를 거의 무시하고 아시아를 수색했다. 그 점 때문에라도 탐색은 쉽지 않았다.

우리가 '잃어버린 고리'를 덜 잃어버린 상태로 만들기 시작한 것은 아시아에서였다. 하지만 처음 발견된 그 화석들은 비교적 최근의 것으로, 100만 년도 못 된 것들이었다. 당시의 원인들은 이미 현생 인류와 상당히 비슷했고, 아프리카를 벗어나서 극동까지 다다랐다.

그 화석들은 발견 장소의 지명을 따서 '자바 원인'과 '베이징 원인'으로* 불렸다.

자바 원인은 네덜란드 인류학자 외젠 뒤부아(Eugéne Dubois)에 의해 1891년에 발견되었고, 피테칸트로푸스 에렉투스(*Pithecanthropus erectus*)라고 명명되었다. '잃어버린 고리'를 향한 필생의 야망을 기어이 성취했다는 믿음이 담긴 이름이었다(그리스어로 pithekos는 원숭이, anthropus는 사람을 뜻하고, erectus는 라틴어로 '똑바로 서다'라는 뜻이다_옮긴이). 뒤부아에게 반대하는 사람들은 크게 두 부류로 나뉘었는데, 그 반대 이유가 오히려 그의 주장을 입증하는 것처럼 보였다. 어떤 사람들은 그의 화석이 그냥 인간의 것이라고 했고, 어떤 사람들은 큰 긴팔원숭이의 것이라고 했다.

세상에 대해 씁쓸하고 심술궂은 태도를 보였던 인생 말년에, 뒤부아는 그 즈음 발견된 베이징 화석들이 자신의 자바 원인과 비슷하다는 가정에 대해 격분했다. 자신의 화석을 보호하는 것을 넘어 집착

---

*예전에는 '페킹(Peking)'이라고 했지만 요즘은 '베이징'이라고 부르므로, 한때의 페킹 화석은 이제 베이징 원인이라고 불린다. 내가 영국에서 말하는 것은 중국어가 아니라 영어인데, 대체 왜 중국의 수도를 '베이징'이라고 불러야 하는가? BBC에서 방송한 꽤 매력적인 프로그램 중에 〈중년의 불만〉이라는 것이 있다. 이런 종류의 불평불만을 모아서 상냥하게 편집해 보여주는 프로그램이다. 만약 내가 거기에 나갈 일이 있다면, 나는 대충 이런 말을 하고 싶다. 우리는 '뭄바이틱' 생선의 냄새를 없애기 위해 '오드쿌른'을 뿌리지 않고, '푸른 두나이강'이나 '빈 숲속의 이야기' 가락에 맞춰 왈츠를 추지 않는다. 우리는 '뮌헨 회담'의 사나이인 네빌 체임벌린을 나폴레옹의 '모스크바' 후퇴에 비교하지도 않는다. 또한 우리는 작은 '베이지니즈'를 산책시키지도 않는다(시간이 지나면 그럴지도 모르겠다). (모두 관용적인 영어단어로 바꾸면 '봄베이덕', '오드콜로뉴', '푸른 도나우 강', '비엔나 숲속의 이야기', '뮈니히 회담', '모스카우', '페키니즈'가 된다_옮긴이.) 우리가 말하는 것은 영어인데, 페킹이 왜 안 된다는 것인가? 나는 최근에 영국 외교단에서 주도적인 역할을 맡고 있는 한 인물이 만다린어를 유창하게 구사함에도 불구하고 끝까지 페킹이라고 고집하는 것을 듣고 기뻤다.

하는 수준이었던 그는 자바 원인만이 진정한 잃어버린 고리라고 믿었다. 둘의 차이를 강조하기 위해서, 그는 다양한 베이징 화석들은 현생 인류에 훨씬 가까운 것으로, 트리닐의 자바 원인은 인간과 유인원의 중간 형태인 것으로 묘사했다.

> 피테칸트로푸스(자바 원인)는 사람이 아니고, 거대한 긴팔원숭이 속과 관련이 있다. 하지만 극도로 큰 뇌 용적을 볼 때 긴팔원숭이보다는 우월하다. 직립 자세를 취하고 걸을 수 있다는 점에서도 구분이 된다. 이 생물의 두뇌비율(몸 크기에 대한 뇌 크기 비율)은 일반적인 유인원의 두 배고, 인간의 절반이다…….
>
> 이 놀라운 뇌 부피 때문에(유인원이기에는 몹시 크고 평균적인 인간의 뇌에 비하면 작은데, 다만 인간들 중 가장 작은 뇌보다 더 작은 것은 아니다), 자바 트리닐의 '유인원 인간'이 진정한 원시 인간이라는 견해가 널리 받아들여지고 있다. 하지만 형태학적으로는 그 두개관(두개골)이 유인원과, 특히 긴팔원숭이와 굉장히 닮았다…….

뒤부아는 자기 말을 오해하는 사람들 때문에라도 성질이 났을 것이다. 뒤부아가 피테칸트로푸스를 긴팔원숭이와 인간의 중간 형태가 아니라 그냥 긴팔원숭이라고 말했다고 착각한 사람이 많았다. 뒤부아는 예전의 입장을 재차 강조하기 위해 애써야 했다. "나는 트리닐의 피테칸트로푸스가 진정한 '잃어버린 고리'라는 사실을 과거 어느 때보다도 지금 더욱 확고하게 믿는다."

창조론자들은 때때로 뒤부아의 이야기를 정치적 무기로 활용한다. 뒤부아가 피테칸트로푸스를 중간 형태의 유인원 인간으로 보았던 첫 견해를 뒤집었다고 지적하는 것이다. 하지만 '창세기의 대답들'이라는 어느 창조론 조직은, 더는 사용하지 말아야 할 기각된 논증들의 목록에 뒤부아 이야기를 올려두었다. 그런 목록을 꾸리고 있다는 것만은 칭찬할 일이다.

앞서 말했듯이, 한때 피테칸트로푸스 속으로 분류되었던 자바와 베이징의 표본들은 100만 년도 안 된 제법 젊은 화석들이라는 것이 이제 밝혀졌다. 오늘날 그들은 우리와 함께 호모 속으로 분류되며, 종명은 뒤부아가 지었던 에렉투스 그대로다. 호모 에렉투스!

뒤부아는 '잃어버린 고리'를 향한 일편단심을 펼치기에는 잘못된 장소를 택했던 셈이다. 네덜란드 사람으로서 네덜란드령 동인도(오늘날의 인도네시아_옮긴이)로 향한 것은 자연스러운 일이었으나, 그런 사명에 헌신하는 사람이라면 마땅히 다윈의 충고를 따라 아프리카로 갔어야 했다. 앞으로 보겠지만, 아프리카야말로 우리 선조들이 진화한 곳이다. 그렇다면 이 호모 에렉투스 표본들은 아프리카를 떠나서 무엇을 하고 있었던 것일까?

우리 선조들이 아프리카로부터 대이주를 감행한 것을 두고 카렌 블릭센(Karen Blixen, 1885~1962. 덴마크의 작가로, 케냐에서 농장을 경영했던 체험을 살려 《아웃 오브 아프리카》를 썼다_옮긴이)에게서* 빌려온 '아웃 오브 아프리카'라는 표현을 곧잘 쓰는데, 사실은 대이주가 두 번 있었기 때문에 헷갈리지 말아야 한다. 상대적으로 최근에, 아마도 지금

■ 그녀의 필명은 아이작 디네센이지만, 나는 실명으로 부르는 편이 좋다. 내가 은공(Ngong) 언덕 발치에 있는 카렌 마을에서 유년기의 초반을 보냈기 때문이다. 그곳은 아직도 그녀의 이름을 따서 카렌이라고 불린다.

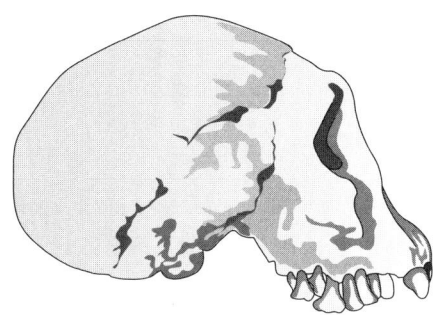

호모 제오르지쿠스

으로부터 10만 년도 안 되었을 때, 오늘날의 우리와 상당히 비슷하게 생긴 호모 사피엔스 무리가 방랑을 시작해 전 세계로 퍼졌다. 그들이 여러 인종으로 분화함으로써 우리가 요즘 보는 이뉴잇족, 아메리카 원주민, 오스트레일리아 원주민, 중국인 등이 되었다. '아웃 오브 아프리카'라는 표현은 보통 비교적 최근에 이루어진 이 이주에 적용된다.

하지만 더 이전의 대이주가 있었다. 그때 에렉투스 개척자들이 아프리카를 벗어나 아시아와 유럽에 화석을 남겼다. 자바와 베이징의 표본들도 여기에 속한다. 아프리카 밖에서 발견된 화석들 중 가장 오래된 것은 중앙아시아의 그루지야에서 발견된 '그루지야 원인'이다. 이 작달막한 원인의 두개골(상당히 잘 보존되어 있다)을 현대적 기법으로 연대 측정한 결과, 약 180만 년 전의 것으로 확인되었다. 초기에 아프리카를 탈출한 원인들은 모두 호모 에렉투스로 분류되는데, 그루지야 원인은 이들에 비해 더 원시적인 듯하기 때문에, 그 점을 드러내기 위해서 호모 제오르지쿠스(*Homo georgicus*)라는 학명이 붙었다(하지만 어떤 분류학자들은 이들을 별개의 종으로 인정하지 않는다).

잃어버린 사람들? 다시 찾은 사람들

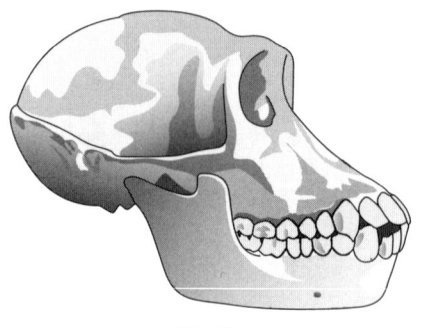

침팬지

  최근에는 그루지야 원인보다 살짝 더 오래된 시기의 석기들이 말레이시아에서 발견되어, 이 반도에서 화석 뼈 수색이 다시 불붙은 바 있다. 하지만 이런 초기 아시아 화석들은 어느 것이든 현생 인류와 아주 비슷하며, 오늘날에는 모두 호모 속으로 분류된다. 더 오래된 선조를 찾으려면 우리는 아프리카로 가야 한다.

  그런데 잠깐, 우리가 '잃어버린 고리'에서 무엇을 기대해야 할지 먼저 생각해보자.

  논의의 편의상, '잃어버린 고리'라는 용어의 원뜻을 진지하게 받아들여서, 우리가 침팬지(위 그림)와 우리의 중간 형태를 찾는다고 가정해보자. 우리는 침팬지에서 유래하지 않았다. 하지만 우리와 침팬지의 공통선조는 우리보다는 침팬지를 더 닮았을 가능성이 높다. 공통선조는 특히 우리처럼 뇌가 크지 않았을 것이고, 우리처럼 똑바로 서서 걷지 못했을 것이며, 우리보다 털이 훨씬 많았을 테고, 언어 같은 발전된 인간적 속성들은 분명히 갖고 있지 않았을 것이다. 흔한 오해의 여지를 없애기 위해서, 우리가 침팬지에서 유래하지 않았다는 점을 다시 강조할 필요는 있지만, 침팬지 같은 동물과 우리의 중간 형태가 과연 어떤 동물일지 생각해보아도 해로울 것은 없을 것이다.

물론 털이나 언어는 잘 화석화하지 않는다. 하지만 우리는 두개골을 단서로 삼아 뇌 크기를 제법 잘 알 수 있고, 전체 골격을 단서로 삼아 걸음걸이를 제법 잘 알 수 있다(두개골도 단서에 포함되는데, 왜냐하면 척수의 통로로 뚫린 큰후두구멍이 두발동물의 경우 아래를 향하고, 네발동물은 좀 더 뒤를 향하기 때문이다). 잃어버린 고리의 잠재적 후보들은 다음의 특징들 중 하나에 해당할 것이다.

1. 중간 크기의 뇌와 중간 형태의 걸음걸이. 직업군인들이나 에티켓 교실 여선생들이 선호하는 당당하고 곧은 자세가 아니라, 구부정하고 비틀거리는 듯한 걸음걸이였을 것이다.
2. 침팬지만 한 뇌에, 인간을 닮은 직립 걸음걸이.
3. 인간에 가깝게 더 큰 뇌에, 침팬지를 닮은 네 발 걸음걸이.

이런 가능성들을 염두에 두고, 오늘날 우리는 알고 있지만 불행하게도 다윈은 알지 못했던 많은 아프리카 화석 중 일부를 살펴보자.

여전히 내가 짓궂게 바라는 것은……

분자생물학적 증거에 따르면(10장에서 자세히 이야기할 것이다), 우리와 침팬지의 공통선조는 약 600만 년 전이나 그보다 더 전에 살았다. 그러니 차이를 반으로 나누어 300만 년 전쯤의 화석을 살펴보자.

이 연대에서 가장 유명한 화석은 에티오피아에서 발견된 '루시(Lucy)'다. 발견자인 도널드 조핸슨은 그것을 오스트랄로피테쿠스 아파렌시스(Australopithecus afarensis)라고 명명했다. 안타깝게도 루시의 두개골은 일부 조각만 남아 있지만, 아래턱뼈는 보기 드물게 잘 보존되어 있다.

루시는 오늘날의 기준으로 보면 작은 편이지만, 호모 플로레시엔시스(Homo floresiensis)만큼 작지는 않았다. 짜증스럽게도 신문들이 '호빗'이라는 별명으로 부르는 자그마한 호모 플로레시엔시스는 인도네시아 플로레스 섬에서 극히 최근에 멸종했다. 제법 완전한 편인 루시의 골격을 볼 때, 그 생물은 분명히 땅에서 똑바로 걸어다녔을 것이다. 하지만 민첩하게 나무를 탈 줄도 알아서 나무 위에서 거하기도 했을 것이다.

루시의 뼈라고 하는 것들이 정말로 한 개체에서 나왔다는 확실한 증거들이 있다. 이른바 '최초의 가족'이라고 불리는 표본들의 경우도 마찬가지다. 이것은 최소한 열세 개체에서 나온 뼈들이 섞인 것인데, 루시와 거의 같거나 비슷한 연대에 해당하는 이 개체들은 어쩌다 보니 한데 묻혔던 것 같다. 이들도 역시 에티오피아에서 발견되었다. 루시와 '최초의 가족'의 조각 뼈들을 보면 오스트랄로피테쿠스 아파렌시스가 어떻게 생겼는지 제법 잘 알 수 있지만, 그렇게 여러 개체에서 나온 조각들을 원래대로 완전하게 재구성하기는 무척 어렵다. 그런데 다행스럽게도, 1992년에 에티오피아의 같은 지역에서 상당히 완전한 두개골이 하나 발견되었다(오른쪽 그림). AL 444-2라고 불리는 이 두개골은 그전까지 잠정적 추측이었던 우리의 재구성안을 확인해주었다.

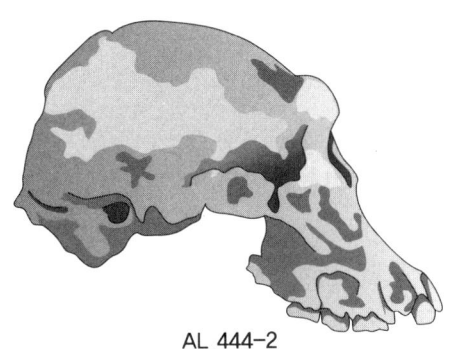
AL 444-2

　루시와 그 친족들을 연구한 결론은 이렇다. 그들의 뇌는 침팬지만 한 크기였지만, 그들은 침팬지와 달리 우리처럼 똑바로 서서 뒷다리로 걸었다. 앞에서 언급한 세 시나리오 가운데 두 번째에 해당하는 셈이다. '루시들'은 직립보행하는 침팬지라고 할 수 있었다. 그들이 이족보행했다는 사실은 메리 리키(Mary Leakey)가 화산재 화석에서 발견해낸, 사무치게 감동적인 발자국 증거를 통해 극적으로 확인되었다. 그 발자국 화석은 더 남쪽인 탄자니아의 라에톨리에서 발견되었고, 루시나 AL 444-2보다 좀 더 오래되어 약 360만 년 전의 것이었다. 보통 두 오스트랄로피테쿠스 아파렌시스가 나란히 걸어간 자국이라고 해석된다(손을 맞잡고?). 어쨌든 여기에서 중요한 점은, 360만 년 전 지구에는 직립보행하는 유인원들이 있었다는 것이다. 뇌는 침팬지만 하지만 우리와 거의 비슷하게 두 발로 걷는 존재들이 있었던 것이다.
　우리가 오스트랄로피테쿠스 아파렌시스라고 부르는 종, 즉 루시의 종에 300만 년 전의 우리 선조들이 포함되어 있었을 가능성이 상당히 높다. 같은 속의 다른 종으로 분류된 화석도 더러 있고, 우리

선조들도 최소한 그 속의 구성원이었음이 거의 확실하다.

최초로 발견된 오스트랄로피테쿠스이자 그 속의 모식표본으로 기능하는 화석은 '타웅의 아이(Taung Child)'라는 이름을 갖고 있다. 타웅의 아이는 태어난 지 3년 반 만에 독수리에게 잡아먹혔다. 화석의 안구에 난 손상이 현대 독수리가 현대 원숭이의 눈을 잡아뜯을 때 나는 자국과 같다고 확인되었기 때문에 이를 알 수 있다. 가엾은 타웅의 아이! 흉포한 수리에게 낚여 공중으로 들리며 헛되이 비명을 질렀을 타웅의 아이! 250만 년이 흐른 뒤에 오스트랄로피테쿠스 아프리카누스(*Australopithecus africanus*)의 모식표본이 될 운명임을 미리 알았더라도 아무런 위안이 되지 않았으리라. 플라이오세에 눈물을 흘렸을 가엾은 타웅의 엄마.

모식표본이란 새로운 종으로 명명되어 공식적으로 처음 박물관에 진열되는 최초의 개체를 말한다. 이론적으로는, 나중에 발견되는 화석들을 이 모식표본과 대조해 들어맞는지 확인하는 과정을 거쳐야 한다. 타웅의 아이는 1924년에 남아프리카공화국의 인류학자 레이먼드 다트(Raymond Dart)에 의해 발견되어 새 속명과 종명을 받았다.

'종'과 '속'의 차이는 무엇일까? 이 질문을 신속히 해치운 다음에 논의를 계속 진행하자. 속은 더 포괄적인 분류군이다. 한 종은 하나의 속에 속하며, 한 속에 다른 종들이 함께 들어 있는 경우도 많다. 호모 사피엔스와 호모 에렉투스는 '호모'라는 속의 두 종이다. 오스트랄로피테쿠스 아프리카누스와 오스트랄로피테쿠스 아파렌시스는 오스트랄로피테쿠스라는 속의 두 종이다. 동식물의 라틴어 학명은 항상 속명이 먼저 오고(알파벳으로 표기할 때 첫 자를 대문자로 적는다), 다음에 종명이 이어진다(알파벳 첫 자를 대문자로 적지 않는다). 둘 다 알파벳 이탤릭체로 표기한다. 이따금 아종명이 종명에 따라붙는데, 가령 호모 사피엔스 네안데르탈렌시스(*Homo sapiens neanderthalensis*) 같은 경우다.

분류학자들은 학명을 놓고 자주 논박을 한다. 일례로 '호모 사피엔스 네안데르탈렌시스'라고 부르지 않고 '호모 네안데르탈렌시스'라고 부르는 학자도 많다. 네안데르탈인을 아종이 아니라 종의 지위로 승격시킨 것이다. 속명과 종명도 종종 논박의 대상이 되고, 과학 문헌에서 개정을 거듭하는 경우도 잦다. 파란트로푸스 보이세이는 한때 진얀트로푸스 보이세이(*Zinjanthropus boisei*)로 불렸고, 오스트랄로피테쿠스 보이세이(*Australopithecus boisei*)로도 불렸다.■ 요즘도 비공식적으로는 가끔 '건장한 오스트랄로피테쿠스'라고 불린다. 앞서 소개한 두 오스트랄로피테쿠스 종의 '호리호리한(날씬한)' 체형에 대비한 표현이다. 내가 이 장에서 전달할 메시지 중 하나가 바로 동물학적 분류가 이처럼 임의적이라는 사실이다.

레이먼드 다트가 새 속의 모식표본인 타웅의 아이에게 오스트랄로피테쿠스라는 속명을 주었기 때문에, 우리는 이후로 줄곧 우울할

■ 종종 발견자의 이름을 따서 짓는 질병명과 달리, 새 종명은 발견자가 이름을 짓긴 하지만 절대 자기 이름을 따진 않는다. 명명은 생물학자가 다른 생물학자의 이름을 기념할 수 있는 멋진 기회고, 이 경우에서 보듯이 후원자의 이름을 기념할 수도 있다. 탁월한 생물학자였던 내 동료 고(故) W. D. 해밀턴도 여러 번 이런 식의 영예를 누렸다. 다윈의 20세기 후계자들 중 가장 뛰어났다고도 할 수 있는 그는 A. A. 밀른의 '곰돌이 푸' 이야기에 등장하는 당나귀 이요르를 연상시킬 정도로 늘 울적해 보였다(월트 디즈니가 그린 한심한 이요르를 말하는 것은 물론 아니다). 한번은 해밀턴이 작은 배를 타고 아마존 강 상류로 탐사를 나섰다가 말벌에 쏘였다. 그가 훌륭한 곤충학자라는 것을 잘 아는 동행이 물었다. "빌, 그 말벌의 이름도 아나요?" "물론 압니다." 그는 그야말로 이요르 같은 목소리로 우울하게 웅얼거렸다. "사실 내 이름을 딴 말벌이지요."

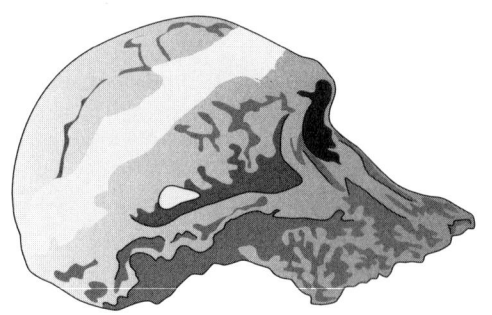

플레스 부인

만큼 상상력이 빈약한 그 이름으로 우리 선조를 불러왔다. 오스트랄로피테쿠스는 그저 '남쪽의 유인원'이라는 뜻이다. 오스트레일리아와는 아무 관련이 없다. 오스트레일리아도 '남쪽의 나라'라는 뜻일 뿐이다. 다트가 이렇게 중요한 속에 한결 상상력이 풍부한 이름을 붙였다면 좋았을 텐데, 나중에 적도 북쪽에서도 그 속의 구성원이 발견될 것임을 미리 예상했더라면 좋았을 텐데…….

'타웅의 아이'보다 살짝 더 오래된 것으로, '플레스 부인(Mrs Ples)'이라고 불리는 표본이 있다. 이 두개골은 비록 아래턱뼈는 없지만 가장 아름답게 잘 보존된 두개골에 속한다.

실제로는 큰 여성이 아니라 작은 남성이었을 것 같은 이 표본이 '플레스 부인'이라는 별명을 얻은 까닭은, 이 화석이 원래 플레시안트로푸스(*Plesianthropus*) 속으로 분류되었기 때문이다. 이것은 '거의 인간과 같다'는 뜻으로, '남쪽의 유인원'보다는 훨씬 좋은 이름이다. 분류학자들이 후에 '플레스 부인'과 그 일족이 사실은 '타웅의 아이'와 같은 속이라고 결정했을 때, 모두에게 차라리 플레시안트로푸스라는 이름을 주었다면 좋았을 것이다. 그러나 안타깝게도 동물학적 명명 규칙은 융통성이라곤 전혀 없이 엄격하다. 합리성이고 적합성이고 간에, 무조건 선착순으로 우선권이 주어진다. '남쪽의 유인원'이 서툰 이름인지는 모르지만 무슨 상관이람! 플레시안트로푸스가 훨씬 합리적이긴 해도 어쨌든 오스트랄로피테쿠스가 먼저 등장했으니, 우리는 그것을 고수하리라!

다만…… 나는 짓궂게도 바란다. 언젠가 누군가가 남아프리카공화국 박물관의 먼지 쌓인 서랍에서 오랫동안 잊힌 화석 하나를 발견하는데, 틀림없이 '플레스 부인'과 '타웅의 아이'와 같은 종류인 그 화석에 '헤미안트로푸스(*Hemianthropus*) 모식표본, 1920년'이라고 끼적댄 꼬리표가 붙어 있기를(그리스어로 hemi는 '절반'을, anthropus는 '사람'을 뜻한다_옮긴이)! 전 세계 박물관들은 날벼락이라도 맞은 것처럼 당장 오스트랄로피테쿠스 표본과 주형들을 다시 표기해야 할 것이고, 선사시대 원인에 관한 모든 책과 논문도 그 뒤를 따라야 할 것이다. 전 세계의 워드프로세서 프로그램들은 '오스트랄로피테쿠스'라는 단어가 등장하는지 눈에 불을 켜고 감시하다가 재깍 '헤미안트로푸스'로 바꿔주느라 초과근무를 해야 할 것이다. 국제적인 규칙들 가운데 이처럼 하룻밤 새에 전 세계적인 언어 변화를 일으키고, 게다가 소급 적용까지 명할 수 있는 것이 또 있을까?

이른바 '잃어버린 고리'들과 학명의 임의성에 관한 다음 논점으로 넘어가보자. '플레스 부인'의 이름이 플레시안트로푸스에서 오스트랄로피테쿠스로 바뀌었을 때, 현실 세계에서는 분명 아무것도 달라지지 않았다. 달리 생각하는 사람은 아무도 없을 것이다. 하지만 그와 비슷한 식으로, 우리가 한 화석을 재점검하여 해부학적 이유에서 다른 속으로 옮기는 경우를 생각해보자. 혹은 경쟁 인류학자

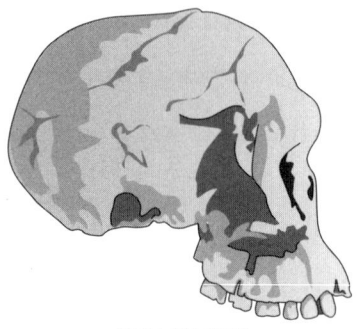

KNM ER 1813

들이 속의 위치를 논박하는 경우(상당히 자주 있는 일이다)를 한번 생각해보자.

 진화의 핵심 논리에 따르자면, 가령 오스트랄로피테쿠스와 호모 속 사이에서 정확하게 경계선에 놓인 개체들이 한때 반드시 존재했어야 한다. 플레스 부인과 현대 호모 사피엔스의 두개골을 놓고, "그래, 두 두개골은 틀림없이 서로 다른 속에 속해"라고 말하기는 쉽다. 하지만 오늘날 거의 대부분의 인류학자가 믿는 대로, 호모 속의 모든 개체가 오스트랄로피테쿠스 속에 속했던 선조들로부터 유래했다면, 한 종에서 다른 종으로 넘어가는 연쇄의 어느 지점에선가는 정확하게 경계선에 놓인 개체가 적어도 하나는 있었어야 한다는 말이다. 이것은 아주 중요한 논점이므로, 풀어서 설명해보겠다.

 플레스 부인의 두개골이 260만 년 전에 살았던 오스트랄로피테쿠스 아프리카누스의 대표적인 형태라는 점을 염두에 두고, 위의 KNM ER 1813 두개골과 오른쪽 위에 있는 KNM ER 1470을 살펴보자. 둘 다 대략 190만 년 전의 화석이며, 대부분의 전문가가 호모 속으로 분류한다. 1813은 요즘 호모 하빌리스(*Homo babilis*)로 분류

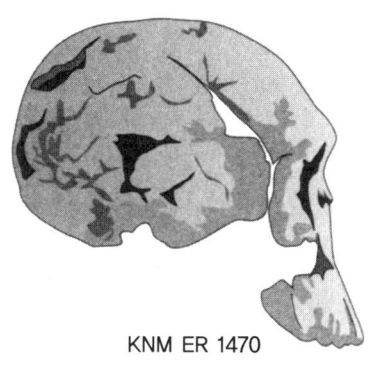

KNM ER 1470

되는데, 늘 그랬던 것은 아니다. 1470도 최근까지는 그렇게 분류되었지만, 요즘은 호모 루돌펜시스(*Homo rudolfensis*)로 재분류하려는 움직임이 있다. 우리의 학명이란 얼마나 변덕스럽고 일시적인지 다시 느껴보라.

하지만 상관없다. 둘 다 호모 속을 거점으로 한다는 데는 합의가 이루어진 듯하니 말이다. 플레스 부인 일족과 이들을 가르는 명백한 차이라면, 플레스 부인은 얼굴이 좀 더 앞으로 튀어나왔고 뇌 공간이 작다는 것이다. 그 두 가지 면에서 1813과 1470은 보다 인간을 닮았고, 플레스 부인은 보다 '유인원형'이다.

이제 '트위기(Twiggy)'라고 불리는 두개골을 살펴보자(266쪽). 트위기도 요즘은 보통 호모 하빌리스로 분류된다. 하지만 주둥이 부분이 상당히 돌출된 것을 볼 때, 1470이나 1813보다는 플레스 부인에 더 가까운 느낌이다. 한때 어떤 인류학자들은 트위기를 오스트랄로피테쿠스 속에 넣고 또 다른 인류학자들은 호모 속에 넣었다는 말을 들어도 여러분은 이제 별로 놀라지 않을 것이다. 사실, 세 화석 각각이 과거 다양한 시점에 호모 하빌리스로도, 오스트랄로피테쿠스 하

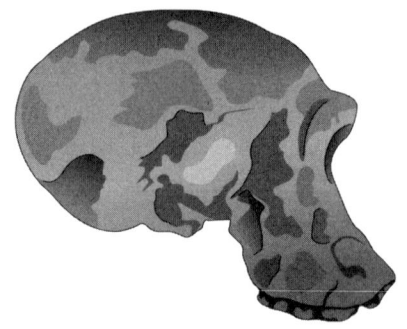

트위기

빌리스로도 분류되었다. 앞서 말했듯이, 1470은 다른 종명을 받기도 했다. 하빌리스가 아니라 루돌펜시스라고도 불리고는 했다. 설상가상으로 루돌펜시스라는 종명은 오스트랄로피테쿠스 속에도, 호모 속에도 붙은 적이 있다. 요약하자면, 세 화석은 다양한 시점에 다양한 전문가들에 의해 다양한 이름들로 불렸다.

- KNM ER 1813: 오스트랄로피테쿠스 하빌리스, 호모 하빌리스
- KNM ER 1470: 오스트랄로피테쿠스 하빌리스, 호모 하빌리스, 오스트랄로피테쿠스 루돌펜시스, 호모 루돌펜시스
- OH 24(트위기): 오스트랄로피테쿠스 하빌리스, 호모 하빌리스

이렇게 학명에 혼선이 있는 것이 진화과학에 대한 확신을 갉아먹는 일일까? 그 반대다. 이런 생물들이 모두 진화적 중간 형태고, 한때 '잃어버린 고리'라고 불렸지만 지금은 찾아낸 고리들이라면, 충분히 예상할 만한 일이다. 오히려 분류하기 까다로울 정도로 경계선에

접근한 중간 형태들이 없는 것이야말로 우려할 상황이다.

진화적인 견해에서 보면, 화석기록이 보다 완전할 때는 이산적인 학명들을 부여하기가 불가능해진다. 이런 면에서는 화석이 이토록 드문 것이 운 좋은 일인지도 모르겠다. 절대 끊이지 않고 연속된 화석기록이 주어진다면, 딱딱 구별되는 종과 속 학명을 붙이는 일이 불가능할 테니 말이다. 적어도 몹시 문제가 될 것이다. 고인류학자들의 주된 분쟁 요인(이러이러한 화석이 이 종 또는 속에 속하느냐 아니면 저기에 속하느냐)은 본질적으로 헛된 것이다. 물론 흥미롭긴 하지만.

우리가 요행히 모든 진화적 변화를 보여주는 연속적인 화석기록의 축복을 받았다고 생각해보자. 잃어버린 고리가 전혀 없다고 가정하고, 1470 두개골에 적용되었던 라틴어 학명들을 살펴보자. 표면적으로, 하빌리스에서 루돌펜시스로의 변화는 오스트랄로피테쿠스에서 호모로의 변화보다 사소한 것으로 보인다. 한 속의 두 종은 두 속보다는 서로 가깝다. 그렇지 않은가? 그런 근거에서 속 차원[가령 아프리카 유인원에서 호모냐 판(Pan)이냐]과 종 차원[침팬지 내에서 트로글로디테스(troglodytes)냐 파니스쿠스(paniscus)냐]을 구분하는 것 아닌가? 그렇다! 계통수에서 가지들의 말단에 위치한 현생 동물들을 분류할 때는 그게 옳은 말이다.

그런데 현생 동물의 선조들은 나무의 더 안쪽에 위치해 있고, 다 죽어서 사라졌다고 봐도 좋다. 한참을 거슬러가야 서로 만나는 가지들(나무 안쪽으로 한참 들어가야 만나는 가지들)보다는 말단에서 접합부까지의 거리가 가까운 가지들(공통선조와 가까운 가지들)이 서로 더 닮은 경향이 있는 게 당연하다. 우리의 분류체계는 이미 죽은 선조들을 분류하려고 하지 않는 한 잘 작동한다. 하지만 앞서 가정한 완전한 화석기록을 여기에 포함시키면, 그 순간 깔끔했던 구분들이 죄다 무너진다. '이산적인 학명 붙이기'를 일반규칙으로 삼기가 불가능해진다. 2장에서 토끼들을 대상으로 사고실험을 했던 것처럼, 천천히 시간을 거슬러가보면 이 점을 이해할 수 있다.

우리가 현대 호모 사피엔스의 계통을 따라 올라가면, 언젠가는 반드시 살아 있는 사람들과 너무 차이가 나서, 가령 호모 에르가스테르(*Homo ergaster*)라고 다른 종명을 붙여야 하는 때가 올 것이다. 그렇지만 과정의 각 단계에서 모든 개체는 제 부모자식과 같은 종으로 취급하기에 충분할 만큼 아주 비슷했을 것이다. 호모 에르가스테르의 계통을 더 따라 올라가보자. 언젠가는 개체들이 '주류' 에르가스테르들과 상당히 달라져서, 가령 호모 하빌리스라고 새 종명을 붙여야 하는 때가 올 것이다. 이제 논증의 핵심에 거의 다다랐다. 더 거슬러 올라가면, 언젠가는 개체들이 현대의 호모 사피엔스와는 크게 차이가 나서, 가령 오스트랄로피테쿠스라고 다른 속명을 붙여야 하는 시점이 올 것이다.

문제는 '현대의 호모 사피엔스와 상당히 다르다'는 것과 '최초의 호모와 상당히 다르다'는 것은 별개의 이야기라는 점이다. 이 사례에서 최초의 호모는 호모 하빌리스다. 그렇다면 최초의 호모 하빌리스 표본이 태어났을 때를 생각해보자. 그 부모는 오스트랄로피테쿠스였다. 자식이 부모와 다른 속에 속한다는 말인가? 그런 어처구니없는 일이? 그러나 분명한 사실이다.

현실이 잘못된 게 아니라, 모든 생물을 이름표 달린 분류체계에 밀어넣으려고 하는 인간의 고집이 잘못된 것이다. 현실에서는 최초의 호모 하빌리스 표본이라는 생물 따위는 없었다. 어떤 종이든, 어떤 속이든, 어떤 목이든, 어떤 강이든, 어떤 문이든 최초의 표본이라는 것은 없었다. 세상에 살았던 모든 생물은 (당시에 동물학자가 돌아다니면서 분류를 했다면) 제 부모자식과 정확하게 같은 종으로 분류되었을 것이다. 하지만 우리가 현대에 와서 '돌아본다'는 시점 때문에, 그리고 대부분의 고리를 잃어버렸다는 유익한 사실 덕분에(그렇다, 이런 역설적인 의미에서는 유익하다), 우리가 이산적인 종·속·과·목·강·문으로 분류를 할 수 있는 것이다.

나는 완전하게 면면히 이어진 화석기록이 정말로 있었으면 좋겠다. 모든 진화적 변화를 과거에 일어났던 그대로 영화처럼 기록해둔 화석들이 정말이지 있었으면 좋겠다. 이러이러한 화석을 이 종에 넣을지 저 종에 넣을지, 이 속에 넣을지 저 속에 넣을지를 두고 평생 반목을 일삼는 동물학자들과 인류학자들의 체면을 확 구겨주고 싶다는 이유도 결코 무시하지 못한다. 신사 여러분(왜 숙녀 여러분인 경우는 드문지 정말 궁금하다)! 여러분은 지금 현실이 아니라 단어를 놓고 싸우는 겁니다. 다윈도 《인간의 유래》에서 말했다. "모종의 유인원 같은 생물에서 오늘날의 인간으로 이어진 과정은 눈에 띄지 않게 점진적으로 변한 형태들의 나열이므로, 결정적인 한 점을 짚어서 이제부터 '인간'이라는 용어를 사용하기 시작해야겠다고 말하기는 불가능할 것이다."

화석을 훑어보는 일로 돌아가자. 다윈의 시대에는 '잃어버린 고리'였으나 지금은 더는 잃어버린 고리가 아닌, 좀더 최근의 화석들을 살펴보자. 1470이나 트위기처럼 때로 '호모'라고 불리고 때로 '오스트랄로피테쿠스'라고 불리는 여러 생물과 현재의 인간 사이에 놓인 중간 형태도 있을까?

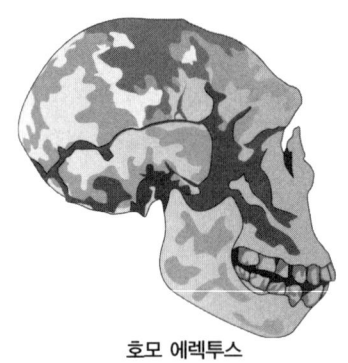

호모 에렉투스

우리는 그런 화석들을 이미 만났다. 보통 '호모 에렉투스'라고 분류되는 자바 원인이나 베이징 원인이다. 이 둘은 아시아에서 살았지만, 각종 증거로 볼 때 인간 진화의 대부분은 아프리카에서 이루어졌을 것이다. 자바 원인이나 베이징 원인 같은 종류는 모대륙 아프리카를 떠난 이주자들이었다.

아프리카 내에서 그들과 같은 위치에 있는 화석들은 요즘 보통 '호모 에르가스테르'라고 분류된다. 사실 과거에는 오랫동안 '호모 에렉투스'라고 통칭했었다. 우리의 명명이 얼마나 변덕스러운지 또 한 번 보여주는 예다. 호모 에르가스테르의 가장 유명한 표본은 '투르카나 소년(Turkana Boy)' 혹은 '나리오코토메 소년(Nariokotome Boy)'이라고 불리는 화석이다. 이것은 이제까지 발견된 인류 이전 화석들 중 가장 완전한 축에 드는데, 리처드 리키 고생물학팀의 스타 화석 발견자인 카모야 키메우(Kamoya Kimeu)가 발견했다.

'투르카나 소년'은 지금으로부터 약 160만 년 전에 살았고, 열한 살쯤에 죽었다. 그가 다 자라 성인이 되었다면 키가 180센티미터쯤 되었을 것이라는 단서들이 있다. 성인이 되었을 때의 뇌 용적을 추정해보면 대략 900세제곱센티미터(cc)가 된다. 호모 에르가스테르/에렉투스의 뇌가 대개 1,000cc 안팎이므로 전형적인 값이라고 할 수 있다. 이것은 1,300cc나 1,400cc 안팎인 현생 인류의 뇌보다는 상당히 작지만, 호모 하빌리스(600cc 안팎)보다는 크다. 호모 하빌리스는 또 오스트랄로피테쿠스(400cc 안팎)나 침팬지(대강 비슷하다)보다 크다. 300만 년 전에는 우리 선조가 침팬지만 한 뇌를 가졌지만 뒷다리로 걸었다고 결론 내렸던 것을 기억할 것이다. 그렇다면 나머지 절반의 이야기, 즉 300만 년 전에서 근세까지 오는 동안의 이야기는 뇌 크기가 증가해온 이야기일 것이라는 짐작이 가능하다. 지금 우리가 살펴본바, 실제로 그러했다.

이제 우리는 호모 에르가스테르/에렉투스의 화석 표본을 많이 갖고 있다. 이들은 오늘날의 호모 사피엔스와 200만 년 전의 호모 하빌리스를 잇는 설득력 있는 중간고리들이다. 더는 잃어버린 고리가 아니다. 호모 하빌리스는 또 300만 년 전의 오스트랄로피테쿠스와 우리를 이어주는 아름다운 연결고리고, 앞서 보았듯이 오스트랄로피테쿠스는 또 직립한 침팬지라고 묘사할 만한 생물이었다.

얼마나 더 많은 고리를 보아야 더는 '잃어버린' 고리가 없다는 데 동의하겠는가? 호모 에르가스테르와 현대 호모 사피엔스 사이의 빈틈도 메울 수 있느냐고? 물론이다! 지난 몇십만 년 안짝의 것으로 확인된 화석도 풍부하게 발견되었다. 그들이 그 중간 형태들이다. 어떤 화석들에는 호모 하이델베르겐시스(*Homo heidelbergensis*), 호모 로데시엔시스(*Homo rhodesiensis*), 호모 네안데르탈렌시스(*Homo neanderthalensis*) 같은 종명이 붙기도 했다. 다른 화석들은(때로는 방금 언급한 화석들도) '고대' 호모 사피엔스라고 불린다. 하지만 내가 거듭

지적했듯이, 이름은 중요하지 않다. 중요한 것은 더는 잃어버린 고리가 없다는 사실이다. 중간 형태들은 넘쳐난다.

일단 가서 보세요

자, 우리는 300만 년 전의 '직립보행하는 침팬지' 루시로부터 오늘날의 우리까지 죽 이어진 점진적 변화에 대해서 '괜찮은' 화석기록을 갖고 있다. 역사 부인주의자들은 이 증거에 어떻게 대처할까? 몇몇은 말 그대로 그냥 부인한다. 나는 2008년에 그런 사람을 한 명 만났다.

채널4 텔레비전에서 준비하던 〈찰스 다윈의 천재성〉이라는 다큐멘터리를 위해 인터뷰를 했는데, 내가 인터뷰한 사람은 웬디 라이트라는 여성으로 '미국을 걱정하는 여성들'이라는 단체의 회장이었다. 그녀가 '사후피임약은 소아성애증 환자들의 좋은 친구'라는 의견을 갖고 있다는 것만 보아도 그녀의 추론 능력이 어느 정도인지 짐작할 만했고, 실제로 그녀는 인터뷰 중에 그 기대에 유감없이 부응했다. 다큐멘터리에는 인터뷰의 극히 일부만 사용되었다. 여기 상세한 채록 내용을 소개하는데, 이 장의 목적에 맞게 인간 선조의 화석기록을 이야기하는 대목들만 발췌했다.

웬디: 제가 강조하고 싶은 것은, 진화론자들에게는 여전히 과학적 증거가 부족하다는 겁니다. 하지만 대신에 진화론적 주장을 지지하지 않는 과학에 대한 검열이 이루어지고 있어요. 사실은 한 종이 다른 종

으로 진화한다는 증거가 없는데 말이죠. 그게 정말이라면, 진화가 정말이라면, 새가 포유류가 되는 식으로 바뀐 게 정말이라면, 적어도 하나는 증거가 있어야지요.

리처드: 막대한 양의 증거가 있습니다. 미안한 말입니다만, 당신들은 마치 주문처럼 그 말만 반복하지요. 왜냐하면 당신이, 당신들이 서로의 말만 들으니까요. 제 말은, 눈을 뜨고 증거를 보시라는 겁니다.

웬디: 보여주세요. 저한테 그 뼈들을 보여주세요. 시체를 보여달라고요. 한 종에서 다른 종으로 넘어가는 사이에 낀 증거를 보여달란 말이에요.

리처드: 한 종과 다른 종 사이에 낀 화석이 발견될 때마다 당신들은 "아, 이제 빈틈이 두 개 생겼네요, 예전에는 하나가 있었는데요"라고 말하지 않습니까? 사실은 당신들이 보는 거의 모든 화석이 무엇과 다른 무엇의 중간 형태입니다.

웬디: (웃음) 그게 정말이라면 스미스소니언 자연사박물관에는 그런 예들이 가득하겠지만, 그렇지 않잖아요?

리처드: 그렇지 않긴요, 그렇습니다! 사람의 경우에는, 다윈의 시대 이래로 중간 형태의 사람 화석에 대한 증거가 어마어마하게 많이 쌓였습니다. 예를 들면, 다양한 오스트랄로피테쿠스 종 화석들이 있습니다. 그리고…… 호모 하빌리스도 있지요. 이것은 더 오래된 종인 오스트랄로피테쿠스와 더 최근의 종인 호모 사피엔스의 중간 형태들이에요. 그런데 왜 이것들을 중간 형태로 인정하지 않는 겁니까?

웬디: ……만약에 진화에 대한 실제 증거가 있다면, 그림으로만 있을 게 아니라 박물관에 전시되어야지요.

리처드: 제가 방금 오스트랄로피테쿠스, 호모 하빌리스, 호모 에렉투

스, 호모 사피엔스, 게다가 고대 호모 사피엔스와 현대 호모 사피엔스까지 말하지 않았습니까. 그것이 아름다운 중간 형태들의 연속인 겁니다.

웬디: 여전히 물질적인 증거는 부족하니까…….

리처드: 물질적인 증거가 거기에 있다니까요. 박물관에 가서 한번 보세요…… 제가 지금 여기서 그것들을 보여드릴 수는 없지만, 아무 박물관에나 가시면 오스트랄로피테쿠스를 볼 수 있고, 호모 하빌리스도 볼 수 있고, 호모 에렉투스도 볼 수 있고, 고대 호모 사피엔스와 현대 호모 사피엔스도 볼 수 있습니다. 아름다운 중간 형태들이지요. 이렇게 증거를 보여드렸는데도 왜 자꾸만 증거를 내놓으라고 하십니까? 박물관에 가서 보시라니까요.

웬디: 저도 봤어요. 저도 박물관에 가봤지만, 여전히 저처럼 확신하지 못하는 사람들이 이렇게 많습니다…….

리처드: 정말 보셨나요? 정말 호모 에렉투스를 보셨어요?

웬디: 바로 이렇게, 우리의 말을 짓누르고 검열하려는, 상당히 공격적인 시도가 있다고 생각해요. 참으로 많은 사람이 여전히 진화를 믿지 않는다는 사실에서 나온 절망의 표현이겠지요. 만약에 진화론자들이 정말 자신들의 신념에 확신이 있다면, 이렇게 정보를 검열하려는 시도는 하지 않을 겁니다. 진화가 여전히 증거가 부족하고 의심할 만하다는 걸 말해주는 거지요.

리처드: 저는…… 솔직히 고백해서, 절망을 느낍니다. 억압 문제가 아니라, 제가 네다섯 가지 화석을 말씀드렸는데도…… (웬디 웃음) …… 당신이 내 말을 무시하는 것 같기 때문입니다. 왜 직접 그 화석들을 볼 생각을 안 하시나요?

웬디: ……그것들이 정말로 박물관에 있다면, 저는 박물관에 많이 다녔으니까, 그것들을 객관적으로 살펴볼 기회가 있었겠지요. 하지만 제가 강조하고 싶은 점은…….

리처드: 정말로 박물관에 있습니다.

웬디: 제가 강조하고 싶은 점은, 진화라는 철학이 인류에게 참으로 위험천만한 이데올로기로 이어질 수 있다는 겁니다…….

리처드: 그래요, 다원주의에 대한 잘못된 인식들이 정치적으로 짜증나게 오용되긴 했습니다. 하지만 그것을 지적하는 대신 다원주의를 제대로 이해하려고 노력하신다면, 그런 끔찍한 오해들에 오히려 반대하는 입장을 취하게 되실 겁니다.

웬디: 사실, 우리는 진화를 선호하는 사람들한테서 아주 공격적인 시달림을 자주 받습니다. 당신들이 계속 들이미는 정보를 우리가 피해 다니는 게 아니에요. 우리라고 그런 것을 모르지 않아요. 어떻게 모르는 척할 수 있겠어요. 이렇게 항상 우리에게 강요되는데요. 하지만 제가 생각하기에, 당신들은 당신들의 정보를 보고도 여전히 당신들의 이데올로기로 넘어가지 않는 사람이 이렇게 많다는 사실에 절망을 느끼는 겁니다.

리처드: 호모 에렉투스를 정말 보셨나요? 호모 하빌리스를 정말 보셨나요? 오스트랄로피테쿠스를 정말 보셨나요? 저는 그렇게 물었을 뿐입니다.

웬디: 박물관에서나 교과서에서나 한 종에서 다른 종으로 넘어가는 진화적 차이를 보여준다고 할 때 삽화나 그림에 의존하는 것을 보았지요…… 물질적인 증거는 전혀 없고요.

리처드: 글쎄요. 원본 화석을 보려면 나이로비 박물관으로 가야 하겠지

만, 그것을 정확하게 본뜬 화석 주형들은 직접 볼 수 있습니다. 정말 볼 마음이 있으시다면 어지간히 큰 박물관에서는 다 볼 수 있을 겁니다.

웬디: 그런데 왜 그렇게 공격적이신지 물어도 될까요? 모든 사람이 당신이 믿는 대로 믿어야 하나요? 그게 왜 그렇게 중요하지요?

리처드: 저는 믿음을 이야기하는 게 아니라, 사실을 이야기하는 겁니다. 저는 구체적인 화석들을 이야기했고, 그것에 관해서 당신에게 물을 때마다 당신은 질문을 회피하고 말을 돌려버리지요.

웬디: ……하나의 고립된 증거만이 아니라 압도적으로 많은 물질적 증거가 있어야겠지요. 그러나 다시 말하지만, 증거는 없고요.

리처드: 당신들이 인간 화석에 가장 흥미가 있을 거라고 생각했기 때문에 제가 원인 화석들만 말했습니다만, 어떤 척추동물 집단에 대해서도 비슷한 화석들을 찾을 수 있습니다. 이름만 대보세요.

웬디: 하지만 제가 다시 묻고 싶은 것은, 왜 당신들은 모든 사람이 진화를 믿는 게 그렇게 중요하다고 생각하는지…….

리처드: 저는 믿음이라는 말을 좋아하지 않습니다. 저는 사람들에게 그냥 증거를 보라고 하는 편이 좋습니다. 당신에게도 증거를 보라고 하고 있지요…… 저는 당신이 박물관에 가서 사실들을 눈으로 확인하기를 바랍니다. 가만히 앉아서 증거가 없다는 말을 믿지 말고요. 그냥 가서 증거를 보세요.

웬디: (웃음) 그래요, 그래서 제가 말하고 싶은 것은…….

리처드: 웃을 일이 아닙니다. 제 말은 진짜, 진짜로 가서 보시라는 겁니다. 저는 원인 화석들을 말씀드렸지만, 박물관에 가시면 말의 진화도 볼 수 있고, 초기 포유류의 진화도 볼 수 있고, 어류의 진화도 볼 수

있고, 어류가 육지로 올라와 양서류와 파충류가 된 전이 과정도 볼 수 있습니다. 좋은 박물관에 가시면 이런 내용을 뭐든지 다 볼 수 있습니다. 그저 눈을 열고, 사실들을 보세요.

웬디: 그렇다면 저도 눈을 열고 보시라고 말하고 싶군요. 우리 각각을 창조하신 사랑의 하느님을 믿는 사람들이 세운 이 공동체들을 좀 보시라고요.

대화에서 내가 박물관에 가서 보라는 요구를 쓸데없이 집요하게 반복하는 것처럼 느껴질지도 모르겠다. 하지만 나는 진심이었다. 이 사람들은 "화석은 없다. 증거를 보여달라. 화석을 하나만이라도 보여달라……"는 말을 하도록 지도를 받았고, 하도 자주 하다 보니 그 말을 믿는 지경에 이르렀다. 그래서 나는 이 여성에게 서너 가지 화석을 지목해서 이야기함으로써 그냥 무시해버릴 수 없도록 실험해본 것이었다.

결과는 참담했다. 역사 부인주의자들이 역사적 증거와 대면할 때 가장 흔하게 동원하는 술수를 잘 보여준 사례에 그치고 말았다. 그들은 싹 무시하고, 똑같은 주문을 왼다. "화석을 보여달라. 화석이 어디에 있는가? 화석은 없다. 내가 요청하는 것은 그저 중간 형태 화석을 하나만 가져와보라는 것이다……."

또 어떤 사람들은 이름들 때문에 머리가 뒤죽박죽이 된다. 이름들은 실제로는 구분되지 않는 것을 억지로 구분하려 드는 불가피한 경향이 있기 때문이다. 중간 형태일 가능성이 있는 화석이라도 뭐든 호모 속 아니면 오스트랄로피테쿠스 속 둘 중 하나로 분류되어야 한다. 따라서 중간 형태는 없게 된다.

하지만 앞서 설명했듯이, 이것은 세상의 현실이 아니라 동물학적 명명의 규범에 따른 불가피한 결과다. 우리가 상상할 수 있는 가장 완벽한 중간 형태라 해도 호모나 오스트랄로피테쿠스 중 하나에 쑤셔넣어야 한다. 고생물학자들 중 절반은 그것을 호모로 부르고 나머지 절반은 오스트랄로피테쿠스로 부를 것이 틀림없다. 고생물학자들은 정체가 모호한 중간 형태 화석들이야말로 우리가 진화 이론에서 *기대할* 것이라는 데 합의하는 대신, 용어상의 문제를 놓고 주먹다짐이라도 할 듯 의견 대립을 함으로써, 안타깝게도 전혀 잘못된 인상을 주고 있다.

이 상황은 성인과 미성년을 가르는 법적 구분과도 비슷하다. 법적인 용도 때문에, 그리고 젊은이가 투표를 하거나 군대에 들어갈 만한 나이가 되었는지 결정하기 위해서, 절대적인 구분은 꼭 필요하다. 1969년에 영국의 법정 투표 연령은 이전의 21세에서 18세로 낮아졌다(1971년에는 미국도 마찬가지로 바뀌었다). 요즘은 16세로 더 낮추자는 말도 있다. 그 연령이 몇 살이든, 시계가 땡 하고 울려 18세(혹은 21세나 16세) 생일이 되는 순간에 우리가 정말 다른 종류의 인간이 된다고 진지하게 믿는 사람은 없을 것이다. 세상에는 아이와 성인이라는 두 종류의 인간이 존재하고 '중간 형태들은 없다'고 진지하게 믿는 사람은 없을 것이다.

성장은 여러 중간 단계를 거치는 하나의 기나긴 연속 과정이라는 것을 우리는 다 잘 안다. 사실상 전혀 성장하지 않는다고 할 수 있는 사람들도 있다. 마찬가지로, 오스트랄로피테쿠스 아파렌시스 비슷한 생물에서 호모 사피엔스로 이어진 인간의 진화 과정도 매끄럽게 이어진 부모들과 자식들의 연속 과정이었다. 어느 시점에서든 부모와 그 자식은 동시대 분류학자의 눈에는 틀림없이 같은 종으로 보였을 것이다.

우리가 후대에 과거를 돌아보기 때문에, 그리고 법적인 용도와 크게 다르지 않은 여러 이유 때문에, 현대 분류학자들은 화석 하나하나에 오스트랄로피테쿠스니 호모니 꼬리표를 매달려고 고집하는 것이다. 박물관 안내문에 '오스트랄로피테쿠스 아파렌시스와 호모 하빌리스의 중간쯤'이라고 쓰는 것은 *허락되지 않는다*. 역사 부인주의자들은 이런 명명상의 관행을 현실에서 중간 형태들이 없다는 증거로 해석한다. 그런 식이라면 우리가 만나는 모든 사람은 투표권이 있는 성인(18세 이상) 아니면 투표권이 없는 아이(18세 미만) 둘 중 하나니까, 세상에 청소년은 없다고 말할 수 있다. 법적으로 투표 연령 기준이 필요하다는 사실에 근거해 청소년은 존재하지 않는다고 증명하는 꼴이다.

화석들 이야기로 돌아가자. 창조론 주창자들의 말이 옳다면, 오스트랄로피테쿠스는 '그저 하나의 유인원'일 뿐이니 그 조상을 찾아보는 것은 '잃어버린 고리'와는 무관한 일이겠다. 그래도 우리는 내친 김에 그것들까지 살펴보자. 다소 조각조각이긴 하지만 그래도 소수의 자취가 남아 있다. 400~500만 년 전에 살았던 아르디피테쿠스(*Ardipithecus*)는 주로 이빨만 남아 있지만, 머리뼈와 발뼈도 있긴 하다. 그것을 점검해본 해부학자들은 그 생물이 직립보행했을 것이라고 추정한다. 그보다 더 오래된 오로린(*Orrorin*, 밀레니엄 원인)과 사헬란트로푸스(*Sahelanthropus*, 투마이, 280쪽 그림) 화석을 발견한 사람들도 거의 같은 결론을 내렸다.

사헬란트로푸스의 특징은 몹시 오래되었다는 것(600만 년 전이므로

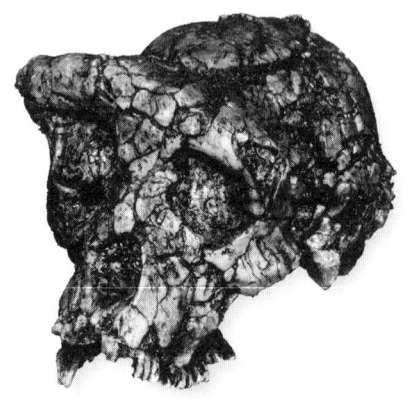

사헬란트로푸스

인간과 침팬지의 공통선조와 비슷한 연대다)과 동아프리카 지구대로부터 한참 서쪽에서 발견되었다는 것(차드에서 발견되었는데, 화석의 별명인 '투마이'는 그곳 말로 '생명의 희망'을 뜻한다)이다. 오로린과 사헬란트로푸스를 발견한 사람들이 각기 이족보행성을 주장하는 데 대해 다른 고인류학자들은 회의적이다. 그리고 냉소적인 사람이라면 놓치지 않을 대목인바, 문제적 화석에 의혹을 품은 사람들 중에는 다른 화석의 발견자들이 포함되기 마련이다! 고인류학은 과학의 어느 분야보다도 경쟁이 극심하기로(활기차다고 해야 할까?) 악명이 높다.

직립보행한 유인원 오스트랄로피테쿠스와 (아마도) 사족보행하는 동물이었을, 인간과 침팬지의 공통선조를 이어주는 화석은 여전히 빈약하다. 우리는 선조들이 어떻게 뒷다리로 일어서게 되었는지 아직 모른다. 화석이 더 필요하다. 하지만 적어도 침팬지만 한 뇌를 지녔던 오스트랄로피테쿠스에서 풍선 같은 두개골에 큰 뇌를 지닌 현대 호모 사피엔스까지의 진화적 전이를 보여주는 화석기록을 충분

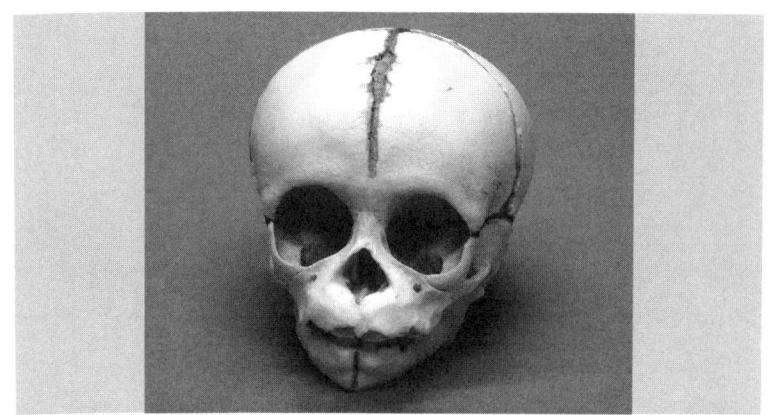

출생 직전의 침팬지

히 즐길 수 있다는 사실에 대해서만큼은 기뻐하자. 다윈에게는 그것마저 없었다.

나는 이 장 내내 두개골 사진들을 보여주면서 그것들을 비교해보라고 권했다. 여러분은 몇몇 화석에서, 가령 주둥이나 눈두덩이 돌출된 것을 눈치 챘을 것이다. 때로는 차이가 꽤 미묘해서, 한 화석에서 후대의 화석으로 넘어가는 전이 과정이 실로 점진적이라는 것을 느끼게 된다. 그런데 이 대목에서 복잡한 내용을 하나 더할까 한다. 연속된 세대의 성인들을 비교한 변화보다 한 개체가 평생 성장하며 겪는 변화가 언제나 훨씬 더 극적이라는 사실이다. 이것은 그 자체로 흥미로운 이야깃거리다.

위 두개골은 출생 직전 침팬지의 것이다. 256쪽에서 본 어른 침팬지의 두개골과는 전혀 다르고, 오히려 인간을 꽤 닮았다(인간 어른도 닮았고 아기도 닮았다). 어린 침팬지와 어른 침팬지를 나란히 보여주는 유명한 사진도 있다(282쪽). 이 사진은 인간이 유아적 특징들을 성인

잃어버린 사람들? 다시 찾은 사람들 | 281

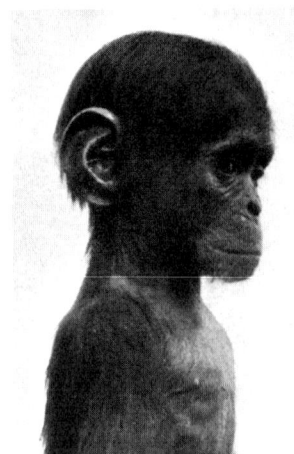 

어린 침팬지와 어른 침팬지를 보여주는 허버트 랑의 사진

기까지 간직하는 방향으로 진화했다는 흥미로운 의견의 근거처럼 사용되곤 한다(혹은 인간이 몸은 아직 유아적인 상태에서 성적으로 성숙한다는 의견인데, 두 이야기가 꼭 같은 것은 아니다). 이 사진이 진짜라고 하기에는 너무 그럴싸하다는 생각이 들어서, 나는 동료인 데즈먼드 모리스 (Desmond Morris, 영국의 동물행동학자, 《털 없는 원숭이》로 유명하다_옮긴이) 에게 전문가적인 의견을 구했다.

사진이 가짜일 수도 있을까? 이렇게나 사람을 닮은 어린 침팬지를 모리스도 본 적이 있을까? 모리스는 어린 침팬지의 등과 어깨에 대해서는 회의적이지만 머리는 괜찮아 보인다고 했다. "침팬지들은 구부정한 자세가 특징인데, 이 녀석은 너무 멋지게 쭉 뺀 사람 같은 목을 갖고 있군요. 하지만 머리만 놓고 보면, 믿을 만한 사진인 것 같습니다."

이 책의 그림 조사를 담당한 쉴라 리가 이 유명한 사진의 출처를 추적한 결과, 미국 자연사박물관이 주관한 1909~1915년의 콩고 탐험 당시에 찍은 것이었다. 사진을 찍을 때 동물들은 이미 죽은 상태였고, 쉴라가 지적한 바에 따르면, 사진을 찍은 허버트 랑이 박제 제작도 맡았다. 묘할 정도로 사람을 닮은 아기 침팬지의 자세는 박제할 때 속을 잘못 채운 결과라고 결론 내리고 싶지만, 박물관에 따르면 속을 채우기 전에 사진을 찍었다고 하니, 그렇진 않은가 보다. 어쨌든 죽은 침팬지를 이리저리 만져서 살아 있는 침팬지가 취하지 못하는 자세로 만드는 것은 가능할 것이다. 데즈먼드 모리스의 결론은 유효한 듯하다. 아기 침팬지의 사람 같은 어깨 모양에는 의심이 가지만, 머리는 믿을 만하다.

어깨가 진실성을 다소 의심하게 하지만 머리라도 있는 그대로 받아들이면, 우리는 성체들의 화석 두개골을 비교하는 것이 우리를 잘못된 길로 이끌지도 모른다는 사실을 깨달을 수 있다. 좀 더 건설적으로 표현하자면 이렇다. 성체와 유아의 머리 모양이 극명하게 다른 것을 볼 때, 주둥이 돌출 같은 특징이 사람을 더 닮는 방향으로(혹은 덜 닮는 방향으로) 변하는 것은 극히 쉬운 일일지도 모른다. 침팬지의 발생 과정은 사람을 닮은 머리를 어떻게 만드는지 '알고' 있다. 모든 유년기 침팬지에 대해서 실제 그 일을 수행하고 있지 않은가.

오스트랄로피테쿠스가 다양한 중간 형태들을 거치며 호모 사피엔스로 진화했을 때, 그러면서 줄곧 주둥이 돌출부를 줄여왔을 때, 어쩌면 유년기의 특징들을 성년기까지 존속시키는 방법을 사용했을 가능성이 충분하다(2장에서 언급한 유형성숙이다). 진화적 변화의 상당 부분은 특정 신체 부위의 상대적 성장 속도를 바꿈으로써 이루어진 것이다. 이것을 의시성(서로 다른 시기의) 성장이라고 한다.

우리가 발생학적 변화에서 관찰되는 확연한 사실들을 받아들이는 한, 진화적 변화는 누워서 떡 먹기로 보일 수밖에 없다. 이것이 내 요지다. 배아는 차등적 성장을 통해 형성된다. 서로 다른 부위들이 서로 다른 속도로 자란다. 아기 침팬지의 두개골이 어른 두개골로 변할 때, 턱과 주둥이의 뼈들은 다른 머리뼈들에 비해서 상대적으로 빨리 자란다. 반복하면, 모든 종의 모든 개체가 발생 과정에서 겪는 변화는 지질학적 시대에서 세대가 바뀔 때 성체 형태들이 달라지는 변화보다 훨씬 극적이다. 이것은 발생학이 진화에 어떻게 연관되는 지를 다룰 다음 장에 대한 예고이기도 하다.

YOU DID IT YOURSELF IN NINE MONTHS

8

우리가 아홉 달 만에
스스로 해낸 일

신다윈주의를 세운 세 선각자(집단유전학의 창시자로 홀데인과 로널드 피셔, 시월 라이트 세 사람이 꼽힌다_옮긴이) 중 하나이자 그 밖에도 훨씬 많은 일을 한 성마른 천재 J. B. S. 홀데인은, 어느 날 대중강연 직후에 한 여성으로부터 도전적인 질문을 받았다. 이것이 구전된 일화인데다가 정확한 내용을 확인해줄 존 메이너드 스미스(John Maynard Smith, 영국의 진화생물학자로 원래 항공공학을 전공했으나 홀데인의 책을 읽고 생물학으로 옮겨 홀데인 아래에서 박사학위를 땄다_옮긴이)마저 죽고 없지만, 대화는 대략 이렇게 오갔다고 한다.

진화 회의론자: 홀데인 교수님, 교수님께서 비록 진화에 수십억 년이 주어졌다고 말씀하셨지만, 저는 단순한 하나의 세포가 복잡한 인간의 몸이 될 수 있다는 사실을 도무지 믿지 못하겠어요. 뼈와 근육과 신경으로 조직된 수조 개의 세포, 수십 년 동안 쉼 없이 펌프질하는 심장, 한없이 길고 긴 혈관과 콩팥 세관, 생각하고 말하고 느끼는 뇌를 가진

몸이 어떻게 만들어질 수 있었을까요?

J. B. S.: 하지만 부인, 부인께서도 직접 그 일을 하셨습니다. 그것도 아홉 달밖에 걸리지 않았지요.

예상치 못한 방향으로 발상을 전환시킨 홀데인의 응수에 질문자는 순간 당황했을 것이다. 의표를 찔렸다는 말로도 부족할지 모른다. 하지만 아마도 한 가지 점에서만큼은 홀데인의 대답이 질문자를 만족시키지 못했을 것이다. 그녀가 보충질문을 했는지 어쨌는지는 모르지만, 만약에 했다면 아마 이런 기조였으리라.

진화 회의론자: 물론이죠. 하지만 발생하는 배아는 유전적 지침을 따르지요. 복잡한 몸을 만드는 법을 지시하는 그 *지침들이* 자연선택에 의해 진화했다고 교수님께서는 주장하셨지요. 그렇지만 저는 설령 10억 년이 주어지더라도 그런 것이 진화할 수 있을지, 여전히 못 믿겠는데요.

어쩌면 그녀의 지적이 옳다. 만에 하나 신의 지성이 생물의 복잡성을 설계했다는 주장이 사실로 입증되더라도, 신이 점토로 모형을 빚듯이 생물의 몸을 *제작한* 것은 결코 아닐 것이다. 목수, 도예가, 재단사, 자동차 제작자의 작업 방식은 절대 아니었을 것이다. 우리는 '멋지게 발달'했을지는 몰라도 멋지게 *만들어지지는* 않았다. "주께서 그 빛나는 색깔을 만들어주었고 / 주께서 그 작은 날개를 만들어주었지"라는* 아이들 노래는 어린아이다운 잘못된 생각일 뿐이다. 신이 무엇을 했는지는 몰라도, 하여간 절대 빛나는 색깔들과 작은 날개들을 만들지는 않았다. 신이 정말로 무슨 일인가를 했다면, 아마 사물들의 배아 발생 과정을 감독하는 일이었을 것이다. 가령 유전자 접합을 통해 자동적인 발달을 지시하거나 했을 것이다. 날개는 만들어지지 않는다. 날개는 수정란 속의 작은 돌기로부터 (점진적으

■ 〈세상의 모든 밝고 아름다운 것〉이라는 노래에 대해 독자들이 나만큼 향수를 느끼지 않을 것이라는 충고를 들었다. 그것은 1848년에 C. F. 알렉산더 부인이 아이들을 위해 쓴 영국 국교회 성가로, '우리 주 하느님께서 그 모두를 만드셨지'라는 후렴구로 자연의 아름다움을 안온하게 찬양하는 가사다(한 소절에서는 정치적 현상 유지도 찬양한다). 이 노래를 끝내주게 패러디한 가사를 에릭 아이들(Eric Idle)이 써서 몬티 파이선 팀이 부르기도 했다.

세상의 모든 칙칙하고 추한 것
세상의 모든 작달막하고 땅딸막한 생물
세상의 모든 무례하고 성가신 것
우리 주 하느님께서 그 전부를 만드셨지.

독이 있는 뱀 하나하나를
쏘아대는 말벌 하나하나를
주께서 그 잔인한 독을 만들어주었고
주께서 그 끔찍한 날개를 만들어주었지.

세상의 모든 질병과 암을
세상의 모든 크고 작은 죄악을
세상의 모든 더럽고 위험한 것을
우리 주 하느님께서 그 모두를 만드셨지.

성가신 작은 벌 하나하나를
괴상한 작은 오징어 하나하나를
뾰족한 성게를 누가 만들었을까?
상어를 누가 만들었을까? 바로 그 분!

세상의 모든 딱지와 궤양을
세상의 모든 크고 작은 피부병을
썩고, 더럽고, 짓무르는 모든 것을
우리 주 하느님께서 그 모두를 만드셨지.

로) 자란다.

　중요한 점이기에 반복하자면, 영생의 신은 절대로 작은 날개를 만들지 않았다. 이것은 너무나 명백한 사실이건만 어떤 이들에게는 그렇지 않은가 보다. 설령 신이 무언가를 만들었더라도(내 견해에서는 그랬을 리가 없지만, 지금은 그 이야기를 하자는 것이 아니니 일단 넘어가자), 그것은 발생학적 *조리법*이었다. 아니면 작은 날개(더불어 수많은 다른 것들)의 발생학적 발달을 통제하는 컴퓨터 프로그램 같은 것이었다. 신이 조리법을 설계하거나 날개의 프로그램을 짜는 것도 날개를 직접 만드는 일 못지않게 창의적이고 숨 막히는 기예라고 얼마든지 주장할 수 있을 것이다. 하지만 내가 이야기하고 싶은 것은 다른 문제다. 나는 날개 등을 만드는 작업과 발생에서 실제로 벌어지는 현상을 확실히 구분해 보이고 싶다.

안무가가 없는 춤

　발생학의 초기 역사는 전성설과 후성설이라는 상반되는 두 교리로 찢겨 있었다. 양자가 항상 선명하게 구분되는 것은 아니므로, 잠시 두 용어를 설명하고 넘어가자. 전성론자들은 난자(혹은 정자. 전성론자들은 다시 '난자파'와 '정자파'로 나뉘었다)에 초소형 아기 또는 '호문쿨루스(homunculus)'가 들어 있다고 믿었다. 작은 인간의 몸 전체가 정교하게 갖춰져 있고, 부분들 간의 배치도 정확해, 풍선인형처럼 부풀려지기만을 기다린다는 것이다.

　이런 시각에서는 명백한 문제들이 발생했다. 첫째, 적어도 순진한 형태의 초기 전성설에 따르자면, 우리는 부모 중 한쪽으로부터만 특징을 물려받게 된다. 난자파가 옳다면 어머니에게, 정자파가 옳다면 아버지에게만 물려받는다. 다들 알다시피, 이것은 사실이 아니다. 둘째, 이런 종류의 전성론자들은 호문쿨루스 안에 호문쿨루스가 들어 있는 러시아 인형 같은 상황이 무한히 과거로 거슬러 올라간다는 문제에 직면했다. 어쩌면 무한하지는 않겠지만, 적어도 이브까지(정자파들이라면 아담까지)는 죽 올라갈 것이다. 역행에 대한 유일한 탈출구는 세대마다 바로 앞 세대의 몸을 정밀하게 복시함으로써 새롭게 호문쿨루스를 만들어내는 것이다. 그러나 '획득 형질의 유전'은 현실에서 이루어지지 않는다. 그게 사실이라면 유대인 남자아이들은 음경포피가 없는 채로 태어날 테고, 체육관 단골인 보디빌더는 (카우치 포테이토인 쌍둥이 형제와는 달리) 울뚝불뚝한 복근과 흉근과 둔근을 지닌 아기를 낳을 것이다.

전성론자들을 공정하게 취급하기 위해서 덧붙이자면, 그들도 논리적으로 반드시 발생하는 역행 문제에 정정당당하게 대응했다. 그 해결책이라는 것이 참 한심해 보이지만 말이다. 적어도 몇몇 전성론자는 최초 여성(혹은 남성)의 몸에 모든 후손의 배아가 축소된 상태로 담겨 있었다고 진심으로 믿었다. 러시아 인형처럼 첩첩이 담겨 있었다는 것이다. 어쩌면 그들이 그렇게 믿을 수밖에 없었다고도 할 수 있다. 왜 그런가 하는 것은 이 장의 요지를 예견하는 내용이기도 하므로, 좀 더 설명해도 괜찮겠다.

아담은 태어난 것이 아니라 '만들어졌다'고 믿는다면, 아담에게는 유전자가 없었다는 말이 된다. 적어도 아담 스스로 발달하기 위해서 유전자가 필요하지는 않았을 것이다. 아담은 발생을 겪지 않았고, 갑자기 '짠!' 하고 등장했다. 빅토리아 시대의 작가 필립 고스 (Philip Gosse, 에드먼드 고스의 《아버지와 아들》에 묘사된 그 아버지다)는 《옴파로스(Omphalos)》라는 책에서(옴파로스는 그리스 말로 '배꼽'이라는 뜻이다) 그와 비슷한 추론을 펼치면서, 아담 본인은 출생을 겪지 않았지만 그래도 그에게 배꼽이 있어야 한다고 주장했다.

이런 옴파로스적 논증을 더욱 세련되게 펼치면, 우리에게서 수천 광년 이상 떨어진 먼 별들은 지구까지 죽 뻗어 있는 광선들을 갖춘 채로 창조되었다는 말이 된다. 그렇지 않다면 우리가 그들을 한참 먼 미래까지도 볼 수 없을 테니 말이다!

옴파로스 논리를 놀리는 게 실없는 짓으로 보일지도 모르지만, 사실은 여기에 이 장의 주제인 '발생'에 관한 진지한 논점이 들어 있다. 이것은 파악하기가 상당히 까다로운 논점이다. 솔직히 말해서 나도 아직 이해하려고 노력하는 중이다. 그러므로 다양한 각도에서 이야기에 접근해보자.

전성설은 앞서 언급한 이유들 때문에 애초부터 가망이 없는 이론이었다. 적어도 원래의 '러시아 인형' 형태로는 그랬다. 혹시 DNA 시대에 합리적으로 되살릴 만한 형태의 전성설이 있을까? 글쎄, 어쩌면 있을지도 모르지만 나는 의심스럽다. 생물학 교과서들은 DNA가 인체 형성의 '청사진'이라는 표현을 자주 쓴다. 하지만 그것은 사실이 아니다. 자동차나 건물의 청사진이라면 종이의 그림과 완성된 생산물이 일대일로 대응한다. 따라서 청사진은 가역적이다. 일대일 대응이 되기 때문에, 청사진으로 집을 지을 수 있듯이 집을 놓고 청사진을 그릴 수도 있다. 어쩌면 후자가 더 쉬울지도 모른다. 전자는 집을 정말 *건축해야* 하지만, 후자는 여기저기를 측정해서 청사진을 *그리면* 그만이니 말이다. 하지만 동물의 몸을 아무리 세세하게 측정하더라도 그로부터 DNA를 재구성할 수는 없다. 그렇기 때문에 DNA가 청사진이라고 말하는 것은 거짓말이다.

이론적으로 DNA가 몸에 대한 묘사를 암호화한 상황을 상상해볼 수는 있다. 어느 외계 행성에서는 정말 그럴지도 모른다. 말하자면 일종의 삼차원 지도를 DNA '문자들'의 직선적 부호로 바꿔내는 것이다. 그런 경우라면 DNA가 가역적일 수 있다. 몸을 스캔해 유전적 청사진을 그린다는 것이 전적으로 우스운 발상만은 아닐 것이다.

DNA의 작동 방식이 그런 식이라면 그것이야말로 일종의 새로운 전성설이다. 그렇다면 러시아 인형 유령도 등장하지 않는다. 다만, 부모 중 한쪽에게만 유전물질을 물려받는다는 유령은 어떻게 되는지, 그것은 나도 잘 모르겠다. DNA는 부계 정보 절반을 모계 정보 절반과 정확하게 섞어내는 대단한 기술을 갖고 있다. 하지만 스캔을 하는 경우라면 어떻게 어머니의 몸 절반과 아버지의 몸 절반을 섞을 것인가? 넘어가자. 현실에서 너무 멀어지는 이야기다.

DNA는 단연코 청사진이 아니다. 성인의 형태로 빚어진 아담과는 달리, 현실의 모든 몸은 하나의 세포가 배아, 태아, 아기, 어린이, 청소년 등 여러 중간 단계를 거치며 발달하고 성장한다. 어느 외계 세상에서는 생물들이 암호화된 스캔 정보를 읽은 뒤, 질서정연한 삼차원 생물 픽셀들을 그려내듯이, 머리부터 발끝까지 몸을 조립할지도 모른다. 하지만 우리 지구에서는 일이 그렇게 돌아가지 않는다. 그리고 사실, 나는 어느 행성에서든 그런 식으로 되지는 않으리라고 생각한다. 이 또한 다른 곳에서 다뤘던 내용이니 이 책에서는 더 논하지 말자.*

전성설에 대한 역사적 대안은 후성설이다. 전성설이 온통 청사진 이야기라면, 후성설은 조리법이나 컴퓨터 프로그램에 더 가까운 이야기다. 후성설에 대한 《옥스퍼드 영어사전 축약판》의 정의는 제법 현대적이다. 이 용어를 고안했던 아리스토텔레스가 아래 정의를 이해할지 의문이다.

후성설 유기체가 최초의 분화되지 않은 전체로부터 점진적으로 분화하며 발달한다는 이론.**

이 후성설에 대해 루이스 월퍼트(Lewis Wolpert)가 공저한 《발생 원리(Principles of Development)》에서는 "새로운 구조가 점진적 과정을

■ 생물학자와 컴퓨터과학자의 접점에 있는 사람들을 위해 덧붙인다. 찰스 시모니는 이 장의 초고를 읽은 후 뛰어난 소프트웨어 설계자로서의 권위를 담아 다음과 같은 의견을 적어주었다. "……(눈, 뇌, 피 등에 대한) 조리법은 같은 것에 대한 청사진보다 훨씬 단순합니다(비트나 염기쌍 단위로 잴 때). 청사진에서의 작은 변이는 긍정적인 효과를 미치기가 거의 어렵기 때문에, 진화는 말 그대로 불가능했을 것입니다(10^100년보다 짧은 시간 안에는). 반면 조리법에서의 변이는 영향을 미칠 수 있습니다." 내가 만든 컴퓨터 〈생물 형태〉와 〈절지 형태〉를 언급하면서(2장), 시모니 박사는 이어 말했다. "당신이 (《눈먼 시계공》과 《불가능의 산을 오르다》를 위해 프로그래밍했던) 인공 생물들은 모두 조리법으로 묘사된 것이지, 청사진으로 묘사된 것이 아니었습니다. 만약에 청사진이라면 검은 선으로 된 벡터들이 뒤범벅된 그림이었겠지요. 그 검은 선의 끝점들을 한 번에 하나씩, 아니면 한 번에 두 개씩 변이시킴으로써 그림의 진화를 실험하는 것을 상상이나 할 수 있습니까?" 빌 게이츠가 "시대를 통틀어 가장 훌륭한 프로그래머"라고 평했던 사람에게서 나온 말이니 당연하겠지만, 이것은 컴퓨터 생물 형태에 정확하게 들어맞는 지적이다. 살아 있는 생물에게도 틀림없이 맞는 말일 것이다.

■■ 후성설(epigenesis)을 후생유전학(epigenetics)과 혼동할 위험이 있다. 후자는 요즘 생물학계에서 반짝 인기를 누리는 유행어다. 후생유전학의 뜻이 무엇이든(열광적인 지지자들끼리도 합의를 이루지 못하는 듯하고, 다른 생물학자들과는 말할 것도 없다), 내가 여기서 말하고 싶은 것은 그것과 후성설은 다르다는 것뿐이다.

통해 생겨난다는 발상"이라고 정의한다. 어떻게 보면 후성설은 자명한 진실이다. 하지만 언제나 세부가 중요하고, 악마는 세부에 깃드는 법이다. 생물체는 어떻게 점진적으로 발달할까? 최초의 분화되지 않은 전체는 청사진도 없는데 어떻게 점진적으로 분화하는 법을 알까? 나는 이 장에서 계획된 건축과 *자기조립*을 구분해 보이고 싶은데, 그것은 전성설과 후성설의 구분과 얼추 일치한다. 계획된 건축이 무엇인지는 누구나 알 것이다. 우리가 주변에서 보는 건물들과 여타 인공물들이 다 그렇게 만들어졌으니 말이다. 한편 발생에 있어서는, 진화에서 자연선택이 차지하는 위치를 자기조립 원리가 차지한다. 발생과 진화는 결코 같은 과정이 아니지만, 둘 다 자동적이고, 의도적이지 않고, 계획되지 않은 수단들을 통해서, 겉보기에는 주도면밀하게 계획한 듯한 결과를 얻는다는 점은 같다.

J. B. S. 홀데인은 회의론적 질문자에게 진실을 말해준 것이었다. 하지만 홀데인도 하나의 세포가 자라서 복잡한 인체가 된다는 사실이 기적에 가까우리만치(실제로 기적은 아니다) 신비하다는 점은 부정할 수 없었을 것이다. 그것이 DNA 지침들의 도움을 받아 수행되는 기교라는 점을 알면 신비감이 다소 사그라지지만, 그래도 신비는 남는다. 왜냐하면 자기조립을 통해서 인체를 만들어내는 지침을 처음에 어떻게 갖게 되었는지, 이론으로라도 상상하기가 쉽지 않기 때문이다. 자기조립은 컴퓨터 프로그래머들이 '상향식' 과정이라고 부르는 작업과 닮았다. 그 반대는 '하향식'이다.

먼저 건축가가 대성당을 설계한다. 다음으로 건축 작업을 각각의 분과로 나누어 위계적인 명령체계를 통해 하달한다. 명령이 차례차례 더 하위의 분과로 전달되고, 결국 석공이나 목수나 유리공 한 명한 명에게까지 전달된다. 일꾼들이 일을 다 마치면 대성당이 완성된다. 건물은 건축가의 원래 그림과 상당히 닮았다. 이것이 하향식 설계다.

상향식 설계는 전혀 다르게 작동한다. 나는 전혀 믿지 않는 말이지만, 중세 유럽의 멋진 대성당들 중 몇몇은 건축가 없이 지어졌다는 신화가 있다. 아무도 성당을 설계하지 않았다는 것이다. 석공들과 목수들 각각이 자기 일을 알아서 했고, 제 나름의 기술을 적용했고, 자기가 맡은 구석에만 관심을 기울였으며, 남들이 무슨 일을 하고 전체 계획이 무엇인지에 대해서는 신경을 쓰지 않았다. 그런 무정부적인 상태에서 어찌어찌 대성당이 솟아났다. 정말로 그랬다면, 그것이 상향식 건축이다. 그러나 신화는 신화일 뿐, 실제로는 대성당들이 그런 식으로 지어지지 않은 게 분명하다.* 하지만 흰개미 언덕이나 개미집은 이와 아주 비슷한 방식으로 건설된다. 배아의 발생도 그렇다. 그래서 발생 과정은 우리에게 친숙한 건축 과정이나 제작 과정과는 너무나도 다르게 느껴지는 것이다.

같은 원리가 어떤 종류의 컴퓨터 프로그램들에도 적용되고, 어떤 종류의 동물 행동들에도 적용되며, 두 가지를 하나로 묶어서 어떤 종류의 동물 행동을 모방한 어떤 컴퓨터 프로그램에도 적용된다. 우리가 찌르레기들의 떼짓기 행동을 이해하고 싶다고 하자. 유튜브에서 찾아보면 굉장한 영상이 몇 개 올라오는데, 컬러 화보 16쪽의 사

■ 내가 중세사학자 크리스토퍼 타이어만(Christopher Tyerman) 박사에게 물어본 결과, 이것은 정말로 신화일 뿐이다. 이 신화는 빅토리아 시대에 모종의 이상주의적 이유들 때문에 발명된 것으로, 털끝만큼도 사실이 아니란다.

진들은 그런 동영상에서 얻었다. 옥스퍼드 근처 오트무어의 하늘에 펼쳐졌던 발레 같은 편대비행 광경을 딜런 윈터가 영상에 담은 것이다. 찌르레기들의 행동에서 놀라운 점은, 그 멋진 공연에도 불구하고 안무가가 없다는 점이다. 우리가 아는 한 찌르레기들에게는 지도자가 없다. 한 마리 한 마리가 국지적인 규칙을 따를 뿐이다.

찌르레기 떼의 개체 수는 무려 수천 마리일 때도 있지만, 새들은 거의 한 번도 서로 충돌하지 않는다. 참 다행스러운 일이다. 그들의 비행 속도로 보아, 충돌이 일어나면 심각하게 다칠 테니 말이다. 무리가 다 함께 방향을 틀며 선회하는 것을 보면 정말이지 '하나'의 개체 같다. 가끔 두 무리가 반대 방향으로 날면서 뒤섞여 지나는 것처럼 보일 때가 있는데, 그럴 경우에도 각각의 무리가 통일성을 유지한다. 이것은 거의 기적에 가까워 보이는 광경이지만, 사실 두 무리는 카메라로부터 서로 다른 거리에 있을 뿐 정말로 뒤섞이며 스치는 것은 아니다.

무리의 가장자리가 깔끔한 선을 이루는 것도 미학적 즐거움을 더해준다. 무리 가장자리로 갈수록 서서히 성기어지는 것이 아니라, 갑작스러운 경계를 이룬다. 경계 바로 안의 개체 밀도가 무리 중앙보다 낮지 않고, 경계에서 조금만 벗어나면 바로 0이 된다. 이런 식으로 생각하다 보면 정말 너무나 멋지고 놀라워 보이지 않는가?

찌르레기 떼의 공연으로 컴퓨터 화면보호기를 만들면 우아하기 그지없는 작품이 탄생할 것이다. 실제 영상을 사용하는 것은 바람직하지 않다. 동일한 춤사위가 계속 반복되기 때문에 화면의 모든 픽셀을 골고루 동원할 수 없으니 말이다. 대신 찌르레기 떼를 컴퓨터로 *시뮬레이션*하는 게 좋겠다. 프로그래머라면 누구나 잘 알겠지만,

여기에는 적당한 방법과 잘못된 방법이 있다. 전체 발레의 안무를 짜려고 하지 마라. 이런 종류의 작업에서 그것은 최악의 프로그래밍 방법이다. 더 좋은 방법을 내가 설명하겠다. 이것은 실제로 새들의 뇌에 입력된 것과 거의 비슷한 프로그램일 것이고, 나아가 발생의 작동 방식에 대한 훌륭한 비유다.

찌르레기들의 떼짓기를 프로그래밍하는 방법은 이렇다. 새 한 마리의 행동을 프로그래밍하는 데 거의 모든 노력을 다 기울이자. 그 로봇 찌르레기에게 세세한 규칙들을 부여하자. 나는 방법, 서로의 거리와 상대 위치에 기반해 이웃 찌르레기들에게 반응하는 방법을 설정하자. 이웃들의 행동에 얼마나 무게를 둘지, 방향을 바꿀 때 자신의 뜻에 얼마나 무게를 둘지에 관한 규칙들도 심어주자. 실제 새의 행동을 세심하게 측정함으로써 모형 규칙들의 정보로 삼을 수 있을 것이다. 그 규칙들을 무작위로 변이시키는 경향성도 사이버 새에게 부여하자.

찌르레기 한 마리의 행동을 모두 규정한 복잡한 프로그램을 완성했다면, 이제 이 장에서 강조하는 결정적인 단계로 나아갈 차례다. 무리 전체의 행동을 프로그래밍하려고 애쓰지 *마라*. 예전 세대의 프로그래머들이라면 그랬을지도 모르지만, 우리는 그 대신 방금 프로그래밍한 한 마리의 컴퓨터 찌르레기를 복제하자. 로봇 새를 천 마리쯤 복사하자. 모두 같게 만들 수도 있고, 저마다 제 규칙에서 약간의 변이를 일으키게끔 차이를 줄 수도 있다. 천 마리 모형 찌르레기를 컴퓨터에 '풀어'놓자. 그들이 모두 같은 규칙들을 준수하되, 자유롭게 상호작용하도록 내버려두자.

우리가 한 마리 찌르레기의 행동 규칙들을 제대로 작성했다면, 화면상의 점들로 나타나는 컴퓨터 찌르레기 천 마리는 겨울 하늘의 진짜 찌르레기 떼처럼 행동할 것이다. 떼짓기 행위가 바라던 대로 되지 않는다면, 우리는 뒤로 돌아가서 찌르레기 개체의 행동을 조정해야 한다. 진짜 새의 행동을 더 잘 측정함으로써 단서를 얻을 수도 있다. 새로운 형태를 또 천 마리쯤 복제해 제대로 작동하지 않은 천 마리 대신 풀어놓자. 화면에서 천 마리 찌르레기의 떼짓기 행동이 만족스러울 만큼 진짜를 닮을 때까지, 찌르레기 개체의 프로그램을 이렇게 거듭거듭 다듬는 것이다. 1986년에 크레이그 레이놀즈(Craig Reynolds)가 이런 기조의 프로그램을 짜서(구체적으로 찌르레기를 본딴 것은 아니었다) '보이드(Boid)'라고 이름 붙였다.

여기에서 핵심은 안무가도, 지도자도 없다는 점이다. 질서나 조직이나 구조 등은 전역적인 규칙들에 의해 생겨난 게 아니라, 여러 차례 반복되어 *국지적*으로 지켜지는 규칙들의 부산물로 생겨났다. 이것이 바로 발생의 방식이다. 발생은 국지적 규칙들로만 이루어지는 과정이다. 다양한 차원에 규칙들이 적용되지만, 특히 중요한 것은 하나의 세포 차원이다. 안무가는 없다. 오케스트라의 지휘자도 없다. 중앙집중식 계획은 없다. 건축가도 없다. 발생이나 제작 분야에서 이런 식의 프로그래밍 원리를 가리켜 *자기조립(self-assembly)*이라고 한다.

사람, 독수리, 두더지, 돌고래, 치타, 표범개구리, 제비…… 이들의 몸은 하나같이 아름답게 조직되어 있기 때문에, 발달을 지시한 유전자들이 청사진이나 설계도나 계획안처럼 기능하지 않는다는 사실을 우리는 좀처럼 믿기 어렵다. 하지만 아니다. 컴퓨터 찌르레기들처럼 그것도 개별 세포들이 국지적인 규칙들만을 따른 결과다.

아름답게 '설계된' 몸은 개별 세포들이 국지적으로 준수한 규칙들의 결과로서 창발한 것이지, 뭔가 전역적인 계획을 참조해 만들어진 게 아니다.

발달하는 배아의 세포들은 거대한 무리 속 찌르레기들처럼 선회하며 춤을 춘다. 물론 중요한 차이도 있다. 찌르레기들과는 달리 세포들은 면이나 덩어리 형태로 서로 물리적으로 붙어 있다. 세포들의 '떼'는 '조직'이다. 세포들이 작은 찌르레기들마냥 선회하며 춤을 추면 삼차원 형상이 구축된다. 세포들의 움직임에 따라 조직이 함입하기 때문에,* 혹은 국지적인 세포의 성장과 사멸 패턴에 따라 조직이 부풀거나 쭈그러들기 때문이다. 그 과정에 대한 비유로 내가 가장 좋아하는 것이 종이접기다. 탁월한 발생학자 루이스 월퍼트가 《하나의 세포가 어떻게 인간이 되는가(The Triumph of the Embryo)》에서 제시했던 비유다. 하지만 그 이야기를 하기 전에, 쉽게 떠오르는 다른 대안 비유들을 몰아낼 필요가 있다. 사람의 공예 기술이나 제조 과정에 빗댄 비유들 말이다.

발생에 대한 비유들

살아 있는 조직의 발생 과정에 대한 좋은 비유를 찾기는 놀랄 만큼 어렵지만, 과정의 특정 측면들에 대해 부분적으로 비슷한 비유를 찾

---

* 함입(invaginate)의 정의는 '안쪽으로 접혀 빈 공간을 형성함', '스스로 뒤집거나 반으로 접힘'이다(《옥스퍼드 영어사전 축약판》).

을 수는 있다. 조리법 비유에는 어느 정도 진실이 담겨 있다. 나는 '청사진'이 왜 적절치 않은지 설명하는 용도로 조리법 비유를 종종 쓸 것이다. 청사진과 달리 조리법은 비가역적이다. 케이크 조리법을 단계단계 따라가면 케이크를 만들 수 있지만, 케이크를 놓고 조리법을 재구성할 수는 없다. 적어도 조리법의 단어까지 정확하게 맞힐 수는 없다. 한편, 이미 이야기했듯이, 집을 놓고 원래의 청사진과 거의 비슷한 것을 재구성할 수는 있다. 집의 부분부분과 청사진의 부분부분이 일대일로 대응하기 때문이다. 케이크 꼭대기에 올린 체리 하나 같은 두드러진 예외를 제외하고는, 케이크의 부분부분과 조리법의 단어 혹은 문장 사이에는 일대일 대응이 성립하지 않는다.

달리 어떤 제조 과정에 비유할 수 있을까? 조각은 대체로 한참 벗어난다. 조각가는 돌이나 나무 덩어리를 놓고 조금씩 깎아나감으로써 원하는 모양만 남을 때까지 빼내가며 작업한다. 인정하건대, 발생에서 아포토시스(apoptosis)라고 불리는 과정만큼은 조각과 확연히 닮았다. 아포토시스는 다른 말로 '세포예정사'라고 하는데, 가령 손·발가락의 발생에 관여하는 과정이다. 여러분도 나도 자궁 속에 있을 때는 손·발가락 사이에 물갈퀴가 있었다. 세포예정사를 통해서 그 물갈퀴가 사라진 것이다(대부분의 사람은 그렇지만, 간간이 예외도 있다). 이 과정이라면 조각가가 형태를 깎아나가는 방식을 조금 떠올리게도 하지만, 이것이 보통의 발생 과정을 다 설명할 정도로 자주 있는 일도, 중요한 일도 아니다. 발생학자들은 '조각가의 정'을 문득 떠올렸다가도 그 생각을 오래 머릿속에 두지는 않을 것이다.

어떤 조각가들은 돌이나 나무를 빼내가는 식이 아니라 점토나 부드러운 밀랍 덩어리를 이겨서 형태를 만든다(이후에 청동으로 주형을 뜨기도 한다). 이 또한 발생에 대한 좋은 비유는 못 된다. 옷 만드는 기술도 마찬가지다. 기존에 존재하는 천을 기존에 계획된 본대로 자른 다음, 다른 본으로 잘라낸 조각들과 함께 꿰맨다. 그 뒤에 솔기를 감추기 위해서 뒤집을 때도 있는데, 적어도 이 부분은 발생의 특정 과정에 대해 좋은 비유가 된다. 하지만 발생은 일반적으로 조각과 거리가 먼 것처럼 재단과도 거리가 멀다. 뜨개질은 좀 나을지도 모른다. 수많은 개개의 땀으로 스웨터의 전체 형태를 구성하는 것이 마치 수많은 세포를 닮았기 때문이다. 하지만 좀 있다 보게 될 비유는 이보다 더 낫다.

공장의 조립라인에서 자동차나 기타 복잡한 기계를 조립하는 과정은 어떨까? 꽤 괜찮은 비유가 되지 않을까? 조각이나 재단과 마찬가지로, 부품들을 미리 제작했다가 조립하는 것은 무언가를 만들기에 효율적인 방식이다. 자동차공장에서도 부품을 미리 만들어둔다. 주조공장에서 주형을 뜨는 방식으로 만들 때도 있다(막연하게라도 주형 뜨기와 비슷한 것은 발생 과정에 없는 것 같다). 그런 뒤에 부품들을 조립라인으로 가져와 나사를 죄고, 리벳을 박고, 용접을 하거나 접착을 하며, 정밀하게 그려진 설계도에 따라 단계단계 맞춰간다. 다시 말하지만, 발생 과정에 정밀하게 그려진 설계도 따위는 없다. 하지만 자동차 조립공장에서 미리 제작된 기화기와 점화 플러그와 팬벨트와 실린더 헤드 등을 모아다가 정확한 구조로 이어주듯이, 기존에 제작된 부속들을 질서 있게 쌓는 과정과 얼추 비슷한 것이 발생 과정에도 있긴 하다.

302쪽의 그림을 보자. 세 종류의 바이러스가 있다. 왼쪽은 담배모자이크바이러스(TMV)로, 담배를 비롯한 여러 가짓과 작물들, 가령

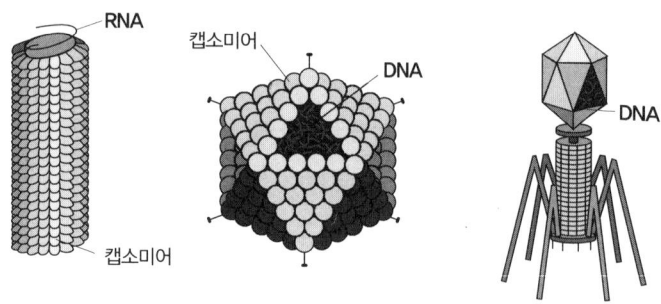

세 종류의 바이러스

토마토 등에 기생하는 바이러스다. 가운데는 아데노바이러스로, 사람을 비롯해 많은 동물의 호흡계를 감염시킨다. 오른쪽은 T4 박테리오파지로, 박테리아에 기생하는 바이러스다. 이 녀석은 꼭 달 착륙선처럼 생겼고, 실제로도 그와 비슷하게 행동한다. 박테리아의 표면에 '착륙한' 뒤(박테리아는 바이러스보다 훨씬 크다) 거미 같은 '다리들'을 굽혀 몸을 낮추고, 중앙의 탐침으로 박테리아의 세포벽을 뚫어서 제 DNA를 세포 안으로 주입한다. 바이러스의 DNA는 박테리아의 단백질 제조 기능을 탈취해 새 바이러스들을 만드는 일에 유용한다. 그림의 다른 두 바이러스는 달 착륙선처럼 생기지 않았고 그렇게 작동하지도 않지만, 어쨌든 비슷한 일을 한다. 자신의 유전물질로 숙주세포의 단백질 생산 도구를 훔쳐서, 원래의 생산물 대신 복제 바이러스를 양산하도록 분자 제조라인을 유용하는 것이다.

우리가 그림에서 보는 것은 바이러스들의 유전물질이 담긴 단백질 용기고, (달 착륙선) T4의 경우에는 숙주를 감염시키는 도구도 있다. 여기서 흥미로운 대목은, 단백질 용기가 조립되는 방식이다. 이것이 실제로 자기조립되기 때문이다. 사전에 만들어진 단백질 분자 여러 개가 조립되어 하나의 바이러스를 이룬다. 단백질 분자 각각도 자기조립되는데, 아미노산 서열이 화학법칙의 힘에 따라 저만의 독특한 '삼차구조'를 이루는 과정을 거친다. 이것도 뒤에서 살펴볼 것이다. 그렇게 만들어진 단백질 분자들이 서로 결합해 바이러스의 '사차구조'를 이룬다. 분자들은 국지적 규칙을 따를 뿐, 전역적 계획이나 청사진은 없다.

 레고 블록처럼 서로 결합해 사차구조를 형성하는 그 단백질 하위 단위를 캡소미어라고 한다. 이 작은 건축물들이 기하학적으로 얼마나 완벽한지 보라. 가운데의 아데노바이러스는 정확하게 252개의 캡소미어로 이루어진다. 그림에서 작은 공으로 그려진 캡소미어들이 정이십면체를 이루고 있다. 정이십면체는 20개의 정삼각형 면으로 구성된 정다면체. 이 캡소미어들은 어떤 계획안이나 청사진에 따라 조립된 게 아니라, 동일한 캡소미어들과 부딪쳤을 때 겪게 되는 화학적 인력의 규칙에 제각각 순응했을 뿐이다. 결정도 그런 식으로 형성된다. 사실 아데노바이러스는 아주 작고 속이 빈 결정이라고 할 수 있다. 이 바이러스의 '결정화'는 내가 생물체의 주된 조립 원리로서 극찬하고 있는 '자기조립' 원리를 유난히 잘 보여주는 아름다운 사례인 셈이다.

 '달 착륙선' T4 파지도 정이십면체를 DNA 저장고로 쓰지만, 파지의 자기조립적 사차구조는 그 이상으로 복잡하다. 또 다른 국지적 규칙들을 따르는 또 다른 단백질 단위들로 조립된 DNA 주입 도구와 '다리들'이 정이십면체에 붙어 있기 때문이다.

 이제 바이러스는 놔두고 더 큰 생물의 발생을 살펴보자. 인간의 제작 기술에 대한 비유들 가운데 내가 가장 좋아하는 것, 즉 종이접기를 소개할 차례다. 종이접기가 고도로 발전된 일본에서는 이것을 '오리가미'라고 부른다. 내가 종이접기로 만들 줄 아는 것은 '중국 정크선'뿐인데, 나는 그것을 아버지께 배웠고, 아버지는 1920년대에 초등학교를 휩쓸었던 종이접기 열풍 때 배우셨다.*

종이접기가 정말로 생물학을 닮은 듯한 특징이 무엇인가 하면, 정크선도 '발생 과정'에서 여러 '유생' 단계를 거치는데, 그 중간 단계들도 나름대로 보기 좋은 형태들이라는 점이다. 마치 애벌레가 나비로 가는 길이 중간 단계고, 애벌레와 나비는 전혀 닮지 않았으며, 애벌레도 나름대로 아름답고 잘 작동하는 생물인 것과 마찬가지다. 우리가 단순한 정사각형 종이 한 장에서 시작해 그것을 접기만 하면 (절대 자르지 않고, 절대 풀로 붙이지 않고, 절대 다른 종이를 끼워넣지 않는다), 그 과정에서 세 가지 확연한 유생 단계가 등장한다. 쌍동선, 덮개 두 개 달린 상자, 액자에 든 사진. 그런 다음 '성체'인 정크선으로 절정을 이룬다.

종이접기 비유를 더 옹호해보자면, 정크선 접는 법을 처음 배운 사람은 정크선 자체만이 아니라 세 유생 단계(쌍동선, 찬장, 액자)에 대해서도 깜짝 놀란다. 내 손으로 접고는 있지만, 정크선이나 유생 단계들에 대한 청사진을 따라 작업하는 것은 결코 아니다. 나는 최종 생산물과 별 관련이 없어 보이는 접기 규칙들을 따랐을 뿐인데, 결국에는 번데기에서 나비가 빠져나오듯 정크선이 등장한다. 이처럼 종이접기 비유는 전역적 계획과 대비되는 국지적 규칙들의 중요성

---

* 당시의 열풍은 사그라졌지만, 내가 1950년대에 같은 초등학교에서 새로 유행을 일으켰다. 유행은 한 질병이 이차 발병한 것이냥 빠르게 번졌다.

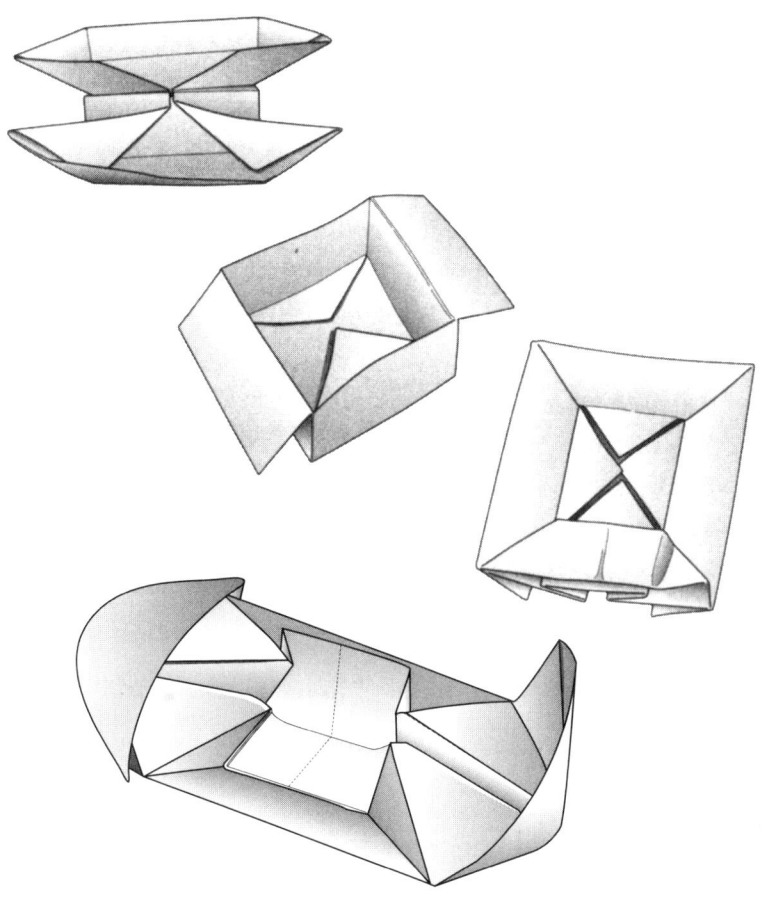

종이접기로 만든 중국 정크선과 세 유생 단계. 위에서부터 쌍동선,
덮개 두 개 달린 상자, 액자에 든 사진.

을 보여준다.

    종이접기 비유를 지지하는 이유가 또 있다. 접기, 함입하기, 뒤집기는 배아의 조직들이 몸을 만들 때 즐겨 사용하는 기교라는 점이다. 특히 초기 배아 단계들에 이 비유가 잘 들어맞는다.

물론 불충분한 점들도 있다. 가장 분명한 두 가지를 들면 다음과 같다. 첫째, 종이접기를 할 때는 사람의 손이 필요하다. 둘째, 발생하는 종이 '배아'가 더 커지지 않고 시작했던 것과 정확하게 같은 무게로 끝난다. 이 차이를 인정하는 의미에서, 나는 생물학적 발생 과정을 그냥 '종이접기'가 아니라 '팽창하는 종이접기'라고 부르겠다.

사실 이 두 약점은 서로 상쇄되는 것들이다. 발생하는 배아에서는 종이 같은 조직들이 접히고, 함입하고, 뒤집히는 동안 크기도 자라는데, 그 성장 자체가 보통의 종이접기에서라면 사람의 손이 주는 추진력을 일부 부여한다. 죽은 종이 대신 살아 있는 조직으로 종이접기 모형을 만든다고 해보자. 조직이 적절한 방식으로 자란다면, 즉 모든 부분이 균일하게 자라는 게 아니라 더 빠르고 더 느린 부분이 있다면, 펼치고 접는 손이 없어도, 전역적 계획이 아니라 국지적 규칙만 있어도, 조직이 자동적으로 특정 형태를 취할 가능성이 높다. 나아가 특정 방식으로 접히고 함입하고 뒤집힐 것이다. 가능성만 있는 게 아니라, 정말로 그렇게 된다. 이것을 '자동 종이접기'라고 부르자.

그렇다면 발생 과정에서는 어떻게 자동 종이접기가 실제로 작동되는 것일까? 실제 배아에서 조직이 자라는 것은 세포들이 분열하기 때문이다. 조직의 서로 다른 부분들이 차등적으로 성장하는 까닭은 각 부분의 세포들이 국지적 규칙에 따라 서로 다른 속도로 분열하기 때문이다. 자, 우리는 우회적인 경로를 밟아서 다시 한 번, 하향식·전역적 규칙에 대비되는 상향식·국지적 규칙이 얼마나 중요한가 하는 문제로 돌아왔다. 이 단순한 원리가 배아 발생의 초기 단계들에서 (훨씬 복잡한) 여러 형태로 구현되어 줄줄이 펼쳐지는 것이다.

 그렇다면 척추동물의 발생 초기에 어떻게 종이접기 원리가 구현되는지 구체적으로 살펴보자.

 최초에 하나의 수정란 세포가 분열하여 두 개의 세포가 된다. 두 세포가 분열하여 네 개가 된다. 이 과정이 반복되어 세포의 수가 급격히 배가되고 또 배가된다. 이 단계에는 성장도, 팽창도 없다. 마치 케이크를 자르듯이, 수정란의 원래 부피가 잘게 나뉘기만 한다. 그 결과로 원래의 수정란과 같은 크기인 세포들의 구가 생겨나는데, 이것은 단단한 공이 아니라 속이 빈 공이다. 이것을 포배(胞胚)라고 한다. 다음 단계인 낭배(囊胚) 형성에 대해서 루이스 월퍼트는 이런 명언을 남겼다. "인간의 삶에서 가장 중요한 시기는 출생도, 결혼도, 죽음도 아니고, 낭배 형성이다."

 낭배 형성은 포배의 표면을 철저히 휩쓸어 형태를 혁신시키는 소우주적 지진이다. 배아의 조직들은 현격하게 재조직된다. 낭배 형성은 대개 속이 빈 공과 같은 포배에 움푹 구멍이 파이면서 진행되므로, 바깥으로 열린 입구가 있는 이중의 공 모양이 된다(312쪽의 컴퓨터 시뮬레이션을 보라). 이 낭배의 바깥층을 외배엽이라 하고, 안쪽을 내배엽이라고 하며, 외배엽과 내배엽 사이의 공간에 던져진 세포들을 중배엽이라고 한다. 이 근원적인 세 층에서 결국 몸의 주요 부분이 다 생겨난다. 가령 피부와 신경계는 외배엽에서 나오고, 장과 기타 내장기관들은 내배엽에서 나오며, 중배엽은 근육과 뼈를 제공한다.

 배아 종이접기의 다음 단계는 신경관 형성이다. 308쪽의 그림은 신경관 형성 단계인 양서류 배아(개구리일 수도, 도롱뇽일 수도 있다)의 등 가운데를 단면으로 보여준 것이다. 검은 원은 '척삭(脊索)'이다. 막

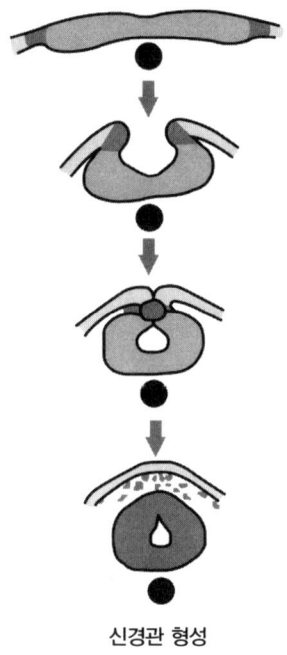

신경관 형성

대기 같은 이것이 딱딱해져서 척추의 전구물질이 된다. 척삭은 사람을 비롯한 모든 척추동물이 속한 척삭동물문만의 특징이다(다만 사람과 대부분의 현대 척추동물은 배아일 때만 척삭을 갖고 있다). 신경관 형성에서도 낭배 형성 때처럼 함입이 현저하게 일어난다. 신경계는 외배엽에서 온다고 한 말을 기억할 것이다. 어떻게 그렇게 되는지 보자.

먼저 외배엽의 일부가 함입하기 시작한다(지퍼를 채우듯이 몸통의 앞에서 뒤로 과정이 진행된다). 동그랗게 말려 관이 된 외배엽은 '지퍼가 채워지는' 쪽에서 꼬집히듯 떨어져나온다. 따라서 이제 바깥쪽 배엽과 척삭 사이에 낀 채 몸을 따라 난 관이 되었다. 이 관이 몸의 중추 신경축인 척수가 될 운명이다. 관 앞쪽 끝은 부풀어올라서 뇌가 된다. 다른 신경들도 모두 이 원시적인 관이 향후 세포분열을 함으로써 만들어진다.

나는 여기서 이 내용을 상술하려는 것이 아니다. 낭배와 신경관 형성이 멋진 과정이고, 종이접기 비유가 둘 다에 상당히 잘 들어맞는다는 것을 말하고 싶을 뿐이다. 팽창하는 종이접기에 따라 배아가 갈수록 복잡해지는 그 일반원리가 궁금할 뿐이다.

오른쪽 그림은 막 형태의 세포들이 배아 발생 중에, 가령 낭배 형

막 형태 세포들의 함입

성기에 실제로 취하는 여러 행동 중 하나다. 이런 함입이 팽창하는 종이접기에서 얼마나 유용한 역할을 하는지 쉽게 짐작할 수 있을 것이다. 실제로 함입은 낭배와 신경관 형성에서 모두 중심적인 역할을 한다.

낭배와 신경관 형성은 발생 초기에 마무리되고, 배아의 온 형태에 영향을 끼친다. 함입을 비롯한 여러 가지 '팽창하는 종이접기' 기술이 발생 초기에 이 단계들을 성취해내는 것이다. 이후의 발생 과정에서도 이 기술들과 그 밖의 비슷한 책략들이 동원되어, 눈이나 심장 같은 기관들을 전문화해낸다.

하지만 종이를 접는 손이 없는데, 대체 어떤 기계적 과정에 의해서 이런 역동적인 움직임이 일어나는 것일까? 내가 앞에서 설명했듯이, 단순한 팽창 그 자체도 부분적으로 추진력이 된다. 조직 전역에서 세포들이 증식하면 조직의 면적이 커지고, 조직은 달리 아무데도 갈 곳이 없기 때문에 접히거나 함입하는 수밖에 없는 것이다. 실제로는 이보다 좀 더 통제된 방식으로 진행되지만 말이다. 그 방식을 버클리 소재 캘리포니아 대학의 뛰어난 수리생물학자인 조지 오스터(George Oster)와 그 연구진이 해독해냈다.

세포들을 모형화하기

오스터와 동료들은 우리가 앞에서 찌르레기 떼를 컴퓨터 시뮬레이션할 때 취했던 바로 그 전략을 따랐다. 그들은 포배 전체의 행동을 프로그래밍하는 대신, 한 세포를 프로그래밍했다. 그런 다음 똑같은 세포를 많이 '복제'해서, 그들이 컴퓨터에서 한데 뭉쳤을 때 어떻게 되는지 보았다. 사실 한 세포의 행동을 프로그래밍했다고 말하는 것보다는 한 세포에 대한 수학적 모형을 프로그래밍했다고 말하는 게 나을 것이다. 우리가 세포에 관해서 알고 있는 사실들을 모형에 입히되, 형태를 단순화한 것이다.

구체적으로 설명해보자. 세포 내부에는 미세섬유들이 종횡무진 얽혀 있다. 미세섬유는 일종의 소형 고무줄인데, 다만 근육섬유가 움찔거리는 것처럼 활동적으로 수축한다는 특징이 있다. 실제로 미세섬유들은 근육섬유와 동일한 수축 원리를 사용한다.* 오스터의 연구진은 컴퓨터 화면에서 세포를 쉽게 묘사하기 위해 모형을 이차원으로 단순화했다. 미세섬유의 수도 여섯 개로 줄이고, 세포에서 전략적인 위치에 각각 배치했다. 오른쪽 그림을 참고하라.

미세섬유들에게는 정량적인 속성들이 주어졌다. '점성 감쇠 계

---

*여담이지만 이 또한 아주 환상적인 이야기다. 한번은 케임브리지의 위대한 생리학자 조지프 니덤(Joseph Needham, 중국 과학사 분야의 선구자로 더 잘 알려진 박학가)이 우리 학교로 와서 이 현상을 시연해 보였고, 그 후로 나는 여기에 마음을 빼앗겼다. 우리가 니덤을 초청할 수 있었던 것은 마침 우리 학교에 그의 조카가 조교로 있었기 때문이다. 그 혈연주의의 은혜에 나는 지금도 감사한다. 니덤 박사의 안내 하에, 우리는 현미경 아래 근육섬유를 들여다보았다. 인체의 보편통화인 ATP(아데노신 삼인산)를 한 방울 떨어뜨리자 마술처럼 섬유가 수축하는 광경을 나는 보았다.

오스터 모형 세포의 미세섬유들

수'니 '탄성 용수철 상수'니 하는, 물리학자들에게 의미 있는 속성들이다. 이들의 뜻을 정확하게 몰라도 상관없다. 물리학자들이 용수철에 대해 측정하는 수치들이라는 것만 알면 된다.

진짜 세포에서는 많은 섬유에 수축 능력이 있겠지만, 오스터와 동료들은 여섯 개의 섬유 중 하나에만 그 능력을 줌으로써 상황을 단순화했다. 세포의 알려진 속성들 중에서 몇 가지를 포기하고서도 현실적인 결과를 얻을 수 있다면, 속성을 모두 포함하는 더 복잡한 모형으로는 적어도 그와 같거나 그 이상의 결과를 얻을 수 있을 것이다. 연구진은 모형의 유일한 수축성 섬유가 마음대로 수축하게 내버려두는 대신, 특정 종류의 근육섬유에서 흔히 볼 수 있는 속성 한 가지를 덧붙였다. 어떤 임계 길이 이상으로 잡아당겨지면 평형상태일 때의 정상적인 길이보다 훨씬 짧게 수축하는 속성이었다.

우리에게는 이제 하나의 세포에 대한 모형이 있다. 몹시 단순화한

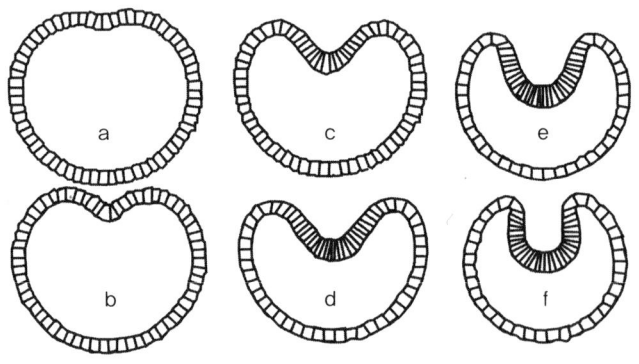

오스터의 모형 포배가 낭배를 형성하는 과정

이차원 모형으로, 테두리를 따라 여섯 개의 탄성 용수철이 엮여 있고, 개중 하나는 특히 심하게 잡아당겨지면 활발하게 수축하는 반응을 보인다. 이것이 모형화 과정의 1단계다. 2단계에서, 오스터와 동료들은 모형 세포를 수십 개 복제해 (이차원) 포배 모양으로 둥글게 배열했다. 그런 다음, 한 세포의 수축성 섬유를 확 잡아당겨 수축을 일으켰다. 다음에 벌어진 일은 믿기 어려울 정도로 멋졌다. 모형 포배가 낭배를 형성한 것이다! 위 그림은 그 과정을 보여주는 연속 화면이다(a~f). 자극을 받은 세포의 양옆으로 수축이 물결치듯 퍼지더니, 세포들의 공이 자발적으로 함입했다.

더 멋진 결과도 있었다. 오스터와 동료들은 모형에서 수축성 섬유들의 '점화 역치'를 낮추는 실험을 해보았다. 역치를 낮출수록 함입 물결은 점점 더 멀리까지 퍼졌고, 결국 신경관이 뜯겨져 나왔다(오른쪽 연속 그림 a~h).

우리는 이런 모형이 실제로 무엇을 말하는지 이해할 필요가 있다. 이것은 신경관 형성을 정확하게 재연한 모형은 아니다. 이차원인데

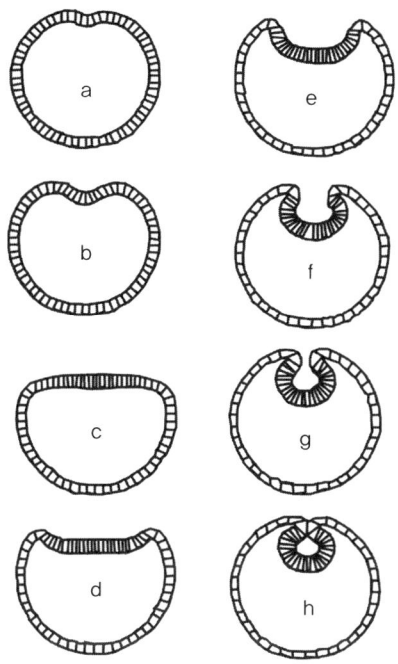

오스터 모형에서 신경관이 형성되는 과정

다가 많은 면에서 단순화되었다는 명백한 사실을 차치하고라도, '신경관 형성'을 경험한 세포 공(위의 그림 a)은 실제 낭배와는 달리 이중이 아니었다. 왼쪽의 낭배 형성 모형에서 시작점으로 삼았던 그 포배 모형이었다. 하지만 이 점이 그리 중요한 것은 아니다. 모형은 꼬치꼬치 완벽하게 정확해야만 하는 것은 아니다. 이 모형으로도 초기 배아 세포들의 다양한 행동을 모방하기가 얼마나 쉬운지 충분히 알 수 있었다. 실제 상황보다 한참 단순한 모형에서 이차원 세포 공이 자발적으로 자극에 반응한 것이기 때문에, 이것은 더욱 강력한 증거가 된다. 덕분에 우리는 배아 발생 초기의 다양한 과정들이 진화하는 게 그렇게 어렵지는 않았으리라는 확신을 갖게 되었다. 단순한 것은 모형이지, 모형이 시연해 보인 현상까지 단순한 것은 아님을 명심하자. 이것이 바로 좋은 과학 모형의 징표다.

내가 오스터 모형을 상술한 목적은, 몸 전체를 그린 청사진이 없어도 개별 세포들끼리 상호작용하여 몸을 만들어내는 원리가 얼마나 일반적인 원칙인지 보여주기 위해서다. 종이접기, 오스터 식의 함입과 떼어내기, 이런 것들은 배아를 만드는 단순한 기교들 중 일부에 불과하다. 배아 발생의 나중 단계들에서는 보다 정교한 기교들이 활약한다. 가령 척수나 뇌에서 신경 세포들이 뻗어나올 때, 그들은 모종의 전체적 계획을 따르는 게 아니라 화학적 유인에 이끌려 목적 기관으로 가는 길을 찾는다. 수캐가 냄새를 통해 발정 난 암캐를 찾아가듯이 말이다. 그 사실을 보여준 기발한 실험이 많았다.

노벨상 수상자인 발생학자 로저 스페리(Roger Sperry)가 수행했던 초기의 고전적 실험도 완벽한 예다. 스페리와 한 동료는 올챙이의 등에서 사각형으로 작게 피부를 떼어냈다. 그리고 배에서도 같은 크기만큼 피부를 떼어냈다. 그런 다음 두 사각형을 위치를 바꿔 재이식했다. 배의 피부는 등에, 등의 피부는 배에 이식한 것이다. 올챙이가 자라 개구리가 되자, 그 모습이 참으로 재미있었다. 발생학 실험들은 이렇게 재미있을 때가 많다. 개구리의 어둡고 얼룩덜룩한 등 중앙에 깔끔한 우표마냥 흰 배 피부가 붙어 있었고, 흰 배 중앙에는 어둡고 얼룩덜룩한 피부가 또 깔끔한 우표마냥 붙어 있었다.

이야기의 핵심은 이 대목이다. 우리가 개구리의 등을 털로 간질이면, 개구리는 보통 귀찮은 파리를 쫓듯이 발로 그 부위를 훑는다. 그런데 스페리가 실험 개구리의 등에 있는 흰 '우표'를 간질이자, 개구리는 배를 훑었다! 스페리가 배에 있는 어두운 우표를 간질이자, 개구리는 등을 훑었다.

스페리는 이렇게 해석했다. 정상적인 배아 발생에서, 척수로부터 자라난 축삭(신경 세포마다 하나씩 튀어나온 돌기로, 가느다란 관 모양의 긴 전선)들 중 몇몇은 개처럼 냄새를 맡으며 배 피부를 찾아간다. 역시 척수에서 나온 다른 축삭들은 냄새를 맡으며 등 피부를 찾아간다. 보통은 올바른 결과가 나온다. 등을 간질이면 등이 간지럽고, 배를 간질이면 배가 간지럽다. 하지만 스페리가 실험한 개구리의 경우, 배 피부를 찾아나선 신경 세포들의 일부가 등에 우표만 하게 이식된 배 피부를 발견했다. 아마도 찾던 냄새가 났기 때문일 것이다. 등 피부도 마찬가지였다.

'빈 서판 이론(우리 모두 백지처럼 텅 빈 마음을 갖고 태어났고, 경험으로 그것을 채워간다는 이론)'을 믿는 사람들은 스페리의 결과를 보고 깜짝 놀랐을 것이다. 그들의 기대에 따르면, 개구리는 경험을 통해 피부를 느끼는 법을 익힘으로써 적절한 위치의 피부와 적절한 감각을 연합시킬 수 있었을 것이다. 그러나 그렇기는커녕, 척수에서 나온 신경 세포 각각은 적절한 피부와 접촉하기 전부터 이미 배 신경 세포 아니면 등 신경 세포라는 식으로 꼬리표가 달려 있는 듯했다. 사전에 정해진 피부 영역을 나중에 찾아가는 것이다. 그 피부가 어디에 있든 말이다. 스페리 개구리의 등에 파리 한 마리가 붙어서 위로 죽 기어간다면, 개구리는 등에 있던 파리가 갑자기 배로 날아온 것처럼 느낄 것이다. 파리가 배에서 한참 기어다니다가 또 순식간에 등으로 돌아가는 것처럼 느낄 것이다.

이런 실험들을 통해서 스페리는 '화학친화력' 가설을 수립했다.

신경계가 전체 청사진에 따라 스스로 배선하는 게 아니라, 축삭들이 특수한 화학친화력을 지닌 목표 기관을 각자 찾아감으로써 배선된다는 가설이다. 여기서도 우리는 작고 지역적인 단위들이 국지적 규칙들을 따르는 현상을 본다.

세포에는 보통 '표지'들이 빽빽이 붙어 있다. 세포로 하여금 제대로 된 '파트너'를 찾게 해주는 화학적 명찰 같은 것이다. 표지들이 어떻게 사용되는지, 그 원리를 이해하기 위해서, 종이접기 비유를 다시 떠올려보자. 사람 손으로 접는 종이접기는 풀을 쓰지 않지만, 쓰자면 쓸 수도 있을 것이다. 동물의 몸을 조립하는 배아의 종이접기는 정말로 풀 비슷한 것을 쓴다. 그냥 풀이라기보다 여러 풀이라고 해야 할 텐데, 왜냐하면 종류가 수없이 많기 때문이다. 바로 이 대목에서 표지들이 당당하게 끼어든다. 세포 표면에는 복잡한 조합의 '접착 분자'들이 있고, 세포는 그것을 써서 다른 세포들에게 들러붙는다. 세포 풀들은 배아가 발달할 때 몸의 모든 부분에서 중요한 역할을 한다.

그런데 우리가 잘 아는 풀과 세포의 풀 사이에는 제법 차이가 있다. 우리에게는 풀은 다 풀이다. 어떤 풀은 좀 더 강력하고, 어떤 풀은 좀 더 빨리 굳고, 어떤 풀은 나무에 가장 적합하고, 다른 풀은 금속이나 플라스틱에 적합할 수도 있지만, 풀이 다양하다고 해봤자 기껏 그 정도다.

세포 접착 분자들은 훨씬 독창적이다. 훨씬 까탈지다고도 할 수 있다. 아무데나 대강 다 붙는 우리의 인공 풀들과 달리, 세포 접착 분자들은 자신과 정확하게 같은 종류인 다른 접착 분자들하고만 결합한다. 가령 척추동물의 접착 분자 종류인 카데린은 현재까지 알려진 변종만 80가지쯤 된다. 몇몇 예외는 있지만, 카데린 분자는 대개 자기 종류하고만 결합한다.

어쩌면 풀에 비유하는 것보다 더 나은 비유가 있을 수도 있겠다. 아이들이 파티에서 자주 하는 놀이 중에, 아이마다 어떤 동물을 할당받은 뒤, 모두들 자기 동물의 울음소리를 내면서 방을 빙빙 도는 게임이 있다. 아이들은 각자 자기 말고 다른 아이 한 명이 더 그 동물을 배정받았다는 것을 알고 있다. 그래서 농장을 옮겨놓은 듯 소음이 가득한 혼란 속에서 그 동물의 울음소리를 듣고 자기 짝을 찾아야 한다. 카데린들도 이와 마찬가지다. 만약 세포 표면의 특정 지점에 전략적으로 특정 카데린들을 가해주면, 배아 종이접기의 자기 조립 원리는 어떻게 달라지고 어떻게 복잡해질까? 여러분도 나처럼 이런 상상을 하기 시작하셨는지도 모르겠다. 다시 한 번 명심하자. 여기에는 어떤 종류의 전역적 계획도 없으며, 이것은 차라리 국지적 규칙들의 조각보에 가깝다는 것을.

촉매계의 챔피언, 효소

세포들이 배아를 형성하는 과정에서 어떻게 종이접기 놀이를 하는지 보았으니, 이제 하나의 세포 속으로 뛰어들어보자. 그곳에서도 역시 스스로 접기와 스스로 구기기 원리를 목격하겠지만, 규모는 훨씬 작아서 단백질 분자 하나를 대상으로 할 것이다. 단백질은 어마어마하게 중요하다. 그 이유를 지금부터 시간을 좀 들여서 설명할 텐데, 우선 맛보기로 단백질만의 고유한 중요성을 찬양하는 것부터 시작하자.

　나는 우주의 다른 곳에는 얼마나 기묘한 생명들이 존재할지 상상하기를 좋아한다. 다만 그 어디서라도 한두 가지 보편적인 점이 있을 거라고 생각한다. 모든 생명은 유전자들의 자연선택과 비슷한 모종의 다윈주의적 과정을 거쳐서 진화했을 것이다. 모든 생명은 단백질에 심각하게 의존할 것이다. 혹은 단백질처럼 형태가 엄청나게 다양하고 스스로 접힐 줄 아는 모종의 분자들에 의존할 것이다.

　단백질 분자들은 자동 종이접기 기술의 대가들이다. 물론 우리가 지금까지 다뤘던 세포들의 종이접기보다는 훨씬 작은 규모다. 단백질 분자들은 국지적 규칙들을 국지적으로 준수할 때 어떤 일이 가능한지 보여주는 현란한 전시물들이다.

　단백질은 그보다 더 작은 아미노산이라는 분자들이 사슬처럼 연결되어 만들어진다. 이 사슬이 앞서 본 세포들의 막처럼 접히는데, 이 종이접기는 규모는 훨씬 작지만 확실하게 결정된 방식에 따라 이루어진다. 자연에서 등장하는 단백질들은 스무 가지 아미노산으로 만들어진다(이것이 아마 외계와 다른 점일 것이다). 훨씬 많은 아미노산이 존재할 수 있지만, 모든 단백질은 그 스무 가지가 적힌 목록에서만 아미노산들을 취해 사슬로 잇는다.

　이제 자동 종이접기가 등장한다. 단백질 분자는 그저 화학법칙들과 열역학법칙들을 따름으로써 자발적·자동적으로 꼬여 정확한 삼차원 구조를 형성해낸다. 나는 '매듭'을 만든다는 표현을 쓸 뻔했지만, 먹장어와는 달리(황당할 정도로 무관하지만 그래도 매력적인 정보를 좀 자랑해보았다) 단백질은 말 그대로 스스로 매듭까지 짓는 것은 아니다. 단백질 사슬이 접히고 꼬여서 취하게 되는 삼차원 구조가 바로 앞서 바이러스 자기조립 이야기에서 잠깐 언급한 '삼차구조'다. 특정 아미노산 서열은 항상 특정한 형태로 접힌다. 아미노산 서열이 삼차구조를 결정하는 셈인데, 그 아미노산 서열은 또 유전자의 암호 서열에 따라 결정된다.■ 단백질 삼차구조의 형태는 단백질의 화학반응 결과에 어마어마하게 중요한 영향을 미친다.

화학적 인력의 법칙들, 그리고 원자간 결합각을 규정하는 법칙들이 스스로 접히고 꼬이는 단백질 사슬의 자동 종이접기를 통제한다. 재미있게 생긴 자석들로 만들어진 목걸이를 상상해보자. 그런 목걸이는 우아한 목덜미에 우아하게 늘어뜨려져 있지 않고, 뭔가 다른

■ 이 발언에는 중요한 유보 조항이 붙는다. 유전자가 절대적으로 아미노산 서열을 결정한다는 것은 사실이다. 하지만 일차원 아미노산 서열에 의한 삼차원 단백질 구조의 결정은 그렇게까지 절대적이지 않다. 이것은 무척 중요한 사실이다. 어떤 아미노산 서열은 두 가지 대안적인 형태의 삼차원 구조로 접힐 수 있다. 가령 프리온이라는 단백질들은 두 가지 안정된 형태를 취할 수 있다. 그것은 이산적인 대안들이라 안정된 중간 단계가 없다. 전등 스위치와 비슷하다. 스위치는 올린 위치나 내린 위치에서만 안정할 뿐 그 중간은 없다. 그런 '스위치 단백질'은 위험할 수도, 유용할 수도 있다. 프리온의 경우는 위험한 쪽이다. 소가 '광우병'에 걸리면, 뇌에 유용한 단백질 하나(원래 세포막에 들어 있는 정상적인 구성 요소)가 대안적인 형태로 바뀐다. 자동 종이접기에서 대안적 결과를 취하는 것이다. 보통은 대안적 형태가 등장할 일이 없지만, 일단 한 분자라도 그런 형태를 취하게 되면 이웃 분자들까지 본을 받아서 대안 형태로 전환한다. 도미노가 넘어지듯이, 혹은 소문이 무책임하게 번지듯이, 대안적 프리온 형태가 뇌로 퍼지고, 소는 끔찍한 결과를 맞는다. 크로이츠펠트-야코프병이라면 사람이, 스크래피병이라면 양이 쓰러진다. 하지만 하나 이상의 형태로 자동 종이접기를 할 줄 아는 분자들이 유용할 때도 있다. 스위치의 비유를 고스란히 적용할 수 있는 아름다운 사례가 있다. 우리 눈에는 빛에 대한 민감성을 책임지는 로돕신 단백질이 들어 있는데, 그 속에는 또 레티날(자체는 단백질이 아니다)이라는 구성 요소가 담겨 있다. 광자가 와서 부딪치면, 레티날은 원래의 안정된 구조에서 대안적 구조로 전환한다. 그런 다음 마치 전기 절감 타이머가 설정된 스위치처럼 신속하게 원래 구조로 돌아간다. 하지만 그동안에 뇌에는 이미 전환이 입력되었다. '이 특정 지점에서 빛이 감지되었다'는 신호인 셈이다. 자크 모노(Jacques Monod)의 멋진 책 《우연과 필연(Chance and Necessity)》을 보면, 이중 안정 스위치 분자들에 대한 이야기가 특히 잘 나와 있다.

형태를 취할 것이다. 자석들끼리 서로 들러붙고, 목걸이 여기저기에 움푹하게 만들어진 공간이나 틈에 끼어들면서 마구 엉킬 것이다. 단백질 사슬과는 달리, 이 목걸이가 엉킬 형태는 예측할 수 없다. 모든 자석이 다른 모든 자석을 잡아당기기 때문이다. 하지만 아미노산 사슬이 어떻게 자발적으로 꼬여서 복잡한 매듭형 구조를 이루는지, 그 원리를 이해시켜주는 비유로는 괜찮다. 이렇게 만들어진 매듭구조는 이제 아예 사슬이나 목걸이처럼 보이지 않을 것이다.

화학법칙들이 단백질의 삼차구조를 결정짓는 과정은 아직 속속들이 완전히 밝혀지지 않았다. 화학자들은 특정 아미노산 사슬이 어떤 모양으로 꼬일지 항상 정확하게 유추하지는 못한다. 그럼에도 불구하고, *이론적으로*는 아미노산 서열로부터 삼차구조를 유추할 수 있다. '이론적으로'라는 표현에 무슨 신비로운 뜻이 있는 것은 아니다. 주사위가 어떻게 떨어질지 예측할 수 있는 사람은 아무도 없다. 그래도 우리는 주사위를 던진 방식에 대한 세부 정보가 정확하게 주어진다면, 그리고 바람의 저항 같은 몇몇 부가적 사실이 주어진다면, 충분히 그것을 예측할 수 있다고 믿는다.

특정 아미노산 서열이 언제나 특정 형태로만 꼬인다는 것, 혹은 몇 가지 대안적인 형태 중 하나로만 꼬인다는 것(319쪽의 긴 각주를 보라)은 충분히 입증된 사실이다. 그리고 아미노산 서열 자체는 유전 암호 규칙을 충실히 따르는 유전자의 (삼중부호) '문자' 서열에 의해 결정된다(진화에서 중요한 점은 이 대목이다).

화학자가 특정 유전자 돌연변이를 보고 그로부터 어떤 단백질 형태 변화가 일어날지 예측하는 것은 쉽지 않지만, 이론적으로는 어떤 돌연변이로 인해 빚어질 단백질 형태 변화를 예측할 수 있다는 게 분명한 사실이다. 동일한 유전자 돌연변이는 동일한 단백질 형태 변화(혹은 대안적인 형태들로 이루어진 선택 메뉴)를 야기할 것이다. 자연선택에게는 오직 그 점만이 중요하다. 자연선택은 어떤 유전자 변화가 왜 특정 결과를 낳는지 이해할 필요가 없다. 그저 그렇기만 하면 충분하다. 그 결과가 생존에 영향을 미친다면, 변화한 유전자는 유전자풀을 점령하려는 경쟁에 뛰어들어 이기거나 질 것이다. 그 유전자가 정확히 어떤 경로로 단백질에 영향을 미치는지, 우리가 이해하든 이해하지 못하든 상관없이 말이다.

단백질 형태가 어마어마하게 다채롭다는 것은 알겠다. 단백질 형태가 유전자에 의해 결정된다는 것도 알겠다. 그런데 단백질이 왜 그렇게 중요하다는 걸까? 어떤 단백질들이 몸에서 직접 구조 역할을 수행하는 것도 한 가지 이유다. 콜라겐 같은 섬유 단백질들은 서로 튼튼한 밧줄처럼 뭉쳐서 인대나 힘줄이 된다. 하지만 대부분의 단백질은 섬유성이 아니다. 대신에 그들은 구형으로 착착 접힌다. 구는 저마다 독특한 모양이고, 곳곳에 미세하게 움푹 파인 곳들이 있다. 이런 독특한 모양이 단백질의 효소로서의 역할을, 즉 촉매로서의 역할을 결정한다.

촉매는 물질들의 화학반응 속도를 수억 배, 심지어 수조 배 빠르게 해주는 화학물질이다. 촉매 자체는 그 과정에서 아무런 흠도 입지 않고 고스란히 빠져나와, 다시 반응을 촉매할 수 있는 상태가 된다. 단백질로 된 촉매를 효소라고 하는데, 이들은 놀라운 특이성 때문에 가히 촉매계의 챔피언이라고 할 만하다. 효소들은 어떤 화학반응의 속도를 높여줄지 결정함에 있어서 몹시 까다롭고 정확하다. 거꾸로 말할 수도 있다. 살아 있는 세포의 화학반응들은 어떤 효소를 써서 속도를 높일지 결정함에 있어서 몹시 까다롭다. 세포 내의 많은 화학반응은 속도가 참으로 느려서, 적절한 효소가 없다면 현실적인 의미에서는 아예 반응이 일어나지 않는다고 해도 좋을 지경이다. 하지만 적절한 효소가 있으면 반응은 몹시 **빠르게** 진행되고, 생산물을 대량으로 뱉어낸다.

이런 식으로 묘사해보면 어떨까? 어느 화학실험실의 선반에 병이 수백 개 놓여 있다. 병마다 화합물이든 원소든, 용액이든 가루든, 서로 다른 순수한 물질이 담겨 있다. 화학자가 어떤 화학반응을 수행하고 싶으면, 개중 두세 개를 선택해서 물질을 조금씩 덜어내, 시험관이나 플라스크에서 섞을 것이다. 어쩌면 열을 가하기도 할 것이다. 그러면 반응이 일어난다. 그 실험실에서 수행할 수 있는 다른 화학반응이 무수히 많지만, 지금은 그것들이 일어나지 않는다. 왜냐하면 병들의 유리벽이 성분들끼리 만나는 것을 막고 있기 때문이다. 다른 화학반응을 일으키고 싶으면, 다른 성분들을 꺼내 다른 플라스크에서 섞어야 한다. 어디서나 유리의 벽이 순수한 물질들을 갈라놓고, 시험관이나 플라스크나 비커 속의 반응물들을 다른 반응물들과 갈라놓는다.

살아 있는 세포도 일종의 커다란 화학실험실이고, 많은 종류의 화학물질을 보관하고 있다. 하지만 물질들이 따로따로 병에 담겨 선반에 놓여 있는 것은 아니다. 이들은 모두 섞여 있다. 파괴주의자 또는 화학적 무질서의 왕이 실험실에 들어와서, 선반에 놓인 병들을 죄다 비워 하나의 거대한 가마솥처럼 혼란스럽고 자유분방한 상태로 만든 것 같다. 끔찍하다고? 글쎄, 물질들이 가능한 모든 조합으로 가능한 모든 반응을 동시에 일으킨다면 끔찍할 것이다. 하지만 그렇게는 되지 않는다. 설령 그렇다 하더라도, 그들의 반응 속도는 너무 느리기 때문에 아예 반응하지 않는다고 봐도 좋을 정도다. 다만 효소가 없다는 가정 하에(이것이 요점이다).

물질들을 갈라놓는 유리병이 없어도 되는 이유는, 함께 섞어두어도 사실상 아무 반응도 일어나지 않을 것이기 때문이다. 적절한 효소가 존재하지 않는 한 말이다.

실험실에서는 화학물질들을 뚜껑 달린 병들에 잘 넣어두고 A와 B라는 특정 조합만 꺼내 섞었다면, 세포에서는 어떻게 할까? 수백 가지 물질을 커다란 마녀의 가마솥에 몽땅 섞되, 오직 A와 B의 반응만을 촉매하는 적당한 효소를 넣어주는 것이다. 사실, 병들의 뚜껑을 죄다 열어서 무질서하게 섞는다는 비유는 좀 지나쳤다. 세포들도 '막'이라는 기반구조가 있다. 화학반응은 세포막을 사이에 두고, 혹은 세포막 내부에서 진행된다. 시험관과 플라스크를 갈라놓는 유리벽 역할을 세포막이 어느 정도는 해준다.

이 대목의 요점은, 적절한 효소의 '적절성'이 대체로 효소의 물리적 모양새에 의해 결정된다는 점이다(이것이 왜 중요한가 하면, 효소의 물리적 모양새가 유전자들에 의해 결정되고, 그 유전자들의 변이가 결국 자연선택에 의해 선호되거나 선호되지 않기 때문이다). 세포 내부의 액체에는 무수히 많은 분자가 떠다니며 춤추고 회전한다. 물질 A의 분자는 물질 B의 분자와 기꺼이 반응하려 하지만, 적절한 방향으로 정확하게 서로 만나 충돌할 때에만 반응이 일어난다. 결정적인 문제는, 적절한 효소가 개입하지 않는 한, 그런 상황은 거의 일어나지 않는다는 것이다. 효소가 자석 목걸이처럼 착착 접혀 어떤 정확한 모양을 취하다 보면, 곳곳에 구멍이나 움푹 파인 공간이 생긴다. 그 구멍들도 항상 정확한 모양을 취한다. 개중 하나의 구멍 혹은 주머니가 효소의 '활성 부위'가 되고, 그 활성 부위의 형태나 화학적 속성으로부터 효소의 특이성이 발생한다.

'구멍'이라는 단어로는 이 메커니즘의 특이성과 정밀성을 적절하게 전달할 수 없을 듯하다. 어쩌면 전기 소켓에 비유하는 게 더 나을지도 모르겠다. 전 세계의 여러 나라는 짜증스럽게도 서로 다른 임의적 플러그·소켓 기준을 채택하고 있다. 내 친구인 동물학자 존 크렙스(John Krebs)는 이것을 '플러그 음모론'이라고 한다. 영국의 플러그는 미국이나 프랑스나 기타 다른 나라의 소켓에는 맞지 않는다. 단백질 분자 표면의 활성 부위는 특정 분자만을 끼우는 소켓과 같다. 그런데 플러그와 소켓은 전 세계적으로 대여섯 가지 형태만이 존재하는 반면에(여행자를 끈질기게 괴롭히기에는 충분히 많은 수지만), 효소들이 제공하는 소켓의 종류는 비교도 안 되게 훨씬 더 많다.

효소 하나를 떠올려보자. P와 Q라는 두 분자의 화학결합을 촉매해 화합물 PQ를 만들어내는 효소다. 활성 부위 '소켓'의 절반쯤은 분자P가 직소퍼즐 조각처럼 꼭 들어맞을 만한 형태다. 같은 소켓의 나머지 절반은 정확하게 분자Q를 끼우도록 생긴 모양인데다가, 나아가 이미 그곳에 와 있는 분자P와 화학결합을 하기에 딱 좋게 서로 접촉시켜주는 형태다. 중매쟁이 효소 분자가 한 구멍 속에서 적당한 각도로 P와 Q를 꽉 붙들어주므로, P와 Q는 결합한다. 새로 생긴 화합물 PQ는 효소에서 떨어져 세포액으로 나간다. 효소의 활성 부위도 다시 자유의 몸이 되었으므로, 다른 P와 다른 Q를 또 데려올 수 있다. 한 세포에는 똑같은 효소 분자들이 떼로 들어 있을 수도 있다. 모두들 자동차공장의 로봇들처럼 열심히 일하며 PQ 화합물을 대량 생산한다.

　같은 세포에 다른 효소를 집어넣으면, 그것은 또 다른 생산물을 찍어낼 것이다. PR이든, QS든, YZ든 말이다. 원재료가 같아도 생산물이 다르다. 어떤 효소들은 새 화합물을 만드는 데 관여하는 것이 아니라 오래된 화합물을 분해하는 데 관여한다. 우리가 음식을 소화하는 과정에도 이런 효소들이 관여하며, '생물학적' 세제에도 이들이 이용된다. 하지만 지금 우리는 배아의 건설을 살펴보는 중이므로, 새 화합물의 합성을 중개하는 건설적 효소들에 대해서만 주로 이야기할 것이다. 컬러 화보 12쪽에 그런 중개 과정을 보여주는 그림이 있다.

　여러분은 지금쯤 한 가지 궁금증이 떠올랐을지도 모르겠다. 직소퍼즐 같은 구멍들과 소켓들, 특정 화학반응만을 수조 배 빠르게 해주는 몹시 특이한 활성 부위들, 다 좋은 말이다. 하지만 사실이라고 하기에는 너무나 멋진 이야기 아닌가? 어떻게 정확하게 알맞은 형태의 효소 분자가 덜 완벽한 시작 상태에서부터 진화했을까? 무작위적으로 형성된 소켓이 어떻게 적절한 형태와 화학적 속성을 갖게 되었을까? 어떻게 P와 Q 분자를 정확히 알맞은 각도로 만나게 해 결합을 추진하는 수준에까지 이르렀을까? 우연히 그렇게 되었을 확률이 얼마나 될까?

　'완성된 직소퍼즐'이나 '플러그 음모론'을 생각한다면 물론, 그럴 가능성은 별로 높지 않다. 그러나 우리는 그 대신 '매끄러운 개선의 기울기'를 떠올려야 한다. 너무 복잡해서 도무지 불가능해 보이는 것이 어떻게 진화했을까 하는 수수께끼에 직면해 우리가 흔히 저지르는 실수는, 과거에도 늘 요즘처럼 완벽하게 완성된 상태였으리라고 생각하는 것이다.

고도로 진화해 완전히 다듬어진 효소 분자는 반응을 수조 배 빠르게 촉매한다. 정확하게 알맞은 형태로 아름답게 제작되었기 때문에 그럴 수 있다. 하지만 자연선택의 선호를 받기 위해서 꼭 수조 배의 속도를 낼 필요는 없다. 백만 배만 해도 좋다! 천 배도 좋다. 열 배나 두 배라도 자연선택의 간택을 받기엔 충분하다. 효소의 성능은 매끄러운 기울기를 따라 개선된다. 구멍이 전혀 없는 데서 시작해, 조잡한 모양의 구멍들을 거쳐, 결국 적절한 형태와 화학적 특징을 갖춘 소켓이 되기까지, 꾸준히 나아간다. '기울기'는 각 단계가 전 단계에 비해, 아무리 사소하더라도, 눈에 띄는 개선이 이루어졌다는 뜻이다. 우리가 알아차릴 수 있는 최소 수준보다 더 작은 개선이라 우리 눈에는 안 띄어도, '자연선택의 눈에는 충분히 띌' 수 있다.

이제 여러분은 일이 어떻게 돌아가는지 다 보았다. 깔끔하지 않은가! 세포는 다재다능한 화학공장으로서 몹시 다양한 종류의 물질들을 막대하게 쏟아낸다. 선택은 어떤 효소가 있느냐에 달렸다. 그 선택은 어떻게 이루어지는가? 어떤 유전자가 *켜지느냐*에 달렸다. 세포라는 용기에 수많은 화학물질이 담겨 있고 개중 소수만이 서로 반응하듯이, 모든 세포핵에는 전체 게놈이 들어 있지만 개중 소수의 유전자만이 켜진다.

가령 이자(췌장) 세포에서 한 유전자가 발현한다면, 그 유전암호의 서열이 단백질의 아미노산 서열을 직접 결정한다. 그 아미노산 서열이 단백질의 접힘 형태를 결정하고(자석 목걸이를 기억하시라), 그 단백질의 형태가 소켓의 정확한 형태를 결정하고, 그 소켓에 따라서 세포 내에 떠다니는 물질들이 결합한다. 핵이 없는 적혈구처럼 극소수의 예외를 제외하고, 모든 세포는 모든 효소를 만들 수 있는 모든 유전자를 갖고 있다. 하지만 한 세포에서 한 시점에 켜지는 유전자는 소수뿐이다. 가령 갑상샘 세포에서는 갑상샘 호르몬 제작을 촉매하는 효소를 만들어내는 유전자들이 켜진다. 다른 종류의 세포들에서도 다 이런 식이다. 마지막으로, 세포 내에서 이루어지는 화학반응들이 세포의 형태와 행동을 결정하고, 다른 세포들과의 종이접기식 상호작용에 어떻게 참여할 것인지를 결정한다.

그러니, 배아 발생의 전 과정이 이처럼 정교하고 연쇄적인 사건들을 거침으로써 궁극적으로는 유전자들에 의해 통제되는 것이다. 유전자들이 아미노산 서열을 결정하고, 그것이 단백질의 삼차구조를 결정하고, 그것이 소켓 같은 활성 부위의 형태를 결정하고, 그것이 세포의 화학반응을 결정하고, 그것이 배아 발생 과정에서 세포가 '찌르레기 같은' 행동을 하도록 결정한다. 그렇기에 복잡한 연쇄적 사건들의 시작점에서 유전자에 차이가 발생하면 결국 배아 발생 방식에도 차이가 빚어지고, 따라서 성체의 형태와 행동에도 차이가 발생한다. 그 성체가 생존과 번식에서 어떤 성공을 거두느냐에 따라서 그 차이를 만들었던 유전자가 유전자풀에서 생존할지 실패할지가 결정된다. 이것이 자연선택이다.

발생은 복잡한 과정으로 보이지만(실제로도 복잡하다), 요점을 파악하기는 어렵지 않다. 발생 과정은 줄곧 국지적인 자기조립 과정이다. (거의) 모든 세포가 모든 유전자를 갖고 있는 상황에서, 서로 다른 종류의 세포들이 어떻게 서로 다른 유전자를 켜느냐 하는 것은 별개의 문제다. 그 문제를 이제 잠깐 다뤄보자.

그러면 벌레들이 먼저 시도해보리라

한 유전자가 한 세포에서 한 시점에 켜지느냐 마느냐의 문제는 세포의 화학적 환경에 따라 결정되며, 스위치 유전자나 조절 유전자라고 불리는 다른 유전자들의 연쇄작용을 매개로 삼는 경우가 많다. 갑상샘 세포와 근육 세포는 동일한 유전자들을 갖고 있지만, 서로 상당히 다르다. 누군가는 이렇게 말할지도 모르겠다. 그건 알겠다. 일단 배아 발생이 진행되는 중이라면, 갑상샘이나 근육처럼 서로 다른 종류의 조직들이 이미 존재할 테니까 말이다.

하지만 모든 배아는 처음에 하나의 세포로 시작한다. 갑상샘 세포와 근육 세포, 간 세포와 뼈 세포, 이자 세포와 피부 세포는 모두 하나의 수정란 세포에서 유래했다. 하나의 수정란이 계통수처럼 가지를 쳐내려가 생긴 것이다. 이런 세포 계보도는 수정의 순간까지만 거슬러 올라간다. 이 책에서 쉴 새 없이 등장하는 진화의 계통수, 수백만 년을 거슬러 올라가는 그 계통수와는 다르다. 예를 보여 드리겠다.

아래 그림은 갓 부화한 예쁜꼬마선충(*Caenorhabditis elegans*) 유생

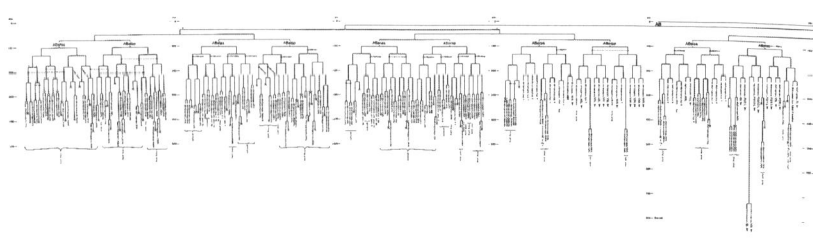

예쁜꼬마선충의 세포 계보도

의 몸에 있는 558개 세포 모두를 포함하는 계보도다(도표를 구석구석 자세히 살펴보기 바란다). 말이 나왔으니 말인데, 이 작은 선형동물 벌레가 처음에 왜 '엘레간스'라는 종명을 갖게 되었는지는 모르겠지만, 이제 와서 생각해보면 아닌 게 아니라 충분히 자격이 있다. 내가 간혹 곁길로 빠지는 이야기를 하는 것을 모든 독자가 반기지는 않으리라. 하지만 예쁜꼬마선충에 대한 연구는 너무나 위풍당당한 과학적 승리였기 때문에, 누구도 내 수다를 막을 수 없을 것이다.

예쁜꼬마선충을 이상적인 실험동물로 선택한 사람은 가공할 만큼 명석한 남아프리카공화국 출신의 생물학자 시드니 브레너(Sydney Brenner)였다. 1960년대에 그는 케임브리지에서 프랜시스 크릭(Francis Crick) 등과 함께 유전암호를 풀어내는 데 막 성공한 참이었고, 이제 새롭고 더 큰 문제를 찾고 있었다. 브레너가 자신의 영감에 따라 예쁜꼬마선충을 선택했기 때문에, 그리고 그것의 유전학과 신경구조에 관해 개척자적인 연구를 수행했기 때문에, 예쁜꼬마선충 연구자 공동체는 전 세계적으로 수천 명을 헤아릴 만큼 커졌다.

우리가 지금 예쁜꼬마선충에 대해서 모든 것을 알고 있다고 말해도 그리 지나친 과장은 아니다! 우리는 녀석의 게놈 전체를 안다.

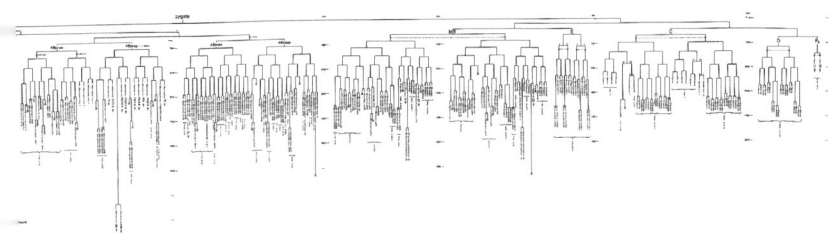

558개 세포(이것은 유생의 세포 수고, 자웅동체인 성체라면 생식 세포를 제외하고 959개다) 각각이 벌레의 몸에서 정확하게 어느 위치에 있는지 알고, 세포 하나하나가 배아 발생 과정에서 정확하게 어떤 '계보 역사'를 따라 생겨났는지 안다. 우리는 비정상적인 벌레를 만들어내는 무수한 돌연변이 유전자도 알고, 각 돌연변이가 몸에서 정확하게 어느 위치에 작용하는지, 정확하게 어떤 세포 역사를 통해 비정상성이 발달하는지 안다.

이 작은 동물은 시작부터 끝까지, 속에서 겉까지, 머리부터 발끝까지, 그 사이의 모든 종착점까지, 속속들이 알려져 있다. 오 기쁘고 기쁜 날('O frabjous day!'라는 표현은 《거울 나라의 앨리스》에 나오는 〈재버워키〉라는 난센스 시의 한 구절이다_옮긴이)! 브레너는 너무 뒤늦게 2002년에야 노벨 생리의학상을 받았고, 연관종 하나가 그의 이름을 따서 체노르합디티스 브렌네리(*Caenorhabditis brenneri*)라고 명명되었다. 브레너는 〈현대 생물학(*Current Biology*)〉에 '시드 아저씨'라는 이름으로 칼럼을 쓰고 있는데, 그 글들은 지적이고 거침없는 과학적 재치의 전형이다. 그가 북돋웠던 전 세계적 예쁜꼬마선충 연구만큼이나 우아하다. 하지만 나는 분자생물학자들이 동물학자들과 대화를 좀 나누어서(브레너는 자주 그랬다), 예쁜꼬마선충을 '그 선충'이라거나 '그 벌레'라고 부르지 말았으면 좋겠다. 마치 다른 선충들은 없는 것 같지 않은가.

여러분은 물론 계보도 아래쪽에 적힌 세포 종류의 이름들을 읽을 수 없을 것이다(읽을 만한 크기로 전부 인쇄하려면 일곱 쪽은 필요하다). 어쨌든 거기에는 '인두', '장 근육', '몸통 근육', '괄약근', '고리 신경절', '허리 신경절' 같은 이름들이 적혀 있다. 모든 종류의 세포들은 말 그대로 서로 친척들이다. 한 벌레의 생애 내에서 공통의 선조를 갖고 있는 친척들이다. 예를 들어, 내가 MSpappppa라는 몸통 근육 세포를 보고 있다고 하자. 이것은 다른 몸통 근육 세포의 형제고, 또 다른 두 몸통 근육 세포의 사촌이고, 예전에 제거된 다른 두 몸통 근육 세포의 사촌이고, 여섯 개 인두 세포의 육촌이고, 열일곱 개 인두 세포의 팔촌이고…… 이런 식이다.

우리가 동물의 몸에서 특정 세포를 명명하고 반복적으로 확인할 수 있다는 것, 그리하여 극도의 정확성과 확신으로 '예전에 제거된 육촌'이라는 표현을 쓸 수 있다는 사실이 굉장하지 않은가? 이 동물의 조직과 최초의 수정란 사이에 놓인 세포 '세대들'의 수는 그다지 많지 않다. 어차피 온몸의 세포 수가 558개밖에 안 되니 말이다. 이론적으로 따져, 세포분열을 열 세대만 거치면 1,024개의 세포를 만들 수 있다(2의 10승이다).

사람의 세포들이 거치는 세대 수는 물론 훨씬 크지만, 그럼에도 불구하고 이론적으로는 (예쁜꼬마선충 유생 암컷의 558개에 비해 엄청나게 많은) 우리 몸의 1조 개 남짓한 세포 각각에 대해서도 비슷한 계보도를 그릴 수 있다. 각 세포의 유래를 하나의 수정란까지 되짚어 올라갈 수 있다. 다만, 포유류에서는 특정 세포를 항상 일관되게 확인하고 명명할 수 있는 것은 아니다. 우리의 경우 세포들의 집합을 통계적으로 확인할 수 있을 뿐이고, 세부 사항들은 사람마다 다 다르다.

내가 예쁜꼬마선충 연구의 우아함에 홀린 나머지 여담을 늘어놓았지만, 우리가 앞서 이야기하던 요점을 잊지 않았으면 좋겠다. 우리는 세포들이 배아 계보도에서 서로 갈라질 때 어떻게 각기 형태와 성격을 바꾸어 다양한 종류가 되는지 이야기하고 있었다. 인두 세포가 될 운명인 복제 세포와 고리 신경절 세포가 될 운명인 '사촌' 복제 세포가 갈라지는 지점에서 반드시 양자를 가르는 무언가가 있어야 한다. 그렇지 않다면 어떻게 그들이 서로 다른 유전자를 켜는 법을 알겠는가?

답은, 두 세포의 가장 최근 공통선조가 분열할 때, 분열 직전에 이미 세포의 이쪽 절반과 저쪽 절반이 달랐다는 것이다. 그래서 세포 분열에서 탄생한 두 딸세포는 유전자는 서로 같지만(모든 딸세포는 완전하게 갖춰진 유전자들을 물려받는다), 그 주변의 화학물질들은 서로 같지 않다. 그렇기 때문에 같은 유전자가 켜지지 않는 것이고, 그렇기 때문에 그 후손들의 운명이 바뀌는 것이다. 이런 원리가 발생의 맨 처음 시작에서부터 과정 전반에 적용된다. 모든 동물에게 있어서, 분화의 열쇠는 비대칭적인 세포분열이다.▪

▪ 예쁜꼬마선충의 최초의 세포 Z는 앞쪽 끝과 뒤쪽 끝이 다르다. 이 차이가 결국 벌레의 몸 전체에 걸친 앞뒤 축을 낳는다. Z가 분열할 때, 앞쪽 딸세포인 AB는 뒤쪽 딸세포인 P1보다 앞쪽 끝의 물질을 더 많이 갖게 된다. 이 차이가 이후 계통을 따라 내려가면서 더 많은 차이를 양산한다. AB는 신경계 대부분을 포함해 절반 이상의 세포들을 만들어낼 운명이지만, 여기서는 더 논하지 않겠다. P1의 두 딸도 서로 다르며, 각각 EMS(최종적인 벌레에서 배 부분을 결정한다)와 P2(등 부분을 결정한다)라고 불린다. 이들은 Z의 손녀들이다(딸이니 손녀니 하는 것은 발생 중인 배아 내부의 세포들을 말하는 것이지, 다른 벌레들을 말하는 것이 아님을 잊지 말자). EMS의 두 딸은 E와 MS이고, P2의 두 딸은 C와 P3이다. E, MS, C, P3는 Z의 중손녀들이다(AB에서 내려온 다른 중손녀들도 있지만 여기에는 더 적지 않겠다. 개중 ABal과 ABpl은 최종적인 벌레의 왼쪽 부분을 정의하는 한편, 그 사촌들이 ABar과 ABpr은 오른쪽 부분을 정의한다는 것만 언급해두겠다). P3의 두 딸은 D와 P4고, 이들은 Z의 고손녀들이다. MS와 C도 딸들이 있지만, 그들의 이름은 여기서 거론하지 않겠다. P4는 이른바 생식 세포 계열을 낳을 운명이다. 생식 세포 계열은 몸 형성에 관여하는 대신 생식 세포를 만드는 세포들이다. 이 모든 세포 이름을 외우거나 기록해둘 필요는 전혀 없다. 요지만 이해하면 된다. 세포들은 유전적으로는 동일하지만 화학적 속성이 다르다는 것이다. 그것은 배아에서 연속적으로 세포분열이 일어날 때 그 각각의 역사가 누적적으로 진행되었기 때문이다.

존 설스턴(John Sulston) 경과 그 동료들은 벌레의 모든 세포 하나 하나를 추적해 AB, MS, E, D, C, P4라는 여섯 개의 창시자 세포('여족장' 세포라고 부를 수도 있을 것이다) 중 하나씩에 귀속시켰다.* 연구진은 각 세포의 역사를 깔끔하게 요약해 보여주는 명명 기법을 사용했다. 어느 세포의 이름은 여섯 창시자 세포 중 그 세포의 유래가 되는 선조의 이름으로 시작한다. 그 뒤로 이어지는 알파벳들은 각 단계의 세포분열에서 그 세포를 낳은 방향을 가리킨다. 앞쪽이면 a, 뒤쪽이면 p, 등 쪽이면 d, 배 쪽이면 v, 왼쪽이면 l, 오른쪽이면 r이다. 가령 Ca와 Cp는 여족장 세포 C의 두 딸인데, 각각 앞쪽과 뒤쪽 딸이다.

한 세포의 딸은 둘을 넘을 수 없다는 것을 명심하자(이 점에 대해서라면 목숨이라도 걸 수 있을 것이다). 이제 내가 Cappppv라는 몸통 근육 세포를 보면, 그 세포의 역사가 간명하게 폭로된다. C 세포가 앞쪽 딸을 낳았고(a), 그것이 뒤쪽 딸을 낳았고(p), 그것이 뒤쪽 딸을 낳았고(p), 그것이 뒤쪽 딸을 낳았고(p), 그것이 뒤쪽 딸을 낳았고(p), 그것이 배 쪽 딸을 낳은(v) 것이 문제의 이 세포다.

벌레의 모든 세포가 이처럼 여섯 창시자 세포 중 하나의 머리글자로 시작하는 알파벳의 나열로 표기된다. 예를 하나 더 들어보자. ABprpapppap는 벌레의 몸통에서 배 쪽을 따라 흐르는 신경삭에

---

* 브레너가 미국으로 떠난 뒤에도 케임브리지에 남은 설스턴은 예쁜꼬마선충 연구로 노벨상을 받은 3인조 중 한 사람이다. 후에 설스턴은 공식적인 인간 게놈 프로젝트의 영국 측을 이끌었다. 미국 측을 이끈 사람은 처음에는 제임스 윗슨(James Watson)이었고, 나중에는 프랜시스 콜린스(Francis Collins)였다.

있는 신경 세포다. 내가 세세하게 더 설명할 필요도 없을 것이다. 벌레의 세포 하나하나에 그런 이름이 있고, 그 이름이 발생 과정 중에 세포가 겪어온 역사를 완벽하게 묘사한다는 것이 우리가 알아야 할 아름다운 요점이다. ABprpapppap를 낳은 열 번의 세포분열 각각이, 또한 모든 세포를 낳은 모든 세포분열이, 두 딸세포에게 서로 다른 유전자를 켤 잠재력을 주는 비대칭적 분열이었다.

모든 동물의 조직 분화 원리가 이와 마찬가지다. 조직의 세포들이 다 같은 유전자를 담고 있어도 괜찮다. 물론 대부분의 동물은 예쁜꼬마선충의 558개보다는 훨씬 많은 세포를 갖고 있으며, 배아 발생 과정은 훨씬 덜 엄격하게 결정되어 있는 경우가 대부분이다. 특히 존 설스턴 경이 친히 나에게 상기시켜주었듯이, 예쁜꼬마선충의 경우에는 세포들의 '계보도'가 거의 모든 벌레에서 다 같지만(몇몇 돌연변이 개체는 예외다), 포유류의 경우에는 개체마다 다 다르다. 이는 나도 앞서 간략하게 언급했던 점이다. 그럼에도 불구하고, 원리는 항상 같다. 어떤 동물이든 세포들이 유전적으로는 다 같음에도 불구하고 몸의 부위에 따라 다른 세포가 되는 까닭은, 짧은 배아 발생 과정에서 비대칭적인 세포분열 역사를 밟아왔기 때문이다.

드디어 전체 이야기의 결론을 내려보자. 발생에는 전체적인 계획도, 청사진도, 건축가의 설계도, 건축가도 없다. 배아의 발생은, 그리고 궁극적으로 성체의 발달은, 국지적 규칙들을 지키며 지역적 기반에서 상호작용하는 세포들에 의해 수행된다. 세포 내부의 일도 마찬가지로, 국지적 규칙들을 지키는 분자들에 의해 수행된다. 특히 단백질 분자들이 국지적 규칙에 따라 세포 내부와 세포막에서 다른 분자들과 상호작용하는 덕택이다. 규칙은 온통 국지적이고, 국지적

이고, 국지적이다.

수정란의 DNA 문자 서열을 읽어서 그 동물이 어떻게 자랄지 예측할 수 있는 사람은 없다. 그것을 알아보는 유일한 방법은 수정란을 자연스럽게 길러서 어떻게 변하는지 보는 것뿐이다. 컴퓨터로 예측해낼 수는 없다. 물론 자연적인 생물학적 과정을 시뮬레이션하도록 짠 프로그램이라면 가능하겠지만, 그럴 바에야 전자적 도구를 버리고 발생하는 배아를 컴퓨터 삼아 기르는 편이 나을 것이다. 순전히 국지적인 규칙들만 시행하여 크고 복잡한 구조를 생성하는 이 방식은 청사진 방식과는 뿌리부터 다르다. 만약에 DNA가 일종의 선형적 청사진이라면, 비교적 수월하게 그 문자들을 읽어서 동물을 그려내는 프로그램을 짤 수 있을 것이다. 하지만 그렇다면 애초에 동물이 진화하는 것이 결코 쉽지 않았을 것이다. 사실, 아마도 불가능했을 것이다.

자, 배아를 다룬 이 장이 진화를 다룬 이 책에서 '여담'으로만 느껴져서야 안 될 테니, 홀데인에게 질문을 했던 사람이 느꼈던 딜레마로 돌아가자. 유전자들이 성체의 형태를 통제하는 게 아니라 배아 발생 과정을 통제한다는 것은 알겠다. 작은 날개를 실제로 만드는 것은 자연선택이 아니라(하느님도 아니지만) 발생이라는 것도 알겠다. 하지만 대체 어떻게 자연선택이 동물의 몸과 행동을 빚어내는가? 어떻게 자연선택이 배아에게 작용하는가? 달리 말해, 어떻게 자연선택이 배아로 하여금 날개, 지느러미, 나뭇잎, 갑옷 방패, 침, 촉수 등 생존에 유리한 것을 지닌 성공적인 몸을 더 능숙하게 만들어내도록 하는가?

성공적인 유전자들이 성공적이지 못한 대안 유전자들에 비해 유전자풀에서 더 많이 생존하는 것, 그것이 자연선택이다. 자연선택은 유전자를 직접 선택하지 않는다. 대신 유전자의 대리인인 개체의 몸을 선택한다. 개체가 선택되고 말고의 여부는 개체가 자신과 똑같은 유전자를 복제해낼 만큼 충분히 생존하고 번식하느냐에 따라 결정된다. 선택은 명백하고 자동적이지만, 의도적인 개입은 없다. 유전자의 생존 여부는 그것이 만들어내는 몸의 생존 여부와 밀접하게 엮여 있다. 왜냐하면 유전자는 그 몸을 타고 있고, 그 몸과 함께 죽기 때문이다.

유전자가 바라는 것은, 자신이 무수한 복제물의 형태로 동시대의 개체군은 물론, 꼬리를 물고 이어지는 후세대의 개체군에서도 많은 개체의 몸에 올라타는 것이다. 따라서, 자신이 올라탄 개체들의 생존 전망을 평균적으로 높여주는 유전자라면, 유전자풀에서 그 빈도가 증가하는 통계적 경향이 있을 것이다. 그러므로 우리가 어느 유전자풀에서 목격하는 유전자들은 대체로 몸 만들기에 능한 유전자들일 것이다. 이 장은 그 유전자들이 몸을 만드는 절차에 관한 이야기였다.

홀데인에게 질문을 던진 사람은, 자연선택이 가령 10억 년 만에 자기 몸을 만드는 유전적 조리법을 알아냈다는 사실을 통 못 믿겠다고 했다. 하지만 나는 그것이 충분히 있을 수 있는 일이라고 믿는다. 물론 나도, 다른 누구도, 그 상세한 경위를 이야기해줄 수는 없다. 그래도 왜 그것이 있을 법한 일이냐 하면, 온통 국지적 규칙들로 이루어지는 일이기 때문이다.

자연선택이 한 번 작용하여 선택한 하나의 돌연변이는 (많은 세포와 많은 개체에서) 단백질 사슬이 자발적으로 접혀 이루는 형태에 아주 단순한 영향만을 미쳤다. 그 단백질이 촉매 작용을 함으로써 그 유전자가 발현된 모든 세포에서 특정 화학반응이 빨라졌다고 하자. 그래서 가령 나중에 턱이 될 배아 원시 세포들의 성장 속도가 달라졌다고 하자. 이것이 결과적으로 온 얼굴 형태를 달라지게 할 수 있다. 가령 주둥이가 짧아져서 사람을 더 닮고 유인원을 덜 닮은 윤곽선을 만들 수 있다.

그 유전자를 선호하거나 선호하지 않는 자연선택의 압력은 얼마든지 복잡해져도 좋다. 어쩌면 성선택이 관여했을 수도 있다. 미래의 성적 파트너에 대한 고차원적인 미학적 선택이 작용했을지도 모른다. 혹은 동물의 턱 모양이 변함으로써 견과류를 씹는 능력이나 경쟁자와 싸우는 능력에 미묘한 영향이 미쳤을 수도 있다. 혹은 어마어마하게 정교한 선택압들의 조합이 있었는지도 모른다. 눈이 돌아갈 정도로 복잡하게 서로 상충하고 절충하는 선택압들이 있었을지도 모른다. 그들이 이 특정 유전자의 통계적 성공을 지지하는 방향으로 작용했기 때문에, 유전자가 유전자풀에서 확산되었을 수도 있다. 하지만 유전자는 이런 사정을 전혀 모른다. 유전자가 하는 일이라고는 대를 이은 세대들의 여러 개체 속에서 어느 단백질 분자의 섬세한 구멍을 재조정하는 것뿐이다. 나머지 이야기는 자동적으로 뒤따라온다. 국지적인 결과들이 가지를 치듯이 꼬리를 물어서, 그로부터 결국은 몸 전체가 만들어진다.

더욱이 동물이 처한 생태적, 성적, 사회적 환경의 선택압들보다 더 복잡한 힘들이 또 있다. 발달하는 세포의 안팎에서 변화무쌍하게 조직되는 영향력들이다. 유전자들이 단백질들에게 가하는 영향, 유전자들이 유전자들에게 가하는 영향, 단백질들이 유전자들의 발현에 가하는 영향, 단백질들이 단백질들에게 가하는 영향 등. 게다가 막들, 화학적 기울기들, 배아 내부의 물리적이거나 화학적인 유도 단서들, 호르몬들이나 여타 원격 작용의 중개자들, 같은 표지나 상보적인 표지를 단 다른 세포를 찾아나선 세포들 등. 누구도 전체 그림을 이해할 수는 없다. 그리고 꼭 그것을 이해해야만 자연선택이 굉장히 있을 법한 일임을 인정하게 되는 것도 아니다.

자연선택은 배아에서 결정적인 변화를 일으키는 돌연변이 유전자를 선호하여 유전자풀에서 생존하게 만든다. 전체 그림은 수없이 많고 많은 작고 국지적인 상호작용들의 결과로 떠오르는 것이지만, 그 각각의 상호작용은 적어도 이론적으로는 우리가 충분히 파악할 수 있다. 충분히 인내심을 갖고 조사해본다면 말이다(현실적으로는 너무 까다롭거나 너무 오랜 시간이 소요될 것이다).

현실적으로는 전체 과정이 혼란스럽고 신비하게 느껴질지라도, 그 원리에는 전혀 신비할 것이 없다. 발생 과정 자체도 그렇거니와, 발생을 통제하는 유전자들이 유전자풀에서 두각을 드러내게 되는 진화적 역사도 그렇다. 복잡성은 기나긴 진화의 시간을 거치며 서서히 누적되어간다. 각 단계는 바로 앞 단계보다 아주 조금 다를 뿐이고, 기존의 국지적 규칙에 작고 미묘한 변화가 발생해 생겨난 결과일 뿐이다. 그러나 저마다의 차원에서 국지적 규칙을 준수하며 서로 영향을 미치는 작은 개체(세포, 단백질 분자, 막)가 충분히 많이 있다면, 궁극적으로 발생하는 결과는 극적일 수 있다. 그런 국지적 개체들의 행동에 어떤 영향을 미치느냐에 따라서 유전자의 생존 여부가 결정된다면, 그로써 성공적인 유전자들에 대한 자연선택(그리고 그로 인한 성공적인 산물의 등장)이 필연적으로 뒤따른다.

홀데인에게 질문을 던진 사람은 틀렸다. 그녀의 몸 같은 무언가를 만들어내는 일은, 이론적으로는, 어렵지 않다. 게다가 홀데인이 말했듯이, 그것은 아홉 달밖에 걸리지 않는다.

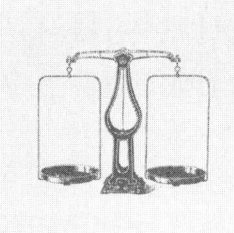

THE ARK OF THE CONTINENTS

9

대륙의 방주

섬이 없는 세상을 상상해보라.

생물학자들은 '섬'이라는 단어를 물에 둘러싸인 땅덩이를 가리키는 말 이상의 의미로 사용하곤 한다. 민물고기의 관점에서 보면, 호수는 섬이다. 거주 불가능한 육지에 둘러싸인 거주 가능한 물이다. 일정 고도 아래에서는 번성할 수 없는 고산성 딱정벌레의 관점에서 보면, 높은 봉우리 각각은 섬이다. 그 사이에는 가로지를 수 없는 계곡들이 있다.

어떤 자그마한 선충(우아한 예쁜꼬마선충과 연관이 있는 종이다)은 나뭇잎 속에 사는데(심하게 감염된 이파리라면 하나당 1만 마리까지도 산다), 나뭇잎들이 이산화탄소를 들이고 산소를 내보내는 미세한 구멍인 기공을 통해서 침입한다. 아펠렌코이데스(*Aphelencoides*) 같은 그런 선충에게는 한 그루의 폭스글로브 나무가 하나의 섬이다.

이에게는 한 사람의 머리나 가랑이가 섬일지도 모른다. 사막의 오아시스를 불쾌한 모래의 바다에 둘러싸인 시원하고 푸르고 쾌적한 섬으로 여기는 동식물도 많을 것이다.

이런 식으로 계속 동물의 관점에서 단어를 재정의해보면, 우리가 말하는 열도란 섬들이 줄줄이 혹은 덩어리로 뭉쳐 있는 곳이므로, 민물고기에게는 호수들이 줄줄이 혹은 덩어리로 뭉쳐 있는 것으로 정의될 것이다. 동아프리카 지구대를 따라 줄줄이 흩어져 있는 호수들처럼 말이다. 고산성 마멋은 계곡으로 분리된 일련의 산봉우리들을 열도로 정의할지도 모른다. 잎을 파먹는 곤충은 가로수길을 열도로 정의할 수도 있다. 말파리는 한 떼의 소들을 움직이는 열도로 정의할지도 모른다.

'섬'이라는 단어를 재정의했으니(사람을 위해 안식일이 만들어졌지, 안식일을 위해 사람이 만들어진 것은 아니다), 첫머리의 이야기로 돌아가자. 섬이 없는 세상을 상상해보자.

> 그는 바다가 그려진 커다란 지도를 사왔다네.
> 육지의 자취라고는 코빼기도 보이지 않았지.
> 그것을 본 선원들은 몹시 기뻐했다네.
> 그들이 속속들이 이해할 수 있는 지도였기에.
> (루이스 캐럴의 난센스 시 〈스나크 사냥〉 2부 '벨맨의 연설' 한 부분_옮긴이.)

우리는 벨맨처럼 극단적으로 상상하지는 않을 것이다. 그저 모든 땅이 하나의 거대한 대륙으로 붙어서 아무런 특징이 없는 바다 한가운데에 떠 있다고 상상해보자. 근해에 섬이라고는 없고, 땅에도 호수나 산맥이 없다. 매끄럽고 균일하고 단조로운 풍경을 깨는 것이 아무것도 없다. 이런 세상에서는 동물이 어디서 어디로든 쉽게 갈

수 있을 것이다. 기나긴 거리가 방해될 뿐, 적대적인 장애물로 골치를 썩는 일은 없을 것이다. 이것은 진화에 호의적인 세상이 아니다. 세상에 섬이 없다면 지구 위의 생명은 극도로 지루했을 것이다. 왜 그런지 설명하는 것으로 이 장을 열까 한다.

새로운 종은 어떻게 태어나는가?

모든 종은 다른 모든 종과 친척이다. 어떤 두 종이든 하나의 선조 종이 두 갈래로 나뉜 데서 유래했다. 가령, 인간과 녹색잉꼬의 공통 선조는 약 3억 1천만 년 전에 살았다. 그 선조 종이 두 갈래로 나뉘었고, 두 갈래는 이후 각자의 길을 갔다. 내가 생생한 예를 위해서 사람과 잉꼬를 꼽은 것일 뿐, 사실은 다른 모든 포유류와 파충류가 그 선조 종을 공유한다. 그 종이 초기에 갈라져서 한쪽은 포유류가 되었고, 다른 쪽은 파충류가 된 것이다(6장에서 보았듯이 동물학적으로는 조류도 파충류에 속한다).

가능성은 높지 않지만, 만에 하나 그 선조 종의 화석이 발견된다면, 우리는 이름을 붙여줘야 할 것이다. 일단 프로탐니오 다르위니(*Protamnio darwinii*)라고 부르자. 우리는 그 생물에 대한 세부적인 정보를 하나도 모르고, 이 논증에 세부 정보가 필요하지도 않지만, 아무튼 문어발식 다리로 곤충을 쫓아 허둥지둥 달리는 도마뱀 같은 동물을 상상하면 크게 틀리지 않을 것이다.

요점은 이것이다. 프로탐니오 다르위니가 두 하위 개체군으로 갈라진 시점에 양쪽은 서로 똑같아 보였을 테고, 서로 기꺼이 교배할 수 있었을 것이다. 하지만 한쪽은 포유류를 낳을 운명이었고, 다른 한쪽은 조류(그리고 공룡과 뱀과 악어)를 낳을 운명이었다. 프로탐니오 다르위니의 두 하위 개체군은 이제부터 매우 긴 세월 동안 매우 대대적인 방식으로 발산할 참이었다. 하지만 그들이 이후에도 계속 교배했다면 발산은 이루어지지 않았을 것이다. 두 유전자풀이 끊임없이 상대 풀에게 유전자를 공급했을 테니, 발산하려는 경향성은 추진력을 얻기도 전에 싹수부터 잘렸을 것이다. 다른 개체군에서 밀려들어온 유전자들에게 압도당했을 테니 말이다.

역사적인 작별의 순간에 정확히 어떤 일이 벌어졌는지는 아무도 모른다. 너무 오래전에 일어난 일인데다가, 어디서 일어났던 일인지에 관해서도 단서가 전혀 없다. 하지만 우리는 현대의 진화 이론에 바탕해 대강 다음과 같은 줄거리를 상당한 확신으로 재구성해볼 수 있다.

프로탐니오 다르위니의 두 하위 개체군은 어쩌다 서로 갈라졌다. 틀림없이 두 섬을 가르거나 본토와 섬을 가르는 바닷물 같은 지리적 장애물 때문이었을 것이다. 혹은 두 계곡을 가르는 산봉우리였을 수도 있고, 두 숲을 가르는 강이었을지도 모른다. 내가 정의한 일반적인 의미의 두 '섬'이 생긴 것이다. 중요한 것은, 두 개체군이 오랫동안 격리되어서, 나중에 재회할 기회가 주어졌을 때는 이미 서로 너무나 발산한 상태라 교배를 할 수 없었다는 점이다. 얼마나 오랫동안 떨어져 있으면 그렇게 될까? 글쎄, 그들이 각각 반대 방향으로 강력한 선택압을 받았다면, 몇백 년 아니 그보다 더 짧을 수도 있다.

가령 육지에 어슬렁거리는 게걸스러운 포식자가 섬에는 없을 수도 있다. 아니면 5장에서 본 아드리아 해의 도마뱀들처럼, 섬 개체군이 식충 습관에서 초식 습관으로 변했을 수도 있다. 프로탐니오 다르위니가 어떻게 갈라졌는지, 우리는 상세하게 알 수 없다. 알 필요도 없다. 다만 현대 동물들을 살펴본 증거로 볼 때, 방금 이야기한 것과 비슷한 사연이 과거에 있었다고 믿을 만한 이유가 충분하다. 어떤 한 동물과 다른 동물의 선조가 발산할 때마다 매번 이런 사연이 있었을 것이다.

설령 장애물 양쪽의 조건이 같아도 지리적으로 격리된 한 종의 두 유전자풀은 결국 서서히 멀어질 것이고, 지리적 격리가 끝나도 더는 교배할 수 없는 지경에 이를 것이다. 두 유전자풀에서 무작위적인 변화들이 점차 축적될 것이므로, 양쪽에서 각각 수컷과 암컷이 나와서 만나더라도 서로의 게놈이 너무나 달라 생식력 있는 후손을 낳을 수 없을 것이다. 무작위적인 유전적 부동(浮動)에 따른 것이든 차별적인 자연선택압의 도움을 받은 것이든, 일단 두 유전자풀이 지리적 격리가 없어도 유전적으로 격리된 상태가 되면, 우리는 그들을 서로 다른 두 종이라고 부른다.

예제 삼아 이야기한 가설에서 섬의 개체군이 본토 개체군보다 더 많이 변했다고 하자. 섬에는 포식자가 없는 데다가 섬 개체군이 초식 습관을 들였기 때문이라고 하자. 동물학자는 섬 개체군이 새로운 종이 되었다고 판단하고, 가령 프로탐니오 사우로프스(*Protamnio saurops*)라는 새 이름을 지어준다. 프로탐니오 다르위니라는 옛 이름은 본토 개체군에게 계속 붙여둔다. 이런 시나리오에서는 아마도 섬 개체군이 파충강(오늘날의 모든 파충류와 조류를 합친 것)을 낳을 것이고, 본토 개체군은 포유류를 낳을 것이다.

다시 강조하건대, 내 작은 이야기의 *세부 사항*들은 순전히 허구다. 섬 개체군이 포유류를 낳았을 가능성도 얼마든지 있다. '섬'은 물에 둘러싸인 땅이 아니라 사막에 둘러싸인 오아시스였을 수도 있다. 그리고 우리는 지구의 어디쯤에서 그 거대한 분리가 이루어졌는지 감조차 잡을 수 없다. 사실 당시에는 지구의 지도가 너무 달랐을 테니 질문 자체가 거의 무의미하다. 다만, 이야기의 핵심 교훈은 허구가 아니다. 비옥한 다양성을 자랑하며 지구를 메워온 수백만 번의 진화적 발산은, 전부는 아니라도 대개, 한 종의 두 하위 개체군이 우연히 갈라짐으로써 시작되었을 것이다. 항상 그런 것은 아니겠지만 종종 바다나 강이나 산맥이나 사막의 계곡 같은 지리적 장애물의 양쪽으로 개체군이 나뉘었을 것이다.

생물학자들은 한 종이 두 자식 종으로 갈라지는 현상을 '분화'라고 부르고, 종 분화의 전주곡은 일반적으로 지리적 격리라고 본다. 다만 곤충학자들을 위시한 몇몇 생물학자는 '동지역 분화'도 마찬가지로 중요하다고 유보조항을 달 것이다. 동지역 분화 역시 최초에 탄력을 받으려면 모종의 우연한 격리가 필요하지만, 지리적 격리와는 다른 격리다. 가령 미기후의 국지적 변화 같은 것일 수 있다. 상세한 내용은 덧붙이지 않겠지만, 특히 곤충들에게 동지역 분화가 중요한 듯하다는 점은 짚고 넘어가자.

그럼에도 불구하고, 논의의 편의상 나는 종 분화의 전조가 된 최초의 격리는 보통 지리적 격리였다고 가정하고 이야기를 풀어갈 것이다. 내가 2장에서 가축화한 개 품종들을 이야기할 때, 순혈종 사육가들의 규칙 때문에 '가상의 섬'들이 탄생한다고 빗댔던 것을 기억하시리라.

우리는…… 상상할 수 있다

그렇다면 한 종의 두 개체군이 어떻게 지리적 장애물의 양쪽에 놓이게 될까? 가끔은 장애물 자체가 새로 생겨난다. 지진 때문에 넘을 수 없는 협곡이 열리거나 강의 물길이 바뀌어서, 함께 교배하는 개체군이었던 한 종이 두 개체군으로 쪼개진다. 그러나 장애물은 줄곧 그 자리에 있었는데 동물들이 어떤 별난 사건 때문에 그것을 건너는 경우가 더 일반적이다. 이것은 아주 드문 사건이어야 한다. 그렇지 않고서야 애초에 장애물이라고 부를 수도 없을 것이다.

카리브 해의 앵귈라 섬에는 1995년 10월 4일 전에는 이구아나 이구아나(*Iguana iguana*) 종이 한 마리도 살지 않았다. 그런데 바로 그 날, 이 커다란 도마뱀 한 무리가 섬 동해안에 불쑥 나타났다. 얄궂은 우연으로, 그들이 도착하는 것을 직접 목격한 사람들이 있었다. 도마뱀들은 나뭇가지나 뿌리째 뽑힌 나무에 붙어서 바다를 건너왔다. 9미터가 넘는 나무도 있었는데, 아마도 257킬로미터 떨어진 과들루프 같은 이웃 섬에서 떠내려온 것일 터였다. 이전 달인 9월의 4~5일에 허리케인 루이스가, 그 2주 뒤에는 허리케인 매릴린이 일대를 초토화시켰기 때문에, 아마도 그때 습관적으로 나무에 올라가 있던 이구아나들을 태운 채로 나무가 뿌리 뽑혔을 것이다.

사람들이 1998년에 확인해본 결과, 앵귈라 섬의 새 개체군은 잘 살아가고 있었다. 녀석들에 대한 연구를 이끌었던 엘렌 첸스키(Ellen Censky) 박사가 내게 전해준 정보에 따르면, 녀석들은 지금도 번성하고 있다. 심지어 이 침입자가 도착하기 전부터 앵귈라에 살았던 다른 이구아나 종보다 더 잘 살아가는 듯하단다.

그런 기묘한 분산 사건의 핵심은, 분화를 설명할 정도로는 흔하되 너무 흔해서는 안 된다는 것이다. 너무 흔하면(가령 과들루프에서 앵귈라로 매년 이구아나들이 떠내려간다면) 앵귈라에서 막 분화하기 시작한 개체군이 끊임없이 유입되는 유전자의 흐름에 압도될 것이고, 따라서 과들루프 개체군으로부터 발산할 수 없을 것이다.

말이 나왔으니 말인데, '충분히 흔해야 한다' 같은 내 표현을 오해하진 말길 바란다. 혹시 분화를 촉진하기 위해서 섬들 간에 적절한 거리를 확보하는 모종의 단계가 있어야 한다는 말로 오해될 수도 있지 않겠는가! 물론 그것은 주객전도다. 그보다는 섬(이제까지처럼 넓은 의미의 섬을 말한다)들이 분화를 촉진할 만큼 적절한 거리로 퍼져 있다면 어디서든 분화가 일어난다고 보는 편이 옳다. 어느 정도가 적절한 거리인가 하는 문제는 해당 동물이 얼마나 쉽게 여행하는 동물인가에 따라 달라진다. 과들루프에서 앵귈라까지의 257킬로미터는 바다제비 같은 강인한 새에게는 한낱 장난이다. 하지만 개구리나 날개 없는 곤충들에게는 수백 미터의 바닷물이라도 충분히 넘기 어려워서, 새 종을 낳기가 힘들 것이다.

갈라파고스 군도는 남아메리카 대륙으로부터 약 965킬로미터 떨어진 해상에 있다. 이구아나들이 뿌리 뽑힌 나무뗏목을 타고 앵귈라로 항해한 거리의 네 배쯤 된다. 섬들은 모두 화산섬이고, 지질학적으로 젊은 편이다. 섬들은 본토와는 전혀 연결되어 있지 않다. 군도의 동물상과 식물상은 모두 남아메리카 대륙에서 건너왔을 것이다. 핀치처럼 잘 나는 새라고 해도 965킬로미터를 건너는 것은 극히 드문 사건이었을 것이다.

하지만 절대 일어나지 않을 정도로 드문 사건은 아니다. 실제로

요즘은 거의 쓰이지 않는 영국 이름들이 적혀 있는 다윈의 갈라파고스 군도 지도

갈라파고스 군도에는 핀치가 있고, 그 선조들은 과거의 어느 시점엔가, 아마도 뜻밖의 폭풍에 휘말려서 이곳으로 떠밀려왔을 것이다. 모든 핀치는 남아메리카 종류라는 것을 한눈에 알아볼 수 있는 특성을 지니고 있지만, 종들 자체는 이 군도에만 특유한 것들이다.

위에 있는 다윈의 지도를 보자. 나는 감상적인 이유에서, 그리고 다윈이 현대의 스페인 이름이 아니라 위풍당당한 영국 해군식 이름들을 적어두었다는 이유에서 굳이 이 그림을 소개한다. 축척에 적힌 60마일(약 97킬로미터)은 동물이 최초에 본토에서 군도까지 여행해야 했을 거리의 10분의 1쯤 된다. 섬들은 서로간에는 수십 킬로미터 떨어져 있지만, 본토와는 수백 킬로미터 떨어져 있다. 이 얼마나 종 분화에 안성맞춤인 상황인가.

동물이 우연히 바람이나 뗏목을 타고 바다를 건너올 확률은 장애물의 거리와 반비례한다고 말한다면 너무 단순한 계산일 것이다. 그러나 거리와 횡단 가능성에 대강의 반비례 관계가 성립하는 것만은 분명하다. 섬들 간의 거리는 평균 수십 킬로미터인 반면, 섬들과 본토의 거리는 965킬로미터로 격차가 무척 크므로, 우리는 그 군도가 충분히 분화의 산실이 되리라고 예측할 수 있다. 실제로 그랬고, 다윈도 그 사실을 잘 알았다. 군도를 떠난 뒤에야, 결코 다시 밟지 못할 그곳을 뜨고 나서야 깨우쳤지만 말이다.

군도 내 섬들 간의 거리는 수십 킬로미터, 군도 전체와 본토와의 거리는 수백 킬로미터로 격차가 크기 때문에, 진화론자는 섬에 서식하는 종들이 서로간에는 상당히 비슷하지만 본토의 연관종과는 차이가 있으리라고 예측할 수 있다. 그리고 정확하게 그것이 우리가 목격하는 바다. 다윈도 아래 인용문에서 그 점을 지적했는데, 아직 진화 사상을 형성하기 전이었음에도 불구하고 아슬아슬할 정도로 진화적 언어에 가까운 표현을 구사했다. 내가 이탤릭체로 강조한 핵심 구절은 이 장 곳곳에서 여러 맥락으로 인용될 것이다.

서로 밀접하게 연관된 작은 집단 새들의 구조가 이처럼 이행성과 다양성을 보여주므로, 우리는 이 군도에 원래 새들이 부재했다가, 한 종이 이동해 와서 다양한 목적에 맞게 변형된 것이라고 상상할 수 있다. 마찬가지로, 원래 수리 종류였던 한 새가 이곳에 도입되어서 아메리

카 대륙에서 폴리보리가 수행하는 썩은 고기 처치 업무를 맡게 된 것이라고 상상할 수 있다.

마지막 문장에서 다윈이 가리키는 동물은 갈라파고스 매라고 불리는 부테오 갈라파고엔시스(*Buteo galapagoensis*)다. 이것 역시 갈라파고스에서만 발견되는 종이지만, 본토의 종과 다소 닮은 데가 있다. 특히 아메리카 대륙을 매년 남북으로 오가는 부테오 스와인소니(*Buteo swainsoni*)를 닮았으므로, 그 종이 한두 차례 기묘한 상황을 만나는 바람에 제 길을 벗어나 날려온 것일 수도 있다.

요즘 우리는 갈라파고스 매와 날지 못하는 갈라파고스 가마우지를 섬의 '고유종'이라고 부른다. 현재 발견된 그 장소에만 있는 종이라는 뜻이다. 다윈은 아직 진화를 완전히 받아들이지 않은 상태였기 때문에, 당시에 통용되던 '토착 창조물'이라는 표현을 썼다. 신이 그 종을 오직 그곳에만 창조해 두었다는 뜻이다. 다윈은 당시 군도 전역에 넘쳐나던 갈라파고스 큰거북에 대해서도, 그리고 갈라파고스 땅이구아나와 갈라파고스 바다이구아나 두 종에 대해서도 같은 표현을 썼다. 이중 바다이구아나는 정말 놀라운 생물로, 세계 어느 곳의 어느 이구아나와도 아주 다르다. 이들은 바다 바닥까지 잠수해서 해초를 뜯어먹는다. 해초가 아마도 이들의 유일한 식량이다. 이들은 우아하게 헤엄칠 줄 알지만, 다윈의 솔직한 견해에 따르면 아름다운 외모는 아니다.

그것은 소름 끼치게 생긴 생물로, 색은 거무튀튀하고, 멍청하고,* 행동이 굼뜨다. 다 자란 녀석의 길이는 보통 1야드쯤(약 90센티미터) 되

캘리포니아 주를 기다랗게 가르는 거대한 산안드레아스 단층. 언젠가 캘리포니아 반도를 포함하는 주 서부가 태평양의 섬이 되는 날이 올 것이다.

(a) 바다 밑 암석들의 연대가 색깔로 표시되어 있다. 우리가 9장에서 이야기한 가상의 잠수함은 브라질의 툭 튀어나온 부분에서 동쪽으로 여행해 대서양 중앙 해령의 젊은 바위들을 만났다. 해양저 확장(b)과 깊고 느린 대류의 흐름(c)이 판들을 움직인다.

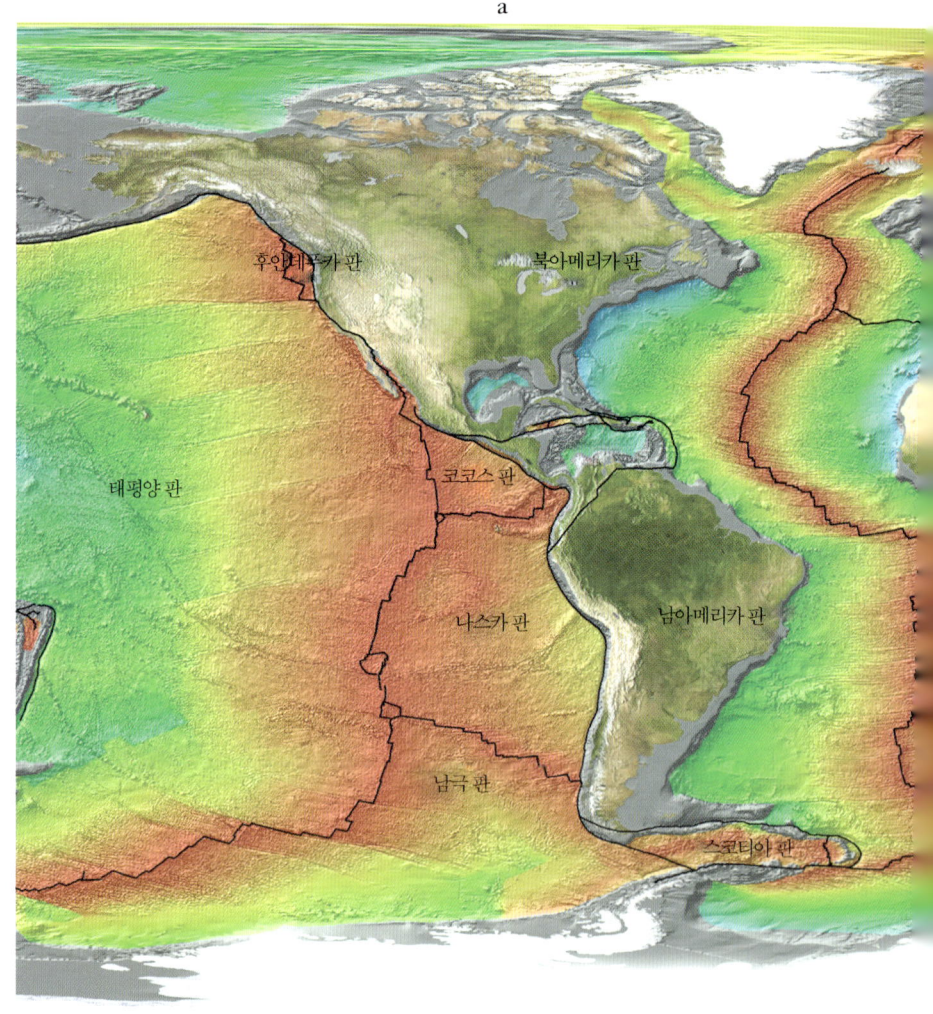

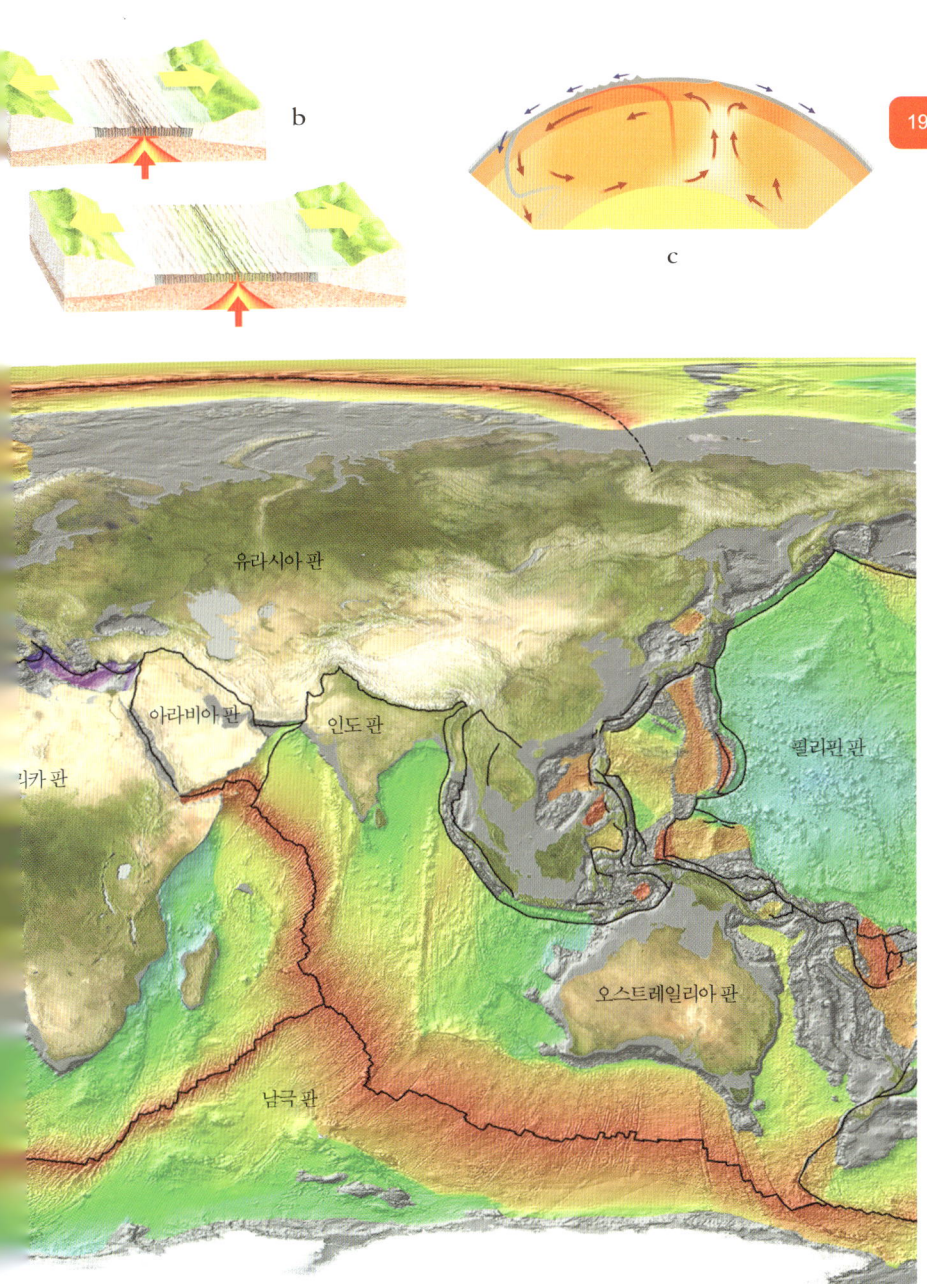

20

a

b

c

d

갈라파고스, 진화의 최신 전시장?

(a) 갈라파고스 군도에서 가장 젊고 화산 활동이 활발한 페르난디나 섬의 칼데라(화산 함몰지).
(b) 갈라파고스 군도의 항공사진. 초록색은 고지대(화산)고, 짙은 갈색은 용암 평원이다.
(c) 갈라파고스 펠리컨이 물고기를 잡으려고 다이빙한다. 갈라파고스 갈색펠리컨은 유리나토르(urinator)라는 아종명을 갖고 있다. '오줌싸개'라는 뜻이다.
(d) 수영을 하는 갈라파고스 바다이구아나. 도마뱀 사이에서 수영은 독특한 습성이다.

갈라파고스 큰거북은 섬마다 조금씩 형태가 다르다. 안장처럼 생긴 등딱지(e)는 선인장을 먹고 살기 때문에 목을 높이 뻗어야 하는 거북들의 특징이다. 풀을 뜯어먹는 거북들의 등딱지는 돔처럼 둥그렇다(f).
(g) 갈라파고스의 전형적인 풍경. 갈라파고스 갈색펠리컨, 갈라파고스 펭귄(가까스로 북반구까지 올라온 유일한 펭귄이다), '샐리 라이트풋'이라는 이름의 게들이 검은 용암 바위에 함께 있다.

22 오스트레일리아와 마다가스카르, 진화의 두 '섬'

(a) 캥거루는 오스트레일리아의 영양이라고 할 수 있지만, 달리기 대신 점프 전문이다.

(b) 유칼리나무들이 오스트레일리아의 숲을 점령하고 있다.

(c) 코알라는 오스트레일리아의 나무늘보라고 할 수 있다. 대사율이 느린 것까지 닮았다. 코알라는 유칼리나무 잎을 먹도록 전문화했는데, 아마도 그 나무의 독소를 견딜 수 있는 동물이 달리 많지 않았기 때문일 것이다. 주머니의 새끼를 보라. 주머니가 아래로 열린 것은 역사적 우연 때문이다.

(d) 고대의 곤드와나 포유류들은 여전히 알을 낳았고, 오리너구리는 오늘날까지 살아남은 그 후손이다.

(e) 알락꼬리여우원숭이. 비글 호가 갈라파고스 대신에 마다가스카르를 방문했다면 우리는 요즘 '다윈의 여우원숭이'를 이야기하고 있을까?
(f) 화성의 나무라도 이 마다가스카르 바오밥나무보다 더 이상하지는 않을 것 같다.
(g) 내가 세상에서 가장 좋아하는 종이라고 해도 좋을 동물. 춤추는 시파카여우원숭이다.

발을 쳐들고 하늘을 가리키는 푸른발 가마우지의 행동을 비웃지 말 것. 이 행동은 다른 가마우지들에게 깊은 인상을 남긴다. 그것이면 충분하다.

고, 4피트나(약 120센티미터) 되는 긴 녀석도 간간이 있다…… 꼬리는 옆으로 넙적하고, 네 발 모두 부분적으로 물갈퀴가 있다…… 이 도마뱀은 물속에서 완벽할 정도로 수월하고 빠르게 헤엄친다. 몸통과 넙적한 꼬리를 뱀처럼 움직이고, 다리는 몸통 옆으로 가깝게 끌어당겨 미동 없이 둔다.

바다이구아나가 수영에 통달한 것을 볼 때, 그들이 본토로부터 기나긴 거리를 헤엄쳐와 군도에서 분화한 게 아닐까, 그래서 결국 땅이구아나를 낳은 게 아닐까 하는 생각도 든다. 하지만 거의 틀림없이 그렇지 않았을 것이다. 갈라파고스 땅이구아나는 본토에 사는 이구아나들과 크게 다르지 않은 반면에, 바다이구아나는 갈라파고스 군도에만 고유하다. 그런 해양생활 습성을 지닌 도마뱀은 세계의 다른 어디에서도 발견되지 않았다.

요즘 우리는 처음에 땅이구아나가 남아메리카 대륙으로부터 건너왔을 거라고 확신한다. 과들루프에서 앵컬라로 밀려온 현대의 도마뱀들처럼, 이구아나들도 아마 부목에 얹혀 흘러왔을 것이다. 녀석들은 갈라파고스에서 종 분화를 겪어 바다이구아나를 낳았다. 최초에 선조 땅이구아나와 새로 분화된 바다이구아나가 갈라진 것은, 듬성듬성 분포된 섬들에 의한 지리적 격리 때문이었을 것이다. 몇몇 땅이구아나가 우연히 또 뗏목을 타고 그때까지 이구아나가 없던 섬

■《비글 호 항해기》. 빅토리아 시대의 박물학자들은 책에서 이런 식의 가치판단을 하는 버릇이 있었다. 내 조부모가 소장했던 조류 안내서의 '가마우지' 항목은 이런 솔직한 표현으로 시작한다. "이 개탄할 만한 새에 관해서는 할 말이 아무것도 없다."

으로 건너갔고, 먼저 섬의 땅이구아나 유전자가 흘러들지 않아 유전자풀이 오염되지 않는 그곳에서 해양생활 습성을 체득했을 것이다. 훨씬 나중에 이 녀석들이 다른 섬들로도 퍼졌고, 결국 선조 땅이구아나들이 출항했던 원래 섬으로도 돌아왔을 것이다. 이때쯤에는 이미 서로 교배할 수 없는 상태였을 것이므로, 녀석들이 유전적으로 물려받은 해양성은 땅이구아나 유전자로부터 안전하게 지켜졌을 것이다.

다윈은 확인하는 사례마다 같은 현상을 목격했다. 갈라파고스의 동식물은 대체로 군도의 고유종(토착 창조물)이었을 뿐만 아니라, 세세한 특징들은 섬마다 또 달랐다. 다윈은 특히 식물들에서 깊은 인상을 받았다.

그리하여 우리는 진정 놀라운 사실을 알게 되었다. 제임스(산티아고) 섬에 서식하는 38종의 갈라파고스 식물, 즉 세계 다른 지역에서는 발견되지 않는 식물들 중에서 30종은 전적으로 이 섬에 국한된 것이었다. 앨버말(이사벨라) 섬에 서식하는 26종의 토착 갈라파고스 식물 중에서 22종은 이 섬에 국한된 것이었다. 즉, 나머지 네 종만이 군도의 다른 섬들에서도 자라는 것으로 확인되었다. 이런 식으로…… 채텀(산크리스토발) 섬과 찰스(플로레아나) 섬의 식물들도 마찬가지였다.

다윈은 군도 전역의 흉내지빠귀 분포에 대해서도 같은 현상을 목격했다.

나 스스로 사격해서 잡았거나 배의 다른 사람들이 잡은 수많은 흉내지빠귀 표본을 함께 비교해보자, 호기심이 솟아났다. 찰스 섬에서 잡은 것들은 죄다 한 종에 속하고[미무스 트리파쉬아투스(Mimus trifasciatus)], 앨버말 섬에서 잡은 것들은 죄다 M. 파르불루스(parvulus)에, 제임스 섬과 채텀 섬(두 섬 사이에는 다른 섬들이 연결고리처럼 놓여 있다)에서 잡은 것들은 죄다 M. 멜라노티스(melanotis)에 속한다는 것을 발견했을 때는 놀라지 않을 수 없었다.

이런 상황은 전 세계가 마찬가지다. 다윈이 "한 종이 이동해 와서 다양한 목적에 맞게 변형"했다고 말한 것은, 오늘날 그의 이름이 붙은 핀치들에 대해서 한 말이었다. 하지만 그 밖에 어떤 지역의 동식물상이든, 다윈의 말을 사실로 가정할 때 예측되는 바로 그런 상황이다.

갈라파고스 군도 부총독인 로슨 씨는 다음과 같은 정보를 알려주어 다윈의 흥미를 끌었다.

그는 섬마다 거북들이 다르다고 말했고, 자신은 한 마리를 보면 그것이 어느 섬에서 데려온 것인지 확실하게 구분할 수 있다고 했다. 나는 한동안 그의 발언에 충분히 관심을 쏟지 않았다. 두 섬에서 수집한 표본들을 이미 부분적으로 섞어두었다. 나는 고작 50~60마일쯤(80~90킬로미터) 떨어진 섬들이, 대부분 눈으로 넘겨다보이는 섬들이, 정확하게 같은 종류의 바위로 형성되었고 상당히 비슷한 기후이며 거의 같은 고도로 솟은 섬들이, 서로 다른 거주자들을 품고 있으리라고는 꿈도 꾸지 못했다.

갈라파고스 큰거북들은 본토의 땅거북인 제오켈로네 킬렌시스(*Geochelone chilensis*) 종을 닮았다. 갈라파고스 거북이 그 종보다 좀 크다. 군도가 존재해온 몇백만 년의 세월 중 언젠가, 본토 거북 한두 마리가 실수로 바다에 빠져 떠내려왔을 것이다. 분명히 길고 호되었을 항해를 거북들은 어떻게 이겨냈을까? 당연히 대부분은 이겨내지 못했다. 하지만 암컷 한 마리만 이겨냈다고 해도 재주를 부리기에 충분했을 것이다. 더구나 거북의 조건은 놀라울 정도로 횡단에 알맞다.

초기의 포경선들은 갈라파고스 군도에서 큰거북을 수천 마리 잡아다가 식량으로 배에 실었다. 고기를 신선하게 유지하기 위해서, 선원들은 거북들을 살려두었다가 필요한 시점에 죽였다. 하지만 도살을 기다리는 거북들에게는 먹이도 물도 주지 않았다. 거북들이 도망가지 못하도록 거꾸로 뒤집은 다음 때로는 몇 층씩 포개어 쌓았다. 여러분을 소름 끼치게 하려고 이 이야기를 하는 것은 아니다(물론 그런 야만적인 잔인성에 나도 소름이 끼치지만). 요점은, 먹이나 신선한 물 없이도 거북들이 몇 주씩 산다는 것이다. 남아메리카 대륙에서 페루 해류를 타고 갈라파고스 군도까지 떠내려가는 시간 정도는 쉽게 견뎌낸다. 게다가 거북은 물에 뜬다.

갈라파고스 군도의 한 섬에 처음으로 도착해 증식한 거북들은 같은 방도를 통해서 비교적 쉽게(역시 우연히) 훨씬 가까운 다른 섬들로 넘어갔을 것이다. 섬에 도착한 거북들은 섬 동물들이 흔히 드러내는 특징을 갖게 되었다. 몸집이 더 크게 진화한 것이다. 섬 거대증은 예전부터 잘 알려져 있던 현상이다(헷갈리게시리 섬 왜소증이라는 현상도 마찬가지로 잘 알려져 있다).* 거북들이 다윈의 핀치들의 모범을 따랐다면, 섬마다 다른 종으로 진화했을 것이다. 우연히 이 섬에서 저 섬으로 옮겨간 뒤에, 서로 더는 교배할 수 없게 되었고(이것이 종을 나누는 정의임을 잊지 말자), 그리하여 다른 유전자들로 오염되지 않은 채 서로 다른 생활방식을 자유롭게 진화시켰을 것이다.

종들의 짝짓기 습성이나 취향이 서로 양립 불가능한 상태가 되면, 유전적인 면에서 그것은 멀리 떨어진 섬들에 지리적으로 격리되어 있는 상황이나 매한가지다. 이제 그들은 지리적으로 겹칠지라도 별개의 배타적인 짝짓기 '섬'들에 고립되어 있다. 따라서 더욱 발산해 나갈 수 있다. 큰땅핀치, 중간땅핀치, 작은땅핀치는 원래 각각 다른 섬에서 발산 진화했다. 요즘은 갈라파고스 군도 대부분에서 세 종이 공존하지만, 녀석들은 결코 이종교배하지 않으며, 서로 다른 종류의 씨앗을 먹고 산다.

거북들도 비슷한 과정을 겪었다. 거북들은 섬마다 독특한 껍질 모양을 진화시켰다. 큰 섬의 종들은 등딱지가 높다. 작은 섬의 종들은 껍질이 안장 모양이고, 머리가 빠져나오는 앞쪽 구멍이 높은 곳에 뚫려 있다. 왜 그럴까? 큰 섬들은 풀이 자랄 만큼 물이 있으므로, 그곳의 거북들은 풀을 뜯어먹고 산다. 작은 섬들은 대체로 풀이 자라기에는 너무 건조하기 때문에, 그곳 거북들은 선인장을 따먹고 산다. 구멍이 높이 난 안장 모양의 껍질은 선인장에 목이 잘 닿게 해준다. 선인장은 선인장대로 뜯어먹으려는 거북들에 대항해 진화적

■ 큰 동물은 작아지고(시칠리아나 크레타 같은 지중해 섬들에는 큰 개만 한 키의 난쟁이코끼리가 있었다), 작은 동물은 커지는(갈라파고스 거북처럼) 것이 섬의 규칙인 듯하다. 이런 발산 경향성에 대해서는 여러 이론이 있지만, 세부적인 내용은 우리에게는 너무 벗어난 이야기다.

무기경쟁을 벌임으로써 더 높이 자란다.

거북들의 이야기는 핀치의 모형보다 조금 복잡한 데가 있다. 거북들에게 화산은 섬 안의 섬이기 때문이다. 고도가 낮고 건조한 용암 평원은 풀 뜯는 거북들에게 적대적인 사막과 같은 반면에, 화산은 높고 서늘하고 습하고 푸른 오아시스와 같다. 군도의 작은 섬들은 큰 화산 하나로만 이루어져 있다. 그런 곳에는 특징적인 큰거북이 한 종씩(혹은 아종이) 산다(거북이 아예 없는 섬도 몇 곳 있다). 한편, 더 큰 이사벨라 섬(다윈의 지도에서는 앨버말 섬)은 큼직한 화산 다섯 개로 이루어져 있고, 화산마다 독특한 거북종(혹은 아종)이 산다. 이사벨라 섬은 정말로 군도 안의 군도다. 섬 안의 섬들이다. 지리적 의미의 섬들이 비유적 의미의 유전자 섬들에게 진화의 배경을 제공한다는 원리. 다윈의 축복받은 젊음의 땅 갈라파고스 군도야말로 그 원리를 가장 깔끔하게 보여주는 곳이다.■

세상의 섬들 중에서 세인트헬레나 섬만큼 외딴 곳도 없을 것이다. 세인트헬레나 섬은 아프리카 해안에서 1,930킬로미터가량 떨어진 남대서양 상의 화산섬이다. 그곳에는 100여 종의 고유 식물이 있다(젊은 다윈이라면 '토착 창조물'이라고 불렀을 것이고, 나이 든 다윈이라면 그들이 그곳에서 진화했다고 말했을 것이다). 그중에는 데이지과에 속하는 임목들도 있다(혹은 있었다. 왜냐하면 일부는 이제 멸종했기 때문이다).

나무들은 아프리카 본토에서 자라는 나무들과 습성이 비슷하지

■ 큰거북들에 대한 글은 내가 '비글 호'라는 배를 타고(진짜 비글 호는 안타깝게도 오래전에 없어졌다) 갈라파고스 군도를 방문했을 때 쓴 기사에서 발췌한 것이다. 기사는 2005년 2월 19일자 〈가디언〉에 실렸다.

세인트헬레나 섬의 임목들

만, 가까운 사이는 아니다. 본토 식물 중에서 정말로 이들과 가까운 것은 차라리 허브나 작은 관목이다. 어떤 일이 있었던 것일까? 아마도 작은 허브나 관목의 씨 몇 알이 2천 킬로미터의 공간을 건너 아프리카로부터 세인트헬레나 섬까지 왔을 것이다. 이곳에는 임목들의 생태지위가 비어 있었기 때문에, 이들은 더 크게 더 나무처럼 둥치를 진화시켜서 결국 진짜 나무 같은 모양을 갖게 되었을 것이다. 갈라파고스 군도에서도 비슷한 식으로 나무를 닮은 데이지들이 독자적으로 진화했다. 과거에도 섬들의 진화 패턴은 같았다.

아프리카의 큰 호수들에는 저마다 독특한 어류 동물상이 서식하는데, 시클리드라는 물고기들이 단연 압도적이다. 빅토리아 호수, 탕가니카 호수, 말라위 호수의 시클리드 동물상은 각각 수백 종으로 구성되고, 서로 전혀 다른 형태들이다. 이들은 세 호수에서 독립적으로 진화한 것이 분명한데, 그런데도 모두 같은 영역의 '업종'에 종사하는 형태로 수렴 진화했다는 것이 더욱 환상적이다.

어느 호수든 처음에는 한두 가지 창시자 종이 강을 통해서 어떻게든 들어왔을 것이다. 창시자 물고기들이 호수마다 분화하고 또 분화하여, 결국 오늘날에 관찰되는 수백 종으로 호수를 채우게 되었다. 그런데 다들 하나의 호수에 갇혀 있기는 마찬가지였는데, 어떻게 새로 싹트려는 종의 선조들이 지리적으로 격리되어 결국 갈라져 나왔을까?

앞서 물고기의 관점에서 보면 땅에 둘러싸인 호수는 섬이나 마찬가지라고 했다. 이보다는 덜 분명한 상황이지만, 물로 둘러싸인 땅이라는 통상적인 의미의 섬도 물고기에게 '섬'이 될 수 있다. 특히 얕은 물에 사는 물고기들에게 그렇다. 바다의 경우라면, 결코 깊은 물로는 나가지 않는 산호초 어류를 생각해보라. 그런 물고기의 관점에서는 산호섬의 얕은 가장자리가 '섬'이고, 그레이트 배리어 리프는 군도다.

호수에서도 비슷한 상황이 가능하다. 특히 큰 호수에서 바위가 물 위로 노출된 지역은 얕은 물에 사는 물고기들에게는 '섬'이다. 아프리카 호수의 시클리드들도 적어도 일부는 이런 식으로 격리되었을 것이다. 대부분의 개체는 섬이나 만이나 후미 주변의 얕은 물에서만 살았다. 따라서 다른 얕은 물 지대들과는 부분적으로 격리된 상태였을 것이고, 그 사이의 깊은 물을 가로지르는 사건은 가끔씩만 일어났을 것이다. 호수에서 갈라파고스 군도 식의 '군도'가 형성된 것이다.

말라위 호수(내가 양동이와 삽을 챙겨 인생 최초의 휴가를 간 곳이 그곳 모래사장이었는데, 당시에는 니아사 호수라고 불렸다)의 수위가 몇백 년에 걸쳐 극적으로 오르내렸다는 좋은 증거가 있다(가령 호수 퇴적물 증거). 18세기에는 현재의 수위보다 100미터나 더 낮은 지점에서 저점을 기록했다. 오늘날 호수 안의 섬들은 그때는 대개 섬이 아니었고, 작은 호수 주변의 언덕들이었다. 19세기와 20세기에 수위가 상승하자 언덕은 섬이 되었고, 줄줄이 이어진 언덕들은 군도가 되었다. 더불어 얕은 물에 사는 시클리드들의 종 분화가 시작되었다. 그 지역에서 시클리드는 음부나(Mbuna)라는 이름으로 불린다. "거의 모든 바위 노출부와 섬마다 독특한 음부나 동물상이 있고, 무한한 색깔의 무한한 종이 있다. 많은 섬과 바위 노출부가 지난 200~300년 사이에만 맨땅이었으므로, 동물상도 그 기간에 성립되었을 것이다."

시클리드는 신속한 종 분화에 아주 능하다. 말라위와 탕가니카는 오래된 호수지만, 빅토리아 호수는 굉장히 젊다. 빅토리아 호수 유역은 약 40만 년 전에 형성되었고, 이후로 여러 차례 말랐다. 가장 최근에 마른 것은 약 1만 7천 년 전이었다. 따라서 그곳에 서식하는 450종 남짓의 고유 시클리드는 우리가 '대규모 진화적 발산'이라고 하면 보통 떠올리는 수백만 년의 세월이 아니라 아마 수백 년 만에 진화했을 것이다. 아프리카 호수의 시클리드들은 진화가 몹시 짧은 시간에 큰일을 해낼 수 있다는 사실을 우리에게 인상 깊게 보여준다. '바로 우리 눈앞에서' 장에 들어갈 자격이 있을지도 모른다.

오스트레일리아의 식물상은 유칼리나무(*Eucalyptus*) 속 나무들이 압도하고 있다. 700종이 넘는 유칼리나무 식물들이 방대한 범위의 생태지위를 메우고 있다. 여기에도 핀치에 대한 다윈의 선언을 적용할 수 있다. 우리는 한 종의 유칼리나무가 "이동해 와서 다양한 목적에 맞게 변형된 것이라고 상상할 수 있다".

그것과 거의 나란한 사례로 더 유명한 것이 오스트레일리아의 포유류 동물상이다. 오스트레일리아에는 생태적으로 늑대, 고양이, 토끼, 두더지, 뒤쥐, 사자, 날다람쥐 등에 해당하는 동물들이 현재 존재하거나, 근래 멸종될 때까지 존재했다. 멸종은 아마도 원주민들이 정착한 탓이었을 것이다. 그렇지만 그 동물들은 모두 유대류다. 우리가 세계 다른 곳에서 친숙하게 보는 늑대, 고양이, 토끼, 두더지, 뒤쥐, 사자, 날다람쥐 같은 태반류 포유류와는 사뭇 다르다. 오스트레일리아의 동물들은 소수의 선조 유대류가 "이동해 와서 다양한 목적에 맞게 변형"한 데서 유래했다. 심지어 최초에 건너온 것이 딱 한 종뿐이었을지도 모른다.

아름다운 유대류 동물상은 오스트레일리아 바깥에서는 비슷한 것을 찾기 힘들 만큼 신기한 생물을 많이 만들었다. 여러 캥거루 종은 주로 영양의 생태지위를 채우지만(나무캥거루의 경우는 원숭이나 여우원숭이의 생태지위를 채운다), 달그락달그락 달리는 대신 껑충껑충 뛰어다닌다. 캥거루의 종류는 커다란 붉은캥거루(멸종한 동물들 가운데 더 큰 종들도 있었는데, 개중 하나는 무시무시하게 점프해 다니는 육식동물이었다)에서 작은 왈라비나 나무캥거루까지 다양하다. 코뿔소만큼 거대한 유대류도 있었다. 디프로토돈트(Diprotodont)라고 하는 그 동물은 현대의 웜뱃과 연관이 있지만 몸길이는 3미터, 어깨 높이는 1.8미터, 무게는 2톤이나 나갔다. 오스트레일리아의 유대류에 관해서는 다음 장에서도 이야기할 것이다.

언급하기가 민망할 지경이지만, 유감스럽게도 또 한 번 짚고 넘어가야 할 이야기가 있다. 내가 1장에서 한탄했던 대로 미국 인구의 40퍼센트 이상이 성경을 문자 그대로 받아들이기 때문이다. 자, 그들의 말대로 정말 동물들이 노아의 방주에서 나와 퍼졌다면, 지금 동물들의 지리적 분포가 어떠해야 할지 상상해보자. 진원지(아마도 아라라트 산)에서 멀어질수록 종 다양성이 감소하는 규칙을 따라야 하지 않을까? 그러나, 내가 굳이 말할 필요도 없이, 현실은 그렇지 않다.

왜 모든 유대류(작은 주머니쥐에서 코알라나 긴귀밴디쿠트를 거쳐 더 큰 캥거루나 디프로토돈트까지)가 아라라트 산에서 오스트레일리아까지 떼를 지어 이주했을까? 왜 태반류는 한 마리도 따라가지 않았을까? 유대류들은 어떤 경로로 이동했을까? 대열에서 낙오해 도중 어디엔가 정착한 녀석이 왜 한 마리도 없을까? 인도나 중국, 아니면 실크로드 어디쯤에서 피난처를 찾은 녀석이 왜 전혀 없을까?

왜 빈치류는 목 전체(멸종한 큰아르마딜로를 포함한 아르마딜로 20종 전부, 멸종한 큰나무늘보를 포함한 나무늘보 6종 전부, 개미핥기 4종 전부)가 예외라곤 하나도 없이 남아메리카로만 향했을까? 도중 어디엔가 정착한 녀석의 가죽이나 털이나 갑옷방패가 왜 전혀 발견되지 않을까?

기니피그, 아구티, 파카, 마라, 카피바라, 친칠라, 그 밖의 수많은 동물을 포함하는 천축서류 하목, 남아메리카의 독특한 설치류인 그 큰 집단은 왜 또 전부 남아메리카로만 갔을까? 왜 다른 곳에서는 전혀 발견되지 않을까?

원숭이 하목인 신세계원숭이류는 왜 또 전부 남아메리카로만 가고 다른 곳으로는 가지 않았을까? 하다못해 몇 마리라도 구세계원숭이류를 따라서 아시아나 아프리카로 갔어야 하지 않을까? 적어도 한 종의 구세계원숭이라도 신세계원숭이들과 더불어 신세계에 정착했어야 하는 것 아닐까?

왜 펭귄들은 전부 어기적어기적 머나먼 길을 걸어 남극으로만 갔을까? 똑같이 쾌적한 북극으로는 왜 한 마리도 가지 않았을까?

여우원숭이 선조들은 어쩌다 마다가스카르로 흘러들었다. 이번에도 아마 딱 한 종이었을 가능성이 높다. 오늘날 마다가스카르에는 37종의 여우원숭이가 있다(멸종한 종이 몇 더 있었다). 햄스터보다 작은 피그미쥐여우원숭이부터 고릴라보다 크고 곰을 닮았으며 최근에야 멸종한 큰여우원숭이까지 아주 다양하다. 그들 모두는, 한 마리의 예외도 없이, 전부 마다가스카르에만 있다. 세계 다른 어디에도 여우원숭이는 없고, 마다가스카르에는 다른 원숭이가 전혀 없다. 40퍼센트의 역사 부인주의자들은 대체 어떻게 이런 현상이 발생했다고 생각할까? 여우원숭이 37종이 똘똘 뭉쳐 노아의 방주 건널판을 건넌 뒤에 뒤도 안 돌아보고 마다가스카르로 행군했다는 것인가? 가는 중에 길고 넓은 아프리카 대륙 어디에든 한 마리의 낙오자도 남기지 않고?

거대한 망치를 동원해서 작고 연약한 호두 한 알을 깨는 것이 나도 유감이다. 하지만 미국 인구의 40퍼센트 이상이 노아의 방주를 문자 그대로 사실로 믿기 때문에, 나도 어쩔 수가 없다. 우리는 그들을 무시하고 우리의 과학을 계속해야 하겠지만, 그럴 형편이 못 된다. 왜냐하면 그들이 학교 위원회들을 통제하고, 자기 아이들을 홈스쿨링함으로써 자격 있는 과학 교사가 아이들에게 접근하지 못하도록 하기 때문이다. 그들 가운데 많은 의원이 있고, 몇몇 주지사가 있고, 심지어 대통령 후보나 부통령 후보가 있기 때문이다. 그들에게 많은 단체와 대학을 세울 돈과 권력이 있기 때문이다. 심지어 그들이 세운 한 박물관에서는 아이들이 실물 크기의 기계공룡을 타고 놀면서 공룡이 인간과 공존했다는 이야기를 진지하게 배운다. 그리고 최근의 여론조사 결과들이 보여주듯이, 영국과 유럽 일부와 이슬람 세계 대부분도 미국에 크게 뒤지지 않는다('앞서지 않는다'고 해야 할까?).

아라라트 산을 제쳐두더라도, 노아의 방주 신화를 문자 그대로 받아들이는 사람들을 놀리지 않기로 마음먹더라도, 다른 어떤 개별적 창조 이론들에 대해서도 우리는 비슷한 질문을 던질 수 있다.

전능한 창조주는 세심하게 조각해낸 종들을 하필이면 왜 이런 분포로 섬과 대륙에 심었을까? 현재의 분포를 보면 종들이 현 지점에서 진화하고 퍼졌다는 해석을 도저히 거부할 수가 없지 않은가? 왜 창조주는 마다가스카르에만 여우원숭이들을 두고 다른 곳에는 두지 않았을까? 왜 신세계원숭이들은 남아메리카에만 두고 구세계원숭이들은 아프리카와 아시아에만 두었을까? 왜 뉴질랜드에는 날아서 그곳까지 갈 수 있었을 박쥐를 제외하고는 포유류가 하나도 없을까? 왜 군도의 동물들은 이웃 섬들끼리 굉장히 많이 닮았으며, 다음으로 가까운 대륙이나 섬과도 거의 항상 (정도는 떨어지지만 그래도 확연하게) 닮았을까? 왜 창조주는 오스트레일리아에 유대류 포유류만 두었을까? 역시 날아서 갈 수 있었을 박쥐나 인간의 카누를 타고 건너간 동물들은 제외하고 말이다.

우리가 모든 대륙과 모든 섬을, 모든 호수와 모든 강을, 모든 산봉우리와 모든 계곡을, 모든 숲과 모든 사막을 조사해 각각의 동식물 분포를 이해하고자 할 때, 유일한 해석 방법은 갈라파고스 핀치에 대한 다윈의 통찰에 따르는 것이다. "우리는…… 원래 이들이 부재했다가, 한 종이 이동해 와서 다양한 목적에 맞게 변형된 것이라고 상상할 수 있다."

다윈은 섬에 매료되었다. 그리고 비글 호 항해 중에 적잖은 수의 섬을 사방팔방 누비고 다녔다. 그는 섬의 주된 종류 중 하나인 산호섬에 관심을 가졌고, 섬이 산호동물들에 의해 형성된다는 놀라운 사실을 연구했다. 후에 다윈은 섬과 군도가 자신의 이론에서 결정적으로 중요한 존재임을 인식했다. 그리고 종 분화(이 단어를 쓰지는 않았다)의 서막이 지리적 격리라는 이론에 대한 몇몇 의문점을 해결하기 위해서 실험도 수행했다.

예를 들어, 그는 씨앗을 바닷물에 오래 담가두는 실험을 해보았다. 씨앗이 대륙에서 이웃 섬으로 흘러갈 만큼 충분히 긴 시간 동안 물에 잠겨 있어도 개중 일부는 발아 능력을 잃지 않는다는 사실을 확인했다. 반면에 개구리알을 바닷물에 담그자, 그것은 즉시 죽었다. 다윈은 그 사실을 단서로 개구리의 지리적 분포에서 드러나는 한 가지 특징을 설명했다.

이에 관하여, 대양에 산재한 많은 섬에는 개구리목(개구리, 두꺼비, 영원) 동물이 전혀 발견되지 않는다고 오래전에 보리 세인트 빈센트가 말한 바 있다. 나는 이 단언을 확인하고자 노력한 끝에, 그것이 엄격한 사실이라는 것을 발견했다. 나는 뉴질랜드 큰 섬의 산맥에는 개구리가 존재한다고 확신하지만, 이 예외(옳은 정보일 때의 이야기다)는 빙하를 매개로 설명할 수 있을지도 모른다. 많은 대양 섬들에 개구리, 두꺼비, 영원이 일반적으로 부재한 까닭을 동물들의 물리적 조건으로는 설명할 수 없다. 오히려 섬은 그런 동물들에게 특별히 적합한 장소인 듯하다. 마데이라, 아조레스, 모리셔스 섬에 도입된 개구리들이 성가실 정도로 아주 잘 번식했기 때문이다. 하지만 이런 동물들과 그들의 알은 바닷물에 들어가는 순간 당장 죽는 것으로 알려져 있다. 그렇기 때문에 그들이 바다를 건너 이동하기가 대단히 까다롭고, 그래서 대양 섬에는 전혀 존재하지 않는다는 것이 내 견해다. 창조 이론에서는 왜 그들이 그곳에 창조되지 말아야 하는가를 설명하기가 몹시 어려울 것이다.

다윈은 종의 지리적 분포가 진화 이론에 중요하다는 것을 잘 알았다. 동식물이 진화했다는 가정을 받아들이면 대부분의 사실을 설명할 수 있다고 그는 지적했다. 진화 이론에 따르면, 현생 동물들이 그들의 조상인 듯한 화석들과 같은 대륙에 존재하리라는 예측이 가능하고, 실제 우리가 목격하는 바가 그렇다. 또 서로 닮은 종들은 같은 대륙에 있으리라는 예측이 가능하고, 실제 우리가 목격하는 바가 그렇다. 아래의 인용문은 다윈이 이 주제를 이야기한 대목이다. 다윈은 자신이 특히 잘 알았던 남아메리카 동물들에 주목해서 이야기했다.

박물학자가 북쪽에서 남쪽으로 여행한다면, 각자 특별한 독특함을 지니고 있지만 분명히 서로 관련된 생물 집단들이 연속적으로 등장하는 것을 보고 틀림없이 충격을 받을 것이다. 그는 밀접하게 연관되어 있지만 각자 독특한 새들의 노랫소리를 들을 것이고, 그 모습들을 볼 것이고, 비슷하게 만들어졌지만 꼭 같지는 않은 둥지들을 볼 것이고, 그 속의 알들이 거의 비슷한 색을 띠는 것을 볼 것이다. 마젤란 해협 근처의 평원에는 단 한 종의 레아(아메리카 대륙의 타조)가 서식하고, 라플라타 평원 북쪽으로는 같은 속의 다른 종이 서식한다. 이들은 아프리카나 오스트레일리아의 같은 위도에 서식하는 진짜 타조나 에뮤와는 다르다. 라플라타 평원에는 아구티와 비스카차도 있는데, 이들은 우리의 토끼와 습성이 거의 비슷하나, …… 명백히 아메리카 동물다운 구조다. 코르디예라의 높은 봉우리에 올라가면 고산성 비스카차 종을 발견할 수 있다. 물에는 비버나 사향쥐는 살지 않지만 아메리카의 설치류 종류인 코이푸와 카피바라가 산다.

이것은 거의 상식이다. 이 이론을 통해서 우리는 어마어마하게 광범위한 관찰 내용을 설명할 수 있었다. 그런데 동식물과 암석의 지리적 분포에는 다른 식의 설명이 필요한 사실들도 있다. 결코 상식이 아닌 사실들, 만약에 다윈이 알았더라면 그의 마음을 뒤흔들어 놓고 휘어잡았을 만한 사실들이다.

땅이 움직였을까?

다윈 시대에는 누구나 세상의 지도가 대체로 한결같다고 믿었다. 다윈과 동시대에 살았던 몇몇 사람은 한때 큰 육지로 된 다리가 존재했을 가능성을 호의적으로 평가하기도 했다. 지금은 잠겨버린 그 육지로써 가령 남아메리카와 아프리카 식물상의 유사성을 설명할 수 있다고 생각했다. 다윈은 큰 육지로 된 다리라는 발상을 특별히 좋아하진 않았다. 하지만 지구 표면에서 대륙들이 움직인다는 현대의 증거들을 그가 보았다면, 그도 틀림없이 환희했을 것이다. 그 증거들은 동식물 분포의 주요한 특징들, 특히 화석 분포의 특징들을 아주 잘 설명해준다. 일례로 남아메리카, 아프리카, 남극, 마다가스카르, 인도, 오스트레일리아의 화석들은 서로 비슷한 데가 있는데, 오늘날 우리는 현대의 이 대륙들이 한때 곤드와나는 커다란 남반구 대륙으로 뭉쳐 있었기 때문이라고 설명한다. 이 점에 있어서도 역시, 현장에 뒤늦게 도착한 탐정은 진화가 사실이라는 결론을 내릴 수밖에 없다.

한때 '대륙이동설'이라고 불린 이 이론을 처음 주창한 사람은 독일의 기후학자 알프레트 베게너(Alfred Wegener, 1880~1930)였다. 물론 세계지도를 보고 대륙이나 섬의 생김새가 건너편 땅덩이의 해안선과 들어맞는다는 사실을 처음 깨달은 사람이 베게너였던 것은 아니다. 지도를 보면 두 땅덩이가 직소퍼즐 조각이라도 되는 양 잘 들어맞는 경우가 종종 있다. 반대편 해안선이 멀리 떨어진 경우라도 말이다. 작은 지역적 사례들을 말하는 게 아니다. 가령 와이트 섬과 햄프셔 주 해안선은 그 사이에 솔렌트 해협이 존재하지 않는 것처럼 꼭 들어맞지만, 지금은 그런 경우를 말하는 게 아니다.

베게너와 그 이전 사람들은 거대한 아프리카 대륙과 아메리카 대륙의 마주보는 면끼리 그렇다는 것을 눈치 챘다. 브라질 해안선은 서아프리카의 불룩 튀어나온 부분 아래에 자로 잰 듯이 끼어들고, 북아프리카의 튀어나온 부분은 플로리다에서 캐나다까지 이어지는 북아메리카 해안선과 잘 맞는다. 대강 모양만 맞는 게 아니었다. 베게너는 남아메리카 동해안의 깎아지른 지층들이 아프리카 서해안의 상응하는 지층들과 일치한다는 점도 지적했다.

그보다는 덜 분명하지만, 마다가스카르 서해안은 아프리카 동해안과 상당히 잘 맞는다(오늘날 마다가스카르가 마주보고 있는 남아프리카 해안선이 아니라, 더 북쪽의 탄자니아와 케냐 해안선이다). 마다가스카르의 길고 곧은 동해안은 인도 서해안의 직선과 일치하는 듯하다. 베게너는 아프리카와 남아메리카의 고대 화석들이 무척 비슷하다는 것, 세계

지도가 언제나 현재와 같은 형태였다면 그 정도로 비슷하기를 기대하기는 힘들다는 것도 지적했다. 남대서양이 이토록 넓은데 어떻게 그럴 수 있겠는가? 두 대륙은 한때 더 가까웠나? 심지어 연결되어 있었나? 아주 아슬아슬한 발상이었지만, 시대를 앞선 생각이었다. 베게너는 마다가스카르와 인도의 화석들이 일치한다는 것도 확인했다. 북아메리카 북부와 유럽의 화석들도 확연히 유사했다.

이런 관찰들에 힘입어, 베게너는 대륙이동이라는 대담하고 이단적인 가설을 내놓았다. 그의 제안에 따르면, 세계의 대륙들은 한때 모두 연결되어 판게아라는 거대한 초대륙을 형성하고 있었다. 판게아는 지질학적으로 방대한 시간이 흐르는 동안 서서히 분해되어 오늘날 우리가 아는 대륙들을 낳았다. 갈라진 대륙들은 천천히 흩어져서 현재의 위치에 이르렀고, 지금도 이동을 멈추지 않고 있다.

동시대 사람들이 베게너에게 어떤 회의적 반응을 보였을지, 머리에 선하게 그려진다. 요즘 말로 하면 '저 사람 뭐 잘못 먹었나?' 하는 식이었을 것이다. 그렇지만 이제 우리는 베게너가 옳았다는 것을 알고 있다. 아니, 거의 옳았다. 베게너는 분명 시야가 넓고 상상력이 풍부했지만, 그의 대륙이동설은 현대의 판구조론과는 확연히 다르다는 점을 지적하지 않을 수 없다.

베게너는 대륙이 거대한 배처럼 바다를 가르며 나아간다고 생각했다. 두리틀 박사의 팝시페탈 섬처럼 바닷물에 떠다니는 것은 아니지만(수의사 두리틀 박사를 주인공으로 한 영국의 동화 시리즈에 바다에 떠다니는 섬이 나오고, 그 수도가 팝시페탈이다_옮긴이), 반액체 형태인 지구 맨틀 위를 떠다닌다고 생각했다. 다른 과학자들이 의심으로 중무장한 것은 합당한 일이었다. 대체 어떤 초인적인 힘이 남아메리카나 아프

베게너의 '대륙이동설'을 풍자한 만화

리카 같은 대륙을 수천 킬로미터나 밀어낼 수 있단 말인가? 이동을 지지하는 증거들을 이야기하기 전에, 우선 현대의 판구조론이 베게너의 이론과 어떻게 다른지 살펴보자.

판구조론에 따르면, 지구의 표면은 여러 개의 암석판이 하나로 이어진 것이다. 금속 조각들을 이어붙인 갑옷과 비슷하다. 물론 바다 밑바닥도 여기에 포함된다. 우리가 보는 대륙은 판이 해수면 위로 올라올 정도로 두꺼워진 부분이고, 나머지 더 넓은 부분은 바다에 잠겨 있다. 베게너의 대륙과 달리, 판은 바다를 헤엄쳐 이동하거나 지표면을 가르고 나아가지 않는다. 판 *자체가* 지구의 표면이다. 대륙들이 퍼즐처럼 끼워지거나 서로 밀쳐낸다고 생각하지 말자. 베게너는 그렇게 상상했지만, 그것은 사실이 아니다.

대신 판은 해양저 확장이라는 놀라운 과정을 통해서 가장자리가 끝없이 자라난다고 생각하자. 이 과정은 잠시 뒤에 설명하겠다. 어떤 가장자리에서는 판이 이웃 판 아래로 '섭입(攝入)'된다. 혹은 맞닿은 판들끼리 미끄러지듯 스쳐간다. 컬러 화보 17쪽의 그림은 캘리포니아의 산안드레아스 단층 일부를 보여주는데, 이곳은 태평양판과 북아메리카판의 가장자리가 서로 다른 방향으로 스쳐 지나가는 곳이다. 어느 곳에서는 해양저 확장이 일어나고 다른 곳에서는 섭입이 일어나기 때문에, 판들 사이에는 빈틈이 전혀 없다. 지구의 표면은 온통 판들로 덮여 있다. 판은 어떤 부분에서는 이웃 판 아래로 섭입되거나 다른 판을 스쳐 지나가지만, 다른 부분에서는 해양저 확장을 통해 계속 자라난다.

옛 곤드와나 대륙에서 미래의 아프리카와 미래의 남아메리카 사이에 뱀처럼 거대한 지구대가 생겨나는 광경을 상상해보자. 분명, 처음에는 오늘날의 동아프리카 지구대처럼 점점이 호수들이 생겨났을 것이다. 이후 판이 갈라지는 고통 속에 남아메리카가 떨어져 나가면서 지구대는 바닷물로 덮였을 것이다. 뚱뚱한 공룡 코르테스는 좁은 해협 너머로 서서히 멀어지는 '서곤드와나'를 응시하였으리라. 그가 본 광경은 어떤 것이었을까?

대륙들의 상보적인 모양새는 우연이 아니라고 한 베게너의 말은 옳았다. 하지만 대륙들이 거대한 뗏목처럼 바닷물을 가르며 이동한다는 그의 생각은 틀렸다. 남아메리카 대륙과 아프리카 대륙, 그리고 각각의 대륙붕은 두 판에서 가장 두꺼운 지역일 뿐이고, 암석판의 표면은 대부분 바다에 잠겨 있다. 판은 단단한 암석권(암석의 구)이 뜨겁고 반용융 상태인 연약권(연약한 구)에 떠 있는 구조다. 연약권은 바위로 된 암석권처럼 딱딱하거나 갈라지지 않는다는 점에서 연약하다는 것일 뿐, 실제 움직임은 액체와 비슷하다. 완전히 녹은 상태는 아니지만, 접착제나 끈적끈적한 사탕처럼 나긋나긋하다. 우리는 '지각'과 '맨틀'이라는 구분에 더 친숙한데(물리적 강도가 아니라 화학적 조성으로 나눈 것이다), 이것은 암석권과 연약권이라는 동심구들의 구분과 완전히 일치하지는 않으므로 조금 헷갈릴 수도 있겠다.

대부분의 판은 암석권 내부에서도 두 종류의 암석으로 확연하게 나뉜다. 깊은 바다의 해양저에는 몹시 밀도가 높은 화성암이 비교적 균일하게 덮여 있는데, 두께가 10킬로미터쯤 된다. 이 화성암층 위에 퇴적암과 진흙으로 된 표층이 덮여 있다. 반복하자면, 대륙이란 판이 해수면 위로 드러난 부분이다. 아래쪽보다 밀도가 낮은 암석층들이 추가로 더 쌓여서 판이 두꺼워졌고, 그래서 높게 솟은 곳이다. 판의 해저 부분은 가장자리에서 끊임없이 새로 형성된다. 남아메리카판은 동쪽 가장자리가, 아프리카판은 서쪽 가장자리가 자라고 있다. 두 가장자리가 만나는 곳이 대서양 중앙 해령으로, 이 해령은 아이슬란드에서 시작해(해령이 물 위로 솟은 부분 중에서 유일하게 제법 넓은 곳이 바로 아이슬란드다) 대서양 한가운데를 죽 가로질러 훨씬 아래까지 이른다.

세계 다른 곳에서도 이와 비슷한 여러 해령이 판들을 밀어낸다(컬러 화보 18~19쪽을 보라). 해령은 기다란 분수처럼 작동한다(아주 느린 지질학적 시간 규모로). 앞서 언급한 해양저 확장 과정을 통해서, 용융한 암석을 쉴 새 없이 뿜어낸다. 대서양 중앙 해령에서 해양저가 확장되기 때문에, 마치 해령이 아프리카판을 동쪽으로, 남아메리카판을 서쪽으로 밀어내는 것처럼 보인다. 이 광경은 뚜껑 덮는 책상 두 개가 서로 반대 방향으로 돌아가는 장면에 비유되곤 하는데, 우리가 목격하기에는 너무 느리게 진행되는 일이라는 점을 명심하는 한 제법 괜찮은 표현이다.

그런가 하면 남아메리카와 아프리카가 멀어지는 속도는 손톱이 자라는 속도(정말 뇌리에 남는 표현이라 거의 진부할 정도다)에 비유되곤 한다. 두 대륙이 현재 수천 킬로미터 떨어져 있다는 것은 지구의 나이가 성경에서 말하는 바와는 달리 어마어마하게 많다는 것을 보여주는 또 하나의 증거다. 4장에서 이야기한 방사능 연대 측정의 증거와도 합치한다.

방금 나는 '밀어내는 것처럼 보인다'는 표현을 썼는데, 말한 지 얼마 되지도 않아서 얼른 철회해야겠다. '뚜껑 덮는 책상들'이 용암을 분출하면서 대륙판을 밀어내는 모습을 상상하고 싶은 마음은 굴뚝같지만, 이것은 비현실적인 상상이다. 규모에 큰 차이가 있기 때문이다. 판은 너무나 육중하기 때문에 해령 화산의 분출력으로는 밀리지 않는다. 차라리 올챙이가 유조선을 미는 편이 승산이 있을 것이다.

실제의 힘은 따로 있다. 연약권은 성질상 반액체이기 때문에, 권역 전체에서 대류가 일어난다. 판의 아랫면 어디에서든 연약권의 대류가 느껴지는 것이다. 연약권은 한 지점에서 일정한 방향을 향해 천천히 이동한 뒤, 한 바퀴를 돌아 더 낮은 높이에서 그 장소로 돌아온다. 가령 남아메리카판 아래의 연약권 상층은 꿋꿋하게 서쪽으로만 계속 이동한다. '뚜껑 책상'의 분출력이 남아메리카판을 민다는 것은 상상하기 힘든 일이지만, 판의 아랫면 전역에서 일정한 방향으로 착실히 움직이는 대류가 그 위에 짐처럼 '떠 있는' 대륙을 함께 나른다는 것은 상상할 만한 일이다. 이것은 올챙이가 아니다. 엔진을 끈 채 페루 해류에 몸을 맡긴 유조선은 분명 흐름에 따라 흘러갈 것이다.

이것이 현대의 판구조론이다. 이제 이것이 진실이라는 증거를 살펴보자. 잘 정립된 과학적 사실들이 보통 다 그렇듯이,■ 판구조론에도 여러 종류의 수많은 증거가 있다. 하지만 나는 충격적일 만큼 깔끔한 것으로 하나만 소개하겠다. 암석의 연대를 이용한 증거, 특히 암석의 자기띠를 이용한 증거다. 이것은 믿기지 않을 만큼 훌륭한 증거고, '범죄 현장에 뒤늦게 도착한 탐정'이 한 가지 결론밖에 내릴 수 없는 상황에 대한 완벽한 예제다. 게다가 지문과 아주 비슷하다. 거대한 자석 지문이 암석에 새겨져 있는 것이다.

우리의 비유적인 탐정이 남대서양을 가로지르는 모험에 우리도 동행해보자. 탐정은 심해의 엄청난 압력을 문제없이 견디도록 특별히 제작된 잠수함을 탄다. 잠수함에는 해저 퇴적층을 뚫고 화산암 암석권까지 들어가서 표본을 채취하는 장치가 있고, 표본에 대해 방사능 연대 측정(4장을 참고하라)을 할 실험실도 있다. 탐정은 남위 10도에 놓인 브라질 마세이우 항에서 동쪽을 향해 출발한다. 대륙붕(현재의 논의에서는 일단 남아메리카 대륙의 일부라고 해두자)의 얕은 물을

■ 현대의 진화 '이론'과 마찬가지로 《옥스퍼드 영어사전》의 정의1에 해당하는 의미에서 사실로 정립된 이론들을 말한다. 나는 그런 것을 '과학적 정리'라고 명명했다.

가르며 50킬로미터쯤 항해한 다음, 우리는 고압 해치를 단단히 닫아걸고 잠수한다(잠수라니, 이 얼마나 소박한 표현인가!). 깊은 물속으로, 외계나 다름없는 이곳의 기묘한 생물들이 간간이 발하는 형광 초록 빛 외에는 아무 빛도 없는 곳으로.

거의 6천 미터(3천 길이 넘는다)쯤 잠수해 바닥에 다다르면, 우리는 암석권 화산암을 시추해 표본을 얻는다. 선상의 방사능 연대 측정 실험실을 가동해 확인해보니, 그 표본은 약 1억 4천만 년 전인 전기 백악기의 바위다.

잠수함은 남위 10도를 따라 동쪽으로 전진하면서 자주 표본을 채취하고, 표본들의 연대를 세심하게 측정한다. 탐정은 그 결과를 놓고 패턴을 찾는다. 사실 오래 들여다볼 필요도 없다. 윗슨 박사라도 쉽게 알아낼 것이다. 우리가 널따란 해저 평지에서 동쪽으로 여행하는 동안, 바위는 점점 젊어지고 또 젊어진다. 착실히 젊어진다. 730킬로미터쯤 이동한 지점의 표본은 약 6,500만 년 전, 후기 백악기의 것이다. 마지막 공룡들이 멸종한 때다.

우리가 대서양 한가운데로 접근하는 동안 바위가 젊어지는 경향은 내내 계속되고, 드디어 잠수함 탐조등이 거대한 물 밑 산맥의 발치를 비추기 시작한다. 대서양 중앙 해령에 도달한 것이다(컬러 화보 18~19쪽을 보라). 잠수함은 이제 산을 올라야 한다. 우리는 여전히 암석 표본을 채취하면서 조금씩 위로 올라가고, 바위들이 계속 젊어지고 있음을 확인한다. 해령 꼭대기에서 만나는 바위들은 정말로 젊다. 방금 화산에서 신선한 용암으로 분출되어 나온 바위라고 해도 좋을 정도다. 실제로 그곳의 상황이 그렇다. 어센션 섬은 대서양 중앙 해령이 최근에 분화함으로써 해수면 위로 솟은 곳인데, 아마

600만 년 전쯤이었을 것이다. 우리가 잠수함에서 채취해온 표본들에 비하면 확실히 최근이라고 할 수 있다.

우리는 해령의 반대 기슭으로 넘어가, 아프리카로 향한다. 다시 산맥 아래로 내려간 뒤에는 동대서양 바닥을 여행한다. 우리는 계속 암석 표본을 채취하는데(결과는 쉽게 짐작할 수 있으리라), 이제는 아프리카가 가까워질수록 점점 더 오래된 바위들이 나타난다. 이것은 대서양 중앙 해령에 도달하기 전 관찰했던 패턴과 정확히 거울상을 이루는 패턴이다.

탐정은 의문의 여지가 없는 설명을 내놓는다. 해령에서 해양저가 확장함에 따라 두 판은 멀어지고 있다. 해령의 화산 활동에서 새로 생겨난 바위들이 두 판에 더해지고, 우리가 아프리카판과 남아메리카판이라고 부르는 거대한 뚜껑 책상들에 얹힌 채 서로 반대 방향으로 운반된다. 컬러 화보 18~19쪽의 그림들은 이 과정을 묘사한 것인데, 가짜로 색을 입혀서 암석의 연대를 표현했다. 더 붉을수록 더 젊은 바위다. 대서양 중앙 해령을 기준으로 양쪽의 연대 패턴이 깔끔한 거울상을 이룬다.

얼마나 명쾌한 이야기인가! 그런데 더 좋은 소식이 있다. 탐정은 선상 실험실에서 표본들을 처리할 때 바위에 미묘한 무늬가 난 것을 발견한다. 깊은 암석권에서 뽑아낸 바위는 나침반 바늘처럼 살짝 자성을 띤다. 이것은 잘 알려져 있는 현상이다. 지구의 자기장이 화성암을 구성하는 고운 결정들을 편극(偏極)시키기 때문에, 용암이 굳을 때 바위에 자기장의 자취가 남는 것이다. 한순간 얼어버린 작은 나침반 바늘들처럼, 결정들은 용암이 굳는 순간에 가리키던 방향으로 고정된다.

우리는 지구의 자극이 한 군데 못박혀 있는 게 아니라 돌아다닌다는 사실도 안다. 그 까닭은 아마 지구핵에 녹아 있는 철과 니켈이 서서히 대류하기 때문일 것이다. 현재는 자북극이 캐나다 북부 엘즈미어 섬 근처에 있지만, 영원히 거기 있지는 않을 것이다. 그래서 선원들이 나침반으로 진짜 북극을 찾으려면 보정계수를 적용해야 하고, 그 보정계수는 지자기의 요동에 따라 매년 달라진다.

우리의 탐정이 시추한 암석 표본들에 드러난 무늬의 각도를 정확하고 꼼꼼하게 기록하면, 용암이 굳어 바위가 되던 날의 지자기 위치를 알 수 있다. 여기서 결정적인 증거가 등장한다. 지자기는 수만 년 혹은 수십만 년에 한 번씩, 불규칙한 간격으로, 완전히 역전된다. 아마도 핵에 용융된 니켈과 철이 급격하게 이동하기 때문일 것이다. 그러면 그때까지의 자북극이 거꾸로 남극 근처로 가고, 자남극은 거꾸로 북극으로 온다. 바위의 편극은 해저에서 솟아난 용암이 굳었던 그 순간의 자북극 위치를 가리키므로, 그 각도 역시 수만 년 혹은 수십만 년에 한 번씩 뒤집힐 것이다. 우리가 자력계를 써서 암반에 난 자기띠들을 감지해보면, 바위의 자기장이 모두 한 방향을 가리키는 부분이 띠처럼 이어져 있고, 바로 옆에는 자기장이 뒤집힌 부분이 다른 띠로 나 있을 것이다. 이렇게 번갈아 이어질 것이다.

탐정은 지도 위에 이 띠들을 흑백으로 칠한 다음 살펴본다. 그러자 마치 지문처럼 놓치려야 놓칠 수 없는 패턴이 드러난다. 임의로 색을 입혀서 바위의 연대를 표현했던 지도와 마찬가지로, 자기장 지문의 띠들도 대서양 중앙 해령의 서쪽 면과 동쪽 면이 완벽한 거울상을 이룬다. 용암이 해령에서 굳어 바위가 되는 순간 그 위에 지자기 극성이 기록되었고, 이후 매우 느리지만 일정한 속도로 바위들이 서로 반대 방향으로 이동했다고 가정하면, 이 결과를 정확하게 설명할 수 있다. 기초적인 사실 아닌가, 친애하는 왓슨!"■

1장에서 이야기했던 용어를 떠올려보자. 베게너의 대륙이동설이 현대의 판구조론으로 변형된 것은 임시적인 가설이 보편적 과학적 정리 또는 사실로 굳어지는 과정을 교과서적으로 보여준 사례다. 그런데 판구조에 따른 대륙 이동 이론을 우리가 이 장에서 왜 살펴보아야 할까? 그 이론이 없으면 세계 여러 대륙과 섬의 동식물 분포도를 완전히 이해할 수 없기 때문이다. 한 종이 두 갈래로 분화하기에 앞서 우선 지리적 장벽으로 나뉜다고 했을 때, 나는 지진이 강물의 흐름을 바꿔놓는 경우를 예로 들었다. 이제 우리는 판구조의 힘이 하나의 대륙을 둘로 쪼갠 뒤에 거대한 두 땅을 반대 방향으로 나르는 경우도 생각할 수 있다. 대륙마다 동식물 승객들이 타고 있었을 것이다. 그야말로 대륙의 방주다.

마다가스카르와 아프리카는 한때 남반구에 있었던 거대한 곤드와나 대륙의 일부였다. 남아메리카, 남극, 인도, 오스트레일리아도 마찬가지였다. 곤드와나는 약 1억 6,500만 년 전에 갈라지기 시작했다. 우리 기준으로 인식하자면 고통스러우리만치 느린 속도였을 것이다. 인도와 오스트레일리아와 남극과 함께 동곤드와나 대륙을 이루고 있던 마다가스카르는 아프리카 동쪽으로부터 잡아당겨지기 시작했고, 동시에 남아메리카는 아프리카 서쪽으로부터 잡아당겨

■아쉽지만 홈스는 이 말을 한 적이 없다(시인 로버트 번스가 현재의 〈올드 랭 사인〉 노래를 '위해' 가사를 썼다는 말이 사실이 아닌 것처럼). 하지만 모든 사람이 홈스가 그렇게 말했다고 생각하므로, 어쨌든 내 인용의 목적은 달성될 것이다.

져서 반대 방향으로 움직이기 시작했다. 떨어져나온 동곤드와나는 나중에 또 갈라졌다. 그래서 마다가스카르는 9천만 년 전쯤에 인도로부터 떨어져나왔다.

곤드와나 대륙의 조각들에는 각각 동식물 짐들이 실려 있었다. 마다가스카르는 진정한 하나의 '방주'였고, 인도도 그랬다. 일례로, 타조와 코끼리새의 선조는 마다가스카르와 인도가 붙어 있을 때 등장했다가 둘로 갈라졌을 가능성이 높다. 마다가스카르라는 큰 뗏목에 남은 녀석들은 코끼리새로 진화했고, 인도라는 좋은 배를 타고 간 타조의 선조들은 (인도가 아시아와 충돌해 히말라야 산맥을 솟구쳐 올렸을 때) 아시아 땅을 밟은 뒤에 아프리카까지 진출했다. 그래서 타조는 오늘날 주로 아프리카에서 발을 구르며 살고 있다(그렇다. 타조 수컷은 발을 쿵쿵 굴러서 암컷의 이목을 끈다).

코끼리새는 안타깝게도 이제 찾아볼 수 없다(그들이 발을 굴렸다면 확실히 땅이 울렸을 텐데, 그 소리를 못 듣는 것이 안타깝다). 큰 타조보다 훨씬 더 육중했던 이 마다가스카르 거인새들은 신드바드의 두 번째 항해에 등장하는 '로크' 새의 기원일지도 모른다. 코끼리새는 정말 사람이 탈 수 있을 만큼 컸지만, 날개가 없었다. 그러니까 전설이 말하는 것처럼 신드바드를 태우고 날 수는 없었을 것이다.■

군건하게 정립된 판구조론은 화석과 현생 생물의 분포에 관한 수많은 사실을 설명해주는 것은 물론이고, 지구가 어마어마하게 늙었

■ 크기에 대한 물리법칙들 때문에, 코끼리새만큼 큰 새는 날개가 아무리 커도 절대로 날개치기 비행을 할 수 없다. 그렇게 커다란 날개를 추진하는 데 필요한 근육은 엄청나게 무거울 테니, 제 무게를 들어올릴 수가 없다.

다는 것도 증언해준다. 그러므로 창조론자들에게는 판구조론도 눈엣가시일 것이다. 최소한 '젊은 지구'를 주장하는 창조론자들에게는 그럴 것이다. 그들은 여기에 어떻게 대처하고 있을까? 참 이상한 방식으로 대처하고 있다. 그들은 대륙의 이동을 인정하지만, 그것이 아주 최근에 아주 고속으로 벌어진 일이라고 생각한다. 노아의 홍수 때 벌어진 일이라는 것이다.■

그들은 진화를 지지하는 막대하고 다양한 증거들 중 자기들에게 맞지 않는 것은 기꺼이 기각하는 사람들이므로, 판구조론의 증거들에 대해서도 같은 책략을 취하지 않을까 싶다. 하지만 그렇지 않다. 묘하게도 그들은 남아메리카 대륙이 한때 아프리카 대륙에 아늑하게 들어맞았다는 사실을 인정한다. 이것은 결정적인 증거라고 판단하기 때문일 것이다. 그런데도 왜 보다 더 강력한 진화의 증거들은 주저 없이 부인하는 것일까? 그들에게는 증거가 아무짝에도 의미가 없는데, 어째서 내친 김에 판구조론까지 통째로 부인하지 않는 것인지 궁금하기 짝이 없다.

제리 코인의 《왜 진화는 사실인가》는 지리적 분포의 증거들을 솜씨 좋게 설명한 책이다(코인은 종 분화에 관해 가장 최근의 권위 있는 저서를 공저한 사람이니 당연한 일이다). 창조론자들은 자신들이 성경을 통해 사실이라고 알고 있는 내용과 반대되는 증거는 무시해버린다고 지적하면서, 코인은 이렇게 핵심을 찔렀다. "진화에 대한 생물지리학적 증거는 이제 너무나 강력해졌다. 그래서 창조론자의 책이나 논문이

■ 솔직히 마음이 끌리는 상상이다. 남아메리카 대륙과 아프리카 대륙이 사람이 수영하는 속도보다 빠르게 내리 40일 동안 멀어져가는 광경이라니!

나 강연에도 그것을 반박하는 말은 전혀 없다. 창조론자들은 아예 증거가 존재하지 않는다는 듯이 행동한다."

창조론자들은 화석만이 진화의 증거인 것처럼 말한다. 물론 화석은 굉장히 강력한 증거다. 다윈의 시대 이래 트럭 수십 대 분량의 화석이 발굴되었고, 그것들은 모두 진화를 적극적으로 지지하거나 적어도 진화에 합치하는 증거들이다. 보다 주목할 사실은, 진화에 모순되는 화석이 단 하나도 발견되지 않았다는 점이다. 그럼에도 불구하고, 화석 증거가 이처럼 강력함에도 불구하고, 화석이 진화에 대한 가장 강력한 증거인 것은 아니다. 화석이 한 조각도 발견되지 않았더라도, 우리는 살아 있는 동물들이 보여주는 증거만으로도 다윈이 옳다는 결론으로 압도적으로 기울 수밖에 없다. 범죄가 벌어진 뒤에 현장에 달려온 탐정은 화석보다 더 확고한 살아 있는 증거들을 수집할 수 있다.

이 장에서 우리는 섬이나 대륙의 동물 분포를 살펴보았다. 그럼으로써 모든 동물은 기나긴 세월 동안 공통선조로부터 진화해왔다는 가설이 사실이라는 것을 확인했다. 그렇다면 다음 장은 현대 동물들을 서로 비교해볼 차례다. 동물의 여러 특징이 동물계에 어떻게 분포되어 있는지, 특히 유전암호 서열을 비교한 결과가 어떤지 알아볼 것이다. 그리고 결국 이 장과 똑같은 결론에 도달할 것이다.

THE TREE OF COUSIN-SHIP

10

친척들의 계통수

뼈가 뼈로 다가가고

포유류의 골격은 얼마나 대단한 작품인가. 아름다워서 하는 말이 아니다. 물론 아름답기도 하지만, 우리가 '포유류의 골격'이라고 말할 수 있다는 사실 자체가 대단하다는 말이다. 그토록 복잡하게 맞물린 구조가 포유류 전반에 걸쳐 근사한 다양성을 드러내는 데다가, 동시에 어떤 부분에서든 포유류 전반에 걸쳐 분명 같은 구조라고 파악할 수 있으니 말이다.

 사람의 골격은 우리에게 너무나 친숙하니까 그림으로 볼 필요도 없겠고, 박쥐의 골격을 오른쪽 그림으로 살펴보자. 뼈 하나하나에 대해 사람의 골격에서도 대응하는 뼈를 생각할 수 있을 것이다. 환상적이지 않은가! 우리가 그것을 쉽게 확인할 수 있는 이유는, 뼈들이 이어진 순서가 같기 때문이다. 뼈들의 비율이 다를 뿐이다. 박쥐의 손은 엄청나게 크지만(제 몸에 비해 그렇다는 말이다), 그래도 박쥐의

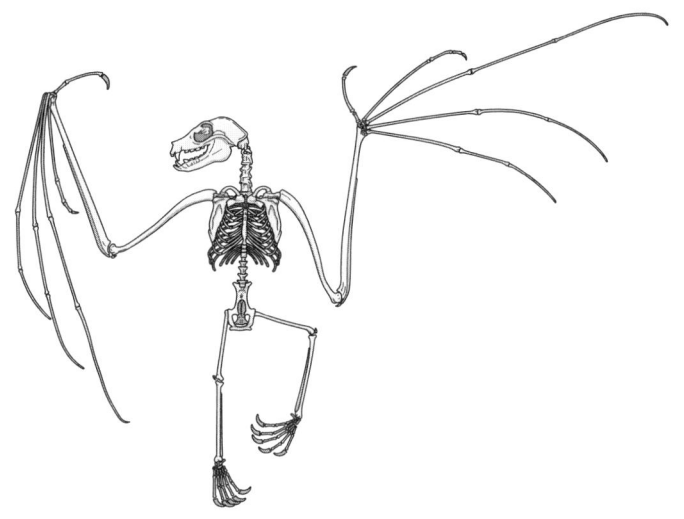
박쥐의 골격

긴 날개뼈와 우리의 손가락이 상응하는 관계라는 것을 못 알아볼 사람은 없을 것이다. 사람의 손과 박쥐의 손은 분명 같은 구조의 두 형태다(정신이 제대로 박힌 사람이라면 절대 부인할 수 없으리라).

이런 식의 동일함을 전문용어로는 '상동성'이라고 한다. 박쥐의 나는 날개와 사람의 쥐는 손은 '상동기관'이다. 공통선조의 손이 서로 다른 후손 계통에서 부분마다 서로 다른 방향으로, 서로 다른 정도로 잡아늘여지거나 압축된 것이다(나머지 골격도 그렇다).

같은 이야기를(여기서도 역시 비율은 다르지만) 익수룡의 날개에 대해서도 할 수 있다(익수룡은 포유류가 아닌데도 이 원리가 유효하다는 것이 더욱 인상적이다). 익수룡의 날개막은 우리가 '새끼' 손가락이라고 부르는 손가락 하나에 대체로 붙어 있다. 고백하건대, 나는 다섯째 손가락에 그렇게 많은 무게를 지운다는 것에 대해 상동성에 의한 불안증을

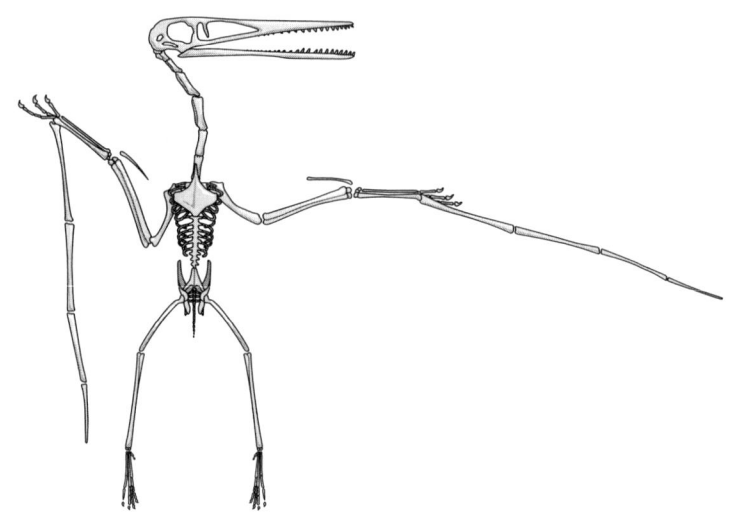

익수룡의 골격

느낀다. 사람의 새끼손가락은 너무 약해 보이기 때문이다. 물론 바보 같은 생각이다. 익수룡의 다섯째 손가락은 '새끼' 같기는커녕 몸길이와 비슷할 정도로 뻗어 있고, 우리 팔이 우리에게 탄탄하고 강하게 느껴지듯이 익수룡에게는 그것이 탄탄하고 강하게 느껴졌을 것이다.

　그래도 내 불안감에는 우리 이야기의 요지가 담겨 있다고 할 수 있다. 익수룡의 다섯째 손가락은 날개막을 지탱하기 위해서 *변형되었다*. 따라서 세부 사항들이 모두 달라졌다. 그래도 우리는 여전히 그것을 다섯째 손가락으로 인식한다. 골격의 다른 뼈들과의 위치관계가 그대로이기 때문이다. 길고, 탄탄하고, 날개를 지탱하는 이 버팀대는 우리의 새끼손가락과 '상동관계'다. 익수룡에게는 '새끼손가락'이라는 말이 '건장하고 커다란 버팀대'를 의미할 것이다.

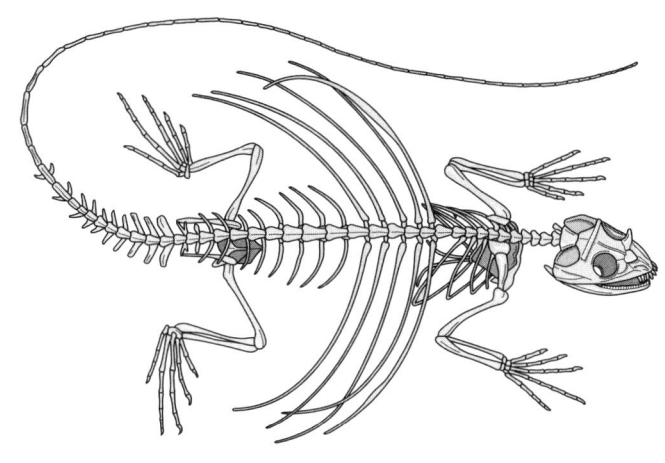

날도마뱀의 골격

진정한 비행사들(새, 박쥐, 익룡, 곤충) 외에도 많은 동물이 활공을 한다. 이것은 비행의 기원이 어떠했을지를 알려주는 듯한 습관이다. 이런 동물들에게는 활공을 위한 막이 있는데, 그것에도 골격 지지대가 필요하다. 하지만 박쥐나 익룡의 날개처럼 손가락뼈로 지지되는 것은 아니다. 날다람쥐(설치류에 독립적인 두 집단이 있다)들과 주머니날다람쥐(오스트레일리아의 유대류로, 날다람쥐와 거의 똑같이 생겼지만 가까운 관계는 아니다)들은 팔다리 사이의 피부가 막처럼 늘어나 있다. 개별 손가락이 대단한 무게를 감당하는 것이 아니므로, 손가락은 늘어나지 않았다. 새끼손가락 신경증이 있는 나는 익수룡보다는 날다람쥐가 훨씬 편하다. 팔다리 전체를 써서 무게를 지탱하는 것이 더 '알맞은' 듯 느껴지기 때문이다.

위 그림은 이른바 '날도마뱀'이라고 불리는 동물의 골격이다. 녀석 또한 우아하게 숲을 활공하는 녀석이다. 여러분도 금세 눈치 챘겠지만, 날도마뱀은 손가락이나 팔다리가 아니라 갈비뼈들이 변형되어서 '날개', 즉 비행막을 지탱한다. 이 경우에도 골격 전체로는 확실히 다른 척추동물들의 골격과 닮았다. 우리는 녀석의 뼈를 하나하나 짚어가면서 그 각각이 사람이나 박쥐나 익수룡의 골격에서 정확하게 어떤 뼈에 해당하는지 확인할 수 있다.

동남아시아의 숲에 사는 콜루고는 흔히 '날원숭이'라고 불리는데, 생김새가 날다람쥐나 주머니날다람쥐와 닮았지만, 팔다리만이 아니라 꼬리까지 비행막 지지구조에 포함된다는 점이 다르다. 나에게는 이것이 자연스럽게 느껴지지 않는다. 나는 꼬리가 있는 게 어떤 것인지 상상이 안 되기 때문이다. 물론 우리 사람과 여타 '꼬리 없는' 유인원들에게도 흔적으로만 남은 꼬리뼈가 피부 아래에 묻혀 있다. 그래도 거의 꼬리가 없다고 할 수 있는 영장류로서, 나는 꼬리가 척추의 대부분을 차지하는 거미원숭이처럼 사는 게 어떤 것인지 도무지 상상하기가 어렵다.

컬러 화보 26쪽의 사진을 보면 녀석의 꼬리가 안 그래도 긴 팔다리보다 얼마나 더 긴지 알 수 있다. 신세계원숭이들이 대개 그렇듯, 거미원숭이의 꼬리는 '파악'이 가능하다(사실 신대륙의 많은 포유류가 일반적으로 이런 편인데, 이것은 해석하기 어려운 신기한 현상이다). 즉, 무언가를 쥘 수 있도록 변형되었다는 말이다. 그래서 그것은 진짜 손과 상동관계가 아니고 손가락도 없는데, 그런데도 추가적인 손처럼 보인다. 거미원숭이의 꼬리는 실제로 여분의 다리나 팔처럼 보인다.

내가 또 한 번 요점을 설파할 필요조차 없을 것이다. 거미원숭이의 꼬리도 기저의 골격은 다른 포유류들의 꼬리와 같지만, 다른 일을 하도록 변형되었다. 물론 꼬리가 완전히 같은 것은 아니다. 거미원숭이의 꼬리에는 척추뼈가 추가로 더 많이 담겨 있다. 하지만 척추뼈 자체는 다른 동물 꼬리의 척추뼈와 같은 종류라고 볼 만하고, 사람의 꼬리뼈와도 물론 비슷하다. 잡는 '손'이 다섯 개 있어서(양팔 끝에 하나씩은 물론이고 양다리 끝에도 하나씩, 게다가 꼬리까지), 아무 것으로나 맘대로 매달릴 수 있다니, 여러분은 그런 것이 어떤 상태인지 상상이 되는가? 나는 안 된다. 하지만 나는 거미원숭이의 꼬리가 내 꼬리뼈와 상동기관이라는 것을 알고 있다. 익수룡의 무진장 길고 강한 날개뼈가 내 새끼손가락과 상동기관이듯이.

또 다른 놀라운 사례를 보자. 말의 발굽은 우리의 가운뎃손가락 손톱(혹은 가운뎃발가락 발톱)과 상동기관이다. 우리가 발끝으로 걷는다고 말할 때 *실제* 취하는 자세는 좀 다르지만, 말은 문자 그대로 발끝으로 걷는다. 말은 다른 발가락이나 손가락을 전부 잃어버렸다. 우리의 검지와 약지에 해당하는 말의 손·발가락은 '포뼈'에 붙은 작은 '부목뼈'로만 남아 있어서, 겉에서는 보이지 않는다. 포뼈는 사람의 손바닥에 묻혀 있는 가운데 손바닥뼈(혹은 발에 묻혀 있는 발바닥뼈)와 상동관계다. 말의 몸무게 전체를(샤이어나 클라이즈데일 같은 종이라면 상당히 무겁다) 가운데 손·발가락들이 지탱하는 것이다. 말의 발과 우리의 가운뎃손가락 혹은 박쥐의 가운뎃손가락과의 상동관계는 더없이 분명하다. 누구도 의심할 수 없는 사실이다. 이 사실을 재차 강조하기라도 하듯, 가끔 발가락이 세 개인 특이한 말이 태어난다. 그런 말은 가운뎃발가락이 정상적인 '발'로 기능하고, 다른 두 발가락은 소형 발굽처럼 양옆에 붙어 있다(390쪽의 그림을 보라).

광대한 시간 동안 거의 무한한 종류로 변형되었지만, 변형된 형태

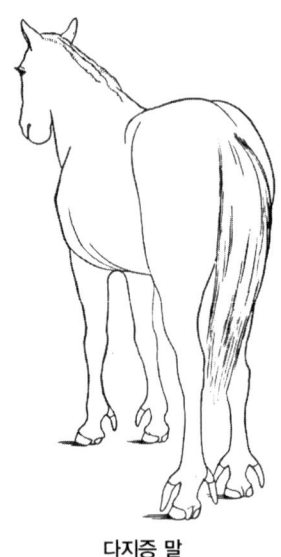

다지증 말

각각이 원본의 자취를 확연히 간직하고 있다는 것, 얼마나 아름다운 일인가. 나는 남아메리카의 멸종 초식동물인 리토프테르나 화석을 자랑스럽게 생각한다. 그들은 어느 현생 동물과도 가깝지 않고, 말과도 아주 다르다. 그런데도 말과 거의 똑같은 다리와 발굽을 가졌다. 말(북아메리카에 서식했다[■])들과 리토프테르나(당시에 거대한 섬이었던 남아메리카에 서식했다. 파나마 지협은 아직 먼 미래의 일이었다)들은 독립적으로 거의 같은 형태를 진화시켰다. 가운뎃발가락만 남긴 채 다른

[■] 말이 북아메리카에서 진화했다고 하면 놀라는 독자도 있겠다. 유럽인들이 아메리카 대륙을 처음 침략했을 때 그들이 말을 탄 것을 보고 원주민들이 놀랐다는 이야기가 있기 때문이다. 말의 진화 과정은 대부분 아메리카 대륙에서 이루어졌다. 그런 뒤에 말이 다른 곳으로 퍼졌고, (지질학적 시간으로 말해서) 직후에 아메리카에서는 멸종했다. 말은 아메리카에서 생겨났다가 사람에 의해 다시 아메리카에 도입된 아메리카 동물이다.

발가락들은 전부 없앴고, 가운뎃발가락 끝에 같은 모양의 발굽을 길러냈다. 초식 포유류가 달리기 선수가 되는 방법은 그다지 많지 않았던 모양이다. 말과 리토프테르나는 우연히 같은 방법(가운뎃발가락만 남기고 나머지는 모두 없애는)을 떠올렸고, 둘 다 같은 결과를 달성했다. 반면에 소나 영양은 발가락을 두 개만 남기는 또 다른 방법을 떠올렸다.

모든 포유류의 골격은 동일하지만, 각각의 뼈는 다르다. 이 말은 역설로 느껴진다. 하지만 이것은 합리적인 발언이고, 하나의 관찰로서 중요한 사실이다. 역설적인 느낌을 해소하려면, 내가 '골격'이라는 단어를 계산된 용법으로 사용했다는 것을 알아야 한다. 여기서 골격이란 질서 있는 순서대로 서로 이어진 뼈들의 집합을 가리킨다. 이런 관점에서는 뼈들의 개별적인 모양은 '골격'의 특징이 되지 못한다. 이처럼 특별한 의미에서의 '골격'은 뼈들의 개별적인 모양을 무시하고, 뼈들이 연결된 순서에만 상관한다. 에제키엘은 "뼈가 뼈로 다가간다(《에제키엘서》 37장 7절_옮긴이)"고 했다. 그 구절에 기반해서 쓰인 아래 노랫말은 골격이 무엇인지를 더욱 생생하게 보여준다(《마른 뼈들》이라는 종교적인 노래로, 아이들에게 기초적인 해부학을 가르칠 때 사용된다_옮긴이).

> 발가락뼈는 발뼈에 붙어 있고,
> 발뼈는 발목뼈에 붙어 있고,
> 발목뼈는 정강뼈에 붙어 있고,
> 정강뼈는 무릎뼈에 붙어 있고,
> 무릎뼈는 넙다리뼈에 붙어 있고,

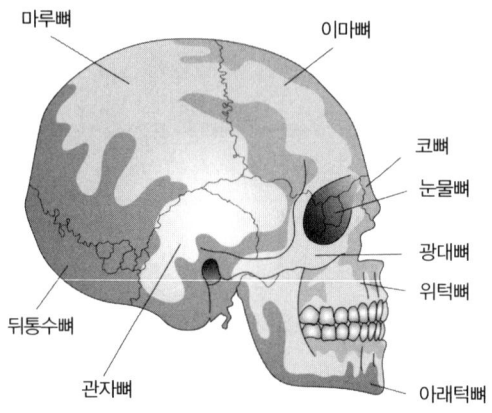

사람의 두개골

넙다리뼈는 엉덩뼈에 붙어 있고,
엉덩뼈는 등뼈에 붙어 있고,
등뼈는 어깨뼈에 붙어 있고,
어깨뼈는 목뼈에 붙어 있고,
목뼈는 머리뼈에 붙어 있지,
나는 여기에서 주님의 말씀을 듣네!

이 노래는 어떤 포유류에도 적용될 수 있다. 사실 모든 육상 척추동물에게 적용된다. 게다가 노랫말보다도 훨씬 상세하게 적용된다. 가령 우리의 '머리뼈', 즉 두개골은 28개의 뼈로 이루어지는데, 대부분은 '봉합'으로 단단하게 맞물려 있지만 딱 하나 움직이는 큰 뼈가 있다(아래턱뼈*). 그리고 놀랍게도 모든 포유류가 똑같이 28개의 뼈를 갖고 있다. 예외적으로 여기저기 이상한 뼈가 있는 경우도 있

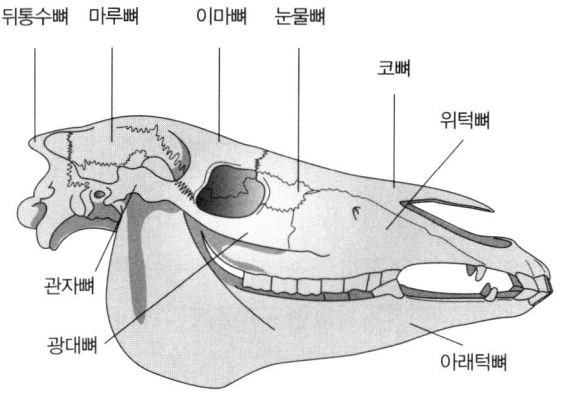

말의 두개골

지만, 대부분은 우리와 똑같은 이름을 붙일 수 있는 뼈들로 구성되어 있다.

목뼈는 뒤통수뼈에 붙어 있고,
뒤통수뼈는 마루뼈에 붙어 있고,
마루뼈는 이마뼈에 붙어 있고,
이마뼈는 코뼈에 붙어 있고,
……
27번째 뼈는 28번째 뼈에 붙어 있고…….

■ 포유류는 아래턱이 뼈 하나로 되어 있는 반면, 파충류의 아래턱은 더 복잡하다. 여기에는 내가 마지못해 이 책에서 누락시킨 환상적인 사연이 담겨 있다(모든 것을 다 가질 수는 없는 법이다). 진화적 요술이라고 할 만한 놀라운 묘기를 통해서, 파충류의 아래턱뼈들 중 작은 것들이 포유류에 와서는 귀뼈가 되었으며, 고막의 진동을 내이로 전달하는 정교한 다리 역할을 맡게 되었다.

이 구조는 어디서나 같다. 특정 뼈의 모양은 포유류의 종류에 따라 극단적으로 달라지기도 하지만 말이다.

우리는 여기서 어떤 결론을 내려야 할까? 우리는 지금 현대의 동물들에만 한정하여 이야기했으므로, 현재진행형 진화를 보고 있는 것은 아니다. 우리는 현장에 뒤늦게 도착한 탐정들이다. 현대 동물들이 모두 공통선조에서 유래했고, 개중 일부는 다른 일부보다 최근에 등장했다고 가정한다면, 선조의 골격이 시대를 거치며 점차 변형된 것일 테니 현대 동물들의 골격은 서로 닮았으리라는 예측이 가능하다. 그리고 실제로 현실이 그렇다.

어떤 동물쌍이든 공통선조를 갖고 있다. 가령 기린과 오카피도 공통선조가 있다. 둘 다 현생 동물이기 때문에, 오카피를 수직으로 늘리면 기린이 된다고 말하는 것은 엄밀히 옳은 표현이 아니다. 하지만 그들의 공통선조가 기린보다는 오카피를 더 닮았으리라는 추측은 아마 틀리지 않을 것이다(사실 이미 화석으로 지지된 추측이지만, 이 장에서 화석 이야기는 하지 않을 것이다). 비슷하게, 임팔라와 누는[■] 서로간에 가까운 친척이고, 기린과 오카피와는 좀 먼 친척이다. 이들 넷은 또 돼지나 흑멧돼지(이들과 페커리돼지는 가까운 친척이다) 같은 다른 우제류와는 더 먼 친척이다. 모든 우제류는 또 말이나 얼룩말(이들은 발굽이 갈라지지 않았으므로 우제류가 아니고, 서로간에는 가까운 친척이다)과는 더 먼 친척이다.

■ 요즘은 '누(gnu)' 대신 네덜란드 말인 '윌더비스트(wildebeest)'라는 이름으로 불리는 경향이 있지만, 나는 '누'를 살리고 싶다. 그 말이 사라진다면 프랜더스와 스완 듀오가 부른 〈누〉라는 코믹송이 의미를 잃기 때문이다. ('나는 조금도 닮지 않았어 / 저 끔찍한 사슴영양과는 / 오, 노 노 노, 나는 누!')

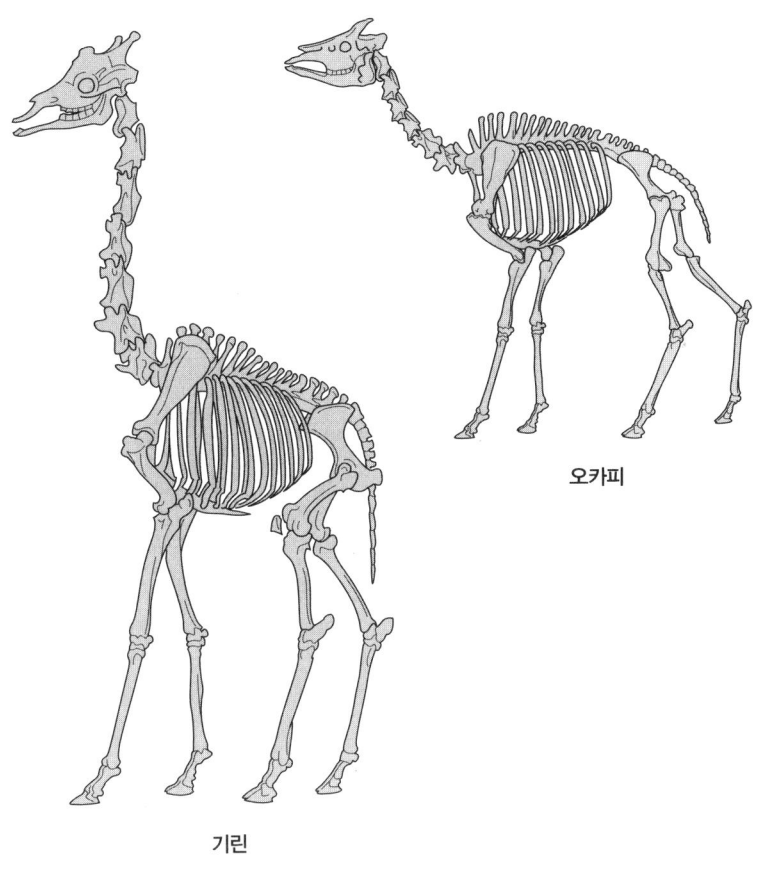

오카피

기린

 이런 식으로 얼마든지 더 나아갈 수 있다. 괄호를 써서 사촌들의 쌍을 한 집합으로 묶고, 사촌들의 집합을 또 집합으로 묶고, (((사촌들의 집합)의 집합)의 집합)을 또 묶는 것이다. 내가 별도의 설명도 없이 슬쩍 괄호를 끼워넣었지만, 여러분은 그 뜻이 무엇인지 잘 알 것이라고 생각한다. 다음에서도 괄호가 쓰인 의미를 즉각 이해하실 것이다. 사촌들은 모두 조부모를 공유하고, 육촌들은 모두 증조부모를 공유하고…… 이런 식으로 나아간다는 뜻이다.

{(늑대 여우)(사자 표범)}{(기린 오카피)(임팔라 누)}

이 모든 사실로부터, 단순한 가지치기로 구성된 선조들의 나무가 떠오른다. 바로 계통수다.

닮은꼴들의 나무가 진짜 진화의 계통수라는 것은 억지스러운 결론일까? 다른 대안적인 해석은 없을까? 글쎄, 겨우 하나 있긴 하다. 다윈 이전의 창조론자들도 동물의 형태적 유사성이 위계를 이룬다는 사실을 눈치 챘고, 그것에 대해 비진화적인 해설을 구축했다. 당황스러울 정도로 억지 해설이라는 점이 문제이긴 하지만. 그들에 따르면, 유사성에 패턴이 있는 까닭은 설계자의 마음에 여러 *주제*가 있었기 때문이다. 설계자는 동물을 만드는 법에 대해서 다양한 발상을 품고 있었다. 그래서 포유류 주제에 따라서 생각을 진행시키다가, 그와 독립적인 곤충 주제로 생각을 진행시키기도 했다. 설계자의 생각은 한 주제(가령 포유류) 안에서도 하위 주제(가령 우제류)들로, 하위-하위 주제(가령 돼지)들로 깔끔하게 위계적으로 분기되어 나갔다. 이것은 지나친 억지와 강한 소망의 냄새를 풍기는 해설이다.

요즘은 창조론자들도 이런 해설에 거의 의지하지 않는다. 앞에서 창조론자들이 지리적 분포의 증거를 아예 무시한다는 이야기를 했는데, 그들은 비교해부학적 증거도 절대 논하지 않는다. 대신 자기들에게 가망이 있다고 (잘못) 판단한 화석에만 집착한다.

빌려오기 없음

창조자가 '주제'들을 엄격하게 지키는 게 얼마나 이상한 일인지 이해하려면, 사람 설계자를 생각해보면 된다. 합리적인 사람 설계자라면, 자신의 다른 발명품에서 발상을 빌려와 그것이 도움이 될 듯한 다른 곳에도 기꺼이 적용할 것이다. 어쩌면 비행기 설계의 주제라는 게 있을지도 모르고, 그것이 기차 설계의 주제와는 다를지도 모른다. 하지만 비행기의 한 부속, 가령 좌석 위 독서등의 개선안을 빌려다가 기차에 적용할 수는 있지 않을까? 어디서든 같은 목적을 담당하는데 왜 안 된단 말인가?

 자동차가 처음 발명되었을 때 '말 없는 마차'라고 불린 것을 보면, 자동차에 대한 영감의 일부가 어디에서 왔는지 분명히 알 수 있다. 하지만 말이 끄는 탈것은 조종대가 필요 없으니까(고삐로 말을 몰면 된다) 자동차의 조종대는 마차가 아닌 다른 곳에서 왔을 것이다. 정확하게 어디서 왔는지는 나도 모르지만, 아마 전혀 다른 기술인 보트에서 빌려오지 않았을까 짐작해본다. 19세기 말쯤 핸들이 도입될 때까지, 자동차의 원래 조종 장치는 키손잡이였다. 이것 역시 보트에서 빌려온 것이었다. 뒤가 아닌 앞으로 장착 위치가 바뀌었을 뿐이다.

 만약 깃털이 새들의 '주제'에서 좋은 발상이라면, 그래서 나는 새든 못 나는 새든 모든 새가 한 마리의 예외도 없이 깃털을 갖고 있다면, 왜 포유류 중에는 깃털 있는 녀석이 한 마리도 없을까? 왜 설계자는 깃털이라는 천재적인 발명품을 빌려다가 박쥐에게라도 심어주지 않았을까? 진화론자들의 답은 분명하다. 모든 새는 깃털이 있는 공통선조로부터 깃털을 물려받았다. 포유류는 그 선조에게서 유래하지 않았다. 참으로 단순한 사실이다.* 닮은꼴의 나무는 정말로 계통수다. 생명의 나무에서 모든 가지가, 모든 하위 가지가, 모든 하위-하위 가지가 비슷한 사연을 갖고 있다.

다른 흥미로운 논점으로 넘어가자. 겉보기에는 마치 나무의 한 부분에서 발상을 '빌려서' 다른 가지에 접목해준 것 같은 아름다운 사례가 수없이 많다. 사과나무 변종의 가지를 다른 가지에 접붙인 것처럼 말이다.

돌고래의 외모는 여러 종류의 큰 어류들과 닮았다. 그중 하나인 만새기(*Coryphœna hippuris*)는 실제로 가끔 '돌고래'라고 불린다. 만새기와 진짜 돌고래는 바다 표층에서 날래게 사냥을 하는 생활방식에 알맞도록 둘 다 유선형 몸통을 갖고 있다. 그들의 수영 기술은 겉보기에는 비슷할지 몰라도 서로 빌려온 것은 아니다. 세부 사항들을 살펴보면 금세 차이가 드러난다. 둘 다 주로 꼬리로 가속을 하지만, 만새기는 다른 물고기들처럼 꼬리를 옆으로 흔드는 반면에, 진짜 돌고래는 꼬리를 상하로 흔든다. 포유류의 과거를 부지불식간에 드러내는 것이다.

도마뱀과 뱀은 척추를 옆으로 흔들며 이동했던 선조 어류의 습성을 물려받았기 때문에, 땅에서 '수영한다'고도 할 수 있다. 말이나

---

*독자 여러분은 박쥐를 새라고 생각했던 〈레위기〉의 저자(들)보다는 지식이 풍부할 거라고 믿는다. 〈레위기〉 11장 13~19절에는 금기해야 할 새들의 목록이 길게 나열되어 있는데, 독수리로 시작해서 '황새와 각종 왜가리와 오디새와 박쥐'로 끝난다. 왜 어떤 동물을 금기 대상으로 삼아야 했는가는 별개의 문제다. 그것은 많은 종교에서 흔하게 실시했던 관행이다.

치타가 달리는 모습을 이와 대비시켜 보라. 이 포유류들도 물고기나 뱀처럼 척추를 굽혀서 가속을 하지만, 옆으로가 아니라 위아래로 구부린다.

포유류의 족보에서 어떻게 이런 전이가 일어났는가 하는 것은 재미있는 질문이다. 어쩌면 중간 단계가 있었을 것이다. 개구리처럼 어느 방향으로도 척추를 거의 굽히지 않는 형태였을지도 모른다. 한편 악어는 보통의 파충류들과 마찬가지로 도마뱀처럼 걷지만, 위로 펄쩍 뛸 수도 있다(무시무시하게 재빠르다). 물론 포유류의 선조가 악어와 닮지는 않았겠지만, 우리의 중간 단계 선조도 악어처럼 두 가지 자세를 함께 취했을지도 모른다고 짐작할 수는 있다.

고래와 돌고래의 선조들은 땅에 완전히 적응한 포유류였다. 틀림없이 척추를 위아래로 굽혔다 폈다 하면서 초원과 사막과 툰드라를 달렸을 것이다. 그들은 바다로 돌아간 뒤에도 선조의 척추 상하운동을 간직했다. 뱀이 땅에서 '헤엄'을 친다면, 돌고래는 바다에서 '달리는' 것이다! 그렇기 때문에, 돌고래의 꼬리가 겉으로는 만새기의 갈라진 꼬리와 닮았을지 몰라도, 돌고래의 꼬리는 수평으로 붙어 있는 반면에 만새기의 꼬리는 수직으로 서 있다. 돌고래의 몸에는 이 밖에도 수많은 역사적 특징이 쓰여 있다. 이 점은 다음 장에서 다시 다룰 것이다.

이 외에도, 외모가 너무 닮아서 '빌려오기' 가설을 물리치기가 쉽지 않지만, 더 면밀히 점검해보면 물리칠 수밖에 없는 사례가 많이 있다. 너무 비슷하게 생긴 동물들을 보면 그들 사이에 분명 연관관계가 있을 거라고 생각되기 마련이다. 하지만 알고 보면 그 인상적인 유사성에도 불구하고 몸 전체로는 차이점이 더 많을 때가 있다.

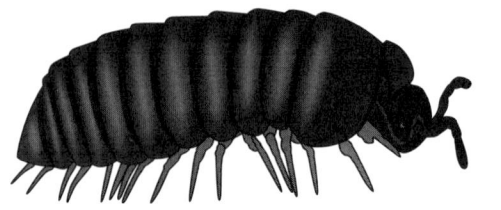 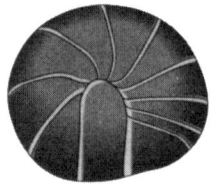

노래기 공벌레

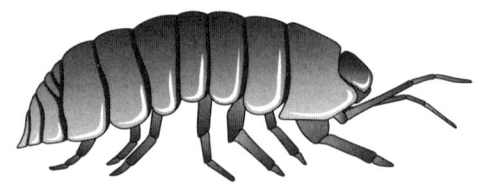 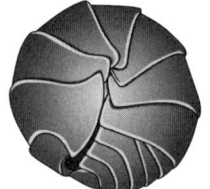

쥐며느리 공벌레

위 그림의 '공벌레'는 우리에게 친숙한 작은 생물이다. 이들은 다리가 많고, 몸을 공처럼 말아서 자신을 보호하는 습성이 있다. 아르마딜로처럼 말이다. 실제로 공벌레의 한 종류에 붙은 아르마딜리디움(*Armadillidium*)이라는 라틴어 학명은 아마 아르마딜로에서 왔을 것이다. 이것은 갑각류의 쥐며느리 종류에 속한다. 새우와 연관이 있지만 땅에서 산다. 아가미로 숨을 쉬기 때문에 항상 아가미를 축축하게 유지해야 하는 것을 보면, 이 동물의 최근 선조가 해양성임을 알 수 있다.

그런데 전혀 다른 종류의 '공벌레'가 또 있다. 이것은 갑각류가 아니라 노래기류다. 두 벌레가 공처럼 말린 모습을 보면 거의 똑같

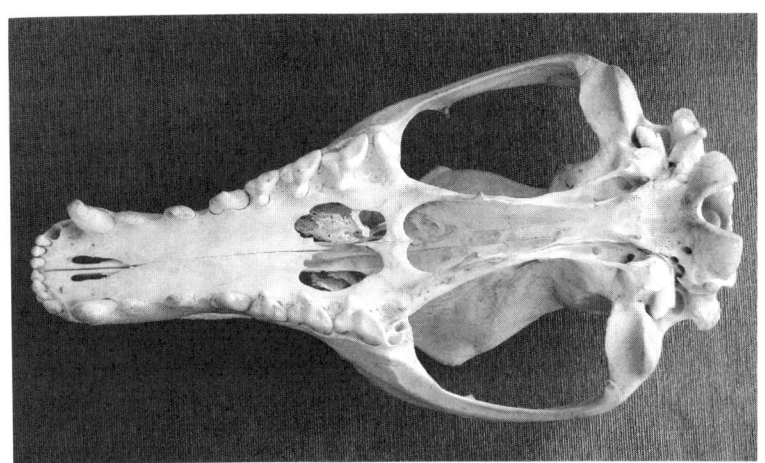

'유대류 늑대' 또는 '태즈메이니아 늑대'라고 불렸던 주머니늑대의 두개골

은 것 같다. 그렇지만 한쪽은 변형된 쥐며느리고, 다른 쪽은 (다른 방향으로) 변형된 노래기다. 둘을 펴서 자세히 살펴보면, 적어도 한 가지 중요한 차이가 금방 눈에 들어온다. 노래기 공벌레는 한 체절당 대개 두 쌍씩 다리가 달렸지만, 쥐며느리 공벌레는 한 쌍뿐이다. 아름답지 않은가? 이처럼 무수히 다양한 변형들이라니…… 더 자세히 점검해보면 노래기 공벌레와 보통 노래기의 닮은 점이 수백 가지 확인된다. 쥐며느리와의 유사성은 표면적인 수렴일 뿐이다.

특별히 이 대상에 대한 전문가가 아니라면, 동물학자라도 누구나 위의 두개골을 보고 개의 것이라고 말할 것이다. 하지만 전문가라면, 입천장에 난 뚜렷한 구멍 두 개를 보고 개가 아니라고 지적할 것이다. 그 구멍은 오늘날 거의 오스트레일리아에서만 발견되는 거대 포유류 집단인 유대류의 특징이다. 이것은 '태즈메이니아 늑대'라고도 불렸던 주머니늑대의 두개골이다. 주머니늑대와 진짜 개(가

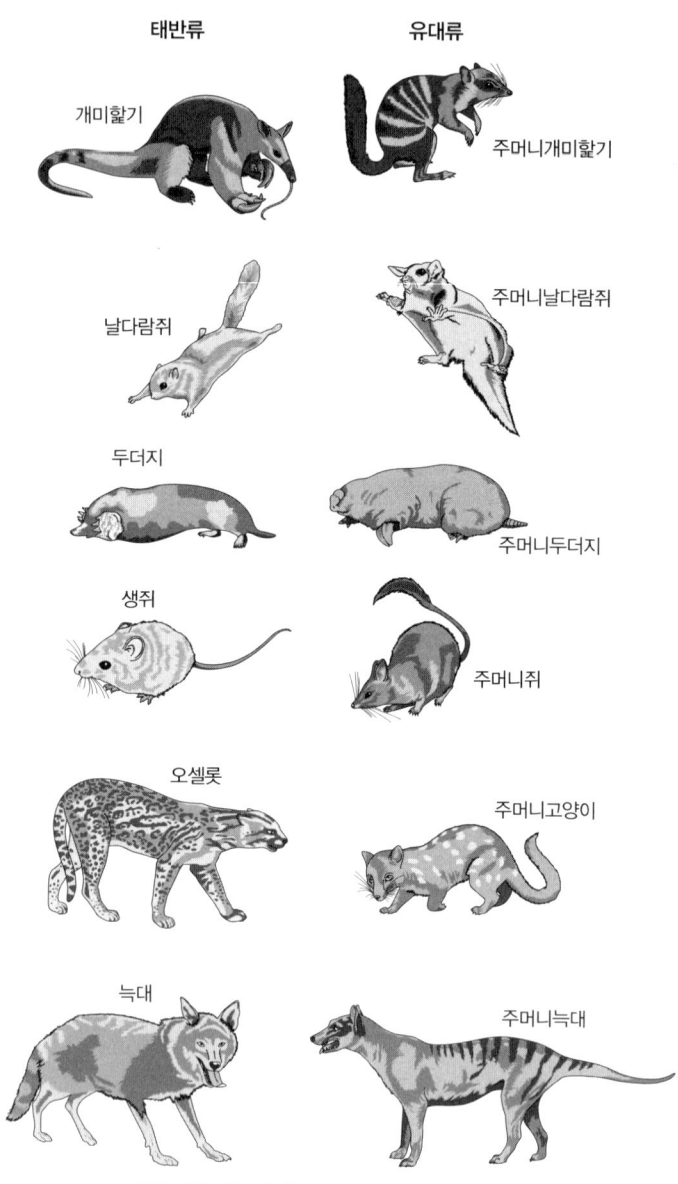

서로 대응하는 태반류 동물과 유대류 동물

령 오스트레일리아와 태즈메이니아에서 주머니늑대와 경쟁했던 딩고라는 들개)는 생활방식이 비슷했기 때문에(아, 불운한 주머니늑대에게는 과거형으로 말해야 한다) 몹시 비슷한 두개골로 수렴 진화했다.

오스트레일리아의 근사한 유대 포유류 동물상에 관해서는 동물의 지리적 분포를 다룬 장에서 이미 이야기했다. 여기서 지적할 점은, 유대류의 동물 각각이 세계 다른 곳을 점령한 '태반류(즉 유대류가 아닌)' 포유류의 상응하는 동물 각각과 수렴 진화했다는 것이다. 왼쪽 그림에 소개된 유대류들은 태반이 있는 상대 동물(즉 태반류 중 같은 '업종'에서 살아가는 동물)과 전혀 같지 않다. 외모상의 특징부터 다를 때도 있다. 그래도 대체로 인상적일 정도로 서로 닮았고, 그러면서도 창조자가 '빌려오기'를 했다고 볼 만큼 많이 닮지는 않았다.

유전자풀에서 유전자가 성적으로 섞이는 것은 유전적 '발상'을 빌려주거나 공유하는 것이라고 볼 수 있다. 하지만 성적 재조합은 한 종에만 국한되므로, 유대류와 태반류 포유류 등 서로 다른 종을 비교하는 것이 목적인 이 장에서는 적합하지 않은 이야기다. 흥미롭게도, 박테리아들 사이에서는 고차원적인 DNA 빌려주기가 성행한다. 박테리아들은 (상당히 관계가 먼 균주들끼리도) 자유분방한 난교를 통해서 DNA 발상을 교환한다. 이 과정을 유성생식의 전 단계라고 간주하는 사람도 있다. 발상 빌려오기 기법은 박테리아들이 항생제에 대한 내성 같은 유용한 '기술'을 습득하는 주된 방법이다.

종종 이해에 그다지 도움이 되지 않는 '변형'이라는 말로 그 현상을 표현하기도 한다. 왜냐하면 프레더릭 그리피스(Frederick Griffith)가 처음으로 현상을 발견했던 1928년에는 아무도 DNA를 몰랐기 때문이다. 그리피스가 발견한 것은 독성이 없는 스트렙토코쿠스

(*Streptococcus*) 균주가 전혀 다른 균주로부터 독성을 전달받는다는 사실이었다. 심지어 죽은 균주로부터도 말이다. 요즘 말로 표현하면, 무독성 균주가 죽은 독성 균주의 DNA 일부를 가져와서 제 게놈에 삽입한 것이다(DNA는 암호화한 정보에 불과하므로 개체가 죽었는지 살았는지 신경 쓰지 않는다). 이 장의 언어로 표현하면, 무독성 균주가 독성 균주로부터 유전적 '발상'을 '빌려온' 것이다.

물론 박테리아가 다른 박테리아로부터 유전자를 빌리는 것은 설계자가 한 '주제'에서 발상을 빌려와 다른 주제에 재사용하는 것과는 전혀 다른 일이다. 그럼에도 불구하고 이 현상이 우리에게 흥미로운 까닭은, 다른 동물들도 박테리아처럼 쉽게 이런 일을 수행했다면 '설계자의 빌려오기' 가설을 반증하기가 한층 어려웠을 것이기 때문이다. 박쥐와 새가 박테리아처럼 행동한다면 어땠을까? 새의 게놈에서 한 덩어리가, 가령 박테리아나 바이러스 감염을 통해서 박쥐의 게놈으로 이식될 수 있다면 어땠을까? 박쥐들 중 한 종이 갑자기 깃털을 기르기 시작했을지도 모른다. 컴퓨터의 '복사해 붙이기' 기능을 유전자에서 수행하는 것마냥 깃털을 암호화한 DNA 정보를 빌려와서 말이다.

박테리아와 달리, 동물들 사이의 유전자 교환은 거의 전적으로 종 내부의 성적 교접을 통해 이루어진다. 사실 종이라는 개념 자체가 '유전자 교환이 가능한 동물들의 집합'으로 정의될 수 있다. 한 종의 두 개체군이 충분히 오랫동안 분리되어 성적으로 유전자 교환을 할 수 없는 지경에 이르면(9장에서 보았듯이, 처음에는 보통 지리적 격리에 의해 강제적으로 나뉜다), 우리는 그들을 별개의 종으로 정의한다. 유전공학자가 개입하지 않는 한, 그들은 다시는 유전자를 교환할 수 없다.

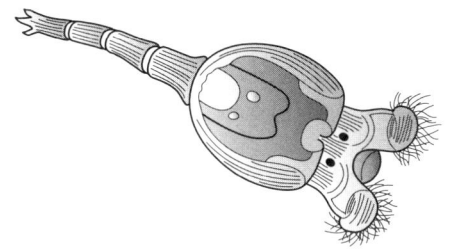

윤형동물문 질형목의 생물

옥스퍼드의 유전학 교수인 조너선 호지킨(Jonathan Hodgkin)에 따르면, 유전자 교환이 종 내로 국한되는 규칙에 대한 예외는 잠정적으로 딱 세 가지가 있다. 선형동물, 초파리, 그리고 (더 넓은 의미에서) 윤형동물에 속하는 질형목이다. 특히 마지막 집단이 흥미롭다. 질형목은 주요 진핵생물 집단으로는 독특하게도 성별이 없기 때문이다. 그들은 박테리아처럼 유전자를 교환하는 고대의 기법으로 돌아갔기 때문에 성이 필요하지 않게 된 것일까?

한편 식물의 경우 종간 유전자 교환이 더 흔한 듯하다. 기생식물인 새삼(*Cuscuta*)은 자신이 감은 숙주식물에게 제 유전자를 전달한다.*

유전자 조작 식품을 둘러싸고 한편에서는 농업상의 잠재적 편익

---

* 한때 생물학자들은 식물이 동물계에서 DNA를 빌려온 사례로 식물 헤모글로빈을 언급하곤 했다. 콩과의 식물들은 뿌리에 혹이 있다. 그곳에 서식하는 박테리아들은 공기에서 질소를 포획해 식물이 쓸 수 있는 형태로 만들어준다. 농부들이 클로버나 나비나물 같은 콩과 작물을 윤작에 포함시키곤 하는 것이 그 때문이다. 이들이 토양에 귀중한 질소를 공급해주기 때문이다. 특히 클로버 등을 놔둔 채 땅을 갈면 더 좋다. 뿌리혹에는 사람의 피를 붉게 만드는 산소 운반 헤모글로빈과 비슷한 헤모글로빈이 들어 있기 때문에, 색깔이 불그스름하다. 그 헤모글로빈을 만드는 유전자는 박테리아의 게놈에 있는 게 아니라 식물의 게놈에 있다. 박테리아는 산소를 필요로 하므로, 헤모

을 강조하고 다른 한편에서는 본능에 따라 조심할 것을 강조하는 정치적 논쟁이 있는데, 나는 어느 쪽으로도 마음을 정하지 못한 상태다. 하지만 남들이 이야기하는 것을 들어보지 못한 생각이 하나 있어서, 간략히 말해봐도 좋을 것 같다.

요즘 우리는 옛사람들이 그저 재미로 특정 동물종을 다른 지역에 도입한 것에 대해 욕을 퍼붓는다. 전 베드퍼드 공작은 경박한 충동에 따라 미국 회색다람쥐를 영국으로 들여왔다. 우리가 보기에는 재앙에 가까운 무분별한 행동이다.

그렇다면 우리 세대가 게놈을 마구 들쑤셔놓은 것에 대해서, 가령 북극 어류에서 '얼지 않는' 유전자를 취해 토마토에 이식함으로써 서리에 강한 토마토를 만든 것에 대해서, 미래의 분류학자들도 한숨을 쉴까? 과학자들은 해파리에서 형광을 내는 유전자를 빌려와서 감자의 게놈에 삽입했다. 물을 줘야 할 때가 되면 감자가 스스로 빛을 내기를 바란 것이다. 해파리 유전자를 써서 형광빛 개를 만들려고 계획 중인 설치미술가가 있다는 이야기도 어디선가 읽었다. '예술'이라는 허울 아래 그렇게 과학을 남용하는 행위는 내 감수성을 거스른다. 이 해악이 더 나아갈 수도 있을까? 이런 변덕스

글로빈은 박테리아에게도 중요하다. 어쩌면 박테리아와 식물 간에 맺은 협정의 일부인지도 모른다. 박테리아는 식물에게 유용한 질소를 공급하고, 식물은 박테리아에게 거주할 장소와 헤모글로빈을 통해 전달되는 유용한 산소를 주는 것이다. 우리는 헤모글로빈을 피와 연결해서 생각하는 데 익숙하기 때문에, 식물이 박테리아를 통해 동물 게놈으로부터 그 유전자를 '빌려갔을' 것이라고 자연히 짐작했다. 그것은 과연 '빌려갈' 만큼 귀중한 발상이니까 말이다. 이 매혹적인 가설(궁극의 수혈 가설)에는 안됐지만, 분자생물학적 증거로 확인해본 결과, 식물의 헤모글로빈은 고대로부터 식물 게놈에 존재하는 것이었다. 빌려간 게 아니라, 오래전부터 식물에게 있던 것이었다.

러운 행동들 때문에 미래에는 진화적 근연관계 연구가 타당성을 잃게 될까?

솔직히 나는 그럴 것이라고는 생각하지 않는다. 하지만 예방하는 의미에서 제기해볼 만한 논점이라고는 생각한다. 현재 뚜렷한 위험이 보이지 않는 선택이나 행동이 미래에 일으킬 반향을 조심하자는 게 예방원칙의 골자니까 말이다.

갑각류, 단단한 외골격과 다채로운 부속들

나는 포유류의 골격으로 이 장을 열었다. 포유류의 골격은 변화무쌍한 세부들이 변함없는 패턴으로 이어진 것을 잘 보여주는 사랑스러운 사례라고 말했다. 사실은 거의 모든 주요 동물 집단이 같은 현상을 보인다. 개중 내가 좋아하는 사례를 하나 더 소개하겠다. 갑각류 중에서도 가재, 참새우, 투구게(여담이지만 이들은 사실 게가 아니다)를 포함하는 십각류다.

모든 갑각류는 동일한 체제를 갖고 있다. 척추동물의 골격은 부드러운 몸 안에 단단한 뼈들로 이루어져 있지만, 갑각류는 단단한 관들로 구성된 *외골격*을 지닌다. 그 안에 부드러운 부분을 담아 보호하는 것이다. 딱딱한 관들은 경첩 같은 관절들로 이어져 있다. 우리의 뼈들이 이어진 방식과도 비슷하다. 게나 가재 다리의 정교한 관절, 아니면 튼튼한 집게관절을 떠올려보라. 커다란 가재 집게의 강력한 힘을 내는 근육들은 집게를 구성하는 관 속에 들어 있다. 사람은 중지와 엄지 뼈에 붙어 있는 근육들이 비슷한 악력을 낸다.

갑각류는 척추동물과 마찬가지로, 그러나 성게나 해파리와는 달리, 좌우대칭이다. 그리고 머리에서 꼬리까지 이어진 체절들로 몸이 구성된다. 체절들은 기본 설계는 서로 같지만 세부 사항은 다 다르다. 하나의 체절은 짤막한 관 하나가 이웃의 두 체절과 관절을 통해서 혹은 직접 연결된 구조다. 역시 척추동물과 마찬가지로, 갑각류의 기관이나 기관계들은 앞에서 뒤로 가면서 반복되는 구조다. 일례로 갑각류의 배 쪽에 나 있는(척추동물의 척수가 등 쪽에 나 있는 것과는 반대다) 주 신경줄기에는 한 체절에 한 쌍씩 신경절(일종의 소형 뇌*)이 붙어 있고, 그 신경절들에서 그 체절을 지탱하는 신경들이 나온다.

대부분의 체절은 양쪽으로 다리가 나 있고, 각 다리 역시 일련의 관이 관절로 연결된 형태다. 갑각류의 다리는 보통 끝이 두 갈래로

■ 잘 알려지지 않은 사실이지만, 어떤 공룡들은 골반에 신경절이 있었다. 그것은 아주 커서(적어도 공룡의 머리에 있는 뇌에 비해서는 컸다) 제2의 뇌라고 부를 만했다. 미국의 유머 작가 버트 레스턴 테일러(Bert Leston Taylor, 1866~1921)는 여기에서 영감을 얻어 재치만점의 유쾌한 시를 썼다.

저 막강한 공룡을 보라,
선사시대 전설에서 너무나 유명한 그는
그 힘이 대단했을 뿐 아니라
지적인 깊이도 대단했도다.
우리에게 남은 유해를 보면 알 수 있듯이
그 생물에게는 뇌가 두 개 있었다.
하나는 머리에(보통의 장소에) 있었고,
다른 하나는 척수 끝에 있었다.
따라서 그는 앞에서부터 연역할 수도 있지만,
뒤에서부터 귀납할 수도 있었으리라.
어떤 문제라도 그는 조금도 괴롭지 않았으니,

갈라져 있다. 우리는 대부분의 경우 그것을 집게라고 부른다. 갑각류는 머리도 체절화되었지만, 몸의 나머지 부분에 비해 훨씬 알아보기 힘들게 감춰져 있다. 이는 척추동물의 머리도 마찬가지다.

갑각류의 머리 체절에는 다섯 쌍의 다리가 달려 있는데, 이것들은 촉각이나 턱 부속으로 변형되었기 때문에 다리라고 부르면 좀 이상할 수도 있다. 그래서 보통은 '부속지'라고 부른다. 다소간의 변이는 있지만, 머리 체절의 부속지 다섯 쌍은 대개 제1촉각(혹은 작은촉각), 제2촉각(보통 그냥 촉각이나 더듬이라고 한다), 큰턱, 제1작은턱, 제2작은턱으로 구성된다. 작은촉각과 촉각은 대개 감각기관으로 쓰인다. 큰턱과 작은턱들은 씹고 빻는 등 음식을 처리하는 일에 쓰인다. 몸통에서 뒤로 갈수록 체절 부속지 혹은 다리에 변이가 많이 일어난다. 중앙의 부속지들은 종종 걷는 다리로 변했고, 맨 끝 체절의 부

문제를 머리에서 발끝까지 철저히 이해했으리라.
현명한 공룡이여, 너무나 현명하고 진지한 공룡이여,
생각 하나하나가 그의 척수를 채웠겠지.
한 뇌가 받는 압력이 너무 크면
공룡은 생각 몇 개를 다른 쪽으로 전달했겠지.
앞에서 놓친 생각이 있다면
뒤에서 문제없이 구출해냈겠지.
어쩌다 실수를 저지른대도
뒤늦은 생각으로 복구하면 그만.
말하기 전에 두 번 생각했으니
후회할 판단을 내리는 일이 없었겠지.
이렇게 그는 막히는 법 없이 생각할 수 있었다네.
모든 질문의 양면을 양쪽에서 생각했다네.
오, 저 모범적인 야수를 보라,
적어도 천만 년 전에 이미 고인이 되었구나.

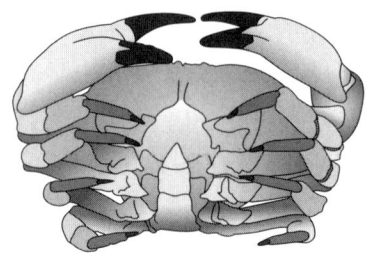
수컷 게의 뒤로 접힌 좁은 복부

속지는 납작하게 눌려서 헤엄 치는 것을 돕는 등 다른 용도로 쓰일 때가 많다.

가재나 참새우는 다섯 쌍의 머리 체절 부속지 바로 뒤에 이어지는 몸 체절 부속지가 집게다. 그다음 네 쌍은 걷는 다리다. 집게와 걷는 다리가 붙은 체절들은 하나로 뭉쳐서 흉부를 이룬다. 나머지 몸통을 복부라고 부른다. 꼬리 끝을 제외한 모든 복부 체절에는 '헤엄다리'가 달려 있다. 헤엄을 돕는 이 부속지들은 깃털처럼 생겼다. 섬세하고 우아한 참새우에게는 꽤 중요한 이동 도구다.

한편 게는 머리와 흉부가 커다란 한 덩어리로 융합해 있고, 거기에 부속지 열 쌍이 다 달려 있다. 복부는 머리와 흉부의 뒤로 접혀 있기 때문에 앞에서는 보이지 않는다. 하지만 게를 뒤집으면 복부 체절들의 형태를 확실히 볼 수 있다. 위 그림은 수컷 게의 좁은 복부를 보여준다. 암컷의 복부는 더 넓고, 앞치마를 닮았으며, 실제로 앞치마라고도 불린다. 투구게는 특이하게도 복부가 비대칭이고(집으로 삼는 연체동물 껍질에 잘 들어가기 위해서다), 방패 없이 부드럽게 드러나 있다(연체동물 껍질이 보호해주기 때문이다).

오른쪽 그림을 보자. 갑각류의 몸이 세부적으로는 다양하게 변형

독일의 탁월한 동물학자이자 훌륭한 동물화가였던 에른스트 헤켈이 그린 다양한 갑각류

되었지만 체제 자체는 전혀 변하지 않았다는 것을 잘 보여주는 아름다운 그림이다. 독일에서 다윈에게 가장 헌신적인 제자라고 할 수 있었던, 19세기의 유명한 동물학자 에른스트 헤켈(Ernst Haeckel)이 그린 것이다(헌신은 보답받지 못했지만, 다윈도 헤켈의 제도 솜씨에는 아마 감탄을 아끼지 않았을 것이다).

앞서 척추동물의 골격들을 비교했듯이, 이 게들과 가재들도 몸의 부분부분을 비교해보자. 한 동물의 어느 부분에 대해서 다른 동물에서도 상응하는 부분을 반드시 찾을 수 있다. 외골격을 구성하는 각각의 조각은 늘 '똑같은' 다른 조각들과 이어져 있지만, 조각의 생김새는 몹시 다채롭다. 여기서도 '골격'은 불변이지만 골격의 요소들은 불변과는 거리가 멀다. 여기서도 분명한 해석은(유일하게 합리적인 해석이라고 해도 좋다) 하나뿐이다. 모든 갑각류가 공통선조로부터 골격 설계를 물려받았다는 것이다. 이후에 개별 부속들의 모양은 다양하게 변형되었지만, 설계 자체는 선조에게서 물려받은 그대로 유지되었다.

다시 톰슨에게 컴퓨터가 있었다면?

뛰어난 스코틀랜드 동물학자 다시 톰슨(D'Arcy Thompson)은 1917년에 《성장과 형태(*On Growth and Form*)》라는 책을 썼다.* 책의 마지막 장에서 톰슨은 유명한 '변형 기법'을 소개했다. 모눈종이에 한 동물을 그린 뒤, 수학적으로 정의되는 방식대로 종이를 뒤틀어서 원래의 동물 형태를 그와 연관된 다른 동물의 형태로 바꿀 수 있다는 것이었다.

원래의 모눈종이를 고무판으로 상상하면 좋을 것이다. 그 위에 첫 번째 동물을 그린 뒤, 고무판을 수학적으로 정의된 모종의 방식으로 늘이거나 잡아당겨 다른 형태로 바꾼다. 그것이 변형된 모눈종이인 셈이다. 예를 들어, 톰슨은 여섯 종의 게를 선택했다. 그중 하나인 제리온(Geryon)을 정상적인 모눈종이(왜곡되지 않은 고무판)에 그린 뒤, 그 수학적 '고무판'을 다섯 가지 방식으로 뒤틀어서 다른 다섯 종의 게들과 대강 비슷한 그림을 만들어냈다(414쪽의 그림을 보라).

세부적인 수학도 재미있는 이야기이긴 하나, 지금은 그것이 중요한 문제는 아니다. 중요한 것은, 그다지 크게 변형시키지 않아도 한 게를 다른 게로 바꿀 수 있다는 점이다. 다시 톰슨 본인은 진화에 별로 흥미가 없었지만, 우리는 당장 어떤 유전적 돌연변이가 일어나면 이런 진화적 변화가 생길까 하는 생각이 든다. 제리온을 포함한 여섯 종 중에서 어느 하나가 다른 게들의 선조라는 말이 아니다. 어느 종도 다른 종의 선조는 아니고, 어차피 지금은 그것이 요점도 아니다. 선조 게의 모양이 어땠는가와는 무관하게, 그저 이런 *방식의 변형*을 통해서 여섯 종 중 어느 하나가(물론 선조일 가능성도 있다) 다른 하나로 바뀔 수 있다는 게 요점이다.

■ 다시 톰슨은 역사상 어느 과학자보다도 박식했던 게 틀림없다. 그는 귀족적이고 아름다운 영어 문체를 구사하는 것으로 유명했고, 스코틀랜드에서 제일 오래된 대학의 자연사 교수인 동시에 정식으로 논문을 발표한 수학자이자 고전학자였다. 그뿐 아니라 그의 책에는 라틴어, 그리스어, 이탈리아어, 독일어, 프랑스어, 심지어 프로방스어로 된 인용문이 숱하게 등장하는데, 그는 그것을 번역해둘 필요를 느끼지 않았다(세월 참 많이 변했다). (프로방스어는 황송하게도 그가 번역을 해두었다. 프랑스어로!)

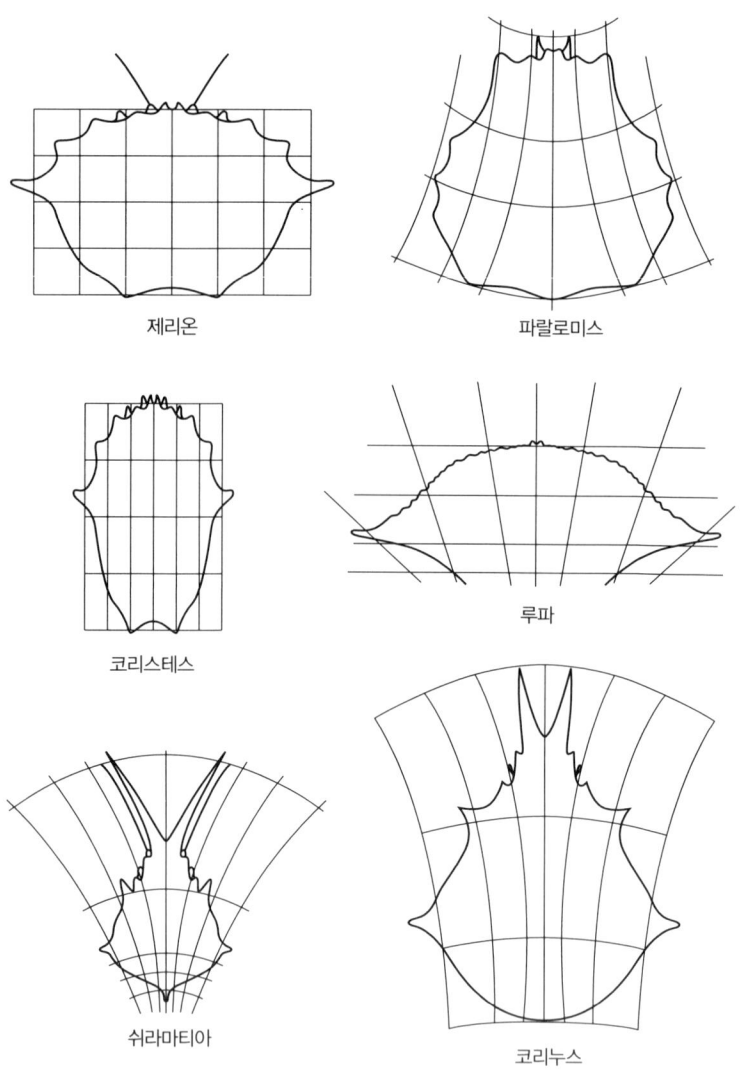

다시 톰슨의 게 변형

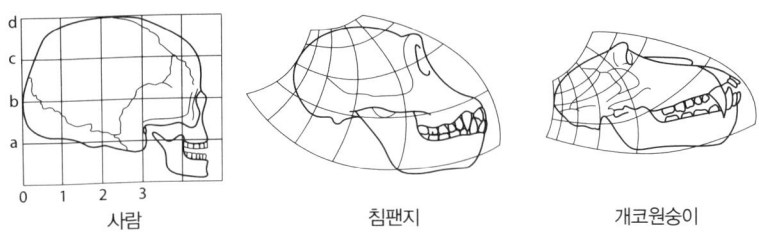

다시 톰슨의 두개골 변형

진화는 한 성체를 주물러 다른 성체를 만드는 식으로 진행되지 않는다. 모든 성체는 배아에서 자란다는 것을 잊지 말자. 선택된 돌연변이들은 발생하는 배아에서 신체 일부분의 성장 속도를 나머지 부분과 다르게 만듦으로써 효과를 발휘했을 것이다. 7장에서 우리는 인간 두개골의 일부분이 나머지 부분과 다른 속도로 성장함으로써 일련의 변화가 생긴다는 것, 발생하는 배아 속의 유전자들이 그 과정을 통제한다는 것을 살펴보았다. 따라서 '수학적 고무판'에 사람의 두개골을 그린 뒤, 그것을 수학적으로 질서정연한 어떤 방식으로 뒤틀어서 가까운 사촌인 침팬지의 두개골과 거의 비슷하게 만드는 것도 기대해볼 만하다. 아니면 (아마 더 많이 뒤틀어서) 더 먼 사촌인 개코원숭이의 두개골도 만들 수 있을 것이다. 실제로 다시 톰슨이 그것이 가능하다는 것을 보여주었다.

그런데 그가 사람 두개골을 그린 뒤에 그것을 침팬지나 개코원숭이로 변형시킨 것은 임의적인 결정이었음을 명심하자. 그는 침팬지를 먼저 그린 다음 필요한 왜곡을 가해서 사람과 개코원숭이로 만들어낼 수도 있었다. 톰슨의 책은 진화를 다루지 않았지만, 이 책은 진화를 다루고 있으니 그 점에서 보다 흥미로운 예를 생각해보면,

오스트랄로피테쿠스의 두개골을 평평한 고무판에 먼저 그린 다음 현대 인간의 두개골로 변형시키는 방법을 찾아낼 수도 있을 것이다. 그렇더라도 앞의 그림들과 거의 같은 과정으로 진행되었을 것이고, 진화적으로는 보다 직접적인 의미를 띠었을 것이다.

이 장을 시작하면서 나는 박쥐와 사람의 팔을 예로 들어 '상동성'을 소개했다. 단어의 특이한 용법을 고집하면서, 골격은 같지만 뼈들은 다르다는 표현도 썼다. 그런데 우리는 다시 톰슨의 변형 작업을 통해서 상동성 개념을 더 정확하게 이해할 수 있다. 한 기관을 고무판에 그린 다음, 그것을 왜곡해서 다른 기관으로 만들어낼 수 있다면, 그때 두 기관(가령 박쥐의 손과 사람의 손)을 상동기관이라고 부를 수 있는 것이다. 수학자들에게는 이런 상황을 지칭하는 용어가 있다. '위상동형(homeomorphic)'이다.*

동물학자들은 다윈 이전에도 이미 상동성을 인지하고 있었다. 진화론 이전의 사람들도 박쥐의 날개와 사람의 손은 상동기관이라고 말할 수 있었다. 그들이 수학을 잘 알았다면 '위상동형'이라는 단어를 기꺼이 채택했을 것이다. 한편, 다윈 이후에는 박쥐와 인간에게 공통선조가 있다는 생각이 거의 사실로 받아들여졌기 때문에, 동물학자들은 진화적인 용어로 상동성을 정의하기 시작했다. 상동적인 닮은꼴은 이제 공통선조로부터 물려받은 특징이라고 정의된다. 선조를 공유하는 게 아니라 기능을 공유하기 때문에 생긴 닮은꼴에 대해서는 '상사성'이라는 단어가 쓰이게 되었다. 가령 박쥐의 날개와

■ 엄밀하게 말하면, 한 형태를 부러뜨리거나 다른 어떤 추가적인 손질도 가하지 않고 다른 형태로 바꿀 수 있을 때, 두 형태가 '위상동형'이다.

곤충의 날개는 상사기관으로, 박쥐의 날개와 사람의 팔 같은 상동기관과는 관계가 다르다.

그런데 우리가 상동성을 진화의 증거로 사용하고 싶다면, 진화를 동원해서 상동성을 정의해서는 안 된다. 이 목적을 위해서는 진화론 이전의 상동성 정의로 돌아가는 편이 바람직하다. 박쥐의 날개와 사람의 팔은 위상동형이다. 하나를 고무판에 그려서 변형시키면 다른 하나를 얻을 수 있다. 반면에 박쥐의 날개를 그런 식으로 변형시켜서 곤충의 날개를 얻을 수는 없다. 상응하는 부분들이 없기 때문이다. 따라서 상동 형태들이 이토록 폭넓게 존재한다는 것은 진화의 증거가 된다. 우리가 그 현상을 진화 용어로 정의하지 않았으니까 말이다. 우리는 이제 진화가 척추동물의 팔을 아무것이나 하나 취해서 다른 척추동물의 팔로 변형시키는 게 얼마나 쉬웠을지 이해가 된다. 배아의 상대적 성장 속도를 바꾸기만 하면 되었을 것이다.

1960년대에 대학원생으로서 컴퓨터를 처음 익힌 이래, 나는 다시 톰슨에게 컴퓨터가 있었다면 어땠을까 줄곧 생각해왔다. 1980년대가 되자 화면이 딸린(예전처럼 종이 인쇄기만 있는 게 아니라) 컴퓨터를 쉽게 구할 수 있었고, 내 궁금증은 더욱 급박하게 느껴졌다. 고무판에 그림을 그린 다음 그것을 수학적인 방식으로 왜곡시키는 일, 이것이야말로 컴퓨터의 손길을 갈구하는 작업 아닌가! 나는 옥스퍼드 대학에 지원금을 요청했다. 프로그래머를 한 명 고용해서 다시 톰슨의 변형을 컴퓨터로 옮기고, 사용자에게 친숙한 방식으로 보여주겠다고 제안했다.

우리는 자금을 구할 수 있었고, 그 돈으로 윌 앳킨슨(Will Atkinson)을 고용했다. 일류 프로그래머 겸 생물학자인 앳킨슨은 나와 친구가 되었고, 이후 내가 추진한 프로그램 작업들에 조언자가 되어주었다. 일단 그가 갖가지 다채로운 수학적 방식으로 '고무판'을 왜곡시키는 프로그램을 만들어내자, 가장 까다로운 문제는 해결된 셈이었다. 내가 2장에서 소개한 〈생물 형태〉 프로그램과 비슷한 인위선택 프로그램에 그 수학적 묘기를 통합시키는 것은 비교적 쉬운 일이었다.

내 프로그램과 마찬가지로, 여기서도 '사용자'가 할 일은 동물 형태들이 가득 찬 화면에서 하나를 선택해 '육성'하기를 여러 세대에 걸쳐 반복하는 것이었다. 여기서도 세대에서 세대로 전달되는 '유전자'들이 있었고, 그 유전자들이 '동물'의 형태에 영향을 미쳤다. 다만 이 경우에 유전자들은 동물이 그려진 '고무판'을 왜곡시키는 방식을 통제함으로써 영향을 미쳤다. 따라서 오스트랄로피테쿠스 두개골을 평평한 고무판에 그린 다음, 갈수록 큰 두개골과 갈수록 짧은 주둥이를 가진 생물을 길러나감으로써 갈수록 사람다운 형태로 만드는 것이 이론적으로는 가능했다. 그런데 막상 현실적으로는 그렇게 하기가 몹시 어려웠다. 나는 그것이 어렵다는 것 자체가 재미있는 대목이라고 생각한다.

내가 생각하는 한 가지 이유는, 다시 톰슨의 변형이 한 성체를 다른 성체로 바꾼다는 점이다. 8장에서 강조했듯이, 진화에 참여하는 유전자들은 사실 그렇게 일하지 않는다. 모든 동물 개체에는 발생의 역사가 있다. 하나의 배아로 시작해서, 몸의 여러 부분이 차등적인 속도로 자라는 성장 과정을 겪은 후에 성체가 된다. 진화는 한 성체를 다른 성체로 왜곡시키려고 유전적 통제를 가하는 게 아니라, 발생학적 프로그램을 변경시키려고 유전적 통제를 가한다. 줄리언 헉슬리(토머스 헉슬리의 손자이자 올더스 헉슬리의 형이다)는 이 점을 잘 알았다. 그래서 다시 톰슨의 책 초판이 출간되자마자, 톰슨의 '변형 기법'에 수정을 가하여 초기 배아가 더 큰 배아나 성체로 바뀌는 방식을 연구하려고 했다. 다시 톰슨의 변형 기법에 관해서는 이만하면 다 이야기했다. 이 책의 마지막 장에서 관련 내용을 이야기할 때 한 번 더 언급하게 될 것이다.

내가 이 장의 시작 부분에서 주장했듯이, 비교동물학적 증거들은 화석 증거들보다도 훨씬 더 강력하게 진화가 사실임을 말해준다. 다윈의 견해도 비슷했다. 《종의 기원》 중 〈유기체들의 상호 유사성〉이라는 장의 마지막에서 그는 이렇게 말했다.

> 마지막으로, 이 장에서 고려해본 여러 종류의 사실을 볼 때, 세상에 거주하는 수많은 종, 속, 과의 유기체들은 각각 혹은 집단 단위로 모두 공통부모로부터 유래했고, 모두 유전 과정에서 변형된 것이 분명하다. 그러므로 나는 이 견해를 지지하는 사실이나 논증이 달리 더 없다고 하더라도 주저 없이 이 견해를 채택할 것이다.

분자생물학적 비교

다윈은 해부학적 비교에 분자유전학적 비교까지 더하면 한층 설득력 있는 비교학적 증거가 갖춰진다는 사실을 몰랐다. 알 수가 없었다. 그로서는 해부학적 비교만 가능했을 뿐이다.

척추동물의 골격이 모든 척추동물에게서 불변하지만 개별 뼈들은 차이가 있고, 갑각류의 외골격이 모든 갑각류에게서 불변하지만 개별 '관'들은 다르듯이, DNA 암호는 모든 생물에게서 불변하지만 개별 유전자들은 변이를 보인다. 모든 생물이 하나의 조상에서 유래했다는 사실을 다른 어떤 증거보다 분명하게 보여주는, 진정 충격적인 사실이다. 유전암호뿐 아니라, 우리가 8장에서 이야기한 생명의 유전자·단백질 체계 전체가 모든 동물, 식물, 균류, 박테리아, 고세균, 바이러스에게서 동일하다. 달라지는 것은 암호에 쓰인 내용이지, 암호 자체가 아니다. 그리고 암호에 적힌 내용을 동물들 간에 비교해보면(서로 다른 생물들의 실제 유전자 서열을 들여다보면) 여기서도 위계적인 유사성의 나무가 발견된다. 척추동물 골격에서, 갑각류 골격에서, 나아가 생물계 전반의 해부학적 유사성 패턴에서 드러났던 그 *계통수*가 또 등장하는 것이다. 다만 분자적 계통수가 훨씬 더 철저하고 확실하다.

어떤 한 쌍의 종이 얼마나 가까운 관계인지 궁금하다면(가령 고슴도치와 원숭이가 얼마나 가까운지 알고 싶다면), 이상적인 방법은 두 종의 모든 유전자의 분자적 텍스트를 완벽하게 읽어내서, 일점일획까지 비교하는 것이다. 성서학자들이 〈이사야서〉 두루마리 두 개를 놓고, 혹은 그 일부를 놓고 비교하듯이 말이다. 하지만 이것은 막대한 시간과 비용을 요하는 일이다. 인간 게놈 프로젝트는 10년이 걸렸다. 한 사람이 수백 년을 작업해야 하는 양이었다. 요즘은 그보다 훨씬 적은 시간 안에 결과를 얻을 수 있지만, 그래도 고슴도치 게놈 프로젝트는 값비싼 대규모 사업일 것이다.

아폴로 선의 달 착륙이나 강입자 가속기(내가 이 글을 쓰는 시점에 막 제네바에서 가동되기 시작했다. 그곳을 방문했을 때 나는 이토록 거대한 규모로 국제적 노력이 이루어졌다는 사실에 눈물이 날 정도로 감동했다)처럼, 인간 게놈의 완벽한 해독은 내가 인간임을 자랑스럽게 느끼도록 만드는 위대한 업적이다. 이제 침팬지를 비롯해 여러 다른 종에 대해서도 게놈 프로젝트가 성공리에 마무리되었다는 사실이 기쁘다. 만약 현재의 발전 속도가 유지된다면(조금 뒤에 소개될 '호지킨의 법칙'을 보라), 우리가 연관관계를 측정하고 싶은 두 종에 대해서, 그것이 어떤 종이든, 그들의 게놈 서열을 적당한 비용으로 완벽하게 읽어낼 수 있는 날이 곧 올 것이다. 그때까지는 게놈의 특정 부분을 추출해서 비교하는 방법을 써야 할 것이고, 사실 이것도 상당히 좋은 방법이다.

소수의 유전자를 표본으로 골라내(혹은 단백질을 선택할 수도 있는데, 단백질의 아미노산 서열이 유전자 번역에서 직접 결정되기 때문이다) 여러 종에 대해 비교하는 방법은 잠시 후에 이야기할 것이다. 그전에 우선 다른 방법들을 살펴보자. 조잡하고 자동적인 표본 추출법이라고 할 수 있는 방법들로서, 예전부터 잘 알려진 기술들만 활용하는 방법들이 있다.

가장 초기의 기법은 토끼의 면역계를 활용한 것이었다(어떤 다른 동물이라도 괜찮지만, 토끼들로도 충분하다). 이 기법은 놀랄 만큼 잘 작동한다. 생물의 면역계에는 병원체에 대한 자연적 방어 도구가 있기 때문에, 토끼의 면역계는 혈류에 들어온 외래 단백질에 대해 항체를 제조해 맞선다. 여러분이 내 피의 항체를 조사하면 내가 과거에 백일해를 앓았다는 것을 알 수 있듯이, 우리가 토끼의 면역반응을 조사하면 그 토끼가 과거에 어떤 병원체들에 노출되었는지 알 수 있다. 토끼의 항체들은 그 육체가 겪은 자연적 충격의 역사를 기록하고 있다. 인위적으로 주입된 단백질들도 물론 기록에 남는다.

우리가 침팬지의 단백질을 토끼에게 주사하면, 토끼는 항체를 생성한다. 그 항체가 남아 있다가, 같은 단백질이 다시 주입되었을 때 즉각 공격에 나선다. 그런데 두 번째 주사에서 침팬지의 단백질이 아니라 고릴라의 해당 단백질을 쓰면 어떻게 될까? 토끼는 이전에 침팬지의 난백실에 노출되었던 경험을 통해서 고릴라의 난백실에도 부분적으로 대비가 된 상태지만, 면역반응은 더 약할 것이다. 토끼는 캥거루의 해당 단백질에도 대비가 된 상태지만, 반응은 한층 더 약할 것이다. 처음에 토끼를 무장시켰던 침팬지는 고릴라보다 캥거루와 더 먼 관계이니 말이다. 후속 단백질에 대한 토끼의 면역반응 강도는 토끼가 처음 노출되었던 원래 단백질과 후속 단백질이 얼마나 닮았는지를 보여주는 척도다.

1960년대에 버클리 소재 캘리포니아 대학의 빈센트 사리치(Vincent Sarich)와 앨런 윌슨(Allan Wilson)은 토끼를 사용한 이 기법으로 인간과 침팬지가 사람들의 짐작보다 훨씬 가까운 사이라는 것을 보여주었다.

유전자를 직접 사용하는 기법도 있다. 유전자가 암호화한 단백질을 비교하는 게 아니라 서로 다른 종의 유전자를 직접 비교하는 것이다. 이런 종류로 가장 오래되고도 가장 효과적인 방법은 DNA 혼성화 기법이다. "사람과 침팬지는 유전자의 98퍼센트를 공유한다"는 식의 발언은 보통 DNA 혼성화 기법을 바탕에 두고 하는 말이다. 그런데 그런 퍼센트 수치의 뜻에 대해서는 혼란의 여지가 있다. 무엇의 98퍼센트가 같다는 말인가? 그 수치는 우리가 어떤 규모에서 헤아리느냐에 따라 달라진다. 나는 한 가지 비유를 들어서 설명할 텐데, 이 단순한 비유와 현실 사이의 유사성만큼이나 차이점도 의미가 있기 때문에 더욱 흥미로운 이야기가 될 것이다.

우리가 같은 책의 두 판본을 비교한다고 하자. 가령 사해를 굽어보는 어느 동굴에서 고대의 〈다니엘서〉 두루마리가 막 발견되어, 그것과 정전을 비교한다고 하자. 두 책의 장들 중에서 몇 퍼센트가 동일할까? 아마 0퍼센트일 것이다. 왜냐하면 한 장에서 한 대목이라도 일치하지 않는 곳이 발견되면 그 장은 같지 않다고 봐야 하기 때문이다. 문장들 중에서는 몇 퍼센트가 동일할까? 수치가 높아질 것이다. 단어들 중에서 몇 퍼센트가 동일하냐고 물으면 수치는 더욱 높아질 것이다. 단어에 포함된 문자 수는 문장에 포함된 문자 수보다 적으니까, 동일성이 깨질 기회도 적다. 하지만 여전히 한 단어에서 한 문자라도 다르면 그 단어는 다르다고 말할 수밖에 없다. 그러므로 두 텍스트를 나란히 놓고 한 문자 한 문자 비교할 때의 동일한 문자 비율이 동일한 단어 비율보다 더 높을 것이다.

보다시피, 비교 단위의 규모를 규정하지 않고서는 "98퍼센트를 공유한다" 따위의 말은 무의미하다. 우리가 비교하는 것은 장인가, 문장인가, 단어인가, 문자인가, 무엇인가? 두 종의 DNA를 비교할 때도 마찬가지다. 염색체 전체를 비교한다면 공통 염색체의 비율은 0퍼센트일 것이다. 염색체 어디선가 한 군데라도 살짝 차이가 나면 그 염색체는 서로 다르다고 봐야 하기 때문이다.

사람과 침팬지가 유전물질의 98퍼센트를 공유한다는 유명한 말은 염색체 수나 유전자 수를 가리키는 게 아니다. 사람과 침팬지의 상응하는 유전자 내부에서 DNA의 '문자' 수(전문용어로는 염기쌍의 수)를 가리키는 것이다. 하지만 여기에는 함정이 있다. 우리가 문자들을 늘어놓고 일대일로 순진하게 비교하면, 오자가 아니라 탈자(혹은 첨자)가 있을 경우 연이은 문자들이 죄다 맞지 않을 것이다. 모두 한 자씩 엇갈릴 테니 말이다(나중에 반대 방향의 오류가 일어나서 다시 맞게 될 때까지는). 이런 것 때문에 불일치 정도가 부풀려지는 것은 분명 공정하지 않다. 〈다니엘서〉 두루마리를 훑어보는 학자의 눈은 뭐라고 정량화하기 힘든 기술을 써서 자동적으로 이런 문제에 대처한다. 하지만 DNA에 대해서는 어떻게 해야 할까?

이제 책이나 두루마리에 대한 비유를 내려놓고 현실로 돌아가자. 알고 보면 현실이(DNA가) 비유보다 더 쉽다!

DNA를 서서히 가열하면, 언젠가(약 85도에서) 이중 나선의 결합이 풀려 두 가닥이 분리된다. 그것이 85도든 다른 어떤 온도든, 그것을 그 DNA의 '녹는점'으로 봐도 좋다. DNA를 다시 냉각시키면, 단일 나선은 일반적인 이중 나선 염기쌍 규칙을 써서 짝지을 수 있는 다른 단일 나선을 찾아서 자발적으로 결합한다. 혹은 다른 나선의 일부와 결합한다. 언뜻 짐작하기로는 나선이 방금 갈라졌던 짝을 항상 찾아내지 않을까 싶다. 그들은 완벽하게 서로 맞으니 말이다. 물론 그럴 수도 있지만, 대개의 경우에는 사정이 그렇게 깔끔하지 않다. DNA 조각이 짝지을 만한 다른 조각을 찾아냈을 때, 그것이 늘 원래의 짝인 것은 아니다. 만약에 우리가 다른 종의 DNA 조각들을 더해주면, 단일 가닥은 다른 종의 단일 가닥과도 상당히 잘 결합한다. 같은 종의 단일 가닥과 결합했던 것과 똑같은 방식으로 말이다.

왜 아니겠는가? 윗슨과 크릭이 일으킨 분자생물학적 혁명의 결론은 바로 DNA는 DNA라는 것이었다. DNA는 그것이 사람의 DNA인지 침팬지의 DNA인지 사과의 DNA인지 '신경 쓰지' 않는다. DNA 조각은 자신과 상보적인 조각이기만 하면 무엇과도 행복하게 짝을 짓는다. 그렇지만 결합력까지 다 같은 것은 아니다. DNA 단일 가닥은 제 정확한 짝과는 단단하게 결합하지만, 그와 비슷한 다른 단일 가닥과는 좀 더 느슨하게 결합한다. DNA '문자(왓슨과 크릭의 염기)'들 중에서 상대 가닥의 문자와 짝을 이루지 못하는 것이 많기 때문에 결합이 약해지는 것이다. 군데군데 이빨이 나간 지퍼와 비슷하다.

다른 종의 가닥끼리 결합했을 때, 그 결합 강도를 어떻게 잴까? 우스울 정도로 단순한 방법이 있다. 결합의 '녹는점'을 재면 된다. 이중 나선 DNA의 녹는점이 약 85도라고 했던 것을 기억하시리라. 정상적으로 적절하게 짝지은 이중 나선 DNA라면, 가령 사람의 DNA 한 가닥이 '녹아서' 상보적인 두 가닥으로 풀릴 때는 85도가 맞다. 하지만 결합이 더 약하면(사람의 가닥과 침팬지의 가닥이 결합한 경우라면) 더 낮은 온도에서도 결합이 깨진다. 사람의 DNA가 그보다 더 먼 친척인 물고기나 두꺼비의 DNA와 결합한 경우라면, 그보다 더 낮은 온도로도 풀릴 것이다. DNA 가닥이 같은 종의 가닥과 결합했을 때와 다른 종의 가닥과 결합했을 때의 녹는점 차이가 바로 두 종의 유전적 거리를 말해주는 잣대다. 대강의 경험적 규칙으로, 녹는점이 1도 낮아지면 서로 맞는 DNA 문자 수가 1퍼센트 줄어든다고 본다(혹은 지퍼에서 빠진 이빨 수가 1퍼센트 늘었다고도 말할 수 있다).

이 기법에는 복잡한 사항들이 많지만 여기서는 파고들지 않겠다. 까다로운 문제들도 많지만 다 기발한 해결책이 있다. 일례로, 사람의 DNA와 침팬지의 DNA를 섞으면 대부분의 사람 DNA 조각은 다른 사람 DNA와 결합하고, 대부분의 침팬지 DNA는 제 종류와 결합할 것이다. 우리가 알고 싶은 것은 혼성 DNA의 녹는점인데, 어떻게 혼성 DNA를 '같은 종류끼리 결합한' DNA와 분리해낼까? 해결책은 방사능 표지를 이용하는 기발한 기교를 쓰는 것이다. 하지만 그 내용은 이 책에서는 너무 빗나가는 이야기다. 과학자들이 바로 이 DNA 혼성 기법을 씀으로써 사람과 침팬지가 유전적으로 98퍼센트 유사하다는 등의 결론을 내릴 수 있다는 것만 알면 된다. 연관관계가 더 먼 동물쌍을 택할수록 수치는 예상대로 착실히 낮아진다.

서로 다른 종의 상응하는 유전자 염기쌍을 비교하는 가장 최신 기법은 가장 직접적이고 가장 비싸다. 인간 게놈 프로젝트에서 썼던 기술들을 동원해 유전자의 문자 서열을 실제로 읽어내는 것이다. 게놈 전체를 비교하는 것은 여전히 너무 비싸지만, 몇몇 유전자만 추출해서 비교해도 꽤 근사한 값을 얻을 수 있다. 요즘은 이 방법이 갈수록 많이 쓰인다.

토끼 항체를 쓰든, 녹는점을 이용하든, 직접적인 서열 분석을 하든, 그 어떤 기술로 두 종의 유사성을 비교하든, 다음 단계는 대체로 같다. 동물쌍의 유사성을 수치로 표현한 결과를 여러 쌍에 대해 얻었다면, 수치들을 하나의 표로 배열해보자. 표의 행 제목과 열 제목에 종들의 이름을 같은 순서로 적어넣는다. 그다음에 유사성 퍼센트 수치들을 적절한 칸에 기입한다. 표는 삼각형(정사각형의 절반)이 될 것이다. 왜냐하면 사람과 개의 유사성 수치는 개와 사람의 유사성 수치와 같으니, 정사각형 표를 다 채운 뒤에 보면, 대각선으로 나뉜 절반끼리 거울상일 것이기 때문이다.

우리는 어떤 형태의 결과를 예측할 수 있을까? 진화 모형대로라면, 사람과 침팬지를 잇는 칸에는 높은 점수가 기입되고, 사람과 개를 잇는 칸에는 낮은 점수가 기입될 거라고 예측할 수 있다. 이론적으로 사람-개 칸은 침팬지-개 칸과 같은 유사성 점수를 받을 것이다. 왜냐하면 사람과 침팬지는 개와의 연관관계가 정확하게 같기 때문이다. 그 값은 원숭이-개, 여우원숭이-개 칸과도 같을 것이다. 사람, 침팬지, 원숭이, 여우원숭이는 모두의 공통선조인 초기 영장류(아마도 여우원숭이를 좀 닮았을 것이다)를 통해서 개와 이어져 있기 때문이다. 그 값은 또 사람-고양이, 침팬지-고양이, 원숭이-고양이, 여우원숭이-고양이 칸에서도 나타날 것이다. 개와 고양이는 모든 육식동물의 공통선조를 통해서 모든 영장류와 이어져 있기 때문이다. 한편, 가령 오징어와 모든 포유류를 잇는 칸들에 적힌 수치는 훨씬 낮을 것이고, 이상적으로는 그 값들이 다 같을 것이다. 포유류는 어떤 종이든 오징어와의 관계가 멀기는 마찬가지일 테니 말이다.

 이것은 강력한 이론적 예측이지만, 현실적으로는 이 예측이 깨지지 말라는 법이 없다. 이 예측이 깨진다면, 그것이야말로 진화에 반대하는 증거가 될 것이다. 하지만 현실에서 확인되는 결과는 (통계적인 오차 범위 내에서) 진화가 일어났다는 가정 하의 예측들을 모두 만족한다. 이것은 모든 동물종 쌍의 유전적 거리를 나무로 옮겨서 그려보면 가지 사이의 수치들이 만족스럽게 정리된다는 뜻이다. 물론 완벽하지는 않다. 생물학에서는 수치적인 예측이 근사값을 넘어서는 완벽한 정확도를 보이는 경우는 좀처럼 없다.

 DNA(혹은 단백질) 비교 증거는 (진화론적 가정 아래서) 어떤 동물쌍의 관계가 다른 쌍보다 밀접한지 먼지를 결정하는 데 쓰일 수 있다. 이것을 극히 강력한 진화의 증거로 봐도 좋은 이유가 또 있다. 우리가 유전자 하나하나에 대해서 독립적으로 유사성의 나무를 그려볼 수 있고, 그 결과 모든 유전자가 대체로 동일한 나무 모양을 보여준다는 사실이다. 이것 역시 우리가 진정한 계통수를 보고 있다는 가정으로부터 충분히 예측되는 결과다. 설계자가 동물계 전체를 뒤져서 특정 작업에 가장 알맞은 단백질을 선택했다는(빌려왔다는) 가정에서는 이런 결과를 예측할 수 없다.

이런 주제를 초기에 대규모로 연구한 것은 데이비드 페니(David Penny) 교수가 이끈 뉴질랜드 유전학 팀이었다. 페니의 연구진은 포유류의 유전자 중 다섯 가지를 선택했다. 모든 포유류에게서 정확히 같지는 않지만, 어느 동물에서든 다 같은 이름이 붙었을 만큼 충분히 비슷한 유전자들이었다. 우리가 세부 사항까지 알 필요는 없지만 기록 삼아 밝히면, 그 다섯 유전자는 각각 헤모글로빈A, (헤모글로빈은 피의 붉은색을 내는 단백질이다) 헤모글로빈B, 섬유소펩티드A, (섬유소펩티드는 응혈 과정에 관여한다) 섬유소펩티드B, 시토크롬C(세포 생화학에서 중요한 역할을 맡는 분자다)를 암호화한 유전자였다. 연구진은 열한 종의 포유류를 비교 대상으로 선택했다. 레서스원숭이, 양, 말, 캥거루, 쥐, 토끼, 개, 돼지, 사람, 소, 침팬지.

페니와 동료들은 통계적인 추론을 펼쳤다. 진화가 사실이 아니라고 가정할 때, 두 분자가 순전히 우연에 의해서 같은 계통수를 낳을 확률을 계산하고 싶었다. 그래서 우선 열한 가지 후손을 말단으로 삼는 가능한 모든 계통수를 상상해보았다. 그 수는 놀랄 만큼 많다. '이분지 나무(가지가 두 갈래로만 갈라지지, 세 갈래 이상으로는 갈라지지 않는 나무를 말한다)'로만 한정해도, 가능한 수는 3,400만 개가 넘는다. 과학자들은 3,400만 개의 나무를 하나하나 참을성 있게 살펴보고, 그 각각을 다른 33,999,999개의 나무와 비교했다. 잠깐, 그렇게 했을 리가 없지 않은가! 그러면 컴퓨터로도 시간이 너무 많이 걸릴 것이다. 연구진은 막대한 계산의 지름길에 해당하는 통계적 근사 기법을 생각해냈다.

근사 기법의 원리는 이런 식이었다. 우선 다섯 개 유전자 중에서 하나를 선택한다. 헤모글로빈A라고 하자(실제로는 그 단백질을 암호화한 유전자를 말하는 것이지만, 계속 단백질 이름으로 지칭하겠다). 연구진은 수천만 개의 나무 중에서 헤모글로빈A에 관한 한 가장 '절약적인' 나무를 찾아보았다. 절약적이라는 말은 '최소한의 진화적 변화를 상정하게끔 한다'는 뜻이다. 예를 들어, 사람과 캥거루는 가까운 친척이고 사람과 침팬지는 더 먼 관계라고 주장하는 수많은 나무는 몹시 절약적이지 않은 것으로 드러났다. 그런 나무들은 캥거루와 사람이 최근에 공통선조를 갖고 있었다는 결과를 내기 위해서 상당히 많은 진화적 변화를 상정해야 했다. 헤모글로빈A의 평결은 다음과 같을 것이다.

이것은 끔찍하게 절약적이지 못한 나무다. 이 나무에 따르면 사람과 캥거루는 가까운 친척이라는데, 나는 각자에게서 상당히 다른 형태이므로, 그들을 가까운 친척으로 만들기 위해서 막대한 돌연변이 작업을 수행해야 했다. 또한 나는 반대 방향으로도 막대한 돌연변이 작업을 수행해야 했다. 이 나무에 따르면 사람과 침팬지는 굉장히 먼데, 사람과 침팬지의 헤모글로빈A는 상당히 비슷하기 때문에 그렇게도 만들어주어야 했기 때문이다. 나는 이 나무에 반대표를 던진다.

헤모글로빈A는 이런 종류의 나무들에 대해서는 이런 평결을 내리고, 다른 종류의 나무들에 대해서는 좀 더 우호적인 평결을 내린다.

3,400만 개의 나무 하나하나에 대해서 이런 식으로 판단을 한 뒤에, 점수가 가장 높은 수십 개를 골라낸다. 순위가 높은 나무들에 대해서는 헤모글로빈A가 이런 식으로 말할 것이다.

이 나무는 사람과 침팬지를 가까운 친척으로 놓고, 양과 소를 가까운 친척으로 놓고, 캥거루는 저 멀리 놓았다. 이것은 아주 좋은 나무다. 왜냐하면 내가 돌연변이 작업을 거의 수행하지 않고도 진화적인 변화들을 설명할 수 있기 때문이다. 이것은 훌륭하게 절약적인 나무다. 헤모글로빈A는 한 표를 던진다!

물론 헤모글로빈A를 비롯한 모든 유전자가 단 하나의 절약적인 나무로 만장일치한다면 좋겠지만, 그것은 지나친 욕심이다. 실제로는 3,400만 개의 나무 중 서로 조금씩 다른 나무 몇몇이 헤모글로빈A에게서 동점을 받아 공동으로 높은 순위에 오를 것이다.

헤모글로빈B는 어떨까? 시토크롬C는 어떨까? 다섯 단백질 각각이 별도로 투표권을 갖고 3,400만 개의 나무 중에서 저마다 선호하는 것(가장 절약적인 것)을 선택한다. 알고 보니 시토크롬C가 가장 절약적이라고 투표한 나무는 전혀 다른 나무일 수도 있다. 사람의 시토크롬C는 캥거루의 것과 아주 비슷하고, 침팬지의 것과는 아주 다를 수도 있다. 헤모글로빈A는 양과 소가 가까운 짝이라고 했지만, 시토크롬C는 그 결과를 받드는 대신 양과 원숭이를 가깝게 놓거나 소와 토끼를 가까이 두어야 돌연변이가 덜 소요된다고 말할지도 모른다. 창조론 가설에서라면 이런 일이 일어나지 말라는 법이 없다.

하지만 페니와 동료들이 실제로 확인한 결과, 다섯 단백질의 의견

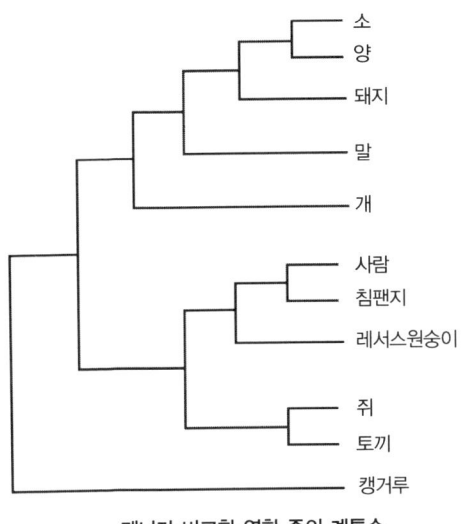

페니가 비교한 열한 종의 계통수

은 놀랄 만큼 일치했다(연구진은 이런 합의가 우연히 생기는 게 얼마나 어려운 일인지도 통계적 분석을 통해 보여주었다). 다섯 단백질은 3,400만 개의 후보 나무 중 동일한 하위 집합에 대해서 '표'를 던졌다. 이것은 열두 동물을 이어주는 하나의 진정한 나무가 존재하고, 그것이 바로 진화적 연관관계를 보여주는 *계통수*라는 가정으로부터 정확하게 예측되는 결과다. 게다가 다섯 분자가 모두 찬성표를 던진 나무는 동물학자들이 분자생물학적 근거가 아니라 해부학적 증거나 고생물학적 증거에 따라서 전부터 그려온 나무와 같았다.

페니의 연구는 1982년에 발표되었으니, 제법 오래된 셈이다. 이후로 많은 동식물 종의 정확한 유전자 서열에 관한 상세 증거가 풍성하게 쏟아져나왔다. 이제 가장 절약적인 나무의 그림은 페니와 동료들이 연구한 열한 종과 다섯 분자를 넘어 훨씬 확장되었다. 페니의 연구는 압도적인 통계 증거를 보여준 하나의 훌륭한 예제였다. 오늘날 우리가 갖고 있는 유전자 데이터의 총량은 막대하다. 진화에 대한 어떤 의혹도 뛰어넘을 정도다. 유전자들을 비교한 증거는 (대단히 설득력 있는) 화석 증거보다도 훨씬 더 설득력 있고, 단 하나의 거대한 생명 계통수를 향해 빠르고 확실하게 수렴하고 있다.

431쪽의 그림은 페니가 연구한 열한 종에 대한 계통수다. 포유류 게놈의 여러 부분이 투표를 통해 합의한 그림이라고 할 수 있다. 게놈의 다양한 유전자들이 하나의 합의를 이룬다는 사실을 볼 때, 우리는 합의된 나무의 역사적 정확성을 믿게 됨은 물론이고 진화가 실제로 일어난 사실이라는 것도 믿게 된다.

분자유전학 기술이 앞으로도 현재의 지수적인 속도로 발전한다면, 2050년에는 동물의 게놈 전체를 서열 분석하는 일이 체온이나 혈압을 재는 것마냥 싸고 간편해질 것이다. 그런데 왜 유전학 기술이 지수적으로 발전한다는 걸까? 그 속도를 잴 방법이 있긴 한 건가?

컴퓨터 기술에는 이와 비슷한 무어의 법칙이 있다. 인텔 반도체 회사의 공동 창립자인 고든 무어의 이름을 딴 것으로, 컴퓨터의 연산력을 측정하는 여러 잣대가 서로 연결되어 있기 때문에 다양한 형태로 표현될 수 있는 법칙이다. 그중 한 가지 형태로 말하자면, 일정 크기의 집적회로에 들어가는 트랜지스터 단위의 수가 18~24개월마다 두 배가 된다는 것이다. 이것은 경험칙이다. 즉, 어떤 이론에서 유도한 것이 아니라 데이터를 측정해보니 그렇더라는 것이다. 무어의 법칙은 지난 50년 가까운 세월 동안 굳건히 유효함을 과시했고, 많은 전문가에 따르면 앞으로도 최소한 몇십 년은 더 유효할 것이다. 이 밖에 단위비용당 연산 속도, 단위비용당 저장력 등도 비슷한 배가 시간에 대해서 지수적으로 증가할 것이라고 하는데, 이들은 무어의 법칙의 다른 형태들이라고 볼 수 있다.

지수적 경향성은 언제나 충격적인 결과를 초래하기 마련이다. 다윈도 수학자인 아들 조지와 함께 실시한 계산을 통해서 그 사실을 보여준 적이 있다. 다윈은 번식 속도가 느린 동물로 코끼리를 택해서, 한 쌍의 코끼리가 아무런 제약 없이 지수적으로 번식한다면 몇 백 년 만에 그 후손들이 지구를 뒤덮을 것이라고 계산했다. 물론 현실에서 코끼리 개체군의 증가는 지수적이지 않다. 식량과 공간에 대한 경쟁, 질병, 기타 많은 요인 때문에 성장이 제약된다. 사실 그 점이야말로 다윈이 지적하고 싶은 것이었다. 바로 그 대목에서 자연선택이 끼어들기 때문이다.

하지만 무어의 법칙은 적어도 약 50년은 효력을 유지해왔다. 왜 그런지 이유는 확실히 알 수 없지만, 어쨌든 다양한 잣대로 측정된 컴퓨터 연산력은 실제 지수적으로 증가해왔다. 이론적으로만 지수적으로 증가하는 다윈의 코끼리들과는 다르다. 나는 문득 유전공학 기술과 DNA 서열 분석 기술에도 비슷한 법칙이 작용할지 모른다는 생각이 들었고, 옥스퍼드 유전학 교수인 조너선 호지킨에게 그런 짐작에 대해 말했다(그는 대학생일 때 내 제자였다). 그런데 기쁘게도 호지킨 역시 그런 생각을 했으며, 모교에서 강의할 때 참고하기 위해서 자료도 찾아두었다는 것이 아닌가.

그는 1965년, 1975년, 1995년, 2000년에 일정한 길이의 DNA를 서열 분석하는 데 돈이 얼마나 들었는지 조사해두었다. 나는 그의 수치들을 뒤집어서 '들이는 돈에 대한 가치' 즉 '1천 파운드로 얼마나 많은 DNA를 서열 분석할 수 있는가?'를 계산한 뒤, 그 값들을

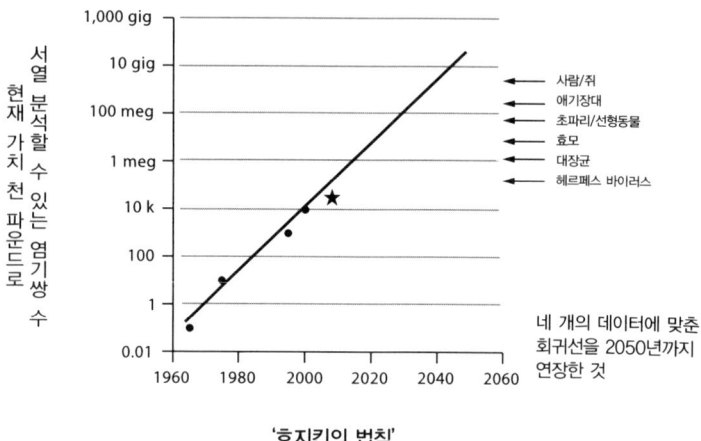

'호지킨의 법칙'

로그함수 그래프로 그렸다. 지수적 경향성을 로그로 표현하면 직선이 된다. 호지킨의 네 점은 직선에 상당히 잘 들어맞았다. 나는 데이터에 대한 최적선을 찾은 뒤(156쪽 각주에서 설명한 선형회귀 분석을 참고하라), 내 맘대로 그것을 미래로 연장해보았다.

그런데 이 책을 인쇄기에 걸기 직전에 원고를 호지킨 교수에게 보여주었더니, 그가 가장 최근 데이터를 하나 더 얻었다고 알려주었다. 2008년에 오리너구리의 게놈이 서열 분석된 것이다(오리너구리는 참으로 좋은 선택이다. 생명의 계통수에서 아주 전략적인 위치에 있는 동물이기 때문이다. 오리너구리와 우리의 공통선조는 1억 8천만 년 전에 살았는데, 이것은 공룡의 멸종 시기보다 세 배 가까이 먼 과거다). 나는 오리너구리의 점을 그래프에 별로 표시했다. 이것도 이전 데이터들의 추세선에 상당히 잘 맞는다는 것을 알 수 있다.

내가 (허락도 없이) '호지킨의 법칙'이라고 부르는 이 직선의 기울기는 무어의 법칙보다 살짝 얕다. 무어의 법칙은 배가 시간이 2년이 좀 못 되는데, 이 법칙은 2년이 좀 더 된다. DNA 기술은 컴퓨터에 크게 의존하고 있으므로, 호지킨의 법칙이 부분적으로나마 무어의 법칙에 의존한다고 봐도 좋을 것이다. 오른쪽의 화살표들은 다양한 생물의 게놈 크기를 뜻한다. 화살표 하나를 연장해서 호지킨의 법칙 경사선과 만날 때까지 그어보면, 그만한 크기의 게놈을 1천 파운드(현재 가치로)에 서열 분석할 수 있는 날이 언제쯤 될지 알 수 있다. 효모의 게놈만 한 규모라면 2020년까지만 기다리면 된다. 새로운 포유류의 게놈이라면(이런 어림셈에서는 모든 포유류의 분석 가격이 다 같다고 봐도 무방하다) 2040년쯤이면 될 것으로 추정된다.

참으로 신나는 전망이 아닐 수 없다. 동물계와 식물계의 구석구석에서 방대한 양의 DNA 서열 분석 정보를 싸고 쉽게 얻을 수 있다니! 우리는 상세한 DNA 비교를 통해 모든 종과 다른 모든 종의 실제 진화적 연관관계에 대한 지식의 빈틈들을 메울 수 있을 것이다. 확고한 신념을 품고, 모든 생물을 포함하는 하나의 생명 계통수를 그릴 수 있을 것이다.■ 세상에, 그 그림을 어떻게 그리면 좋을까?

■ '모든 생물'이라는 표현에는 경고를 붙일 필요가 있다. 이 장 앞부분에서 이야기할 때, '빌려오기 없음' 원칙이 동식물에 대해서는 거의 완벽하게 적용되지만 박테리아에 대해서는 아니라고 말했다. 박테리아는(그리고 외관상 박테리아와 비슷하지만 실제 연관관계는 먼 고세균도) 유전자 공유를 흔하게 실시한다. 동물이 종 내에서 성적 교배를 통해 DNA를 교환하는 반면, 박테리아는 '복사해 붙이기' 기법을 써서 DNA를 널리 유통시킨다. 심지어 관계가 아주 먼 종에도 전달한다. 내가 '하나의 진정한 생명 계통수'를 격찬한 것은 동식물에 대해서는 옳은 말이지만, 미생물로 눈을 돌리면 사태가 엉클어지기 시작한다. 내 동료인 철학자 대니얼 데닛의 말을 빌리면, 동물의 계통수가 한 그루 장대한 떡갈나무라면 박테리아의 계통수는 반얀나무에 가깝다. 박테리아에 관한 한, 유전자 하나하나에 대해 별도의 '진정한 계통수'를 그린다고 보는 편이 나을지도 모른다. 그 유전자가 마침 어떤 종류의 박테리아에 들어가 있든 상관하지 않고 말이다. 이 얼마나 환상적인 전망인가. 다윈이 얼마나 사랑했을 전망인가.

우리가 평소에 쓰는 종이에는 절대 다 들어가지 않을 텐데…….

이제까지 가장 대규모로 계통수를 그려본 것은 데이비드 힐리스(David Hillis)의 연구진이었다. 그는 최초의 슈퍼컴퓨터 중 하나를 개척한 발명가 대니 힐리스의 동생이다. 힐리스 도표는 계통수를 원형으로 말아서 더 조밀하게 만들었다. 양끝이 만나는 지점이 우리 눈에는 안 보이지만, 어쨌든 '박테리아'와 '고세균' 사이에 그 틈이 있다. 힐리스 원형 도표를 이해하려면 먼저 클레어 달베르토(Clare D'Alberto)의 등에 문신으로 새겨진 축약 형태를 살펴보자. 동물학에 대한 열정이 피부 한 꺼풀 이상으로 깊은 멜버른 대학의 대학원생 클레어는 친절하게도 자기 사진을 책에 싣도록 허락해주었다(컬러 화보 25쪽을 보라). 그녀의 문신에는 대표로 뽑은 86종만 새겨져 있다(가지 말단들의 개수다). 이 축약형 원형 도표에는 가지들 사이에 빈틈이 있다. 원을 펼쳤을 때의 모습도 상상할 수 있을 것이다. 원 바깥을 둘러 그려진 그림들은 박테리아, 원생생물, 식물, 균류, 그리고 동물계의 네 문에서 전략적으로 선택한 예제들이다. 척추동물을 대표하는 것은 오른쪽에 그려진 호리호리한 실고기다. 이 놀라운 물고기는 해초인 듯 위장해 몸을 보호한다.

힐리스의 원래 도표도 이 문신과 같은 구조지만, 3천 종을 포함하는 점이 다르다. 오른쪽 도표를 보면 원 가장자리에 종명들이 적혀 있지만, 그 깨알 같은 글씨를 읽을 수는 없다. 다만 호모 사피엔스는 '당신의 위치'라고 친절하게 안내되어 있다. 사람의 양옆에 있는 가장 가까운 친척들이 쥐와 생쥐라는 것을 알면, 이렇게 큰 도표조차도 실은 얼마나 성기게 표본을 추출해서 그린 것인지 감을 잡을 수 있다. 나무의 모든 가지를 동일한 깊이로 그리기 위해서, 포유류

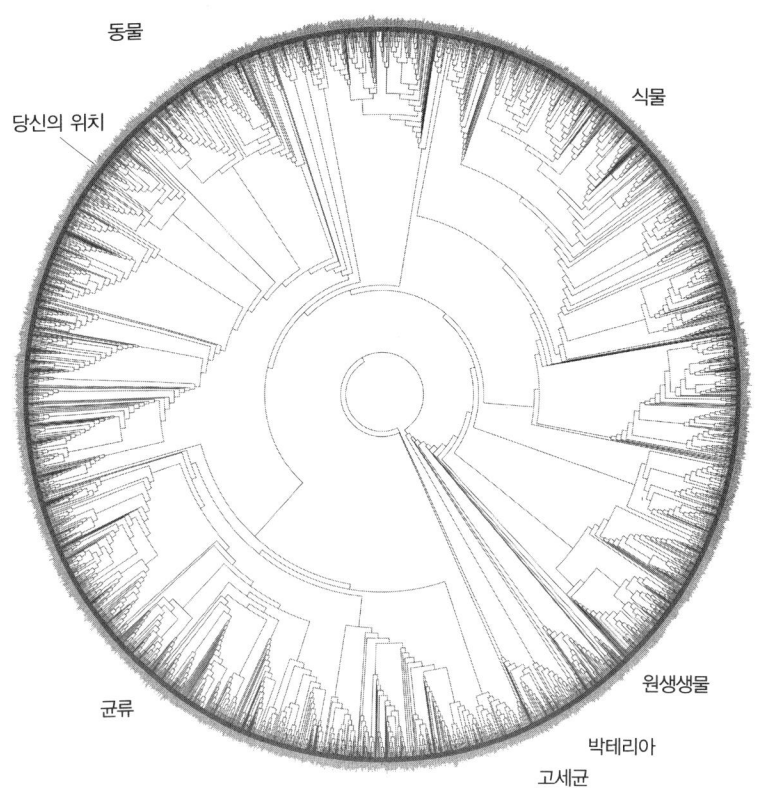

힐리스 도표

는 극단적인 가지치기를 할 수밖에 없었다. 이런 나무를 3천 종이 아니라 천만 종에 대해서 그린다고 상상해보라. 현생 종들을 모두 헤아린 추정치로서 천만 종은 그다지 과장된 수치가 아니다. 힐리스 계통수를 웹사이트에서 내려받은 뒤(후주를 참고하라), 인쇄하여 벽에 걸어둬도 좋을 것이다. 연구진이 권장하는 종이 크기는 폭이 적어도 137센티미터는 되어야 한다(클수록 좋다).

분자시계

지금 우리는 분자에 관해 이야기하고 있다. 그런데 우리가 진화적 시계들을 다룬 장에서 끝맺지 못하고 남겨놓은 문제가 하나 있다. 우리는 나이테와 다양한 종류의 방사능시계를 살펴보았지만, 이른바 분자시계에 대해서는 분자유전학의 내용을 좀 살펴본 뒤로 미루자고 했었다. 이제 때가 됐다! 지금부터 할 이야기는 시계를 다룬 장의 부록이라고 생각하시라.

분자시계는 진화가 사실이라고 가정한다. 그리고 진화가 지질학적 시대 전반에서 상당히 일정한 속도로 진행되므로, 그 자체를 시계로 쓸 수 있다고 가정한다. 다만 화석들을 써서 눈금을 조정해야 할 것이고, 화석들의 연대는 또 방사능시계들을 써서 보정해야 할 것이다. 촛불시계는 초가 일정한 속도로 타들어가고, 우리가 그 속도를 안다는 가정 하에 성립한다. 물시계는 물이 양동이에서 일정한 속도로 흘러나온다고 가정하고, 추시계는 진자가 일정한 속도로 흔들린다고 가정한다. 마찬가지로 분자시계는 *진화 자체*의 특정 측면들이 고정된 속도로 진행된다고 가정한다.

우리는 (방사능 연대 측정을 실시한) 화석을 통해 이미 입증된 진화의 기록을 분자시계의 결과와 비교함으로써, 분자시계의 고정적인 속도를 눈금 조정할 수 있다. 그렇게 보정을 마친 분자시계를 화석 증거가 없는 다른 진화 자료에 적용하면 된다. 가령 단단한 골격이 없어서 잘 화석화하지 않는 동물에게 적용할 수 있다.

멋진 발상이다. 하지만 고정된 속도로 진행되는 진화적 과정들이 있다고 생각해도 괜찮을까? 오히려 진화의 속도는 편차가 몹시 크다는 것이 많은 증거를 통해 확인되지 않았는가.

현대 분자생물학의 시대가 도래하기 한참 전부터 J. B. S. 홀데인은 진화 속도의 측정 단위로 *다윈(darwin)*을 쓰자고 제안했다. 동물의 어떤 측정 가능한 속성이 진화 과정에서 한 방향으로만 변했다고 가정해보자. 가령 다리의 평균 길이가 계속 증가했다고 가정하자. 100만 년 동안에 다리 길이가 e(2.718……, 수학적 편의를 위해 선택된 수지만, 여기서는 자세히 설명하지 않겠다)만큼 증가했을 때,* 그 진화 속도를 1다윈이라고 한다. 홀데인은 말의 진화 속도를 약 40밀리다윈으로 평가했다.

한편, 인위선택을 경험하는 가축들의 진화 속도는 킬로다윈 단위로 측정된다고 한다. 가령 포식자가 없는 하천으로 옮겨진 거피(5장에서 이야기했다)들의 진화 속도는 약 45킬로다윈으로 측정되었다. 링굴라(193쪽) 같은 '살아 있는 화석'들의 진화는 마이크로다윈 수준으로 측정될 것이다. 요컨대, 동물의 다리나 부리처럼 우리가 보고 측정할 수 있는 대상들의 진화 속도는 대단히 편차가 크다.

진화 속도가 그처럼 변화무쌍하다면, 어떻게 그것을 시계로 쓸 수 있겠는가? 여기서 분자유전학이 구원의 손을 내민다. 첫눈에는 어떻게 그럴 수 있는지 확실히 이해가 되지 않을 것이다. 다리 길이 같은 측정 가능한 특징들이 진화할 때, 우리는 근저의 유전적 변화

---

* 기술자였던 할아버지의 추천으로 처음 실바누스 P. 톰슨의 《쉽게 배우는 미적분》을 읽었을 때, 나는 톰슨이 e를 소개하며 이탤릭체로 절대 잊지 말아야 할 숫자라고 적은 것을 보고 소름이 돋았다. 급수의 밑으로 가령 2 대신에 e를 택해 자연로그를 만드는 까닭은, 자연로그를 쓰면 다윈을 직접 더하고 빼서 계산할 수 있기 때문이다. 진화 속도 단위로 '홀데인'을 제안한 과학자들도 있었다.

가 겉으로 드러난 표현형을 보는 것이다. 그렇다면 다리나 날개의 진화 속도가 좋은 시계가 되지 못하는 상황에서, 어떻게 분자 수준의 변화 속도는 좋은 시계가 된단 말인가? 다리나 부리가 마이크로다윈에서 킬로다윈에 걸친 다양한 속도로 변화하는데, 어떻게 분자들은 더 믿음직한 시계가 된단 말인가?

해답은, 겉으로 드러나는 진화(다리나 팔 같은 결과물)를 낳는 유전적 변화들은 빙산의 아주 작은 일각에 불과하다는 데 있다. 게다가 이들은 다양한 수준의 자연선택에 의해 크게 영향을 받는 부분이다. 나머지 분자 수준의 유전자 변화들은 사실 중립적이다. 그런 변화들은 유전자의 쓰임새에 구애받지 않고 나름의 속도로 진행될 것이고, 한 유전자 안에서는 속도가 대강 일정할 것이라고 예측된다. 그런 중립적인 유전자 변화는 동물의 생존에 아무런 영향도 끼치지 않을 것이므로, 믿을 만한 시계의 자격이 있다. 긍정적이든 부정적이든 생존에 영향을 미치는 유전자라면 그 점을 반영해 달라진 속도로 진화할 테지만 말이다.

위대한 일본 유전학자 기무라 모토(木村資生)를 비롯해 여러 학자가 분자 진화의 중립설을 처음 제기했을 때, 뜨거운 논쟁이 벌어졌다. 하지만 이제는 중립설의 몇몇 형태에 대해 널리 합의가 이루어졌다. 나도 굳이 상세한 증거를 밝히지 않고, 그저 그것을 사실로 받아들여 논하겠다. 나는 '적응주의자(자연선택이 진화의 주요한 추진력이자 어쩌면 유일한 추진력이라고 고집하는 사람을 말한다고 한다)'들의 수장이라는 평을 받는 몸이므로,* 내가 중립설을 지지할 때는 다른 생물학자들은 반대할 일이 거의 없다고 확신해도 좋다!

중립적 돌연변이는 분자유전학 기술로는 쉽게 측정되지만 긍정적이든 부정적이든 자연선택의 대상은 되지 않는 돌연변이다. '유사 유전자'는 이런 의미에서 중립적이다. 유사 유전자는 한때 뭔가 쓸모가 있었지만 지금은 옆으로 밀려나서 전혀 전사되지 않고 번역도 되지 않는 유전자를 말한다. 동물의 안녕에 관한 한 그들은 존재하지 않는 유전자나 마찬가지지만, 과학자에게는 분명히 존재하는 유전자다. 이것은 분자시계의 완벽한 조건이다. 유사 유전자는 발생 과정에서 번역되지 않는 여러 유전자 중 한 종류일 뿐이다. 다른 종류의 유전자도 많이 있고, 어떤 과학자들은 그것들을 분자시계로 더 선호한다. 하지만 더 상세한 이야기는 하지 않겠다.

유사 유전자의 쓸모가 무엇인가 하는 질문은 창조론자들을 당황스럽게 만들 것이다. 아무리 창조적인 그들이라도 왜 지적 설계자가 유사 유전자를 창조했는가에 대해 설득력 있는 이유를 발명하기란 쉽지 않을 테니 말이다. 철저하게 아무 일도 하지 않으며, 한때 무언가에 쓰였던 유전자의 노후한 형태인 듯 보이는 유전자를 대체 왜 만든단 말인가? 설계자가 의도적으로 우리를 골리려는 게 아니라면 말이다.

유사 유전자를 논외로 하더라도, 게놈의 압도적인 부분(사람의 경우에는 95퍼센트)이 사실상 존재하지 않는 것이나 마찬가지라는 사실도 놀랍다. 차이를 빚지 않는다는 면에서 그렇다는 말이다. 게다가 중립설은 나머지 5퍼센트의 유전자, 즉 읽히고 사용되는 유전자들에 대해서도 적용될 수 있다. 그러나 중립설이 적용되는 유전자가 신

■나는 심지어 '울트라 다윈주의자'라는 별명도 갖고 있다. 명명자들의 의도와는 달리, 나는 이 조롱이 그다지 모욕적으로 느껴지지 않는다.

체에 아무런 영향을 미치지 않는다는 뜻은 아니다, 다만 유전자의 돌연변이 형태가 원래 형태와 똑같은 영향을 미친다는 뜻이다. 그 유전자의 중요성과는 무관하게, 영향 면에서 돌연변이 형태가 원래 형태와 다르지 않다는 뜻이다. 유전자 자체가 중립적인 유사 유전자와 달리, 이 경우는 엄밀하게 말해 유전자가 아니라 돌연변이(즉 *유전자의 변화*)가 중립적인 셈이다.

돌연변이가 중립적일 이유로는 여러 가지가 있다. DNA는 '축퇴 암호'다.■ 축퇴적(縮退的)이라는 것은 어떤 암호 '단어'와 동의어인 다른 단어가 존재한다는 뜻이다. 한 유전자가 돌연변이를 일으켜서 동의어로 변하면, 구태여 돌연변이라고 부를 필요조차 없는지도 모른다. 실제로 몸의 입장에서는 그것이 돌연변이가 아니다. 자연선택의 입장에서도 그것은 돌연변이가 아니다. 하지만 분자유전학자들이 보기에는 틀림없이 돌연변이다. 그들은 여러 기법을 동원해 그 돌연변이를 볼 수 있기 때문이다. 내가 캥거루라는 단어를 **캥거루**라고 바꾸는 것과 비슷하다. 글씨체를 바꿔도 단어를 읽는 데는 문제가 없고, 이 단어는 여전히 폴짝폴짝 뛰는 그 오스트레일리아 동물을 가리킨다. 글씨체를 명조체에서 고딕체로 바꾼 것은 감지할 만한 변화이긴 하나 의미와는 무관한 변화다.

■ '축퇴' 암호와 '중복' 암호는 다르다(두 용어가 자주 혼동되기에 하는 말이다). 중복 암호도 정보 이론의 용어인데, 이것은 어떤 메시지를 한 번 이상 전달하는 것을 말한다(일례로 '그녀는 여성이다'라는 말은 대상의 성별이라는 메시지를 두 번 전달한다). 공학자들은 전송 오류를 방지하기 위해서 중복 암호를 사용한다. 한편 축퇴 암호는 한 대상을 지칭하는 '단어'가 하나 이상 있는 것을 말한다. 가령 유전암호에서 CUC와 CUG는 둘 다 '류신'을 지정한다. CUC가 CUG로 돌연변이를 일으켜도 아무런 차이가 없다. 이것이 '축퇴' 암호다.

중립적 돌연변이들이 다 이런 식으로 중립적인 것은 아니다. 가끔은 돌연변이 유전자가 다른 단백질로 번역되지만, 새 단백질의 '활성 부위'(8장에서 말한 정교한 모양의 '구멍'을 기억하시리라)가 예전 것과 같은 경우도 있다. 그렇다면 몸을 만드는 배아 발생 과정에는 사실상 아무런 차이가 없다. 몸에 대한 영향에 있어서는 돌연변이 유전자와 원래 유전자가 여전히 동의어다. 어쩌면 돌연변이가 정말로 몸에 변화를 일으키긴 하지만, 개체의 생존에는 좋든 나쁘든 영향을 미치지 않는 경우도 있을지 모른다(하지만 나 같은 '울트라 다윈주의자'는 쉬이 받아들일 수 없는 발상이다).

자, 중립설을 간추려 말해보자. 어떤 유전자나 돌연변이가 '중립적'이라는 것은 그 유전자가 반드시 무용하다는 뜻이 아니다. 그 유전자는 여전히 동물의 생존에 결정적인 중요성을 띨 수 있다. 단지 유전자(생존에 중요한 유전자일 수도 있고 중요하지 않은 유전자일 수도 있다)의 돌연변이 형태가 개체의 생존에 미치는 영향 면에서(이 영향은 생존에 매우 중요할 것이다) 원래 형태와 아무런 차이가 없다는 뜻이다. 사실, 대부분의 돌연변이가 중립적이라는 말이 진실인지도 모른다. 대부분의 돌연변이는 자연선택에는 감지되지 않지만 분자유전학자들에게는 감지되는 돌연변이인 것이다. 이는 분자시계를 위한 이상적인 조합이다.

그렇다고 해서 빙산의 일각이 중요하지 않다는 말은 아니다. 중립적이지 않은 소수 돌연변이의 가치가 격하되는 것은 아니다. 개선을 향한 진화에서 긍정적으로든 부정적으로든 선택되는 것은 바로 그들이다. 그들이야말로 우리 눈에 보이는 영향을 낳는 돌연변이고, 자연선택의 '눈에' 드는 돌연변이다. 그런 돌연변이들이 선택됨으로써 생물은 설계된 듯한 착각을 불러일으킬 정도로 멋진 구조를 갖게 되었다. 다만 분자시계에서는 그들이 아닌 빙산의 나머지(대다수를 차지하는 중립적인 돌연변이들)가 중요할 뿐이다.

지질학적 시간이 흘러가는 동안, 게놈은 총알세례를 받듯 돌연변이들에 의해 마모된다. 게놈에서 돌연변이가 정말로 생존에 직결되는 일부분에 대해서는, 자연선택이 즉각 나쁜 돌연변이를 제거하고 좋은 돌연변이를 선호한다. 반면에 중립적 돌연변이들은 아무런 처벌도 관심도 받지 않은 채 착실히 쌓여만 간다. 분자유전학자들이 관심을 쏟아줄 때까지.

이 대목에서 우리는 고정이라는 새로운 용어를 익힐 필요가 있다. 새로 등장한 돌연변이가 정말로 참신한 것이라면, 유전자풀에서 등장하는 빈도가 아주 낮을 것이다. 우리가 100만 년 뒤에 그 유전자풀을 다시 방문했더니, 그 돌연변이의 빈도가 100퍼센트에 가깝게 상승해 있었다고 하자. 그럴 때 그 돌연변이를 가리켜 '고정되었다'고 한다. 그러면 우리는 이제 그것을 돌연변이로 여기지 않을 것이다. 그것은 표준이 되었다.

돌연변이가 고정되는 확실한 방법은 자연선택의 선호를 받는 것이다. 하지만 다른 방법도 있다. 우연히 고정될 수도 있는 것이다. 한때 명예로운 가문의 성(姓)이었던 것이 남성 후계자의 맥이 끊기면서 아예 사라지듯이, 그 유전자의 대안들이 어쩌다 유전자풀에서 사라질 수도 있다. 혹은 돌연변이가 스스로 유전자풀에서 빈도를 높여갈 수도 있다. '스미스'라는 성이 어쩌다 보니 영국에서 가장 흔한 성이 된 것처럼, 행운에 의해서 말이다. 물론 유전자가 그럴 만한 이유가 있어서 고정되는 경우(그것이 자연선택이다)가 더 흥미롭긴 하지만, 아무튼 진화는 어마어마하게 많은 세대를 거치기 때문에 우연히 고정되는 경우도 있을 수 있다.

지질학적 시간은 실로 광대하기에, 중립적 돌연변이가 어떤 일정한 속도로 '고정'을 향해 가서 마침내 고정될 수 있다. 그 속도는 유전자마다 다르므로, 유전자의 특징이라고 할 수 있다. 게다가 대부분의 돌연변이가 중립적이니, 이야말로 분자시계에 안성맞춤인 상황이다.

분자시계에서는 고정된 유전자가 중요하다. 우리가 두 현대 동물의 유전자를 비교해서 그들의 선조가 언제 갈라졌는지 알아내려 할 때, 바로 그 '고정된' 유전자들을 살펴보기 때문이다. 고정된 유전자는 그 종의 특징이 되는 유전자다. 그 종의 유전자풀에서 거의 보편적 존재가 된 유전자다. 우리는 한 종의 고정된 유전자를 다른 종의 고정된 유전자와 비교함으로써 두 종이 언제 갈라졌는지 추정할 수 있다. 더 복잡한 내용이 많지만, 그 이야기는 내가 얀 웡(Yan Wong)과 공저한 '발톱벌레의 이야기 후기(도킨스의 《조상 이야기》 중 26장을 말한다_옮긴이)'에서 충분히 다뤘기 때문에 다시 하지는 않겠다. 제약 조건들이 있고, 여러 중요한 보정계수가 있지만, 아무튼 분자시계는 잘 작동한다.

방사능시계들이 어마어마하게 다양한 속도로 재깍거리고, 반감기가 몇 분의 일 초에서 수백억 년까지 광범위하듯이, 분자시계도 무수히 많은 유전자 덕분에 놀랍도록 넓은 범위를 아우른다. 100만 년에서 10억 년까지, 그 사이의 모든 규모에서 벌어지는 진화적 변화를 잴 수 있다. 방사능 동위원소마다 특징적인 반감기가 있듯이, 유전자마다 특징적인 전환율이 있다. 전환율은 새로운 돌연변이가 무작위적인 우연에 의해 고정되는 통상적인 속도를 말한다. 가령 히스톤 유전자들은 10억 년에 돌연변이 하나가 전환되는 속도로 고정된다. 섬유소펩티드 유전자들은 그보다 천 배 빨라서, 100만 년에 새 돌연변이 하나가 전환되는 속도다. 시토크롬C와 헤모글로빈 유전자들의 전환율은 그 중간쯤 된다. 즉, 고정에 소요되는 시간이 수백만 년이나 수천만 년쯤 된다.

방사능시계든 분자시계든, 추시계나 손목시계처럼 규칙적으로 재깍거리는 것은 아니다. 만약에 그들이 재깍거리는 소리를 우리가 들을 수 있다면, 가이거 계수기의 소리 같다고 느낄 것이다. 사실 가이거 계수기는 방사능 붕괴의 소리를 듣기 위해 발명된 것이니까, 방사능시계는 정말로 가이거 계수기 소리를 낼 것이다. 가이거 계수기는 손목시계처럼 규칙적으로 재깍대지 않는다. 소리가 무작위적으로 발생하고, 더듬거리다가 갑자기 말문이 터지는 것처럼 이상하게 몰려서 난다. 우리가 기나긴 지질학적 시간 동안 발생하는 돌연변이의 소리를 들을 수 있다면, 혹은 돌연변이가 고정되는 소리를 들을 수 있다면, 그것 역시 가이거 계수기의 소리처럼 들릴 것이다.

가이거 계수기처럼 더듬거리는 시계든 메트로놈같이 간격을 지키는 손목시계든, 모든 시계장치에서 공통적으로 중요한 점은, 재깍거리는 *평균* 속도가 일정해야 한다는 것이다. 방사능시계도 분자시계도 그 점은 지킨다.

앞서 말했듯이, 분자시계는 진화가 사실이라는 가정 하에 작동하기 때문에 분자시계를 진화의 증거로 쓸 수는 없다. 하지만 이제 분자시계의 작동법을 이해하게 된 여러분은 내 말이 너무 비관적이었다고 생각할지도 모르겠다. 유사 유전자(유용한 유전자와 분명히 닮았지만, 그 자체는 쓸모가 없고 전사되지 않는 유전자)의 존재 자체가 동식물의 몸에는 온통 진화의 역사가 쓰여 있음을 말해주는 완벽한 증거이기 때문이다. 하지만 이 주제에 관한 이야기는 다음 장에서 우리를 기다린다.

HISTORY WRITTEN ALL OVER US

11

우리 몸에 쓰인 역사

나는 이 책을 라틴어 교사를 상상해보는 이야기로 시작했다. 로마인과 그들의 언어가 실제로 존재했다는 명제를 변호하고자 귀한 시간과 에너지를 낭비해야 하는 상황에 처한 라틴어 교사. 그 상상으로 돌아가서, 로마제국과 라틴어에 관한 실제 증거로 무엇이 있는지 생각해보자.

유럽 어디나 그렇겠지만, 내가 사는 영국에도 로마의 자취가 지도에 가득하다. 로마는 우리의 풍경에 제 길을 조각해두었고, 우리의 언어에 제 언어를 누벼두었고, 우리의 문헌에 제 역사를 적어두었다. 근처 사람들은 아직도 '로마 성벽'이라고 부르는 하드리아누스 성벽을 따라 걸어보라. 내가 어릴 때 일요일마다 초등학교가 있던 (비교적) 오래되지 않은 솔즈베리 성벽에서 오래된 올드새럼 언덕 요새까지 2열종대로 걸었듯이, 그러면서 상상 속에 되살린 로마 보병 유령들을 벗 삼았듯이, 여러분도 한번 걸어보라. 아니면 영국 육지측량부에서 발간한 지도를 펼쳐보라. 지나치게 곧바르고 길게 뻗은 시골길이 보인다면, 특히 자를 대고 그린 것처럼 죽 뻗은 도로나 마찻길 사이사이에 녹지로 된 빈틈이 끼어든 곳이 보인다면, 반드시 바로 옆에 로마 유적 표시가 있을 것이다. 로마제국이 남긴 흔적은 우리 주변 어디에나 있다.

생물의 몸에도 온통 생물의 역사가 쓰여 있다. 생물의 몸에는 로마의 길, 성벽, 비석, 그릇에 해당하는 생물학적 유물들이 빽빽한 털처럼 덮여 있다. 심지어 생물의 DNA에는 고대의 비문과 같은 것이 조각되어 있어서, 학자들에 의해 해독되기만을 기다리고 있다.

빽빽한 털이라고? 그렇다, 말 그대로 그렇다. 우리가 춥거나, 심각하게 겁에 질렸거나, 셰익스피어의 소네트를 읽고 그 비길 데 없는 솜씨에 경악할 때, 우리는 소름이 돋는다. 왜? 우리 선조들은 정상적인 포유류처럼 온몸에 털이 나 있었고, 그 털들은 민감한 체온 유지 체계의 명령에 따라 쭈뼛 서거나 늘어졌기 때문이다. 너무 추우면, 털 사이의 단열 공기층을 부풀리기 위해서 털들이 일어선다. 너무 더우면, 몸의 열을 더 쉽게 내보내기 위해서 살가죽이 평평해진다. 이런 털 세우기 체계는 이후의 진화 과정에서 사회적 의사소통 용도로 전용되었고, 그리하여 '감정 표현'에 관여하게 되었다. 다윈은 바로 그 '감정 표현에 관하여(The Expression of Emotions)'라는 제목의 책에서 이 점을 지적했다. 다윈은 이 사실을 처음 인식한 사람들 중 하나였다. 나는 진짜 다윈의 글을 여러분과 공유하고 싶은 욕망을 저버리지 못하겠기에, 그 책에서 몇 줄을 인용한다.

왕립동물원의 명석한 관리자인 서튼 씨가 나를 위해서 침팬지와 오랑우탄을 세심하게 관찰해주었다. 서튼 씨에 따르면, 그들이 천둥 같은 것에 갑자기 놀라거나 놀림을 받아 화가 나면 온몸의 털이 다 일어선다. 나도 흑인 석탄 운반부의 모습에 경계심이 발동한 침팬지의 온몸에서 털이 일어나는 것을 보았다⋯⋯ 내가 박제한 뱀을 원숭이 우리로 가져갔더니, 여러 종의 원숭이들이 즉각 털을 곤두세웠다⋯⋯ 박제 뱀을 이번에는 페커리에게 보여주었더니, 등의 털들이 아주 근사한 모양으로 곤두섰다. 성난 멧돼지도 마찬가지였다.

동물이 화가 나면 목덜미 털이 곤두선다. 동물이 공포를 느낄 때도 그렇다. 털을 쭈뼛 세워서 몸을 더 커 보이게 만듦으로써 위험한 경쟁자나 포식자에게 겁을 주는 것이다. 우리 털 없는 원숭이들 역시, 있지도 않은(혹은 겨우 조금 남은) 털을 세우는 메커니즘을 아직 갖고 있다. 그것이 소름이다. 우리의 털 세우기 메커니즘은 흔적이다. 오래전의 선조들에게는 유용하게 쓰였겠지만 지금은 기능을 잃고 유물로만 남았다. 흔적이 된 털은 우리 몸 구석구석에 우리 역사가 쓰여 있음을 잘 보여주는 사례다. 그리고 진화가 실제로 발생했음을 말해주는 설득력 있는 증거다. 이것 역시 화석에서 나온 증거가 아니라 현생 동물에게서 나온 증거다.

앞 장에서 우리는 돌고래를 이야기했다. 만새기처럼 큼직한 물고기와 돌고래를 비교했는데, 돌고래에게는 육지에서의 역사가 있다는 사실을 깊이 파고들지 않고도 쉽게 밝힐 수 있었다. 유선형 몸통에 물고기를 닮은 외모, 그리고 철저하게 바다에서 살기 때문에 해변에 올라오는 순간 죽는다는 점에도 불구하고, 돌고래의 몸에는 속속들이 '육상 포유류'가 새겨져 있다. 만새기와는 다르다. 돌고래에게는 아가미가 아니라 폐가 있다. 돌고래가 육상 포유류보다 훨씬 오래 숨을 참을 수 있기는 하지만, 그래도 표면으로 올라와 공기를 마시지 못한다면 여느 육상 포유류처럼 익사할 것이다.

돌고래의 호흡기관은 가능한 모든 방식으로 바다 환경에 맞게 변형되었다. 여느 육상 포유류처럼 코끝의 콧구멍 두 개로 호흡하는 대신, 머리 꼭대기에 열린 콧구멍 하나로 호흡한다. 덕분에 아주 조금만 물 위로 올라와도 숨을 쉴 수 있다. '분수공'에는 판막들이 붙어 있어서 물 샐 틈 없이 철저하게 닫아주고, 구멍 자체는 아주 넓어서 호흡 시간을 최소로 줄여준다. 1845년 왕립학회에 보낸 기고문에서 프랜시스 십슨 에스콰이어(Francis Sibson Esq.)는* 이렇게 썼다(다윈도 회원이었으니 필히 이 글을 읽었을 것이다). "분수공을 여닫는 근육들과 다양한 주머니에 작용하는 근육들은 자연이나 사람의 기술이 만들어낸 어떤 기기보다 복잡하고, 또한 섬세하게 조정된 장치입니다."

돌고래의 분수공은 돌고래가 물고기처럼 아가미로 호흡했다면 아예 발생하지도 않았을 문제를 수정하기 위해 갖은 노력을 기울인 결과다. 그리고 분수공의 세부 특징들은 공기구멍이 코에서 머리 꼭

---

* 미국에서는 '에스콰이어(Esq.)'가 '변호사'라는 뜻으로 통하지만(나는 최근에 그 사실을 알게 됐다), 영국에서는 원래 '신사'라는 뜻이었다(지금도 그런 뜻이지만 급속하게 사용이 줄어서 사라질 상황이다). 그래서 미국 변호사들이 자신의 이름 뒤에 '에스콰이어'를 붙이는 게 영국 사람들의 눈에는 이상하게 보인다. 마찬가지로 영국 사람들이 엘리자베스 버틀러-슬로스 법관을 '최초의 여성 법관귀족 경(미국의 대법관과 같다)'이라고 지칭하는 것이 미국 사람들에게는 이상해 보일 것이다(영국에서 대법관은 종신 법관귀족, 즉 'Law Lord'가 되는데, 'Lord'가 주로 남성에게 붙는 표현이라서 하는 말이다_옮긴이). '에스콰이어'라는 표현이 세계 다른 나라 사람들에게는 훨씬 더 이상한가 보다. 전 세계 호텔들의 편지함 'E' 칸막이마다 '에스콰이어' 씨를 찾는 편지들이 배달되지 못한 채 가득 꽂혀 있다는 이야기를 들었다.

대기로 이동하면서 생긴 부차적인 문제들을 수정하기 위해 애쓴 결과다. 진짜 설계자가 있다면 처음부터 머리 위에 분수공을 냈을 것이다. 물론 애초에 폐를 없애고 아가미를 주기로 결정했어야 옳지만 말이다. 이 장 여기저기에서, 우리는 최초의 '실수'나 역사적 유물을 사후 땜질이나 개조를 통해 수정한 사례를 숱하게 볼 것이다. 진정한 설계자라면 제도판으로 돌아가서 처음부터 다시 시작하겠지만, 그렇지 않은 사례들이다. 분수공으로 이어지는 정교하고 복잡한 호흡 통로는 돌고래가 먼 선조 시절에 육지에 있었음을 보여주는 증거다.

그 밖에도 수많은 면에서, 돌고래와 고래의 몸에는 안팎 가득히 고대의 역사가 쓰여 있다. 영국의 지도 가득히 로마인의 도로 흔적이 마차나 말이 다니는 곧바른 길로 남아 있듯이 말이다. 고래는 뒷다리가 없다. 하지만 몸 깊숙한 곳에 작은 다리뼈들이 남아 있다. 과거의 육상 선조들이 남긴 골반대와 뒷다리뼈의 흔적이다. 해우류, 즉 바다소들도 마찬가지다(이미 여러 차례 언급했듯이 매너티, 듀공, 그리고 인간이 사냥으로 멸종시킨 7미터도 넘는 스텔러바다소를 포함한다).■

해우류는 고래나 돌고래와는 전혀 다른 동물이지만, 절대 바닷가로 올라가지 않고 완전히 수생이 된 포유류라는 점은 같다. 돌고래는 빠르고 활동적이며 지적인 육식동물인 반면, 매너티와 듀공은

■해우류가 전설의 사이렌이라고 종종 이야기되는 까닭은 아마 새끼를 가슴에 품어 젖을 물리는 습관 때문일 것이다. 해우류의 육지 친척인 코끼리도 공유하는 특징이다. 아마 바다에 너무 오랫동안 나와 있어 성적으로 억눌린 선원들이 멀리서 해우류를 보고는 여성으로 착각했을 것이다. 해우류는 종종 인어 전설의 장본인으로도 지목된다.

몽롱한 듯 느릿느릿 움직이는 초식동물이다. 나는 플로리다 서부의 매너티 수족관을 방문한 일이 있는데, 수족관의 시끄러운 음악에 역정이 나지 않기는 그때가 처음이었다. '잠자는 호수' 유의 노곤한 음악이 매너티에게 무척 어울렸기 때문에 다 용서가 되었다.

매너티와 듀공은 유체정역학적 평형을 이룬 상태에서 전혀 수고를 들이지 않고 물속에 떠 있다. 그런데 이들은 물고기처럼 부레를 쓰는 게 아니라(잠시 뒤에 나오는 내용을 참고하라), 무거운 뼈들을 평형추로 삼아서 체지방이 주는 타고난 부력을 조정한다. 그들은 몸의 비중이 물의 비중과 거의 같고, 갈비우리를 좁히거나 넓힘으로써 비중을 미세하게 조정할 수 있다. 폐 공간이 나뉘어 있다는 점도 정밀한 부력 통제를 돕는다. 녀석들은 가로막이 두 개인 것이다.

돌고래와 고래, 듀공과 매너티는 다른 포유류처럼 새끼를 낳는다. 사실 포유류만이 태생 습성을 가진 것은 아니다. 많은 어류가 태생을 한다. 하지만 방식은 전혀 다르다(환상적일 만큼 다채롭고 다양한 방법이 동원되고, 그것들은 모두 독립적으로 진화한 방법임이 틀림없다). 돌고래의 태반은 의심의 여지 없이 포유류의 태반이고, 새끼에게 젖을 물리는 습성도 마찬가지다. 돌고래의 뇌는 의문의 여지 없이 포유류의 뇌고, 더군다나 포유류 중에서도 몹시 발달한 편이다.

포유류의 뇌에는 회색 막처럼 표면을 감싼 대뇌겉질이 있다. 더 똑똑해진다는 것은 그 막의 면적을 넓히는 일이라고 할 수 있다. 뇌와 뇌를 담는 두개골을 키우는 것이 한 가지 방법이지만, 두개골이 커지면 단점이 많다. 일례로 출산이 어렵다. 그래서 똑똑한 포유류들은 두개골 한계를 유지하면서 겉질을 넓히는 방안을 고안했고, 그 결론은 막 전체에 쭈글쭈글 깊은 주름과 틈을 내는 것이었다. 사

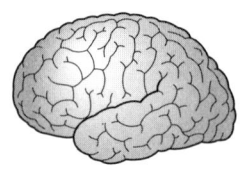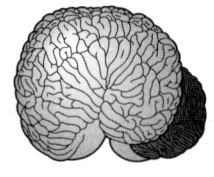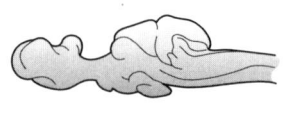

왼쪽부터 사람, 돌고래, 갈색송어의 뇌(축척은 다름)

람의 뇌가 주름진 호두처럼 생긴 것은 그 때문이다. 뇌 주름 면에서 우리 유인원들과 대적할 만한 유일한 상대가 바로 돌고래와 고래다. 어류의 뇌는 주름이 아예 없다. 하기야 대뇌겉질 자체가 없고, 돌고래나 사람에 비하면 뇌 크기도 작다. 돌고래의 포유류 역사는 주름진 뇌에도 깊이 아로새겨져 있다. 태반, 젖, 네 방으로 구성된 심장, 뼈 하나로 구성된 아래턱, 온혈성, 기타 갖가지 포유류다운 속성과 더불어 뇌도 포유류성의 일부다.

우리는 포유류와 조류를 온혈동물이라고 부르는데, 사실은 바깥 온도에 무관하게 체온을 유지하는 능력이 있는 것이므로 정온동물이라는 표현이 옳다. 체온을 유지하는 것은 좋은 발상이다. 세포 내의 화학반응들을 특정 온도에 대해 최적화시킬 수 있기 때문이다. 변온동물이라고도 하는 냉혈동물이 정말로 피가 찬 것은 아니다. 도마뱀과 포유류를 사하라 사막의 한낮 햇살 아래 두면 도마뱀의 피가 더 따뜻할 것이다. 그 둘이 눈밭에 있으면 도마뱀의 피가 더 차가울 것이다. 포유류는 항시 일정한 체온을 유지하기 위해서 내부의 메커니즘들을 이용해 열심히 작업을 한다. 반면에 도마뱀은 외부적인 방법으로 체온을 조절한다. 몸을 덥히고 싶으면 햇볕으로 이동하고, 식히고 싶으면 그늘로 돌아오는 방식이다.

포유류는 보다 정교하게 체온을 조절하며, 돌고래도 예외가 아니다. 이 점에서도 역시 포유류였던 역사가 돌고래의 몸에 쓰여 있다. 돌고래가 정착한 바다에서는 대부분의 동료 생물이 체온을 유지하지 않으니 말이다.

한때 자랑스러웠던 날개들

고래와 해우류의 몸에 넘치는 역사적 유물을 우리가 쉽게 알아챌 수 있는 까닭은 그들이 육상 선조와는 전혀 다른 환경에서 살기 때문이다. 비행 습관이나 도구를 잃어버린 새들에게도 비슷한 원리가 적용된다. 모든 새가 다 나는 것은 아니지만, 모든 새는 설령 유물일지라도 비행 도구를 갖고 있다. 타조와 에뮤는 달리기 선수들이고 날지는 못하지만, 과거에 비행했던 선조들이 남긴 뭉툭한 날개를 갖고 있다. 타조의 날개는 쓸모를 완전히 잃은 것도 아니다. 날기에는 너무 작지만, 달릴 때 몸을 조정하고 균형 잡는 역할을 하며, 사회적 행동이나 성적 행위에도 이용된다. 키위도 날개가 너무 작기 때문에 촘촘한 깃털로 덮인 겉에서는 보이지도 않지만, 어쨌든 흔적만큼은 거기 있다.

모아는 날개를 완전히 잃어버렸다. 말이 나왔으니 말이지만, 모아의 고향인 뉴질랜드에는 다른 대륙들에 비해서 날지 못하는 새가 훨씬 많다. 아마도 그곳에는 포유류가 없어서 그 생태지위가 비었기 때문에, 날아서 건너갈 수 있는 생물들이 그 자리를 메웠을 것이다. 날아서 그곳에 도착한 개척자들은 후에 날개를 잃었다. 땅에 살면서 포유류의 빈자리를 메웠기 때문이다. 다만 모아에게는 이 이야기가 적용되지 않는다. 모아의 선조들은 한때 남반구에 있었던 거대한 곤드와나 대륙이 뉴질랜드 같은 땅들로 조각나서 각각 동물들을 싣고 멀어지기 전부터, 이미 날지 못하는 상태였다.

한편, 뉴질랜드의 날지 못하는 앵무새 카카포에게는 그 이야기가 분명히 적용된다. 카카포의 선조들은 극히 최근까지도 날았다. 그래서 카카포는 비행 도구가 없는 지금도 여전히 날려고 시도한다. 영원히 기억될 작가 더글러스 애덤스(Douglas Adams)는 《마지막 기회(Last Chance to See)》에서 이렇게 말했다.

> 카카포는 엄청나게 뚱뚱하다. 큼지막한 어른 새는 몸무게가 2.5~3킬로그램 정도 나간다. 날개는 뭔가에 걸려 넘어질라치면 조금 꿈틀거릴 정도로 남아 있지만, 하늘을 나는 것은 고려조차 할 수 없는 상황이다. 그러나 슬프게도 카카포는 나는 법을 잊어버렸을 뿐 아니라, 자신이 나는 법을 잊어버렸다는 사실까지도 잊어버린 듯하다. 카카포는 심각하게 위험을 느끼면 이따금 나무로 달려올라가 뛰어내린다. 그리고 벽돌처럼 날아서 볼썽사납게 납작 땅에 부딪친다.

타조, 에뮤, 레아가 뛰어난 달리기 선수라면, 펭귄과 날지 못하는 갈라파고스 가마우지는 뛰어난 수영 선수들이다. 나는 이사벨라 섬의 커다란 바위 호수에서 갈라파고스 가마우지와 함께 헤엄치는 특별한 경험을 한 적이 있다. 가마우지들이 숨 막힐 정도로 오랜 시간을 물속에서 보내면서(나는 스노클의 은혜를 입었다) 바다 밑의 틈 하나하나를 재빠르고 민첩하게 뒤지는 모습에 나는 홀딱 반했다. 짧은 날개를 써서 '물에서 나는' 펭귄과 달리, 갈라파고스 가마우지는 강력한 다리와 커다란 물갈퀴발로 추진한다. 날개는 몸을 안정시키는 용도로만 쓴다. 하지만 타조 종류처럼 오래전에 날개를 잃은 새를 포함해 모든 새는 날개를 써서 날았던 선조로부터 유래했다. 합리적인 관찰자라면 누구도 그 사실을 진지하게 의심하지 않을 것이다. 이 점을 생각해본 사람이라면 진화를 의심하기가 몹시 어려울 것이다(사실은 아예 불가능해야 할 것 같은데, 왜 그렇지 않을까?).

곤충 중에서도 수많은 집단이 날개를 잃거나 대단히 줄였다. 좀벌레처럼 원시 상태부터 날개가 없었던 곤충과는 달리, 벼룩과 이는 선조들이 가졌던 날개를 잃어버렸다. 암컷 매미나방은 날개 근육을 발달시키지 않아서 날지 못한다. 날 필요도 없는 것이, 수컷들이 알아서 날아오기 때문이다. 수컷들은 암컷들이 내뿜는 어마어마하게 낮은 농도의 화학적 미끼를 감지하고 이끌려온다. 만약에 암컷들도 수컷들처럼 이동을 한다면 이 체계는 아마 잘 작동하지 않을 것이다. 수컷이 서서히 퍼지는 화학적 농도에 끌려 날아왔을 때에는 공급원이 이미 옮겨갔을 테니까!

대부분의 곤충이 날개를 네 개 지니고 있지만, 파리는 라틴어 학명 디프테라(Diptera. 파리목을 뜻하는 이 단어에서 di는 그리스어로 2를, pteron은 날개를 뜻한다_옮긴이)가 말해주듯, 날개가 두 개뿐이다. 나머지 한 쌍의 날개는 크기가 줄어서 한 쌍의 '평균곤'이 되었다. 평균곤은 고속으로 회전하는 체조곤봉을 닮았고, 작은 자이로스코프처럼 기능한다.

평균곤이 날개에서 유래했다는 것을 우리가 어떻게 알까? 여러 근거가 있다. 일단 두 번째 흉부 체절에 날개가 달린 것처럼, 평균

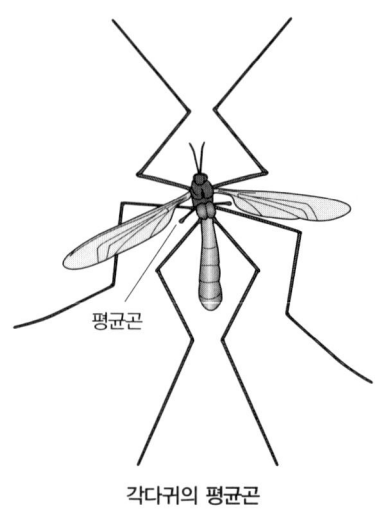

각다귀의 평균곤

곤은 세 번째 흉부 체절의 비슷한 위치에 달려 있다(다른 곤충들은 세 번째 체절에도 날개가 달렸다). 평균곤은 날개와 똑같이 8자 모양으로 회전한다. 발생 과정도 날개와 같다. 평균곤이 아주 작긴 하지만, 특히 발달 중에 자세히 들여다보면 (당신이 진화 부인주의자가 아닌 이상) 그것이 선조의 날개로부터 변형된 뭉툭한 날개라는 것을 분명히 알 수 있다. 이 점을 증언하기라도 하는 양, 초파리 중에는 가끔 '호메오'라는 돌연변이에 의해 비정상적인 발생을 겪음으로써 평균곤이 아니라 두 번째 날개 쌍을 길러내는 개체가 있다. 벌이나 여타의 곤충들처럼 말이다.

 날개와 평균곤의 중간 단계들은 어떻게 생겼을까? 자연선택은 왜 중간 형태들을 선호했을까? 절반의 평균곤은 무슨 소용일까? 옥스퍼드 시절 내 스승이었던 J. W. S. 프링글 교수는 어찌나 범접하기 힘든 분위기에 딱딱한 태도였던지 '명랑한 존'이라는 별명으로 불렸는데, 그 분이 평균곤의 작동 방식을 많이 밝혀냈다.

그는 모든 곤충의 날개 뿌리에 작은 감각기관들이 있고, 그것이 비틀림 같은 힘들을 감지한다는 것을 지적했다. 평균곤의 뿌리에 있는 감각기관들도 그것과 무척 비슷했다. 평균곤이 변형된 날개라는 또 하나의 증거였다. 그 감각기관들이 신경계로 정보를 보내기 때문에, 평균곤이 진화하기 전에도 빠르게 퍼덕이며 비행하는 날개들이 초보적인 자이로스코프의 역할을 겸했을 것이다. 비행하는 물체는 어느 정도든 반드시 불안정하기 마련이므로, 자이로스코프 같은 기기를 써서 불안정성을 상쇄할 필요가 있다.

안정된 비행사와 불안정한 비행사의 진화는 그 자체로 몹시 재미있는 이야기다. 462쪽의 두 익룡을 살펴보자. 공룡과 동시대에 살았던 멸종 파충류들로, 둘 다 날 수 있었다. 항공공학자라면 누구든 위쪽의 람포린쿠스가 아주 안정된 비행사였다고 말할 것이다. 초기의 익룡이었던 이 녀석에게는 탁구채 같은 긴 꼬리가 달려 있기 때문이다. 람포린쿠스는 꼬리 때문에 기본적으로 안정하므로, 파리의 평균곤 같은 세련된 자이로스코프 기기가 필요 없었을 것이다. 그러나 항공공학자가 또 말해줄 것인바, 이 녀석은 조종성이 그다지 뛰어나지는 못했을 것이다.

모든 비행 기기는 안정성과 조종성 사이에 교환관계가 성립한다. 위대한 존 메이너드 스미스는 다시 대학으로 돌아와 동물학을 연구하기 전에 항공기 설계자였는데(비행기는 너무 시끄럽고 구식이라는 게 변경 이유였다), 그에 따르면 비행하는 동물들은 진화 과정에서 이 교환관계의 스펙트럼을 따라 앞뒤로 이동했다. 때로는 타고난 안정성을 내주는 대신 조종성을 높였고, 계측과 연산 능력을 확장시킴으로써

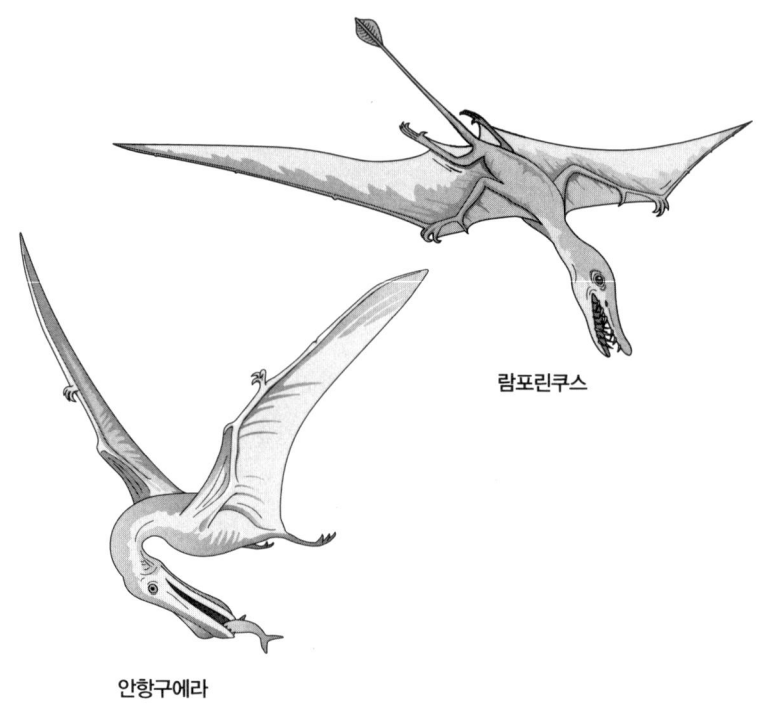

람포린쿠스

안항구에라

안정성을 보완했다. 한마디로 뇌의 능력을 키운 것이다. 위 그림에서 아래에 있는 안항구에라는 쥐라기에 살았던 람포린쿠스보다 약 6천만 년 뒤인 백악기에 살았던 익수룡으로, 요즘의 박쥐처럼 꼬리가 거의 없다. 그래서 역시 박쥐처럼 불안정한 비행기였을 것이고, 날개면을 순간순간 미세하게 통제하기 위해서 계측과 연산 능력에 의존했을 것이다.

안항구에라는 물론 평균곤이 없었다. 아마도 내이의 반고리관 같은 다른 감각기관들을 이용해서 상응하는 정보를 얻었을 것이다. 실제로 이 익룡들의 반고리관은 상당히 확장되어 있다. 그러나 메이너드 스미스 가설로서는 좀 실망스럽게도, 안항구에라만이 아니라 람포린쿠스의 반고리관도 상당히 컸다.

어쨌든 파리에게 돌아가자. 프링글에 따르면, 날개가 네 개였던 파리의 선조들은 복부가 상당히 길었을 것이다. 그 덕분에 안정했을 것이고, 네 날개가 전부 기초적인 자이로스코프로 기능했을 것이다. 그러다가 이들은 안정성 스펙트럼에서 이동하기 시작했다. 복부가 짧아지면서, 안정성은 낮아진 반면에 조종성은 높아졌다. 뒷날개들은 자이로스코프 기능을 전담하도록 변하기 시작해(물론 날개일 때도 얼마간 그런 기능을 수행했다), 더 작아졌고 몸에 비해 무거워졌다. 앞날개들은 더 많은 비행 기능을 담당하도록 더 커졌다. 앞날개들은 갈수록 비행 부담을 많이 지고, 뒷날개들은 갈수록 항법 조종 기능을 많이 짊어지면서 줄어드는 이 과정은 매끄럽게 이어진 변화였을 것이다.

일개미들은 날개가 없지만, 날개를 기르는 능력까지 없는 것은 아니다. 날개의 역사가 그들의 몸 안에 여전히 숨어 있다. 우리가 어떻게 그것을 알까? 여왕개미에게는 날개가 있고(수컷들도 있다), 일개미는 유전적 이유가 아니라 환경적 이유에서 여왕개미가 되지 못한 암컷이기 때문이다.[.]

일개미가 진화 과정 중에 날개를 잃은 이유는 지하에서 생활할 때 거치적거리기 때문일 것이다. 이 점을 뼈저리게 보여주는 사례가

■ 여왕개미가 될 유생은 양육개미들의 머리샘에서 분비되는 특별한 영약을 먹는다. 여왕개미와 일개미의 운명이 유전적으로 결정되는 게 아니라 환경적으로 결정된다는 것은 무척 중요한 점이다. 나는 《이기적 유전자》에서 왜 그런지를 자세히 설명했다.

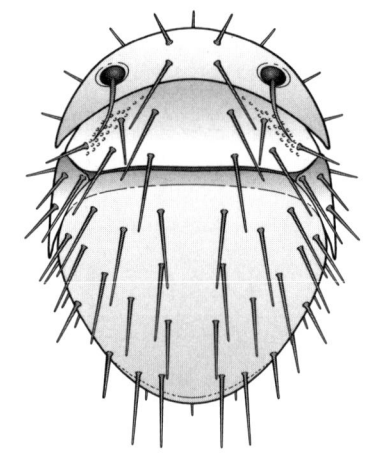

벼룩파리과의 기생파리

바로 여왕개미다. 여왕개미는 날개를 평생 단 한 번 쓴다. 태어난 집을 떠나 날아올라서 짝을 찾을 때. 그런 뒤에 다시 땅으로 내려와서 구멍을 파고 새집을 짓는데, 이렇게 지하에서의 새 삶을 시작하는 순간 제일 먼저 하는 일이 바로 날개를 없애는 것이다. 어떤 경우에는 말 그대로 물어뜯어 버린다. 지하에서는 날개가 귀찮기만 하다는 것을 고통스럽게(혹은 고통스럽지 않을까? 누가 알겠는가) 보여주는 증거다. 일개미들이 애초에 날개를 기르지 않는 것을 이해할 만하다.

아마도 비슷한 이유로, 개미나 흰개미의 집에 기식하는 갖가지 동물 중에는 날개 없는 녀석이 많다. 이들은 늘 분주하게 식량을 수집하는 개미들 근처를 얼쩡거리며 풍성한 수확을 얻어먹는다. 개미와 마찬가지로 이들에게도 날개는 방해만 된다. 위 그림의 괴물 같은 녀석이 파리라고 하면 믿을 사람이 얼마나 될까? 그러나 녀석의 해

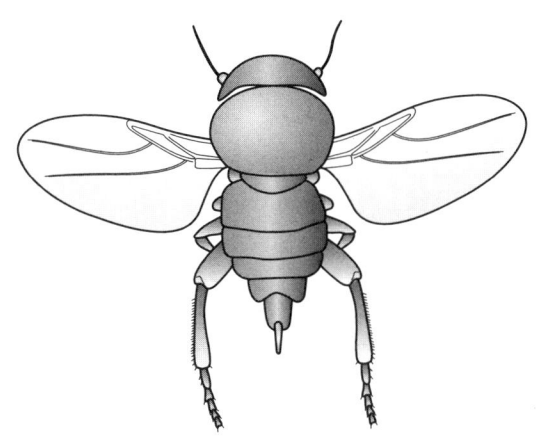

벼룩파리과의 다른 파리

부구조를 찬찬히 꼼꼼하게 살펴보면, 이것이 파리임은 물론이고 구체적으로는 벼룩파리과에 속하는 흰개미 기생동물이라는 것까지 알 수 있다.

위 그림은 같은 벼룩파리과의 더 정상적인 구성원이다. 날개 없는 기묘한 생물의 선조는 이 생물과 비슷하게 생겼을 것이다. 이 파리도 군집성 곤충인 벌에게 기생해 살아간다. 왼쪽의 괴물과 이 파리는 둘 다 머리가 낫 모양인 점이 비슷하다. 괴물의 뭉툭한 날개는 양 옆구리에 달린 작은 삼각형으로 겨우 눈에 보인다.

개미나 흰개미 집에 무단 침입해 기식하는 잡다한 곤충들에게 날개가 없는 이유가 하나 더 있다. 많은 곤충이 진화 과정에서 개미를 닮는 위장술을 발달시켰기 때문이다(벼룩파리들은 아니다). 개미를 속이기 위해서, 혹은 맛이 더 없고 무장이 더 잘 된 개미들 사이에서 자신을 골라서 잡아먹을지도 모르는 포식자의 눈을 속이기 위해서.

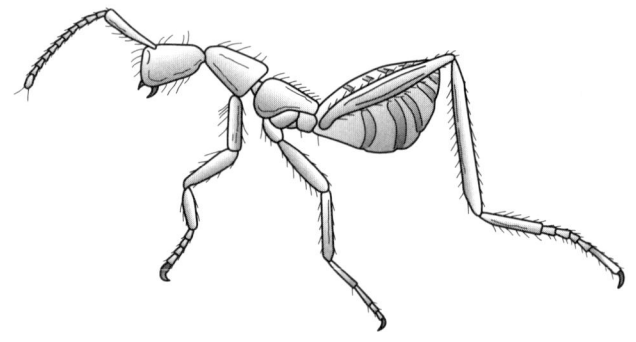

개미로 위장한 딱정벌레

위 그림은 개미집에 사는 곤충이다. 이것이 개미가 아니라 딱정벌레라는 것을 첫눈에 알아볼 사람이 얼마나 되겠는가. 이것이 딱정벌레라는 것은 또 어떻게 아는가? 표면적으로 개미를 닮은 데가 많음에도 불구하고, 더 깊고 세밀한 차원에서는 딱정벌레를 닮은 점이 압도적으로 많기 때문이다. 우리가 돌고래를 어류가 아니라 포유류라고 알아본 것과 마찬가지다. 이 생물의 몸에는 온통 딱정벌레의 역사가 쓰여 있다. 날개가 없고 외모가 개미를 닮았다는 표면적인 특징들을 제외하고는 말이다(역시 돌고래와 마찬가지다).

뒤집힌 망막, 심각한 실수를 땜질하는 자연선택

개미와 개미를 따라 땅속으로 들어간 곤충들이 지하에서 날개를 잃어버렸듯이, 빛도 없이 캄캄한 동굴에 사는 수많은 동물이 눈을 잃어버리거나 축소시켰다. 그리고 다윈도 지적했듯이, 정도의 차이는 있지만 대부분 눈이 멀었다. '진동굴성 동물'이라는 말은, 동굴에서도 가장 어두운 부분에 서식하고, 어둠에 전문화되어 다른 곳에서는 전혀 살 수 없는 동물을 가리킨다.* 도롱뇽, 물고기, 새우, 가재, 노래기, 거미, 귀뚜라미, 기타 등등이 여기에 속한다. 이들은 색소를 잃어서 몸이 흰 경우가 많고, 눈이 먼 경우도 많다. 하지만 이들에게도 보통 눈 흔적기관이 남아 있다. 이 점이 핵심이다. 흔적기관이 된 눈은 진화의 증거다. 동굴도롱뇽은 영원한 어둠속에 살기 때문에 눈을 쓸 일이 없는데, 왜 창조주는 명목뿐인 눈을 갖춰주었단 말인가? 제대로 기능하는 눈과 분명히 연관되어 있지만 기능하지 않는 눈 따위를 왜 만들었는가?

필요를 상실한 눈이 없어지지 않고 남아 있는 것에 대해서는 진화론자들도 설명을 내놓아야 한다. 사용하지는 않아도 그냥 갖고 있는 게 나쁠 것은 없다고 말할 수도 있다. 어쩌면 미래 언젠가는 요긴하게 사용될지도 모르는 일 아닌가? 굳이 없애는 '수고'를 기울일 필요가 있는가?

여담이지만, 의도와 목적과 의인화의 언어를 피하기가 얼마나 어려운지 보라. 엄밀하게 말해서, 나는 '수고를 기울인다' 등의 표현을 쓰면 안 된다. 그렇지 않은가? 대신 이런 식으로 말해야 한다. '눈을 아예 잃는 것이 동굴도롱뇽 개체에게 어떤 이득을 주는가? 사용하지 않더라도 완벽한 눈을 유지하는 경쟁자 도롱뇽보다 더 잘 생존하고 번식하게 해주는 이득이 무엇인가?'

■ 이보다 덜 극단적인 경우는 호동굴성 동물이라고 한다(저자는 엄밀히 말해서 '혈거동물'을 뜻하는 'troglodyte'라고 썼지만, 의미상 '호동굴성 동물'인 'troglophile'을 뜻할 것이다_옮긴이).

눈에는 거의 반드시 대가가 따른다. 눈을 만드는 데 드는 얼마간의 경제적 비용을 차치하더라도, 투명한 눈알이 잘 돌아가도록 하기 위해서 바깥을 향해 열려 있어야 하는 축축한 안구는 감염에 취약하다. 그러니 두터운 피부로 안구를 막아버리는 동굴도롱뇽은 눈을 열어두는 경쟁자보다 더 잘 생존할지도 모른다.

하지만 다른 식으로 이 질문에 답할 수도 있다. 이 대답은 이득이 무엇인지 묻지 않을 뿐만 아니라 의도나 의인화의 언어를 사용하지 않는다는 점에서도 교훈적이다. 자연선택이라고 하면, 우리는 희귀하고 유용한 돌연변이가 나타나서 선택에 의해 긍정적으로 선호되는 상황을 곧장 떠올린다. 하지만 사실 대부분의 돌연변이는 불리한 돌연변이다. 무작위적인 변화에서는 나아지기보다 나빠지기가 쉽다는 이유에서라도 그럴 수밖에 없다.*

자연선택은 나쁜 돌연변이를 신속하게 처벌한다. 나쁜 돌연변이를 지닌 개체는 죽거나 번식하지 못할 가능성이 높다. 따라서 자동적으로 그 돌연변이가 유전자풀에서 제거된다. 모든 동식물의 게놈은 해로운 돌연변이들로부터 쉴 새 없이 폭격을 받고 있다. 우박을 맞은 것처럼 곳곳이 파손된다. 끊임없는 운석들의 폭격에 갈수록 구덩이가 늘어나는 달 표면과 같다. 이런 약탈적인 돌연변이가 눈에 관여하는 유전자에 일어난다면, 드문 예외는 있겠지만 대개의

---

* 영향력이 큰 돌연변이라면 특히 그렇다. 라디오나 컴퓨터 같은 정교한 기계를 생각해보라. 기계를 구둣발로 차거나 맘대로 전선을 잘라서 다르게 잇는 것이 큰 돌연변이에 해당한다. 어쩌면 성능이 향상될 수도 있지만, 그러기는 몹시 어려울 것이다. 작은 돌연변이는 저항기 하나나 라디오 손잡이를 살짝 조정하는 것과 같다. 돌연변이의 규모가 작을수록 개선될 가능성이 50퍼센트에 가까워질 것이다.

경우 눈의 기능이 조금 떨어질 것이다. 보는 능력이 조금 떨어지고, 눈이라는 이름에 조금 걸맞지 않은 상태가 될 것이다. 그러나 그 동물이 환한 곳에 살면서 시각을 사용하는 동물이라면, 그런 유해한 (대부분의) 돌연변이들은 자연선택에 의해 잽싸게 유전자풀에서 치워진다.

반면에 완벽한 어둠속에 사는 동물이라면, 눈을 만드는 유전자를 폭격하는 유해한 돌연변이들이 아무런 처벌도 받지 않는다. 어차피 시각은 사용하지 않으니까. 동굴도롱뇽의 눈은 돌연변이 때문에 구덩이가 푹푹 파였지만 재건은 이루어지지 않는 달 표면과 같다. 밝은 곳에 사는 도롱뇽의 눈은 지구 표면과 같다. 이들도 동굴 거주자의 눈과 같은 정도로 돌연변이를 경험하지만, 지구에서는 유해한 돌연변이(구덩이)가 등장하는 족족 자연선택에 의해 청소된다. 물론 동굴 거주자의 눈에 부정적인 이야기만 있는 것은 아니다. 긍정적인 선택도 작용한다. 가령 시각적으로 퇴화한 눈의 연약한 안구를 보호하기 위해서 그 위에 피부가 자라는 변화도 일어난다.

무언가에 쓰이긴 하지만(용도를 잃은 채 살아남은 흔적기관과는 다르다), 그 용도로 만들어졌다고 보기에는 설계가 너무 형편없는 속성이야말로 역사적 유물들 중에서도 가장 흥미로운 대상이 아닐까 싶다. 척추동물의 눈은 최상의 경우(매나 사람의 눈)에는 정말로 탁월하게 정밀한 기구다. 최고의 차이스나 니콘 카메라가 잡아내는 해상도에 맞먹는 묘기를 부린다. 사실 눈이 그렇게 뛰어나지 않다면 차이스나 니콘은 어차피 눈으로 볼 수도 없는 고해상도 영상을 만드느라 시간을 낭비하는 꼴일 것이다.

19세기의 위대한 독일 과학자(대체로 물리학자라고 불리지만, 사실 생물학과 심리학에 대한 기여가 더 컸다) 헤르만 폰 헬름홀츠(Hermann von Helmholtz)는 눈에 대해 이렇게 말했다. "안경사가 나에게 이 모든 단점을 지닌 도구를 팔겠다고 하면, 나는 단호한 말로 떳떳하게 그의 부주의함을 나무라고 그 도구를 도로 들려보낼 것이다."

하지만 실제의 눈은 물리학자 헬름홀츠가 판단했던 것보다는 더 낫다. 한 가지 이유는, 우리의 뇌가 나중에 놀라운 솜씨로 영상을 다듬어주기 때문이다. 뇌는 극도로 세련된 자동 포토샵 프로그램이다. 광학적인 면만 따질 때, 사람의 눈은 망막 중심에 있는 오목(fovea)에서만 차이스나 니콘 수준의 품질을 얻는다. 독서 같은 작업은 오목을 사용해서 쉽게 할 수 있지만, 어떤 장면을 전체적으로 훑을 때는 오목을 넓게 움직여서 여러 부분을 살펴야 한다. 오목이 최상의 섬세함과 정밀함으로 각 부분을 파악하면, 뇌의 '포토샵'이 뒷일을 맡아서 마치 전 영역을 일정한 정밀도로 보는 것처럼 착각하게 만든다. 반면에 최상의 차이스나 니콘 렌즈는 *실제로* 전 영역을 거의 동일한 수준으로 선명하게 보여준다.

그러니까 우리는 눈에서 광학적으로 부족한 면을 뇌에서 세련된 영상 소프트웨어로 보완하는 것이다. 하지만 광학적인 면에서 가장 통렬한 불완전의 사례는 아직 소개하지도 않았다. 그것은 망막이 뒤집혀 장착되어 있다는 사실이다.

헬름홀츠가 후대의 공학자로부터 디지털카메라를 건네받았다고 상상해보자. 카메라는 화면에 비치는 영상을 바로 포착할 수 있도록 화면 앞쪽으로 광전셀들이 배치되어 있다. 합리적인 구조다. 그리고 광전셀 하나하나마다 전선이 달려 있어서 영상을 취합하는 모종의 연산 기구에까지 이어져 있을 것이다. 역시 합리적이다. 헬름

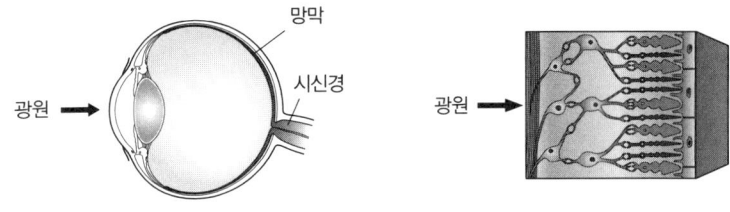

사람의 눈 　　　　'광전셀'들(막대 세포와 원뿔 세포)의 세부도

홀츠는 그 물건을 돌려보내지 않을 것이다.

하지만 눈의 '광전셀'들은 뒤를 향하고 있다면 믿어지는가? 보려고 하는 장면으로부터 뒤돌아 있는 것이다. 광전셀에 이어진 '전선'들이 망막 표면을 온통 뒤덮었기 때문에, 빛은 마구 엉킨 전선들의 카펫을 뚫고서야 광전셀에 가 닿는다. 이것은 합리적이지 못하다. 게다가 더 심한 점도 있다. 광전셀들이 뒤를 보고 있기 때문에, 그 데이터를 전달하는 전선들은 어떻게든 망막을 빠져나와야만 뇌로 갈 수 있다. 그래서 척추동물 눈의 전선들은 망막의 한 점으로 다 모인 뒤에, 그곳에 난 구멍을 통해서 빠져나간다. 시신경들이 모인 그 구멍을 맹점이라고 한다. 볼 수 없는 지점이니까 '맹'점인 것은 맞지만, '점'이라고 하는 것은 좀 후한 평가다. 실제로는 상당히 크기 때문이다. 맹'반'이라고 하는 게 어울린다. 그런데 이 또한 우리에게는 그다지 불편하게 느껴지지 않는다. 뇌의 '자동 포토샵'이 있기 때문이다. 어쨌든 이 설계도 돌려보내자. 이것은 나쁜 설계를 넘어서 멍청이나 생각해냈을 설계다.

잠깐, 정말로 그럴까? 정말 그렇다면 눈은 끔찍하게 잘 못 봐야 할 텐데, 알다시피 그렇지 않다. 눈은 사실 썩 괜찮은 도구다. 그것은 수많은 세부 사항을 청소해주는 자연선택 덕분이다. 망막이 뒤집혀 장착되는 어마어마한 실수가 발생하자, 자연선택이 뒤를 이어서 그것을 고품질의 정밀 기기로 수선한 것이다.

이 이야기를 생각할 때면 나는 늘 허블 우주망원경의 사연이 떠오른다. 여러분도 기억하겠지만, 1990년 허블 망원경이 발사된 직후에 과학자들은 중대한 결함을 발견했다. 주 렌즈를 연마할 때 교정 기구에 오류가 있었던 것을 미처 감지하지 못해서, 렌즈의 모양이 살짝, 그러나 심각하게 이지러졌던 것이다. 망원경은 이미 궤도로 쏘아올려졌고, 나중에야 결함이 발견되었다. 이에 과학자들은 대담하고 수완 좋은 전략으로 대응했다. 우주인을 망원경으로 파견해서 안경 같은 기구를 렌즈에 끼운 것이다. 이후로 망원경은 아주 잘 작동했고, 추가로 세 번 더 진행된 왕복선 사업을 통해서 더욱 개량되었다.

내가 말하고 싶은 것은, 설계상의 굵직한 실수라도(심지어 파국적인 결과를 초래할 수 있는 실수라도) 후속 땜질 조치로 얼마든지 수정할 수 있다는 것이다. 적당한 환경에서라면 독창적이고 정교한 땜질을 통해서 처음의 실수를 완벽하게 보완할 수 있다. 일반적인 진화 과정에서는 굵직한 돌연변이가 등장한 뒤에 거의 언제나 수많은 땜질 작업을 거쳐야 한다. 대체로 옳은 방향으로 개선하는 돌연변이라고 해도 마찬가지다. 그 후에도 자연선택은 수많은 작은 돌연변이를 선호함으로써 뒤청소를 한다. 최초의 대규모 돌연변이가 남긴 울퉁불퉁한 모서리들을 매끄럽게 다듬는다. 그렇기 때문에 사람과 매의 눈이 최초 설계에 심각한 실수가 있었음에도 불구하고 이렇게 잘 보는 것이다. 다시 헬름홀츠를 인용해보자.

눈은 다른 광학 도구들이 가질 수 있는 결점을 모조리 갖고 있다. 더구나 눈에만 고유한 결점도 있다. 그렇지만 그 결점들은 너무나 훌륭하게 상쇄되어 있다. 그래서 정상적인 조명 환경에서라면, 결점들로 인한 영상의 부정확성이 망막 원뿔 세포들에 의해 규정된 민감성 한계를 넘어설 만큼 뚜렷하게 인식되는 경우가 거의 없다. 하지만 우리가 다소 변화된 조건에서 관찰을 하려는 순간, 색수차, 비점수차, 맹점, 정맥 그림자, 매질의 불완전한 투명성, 기타 내가 지적했던 모든 결점이 인식되기 시작한다.

지적이지 못한 설계

큼직한 설계상의 실수가 있고 후속 땜질로 그것이 보완된 형태, 이것은 정말로 설계자가 일을 했다면 *기대할 수 없는* 현상이다. 허블 렌즈의 구면수차 같은 뜻밖의 실수는 기대할 수 있을지라도, 뒤집혀 장착된 망막처럼 척 보기에도 멍청한 실수는 기대할 수 없다. 이런 종류의 실수는 한심한 설계에서 온 것이 아니라 *역사*에서 온 것이다.

그런 실수들 가운데 내가 가장 좋아하는 예는 되돌이 후두신경이다. 나는 대학생일 때 J. D. 커리 교수의 수업을 듣고 처음 이 예를 알게 된 후로 죽 재미있게 생각해왔다.* 되돌이 후두신경은 척수가

■ 내 동료 제리 코인도 이 사례를 가장 좋아한다. 그는 《왜 진화는 사실인가》에서 이 사례를 더없이 명쾌하게 논했다. 그 부분은 물론이고 훌륭한 책 전체를 적극 추천한다.

아니라 뇌에서 직접 나오는 뇌신경들 중 한 분지다. 뇌신경의 하나인 미주신경('헤맨다'는 뜻으로, 참으로 적절한 이름이다)은 여러 갈래로 갈라지는데, 개중 두 갈래는 심장으로 가고 다른 두 갈래는 후두(포유류의 발성기관)의 양옆으로 간다. 목 양쪽에 하나씩 있는 그 후두신경이 또 갈래를 뻗는데, 개중 한 분지는 설계자가 그린 것마냥 최단 경로를 통해서 곧장 후두로 간다. 그런데 다른 한 분지는 대단히 먼 거리를 우회해서 후두로 간다. 가슴까지 내려가 심장에서 나오는 동맥들 중 하나를 감은(좌우가 서로 다른 동맥을 감지만 원리는 같다) 뒤에, 다시 위로 올라와서 목표지로 향한다.

이것이 설계의 결과라면, 되돌이 후두신경은 수치스러운 작품이다. 헬름홀츠는 눈보다 더 정당한 이유를 대며 돌려보내리라. 하지만 눈과 마찬가지로, 우리가 설계를 잊고 대신 역사를 생각하는 순간, 이 구조는 완벽하게 이해된다.

이 구조를 이해하려면 우리의 선조가 물고기였던 시절로 돌아가 보아야 한다. 우리의 심장에는 방이 네 개 있지만, 어류는 두 개뿐이다. 어류의 심장은 배 쪽 대동맥이라는 커다란 중심 동맥을 통해서 피를 몸 앞쪽으로 펌프질한다. 배 쪽 대동맥은 (최대) 여섯 쌍의 가지로 갈라지고, 이들은 머리 양쪽에 각각 여섯 개씩 난 아가미로 이어져, 아가미를 돌면서 산소를 풍부하게 받아들인다. 아가미 위에도 여섯 쌍의 혈관이 있고, 이들은 또 하나의 커다란 중심 혈관인 등 쪽 대동맥으로 이어진다. 등 쪽 대동맥은 어류의 몸 전체를 순환한다. 아가미 혈관이 여섯 쌍 있다는 것은 척추동물의 체제가 *체절화*되어 있다는 것을 보여주는 증거다. 어류의 체절은 사람보다 더 확실하고, 알아보기가 쉽다. 환상적이게도, 사람도 *배아*일 때는 체

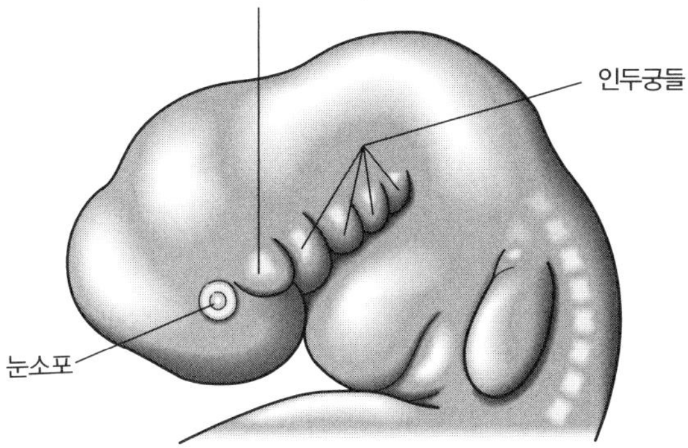

위턱뼈 돌기

인두궁들

눈소포

사람 배아의 인두궁들

절이 확연히 드러난다. 배아의 '인두궁'들은 분명 선조의 아가미들에서 유래했다. 상세한 해부구조를 살펴보면 금세 알 수 있다. 물론 인두궁들은 아가미처럼 기능하지 않지만, 어쨌든 잉태 5주째의 사람 배아는 아가미를 갖고 있는 작은 분홍색 물고기라고 볼 만한 모습이다.

나는 왜 고래와 돌고래, 듀공과 매너티가 기능적인 아가미를 재진화시키지 않았는지 또 궁금해진다. 여느 포유류처럼 그들도 아가미를 만드는 데 필요한 배아적 발판들을 인두궁 안에 갖고 있기 때문에, 그렇게 하는 것이 크게 어렵진 않았을 것이다. 그런데도 왜 그러지 않았는지 나는 모르지만, 좋은 이유가 있었으리라고 믿는다. 그리고 누군가 그 이유를 알고 있거나, 어떻게 연구해보면 되는지 알고 있을 것이라고 확신한다.

모든 척추동물의 체제는 체절화되어 있다. 하지만 배아와 달리 성체에서는 척추 부근에서만 체절 형태가 눈에 띈다. 척추뼈들과 갈

우리 몸에 쓰인 역사 | 475

비뼈들, 혈관들, 근육 덩어리들(근육 분절들), 신경들은 앞에서 뒤로 모듈 단위가 반복되는 구조를 취한다. 척추의 각 체절마다 굵은 신경 두 개가 척수에서 양옆으로 뻗어나오는데, 이것을 뒤뿌리와 앞뿌리라고 한다. 대부분의 신경은 자기가 갈라져나온 장소 근처에서 일하지만, 몇몇은 다리나 팔까지 멀리 뻗어가기도 한다.

척추동물의 머리도 체절화되어 있다. 하지만 이것은 어류에서도 분간하기가 쉽지 않다. 체절들이 척추에서처럼 앞뒤로 깔끔하게 정렬되어 있는 게 아니라, 진화 과정에서 한데 뭉쳐버렸기 때문이다. 머리 체절들의 유령 같은 자취를 분간해낸 것은 19세기와 20세기 초반의 비교해부학 및 발생학의 개가였다. 가령 칠성장어 같은 무악어류(그리고 턱이 있는 척추동물 배아)의 첫 번째 아가미궁은 턱이 있는 척추동물(즉 칠성장어나 먹장어를 제외한 모든 현대 척추동물)의 턱에 해당한다.

곤충을 비롯한 절지동물도 체절화된 체제다. 10장에서 본 갑각류도 마찬가지였다. 곤충의 머리에 여섯 개의 체절이 있다는(물론 한데 뭉쳐 있다) 사실을 발견한 것도 생물학의 개가였다. 곤충의 먼 선조에서는 그 앞쪽 체절들도 몸의 나머지 부분과 마찬가지로 한 줄로 늘어서 있었을 것이다.

곤충의 체절 형성과 척추동물의 체절 형성이 내가 학생 때 배운 것처럼 서로 무관하기는커녕, 혹스(hox) 유전자라는 일군의 공통적 유전자로 중개된다는 사실을 알아낸 것은 20세기 발생학과 유전학의 개가였다. 혹스 유전자들은 곤충과 척추동물과 기타 많은 동물에서 몹시 비슷한 모양을 하고 있다. 심지어 염색체 상에 배열된 순서도 다들 같다! 나를 가르쳤던 선생님들은 이 사실을 꿈도 못 꿨을 것이다.

내가 대학생일 때는 곤충의 체절화와 척추동물의 체절화를 전혀 별개로 나누어 배웠다. 하지만 서로 다른 동물의 문들은(가령 곤충과 척추동물은) 우리가 생각했던 것보다 훨씬 통일된 면이 많다. 그것 역시 공통의 역사 때문이다. 모든 좌우대칭 동물의 선조인 먼 과거의 동물에게서 혹스 구조가 이미 밑그림으로 그려져 있었기 때문이다. 모든 동물은 우리가 생각했던 것보다 훨씬 가까운 친척들이다.

척추동물의 머리로 돌아가자. 뇌신경들은 굉장히 위장된 모습이긴 해도 분명 체절화된 신경들의 후손일 것이다. 우리의 원시 선조에서는 이 신경들도 한 줄로 늘어선 척수신경 뿌리들과 다를 바 없이 그 맨 앞에 자리했을 것이다. 그리고 우리의 가슴에 있는 주요 혈관들은, 한때 깔끔하게 체절화되어 아가미에 닿았던 혈관들이 남긴 엉망진창의 유물이다. 포유류의 가슴 부위는 선조 물고기의 체절화된 아가미 부위를 엉망진창 흩뜨려놓은 것이다. 선조 물고기의 머리가 이전 선조의 체절화된 머리를 흩뜨려놓은 것이듯 말이다.

사람의 배아에도 '아가미'에 피를 공급하는 혈관들이 있다. 구조도 어류와 매우 비슷하다. 배 쪽 대동맥 한 쌍이 양옆으로 나뉘어 있고, 그것에서 나온 체절화된 대동맥 궁들이 양옆의 '아가미'들로 하나씩 이어지고, 그것이 다시 한 쌍의 등 쪽 대동맥으로 이어진다. 이런 체절화된 혈관들은 배아 발생 후기에 대부분 사라지지만, 그 배아 구조(즉 선조 구조)에서 어떻게 성체의 형태가 생겨나는지를 우리가 똑똑히 관찰할 수 있다. 수정 후 약 26일째인 사람 배아를 보면 '아가미'들로 이어진 혈관이 어류의 체절화된 아가미 혈관과 몹시 닮았다. 이후 몇 주가 지나는 동안, 혈관의 형태는 단계적으로 단순해지고, 원래의 대칭성을 잃는다. 그래서 태아가 태어날 때쯤이면 순환계는 왼쪽으로 몹시 치우친 형태가 된다. 배아 초기에는 어류를 닮아 깔끔한 좌우대칭이었는데 말이다.

우리의 가슴 동맥들 중에서 무엇이 여섯 아가미 동맥쌍의 후손인가 하는 복잡한 세부 사항까지 이야기하지는 않겠다. 우리가 되돌이 후두신경의 역사를 이해하기 위해서 알아둬야 할 점은, 어류의 미주신경 갈래들은 여섯 아가미쌍 중 마지막 세 쌍에 닿아 있다는 점이다. 따라서 자연히 해당 아가미궁들 뒤로 지나가야 했다. 이 신경 갈래들은 '되돌아' 오고 말고 할 것이 없었다. 그들은 논리적인 최적의 경로로 곧장 목적 기관인 아가미를 찾아갔다.

하지만 포유류가 진화하는 동안에 목은 늘어나고(물고기는 목이 없다), 아가미는 사라졌으며, 몇몇 아가미는 갑상샘이나 부갑상샘이나 후두를 구성하는 자잘한 부속 같은 다른 유용한 것들로 바뀌었다. 후두를 비롯한 이 유용한 것들을 지원하는 혈관과 신경은 옛날 옛적의 질서정연한 아가미들을 지원했던 그 혈관과 신경의 진화적 후예들이다.

포유류의 조상이 어류 선조로부터 점점 더 멀리 진화함에 따라, 이 신경들과 혈관들도 여러 방향으로 당겨지고 늘어났다. 그래서 그들간의 공간적 위치관계가 온통 뒤틀어졌다. 어류의 아가미들은 단정한 대칭을 이루며 줄줄이 반복되어 있었지만, 척추동물의 가슴과 목은 엉망진창이 되었다. 되돌이 후두신경은 이런 왜곡의 사례들 중에서도 보통 이상으로 큰 피해를 입은 희생자였다.

오른쪽 그림은 베리(Berry)와 할람(Hallam)이 쓴 1986년 교과서에서 가져온 것이다. 그림을 보면 알 수 있듯이, 상어의 후두신경은

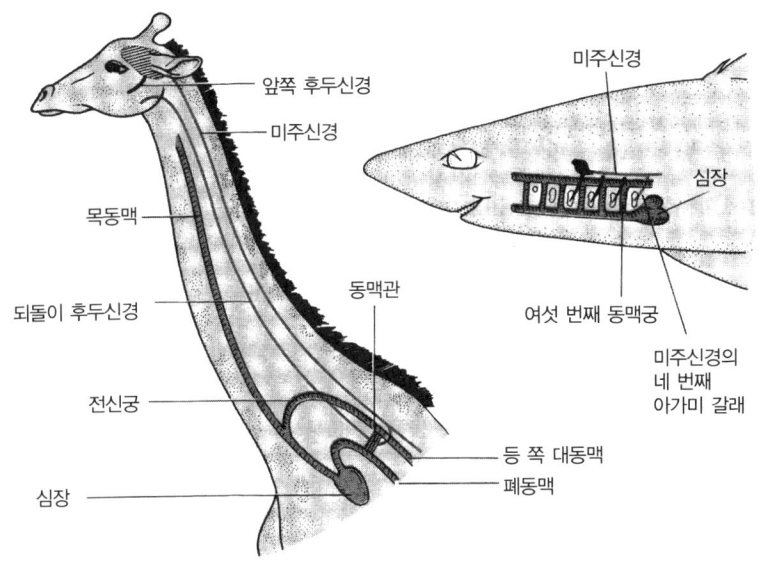

기린과 상어의 후두신경

우회하지 않는다. 한편 포유류의 우회로를 보여줄 대상으로 저자들이 선택한 것은 기린이다. 더 극적인 생물이 또 있겠는가?

사람의 되돌이 후두신경은 기껏해야 10센티미터 정도 우회한다. 하지만 기린이라면, 농담을 넘어서는 수준이다. 수십 센티미터 이상이다. 큰 어른 기린이라면 4.6미터 정도 우회한다!

2009년 다윈의 날(다윈의 200회 생일) 다음 날, 나는 런던 근처 왕립 수의학대학에서 여러 비교해부학자, 수의병리학자들과 함께 하루를 보냈다. 동물원에서 죽은 불쌍한 어린 기린을 그들이 해부하는 것을 지켜보았다. 과연 기억에 남을 만한 날이었고, 내게는 거의 초

현실적인 경험이었다. 수술실은 극장이나 다름없었다. 커다란 통유리가 '무대'와 관중석을 나누었다. 수의학과 학생들은 경사진 좌석에 몇 시간씩 앉아서 무대를 관찰했다. 학생들은 그날 하루 종일 어두침침한 극장에 앉아서, 유리 너머 환하게 밝혀진 무대를 구경하며 해부팀의 설명을 스피커로 들었다(학생의 보통 경험을 뛰어넘는 기회였을 것이다). 해부팀은 모두 성대 마이크를 목에 달았고, 텔레비전 다큐멘터리 제작을 위해 참여한 채널4의 영상제작진과 나도 마찬가지였다.

기린은 커다랗고 경사진 해부대에 눕혀졌고, 다리 한쪽은 갈고리와 도르래에 매달려 공중으로 들어올려졌으며, 엄청나게 길고 안타깝게 연약한 그 목은 밝은 조명 아래 두드러지게 노출되었다. 통유리를 기준으로 기린 쪽에 있는 사람들은 엄격한 지침에 따라 모두 오렌지색 오버롤즈와 흰 장화를 착용했다. 그 점이 그날의 꿈같은 분위기를 한층 강화했다.

해부팀이 신경의 여러 부분을 나눠 맡아 동시에 작업했다는 것 자체가, 되돌이 후두신경의 기나긴 우회 경로를 증언하는 사실이었다. 해부학자들은 머리 근처 후두를 담당하는 쪽, 심장 근처 되돌이 경로를 담당하는 쪽, 그 사이 경로를 담당하는 쪽으로 나뉘어 서로 방해하지 않고 거의 말을 나눌 필요도 없이 독자적으로 작업했다. 그들은 끈기 있게 작업하여 되돌이 후두신경의 전 경로를 드러냈다.

내가 아는 한, 그것은 빅토리아 시대의 위대한 해부학자 리처드 오언(Richard Owen)이 1837년에 수행한 이래 한 번도 다시 실시된 적 없는 까다로운 작업이었다. 이 작업이 까다로운 이유는, 신경이 몹시 얇기 때문이다. 신경은 심장에서 되돌아가는 부분에서는 실

클레어 달베르토 박사의 등. 생명의 다양성에 대한 그녀의 관심은 피부 한 꺼풀 이상으로 깊다.

(a) 남아메리카 숲에 사는 거미원숭이. 나무에서 생활하는 동물이 다섯 번째 팔다리를 갖고 싶다면, 새로 하나를 만들어내는 것이 아니라 기존에 있던 것을 새롭게 활용한다.
(b) 동남아시아 숲에 사는 콜루고 혹은 '날원숭이'는 여우원숭이와는 전혀 다르지만, 포유류의 계통수에서 나름대로 독특한 위치를 차지한다. 콜루고는 실제로 나는 것은 아니고, 나무에서 나무로 활공한다. '날다람쥐(설치류)'나 '주머니날다람쥐(유대류)'와는 달리, 콜루고는 비행막이 꼬리까지 연결되어 있다.
(c) 이집트 과일박쥐의 투명한 날개는 박쥐의 골격이 우리 손과 상동관계임을 아름답게 보여준다.

날지 못하는 새들의 뭉툭한 날개는 이들이 한때 날았던 조상으로부터 유래했다는 사실을 분명하게 보여준다. 타조(a)는 여전히 날개를 쓰지만, 균형을 잡거나 사회적인 용도로만 쓴다. 날지 못하는 갈라파고스 가마우지(b)도 날 줄 아는 다른 가마우지 친척들처럼 날개를 펴서 말린다. 이 가마우지는 능숙한 잠수부지만(c), 펭귄과는 달리 수영할 때 날개를 쓰지 않는다. 물갈퀴가 달린 커다란 발을 힘차게 움직여서 몸을 추진한다. (d) 더글러스 애덤스는 이렇게 말했다. "슬프게도 카카포는 나는 법을 잊어버렸을 뿐 아니라, 자신이 나는 법을 잊어버렸다는 사실까지도 잊어버린 듯하다. 카카포는 심각하게 위험을 느끼면 이따금 나무로 달려올라가 뛰어내린다. 그리고 벽돌처럼 날아서 볼썽사납게 납작 땅에 부딪친다."

(e) 지하에서는 날개가 거추장스럽다. 일개미들이 날개를 기르지 않는 것은 아마 그 때문일 것이다. 이 점을 뼈저리게 보여주는 사례가 바로 여왕개미다. 여왕개미는 날개를 평생 단 한 번 쓴다. 태어난 집을 떠나 날아올라서 짝을 찾을 때다. 그런 뒤에 다시 땅으로 내려와서 구멍을 파고 새집을 짓는데, 이렇게 지하에서의 새 삶을 시작하는 순간에 제일 먼저 하는 일이 바로 날개를 없애는 것이다. 어떤 경우에는 말 그대로 물어뜯어 버린다.
(f) 동굴에 사는 동물들은 이 도롱뇽처럼 몸이 흰 경우가 많다. 하지만 캄캄한 동굴에서는 어차피 눈을 쓸 일도 없는데, 왜 '구태여' 눈을 축소시킬까? 본문 467쪽을 보라.
(g) 포유류인 돌고래의 외모는 '돌고래물고기'라고도 불리는 만새기 같은 크고 빠른 어류와 닮았다. 서로 비슷한 방식으로 살아가기 때문이다.

a

b

진화적 무기경쟁의 산물들

(a) "가지에 앉은 종다리를 죽이든 그대 살해자여." 새끼뻐꾸기는 배다른 형제들이 부화하여 먹이경쟁을 벌이기 전에, 본능적으로 그들을 살해한다.

(b) 이 얼룩영양은 암사자와의 경쟁에서 졌으니 곧 목숨을 빼앗길 것이다. 하지만 두 종의 유전자풀 간 무기경쟁은 더 긴 진화적인 시간에서 계속 이어진다.

(c) 포식성 기생생물인 말벌이 이 애벌레의 몸 안에 알을 낳았다. 이제 말벌 유충들이 다음 세대로 유전자를 물려주기 위해서 기세 좋게 터져 나오고 있다.

(d) 숲 경제에서는 햇빛이 귀중한 일차상품이다. 천개 아래로까지 내려오는 햇빛은 많지 않다. 나무들이 거의 틈을 남기지 않은 채 천개를 조각조각 나눠 갖기 때문이다.

우리가 눈길 돌리는 거의 어디서나 초록을 보는 것은 우연이 아니다… 초록식물이 우리보다 열 배쯤 더 많지 않으면 우리에게 에너지가 주어지지 않을 것이다.

굵기밖에 안 될 정도로 얇은데다가, 기관 주변에 거미줄처럼 엉킨 막들과 근육들 속에서 놓치기 쉽다.

신경은 아래로 내려오는 도중에(여기서는 아직 후두신경이 더 큰 미주신경과 한 다발로 묶여 있다) 최종 목적지인 후두를 몇 센티미터 간격으로 지나친다. 그렇지만 신경은 아랑곳하지 않고 목 끝까지 내려가고, 저 멀리서 한 바퀴 돌아, 다시 그 길을 올라온다. 나는 그레이엄 미첼 교수와 조이 레이덴버그 교수, 그리고 해부에 참여한 다른 전문가들의 솜씨에 몹시 감동했고, (다윈의 숙적이었던) 리처드 오언에 대한 존경심이 커지는 것을 느꼈다. 하지만 창조론자였던 오언은 명백해 보이는 결론을 끌어내는 데 실패했다. 지적 설계자라면 아래로 내려가는 신경에서 후두신경을 따로 떼어내 수 미터의 여정을 수 센티미터로 바꾸었을 것이다.

그런 긴 신경을 만들기 위해 자원이 낭비된다는 점은 제쳐두더라도, 나는 혹시 그 때문에 기린의 발성이 지연되지 않나 궁금했다. 위성을 통해 연결된 해외 통신원의 말이 지연되는 것처럼 말이다. 한 권위자의 말을 빌리면 "기린은 후두가 잘 발달되어 있고 무리지어 사는 습성인데도 불구하고 낮은 신음과 울음소리 외에는 내지 못한다". 말 더듬는 기린이라니! 꽤 귀여운 상상이지만, 이 생각은 여기서 멈추자.

요컨대 미주신경의 우회는 잘 설계된 생물이라는 개념이 얼마나 사실과 먼가를 유감없이 보여주는 사례다. 그리고 이 사례에서 진화론자들에게 중요한 질문은, 어째서 자연선택이 사람 기술자의 전략을 취하지 않았을까 하는 점이다. 어째서 자연선택은 제도판으로 돌아가서 합리적인 방식으로 전면 조정하지 않았을까? 우리는 이

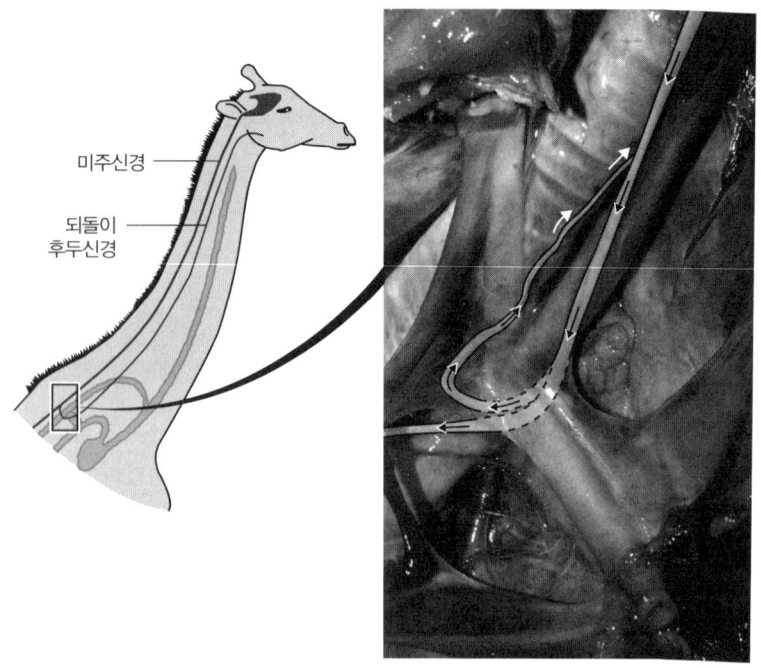

기린의 후두신경이 따르는 우회로

장에서 이 질문을 연거푸 만날 것이고, 그때마다 나는 다양한 방식으로 대답하려고 노력할 것이다. 되돌이 후두신경의 경우에는 '한계비용'이라는 경제학 용어를 빌려와서 대답해볼까 한다.

진화 과정에서 기린의 목이 서서히 길어짐에 따라, 우회 비용(경제적인 비용이든 '말 더듬는' 대가에 대한 비용이든)도 점진적으로 증가했을 것이다. 여기서 강조할 점은 '점진적'이라는 것이다. 1밀리미터 더 늘리는 데 드는 *한계비용*은 *사소*했을 것이다. 하지만 기린의 목이 현재의 인상적인 길이에 다가감에 따라 우회의 총 비용은 아주 커졌을 테고, 만약에 하강하는 후두신경 섬유들이 미주신경 다발에서 떨어져나와 후두로의 짧은 거리를 '질러가는' 돌연변이가 발생한다면 그 개체가 더 잘 생존할지도 모르는 시점에까지 이르렀을 것이다.

그렇지만 '질러가기'를 낳는 돌연변이는 배아 발생 과정에 적잖은 변화(심지어 격변)를 초래할 것이다. 어쩌면 그런 돌연변이가 결코 일어나지 못할 가능성도 상당히 높다. 설령 일어난다 해도 다른 단점들이 있을지도 모른다. 민감하고 섬세한 과정에 큼직한 격변이 일어날 때에는 반드시 그럴 수밖에 없다. 그리고 설령 우회로를 질러가는 이점이 단점들을 모두 상쇄할 만큼 크다 해도, *기존의 우회로에서 1밀리미터씩 더 연장하는 데 드는 한계비용은 사소한 수준*이다. 설령 '제도판으로 돌아가는' 해법을 수행할 수가 있고 또 그것이 좋은 생각이라도, 그것과 경쟁하는 대안은 기존 우회로에서 조금만 더 연장하는 방법이었다. 약간의 연장에 대한 한계비용은 얼마 되지 않았을 수도 있다. 깔끔한 해법이 야기할 '상당한 격변'의 비용보다 작았을지도 모른다. 이것이 내 추측이다.

사실 이런 이야기는 주된 요점과는 상관이 없다. 요는, 포유류의 되돌이 후두신경은 설계자 개념을 반박하는 좋은 증거라는 것이다. 기린의 경우에는 좋기만 한 게 아니라 눈부실 정도다! 기린의 목 아래까지 내려갔다가 다시 올라오는 기묘한 우회로는 자연선택에 의한 진화에서 정확히 기대되는 결과고, 어떤 종류든 지적 설계자에게서는 절대 기대할 수 없는 결과다.

조지 윌리엄스(George C. Williams)는 미국에서 가장 존경받는 진화생물학자 중 한 사람이다(그의 조용한 지혜와 윤곽이 선명한 얼굴은 가장 존경받는 미국 대통령 중 한 명을 떠올리게 한다. 찰스 다윈과 한날 태어났고, 역시 조용한 지혜로 이름 높은 그 사람 말이다). 윌리엄스는 몸 아래쪽에도 되돌이

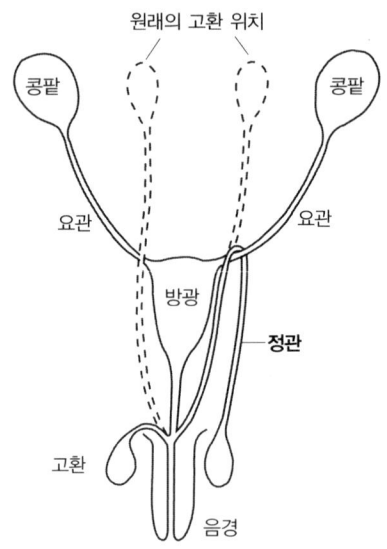

고환에서 음경으로 가는 정관의 경로

후두신경과 비슷한 우회로 사례가 있음을 지적했다. 바로 정관이다. 정관은 고환에서 생성된 정자들을 음경까지 전달하는 통로다. 정관이 최단 거리를 취한다면 위 그림의 왼쪽에 그려진 가상의 경로를 따를 것이다. 그런데 실제 경로는 오른쪽 길이다. 정관은 콩팥에서 방광까지 오줌을 나르는 요관 위로 걸쳐지는, 우스꽝스럽게 먼 길을 따른다. 이것이 설계된 것이라면, 그 설계자는 심각한 실수를 저지른 셈이다. 누구도 그 사실을 진지하게 부인할 수 없을 것이다.

하지만 되돌이 후두신경과 마찬가지로, 이 경우에도 진화적 역사를 생각해보면 사정이 분명하게 이해된다. 그림에는 원래 고환들이 있었음직한 위치가 점선으로 표시되어 있다. 포유류가 진화하는 과정에서 고환들은 현재 음낭이 있는 위치까지 하강했고(이유는 분명하지 않지만, 아마 온도 때문이었으리라는 것이 대체적인 짐작이다), 정관은 내려오는 도중에 재수없게도 요관에 걸려버렸다. 합리적인 기술자라면 당연히 관을 새로 놓았겠지만, 진화는 계속 길이를 늘리기만 했다. 이번에도 기존 우회로를 조금 더 늘리는 데 드는 한계비용은 사소했을 것이다. 이것 역시 최초의 실수를 제도판으로 돌아가서 제대로 고치기보다는 사후에 대강 보완한 사례다. 이런 아름다운 사례들은 '지적 설계'를 열망하는 사람들의 입지를 약화시킨다.

인체에는 이런 사례가 넘쳐난다. 어떤 의미에서는 그것들을 완벽하지 못한 면들이라고 말할 수 있지만, 다른 의미에서는 우리가 다른 종류의 동물로부터 유래한 기나긴 선조의 역사를 지녔기 때문에 불가피하게 타협한 결과라고 말할 수 있다. '제도판으로 돌아가기' 선택지가 없는 상황에서는 완벽하지 못한 결과를 얻을 수밖에 없다. 이미 존재하는 것에 임시변통의 변형을 가해서 개선을 이루어내야만 하는 상황이라면 말이다.

각자 독자적으로 제트엔진을 발명한 프랭크 휘틀(Frank Whittle) 경과 한스 폰 오하인(Hans von Ohain) 박사가 다음과 같은 규칙을 엄수해야 했다면, 어떤 엉망진창의 결과가 나왔을지 상상해보라. "제도판으로 돌아가 깨끗한 종이에서 다시 시작할 수는 없다. 프로펠러엔진을 놓고 시작해야 하고, 한 번에 한 조각씩, 나사 하나씩, 리벳 하나씩 바꿔서 결국 '선조' 프로펠러엔진을 '후손' 제트엔진으로 만들어내야 한다."

설상가상으로 모든 중간 형태가 다 날아야 하고, 대를 이은 모든 형태가 바로 앞 형태보다 적어도 한 가지 사소한 면이라도 개선된 데가 있어야 한다. 이렇게 탄생한 제트엔진에는 갖가지 역사적 유물과 변칙과 불완전함이 달려 있을 것이다. 그리고 불완전함 하나하나마다 그것을 보상하기 위해 응급조치하고 수정하고 임시변통한 내용이 거추장스럽게 덕지덕지 붙어 있을 것이다. 그 모두는 제도판으로 돌아갈 수 없다는 불행한 금지조항을 지켜야 하는 상황에서 최선을 다한 결과다.

프로펠러엔진-제트엔진 비유가 이해에 도움이 되긴 하지만, 우리가 생물학적 혁신을 좀 더 가까이 살펴본다면 다른 비유를 들고 싶어질지도 모른다. 중요한 혁신(비유에서는 제트엔진)은 같은 일을 해온 오래된 기관(프로펠러엔진)에서 진화하기보다는 전혀 다른 기능을 수행하던 전혀 다른 무언가에서 진화할 가능성이 상당히 높기 때문이다. 좋은 예를 들어보자. 우리의 물고기 선조들이 공기를 마시기 시작했을 때, 아가미를 변형시켜서 폐를 만든 것이 아니었다(등목어 같은 몇몇 현대 어류는 그런 식으로 공기 호흡을 한다). 대신 그들은 장을 주머니처럼 변형시켰다. 그리고 후대에 경골어류(상어류를 제외한 거의 모든 어류)는 폐를 변형시켜서(이따금 공기 호흡을 했던 선조 어류들이 미리 진화시켜둔 폐였다) 호흡과는 아무 상관이 없는 다른 필수 기관을 만들었다. 그것이 부레다.

부레는 경골어류 성공의 주된 열쇠였을 것이다. 그러니까, 여담이 되겠지만, 잠시 시간을 내 설명할 만한 가치가 있다. 부레는 몸 속의 주머니로, 그 안에 기체가 채워져 있다. 물고기는 부레를 세심하게 조정함으로써 물속 어느 깊이에서나 유체정역학적 평형을 이룬다. 어릴 때 데카르트 자맥질 기구를 갖고 놀아본 적이 있는 사람은 원리를 쉽게 이해할 것이다. 경골어류는 그 기구를 또 살짝 변형시킨다고 할 수 있지만 말이다.

데카르트 자맥질 기구는 물통 속에 작은 컵이 거꾸로 엎어진 채 들어 있는 것인데, 컵에 갇힌 공기방울 덕분에 컵은 균형을 잡고 떠 있다. 방울에 든 공기 분자의 수는 변하지 않지만, 우리가 물통 뚜껑을 아래로 누르면 방울의 부피가 줄어든다(보일의 법칙에 따라서 압력은 높아진다*). 반대로 뚜껑을 살짝 높여서 공기의 부피를 증가시킬 수도 있다(압력은 줄어든다). 사과주 통을 막을 때 쓰는 것 같은 탄탄한 스크루형 마개가 가장 좋다. 그런 마개를 낮추거나 높이면, 컵으로 만든 자맥질 인형이 내려가거나 올라가고, 그러다가 새로운 유체정역학적 평형점을 찾아 안정된다. 우리는 마개를 세심하게 조정해서, 즉 압력을 변화시켜서 인형을 위아래로 움직일 수 있다.

물고기는 데카르트 자맥질 기구와 비슷하지만 약간 차이가 있다. 부레가 '공기방울'에 해당해 비슷한 방식으로 작동하는 것은 같지만, 부레 속의 기체 분자 수는 고정된 게 아니다. 물고기가 더 높은 수심으로 올라가고 싶으면, 혈액 속의 기체 분자들을 부레로 내보내 부레의 부피를 늘린다. 더 깊이 가라앉고 싶으면, 부레의 기체 분자들을 피로 흡수해 부레의 부피를 줄인다.

늘 근육을 움직여야 하는 상어와 달리, 어류는 부레 덕분에 근육

---

* 보일의 법칙은 일정 온도에서 기체의 압력은 부피에 반비례한다는 법칙이다. 나는 4학년 B1반일 때 이것을 배운 이래 절대 잊은 적이 없다. 그때 우리 반은 번지(Bunjy)라는 나이 많은 과학 선생님께 한 시간을 배웠다. 평소에 우리를 가르치던 버프티라는 물리 선생님 대신 대리 수업을 한 것이었는데, 우리는 선생님의 어마어마한 나이(그렇게 보였다)와 어마어마한 근시(책을 코에 바짝 붙이고 읽는 습관으로 보아 명백했다)로 볼 때, 지시를 무시하고 놀려먹을 수 있겠다고 생각했다. 얼마나 잘못된 판단이었던가. 선생님은 그날 오후에 우리 반 전체에게 방과후 수업을 명령했고, 공책에 이런 말을 적도록 한 뒤 수업을 진행했다. "수업의 목적: 4학년 B1반에게 예의범절과 보일의 법칙을 가르칠 것."

운동을 하지 않고도 원하는 수심에 머물 수 있다. 어떤 수심에 있든 유체정역학적 평형을 유지하는 일을 부레가 해주기 때문에, 근육은 역동적인 추진만 담당하면 된다. 반면에 상어는 항상 헤엄을 쳐야만 바닥으로 가라앉지 않는다. 사실 상어의 조직은 특수한 저밀도 물질로 구성되어서 다소 부력이 있기 때문에, 가라앉더라도 천천히 가라앉겠지만 말이다.

이처럼 부레는 폐를 차용한 것이고, 폐는 또 장주머니를 차용한 것이다(짐작과는 달리 아가미방을 차용한 것이 아니다). 어떤 어류에서는 또 부레가 청각기관으로 차용되어 일종의 고막처럼 쓰인다. 이처럼 생물의 몸 전체에 역사가 쓰여 있다. 한 번만 쓰인 것도 아니고, 거듭 덮어쓴 팰림프세스트처럼 여러 번 쓰여 있다.

우리는 약 4억 년 동안 육상동물로 살아왔지만, 뒷다리로만 걸은 세월은 마지막 1퍼센트쯤밖에 안 된다. 땅에서 산 나머지 99퍼센트의 기간 동안 우리의 척추는 대체로 수평으로 놓였고, 우리는 네 발로 걸었다. 처음에 어떤 선택적 이득이 있었기에 최초의 개체들이 몸을 일으켜 뒷다리로 걸었는지는 우리가 아직 잘 모른다. 나도 그 문제는 옆으로 밀어둘 것이다. 조너선 킹던(Jonathan Kingdon)이 그 질문에 관한 책 《낮은 기원(*Lowly Origin*)》을 썼고, 나도 《조상 이야기》에서 얼마간 상세하게 다루었다.

그런 일이 처음 벌어졌을 때는 그것이 대단한 변화가 아니었을지도 모른다. 침팬지 같은 다른 영장류, 몇몇 원숭이, 그리고 매력적인 베록스시파카 여우원숭이 등도 때때로 두 발로 걷는다. 하지만 우리처럼 습관적으로 두 발로 걷는 것은 온몸에 광범위한 영향을 미쳤고, 수많은 보완적 조정을 초래했다. 온몸의 뼈 하나, 근육 하나까지 변화를 면치 못했다고 해도 과언이 아닐 것이다. 아무리 불분명하고, 아무리 부차적이고, 아무리 간접적이거나 희미하게 연관된 내용이라 할지라도, 모든 부속은 걸음걸이의 큰 변화에 대처하기 위해서 어떻게든 바뀌어야 했다. 생물이 생활방식의 큰 변화를 겪을 때마다, 그러니까 물에서 뭍으로 올라오고, 뭍에서 물로 돌아가고, 하늘로 가고, 지하로 갈 때마다, 이와 비슷하게 대대적인 재편 작업이 벌어졌을 것이다.

몸에서 뚜렷한 변화만을 떼어내 따로 다루는 것은 불가능하다. 어쩌면 어디에나 변화의 영향이 미쳤다고 말하는 것은 지나치게 축소한 표현인지도 모른다. 수백 수천 가지 영향이 미쳤고, 영향들의 영향이 또 미쳤다. 자연선택은 영원히 우리를 미세조정하고 손질한다. 위대한 프랑스 분자생물학자 프랑수아 자코브(François Jacob)의 표현대로 영원히 "땜질"한다.

이 문제를 다른 시각에서 바라볼 수도 있다. 우리는 빙하기라든지 커다란 기후 변화가 닥치면 자연선택이 동물을 그에 맞게 적응시킬 거라고 생각한다. 가령 더 두꺼운 털가죽을 기르게 하는 방식으로 말이다. 하지만 우리가 고려해야 할 '기후'는 *외부적* 기후만이 아니다. 외부적 변화가 전혀 없어도, 새로 주요한 돌연변이가 일어나서 그것이 자연선택에 의해 선호된다면, 게놈의 다른 유전자들은 그것을 내부의 '유전적 기후' 변화로 경험할 것이다. 날씨 변화와 마찬가지로, 그것 역시 유전자들이 적응해야 하는 변화다. 이때도 자연선택이 뒤따라와서 유전적 기후 변화에 동물을 적응시켜주어야 한다. 외부적 기후 변화와 똑같은 상황인 것이다. 어쩌면 네발보행에서 두발보행으로의 이동도 외부 환경 변화에 의한 것이 아니라 '내부적으로' 생성된 것이었을지도 모른다. 어느 경우든 그로 인한 결과들이 복잡하게 파생되었을 것이고, 각각의 결과에 대해서 또 보완적인 '손질'이 필요했을 것이다.

이 장의 전체 제목을 '지적이지 못한 설계'라고 붙여도 좋았을 것이다. 생명의 완벽하지 못한 면들을 보여줌으로써 의도적인 설계를 강력하게 부정하는 책의 제목으로도 안성맞춤인 표현이다. 실제로 여러 저자가 그 제목으로 책을 썼는데, 나는 투박하고 퉁명스러운 오스트레일리아 영어를 사랑하기 때문에("궁둥이에 난 종기 같은 이 지적 설계는 대체 어떻게 생겨났는가?"), 그중에서도 시드니의 고참 과학 방송인 로빈 윌리엄스(Robyn Williams)의 재미난 책을 집어들었다. 윌리엄스는 징징대는 영국인이나 쓸 법한 말투로, 아침마다 등 때문에 고통스럽다고 한참 불평한 다음(오해하지 마시라, 나도 심각하게 공감한다), 이렇게 말한다. "등에 품질보증서가 있다면, 거의 모든 사람이 당장 수선을 요구해도 좋을 것이다. (신이) 정말로 등 설계를 책임졌다면, 이것을 만들 때 그의 컨디션이 최고가 아니었고, 아마도 엿새가 다 지나갈 무렵 막판에 몰려 해치운 일이라는 데 다들 동의할 것이다."

왜 이런 문제가 생겼을까? 우리 조상들은 수억 년 동안 척추를 대체로 수평으로 둔 채 걸었기 때문이다. 그러다가 갑자기 지난 몇백만 년 동안 조정 작업이 가해지자, 척추가 선선히 받아들이지 않았기 때문이다. 진정한 설계자가 직립보행하는 영장류를 설계했다면, 네발동물을 가져다가 땜질하는 대신 제도판으로 돌아가서 처음부터 다시 제대로 설계했을 것이다.

윌리엄스는 이어서 오스트레일리아의 상징적 동물인 코알라의 주머니를 언급한다. 코알라의 주머니는 캥거루의 주머니처럼 위로 열리지 않고 아래로 열려 있다. 나무에 매달려 살아가는 동물로서는 좋은 생각이라고 할 수 없다. 이것 역시 역사의 유물인 탓이다. 코알라는 웜뱃을 닮은 선조로부터 유래했다. 웜뱃은 땅파기 선수들이다.

> (웜뱃은) 터널을 파는 굴착기처럼 큼직한 발에 흙을 잔뜩 담아 마구 휘두른다. 그런 선조의 주머니가 앞으로 열려 있었다면, 새끼들의 눈과 이빨에는 시도 때도 없이 티끌이 끼었을 것이다. 그래서 주머니는 뒤로 열리게 되었다. 그런데 어느 날, 이 생물이 나무로 올라갔다. 아마도 신선한 식량 공급원을 찾아나섰을 것이다. 이때 '설계'가 함께 따라갔다. 바꾸기에는 너무 복잡했던 것이다.

되돌이 후두신경과 마찬가지로, 이론적으로는 코알라가 발생 과정을 변화시켜서 주머니를 위로 열리게 만들 수도 있었다. 하지만 (내 추측인데) 그런 큼직한 변화에 수반되는 발생학적 격변은 중간 형태 코알라들을 더 불리한 형태로 만들었을 것이다. 차라리 현재 상태에 어떻게든 대처하는 코알라가 더 나았을 것이다.

사람이 네발동물에서 두발동물로 바뀜으로써 빚어진 또 한 가지 뜻밖의 결과는, 부비동 문제다. 부비동의 배출 구멍은 합리적인 설계자라면 절대로 선택하지 않을 위치에 뚫려 있기 때문에, 많은 사람에게 심대한 고난을 안긴다(나도 이 글을 쓰는 지금 고생하고 있다). 윌리엄스는 역시 오스트레일리아 사람인 데릭 덴턴(Derek Denton) 교수를* 인용했다. "상악 부비동 혹은 부비강은 얼굴의 양쪽 뺨 뒤에 있다. 그런데 배출 구멍은 그 꼭대기에 있다. 액체를 빼낼 때 중력을 활용하기에는 별로 좋은 생각이 아니다." 네발동물에게는 그 '꼭대기'가 전혀 꼭대기가 아니고 몸의 앞쪽에 해당한다. 네발동물에게는 배출 구멍의 위치가 합리적이었다. 이번에도 역사의 유물이 우리 몸에 쓰여 있는 것이다.

윌리엄스는 계속해서 또 다른 오스트레일리아 사람의 말을 인용했다. 그도 근사한 표현을 잘 뱉는 오스트레일리아인의 국민적 재능을 유감없이 발휘하여 말하기를, 만약에 맵시벌의 설계자가 있었다면 "결단코 가학적인 개자식이었을 것"이라고 했다. 젊을 때 오스트레일리아를 방문했던 다윈도 같은 정서를 더 진중하고 덜 오스트레일리아다운 말투로 표현한 적이 있다. "자애롭고 전능하신 신께서 살아 있는 애벌레의 몸을 먹고 살겠다는 분명한 의도를 지닌 맵시벌을 의도적으로 창조했으리라고는 믿기 힘들다." 맵시벌의 전설적인 잔인함은(연관종인 조롱박벌과 타란툴라벌의 잔인함도) 이 책의 마지막 두 장에서 되풀이하여 다룰 악상이다.

지금부터 내가 하려는 말을 어떻게 해야 조리 있게 잘 표현할 수 있을지 모르겠다. 이것은 기린을 해부하던 기념비적인 날에 처음 떠올랐고, 이후로 죽 내 머리를 떠나지 않은 생각이다. 우리가 동물을 겉에서 바라보면, 그 훌륭한 구조에 압도적인 감동을 받은 나머지 설계라는 망상에 빠지기 쉽다. 나뭇잎을 뜯는 기린, 비상하는 신

■ 역시 오스트레일리아 사람이며 창조론자들의 사랑을 한 몸에 받는 마이클 덴턴과 헷갈리지 말자. 그런데 창조론자들은 마이클 덴턴이 두 번째 책인 《자연의 운명(Nature's Destiny)》에서 유신론자로는 남되 그전까지의 반진화적 견해는 철회했다는 사실을 맘대로 무시해버린다.

천응, 곤두박질치는 칼새, 내리덮치는 매, 해초에 숨으면 감쪽같이 안 보이는 나뭇잎 같은 실고기, 이쪽저쪽 통통 튀는 가젤을 쫓아 전속력으로 질주하는 치타…… 설계라는 망상은 너무나 직관적이기 때문에, 그 생각에 제동을 걸어서 순진한 직관의 유혹을 넘으려면 도리어 창조적인 노력을 기울여야 하는 형편이다.

그러나 그것은 우리가 동물을 겉에서 볼 때의 이야기다. 동물의 안을 들여다보면, 인상은 정반대가 된다. 교과서의 도해들은 기술자의 청사진처럼 단정하게 재단하고 색색으로 분류하여 단순화한 것이므로, 그것으로는 깔끔한 설계라는 인상을 받을 수밖에 없다. 하지만 해부대에서 몸이 열린 동물을 볼 때 느끼는 현실은 전혀 다르다. 기술자에게 심장 동맥들을 개량한 설계도를 그려보라고 하면 교훈적인 경험이 되지 않을까 싶다. 그 결과는 아마 자동차의 배기다기관처럼 여러 관이 질서 있게 줄지어 단정하게 나오는 모양일 것이다. 우리가 진짜 가슴에서 목격하는 것처럼 아무렇게나 엉킨 모양이 아닐 것이다.

내가 기린을 해부하는 해부학자들과 함께 하루를 보낸 것은 진화의 불완전한 면을 알려주는 한 사례로서 되돌이 후두신경을 살펴보기 위해서였다. 하지만 나는 곧 깨달았다. 불완전한 면을 꼽자면, 되돌이 후두신경은 빙산의 일각이었다. 그 신경은 정말이지 엄청나게 우회하기 때문에 특히 강력한 사례이고, 헬름홀츠가 결정적인 구실로 삼아 돌려보낼 만한 결점이긴 하다. 하지만 큰 동물의 내부 장치에서 다른 어떤 부분을 보든, 어차피 엉망진창이라는 인상이 압도적이다!

설계자가 있다면 신경 우회 같은 실수를 저지르지 않았을 것은 물론이고, 제대로 된 설계자라면 동맥들, 정맥들, 신경들, 장들, 지방 덩어리들, 근육들, 장간막들, 기타 등등이 어지럽게 교차하며 뒤범벅이 된 이런 상태를 절대 만들지 않았을 것이다.

미국의 생물학자 콜린 피텐드리(Colin Pittendrigh)의 말을 인용하면, 이 모두는 "기회가 닿는 대로 손에 넣은 것들을 조각조각 이어붙여 변통한 조각보이고, 자연선택은 선견지명을 통해 이들을 선택한 것이 아니라 사후적으로 선택한 것일 뿐"이다.

ARMS RACES AND 'EVOLUTIONARY THEODICY'

12

무기경쟁과 진화적 신정론

눈과 신경, 정관, 부비동 등은 개체의 안녕이라는 시점에서는 허술하게 설계된 것들이다. 하지만 진화의 시점에서 보면, 그 불완전함이 완벽하게 이해된다. 더 큰 자연의 경제에도 같은 원리가 적용된다. 정말로 지적 창조주가 있다면 동식물 개체들의 몸뿐만 아니라 종 전체, 생태계 전체를 설계했을 것이다. 그렇다면 자연은 계획 경제일 것이다. 세심하게 설계되어서 낭비와 쓰레기가 없는 경제일 것이다. 그러나 그렇지 않다. 이 장은 그에 관한 이야기다.

자연은 설계된 경제인가, 진화된 경제인가?

자연의 경제는 태양의 에너지로 돌아간다. 태양에서 온 광자들은 낮 동안 내내 비처럼 지표면에 쏟아진다. 많은 광자는 바위나 모래사장을 데우는 것 외에는 별달리 쓸모 있는 일을 하지 않는다. 소수의 광자는 눈으로 들어온다. 여러분의 눈, 내 눈, 새우의 겹눈, 가리비의 포물형 안테나 같은 눈으로. 어떤 광자들은 태양열판에 떨어질지도 모른다. 내가 친환경적 열정에 사로잡혀 얼마 전에 우리 집 지붕에 설치한 온수용 집열판처럼 인공적인 태양열판이든, 자연의 태양열판인 푸른 나뭇잎이든.

식물은 태양에너지를 써서 화학적 합성반응을 '오르막'으로 추진하고, 그래서 주로 당 같은 유기 연료를 제조해낸다. 오르막이란 당 합성을 추진하는 데 에너지가 든다는 뜻이다. 같은 이치로, 당이 나중에 '내리막' 반응에서 태워지면 에너지(의 일부)가 다시 방출된다. 그래서 근육운동이나 굵은 나무둥치를 만드는 것 같은 유용한 일을 할 수 있게 된다.

'내리막'과 '오르막' 비유는 물에서 따온 것이다. 물은 높은 저수조에서 흘러내리면서 물레방아를 돌려 유용한 일을 하게 만든다. 우리가 에너지를 들여서 물을 높은 저수조로 펌프질해 올릴 때도 있는데, 나중에 그 물을 다시 내리막으로 흘려 물레방아를 돌리려고 저장해두는 것이다.

오르막이든 내리막이든, 에너지 경제의 매 단계에서 에너지의 일부가 유실된다. 완벽하게 효율적인 에너지 교환은 있을 수 없다. 그렇기 때문에 특허청은 영구운동기계를 설계했다는 제안서는 거들떠보지도 않는다. 그런 것은 절대로, 영원히 불가능하기 때문이다. 물레방아의 내리막 에너지를 써서 그만큼의 물을 다시 오르막으로 펌프질하고, 그것으로 물레방아를 또 돌리는 일은 불가능하다. 새어나가는 양을 보완하기 위해서 반드시 외부에서 에너지가 투입되어야 한다. 그리고 이 대목에서 태양이 끼어든다. 이 중요한 주제에 관해서는 13장에서 다시 이야기할 것이다.

지구 육지의 표면은 많은 부분이 초록잎으로 덮여 있다. 잎들은 광자를 사로잡는 층층의 저수지나 마찬가지다. 한 잎이 광자를 잡지 못하더라도, 바로 아래층의 잎이 잡을 것이다. 빽빽한 숲에서는 잎들에게 잡히지 않고 땅까지 내려가는 광자가 많지 않기 때문에, 성숙한 숲 속을 거닐면 아주 캄캄하다. 태양이 지구의 몫으로 보내주는 적은 양의 햇살은 대부분 물 위에 떨어지는데, 바다의 표층에도 햇빛을 잡기 위한 단세포 초록식물들이 가득하다. 바다에서든 육지에서든, 광자를 사로잡아서 그 에너지로 '오르막' 화학반응을 추진하고, 그럼으로써 당이나 전분 같은 편리한 에너지 저장 분자를 만드는 과정을 광합성이라고 한다.

광합성은 10억 년도 더 전에 박테리아들이 발명했고, 지금도 대부분의 광합성을 초록 박테리아들이 담당하고 있다. 왜 그렇게 말할 수 있느냐 하면, 엽록체(잎사귀 안에서 광합성 작업을 실제로 수행하는 작은 초록 엔진)가 사실은 초록 박테리아의 직계 후손이기 때문이다. 엽록체는 식물세포 안에 있으면서도 박테리아처럼 독립적으로 증식하기 때문에, 잎에게 전적으로 의존해 살면서 잎의 색깔을 내준다는 점에도 불구하고, 여전히 박테리아라고 봐도 무방할 것이다. 원래 자유생활을 하던 초록 박테리아가 식물세포에 편승한 뒤, 결국 오늘날의 엽록체로 진화한 듯하다.

생명의 오르막 화학반응을 식물세포 내부에 융성하는 초록 박테리아들이 주로 담당한다면, 대사(동식물 세포 속에서 당이나 여타 연료를 천천히 태워서 에너지를 내놓는 일)의 내리막 화학반응은 또 다른 종류의 박테리아들이 전문성을 자랑하는 영역이다. 참으로 깔끔한 대칭이 아닐 수 없다. 대사를 담당하는 박테리아도 한때는 자유생활을 했지만 지금은 더 큰 세포 안에서 번식하게 된 것으로, 우리는 이들을 미토콘드리아라고 부른다.

미토콘드리아와 엽록체는 서로 다른 종류의 박테리아에서 유래한 뒤, 우리 눈에 보일 만큼 큰 생물체가 이 땅에 나타나기 한참 전부터 수십 억 년에 걸쳐 상보적인 화학 묘기를 연마해왔다. 둘 다 그 화학적 기술 때문에 다른 세포에게 납치된 셈이고, 그리하여 오늘날에는 우리가 보고 만질 수 있을 만큼 큰 생물들의 크고 복잡한 세포 속 세포액 환경에서 살아가고 있다. 엽록체는 식물세포 속에서, 미토콘드리아는 식물세포와 동물세포 속에서 말이다.

식물의 엽록체가 포획한 태양에너지는 복잡한 식량사슬의 바다에 놓인다. 식물의 에너지는 식량사슬을 통해서 곤충 같은 초식동물로 전달되고, 그곳에서 다른 곤충, 식충동물, 늑대나 표범 같은 육식동물로 전달되고, 또 그곳에서 독수리나 쇠똥구리 같은 청소동물로 전달되고, 결국 마지막으로 곰팡이나 박테리아 같은 분해자로 전달된다. 식량사슬의 매 단계를 통과할 때마다 약간의 에너지가 열이 되어 빠져나가고, 나머지 에너지는 근육 수축 같은 생물학적 과정들을 추진하는 데 사용된다. 태양이 처음 입력해준 에너지 외에는 새로운 에너지가 더해지지 않는 것이다. 심해의 열수구(熱水口)에 살면서 화산으로부터 에너지를 얻는 특이한 소수의 예외를 제외한다면, 생명을 움직이는 모든 에너지는 결국 식물이 잡아낸 햇빛에서 온다.

탁 트인 땅 한가운데 당당하게 서 있는 키 큰 나무 한 그루를 보자. 나무는 왜 그렇게 클까? 태양에 가까워지기 위해서는 절대 아니다! 나뭇가지들이 땅 위에 거의 펼쳐질 정도로 둥치가 짧아지더라도 나무가 얻는 광자에는 전혀 손실이 없고, 더구나 막대한 비용을 아낄 수 있다. 그런데 왜 하늘을 향해 높이 줄기를 밀어올리느라고 온갖 비용을 치르는 걸까?

나무의 타고난 서식지는 숲이라는 것을 깨닫기 전에는 답이 떠오르지 않는다. 나무는 같은 종이든 다른 종이든 경쟁자 나무들을 누르기 위해서 키를 키우는 것이다. 공터나 정원의 나무는 둥치 바닥까지 풍성하게 가지들이 나 있다고 해서 착각하지 말자. 군대 교관이 사랑해마지않는 둥글둥글한 모양의 나무가 등장한 것은, 그것이 *현재* 공터나 정원에 있기 때문이다.* 우리가 요즘 보는 것은 '빽빽한 숲'이라는 자연적 서식지를 벗어난 나무들이다. 산림수의 타고난 모양새는 키가 크고, 둥치가 노출되어 있고, 대부분의 가지와 잎은 나무 꼭대기에서 광자 빗줄기의 예봉을 받아내는 천개에 몰려 있는 형태다.

그렇다면 여기서 이상한 상상을 하나 해보자. 숲의 나무들이 다 함께 협약을 맺어서 (노동조합의 행위 제한 규정처럼) 가령 3미터 이상으로는 자라지 않기로 합의한다고 상상해보자. 그러면 모두가 이득을 볼 것이다. 공동체(생태계) 전체가 목재를 아낄 수 있을 것이고, 하늘을 찌르는 값비싼 둥치를 만드는 데 들어가는 에너지를 아낄 수 있을 것이다.

상호 절제에 기반한 협정을 끌어내기가 참으로 어렵다는 것은 잘

---

* "군대에는 나무가 세 종류밖에 없다. 전나무, 포플러, 그리고 북슬북슬한 나무."

알려진 사실이다. 미래를 내다보는 능력을 발휘할 수 있는 인간들의 세상에서도 말이다. 흔한 예를 들자면, 경마 같은 볼거리를 관람할 때 모두 서지 말고 앉아 있자는 합의도 그렇다. 모두 앉아 있을 때도 키 큰 사람이 키 작은 사람보다 더 좋은 시야를 확보하기는 하지만, 어쨌든 모두 앉아 있다는 점에서는 다들 편안하다. 이때 키 큰 사람 뒤에 앉은 어떤 키 작은 사람이 더 잘 보려고 일어서면, 문제가 시작된다. 그 뒤에 앉은 사람은 뭐라도 좀 구경하기 위해서는 당장 일어나야 한다. 파도처럼 사람들이 일어서기 시작하고, 결국 관람석의 모든 사람이 서 있게 된다. 결국 모두 앉아 있을 때보다 더 나쁜 상황이 된다.

성숙한 숲의 천개는 공중에 뜬 초원과 마찬가지다. 풀이 넘실거리는 초원과 똑같지만, 죽마를 타고 높이 올라가 있는 것뿐이다. 천개는 초원과 똑같은 정도로 태양에너지를 수확한다. 하지만 상당한 양의 에너지가 죽마로 투입되어 '낭비'된다. 죽마는 '초원'을 하늘 높이 떠받치는 것 외에는 아무런 쓸모가 없고, 공중이라고 해서 땅에 납작 깔려 있을 때보다 더 많은 광자를 수확하는 것도 아니다. 오히려 땅에 있으면 비용이 더 적게 들 것이다.

우리는 이 사례에서 설계된 경제와 진화한 경제의 차이를 알 수 있다. 설계된 경제라면 나무는 존재하지 않을 것이다. 적어도 아주 큰 나무는 없을 것이다. 숲도 없고, 천개도 없을 것이다. 나무는 쓰레기다. 나무는 낭비다. 나무 둥치는 헛된 경쟁을 증언하는 듯 우뚝 솟은 기념비들이다. 물론 계획 경제의 관점에서 보면 그렇다는 말이다.

하지만 자연의 경제는 계획 경제가 아니다. 식물 개체들은 같은 종이나 다른 종의 개체들과 경쟁하면서 점점 커지다 보니, 설계자가 추천할 만한 높이보다 더 높아지게 되었다. 그렇다고 무한정 커지는 것은 아니다. 언젠가는 나무가 한 뼘 더 자라면 경쟁에서는 이득이 있겠지만 비용이 너무 많이 들어서 그 한 뼘을 포기하는 경쟁자보다 오히려 더 불리해지는 시점이 올 것이다. 나무가 기어코 달성하게 되는 그 최종 높이는 개별 나무의 비용과 편익 사이 저울질에 달려 있을 뿐, 합리적인 설계자가 나무 집단을 위해서 계산한 편익에 따르는 것이 아니다. 서로 다른 숲에서는 서로 다른 최대 높이로 균형이 맞춰진다. 모르긴 몰라도 그 높이가 태평양 연안의 붉은 삼나무 숲을 초월하는 곳은 없을 것 같다(죽기 전에 꼭 구경하기 바란다).

우리 가상 숲의 운명을 상상해보자. 모종의 신비로운 협정에 의해, 모든 나무가 어떻게든 천개 높이를 3미터로 낮추어 바람직한 수준으로 유지하는 숲이다. 이 숲을 '우정의 숲'이라고 부르자. 이곳의 천개는 다른 숲의 천개와 똑같아 보인다. 높이가 30미터가 아니라 3미터인 게 다를 뿐. 계획 경제의 관점에서 보면, 우정의 숲은 더 높은 다른 숲들보다 숲으로서 더 효율적이다. 다른 나무들과 경쟁하는 목적 외에는 아무런 용도가 없는 큰 둥치들을 만드는 일에 자원을 쓰지 않기 때문이다.

하지만 이제, 우정의 숲 한가운데에 돌연변이 나무가 자란다고 상상해보자. '합의된' 표준인 3미터보다 살짝 더 자라는 악당 나무다. 이 돌연변이는 당장 경쟁에서 이득을 볼 것이다. 물론 둥치 길이를 좀 더 늘리는 데는 비용이 들지만, *다른 나무들이 계속 자제 협정을 준수하는 한* 그 비용을 충분히 보상받고도 남는다. 추가로 수확한 광자들로 높이 연장의 추가 비용을 치를 수 있을 테니 말이다. 따라서 자연선택은 자제 협정을 깨뜨린 채 더 높게, 가령 3.3미터로 자라게 하는 유전적 경향성을 선호한다.

이리하여 세대가 갈수록 점점 더 많은 나무가 금지명령을 깬다. 결국에는 숲의 나무들이 죄다 3.3미터가 되어, 다들 전보다 나쁜 상황에 처한다. 다들 30센티미터씩 더 자라야 하기 때문이다. 게다가 그런 수고를 치른다고 광자를 더 얻을 수 있는 것도 아니다. 그러면 이제 자연선택은 3.6미터로 자라게 하는 돌연변이를 선호하고, 나무들은 더욱더 커진다. 태양을 향한 헛된 상승에는 끝이 있을까? 어째서 높이가 1킬로미터인 나무나 잭의 콩나무가 등장하지 않는 걸까? 한 뼘 더 자라는 데 드는 한계비용이 그 한 뼘으로 수확할 수 있는 광자의 이득을 넘어서는 한계지점이 있기 때문이다.

우리는 이 논증에서 개체들의 비용과 편익만을 이야기했다. 만약 *숲 전체*의 편익을 위해서 경제가 설계된다면, 숲은 아주 다른 모습이 될 것이다. 우리가 실제로 보는 숲은 자연선택이 모든 나무 종에 대해서 같은 종이나 다른 종의 경쟁 개체를 능가하는 특정 개체들을 선호한 결과다.

나무의 모든 특징은 그것이 설계된 게 아니라는 시각을 지지한다. 나무가 우리에게 재목을 주기 위해서 설계되었다거나, 뉴잉글랜드의 가을 풍경으로 우리의 눈과 카메라를 만족시키기 위해서 설계되었다면 또 모르겠지만 말이다. 역사에는 실제로 그렇게 믿었던 사람이 적지 않았다. 그렇다면, 이와 비슷한 경우지만 인류에 대한 편익을 주장하기는 난감한 사례를 살펴보자. 사냥꾼과 사냥감이 무기 경쟁을 펼치는 사례다.

아무리 달려도 제자리

포유류 중에서 가장 빠른 달리기 선수 다섯 종은 치타, 프롱혼(미국에서 종종 '영양'이라고 불리지만, 사실은 아프리카의 진짜 영양과 가깝지 않다), 누(윌더비스트라고도 하며, 이것은 영양처럼 생기지 않았지만 진짜 영양류다), 사자, 톰슨가젤(영양류고, 좀 작다 뿐이지 영양처럼 생겼다)이다. 우리가 주목할 점은, 달리기 종목 상위에 오른 선수들이 모두 사냥감 아니면 사냥꾼이라는 것이다. 그것이 우연이 아니라는 게 내가 하고 싶은 말이다.

치타는 3초 만에 시속 97킬로미터로 가속할 수 있다. 페라리, 포르쉐, 테슬라 같은 스포츠카들과 겨룰 만하다. 사자도 가공할 가속력을 자랑한다. 가젤은 사자보다 가속력은 좀 못하지만, 대신 지구력이 더 뛰어나고 방향 바꾸기에 능하다. 고양이과는 일반적으로 단거리 달리기에 알맞고, 먹잇감이 방심하는 사이에 펄쩍 뛰어올라서 잡는다. 한편, 끈기가 주특기인 아프리카 사냥개나 늑대 같은 개과는 먹잇감을 지치게 해서 잡는다.

가젤 같은 영양들은 두 종류의 포식자에 다 대처해야 하므로, 아마도 적절하게 타협을 이루고 있을 것이다. 영양은 큰 고양이들보다는 가속력이 떨어지지만, 지구력은 더 낫다. 톰슨가젤은 이쪽저쪽 방향을 트는 방법으로 치타의 페이스를 흐트러뜨리기도 한다. 치타가 최대 가속기를 넘어 소진기로 접어들 때까지 시간을 끄는 것이다. 소진기에 접어든 치타는 빈약한 체력을 드러내기 시작한다. 치타의 성공적인 사냥은 보통 시작하자마자 끝난다. 기습과 가속에 의존한 성공이다. 치타의 성공적이지 못한 사냥도 보통 일찌감치 끝난다. 치타는 최초의 역주가 실패로 돌아가면 에너지를 아끼려고 사냥을 포기하기 때문이다. 한마디로, 치타의 사냥은 늘 눈 깜박할 새에 끝난다!

최고 속도와 가속, 끈기와 기민함, 기습과 끈질긴 추적 같은 세세한 내용은 신경 쓰지 말자. 우리는 사냥을 하거나 사냥을 당하는 동물들이 세상에서 가장 빠른 동물이라는 사실만 알면 된다. 자연선택은 포식자 종으로 하여금 갈수록 먹이를 잘 잡게 하고, 동시에 먹잇감 종으로 하여금 갈수록 포식자를 잘 피하게 한다. 포식자와 먹잇감은 진화적 시간 규모로 펼쳐지는 진화적 무기경쟁에 참여한 상태다. 그 결과, 양쪽 동물들은 신체 경제의 다른 부문에서는 자원을 아끼면서 무기경쟁에 쏟는 자원은 착실히 증강시킨다.

사냥꾼과 사냥감은 상대를 앞질러 달리기 위한(기습하거나 속여넘기기 위한 등등) 도구를 갈수록 더 훌륭하게 갖춰간다. 하지만 앞질러 달리는 도구가 개선된다고 해서 곧 앞지르는 성공률이 높아지는 것은 아니다. 무기경쟁의 상대방 역시 도구를 개량하고 있기 때문이다. 이것이 무기경쟁의 요체다. 붉은 여왕이 앨리스에게 말했듯이, 모두들 최대한 빨리 달려야 겨우 제자리에 머물 수 있다.

다윈은 무기경쟁이라는 표현을 쓰지는 않았지만, 이러한 진화적 현상을 잘 알고 있었다. 나는 존 크렙스와 함께 쓴 1979년의 논문에서, '무기경쟁(armament race)'이라는 표현의 원조는 영국의 생물학자 휴 코트(Hugh Cott)라고 지적하였다. 코트의 《동물의 보호색(*Adaptive Coloration in Animals*)》이 제2차 세계대전이 한창이던 1940년에 출간되었다는 사실은 자못 의미심장하다.

우리는 메뚜기나 나비의 위장이 지나치게 상세하다고 단언하기 전에, 그 곤충의 천적에게 어느 정도의 인식 능력과 구분 능력이 있는지 확인해봐야 한다. 그러지 않는다면, 적군의 무장이 어떤 종류고 얼마나 효과적인지 묻지도 않은 채 우리의 순양함이 지나치게 무장되어 있고, 포탄의 사정거리가 지나치게 길다고 단언하는 것이나 같다. 문명화된 전쟁*에서 줄곧 개량이 이루어지듯이, 정글의 원시적인 투쟁에서도 줄곧 대대적인 진화의 무기경쟁이 진행된다. 그 결과, 방어하는 쪽에서는 속도, 경계, 방패, 가시, 땅을 파는 습성, 야행성, 독 분비, 고약한 냄새, 보호색, 경계색, 의태색 등의 장치들이 등장한다. 공격하는 쪽에서는 속도, 기습, 매복, 유인, 예리한 시각, 발톱, 이빨, 침, 독니, 은폐색, 유인색 등의 대응 속성들이 등장한다. 쫓는 자의 속도가 증가하면 그에 따라 쫓기는 자의 속도도 증가하고, 공격적인 무기에 맞추어 방어적인 방패가 등장하는 것처럼, 완벽한 위장도 인식 능력의 개선에 대한 반응으로 진화했다.

무기경쟁은 진화적 시간에서 펼쳐진다는 점을 명심하자. 현재 실시간으로 벌어지고 있는 치타 개체와 가젤 개체의 경쟁과 혼동해서는 안 된다. 진화적 시간에서의 경쟁은 실시간 경쟁을 위한 도구를 구축하는 경쟁이다. 더 구체적으로 말하면, 지략이나 속도로 상대를 능가하기 위한 도구가 양쪽의 유전자풀에 갖춰져가는 과정이다. 두 번째로 명심할 점은(다윈도 이 점을 아주 잘 알았다), 개체가 포식자에게

---

* 그런 것이 있는지도 모르겠지만, 있다 해도 모순적인 표현이다.

서 도망칠 때 자신과 같은 *종의 경쟁* 개체들을 앞지르기 위해서 달리기 도구를 사용한다는 점이다. 러닝화와 곰에 관한 이솝우화급 유명한 농담은 아주 옳은 이야기다.* 치타가 한 무리의 가젤을 쫓기 시작했을 때, 가젤에게 중요한 것은 치타를 앞질러 달리는 게 아니라 제 무리의 느린 가젤들을 앞질러 달리는 것이다.

무기경쟁이라는 용어를 이해하고 보면, 숲의 나무들 역시 무기경쟁에 돌입한 상태라는 것을 깨닫게 된다. 개별 나무들은 바로 옆에 있는 이웃 나무들보다 태양에 더 가까이 가려고 경쟁한다. 오래된 나무가 죽어서 천개에 빈 공간이 생기면 경쟁이 특히 심해진다. 늙은 나무가 쓰러지는 소리가 온 숲에 메아리치면, 그런 기회를 노리고 있던 묘목들은 그 소리를 신호탄 삼아서 실시간 경쟁에 돌입한다 (물론 우리 동물들의 실시간보다야 훨씬 느리다). 아마도 선조들의 진화적 무기경쟁에서 두각을 드러냈던 유전자, 즉 더 빠르고 높이 자라는 유전자를 갖춘 나무가 실시간 경쟁의 승자가 될 것이다.

숲 속 나무들의 무기경쟁은 대칭적 경쟁이다. 양측이 천개에서의 공간이라는 동일한 목표를 놓고 다투기 때문이다. 한편, 포식자와 먹잇감의 무기경쟁은 비대칭적이다. 공격 무기와 방어 무기 사이의 경쟁이기 때문이다. 기생생물과 숙주의 무기경쟁도 마찬가지다. 놀랍게 들릴지도 모르지만, 한 종의 수컷과 암컷, 부모와 자식 사이에도 무기경쟁이 있다.

---

*함께 등산하던 두 사람이 곰을 만났다. 한 사람은 얼른 달아나기 시작했는데, 다른 사람은 멈춰서서 러닝화를 신었다. "미쳤어? 러닝화를 신어도 불곰보다 빨리 달릴 순 없다고." "물론 그렇지. 하지만 너보다 빨리 달릴 순 있어."

무기경쟁의 특징들 중에는 지적 설계론 지지자들에게 근심거리가 되는 점이 하나 있다. 이 모든 일이 어마어마하게 무익하다는 점이다. 설계자가 치타를 만든다고 상상해보자. 그는 완벽한 최고의 살해동물을 만들기 위해 자신의 설계 솜씨를 마지막 한 방울까지 쏟아부을 것이다. 치타가 얼마나 근사한 달리기 기계인지 보라. 그 사실에는 의심의 여지가 없다. 하지만 설계자는 바로 그 치타로부터 도망치기 위한 최상의 도구를 갖춘 가젤을 설계하는 데도 온 신경을 쏟았을 것이다.

대관절 설계자는 누구 편인가? 치타의 팽팽한 근육과 유연한 척추를 보면, 설계자는 치타가 경쟁에서 이기기를 바랐다는 결론을 내리게 된다. 하지만 가젤이 박차며 달리고, 요리조리 방향을 틀고, 날쌔게 피하는 모습을 보면 정확하게 그 반대의 결론을 내리게 된다. 설계자의 왼손은 제 오른손이 하는 일을 몰랐단 말인가? 설계자는 군중 스포츠를 즐기는 성격인데다가, 추격의 짜릿함을 증폭시키기 위해서 계속 양쪽의 판돈을 높여가는 가학 성향마저 있었단 말인가? 어린양을 만든 그가 우리 인간도 만들었단 말인가?

표범이 어린아이와 함께 쉬고 사자가 소처럼 풀을 먹는 일이 정말로 신의 계획에 들어 있었을까? 그렇다면 사자와 표범의 가공할 열육치와 흉악한 발톱은 무슨 가치인가? 영양과 얼룩말의 숨 막히는 속도와 날렵한 탈출술의 존재이유는 도대체 무엇이란 말인가? 두말하면 잔소리겠지만, 우리가 사태를 진화적으로 해석하면 이런 질문들은 생기지 않는다. 양측은 상대를 능가하려고 기를 쓸 뿐이다. 상대를 능가하는 데 성공한 개체만이, 성공에 기여한 유전자를 자동적으로 후대에 전달할 것이기 때문이다. '무익함'이나 '낭비' 같은 생각이 떠오르는 것은 우리가 인간이기 때문이고, 전체 생태계의 안녕을 살필 수 있기 때문이다. 자연선택은 오직 개별 유전자의 생존과 증식만을 신경 쓴다.

이것은 숲의 나무들과 똑같은 상황이다. 나무마다 경제가 있어서 둥치에 자원을 소요하면 과일이나 잎에는 그 자원을 쓸 수 없듯이, 치타와 가젤에게도 내부적인 경제가 있다. 빨리 달리는 데는 대가가 따른다. 태양에서 짜낸 에너지가 소비되는 것은 물론이거니와, 속도와 가속의 기계인 근육들, 뼈들, 힘줄들을 만드는 데도 물질이 소비된다. 가젤이 식물의 형태로 섭취하는 재료는 한정되어 있다. 근육이나 다리 등 달리기에 소비되는 물질은 새끼 낳기 같은 생명의 다른 부문에서 가져온 것일 수밖에 없다. 이상적인 경우라면 동물은 새끼 낳기에 자원을 쓰기를 '선호'하겠지만 말이다.

생물은 극도로 복잡하게 균형을 이룬 타협 상태를 끊임없이 미세 조정해야 한다. 우리가 그 세부적인 내용을 다 알 수는 없지만, 생명의 한 부문에 *지나치게* 많이 자원을 씀으로써 다른 부문에서 자원이 모자라는 경우가 가능하다는 것만은 알고 있다(이것은 불변의 경제 법칙이다). 개체가 적당한 수준 이상의 자원을 달리기에 쏟는다면 제 목숨은 지킬 수 있을 것이다. 하지만 다윈주의적인 의미에서 평가할 때, 그 개체는 적절하게 자원 균형을 이룬 같은 종의 경쟁 개체에게 질 것이다. 경쟁 개체는 속도에 자원을 덜 쓰기 때문에 자신이 잡아먹힐 위험은 높겠지만, 결국 더 많은 후손을 남길 것이다. 그리하여 균형을 잘 맞추는 유전자를 물려줄 것이다.

정확한 균형이 필요한 것은 에너지나 귀한 물질만이 아니다. 위험에 대해서도 균형을 잡아야 한다. 위험 역시 경제학자들의 계산에서 빠지지 않는 요소다. 길고 가는 다리는 빨리 달릴 수 있다. 그러나 잘 부러진다. 경주마가 한창 달리던 중에 다리가 부러져서 즉각 안락사에 처해지는 경우가 얼마나 많은지 모른다. 3장에서 보았듯이, 경주마가 그렇게 취약한 이유는 다른 모든 것을 감수하고라도 빨리 달리도록 품종개량되었기 때문이다.

가젤과 치타에게도 비슷한 식으로 점점 빨라지게 만드는 선택(물론 인위선택이 아니라 자연선택이다)이 작용하기 때문에, 자연이 지나친 수준까지 그들을 밀어붙인다면 그들은 골절에 취약해질 것이다. 하지만 자연은 결코 지나치게 육성하지 않는다. 자연은 언제나 적절하게 균형을 잡는다. 세상은 적절하게 균형을 잡는 유전자들로 가득 차 있다. 그렇기 때문에 그 유전자들이 존재할 수 있는 것이다!

구체적으로 설명해보자. 예외적인 유전적 경향성에 의해 길고 호리호리한 다리를 발달시키는 개체는 당연히 달리기에 능하겠지만, 다리가 덜 호리호리해서 조금 느리되 덜 부러지는 개체보다 제 유전자를 물려줄 가능성은 평균적으로 낮을 것이다. 이것은 모든 동식물이 저글링하는 무수히 많은 타협 중에서 한 가지 가설적인 사례다. 생물들은 위험을 저글링하고, 경제적 타협들을 저글링한다. 물론 각각의 동식물 개체가 직접 저글링을 하고 균형을 잡는 것은 아니다. 자연선택이 유전자풀에서 대안 유전자들의 상대 비율을 놓고 저글링을 하고 균형을 잡는 것이다.

쉽게 짐작할 수 있다시피, 타협의 최적점은 고정되어 있지 않다. 가젤이 달리기 속도와 신체 경제의 다른 요구들 사이에서 저울질할 때, 그 최적점은 주변 육식동물들의 상황에 따라서 달라진다. 5장에서 보았던 거피들과 비슷한 이야기다. 주변에 포식자가 많지 않으면, 가젤의 최적 다리 길이는 짧아질 것이다. 다리에 에너지와 자원을 쏟는 유전적 소인을 지닌 개체 대신, 새끼를 낳거나 겨울에 대비해 지방을 저장하는 데 힘을 쏟는 개체들이 성공할 것이다. 이런 개체들은 다리가 부러질 가능성도 낮을 것이다. 거꾸로 주변에 포식자의 수가 늘어나면, 최적의 균형점은 더 긴 다리 쪽으로 이동할 것이다. 골절의 위험을 더 많이 감수하고, 달리기 이외의 신체 경제 부문들에는 에너지와 자원을 덜 쏟는 쪽으로 옮겨갈 것이다.

포식자 역시 이런 방식의 내부적 계산을 통해서 최적의 타협점을 찾아낸다. 다리가 부러진 치타는 틀림없이 굶어죽을 것이고, 그 새끼들도 굶어죽을 것이다. 하지만 식량을 구하기가 얼마나 어려운가 하는 주변 상황에 따라서, 속도가 빠르되 다리가 잘 부러질 위험보다는 달리는 속도가 느려 먹이를 잡지 못할 위험이 더 크게 와닿을 때도 있다.

무기경쟁에 얽혀든 포식자와 먹잇감은 부지불식간에 상대의 최적점을(경제적 타협의 최적점이든, 위험에 관한 타협의 최적점이든) 서로 같은 방향으로 밀어낸다. 가령 서로 속도를 높이는 경우라면 말 그대로 같은 방향으로 미는 것이고, 더 큰 의미에서 보면 젖 생산 같은 생명의 다른 부문들을 제쳐두고 포식자-먹잇감 무기경쟁 측면에 집중하게 한다는 점에서 역시 같은 방향으로 미는 것이다. 양쪽 다 지나치게 빨리 달리는 위험(다리가 부러지거나 신체 경제의 다른 부문들에 인색하게 될 위험)과 지나치게 느리게 달리는 위험(포식자라면 먹이를 잡지 못할 위험, 먹잇감이라면 도망치지 못할 위험) 사이에서 균형을 맞춰야 하므로, 상대를 서로 같은 방향으로 밀어붙이는 셈이다. 마치 감응성 정신병(folie à deux, '쌍방의 어리석음'이라는 뜻으로, 친밀한 두 사람이 같은 광기나 환상을 품게 되는 병적인 성향을 말한다_옮긴이)의 음산한 사례로도 보인다.

글쎄, 이렇게 심각한 사안에 대해서 정신병이라는 말은 부당한지도 모르겠다. 어느 쪽이든 실패의 대가는 죽음이니 말이다. 먹잇감 입장에서는 살해되는 것이고, 포식자 입장에서는 굶어죽는 것이다. 하지만 이것이 어쨌든 양자간의 문제라는 점에서는 그 표현에 일리가 있다. 사냥꾼과 사냥감이 마주앉아서 합리적인 협의를 끌어낼 수만 있다면, 모두가 더 잘 될 상황이니 말이다. 그런 협정이 어떻게 양측을 이롭게 할지는 우정의 숲 나무들을 생각해보면 알 수 있다. 합의가 지켜진다는 가정이 있어야 하겠지만 말이다. 나무들 사이의 경쟁이 헛된 것이듯, 포식자-먹잇감 무기경쟁에도 헛된 느낌이 있다. 포식자는 기나긴 진화의 세월 동안 갈수록 먹이를 더 잘 잡게 되고, 먹잇감은 갈수록 포식자로부터 더 잘 달아나게 된다. 양쪽이 나란히 생존 도구를 개선해가지만, 어느 쪽도 더 잘 생존한다는 보장은 없다. 상대도 도구를 개선하고 있으니 말이다.

중앙집중식 설계자라면 이 상황을 어떻게 다룰까? 쉽게 짐작이 된다. 공동체 전체의 안녕을 염두에 둔 설계자라면, 우정의 숲의 기조를 따라서 다음과 같은 협정을 중재할 것이다. 우선 양측으로 하여금 군비 축소에 '합의'하게 만든다. 그래서 양측이 생명의 다른 부문들로 자원을 돌리면, 다들 더 좋아질 것이다.

사람의 무기경쟁에서도 똑같은 상황이 있을 수 있다. 적에게 폭격기가 없다면 우리에게도 전투기가 필요 없다. 우리에게 미사일이 없다면 적에게도 미사일이 필요 없다. 양측이 군비를 반으로 줄이고 그 돈을 농기구에 쓴다면 각자 수십억 달러씩 아낄 수 있다. 그렇게 군비 예산을 반감해 안정적인 대치상태에 이른 뒤, 또 반감을 하는 것이다. 여기에서 핵심은 양쪽이 동시에 움직여야 한다는 것이다. 점차 축소되는 상대의 군비에 대해 이쪽도 늘 같은 수준으로 맞서야 한다. 계획된 무기 감축의 전제조건은 바로 그 계획이다.

그런데 다시 말하거니와, 진화가 하지 않는 일이 바로 계획이다. 숲의 나무들처럼, 자연의 무기경쟁에서는 증강이 불가피하다. 한 개체가 더 증강해봐야 이득이 없는 수준에 도달할 때까지, 증강은 쉼 없이 진행된다. 진화는 설계자와 다르다. 이기적인 이득만을 노리는 쌍방의 무기 증강에서는 바로 그렇게 *쌍방이* 증강한다는 점 때문에 결국 모든 이득이 무효가 되지만, 그러거나 말거나 진화는 그것 외에 모든 관계자에게 더 좋은 길(상호 바람직한 길)이 없을까 고민하지 않는다.

요즘 '대중적 생태학자들' 사이에 설계자의 시각에서 자연을 보려는 생각이 만연하고 있다. 때로는 학계의 생태학자들도 위험할 정도로 그런 시각에 바싹 다가선 듯하다. 일례로 '신중한 포식자' 개념을 만들어낸 것은 나무 끌어안기 운동을 하는 몽상가들이 아니라 저명한 미국 생태학자였다.

신중한 포식자란 이런 개념이다. 전체 인류의 시각에서 보면, 대구 같은 중요한 식량 종의 남획을 막아 멸종 위기에서 보호하는 것이 모두에게 더 나은 길이다. 그렇기 때문에 각국 정부와 비정부기구들은 회합을 통해 어획 할당량을 정하고 제한을 가한다. 그렇기 때문에 각국 정부는 그물눈의 크기를 세세하게 법으로 정하고, 포함으로 바다를 순찰하면서 말을 듣지 않는 트롤선을 찾아낸다. 우리 인간들은 기분이 좋고 적절한 규제가 있는 경우에는 '신중한 포식자'가 될 수 있다. 그러니까 (어떤 생태학자들은 기대한다) 늑대나 사자

같은 야생의 포식자들도 신중한 포식자가 될 수 있지 않을까? 아니다! 절대, 절대, 절대 아니다! 왜 아닐까? 그 답은 참으로 흥미로우며, 숲 이야기나 이 장 전체의 내용을 잘 이해했다면 당연히 예상할 수 있는 내용이다.

설계자(야생 동물들의 공동체 전체를 살피는 생태계 설계자)가 최적의 먹잇감 선발 정책을 작성해, 그것을 사자에게 이상적으로 적용시킨다고 하자. 가령 이런 식이다. 영양의 각 종에 대해서 할당량 이상을 잡지 말 것. 임신한 암컷을 살려주고, 번식 잠재력이 최대인 젊은 개체들도 살려줄 것. 희귀종 개체들을 잡아먹지 말 것. 멸종 위기에 처한 종일지도 모르고, 혹시 미래에 환경이 바뀌면 그것이 유용한 종이 될지도 모르니까. 한 지역의 모든 사자가 이처럼 '지속 가능성'을 염두에 두고 세심하게 계산된 규범과 할당량을 지킨다면 멋지지 않을까? 게다가 합리적이지 않은가? 정말 그렇게만 된다면!

아무렴, 합리적이다! 전체 생태계의 안녕을 염두에 둔 설계자라면 틀림없이 그렇게 처방할 것이다. 하지만 자연선택은 그렇게 하지 않을 것이고(사실 자연선택에게는 혜안이 없으므로 아무것도 *미리* 처방할 수 없다), 실제로도 그런 일은 일어나지 않는다!

여기, 그 이유가 있다. 숲의 나무들과 똑같은 사연이다. 어떤 얄궂은 외교술을 통해서인지는 몰라도, 한 지역의 사자 대부분이 지속 가능한 수준에서 사냥을 제한하기로 합의했다고 가정하자. 개체군이 제약을 지키며 공공성을 추구하던 중, 한 개체에게 돌연변이 유전자가 생겨나서 합의를 깨뜨린다면? 그 개체는 먹이 개체군을 최대한 착취한다. 그 종을 멸종으로 몰아갈 정도로 마구잡이로 사냥한다. 자연선택은 이 반항적인 이기적 유전자를 처벌할까? 안타깝지만, 아니다! 반항적 유전자를 지닌 반항적 사자의 후손들은 개체군의 다른 경쟁자들을 제치고 더 잘 번식할 것이다. 고작 몇 세대 만에 반항적 유전자는 개체군 전체로 퍼질 것이고, 원래의 평화 협정은 온데간데없어질 것이다. '사자의 몫(가장 크고 알짜인 부분을 말한다_옮긴이)'을 차지하는 그가* 제 유전자를 물려줄 것이다.

계획 지지자는 이렇게 항의할 것이다. 하지만 모든 사자가 이기적으로 행동하고 먹잇감을 멸종 위기에 이를 때까지 사냥하면 모두가 더 나빠질 것 아닌가? 가장 성공적인 사냥꾼이 된 개체도 결국 피해를 보지 않겠는가? 먹잇감이 끝내 멸종한다면 사자 개체군도 멸종할 것이다. 계획 지지자는 고집한다. 그러니까 자연선택이 개입해서 이런 일을 막아주지 않겠는가? 그러나 역시 안타깝게도, 절대 그렇지 않다! 자연선택은 개입하지 않는다. 자연선택은 미래를 내다보지 않는다.** 자연선택은 경쟁하는 집단들 사이에서 선택을 하지 않는다.

자연선택이 그렇게 한다면 신중한 포식이 선호될 가망이 있을지도 모른다. 그러나 다윈의 후예들보다는 다윈 본인이 더 분명하게

■ 그녀일 수도 있다. 사자는 대체로 암컷들이 사냥을 하지만 무조건 수컷들이 '사자의 몫'을 갖는다는 점에서 사정이 좀 복잡하다. 하지만 '사자'라는 데에 딱히 구애받지 말자. 아무 동물이나 일반적인 포식자 종을 상상하면 된다. 지나친 사냥을 자제하는 '신중한' 개체들이 있고, 협정을 깨뜨리는 '신중하지 못한' 개체가 있다고 상상하면 된다.

■■ 다원주의적 적응을 엉성하게 이해하다 보면, 진화가 혜안을 지녔다는 잘못된 가정으로 귀결하기 쉽다(이런 가정은 대개 겉으로 명확하게 드러나지 않기 때문에 결과적으로 더 해롭다). 8장에서 소개한 예쁜꼬마선충의 영웅, 시드니 브레너는 과학적 명석함만큼이나 냉소적 재치도 대단하다. 나는 그가 '진화의 혜안' 오류를 비웃는 말을 하는 것을 들은 적이 있다. 그는 캄브리아기의 한 종이 쓸데없는 단백질을 유전자풀에 간직하면서 '백악기에 요긴하게 쓰일지도 모르니까'라고 말하는 것을 상상해보라고 빈정댔다.

인식했던바, 자연선택은 한 개체군의 경쟁 개체들 사이에서만 선택을 한다. 개체들의 경쟁 때문에 개체군 전체가 멸종을 향해 달음질 치더라도, 자연선택은 마지막 개체가 죽는 순간까지 줄기차게 가장 경쟁력 있는 개체를 선택한다. 자연선택은 최후의 일각까지 가장 경쟁력 있는 유전자를 선호함으로써 개체군을 멸종으로 몰아갈 수 있고, 그 유전자를 최후에 멸종할 운명으로 만들 수도 있다.

우리가 상상했던 가상의 설계자는 경제학자를 닮았다. 전체 인구나 전체 생태계를 위해서 최적의 전략을 계산하는 사회복지 경제학자라고 할 수 있을 것이다. 그러나 굳이 경제학에서 비유를 찾으려면, 애덤 스미스의 '보이지 않는 손'을 떠올리는 게 옳다.

진화적 신정론?

하지만 이제 나는 경제학을 아예 벗어버리려 한다. 계획자나 설계자라는 개념은 유지하되, 우리의 계획자가 경제학자가 아니라 도덕철학자라고 상상해보자. 자애로운 설계자라면 (이상적으로 생각해서) 고통을 최소화하려 노력할 것이다. 그런 체계가 경제적 안녕과 꼭 양립할 수 없는 것은 아니겠지만, 세부적으로 좀 다르긴 할 것이다. 하지만 안타깝게도, 자연에서는 그런 일도 일어나지 않는다. 자연이 왜 그래야 하겠는가? 야생 동물들은 섬세한 사람이라면 상상도 하지 않는 게 좋을 정도로 끔찍한 고통을 겪는다. 잔인한 일이지만 그것이 사실이다. 다윈도 그것을 잘 알았고, 친구 후커에게 쓴 편지에서 이렇게 말했다. "서툴고, 소모적이고, 조잡한 실수투성이고, 끔찍하게 잔인한 자연의 작동들에 대해 악마의 사도라면 어떤 책을 쓸 것인가." 나는 '악마의 사도'라는 인상적인 문구를 내 책의 제목으로 삼은 적도 있다. 또 다른 책에서는 이렇게 설명했었다.

자연은 친절하지도, 불친절하지도 않다. 자연은 고통에 반대하지도, 찬성하지도 않는다. 자연은 고통이 DNA의 생존에 영향을 미치지 않는 이상, 어떤 쪽으로든 고통에 흥미가 없다. 포식자에게 물려 죽음을 당하기 직전에 가젤을 마비시켜주는 유전자를 상상해보자. 자연선택은 그런 유전자를 선호할까? 가젤을 마비시키는 행위를 통해서 그 유전자가 미래 세대에게 퍼질 가능성이 높아진다면 그럴 것이다. 그러나 딱히 그 가능성이 높아질 이유가 없으므로, 죽음에 직면한 가젤은 아마도 끔찍한 고통과 공포를 겪을 것이다. 그리고 대부분의 경우 결국 죽음을 피하지 못할 것이다.

자연계에서 매년 생겨나는 고통의 총량은 어지간한 상상을 다 뛰어넘을 정도로 어마어마하다. 내가 이 문장을 적는 순간에도 수천 마리의 동물이 산 채로 잡아먹히고, 목숨을 부지하고자 도망쳐 달리고, 겁에 질려 흐느껴울고, 몸속을 갉아먹는 기생생물에 의해 서서히 잠식되고 있다. 온갖 종류의 수많은 동물이 굶주림과 갈증과 질병으로 죽어가고 있다. 그리고 그럴 수밖에 없다. 혹시 풍요의 시대가 온다 해도, 바로 그 때문에 자동적으로 개체군이 늘어날 것이고, 결국 자연적인 기아와 비참의 상태가 회복될 것이다.

어쩌면 포식자보다는 기생생물이 더 많은 고통을 일으킬지도 모른다. 기생생물을 생각하다 보면 너무나 무의미하다는 느낌이 드는

데, 설령 그 생물의 진화 논리를 이해한다고 해도 무의미한 느낌이 누그러지기는커녕 가중되기만 한다. 나는 감기에 걸릴 때마다(공교롭게도 지금 그렇다) 그 무의미함에 화가 치민다. 사소한 불편일 뿐이라고 말할 수도 있지만, 그래도 너무나 *무의미*하지 않은가!

내가 아나콘다에게 잡아먹힌다면, 생명의 제왕들 중 하나의 안녕에 기여한다는 기분이라도 들지 모른다. 내가 호랑이에게 잡아먹힌다면, 이런 생각을 하며 최후를 맞을지도 모른다. 어떤 불멸의 손이나 눈이 그대의 가공할 조화로움을 빚었는가? 어떤 심연 혹은 창공이 그대 두 눈에 불을 지폈는가(영국 시인 윌리엄 블레이크의 시 〈호랑이〉에서_옮긴이)?

하지만 바이러스라니! 바이러스의 DNA에는 헛된 무의미함만이 적혀 있다. 사실 흔한 감기 바이러스의 경우에는 RNA지만, 원리는 마찬가지다. 바이러스는 더 많은 바이러스를 만들겠다는 목적 하나를 위해서 존재한다. 호랑이나 뱀도 궁극에는 마찬가지겠지만, 그래도 그들은 그렇게까지 *헛되어 보이지는* 않는다. 호랑이나 뱀도 DNA 복제 기계에 불과하겠지만, 그래도 그들은 아름답고, 우아하고, 복잡하고, 값비싼 DNA 복제 기계다. 나는 호랑이 보호 운동에는 돈을 내겠지만, 세상에 감기 바이러스 보존 운동에 기부할 사람이 있을까? 코를 풀고 숨을 헐떡이는 이 순간에도 나는 그 무익함 때문에 화가 난다.

무익함이라고? 사실 웃기는 말이다. 감상적이고, 인간적인 난센스다. 자연선택은 온통 무익함이다. 자연선택은 자기복제를 지시하는 지침들이 자기복제하며 생존하는 이야기일 뿐이다. 아나콘다가 나를 통째로 삼켜서 그 DNA가 생존할 수 있다면, 혹은 바이러스가 나를 재채기하게 만들어서 그 RNA가 생존할 수 있다면, 그것으로 설명은 충분하다. 바이러스와 호랑이는 둘 다 암호 지침에 따라 만들어졌고, 그 암호의 궁극적인 메시지는 컴퓨터 바이러스와 마찬가지로 '나를 복제하라'는 것이다.

감기 바이러스는 그 지령을 상당히 직접적으로 수행한다. 호랑이의 DNA도 '나를 복제하시오' 프로그램이긴 하지만, 그 근본적인 메시지를 효율적으로 수행하기 위해서 놀라울 정도로 먼 길을 에둘러가는 프로그램이다. 그렇게 에둘러간 결과가 이빨, 발톱, 달리는 근육들, 살금살금 다가가 급습하는 본능을 지닌 호랑이다. 호랑이의 DNA는 "먼저 호랑이를 만드는 우회 경로를 통해서 나를 복제하라"고 말한다. 영양의 DNA는 이렇게 말한다. "먼저 긴 다리, 빠른 근육, 소심한 본능, 위험한 호랑이에게 주파수가 맞춰진 예민한 감각기관을 갖춘 영양을 만들고, 그 우회 경로를 통해서 나를 복제하시오."

고통은 자연선택에 의한 진화의 부산물이고, 피치 못할 결과다. 우리 인간들은 감상적인 순간에 그것을 걱정하지만, 호랑이가 그것을 걱정할 것 같지는 않고(호랑이가 정말로 뭔가를 걱정하더라도 말이다), 호랑이의 유전자는 분명히 걱정하지 않는다.

신학자들은 고통과 악의 문제를 고민하기 때문에, 자애로운 신이라는 관념과 현실의 고통을 어떻게든 조화시키기 위해서 '신정론(神正論)'이라는 용어까지 발명했다(말 그대로 '신의 정의'라는 뜻이다). 한편, 진화생물학자들은 이 상황에 별 이의가 없다. 악과 고통은 유전자의 생존 방정식에서 이 변으로든 저 변으로든 어차피 계산되지 않기 때문이다. 그렇지만 우리도 고통의 문제는 한번 생각해볼 필요가 있다. 진화적인 시각에서 볼 때, 고통은 왜 존재할까?

무릇 생명의 모든 특징이 그렇듯이, 통증은 통증을 겪는 개체의 생존을 증진시키기 위한 다윈주의적 장치다. 뇌에는 "통증을 경험하는 순간, 하던 일을 멈추고, 그 일을 다시는 하지 마시오"라는 경험적 규칙이 장착되어 있다. 그렇더라도 꼭 이렇게 죽을 만큼 아파야 하는가는 여전히 흥미로운 논의 주제다.

이론적으로 상상하자면, 동물이 뭔가 해로운 일을 할 때마다 뇌 어딘가에서 작은 경고 깃발이 게양되어 알려주는, 고통 없는 방식도 가능할 것이다. 가령 우리가 벌겋게 달궈진 숯을 집는다거나 하면, 뇌가 "다시는 그러지 마!"라며 훈계의 명령을 내릴 수 있을 것이다. 아니면 아무런 고통 없이 그냥 뇌의 배선이 바뀌어서 그 동물로 하여금 다시는 그 일을 *하지 않게* 만드는 방법도 있을 것이다. 얼핏 생각하기에 그런 방법들로도 충분할 것 같다. 그런데 왜 꼭 타는 듯한 고통을 느껴야 할까? 며칠이고 지속되는 고통, 영원히 기억에서 떨칠 수 없는 고통을 겪어야 하는 걸까? 이 질문과 씨름하는 것은 진화 이론 나름의 신정론인지도 모른다. 왜 이토록 고통스러운가? 왜 작은 경고 깃발로는 안 된단 말인가?

나도 결정적인 해답은 모른다. 다만 다음과 같은 한 가지 솔깃한 가능성을 말해볼 수는 있다. 뇌가 상충하는 욕망과 충동들에 사로잡혀 있다면 어떨까? 그들 사이에 영원한 줄다리기가 벌어지고 있다면 어떨까? 우리 모두는 그런 느낌이 무엇인지 주관적으로 잘 알고 있다. 우리는 배고픔과 날씬해지고 싶은 욕망 사이에서 갈등할지도 모른다. 분노와 공포 사이에서 갈등할 수도 있다. 또는 성욕과 거절의 두려움 사이에서, 성욕과 정절을 촉구하는 양심 사이에서 갈등할지도 모른다. 우리는 갈등하는 욕망들이 우리 내부에서 줄기차게 줄다리기한다는 것을 분명히 느낀다.

그렇다면 통증이 왜 '붉은 경고 깃발'보다 우월한 장치일까 하는 문제로 돌아가보자. 때로 날씬해지고 싶은 욕망이 허기를 압도하듯이, 통증에서 벗어나고픈 욕망이 다른 것에 압도당할 수도 있다. 사람은 결국에는 고문에 굴복하겠지만, 동료나 국가나 이데올로기를 배신하느니 고통을 참겠다는 자세를 상당히 오랫동안 견지하는 경우도 있다. 자연선택이 뭔가를 '원한다'고 표현해도 좋다면, 자연선택은 개체가 조국이나 이데올로기나 당이나 단체나 종에 대한 사랑 때문에 스스로를 희생하는 것을 원하지 않는다고 말할 수 있다. 자연선택은 고통이라는 경고를 개체가 무시하는 것에 '반대한다'. 자연선택은 우리가 생존하기를 '원한다'. 보다 구체적으로는 번식하기를 원한다. 국가나 이데올로기, 혹은 동물의 세계에서 그에 상응하는 다른 어떤 목표 등은 잊기를 원한다. 자연선택의 입장에서는 작은 경고 깃발이 절대로 무시되지 않는다는 보장이 있어야만 그것을 선호할 수 있다.

우리가 실제적이고 전면적이고 견디기 힘든 통증 대신 뇌의 '붉은 경고 깃발'을 갖게 된다면 어떨까? 철학적으로 까다로운 문제가 좀 있겠지만 제쳐두고 말하면, 아마도 비다원주의적인 이유에서 통증을 무시하는 사례가 더 자주 일어날 것이다. 몸을 꿰뚫는 통증 대신 '붉은 깃발' 체계를 써서 신체적 위험을 피하는 돌연변이 사람들이 있다고 하자. 그들은 고문을 아주 잘 견딜 테니, 당장 스파이로 채용될 것이다. 물론 고문을 기꺼이 견디는 요원을 구하기가 쉬워지면 고문이 더는 강요의 수단으로 쓰이지 않겠지만.

야생 상태에서는 어떨까? 통증을 못 느끼고 경고 깃발에 의존하는 돌연변이가 철두철미하게 통증을 경험하는 경쟁자들보다 더 잘 생존할까? 통증을 대체하는 붉은 경고 깃발 유전자를 물려줄 만큼? 고문이라는 특수 상황을 제쳐두더라도, 그리고 이데올로기에 대한 충성이라는 특수 상황을 제쳐두더라도, 대답은 그렇지 않으리라는 쪽으로 기운다. 사람이 아닌 경우에 대해서도, 상상해보면 마찬가지다.

　여담이지만, 실제로 통증을 못 느끼는 이상 현상을 겪는 사람들이 있다. 그들은 보통 '끝'이 좋지 않다. '선천적 무감각증(CIPA)'이라는 이 희귀한 유전병에 걸린 사람들은 피부에 통증 수용체 세포가 없다(이들은 땀도 흘리지 않는데, 그것을 '무한증'이라고 한다). 이 무감각증 환자들에게는 망가진 통증체계를 대신할 '붉은 경고 깃발' 체계도 없다. 하지만 어떻게든 신체적 위험을 인지하도록 학습하면 되지 않을까? 즉, 학습된 경고 깃발 체계를 갖추면 되지 않을까? 그러나 현실의 무감각증 환자들은 통증을 느끼지 못하는 것 때문에 갖가지 불쾌한 상황에 처한다. 화상, 골절, 복합적인 상처와 감염에 시달리고, 충수염을 방치하며, 눈에도 찰상을 입는다. 더욱 뜻밖의 사실은 관절에도 심각한 손상을 입는다는 것이다. 우리와는 달리, 한 자세로 오랫동안 앉거나 누워 있으면서도 자세를 바꾸지 않기 때문이다. 어떤 환자들은 자세를 바꿔야 한다는 것을 상기하기 위해서 타이머를 맞춰둔다.

　설령 뇌의 '붉은 경고 깃발' 체계가 효과적이라 해도, 그것이 덜 불쾌하다는 이유 때문에 자연선택이 통증체계 대신 그것을 선호하지는 않을 것 같다. 우리가 상상하는 자애로운 설계자와는 달리, 자연선택은 고통이 생존과 번식에 영향을 미치지 않는 한 그 강도에 무관심하다. 설계가 아니라 적자생존의 원리가 자연계의 바탕에 깔려 있다고 가정할 때 예측되는 그대로, 자연계는 고통의 총량을 줄이려는 여하한 조치도 취하지 않는다.

스티븐 제이 굴드는 〈무도덕적인 자연(Nonmoral nature)〉이라는 멋진 에세이에서 이런 문제들을 고찰한 바 있다. 앞 장의 말미에서 우리는 맵시벌에 대한 혐오감이 드러난 다윈의 문장을 보았는데, 나는 굴드의 에세이 덕분에 빅토리아 시대 사상가들 사이에서는 그것이 아주 보편적인 정서였다는 사실을 알게 되었다.

맵시벌은 희생자를 마비시키되 죽이지 않는다. 그 안에 알을 낳아서, 유충들이 속을 갉아먹도록 한다. 맵시벌과 자연 전반의 잔인함은 빅토리아 시대 신정론의 주된 성찰 대상이었다. 왜 맵시벌이 고민 대상이 되었는지는 쉽게 이해할 수 있다. 암컷 맵시벌은 애벌레 같은 살아 있는 곤충의 몸 안에 알을 낳기 전에 애벌레의 신경절 하나하나에 세심하게 침을 놓는다. 희생자의 온몸을 마비시키되 계속 살아 있게 해서, 그 안에서 자랄 제 유충들이 늘 신선한 고기를 먹게 한다. 유충은 유충대로, 애벌레의 내장기관을 엄격한 순서에 따라 먹어간다. 지방이나 소화기관을 우선적으로 먹고, 심장이나 신경계 같은 핵심적인 기관들은 마지막으로 미룬다. 애벌레를 살려두려면 그래야만 하는 것이다.

다윈이 통렬하게 지적했듯이, 대체 어떤 자애로운 설계자가 그런 것을 생각해내겠는가? 나는 애벌레가 고통을 느끼는지 아닌지 알지 못한다. 그저 느끼지 않기만을 진심으로 바랄 뿐이다. 하지만 내가 한 가지 확실히 아는 사실은, 자연선택은 절대 애벌레의 고통을 덜

어주는 조치를 취하지 않는다는 것이다. 그저 모든 움직임을 마비시키는 경제적인 방법으로 쉽게 그렇게 할 수 있더라도 말이다.

굴드는 19세기 선구적 지질학자였던 윌리엄 버클랜드(William Buckland) 목사의 말을 에세이에 인용했다. 목사는 육식동물이 일으키는 고통에 대해 어떻게든 낙관적인 견해를 가지려고 애쓰며 스스로 위안을 삼은 듯하다.

동물이 육식동물에게 죽음을 예고받는 방식으로 존재를 마감하는 것은, 결과적으로는 은혜로운 일이다. 그것은 보편적인 죽음의 고통에서 상당한 양을 덜어낸 상황이기 때문이다. 덕분에 짐승의 생애에서 비참한 질병, 우연한 사고, 만성적인 쇠약의 가능성이 줄어들거나 거의 없어지기 때문이다. 유익한 효과는 또 있다. 동물들의 수가 지나치게 증가하는 것을 억제하여, 식량 공급이 언제까지나 수요와 적당한 균형을 이루게 해준다. 그 결과, 땅과 물에 수많은 생명이 항상 넘치고, 그들의 생명은 이 세상에 존재하는 동안 기쁨을 누린다. 그들은 자신에게 할당된 짧은 기간 동안에 자신에게 주어진 창조의 목적을 즐겁게 달성한다.

뭐, 그런 생각으로 위안이 된다면야!

THERE IS GRANDEUR IN THIS VIEW OF LIFE

13

이러한 생명관에는
장엄함이 있다

찰스 다윈의 할아버지이자 진화론자였던 이래즈머스 다윈(Erasmus Darwin)은 과학을 주제로 시를 썼고, 워즈워스와 쿨리지가 그 시들을 칭찬한 바 있다(내게는 다소 놀라운 사실이었다). 할아버지와 달리 찰스 다윈은 시인이 아니었지만, 《종의 기원》의 마지막 문단은 시적인 크레셴도가 돋보인다.

따라서 자연의 전쟁으로부터, 기근과 죽음으로부터,* 우리가 상상할 수 있는 가장 고귀한 것, 즉 더욱 고등한 동물이 직접 생성되어 나온다. 이러한 생명관에는 장엄함이 있다. 최초에 소수의 형태 혹은 하나의 형태에 갖가지 능력을 지닌 생명의 숨결이 불어넣어졌다. 행성이 고정된 중력의 법칙에 따라 영원히 돌고 도는 동안, 이토록 단순한 시작으로부터 너무나 아름답고 너무나 멋진 무한한 형태가 진화해 나왔고, 지금도 진화하고 있는 것이다.

이 유명한 맺음말에는 수많은 의미가 포함되어 있다. 나는 이 글을 한 줄 한 줄 살펴보는 것으로 이 책을 마치고자 한다.

"자연의 전쟁으로부터, 기근과 죽음으로부터"

언제나처럼 명석했던 다윈은 제 위대한 이론의 심장부에 도덕적 역설이 있음을 깨우쳤다. 다윈은 그 점에 관해서 괜히 말을 흐리지 않았다. 하지만 자연에 사악한 의도는 없다고 지적함으로써 누그러진 해석의 여지를 제공했다. 다윈은 같은 문단의 앞 문장에서 세상은 그저 "우리 주변에 두루 적용되는 법칙들"에 따를 뿐이라고 했다. 《종의 기원》 7장 마지막에서도 비슷한 말을 했다.

> 어쩌면 논리적인 귀결은 아닐지도 모르지만, 나는 이렇게 생각한다. 배다른 형제들을 둥지에서 밀어내는 어린 뻐꾸기, 노예를 부리는 개미들, 살아 있는 애벌레의 몸을 안에서부터 파먹는 맵시벌 유충의 본

■ 다윈은 토머스 맬서스의 글을 읽고 자연선택에 대한 최초의 영감을 떠올렸다고 했다. 특히 이 문구는 맬서스의 다음과 같은 묵시록적인 문장들에서 자극을 받은 듯하다. 나는 친구 매트 리들리 덕분에 이 내용을 떠올리게 되었다. "기근은 자연 최후의 자원이자 가장 끔찍한 자원인 듯하다. 인구의 증가는 지구가 인간을 위해 물자를 생산하는 능력을 훨씬 앞지르기 때문에, 어떤 형태로든 때 이른 죽음이 인류를 찾아오도록 예정되어 있다. 우리 인류의 악덕도 역병의 대리인으로 활발하고 유능하게 기능한다. 인류의 악행이 파괴의 대군단의 앞잡이처럼, 끔찍한 일을 스스로 해낼 때도 있다. 하지만 그것이 멸종의 전쟁에서 실패한다면, 곧 질병의 활동기가 닥친다. 돌림병, 역병, 흑사병이 무시무시한 대열로 진군해오고, 수천수만의 목숨을 쓸어간다. 그래도 완전히 성공하지 못할 경우에 대비해, 엄청난 기근이 뒤에서 잠자코 도사린다. 기근은 단 한 번의 강력한 결정타를 휘둘러서 인구를 세계의 식량과 맞춘다."

능은 그들에게만 특별히 부여되었거나 창조된 것이 아니다. 그것은 하나의 일반법칙에서 따라나온 작은 결과들이다. 모든 생물을 발달시키는 그 법칙인즉, 다양하게 증식해야 한다는 것이다. 강자는 살아남고 약자는 죽는다는 것이다.

다윈이 맵시벌의 습성에 혐오감을 표했다는 이야기를, 그의 동시대인들도 널리 그런 정서를 공유했다는 이야기를 앞서 했다. 암컷 맵시벌은 희생자에게 침을 놓아 마비시키되 죽이지는 않음으로써, 제 유충들이 그것을 내부에서부터 갉아먹을 때 늘 신선한 고기를 먹을 수 있게 한다. 다윈은 아무리 생각해보아도 자애로운 창조주라면 그런 습성을 고안할 리가 없다고 했다.

하지만 우리가 자연선택에게 칼자루를 쥐어주면 매사가 분명해지고, 쉽게 이해가 되고, 합리적으로 느껴진다. 자연선택은 위안 따위는 신경 쓰지 않는다. 왜 그러겠는가? 자연에서 벌어지는 일에 조건이 있다면, 그것은 선조 시절에 같은 일이 일어났을 때 그 현상을 지원하는 유전자의 생존에 도움이 되었어야 한다는 것뿐이다. 맵시벌의 잔인함이나 자연의 무감각한 무관심에 대한 설명은 유전자의 생존 한 가지면 충분하다. 충분한 것을 넘어서 지적으로도 만족스러운 설명이다. 인간의 동정심에는 만족스럽지 못하더라도 말이다.

그렇다! 이러한 생명관에는 장엄함이 있다. 자연은 고통에 대해 냉정하리만치 무관심하다는 사실, 적자생존이라는 자연의 기본 원리에서 고통은 필연적으로 따라나온다는 사실에도 모종의 장엄함이 있다. 신학자들은 이 말 속에 신정론의 흔한 논리와 비슷한 뉘앙스가 울려퍼지는 기미를 느낄지도 모르겠다. 신정론에 따르면, 고통은 자유의지의 피치 못할 결과라고 하니 말이다. 생물학자들은 생물학자들대로, 고통에도 생물학적 기능이 있을 거라고 생각하므로(앞 장에서 내가 '붉은 경고 깃발' 어쩌고 했던 것처럼), '필연적으로'라는 말이 전혀 지나치게 느껴지지 않을 것이다. 동물들이 고통을 겪지 않는다면, 유전자의 생존 사업에서 누군가가 충분히 열심히 일하지 않는다는 뜻일지도 모른다.

과학자도 사람이기 때문에 여느 사람만큼이나 잔인함을 질타하고 고통을 꺼리기 마련이다. 하지만 다윈처럼 좋은 과학자는 세상의 진실이 아무리 불쾌하더라도 그것에 직면해야 한다는 것을 잘 안다. 게다가, 주관적인 견해에 따라서는, 그 음울한 논리에도 나름의 환상적인 면이 있다고 할 수 있다. 먹잇감의 신경절을 차근차근 마비시키는 맵시벌, 배다른 형제들을 밀어내는 뻐꾸기[가지에 앉은 종다리를 죽이는 그대 살해자여(영국 시인 초서의 시 〈새들의 의회〉에서_옮긴이)], 노예를 부리는 개미, 한 가지 생각밖에 못한다는 듯이(혹은 아무런 생각도 못하는 듯이) 상대의 고통에 무감한 포식자들과 기생생물 등, 온 생명에 침투해 있는 그 음울한 논리에도 말이다.

다윈은 생존 투쟁을 다룬 장을 맺으면서 다음과 같이 썼다. 나름대로는 우리에게 위안을 주기 위해 비상한 노력을 기울인 셈이다.

우리는 모든 생물체가 자신의 비중을 높이려고 안간힘을 쓴다는 사실을 항상 염두에 두는 수밖에 없다. 모든 생물체가 한 생애의 어느 기간에든, 연중 어느 계절에든, 어느 세대에든, 세대 사이의 어떤 기간에든, 생명을 위해 투쟁해야 하고, 엄청난 파괴를 감내해야 한다. 그러한 투쟁에 관해 숙고하다 보면, 우리는 다음과 같은 믿음으로 위안을 삼고 싶어진다. 자연의 전쟁도 끝없는 것은 아니라는 믿음, 공포를 느끼지 않아도 될 것이라는 믿음,▪ 죽음은 일반적으로 신속하게 끝날 것이라는 믿음, 생기 넘치고 건강하고 행복한 자가 살아남고 번영하리라는 믿음…….

전령을 죽여버리는 것은 인류의 숱한 우행 중 하나다. 내가 서문에서 언급했듯이, 진화에 대한 반대 의견들에는 이런 어리석은 생각이 적잖이 깔려 있다. '아이들에게 자기들이 동물이라고 가르치면, 아이들은 동물처럼 행동하지 않을까?' 만에 하나, 진화 혹은 진화 교육이 비도덕성을 부추긴다고 해도, 그렇기 때문에 진화론은 거짓이라고 말할 수는 없다. 그러나 충격적일 만큼 많은 사람이 이 단순한 논리를 이해하지 못한다. 이 오류는 너무나 흔하기 때문에 이름까지 붙었다. '결과에 대한 호소', 즉 내가 그 결과를 얼마나 좋아하느냐(혹은 싫어하느냐)에 따라서 X가 참(혹은 거짓)이 된다고 믿는 오류다.

"우리가 상상할 수 있는 가장 고귀한 것"

'더욱 고등한 동물의 생성'이 정말로 '우리가 상상할 수 있는 가장 고귀한 것'일까? 가장 고귀하다고? 정말로? 그보다 더 고귀한 게 없단 말인가? 예술은? 영성은? 《로미오와 줄리엣》은? 일반상대성

▪ 나도 그렇게 믿을 수 있다면 좋겠다.

이론은? 베토벤의 〈합창교향곡〉은? 시스티나 예배당은? 사랑은?

다윈은 사적으로 몹시 겸손한 사람이었지만, 그에게도 높은 야망이 있었다는 것을 잊으면 안 된다. 그의 세계관에 따르면, 인간 정신이 만들어낸 모든 것은 고등한 동물을 낳는 과정에서 뒤따라나온 산물이었다. 우리의 감정과 정신적 허영, 예술과 수학, 철학과 음악, 지적이고 영적인 모든 기예가 그렇다. 단순히 뇌가 진화하지 않았다면 영성이나 음악은 불가능했다는 뜻만이 아니다. 더 구체적으로, 자연선택은 실용적인 이유에 의해 뇌의 용량과 능력을 키워왔고, 그러다 보니 부산물로서 지성과 영성이라는 고차원적인 재능들이 생겨났으며, 그것들이 집단생활과 언어라는 문화적 환경에서 꽃을 피우게 되었다는 말이다.

다윈적 세계관은 인간의 고차원적인 재능들을 폄하하지 않는다. 그것들을 모욕적인 수준으로 '환원'하려는 것도 아니다. 가령 뱀을 의태하는 애벌레를 다윈주의적으로 만족스럽게 설명할 수 있듯이, 그것들도 그만큼 만족스러운 수준으로 설명할 수 있다고 감히 주장하는 것도 아니다. 다만 다윈적 세계관이 주장하는 바는, 다윈 이전에 생명을 이해하려고 했던 노력들에 끈질기게 따라붙었던 난해한 (사실 해독하려 할 필요조차 없는) 신비적 요소들을 다윈적 세계관이 일소했다는 것이다.

사실은 다윈이 내 변호를 필요로 하지도 않을 것이다. 그러니 이만, 고등한 동물의 생성이 우리가 상상할 수 있는 가장 고귀한 것인지, 혹은 그냥 좀 고귀한 것인지 묻는 질문은 그냥 지나가자. 그런데 이 문장의 서술부는 무엇이었더라? 고등한 동물의 생성이 자연의 전쟁으로부터, 기근과 죽음으로부터 '직접 나온다'는 것이었던가?

그렇다, 그런 문장이었다.

다윈의 논증을 이해하면 누구나 '직접 나온다'는 사실을 뻔히 알게 되지만, 19세기까지는 누구도 그것을 알지 못했다. 요즘도 그 점을 이해하지 못하거나 이해하기를 마뜩잖아하는 사람이 많다. 왜 그런지 알 만도 하다. 가만히 생각해보면, 우리 자신의 존재야말로, 그리고 이 존재가 다윈 이래 충분히 설명되는 대상이 되었다는 점이야말로, 세상에서 가장 놀라운 사실일 법하다. 우리 중 단 한 사람이라도 여기에서 짧은 생애를 영위하며 이런 점을 숙고한다는 사실 자체가 말이다. 이 이야기는 잠시 뒤에 할 것이다.

"생명의 숨결이 불어넣어졌다"

그런 격노한 편지를 내가 몇 통이나 받았는지, 그 수는 잊어버렸다. 내 전작《만들어진 신》을 읽은 독자들 중, 이 문장의 '숨결' 다음에 와야 하는 '창조주에 의해'라는 핵심 문구를 내가 일부러 빠뜨렸다고 주장하는 사람이 무수히 많았다. 내가 다윈의 의도를 멋대로 왜곡했다는 것인가? 열렬한 투서자들은 다윈의 위대한 저서가 6판까지 찍혔다는 사실을 잊고 있다. 초판의 문장은 내가 여기에 적은 대로였다. 다윈은 아마도 종교계의 로비 압력에 못 이겨, 2판 이후에는 '창조주에 의해'라는 문구를 삽입했다.

나는 특별히 그럴 만한 이유가 있지 않은 다음에야 항상《종의 기원》초판에서 인용한다. 1,250권밖에 찍지 않은 역사적 초판 한 권을 내 후원자이자 친구인 찰스 시모니가 나에게 선물해주었고, 그 책이 나의 가장 귀중한 소장품이라는 이유도 아주 없다고는 할 수 없다. 하지만 그보다는, 초판이 역사적으로 가장 중요한 판본이기 때문이다. 빅토리아 시대의 명치를 강타하고 과거 수세기의 관념을 몰아냈던 것이 바로 그 초판이었다. 게다가 나중 판본들은 여론에 더 영합하는 모습을 보였고, 6판이 특히 심했다. 초판에 대해서 다양한 학식을 갖춘 이들이 오해 섞인 비판을 쏟아붓자, 다윈은 몇 군데 중요한 부분에서 의견을 철회하거나 심지어 입장을 바꿨다. 그러나 원래 말했던 내용이 옳은 경우가 많았다. 그러니까 나는 "생명의 숨결이 불어넣어졌다"고만 하겠다. 창조주 이야기는 언급하지 않겠다.

다윈은 종교적 견해에 비위를 맞추는 표현들을 쓴 것에 대해서 이후 후회했던 것 같다. 1863년에 친구이자 식물학자인 조지프 후커(Joseph Hooker)에게 보낸 편지에서 다윈은 이렇게 말했다. "하지만 나는 대중의 의견에 굴복하여 모세오경적인 창조의 용어를 쓴 것을 여태 후회하고 있습니다. 내가 실제로 말하고자 했던 것은 그저 알려지지 않은 어떤 과정을 통해서 '등장했다'는 뜻이었습니다."

다윈이 여기서 말한 "모세오경적인 용어"란 '창조'라는 단어를 가리킨다. 다윈의 아들 프랜시스가 1887년에 아버지의 편지들을 묶어내면서 설명한 바에 따르면, 다윈이 후커에게 그 편지를 쓴 것은 카펜터라는 사람의 책에 대한 서평을 빌려줘서 고맙다고 인사하기 위해서였다. 익명의 서평자는 "다윈은 창조의 힘에 대해서…… '최초에 생명의 숨결이 불어넣어졌다'라는 근원적 형태의 모세오경적 용어로만 표현할 수 있었다"라고 적었다.

오늘날 우리는 '최초에 숨결이 불어넣어졌다'라는 표현조차 삭제

해도 좋을 것이다. 무엇에다가 무엇의 숨결이 불어넣어졌단 말인가? 다윈이 의도했던 뜻은 아마 어떤 생명의 정수 같은 것이었겠지만,* 그게 또 무슨 의미인가? 생명과 무생명의 경계를 오래 들여다볼수록, 구분은 더욱 모호해진다. 옛사람들은 살아 있는 생명에게는 활기차게 약동하는 어떤 성질이, 어떤 핵심적인 정수가 있다고 생각했다. 그것을 '엘랑 비탈(생의 비약)'**이라는 프랑스어로 표현하면 더 신비롭게 들린다. 생명은 특수한 생기가 있는 물질로 만들어졌고, '원형질'이라는 그 물질은 마녀의 비약과 같다는 것이 옛사람들의 생각이었다. 코넌 도일이 창조한 소설 주인공으로서 셜록 홈스보다 더 말이 안 되는 인물인 챌린저 교수는 지구가 살아 있다는 사실을 발견한다. 지구는 거대한 성게와 같은 것으로, 그 껍질이 우리가 보는 지각이고, 그 속은 순수한 원형질로 이루어져 있다는 것이다.

20세기 중반까지만 해도 생명은 물리학과 화학을 질적으로 뛰어넘는 것으로 여겨졌다. 그러나 지금은 그렇지 않다. 생명과 무생명의 차이는 물질의 문제가 아니라 정보의 문제다. 생물은 막대한 양의 정보를 갖고 있다. 그 대부분은 DNA 형태로 디지털적으로 저장

■ 종교는 예전부터 생명을 숨결과 동일시했다. '영혼(spirit)'이라는 단어는 라틴어로 '숨'을 뜻하는 말에서 왔다. 창세기에서 하느님은 아담을 만든 뒤에 그의 콧구멍으로 숨을 불어넣어 그를 살린다. 히브리어로 '영혼'을 뜻하는 단어는 루아(ruah) 혹은 루아흐(ruach)라고 하는데[아랍어의 루(ruh)와 같은 어원이다], 여기에는 '숨결', '바람', '영감'이라는 뜻도 있다.
■■ élan vital, 이 용어는 1907년에 프랑스 철학자 앙리 베르그송이 만들었다. 줄리언 헉슬리가 이에 대해서, 그렇다면 기관차는 엘랑 로코모티프(엘랑élan은 프랑스어로 '비약' 또는 '추진력'이라는 뜻이고, 로코모티프locomotif는 '기차'라는 뜻이다_옮긴이)로 추진되겠다고 냉소적으로 말했다는 일화는 내가 아주 좋아하는 이야기다.

되어 있고, 좀 있다 살펴보겠지만 다른 방식으로도 상당량 저장되어 있다.

DNA의 경우, 우리는 정보가 지질학적 시간을 거치며 어떻게 축적되어왔는지 상당히 잘 알고 있다. 다윈은 그것을 자연선택이라고 불렀고, 우리는 더 정확하게 표현할 수 있다. 그것은 생존을 추구하는 발생학적 조리법을 암호화한 정보들이 무작위적이지 않게 생존한 과정이었다. 생존을 추구하는 조리법이 생존할 가망이 높다는 것은 자명한 사실이다.

DNA의 특별한 점은, 그것이 한 물질의 형태로 생존하는 것이 아니라 무한한 복제 DNA 형태로 생존한다는 점이다. 복사 과정에는 간간이 실수가 있기 때문에 새로운 변종이 태어나고, 그것이 전임자보다 더 잘 생존할 가능성이 있으므로, 생존을 추구하는 조리법에 적힌 정보의 내용은 세월이 갈수록 개선된다. 개선된 내용은 더 나은 몸의 형태로, 그리고 암호 정보를 더 잘 보존하고 퍼뜨리는 여러 기발한 장치의 형태로 표현된다. 현실에서 DNA 정보의 보존과 확산은 보통 그것을 포함한 몸의 생존과 번식을 뜻한다. 다윈은 이런 몸 차원에서의 생존과 번식에 관해 연구했다. 몸 안에 암호화된 정보가 있다는 사실이 다윈의 세계관에도 함축되어 있지만, 20세기가 될 때까지는 그 점이 명확하게 드러날 수가 없었다.

유전자 데이터베이스는 과거 환경들에 대한 정보를 보관하는 저장고다. 선조들이 생존했던 환경, 생존을 돕는 유전자를 후손에게 물려준 환경에 대한 정보가 그곳에 저장되어 있다. 만약 현재와 미래의 환경이 과거의 환경과 유사하다면(대부분의 경우에는 그렇다), '죽은 자들의 유전자 책'은 현재와 미래의 생존에도 유용한 지침서가 될 것이다. 그 정보는 어떤 순간에든 반드시 개체들의 몸에 담겨 있어야 하지만, 성적 번식에 의해 DNA가 이 몸 저 몸으로 섞이는 과정을 더 긴 시각에서 바라보면, 생존 지침의 데이터베이스는 결국 한 종의 유전자풀에 담겨 있다고 할 수 있다.

어느 세대의 어떤 개체든, 한 개체의 게놈은 그 종의 데이터베이스에서 추출한 하나의 표본이다. 서로 다른 종은 서로 다른 데이터베이스를 지닌다. 그 선조들이 서로 다른 세상을 경험했기 때문이다. 낙타 유전자풀의 데이터베이스에는 사막에서 생존하는 법에 관한 정보가 암호로 담겨 있을 것이다. 두더지 유전자풀의 DNA에는 어둡고 축축한 땅속에서 생존하는 요령과 단서가 담겨 있을 것이다. 포식자 유전자풀의 DNA에는 먹잇감들의 도망 기술에 관한 정보와 그들을 능가할 방법에 관한 정보가 갈수록 많이 쌓일 것이다. 먹잇감 유전자풀의 DNA에는 포식자를 피해 앞지를 방법에 관한 정보가 담길 것이다. 모든 유전자풀의 DNA에는 기생생물의 유해한 침략에 저항하는 방법에 관한 정보가 담겨 있다.

현재를 잘 다뤄서 미래로 생존해가는 데 필요한 정보는 필연적으로 과거에서 수확할 수밖에 없다. 미래를 위해 과거의 정보를 기록해두는 한 가지 방법은, 선조 DNA들의 무작위적이지 않은 생존 과정을 이용하는 것이다. DNA라는 우리의 주된 데이터베이스는 바로 그 경로를 통해서 구축되어왔다. 하지만 과거의 정보를 저장해서 미래의 생존 가능성을 높이는 방법으로는 그 외에도 세 가지가 더 있다. 그것은 면역계, 신경계, 문화다. 날개나 폐, 기타 생존을 위한 모든 도구가 그렇듯이, 이 세 가지 이차적 정보 수집 체계도 결국은 DNA의 자연선택이라는 첫 번째 체계에서 나왔다. 우리는 이것들을 네 가지 '기억'이라고 부를 수도 있겠다.

첫 번째 기억은 선조들의 생존 기술을 저장한 DNA의 기억이다. 이것은 한 종의 유전자풀이라는 유동적인 두루마리 위에 쓰여 있다. 우리가 선조로부터 물려받은 DNA 데이터베이스에는 과거에 자주 등장했던 환경에 관한 정보와 그 속에서 생존하는 방법에 관한 정보가 기록되어 있다.

비슷한 식으로, 두 번째 기억인 면역계는 한 개체의 일생 동안 몸이 경험하는 질병과 손상을 기록한다. 과거에 어떤 질병을 겪었고 어떻게 하면 그것을 이겨낼 수 있는지 기록한 이 데이터베이스는 개체마다 독특하고, 항체라는 일군의 단백질 위에 쓰여 있다. 한 병원체(질병을 일으키는 미생물)에 대해서 한 무리의 항체가 존재하며, 그 항체는 개체가 과거에 병원체 고유의 단백질을 '경험'했던 것을 바탕으로 정밀하게 제작되었다.

내 세대의 많은 어린이와 마찬가지로 나도 홍역과 수두를 앓았다. 내 몸은 그 '경험'을 '기억'한다. 기억은 항체 단백질 형태로 기록되었고, 내가 정복한 그 밖의 여러 침입자에 대한 개인적 데이터베이스도 그런 식으로 저장되어 있다. 나는 다행히 소아마비는 앓지 않았다. 그런데 의학계는 내가 겪지도 않은 질병에 대한 가짜 기억을 이식하는, 기발한 백신 기술을 개발해냈다. 그래서 나는 앞으로도 절대 소아마비에 걸리지 않을 것이다. 내 몸이 과거에 이미 소아마비를 앓았다고 '생각'하기 때문에, 내 면역계 데이터베이스에는 적절한 항체들이 갖춰져 있다. 나는 소아마비 바이러스의 무해한 변종을 주사로 내 몸에 들임으로써 몸을 '속여' 항체를 만들게 했다.

노벨상을 받은 여러 의학자가 밝혀낸 바에 따르면, 면역계 데이터베이스 자체가 또 무작위적인 변이와 무작위적이지 않은 선택을 거치는 유사 다윈주의적 과정에 따라 구축된다고 한다. 참으로 환상적인 일이다. 하지만 이것은 생존력이 높은 몸이 선택되는 과정이 아니라, 한 개체의 몸에 든 항체 단백질들 중에서 침입자 단백질을 특히 잘 감싸거나 잘 무력화시키는 단백질이 선택되는 과정을 말한다.

세 번째 기억은 우리가 일상적으로 기억이라고 말할 때의 기억, 즉 신경계에 저장되어 있는 기억이다. 우리가 아직 정확한 메커니즘을 다 알지는 못하지만, 아무튼 우리의 뇌는 과거의 경험을 저장할 줄 안다. 항체가 과거의 질병을 '기억'하고, DNA가 선조들의 죽음과 성공을 '기억'하는 것(그렇게 표현해도 괜찮을 것이다)과 마찬가지다. 세 번째 기억은 가장 단순한 경우 시행착오 과정을 통해서 구축된다. 이 과정 역시 자연선택에 비견될 만하다. 동물은 식량을 찾는 과정에서 다양한 행동을 '시험'해볼 것이다. 시험이 전적으로 무작위적이지는 않겠지만, 유전적 돌연변이와 얼추 비슷한 과정이라고 할 수 있다. 이 경우 자연선택에 해당하는 힘은 '강화'다. 보상(긍정적 강화)과 처벌(부정적 강화)의 체계다. 동물이 죽은 나뭇잎을 뒤집어보면(시험) 그 밑에 숨은 딱정벌레 유충이나 쥐며느리를 발견하게 된다(보상). 그리고 신경계에는 이런 규칙이 새겨져 있다. "보상이 따르는 시험적 행동은 반복되어야 한다. 아무것도 따르지 않거나 통증 같은 처벌이 따르는 시험적 행동은 반복되지 말아야 한다."

하지만 뇌의 기억은 보상된 행동의 무작위적이지 않은 생존, 그리고 처벌된 행동의 무작위적이지 않은 제거라는 유사 다윈주의적인 과정을 넘어선다. 뇌의 기억(여기서는 기억이라는 단어를 따옴표로 쌀 필요가 없다. 단어의 원뜻을 가리키니까)은, 적어도 사람의 기억은, 방대한 동시에 생생하다. 기억에는 상세한 장면들이 담겨 있다. 우리의 오감 전부가 내부에 투영되어 있다. 기억에는 얼굴들, 장소들, 소리들, 사회적 관습들, 규칙들, 단어들이 담겨 있다. 누구나 자기 안에서 이것을 느끼기 때문에, 내가 더 설명할 필요도 없을 것이다. 다만 한 가지 주목할 사실만 지적해두겠다. 내가 글을 쓸 때 동원하는 어휘들, 그리고 그것과 같거나 적어도 많은 부분에서 겹칠 것이 분명한 여러분의 독서용 어휘들 역시 각자의 방대한 신경 데이터베이스에 저장되어 있다. 그 단어들을 문장으로 정렬하고 문장을 해독하게 해주는 구문적 도구들도 함께 저장되어 있다.

세 번째 기억인 뇌의 기억은 아울러 네 번째 기억을 낳았다. 내 뇌의 데이터베이스는 내가 살면서 겪은 개인적인 사건들과 감각들을 기록한 것 이상이다. 사람의 뇌가 처음 진화했을 때는 그것이 한계였겠지만, 지금은 그렇지 않다. 우리의 뇌에는 집단기억도 담겨 있다. 과거 세대로부터 유전적이지 않은 방법으로 전수된 기억들, 구전으로, 책을 통해, 요즘은 인터넷을 통해 전달되는 기억들이다. 여러분과 내가 사는 세상은 과거의 세상들보다 훨씬 풍성하다. 왜냐하면 우리 앞을 거쳐간 사람들이 자신들의 영향을 인간 문화의 데이터베이스에 남겨놓았기 때문이다. 뉴턴과 마르코니, 셰익스피어와 스타인벡, 바흐와 비틀스, 스티븐슨과 라이트 형제, 제너와 솔크, 퀴리와 아인슈타인, 폰 노이만과 버너스리, 물론 다윈도.

네 종류의 기억은 모두 생존의 수단이라는 방대한 구조물의 일부거나 그 여러 표현 형태다. 그 구조물은 원래 DNA의 무작위적이지 않은 생존이라는 다원적 과정을 통해 구축되었고, 지금도 여전히 그 부분이 큰 몫을 차지한다.

"소수의 형태 혹은 하나의 형태에"

다윈이 양다리를 걸친 것은 옳은 선택이었다. 하지만 요즘의 우리는 지구상 모든 생물이 하나의 선조에서 유래했다고 거의 확실하게 말할 수 있다. 유전암호가 보편적이라는 것이 그 증거다. 10장에서 보았듯이, 유전암호는 동물, 식물, 균류, 박테리아, 고세균, 바이러스 모두에게서 거의 동일하다. 우리의 유전암호 사전에는 세 문자로 구성되는 DNA 단어가 64개 들어 있고, 그 사전에 따라 단어들은 스무 가지 아미노산과 하나의 구두점("여기에서 읽기 시작하라"는 지시와 "여기에서 읽기를 멈추라"는 지시를 내린다)으로 번역되는데, 생물계 어디를 보든 그와 똑같은 64단어 사전이 존재한다(한두 가지 예외는 있으나 너무 사소해서 일반화를 해치지 못한다).

엉망세포라는 기묘하고 특이한 미생물이 발견되었다고 상상해보자. 이 세포는 DNA를 전혀 쓰지 않거나, 단백질을 쓰지 않거나, 단백질을 쓰지만 우리가 익숙한 스무 가지 아미노산 외에 다른 조합의 아미노산들로 단백질을 조립하거나, DNA를 쓰지만 삼중부호가 아닌 방식으로 쓰거나, 삼중부호로 DNA를 쓰지만 우리와 동일한 64단어 사전을 쓰지 않거나 한다. 엉망세포가 이 조건들 중에서 어느 하나라도 만족시킨다면, 우리는 생명이 두 번 탄생했었다고 가정해도 좋을 것이다. 엉망세포가 한 번 탄생했고, 우리를 비롯한 나머지 생명이 또 한 번 탄생했다고 말이다. 다윈이 아는 한(DNA가 발견되기 전에 사람들이 알았던 지식에 따르는 한), 내가 엉망세포에 적용한 속성들을 지닌 생물이 정말로 존재할 가능성도 있었으므로, '소수의 형태'라는 표현은 정당하다.

서로 독립적으로 솟아난 두 종류의 생명이 우연히 똑같은 64단어 암호를 만들어냈을 가능성도 있을까? 그럴 가능성은 극히 희박하다. 그럴 수 있으려면, 우선 현재의 암호가 다른 대안적 암호들에 비해서 강력한 이점이 있어야 한다. 더불어, 자연선택에 의한 점진적 개선을 통해 현재의 암호로 귀결하는 경사진 과정이 있었어야 한다. 그러나 두 조건 모두 그럴싸하지 않다.

프랜시스 크릭은 유전암호를 가리켜 '얼어붙은 사건'이라고 말했다. 일단 벌어지고 나면 다르게 바꾸기가 어렵거나 불가능한 사건이라는 뜻이다. 왜 그런가 하는 추론이 흥미롭다. 유전암호 자체에 돌연변이가 일어나면(암호로 작성된 유전자의 돌연변이와는 다른 상황이다), 생물의 한 부분이 아니라 전체에 당장 파국적인 영향이 미칠 것이다. 64단어 사전 중에서 한 단어라도 뜻이 바뀌어 다른 아미노산을 지정하게 되면, 몸속의 거의 모든 단백질이 즉각 변화를 겪을 것이고, 몸의 거의 모든 부분이 변화할 것이다. 다리를 살짝 더 길게 하거나 날개를 짧게 하거나 눈 색깔을 어둡게 하는 일반적인 돌연변이와는 달리, 유전암호 자체의 변화는 몸의 모든 것을 순식간에 바꿔놓을 것이다. 그것은 재앙일 것이다.

여러 이론가가 유전암호의 진화 방법에 관해서 독창적인 제안들을 내놓았다. 한 논문의 표현을 인용하면, 얼어붙은 사건을 '녹일' 방법을 찾아본 셈이다. 흥미로운 시도들이긴 하지만, 나는 우리가 살펴보는 모든 생물의 유전암호가 하나의 공통선조에서 유래했을 거라고 거의 확신한다. 다양한 생물 형태들을 뒷받침하는 고차원적인 프로그램들이 아무리 정교하고 다채롭더라도, 그 모두가 바탕에서는 똑같은 기계어로 작성된 것이다.

물론 다른 기계어로 작성된 다른 생물(내가 상상해본 엉망세포 같은 것)들이 있었는데 지금은 멸종했을 가능성도 완전히 배제할 수는 없다. 물리학자 폴 데이비스(Paul Davies)는 우리가 충분히 뒤져보지 않았다는 합당한 지적을 했다. 엉망세포(물론 그가 이 표현을 쓰진 않았다)가 멸종하지 않고 지구 어딘가의 요새에 숨어 있을지도 모른다는 것이다. 그도 실제로 그럴 가능성은 극히 낮다고 인정했지만, 그래도 다른 행성으로 진출해서 찾아보는 것보다는 지구를 샅샅이 뒤져보는 편이 훨씬 쉽고 싸다고 주장했다. 열쇠를 잃어버린 사람이 잃어버린 곳에서 찾지 않고 가로등 밑에서 찾더라는 이야기와 다소 맥이 통하는 주장이다.

내 개인적인 예측을 말하자면, 나는 데이비스 교수가 아무것도 찾지 못하리라고 생각한다. 지구에 생존하는 모든 생물 형태는 똑같은 기계암호를 사용하고, 모두 하나의 선조에서 유래했을 거라고 생각한다.

"행성이 고정된 중력의 법칙에 따라 영원히 돌고 도는 동안"

사람들은 우리 삶을 지배하는 주기들에 대해서 오래전부터, 그 작동 방식을 이해하기 한참 전부터 인식해왔다. 가장 확연한 주기는 낮밤의 주기다. 공간을 떠다니는 물체 혹은 중력법칙에 따라 다른 물체의 주변을 도는 물체에게는 제 축을 기준으로 회전하려는 자연적 경향이 있다. 예외적으로 그렇지 않은 경우도 있지만, 지구는 예외가 아니다. 지구의 자전주기는 현재 24시간이고(예전에는 더 빨리 돌왔다), 우리는 낮과 밤이 오가는 현상을 통해서 자전을 경험한다.

우리는 비교적 육중한 물체 위에서 살고 있기 때문에, 중력은 만물을 그 물체의 중심으로 끌어당기는 힘이라고 생각하는 경향이 있다. 우리가 겪기로는 '아래'로 끌어당기는 힘이다. 하지만 뉴턴이 최초로 간파했듯이, 중력은 우주 어디에나 편재하는 힘이고, 한 물체를 다른 물체 근처로 끌어당겨서 거의 영구적으로 궤도를 돌게 만드는 힘이다. 우리는 매년 계절이 오가는 현상을 통해서 그 힘을 경험한다. 지구가 태양을 중심으로 공전하기 때문이다.▪

지구의 자전축이 공전축에 대해 기울어 있기 때문에, 1년 중에서 우리가 사는 반구가 태양 쪽으로 기울어 있는 반 년 동안에는 낮이 길고 밤이 짧다. 그런 기간의 정점이 여름이다. 1년의 나머지 절반에는 낮이 짧고 밤이 길다. 이런 기간의 극단적인 경우가 겨울이다. 우리 반구가 겨울일 때, 햇빛은 많이 오지도 않지만 그나마도 아주 얕은 각도로 비춘다. 빛이 비스듬히 들어오기 때문에 겨울의 태양 광선은 여름보다 더 넓은 영역을 덮는다. 빛을 받는 입장에서는 같은 면적당 적은 광자를 받게 되니 춥게 느껴진다. 나뭇잎당 떨어지는 광자 수가 적어져서 광합성이 덜 일어난다. 낮이 짧아지고 밤이 길어지는 것도 똑같은 효과를 낸다.

겨울과 여름, 낮과 밤…… 우리의 삶은 주기들의 지배를 받는다.

▪ 나는 가려운 데를 자꾸 긁거나 아픈 이를 자꾸 눌러보는 것과 비슷한 불쾌한 이끌림을 느끼면서, 부록에 소개한 여론조사를 자꾸 들여다본다. 그것을 보면 영국 사람들의 19퍼센트는 1년의 정의를 모르고, 지구가 한 달에 한 번 태양을 돈다고 생각한다. 1년이 무엇인지 이해하는 사람들 중에서도 19퍼센트보다 많은 비율이 왜 계절이 생기는지 모른다. 철저한 북반구 중심주의를 과시하듯이, 우리가 6월에 태양에서 제일 가깝고 12월에 제일 멀다고 생각한다.

다윈도 이 점을 지적했고, 다윈 이전에 〈창세기〉도 지적했다. "땅이 있는 한 씨 뿌리기와 거두기, 추위와 더위, 여름과 겨울, 낮과 밤이 그치지 않으리라."

우리에게는 덜 분명하게 느껴질지라도 생명에게 중요한 또 다른 주기들이 있는데, 그것들 역시 중력이 매개한다. 태양계의 다른 행성들은 비교적 작은 위성을 여러 개 거느리고 있는 반면에, 지구는 비교적 큰 위성을 딱 하나 갖고 있다. 바로 달이다. 달은 그 자체로 상당한 중력을 지구에게 가할 만큼 크다. 우리는 그 힘을 주로 조석주기를 통해서 경험하는데, 매일 물이 드나드는 빠른 주기가 아니라 다달이 한사리와 조금이 오가는 느린 주기를 말한다. 이것은 한 달에 한 번 지구를 도는 달의 중력과 태양의 중력이 상호작용을 일으킨 결과다.

조석주기는 바다와 해안 생물들에게 특히 중요하다. 심지어 어떤 사람들은 우리의 해양 선조가 지녔던 종의 기억이 여태 남아 있어서 우리가 한 달을 기준으로 하는 생식주기를 갖게 된 것이 아닌가 추측한다. 내 생각에는 그다지 그럴싸한 해석은 아니지만 말이다. 그것이 너무 지나친 생각이라고 해도, 만약 달이 없었다면 지구의 생명이 어떻게 달라졌을까 상상해보는 것은 흥미롭다. 달이 없으면 생명도 불가능했을 것이라는 의견도 있다. 그러나 나는 이것 역시 그럴싸한 가설이라고 생각하지 않는다.

지구가 자전하지 않는다면 어땠을까? 달이 한 면만을 우리에게 향하듯이 지구도 영원히 한 면만을 태양에게 향한다면 어땠을까? 영원한 대낮인 절반은 이글거리는 불지옥이었을 것이고, 영원한 밤중인 절반은 못 견디게 추웠을 것이다. 그 사이 어스름 지역에서,

아마도 땅속 깊은 곳에서 생명이 살 수는 있지 않았을까? 그런 가혹한 조건에서 과연 생명이 솟아났을지 의심스럽긴 하지만, 지구가 자전 속도를 서서히 줄여가다가 멈춤으로써 적응할 시간이 충분했다면 적어도 몇몇 박테리아쯤은 성공할 수도 있었을 것 같다.

지구가 자전을 하되 자전축이 기울지 않았다면? 그렇다고 생명이 불가능했을 것 같지는 않다. 물론 여름과 겨울 주기는 없었을 것이다. 시간이 아니라 위도와 고도에 따라 여름과 겨울 조건이 주어졌을 것이다. 두 극지방이나 고산지대에 사는 생물들은 영원히 겨울만 경험했을 것이다. 그렇다고 생명이 불가능할 이유는 없다. 물론 계절이 없는 곳의 생명은 훨씬 지루했을 것이다. 생물이 이동할 동기가 없었을 것이고, 1년의 특정 시기에만 번식할 이유도 없었을 것이고, 잎을 떨어뜨리거나 털갈이를 하거나 동면을 할 이유도 없었을 것이다.

지구가 항성 주변을 회전하지 않는다면? 생명은 아예 불가능했을 것이다. 항성을 회전하는 것의 대안은 우주공간을 날아가는 것이다. 캄캄하고 절대온도 0도에 가까운 추위 속에서 홀로 움직이는 것이다. 그렇다면 생명으로 하여금 국지적이고 일시적으로나마 열역학적 흐름을 거슬러 올라가게 해주는 에너지원이 없는 것이다. 다윈이 "고정된 중력의 법칙에 따라 영원히 돌고 돈다"는 표현을 쓴 것은 상상을 초월할 만큼 기나길게 뻗은 무정한 시간의 경로를 시적으로 묘사하기 위함만은 아니었다.

물체가 에너지원으로부터 일정한 거리를 유지하는 방법은 별 주변을 궤도운동하는 방법밖에 없다. 어떤 별의 주변이든 열기와 빛을 흠뻑 받는 공간은 한정되어 있고(태양이 전형적인 예다), 그곳에서만 생명의 진화가 가능하다. 별에서 우주를 향해 나아갈수록, 생명이 거주할 만한 지역은 역제곱 법칙에 따라 급격하게 줄어든다. 말인즉, 빛과 열은 별로부터의 거리에 정비례하여 감소하는 게 아니라 거리 제곱에 비례하여 줄어든다는 뜻이다. 왜 그런지는 쉽게 알 수 있다.

별을 중심으로 삼는 다양한 반지름의 동심구들이 있다고 상상해 보자. 별이 방출한 에너지가 구의 내면에 가 닿을 것이다. 내면의 매 제곱센티미터가 '똑같은' 양의 에너지를 공평하게 나눠 받을 것이다. 구의 표면적은 반지름의 제곱에 비례한다(ESK).* 따라서 구A가 구B보다 태양에서 2배 멀리 있다면, 동일한 양의 광자를 4배 넓은 면적이 '공유해야' 한다. 그렇기 때문에 태양계에서 가장 안쪽에 있는 수성과 금성은 탈 듯이 뜨겁고, 바깥쪽에 있는 해왕성과 천왕성 등은 춥고 어둡다. 물론 춥고 어둡다고는 해도 우주공간만큼은 아니다.

에너지는 창조될 수도, 파괴될 수도 없다. 그렇지만 열역학 제2법칙에 의하면, 에너지는 (닫힌계에서는 반드시) 유용한 일을 하지 못하는 상태로 점차 바뀌어간다. '엔트로피'가 늘 증가한다는 말이 바로 이런 뜻이다. '일'이라는 것은, 가령 물을 펌프질해서 높은 데로 올리는 작업을 말하고, 화학적으로 같은 상황을 말하자면 대기 중의 이산화탄소에서 탄소를 뽑아내 식물 조직에 사용하는 작업을 말한다. 12장에서 이야기했듯이, 두 묘기 모두 그 계에 에너지가 공급될

---

* '모든 남학생이 다 안다(Every Schoolboy Knows)'는 뜻이다(그리고 모든 여학생은 유클리드 기하학을 이용해 증명할 줄 안다).

때에만 가능한 일이다. 가령 펌프를 돌려줄 전기에너지가 있어야 하고, 식물 속에서 당과 전분의 합성을 추진해줄 태양에너지가 있어야 한다. 일단 펌프질되어 오르막으로 올라간 물은 이제 내리막으로 흐르려는 경향을 보인다. 물이 아래로 흐를 때, 에너지의 일부가 물레방아를 돌리고, 물레방아가 전기를 생성하고, 전기가 전동기를 돌려서, 물의 일부를 다시 오르막으로 펌프질한다. 하지만 오직 일부만이다! 에너지가 파괴되지는 않지만, 어느 정도의 에너지는 항상 사라지게 되어 있다. 영구운동기계는 불가능하다(이것을 너무 단호한 발언이라고 할 수는 없으리라).

생명의 화학에서, 식물은 태양에너지의 도움을 받아 '오르막' 화학반응을 일으킴으로써 공기 중의 탄소를 추출한다. 식물에 저장된 그 탄소를 태우면 에너지의 일부가 다시 배출된다. 우리는 석탄을 태울 때처럼 말 그대로 정말 그 탄소를 태울 수도 있다. 옛날 옛적 석탄기나 다른 시대에 죽은 식물들의 태양열판이 땅에 묻혀 만들어진 것이 석탄이기 때문에, 석탄은 저장된 태양에너지인 셈이다.

한편, 실제 연소보다 더 통제된 방식으로 탄소의 에너지를 끌어낼 수도 있다. 식물에서든, 식물을 먹는 동물에서든, 식물을 먹는 동물을 먹는 동물에서든…… 살아 있는 세포 속에서는 태양이 만든 탄소 화합물들이 '서서히 태워지고' 있다. 말 그대로 불꽃을 내며 타오르는 게 아니라 사용하기 쉬울 만큼 조금씩 졸졸 에너지가 나오고, 그것이 통제된 방식으로 사용되어 화학반응들을 '오르막'으로 추진한다. 물론 그 에너지의 일부도 반드시 열로 낭비된다. 그렇지 않다면 영구운동기계가 가능할 텐데, 알다시피 그런 것은 불가능하다(너무 집요하게 반복한다고 생각하지 마시라).

우주의 거의 모든 에너지는 일을 할 수 있는 형태에서 할 수 없는 형태로 착실히 질이 나빠진다. 이런 평준화, 혹은 섞임 현상은 온 우주가 결국 균일하고 (말 그대로) 아무런 사건도 일어나지 않는 '열역학적 사망'에 이를 때까지 계속될 것이다. 하지만 우주 전체가 불가피한 열역학적 사망을 향해 돌진하는 동안, 국지적인 계에서는 약간의 에너지가 반대 방향으로 흐를 여지가 있다. 바닷물은 구름이 되어 공중으로 올라간 뒤 산 꼭대기에 내려서 다시 물이 되고, 개울이나 강에서 내리막으로 흘러서 물레방아를 돌리거나 발전소를 구동시킨다. 바닷물을 들어올린 (그리하여 발전소의 터빈을 돌린) 에너지는 태양에서 온다. 이것은 열역학 제2법칙에 위배되는 것이 아니다. 왜냐하면 태양으로부터 끊임없이 에너지가 공급되기 때문이다.

태양에너지는 식물의 잎에서도 비슷한 일을 한다. 국지적으로 화학반응을 '오르막'으로 끌어올려서 당과 전분과 셀룰로스와 식물 조직을 만든다. 식물은 결국 죽거나 동물에게 먹힌다. 그러면 식물에게 갇혔던 태양에너지는 수많은 연쇄반응을 일으키며 조금씩 흘러나올 기회를 갖게 되고, 길고 복잡한 식량사슬을 거친 뒤에 식물을 부패시키는 박테리아나 균류에게서, 혹은 식량사슬을 연장시키는 동물들에게서 정점을 이룬다. 혹은 에너지의 일부가 지하로 포획되어서 먼저 이탄이 되고 나중에 석탄으로 바뀔지도 모른다.

어쨌든 궁극의 열역학적 사망을 향한 범우주적 경향성은 결코 뒤집어지지 않는다. 식량사슬의 고리 하나하나마다, 세포에서의 작은 에너지 배출 반응 하나하나마다, 에너지의 일부가 반드시 쓸모없는 형태로 전환된다. 영구운동기계는…… 알겠다, 또 반복하면 정말 지나칠 것 같다. 하지만 다음 인용문을 소개하는 것까지 사과하지는 않을 것이다. 내가 다른 책에서도 인용한 적 있는 이 근사한 글은 아서 에딩턴(Arthur Eddington) 경의 말이다.

> 우주에 대한 이론들 중에서 당신이 아끼는 것이 있다고 하자. 누군가가 그것이 맥스웰 방정식에 위배된다고 지적한다면, 맥스웰 방정식에게 안된 일이다. 만약에 그것이 관찰 내용과 모순되는 것으로 드러난다면, 글쎄, 실험가들이란 이따금 일을 망치는 법 아닌가. 하지만 당신의 이론이 열역학 제2법칙과 대립된다면, 나는 당신에게 아무런 희망도 줄 수 없다. 그 이론은 철저한 수치 속에 무너지는 수밖에 없다.

창조론자들은 진화론이 열역학 제2법칙에 위배된다고 자주 주장하는데, 그 법칙을 제대로 이해하지 못한다는 것을 보여주는 꼴밖에 안 된다(그들이 진화를 이해하지 못한다는 것은 우리가 이미 알고 있다). 위배는 없다. 태양 덕분에!

생명에 관여하는 계든, 구름으로 증발했다가 비로 내리는 물의 계든, 전체 계는 결국 태양으로부터의 착실한 에너지 유입에 의존한다. 물리학과 화학의 법칙들을 결코 거스르지 않지만(그리고 당연히 열역학 제2법칙도 거스르지 않지만), 태양의 에너지는 생명에게 힘을 주며, 물리학과 화학 법칙들을 연장시켜서, 복잡하고 다양하고 아름답고 통계적으로 불가능할 것만 같아서 혹시 교묘하게 설계되었나 하는 불가사의한 착각마저 주는 천재적인 묘기들을 진화시킨다. 실로 강력한 그 착각은 오랫동안 가장 현명한 사람들마저 속여왔는데, 찰스 다윈이 나타나서 그것을 깨뜨린 것이다.

자연선택은 불가능의 펌프다. 통계적으로 불가능할 것 같은 일을 생성하는 과정이다. 자연선택은 생존에 도움이 되는 무작위적인 작은 변화들을 체계적으로 포착하고, 상상조차 하기 어려운 긴 시간에 걸쳐 아주 조금씩 그것을 축적하여, 결국 진화로 하여금 불가능과 다양성의 산을 오르게 한다. 그 산의 높이와 넓이에는 한계가 없는 듯하다. 그 비유적인 산을 가리켜 나는 '불가능의 산'이라고 부른다. 자연선택이라는 불가능의 펌프는 생물의 복잡성을 '불가능의 산'으로 밀어올린다. 이것은 태양의 에너지가 물을 진짜 산 위로 끌어올리는 것과 비슷한 통계적 작업이다.■ 자연선택이 국지적으로나마 통계적으로 가능한 방향을 거슬러 통계적으로 불가능한 방향으로 밀어주기 때문에, 생명은 더욱 복잡하게 진화할 수 있다. 그리고 이것은 태양으로부터 그칠 줄 모르고 에너지가 공급되기 때문에 가능한 일이다.

"이토록 단순한 시작으로부터"

우리는 진화가 처음 시작된 이래 어떻게 진행되었는지에 관해 다윈보다 훨씬 많이 알고 있다. 하지만 진화가 애초에 어떻게 시작되었는가에 관해서는 다윈만큼이나 아는 바가 없다. 이 책은 증거를 말하는 책인데, 우리 지구에서 진화가 시작된 그 경이적인 순간에 대

■ 클로드 섀넌(Claude Shannon)이 '정보' 단위를 개발할 때 이전 세기에 루트비히 볼츠만(Ludwig Boltzmann)이 엔트로피에 대해 개발했던 수학 공식들과 똑같은 공식들을 얻은 것은 우연이 아니다. 정보 역시 통계적 불가능성이기 때문이다.

해서는 우리가 갖고 있는 증거가 없다. 그것은 극도로 드문 사건이었을 것이다. 그것은 딱 한 번만 일어났어야 하고, 우리가 아는 한 실제로도 딱 한 번 일어났다. 어쩌면 온 우주에서 딱 한 번 일어났을지도 모르지만, 나는 그렇지는 않을 거라고 생각한다.

증거가 아니라 순수한 논리에 의거해서 우리가 말할 수 있는 사실은, 다윈이 "이토록 단순한 시작으로부터"라고 표현한 것은 사려 깊은 일이었다는 점이다. 단순한 것의 반대는 통계적으로 불가능한 것이다. 통계적으로 불가능한 일은 자연스럽게 등장하지 않는다. 통계적으로 불가능하다는 말의 뜻이 바로 그런 것이다. 시작은 단순해야만 했다. 그리고 단순한 시작이 복잡한 결과를 낳을 수 있는 과정으로 우리가 아는 것은 자연선택에 의한 진화뿐이다.

다윈은 《종의 기원》에서 진화의 시작에 대해서는 논하지 않았다. 그것은 자기 시대의 과학을 넘어서는 문제라고 생각했다. 다윈이 후커에게 보낸 편지를 앞에서 인용했는데, 같은 편지에서 다윈은 이렇게도 말했다. "현재에 생명의 기원을 생각하는 것은 부질없는 일입니다. 차라리 물질의 기원을 생각하는 편이 나을 것입니다." 다윈은 언젠가는 문제가 해결될 것이라는 가능성을 배제하진 않았지만(실제로 물질의 기원 문제는 이후에 대체로 다 풀렸다), 그렇더라도 아주 먼 미래일 거라고 생각했다. "우리가 '점액, 원형질 등등'이 새로운 동물을 낳는 것을 볼 수 있게 되기까지는 상당한 시간이 걸릴 것입니다."

프랜시스 다윈은 아버지의 편지들을 정리한 책에서 이 대목에 주석을 달아두었다.

같은 주제에 관해 아버지가 1871년에 쓴 글도 있다. "살아 있는 유기체를 처음 생산하는 데 필요한 조건들이 현재에도 다 존재하고, 항상 존재해왔을 것이라는 의견도 있다. 하지만 만약에(오! 이 얼마나 대단한 만약인가!) 온갖 종류의 암모니아염과 인산염, 빛, 열, 전기 등등이 존재하는 작고 따스한 연못이 있고, 그 안에서 단백질 화합물이 화학적으로 생성되어 더 복잡한 변화를 겪을 태세를 갖춘다고 해도, 현재에는 그런 물질이 당장 무언가에게 잡아먹히거나 흡수되어버릴 것이다. 하지만 생물체들이 형성되기 전의 그 옛날에는 상황이 그렇지 않았을 것이다."

찰스 다윈은 여기서 두 가지 서로 구분되는 이야기를 하고 있다. 한편으로 그는 다른 어디에서도 이야기하지 않았던 생명의 기원에 관한 추측을 보여주었다(유명한 '작고 따스한 연못' 대목이다). 다른 한편으로 그는 우리 눈앞에서 사건이 재연되는 것을 볼 수 있으리라고 꿈꾸었던 당대 과학의 미혹을 바로잡았다. "살아 있는 유기체를 처음 생산하는 데 필요한 조건들이" 현재에 존재하더라도, 새로운 생산물은 "당장 무언가에게 잡아먹히거나 흡수되어버릴" 것인데(우리는 이제 그 무언가가 아마 박테리아일 거라고 생각할 만한 이유가 있다), "생물체들이 형성되기 전의 그 옛날에는 상황이 그렇지 않았을 것이다".

다윈이 이 글을 쓴 것은 루이 파스퇴르(Louis Pasteur)가 소르본 강연에서 "자연발생설은 이 단순한 실험이 가한 치명적인 충격에서 결코 회복할 수 없을 것이다"라고 말한 때로부터 7년 뒤였다. 그 단순한 실험이란 미생물의 접근을 막도록 밀봉한 영양액에서는 부패가 일어나지 않는다는 사실을 파스퇴르가 보여준 실험이었다. 그것은 당시 사람들의 기대와는 다른 결과였다.

창조론자들은 종종 파스퇴르의 실험과 같은 것들을 자기네에게 유리한 증거로 끌어다 말한다. 그들의 잘못된 논리는 이렇게 흐른다. "자연발생은 오늘날 어디에서도 관찰되지 않는다. 그러므로 생명이 자연적으로 생겨나는 것은 불가능하다." 다윈의 1871년 발언은 이런 식의 비논리에 대한 예리한 응수였다. 생명의 자연발생은 물론 극히 드문 사건이다. 하지만 한 번은 일어났던 사건이다. 최초의 자연발생이 자연적인 사건이었다고 생각하든, 초자연적인 사건이었다고 생각하든 말이다. 생명의 기원이 얼마나 드문 사건이었는가 하는 질문은 참으로 흥미로운 물음이지만, 이 이야기는 잠시 뒤로 미루자.

생명의 기원에 대해 처음으로 진지하게 고찰한 사람은 러시아의 알렉산드르 오파린(Aleksandr Oparin)과 (독립적으로) 영국의 홀데인이었는데, 둘 다 생명의 최초 생성 조건들이 오늘날 우리 곁에도 존재한다는 가정을 부인하는 것으로부터 시작했다. 오파린과 홀데인은 최초의 지구 대기는 현재의 대기와 아주 달랐을 거라고 가정했다. 특히 자유 산소가 없었을 테니, 당시의 대기는 (화학자들의 신비로운 표현에 따르면) '환원성' 대기였을 것이다.

우리는 이제 대기 중의 모든 자유 산소가 생명, 특히 식물의 생산물임을 알고 있다. 산소는 생명이 솟아나기 이전에 선행했던 조건이 아니었다. 산소는 오염물질이자 심지어 독성물질로 대기에 방출된 물질이었다. 나중에야 자연선택이 그것을 활용해서 번성하는 생물을 조직해냈고, 이제 생물은 그것이 없으면 심지어 질식해 죽게끔 되었다.

'환원성' 대기에서 영감을 얻어 생명의 기원 문제에 도전했던 실험들 중 가장 유명한 실험은 스탠리 밀러(Stanley Miller)의 실험이다. 단순한 구성 요소들을 채운 플라스크에 기포와 방전을 일으켰더니, 일주일 만에 아미노산과 여타 생명의 선구물질들이 생겨났던 실험이다.

다윈의 '작고 따스한 연못', 그리고 그것에서 영감을 얻은 밀러의 마녀의 묘약 같은 혼합물은, 요즘은 선호할 만한 대안으로서 인정되지 않는 편이다. 사실인즉, 이 문제에는 압도적인 합의가 존재하지 않는다. 여러 유망한 발상이 제안되었으나 틀림없이 어느 하나라고 지목해주는 결정적인 증거가 없다. 나는 여러 가지 흥미로운 가능성을 예전에 쓴 책들에서 살펴본 바 있다. 그레이엄 케언스-스미스(Graham Cairns-Smith)의 무기물 점토 결정 이론도 살펴보았고, 생명이 최초에 솟아났던 환경은 오늘날의 '호열성' 박테리아나 고세균이 서식하는 황천 같은 서식지와 비슷했을 거라고 주장하는 최근의 인기 이론도 살펴보았다. 실제로 그런 미생물들은 말 그대로 끓는 물속에서 융성하며 증식한다. 그런데 요즘에는 많은 생물학자가 'RNA 세계 이론(RNA World theory)'으로 옮겨가는 분위기고, 내가 보기에도 그 이유가 상당히 설득력이 있다.

우리는 생명의 첫 단계가 어땠는지에 관해 아무런 증거도 없다. 하지만 생명의 첫 단계가 어떤 종류의 단계였어야 하는지는 알고 있다. 그것은 자연선택을 시작시키는 단계였어야 한다. 그 최초의 단계 이전에는, 자연선택만이 성취해낼 수 있는 개선의 과정이 존재할 수 없었다. 다르게 말하자면, 결정적인 그 최초의 단계는 우리가 알지 못하는 모종의 과정을 통해서 자기복제하는 개체를 만들어낸 단계였다. 자기복제자는 개체군을 낳기 마련이고, 그러면 개체들이 복제를 위해서 경쟁하는 상황이 만들어진다. 세상에 완벽한 복사 과정은 없기 때문에 개체군에는 필연적으로 다양성이 생겨나고, 복제자들 중에서 성공에 도움이 되는 변이를 일으킨 변종이 개체군을 압도할 것이다. 이것이 자연선택이다. 이 과정은 최초의 자기복제자가 등장하기 전에는 진행될 수 없었다.

"작고 따스한 연못" 문단을 보면, 다윈은 단백질의 자연발생이 생명의 기원에서 핵심 사건이었으리라고 추정했다. 오늘날 밝혀진 바에 따르면, 이것은 다윈의 다른 발상들보다는 덜 유망한 생각이었다. 단백질이 생명에 몹시 중요하다는 사실을 부인하는 것은 아니다. 8장에서 보았듯이, 단백질은 자발적으로 접혀서 삼차원 형태를 이루는 아주 특수한 성질을 갖고 있다. 그 정확한 모양새는 단백질의 구성단위인 아미노산들의 일차원적 서열에 의해 구체적으로 규정되고, 그 정확한 모양새 덕분에 단백질은 화학반응을 촉매하는 능력을 갖게 되었다는 것도 이미 다 이야기했다.

단백질은 엄청난 특이성을 발휘해 특정 반응만을 선택한 뒤, 그것을 수조 배 빠르게 만들어준다. 효소의 특이성 때문에 생화학이 가능하고, 단백질은 거의 무한한 유연성을 발휘해 온갖 형태를 취할 수 있는 것처럼 보인다. 그것이 단백질의 장점이다. 단백질은 그 일에 무척, 무척 능하다. 다윈이 단백질을 언급한 것은 상당히 제대로 된 지적이었다.

하지만 단백질이 무진장 서툰 일도 있는데, 다윈은 그 점을 간과했다. 단백질은 복제에는 전혀 재주가 없다. 단백질은 스스로를 복사하지 못한다. 따라서 생명의 기원에서 결정적인 단계는 단백질의 자연발생일 리 없다는 말이 된다. 그렇다면 대체 무엇이었을까?

우리가 아는 최고의 자기복제 분자는 DNA다. 우리가 흔히 보는 발전된 생물체들에서 DNA와 단백질은 깔끔하게 서로를 보완한다. 단백질 분자는 탁월한 효소지만 서툰 복제자고, DNA는 정확하게 그 반대다. DNA는 삼차원 형태로 접히지 않으므로 효소로 기능할 수 없다. DNA는 활짝 열린 직선 모양이고, 바로 그렇기 때문에 복제자이자 아미노산 서열 지정자로서 안성맞춤이다. 단백질 분자는 착착 접혀서 '닫힌' 형태이기 때문에 서열 정보가 '노출되지' 않고, 따라서 정보가 복사되거나 '읽힐' 수 없다. 단백질의 서열 정보는 복잡하게 꼬인 단백질 내부에 묻혀 있어서 접근이 불가능하다. 하지만 기다란 DNA 사슬은 서열 정보가 노출되어 있으므로, 주형으로 쉽게 기능한다.

생명 기원의 딜레마란 이런 것이다. DNA는 복제할 수 있지만, 복제 과정을 촉매하기 위해서 별도의 효소를 필요로 한다. 단백질은 DNA 형성을 촉매할 수 있지만, 정확한 아미노산 서열을 규정해주는 DNA가 있어야 한다. 초기 지구의 분자들은 어떻게 이 강고한 결합을 끊고 자연선택을 개시했을까? 여기에 RNA가 등장한다.

RNA는 DNA와 종류가 같은 폴리뉴클레오티드 분자다. RNA는 DNA의 네 가지 암호 '문자'에 상응하는 암호를 지닐 수 있고, 실제로 살아 있는 세포에서 DNA의 유전 정보를 다른 장소로 운반해 쉽게 사용되도록 하는 역할을 맡는다. 먼저 DNA가 주형으로 작용해 RNA 암호 서열을 조립하면, 그 RNA를 주형으로 사용해서 단백질 서열이 조립된다. DNA에서 곧바로 단백질이 조립되는 것이 아니다. 어떤 바이러스들은 아예 DNA가 없고, 대신 RNA를 유전 분자로 갖고 있다. RNA가 세대에서 세대로 유전 정보를 옮기는 일을 전적으로 담당한다.

그렇다면 생명의 기원에 대한 'RNA 세계 이론'의 개요를 살펴보자. RNA는 서열 정보를 전달하기 쉽도록 죽 뻗은 형태를 취하는 것은 물론이고, 우리가 8장에서 상상했던 자석 목걸이처럼 삼차원 형태로 자기조립을 할 수도 있다. 게다가 그 형태가 효소로 활약할 수 있다. 실제로도 RNA 효소가 존재한다. RNA 세계 이론에 따르면, RNA는 단백질이 진화하여 효소 역할을 맡을 때까지 그럭저럭 효소의 임무를 수행할 수 있었고, 또한 DNA가 진화해 복제자 역할을 맡을 때까지 그럭저럭 복제 임무도 수행할 수 있었다.

나는 RNA 세계 이론이 상당히 그럴싸하다고 생각한다. 그리고 아마도 향후 몇십 년 내에 화학자들이 자연선택의 시작을 알린 40억 년 전의 그 경이적인 사건들을 완전히 재구성해, 실험실에서 시뮬레이션할 수 있으리라고 생각한다. 그런 방향으로 단계를 밟아가는 환상적인 시도들이 벌써 실시되고 있다.

이 주제를 마무리하기 전에, 내가 이전 책들에서도 강조했던 경고의 말을 다시 할 필요가 있겠다. 사실 우리는 생명의 기원에 관해 그럴싸한 이론을 찾을 필요가 없다. 어쩌면 너무 그럴싸한 이론이 발견되는 게 더 걱정스러운 일인지도 모른다! 이 명백한 역설은 물리학자 엔리코 페르미(Enrico Fermi)가 제기했던 유명한 질문, "다들 어디에 있지?"에서 따라나오는 것이다. 참으로 밑도 끝도 없는 질문이건만, 로스앨러모스 연구소의 동료 과학자들은 페르미의 말이 무슨 뜻인지 재깍 이해했다. 그것은 왜 우주의 다른 생명체들이 여태 우리를 방문하지 않았느냐는 질문이다. 직접 찾아오지는 않더라도, 왜 전파라도 보내지 않는 걸까(이쪽이 훨씬 더 가능성이 있다)?

현재의 추산에 따르면, 우리 은하에는 행성이 10억 개 이상 존재하고, 우주에는 은하가 10억 개쯤 존재한다. 그 말인즉, 정말로 우리 은하에서 오직 지구에만 생명이 존재한다면, 행성에서 생명이 탄생할 확률이 10억 분의 1을 넘으면 안 된다는 말이다. 따라서 우리가 찾고 있는 지구에서의 생명 기원 이론은 그럴싸한 이론이 *아닌* 것이 바람직하다는 말이다! 너무 쉽게 이뤄질 만한 이론이라면, 은하계에 생명이 흔해야 하니까 말이다. 어쩌면 정말로 흔한지도 모른다. 그런 경우라면 우리가 그럴싸한 이론을 찾아야 할 것이다. 하지만 아직까지는 지구 밖에서 생명이 존재한다는 증거가 없기 때문에, 적어도 현재로서는 우리가 그럴싸하지 않은 이론으로 만족할 만한 근거가 있는 셈이다.

우리가 페르미의 의문을 진지하게 받아들여서, 아직까지 우주인이 우리를 방문하지 않은 것을 볼 때 은하계에는 생명이 극도로 드문 게 분명하다고 해석한다면, 우리는 생명 기원에 관한 그럴싸한 이론은 원래 존재하지 않는다는 쪽으로 좀 더 기울어도 될 것이다. 이 논증은 《눈먼 시계공》에서 이미 상세하게 펼쳤으므로, 지금은 이쯤에서 마무리하겠다.

내 개인적인 추측은, 추측이 얼마나 가치가 있는지는 모르겠지만(알려지지 않은 변수가 너무 많기 때문에 대단한 가치가 있기는 힘들다), 생명이 극히 드물기는 하지만 우주에는 행성이 너무나도 많으므로(지금 이 순간에도 계속 더 많이 발견되고 있다) 아마 우리가 혼자는 아닐 거라는 것이다. 아마 우주에는 수백만 개의 생명의 섬이 있을 것이다. 그렇지만 우주에 수백만 개의 생명의 섬이 있더라도, 그들이 전파로라도 서로 만날 가능성이 전무할 정도로 멀리 떨어져 있는 상황이 얼마든지 가능하다. 슬프게도, 현실적인 의미에서는 우리가 혼자나 다름없을지도 모른다.

"너무나 아름답고 너무나 멋진 무한한 형태가 진화해 나왔고, 지금도 진화하고 있는 것이다"

나는 다윈이 '무한한'이라는 표현을 무슨 뜻으로 썼는지 확실히 모르겠다. 그냥 '너무나 아름답고'와 '너무나 멋진'을 더 맛깔스럽게 꾸미고자 강조한 것인지도 모른다. 짐작건대 그런 뜻도 있었을 것이다. 하지만 나는 다윈이 '무한한'이라는 말에 보다 특수한 의미를 담았다고 생각하고 싶다. 생명의 역사를 돌아보면, 우리는 영원히 끝나지 않고 언제나 새롭게 재생되는 참신한 그림을 본다. 개체는 죽고, 종과 속과 목과 강마저 멸종한다. 하지만 진화 과정 자체는 늘 자신을 추슬러서 또다시 꽃을 피운다. 세기가 오가는 내내 조금도 줄지 않는 신선함과 조금도 약해지지 않는 젊음을 보여준다.

내가 2장에서 설명한 인위선택 컴퓨터 모형으로 잠깐 돌아가보자. 컴퓨터 〈생물 형태〉의 '사파리 공원', 〈절지 형태〉, 그리고 연체동물의 다양한 껍질 모양 진화를 보여주는 〈패류 형태〉가 있었다. 그 장에서 나는 그런 컴퓨터 생물들에게 충분한 세대가 주어질 경우, 인위선택의 작동 원리와 강력함을 잘 보여주는 예제가 될 수 있다고 말했다. 지금은 그 모형들에 관해 좀 다른 이야기를 해보자.

컬러든 흑백이든 컴퓨터 화면을 들여다보며 생물 형태를 육성할 때, 그리고 절지 형태를 육성할 때, 내가 압도적으로 느낀 인상은 절대 지루하지 않다는 것이었다. 언제까지나 새롭게 묘한 느낌이 들었다. 프로그램은 절대 '지치지' 않는 듯했고, 사용자도 마찬가지였다. 그것은 우리가 10장에서 잠깐 이야기한 다시 톰슨의 프로그램과는 대조되는 면이었다.

톰슨의 프로그램은 동물이 그려진 가상의 고무판 좌표계를 '유전자'들이 수학적으로 잡아당기는 프로그램이었다. 그 프로그램으로 인위선택을 할 때는, 시간이 갈수록 사용자가 기준점에서 점점 멀어져서 우아하지 못한 기형의 세계로 들어간다는 느낌이 들었다. 매사가 질서정연했던 출발점으로부터 멀어질수록 형태들의 의미가 사라지면서 사리를 분간하기 힘든 세계로 빠져드는 듯했다. 나는 그 이유에 대한 단서도 이미 이야기했다.

생물 형태, 절지 형태, 패류 형태 프로그램은 발생에 해당하는 컴퓨터 과정이 있었다. 세 프로그램이 서로 다른 방식의 발생 과정을 사용했지만, 셋 다 생물학적으로 가능할 법한 과정들이었다.

반면에 톰슨의 프로그램은 발생학을 모방하지 않았다. 한 성체의 형태를 왜곡시켜서 다른 성체 형태로 변형시키려고 했다. 발생 과정이 없기 때문에, 톰슨의 프로그램에는 생물 형태, 절지 형태, 패류 형태가 보여주는 '창의적인 풍요로움'이 결여되어 있다. 우리가 현실의 발생들에서 보는 것은 바로 그런 창의적인 풍요로움이고, 이것이 진화가 "너무나 아름답고 너무나 멋진 무한한 형태"를 생성하는 최소한의 이유가 될 것이다. 하지만 최소한 이상의 이유도 알 수 있을까?

1989년에 나는 〈진화 가능성의 진화(The evolution of evolvabilty)〉

라는 논문을 써서, 동물들이 세대가 갈수록 더 잘 생존하는 경향만 있는 게 아니라, 동물의 계통들이 갈수록 *더 잘 진화하는* 경향도 있다고 제안했다. '잘 진화하게 된다'는 게 무슨 뜻일까? 어떤 종류의 동물이 잘 진화하는 동물일까? 육지의 곤충이나 바다의 갑각류는 다양화의 챔피언인 것처럼 보인다. 그들은 수천 종으로 분화했고, 생태지위들을 샅샅이 점령했고, 기나긴 진화 역사 동안 장난꾸러기처럼 방종하게 온갖 의상으로 갈아입었다. 어류도 놀라운 진화적 생산력을 보인다. 개구리도 그렇고, 우리에게 더 친숙한 포유류나 조류도 그렇다.

내가 1989년 논문에서 말했던 것은, 진화 가능성이 발생학적 속성이라는 의견이었다. 동물의 몸을 바꾸는 것은 유전자의 돌연변이지만, 그 돌연변이는 발생을 통해서 영향력을 미칠 수밖에 없다. 어떤 발생 과정은 다른 발생 과정들보다 유용한 유전적 변이를 더 많이 일으킨다. 그러면 자연선택이 작업할 재료가 많아지고, 따라서 진화에 더 능하게 될지도 모른다. '될지도 모른다'는 표현은 좀 약한 듯하다. 이런 의미에서 다른 발생 과정보다 더 잘 진화하는 발생 과정이 *있기 마련*이라는 것이 거의 분명해 보이지 않는가? 나는 그렇다고 생각한다.

이보다는 좀 덜 분명해 보이겠지만, 다음과 같은 주장도 해볼 수 있다고 생각한다. 어쩌면 '진화 가능성이 높은 발생 과정'을 선호하는, 일종의 고차원적인 자연선택이 있을지도 모른다. 시간이 갈수록 발생 과정들의 진화 가능성은 개선되어간다. 그런 '고차원적 선택'은 유전자 전달에 성공적인 개체를 선택하는(달리 말해서 성공적인 개체를 만드는 유전자를 선택하는) 일반적인 자연선택과는 좀 다를 것이다.

진화 가능성을 개선시키는 고차원의 선택은 위대한 미국 진화생물학자 조지 C. 윌리엄스가 이른바 '분지군 선택'이라고 부른 것과 비슷한지도 모른다. 분지군이란 종, 속, 목, 강 같은 계통수의 한 가지다. 가령 곤충류 같은 한 분지군이 유수동물 같은 다른 분지군보다(그렇다. 정체가 모호한 이 벌레들의 이름을 여러분은 처음 들어보았을 것이다. 이유가 있다. 이들이 성공적이지 못한 분지군이기 때문이다!) 더 성공적으로 세상에 퍼지고, 다양화하고, 증식할 때, 우리는 분지군 선택이 일어났다고 말한다. 분지군 선택은 두 분지군이 서로 경쟁한다는 뜻이 아니다. 곤충은 식량이나 공간이나 기타 자원을 놓고 유수동물과 경쟁하지 않는다. 적어도 직접적으로는 경쟁하지 않는다. 하지만 세상에는 곤충은 가득한 반면에 유수동물은 거의 없다시피 하므로, 우리는 당연히 곤충에게만 있는 어떤 속성들이 그들의 성공 요인이 되었다고 규정하고 싶다. 나는 곤충의 발생 과정이 진화 가능성이 높은 발생 과정이기 때문이라고 추측해본 것이다.

《불가능의 산을 오르다》의 〈만화경 같은 배아들〉이라는 장에서, 나는 진화 가능성을 규정하는 것이 어떤 속성들일지 다양하게 제안해보았다. *대칭성*이라는 제약도 그런 속성일 것이고, *체절화된* 체제 같은 모듈적 설계도 그런 속성일 것이다.

절지동물 분지군이* 진화에 능하고, 다각도로 변이하고, 다양화하고, 생태지위가 주어졌을 때 기회를 놓치지 않고 메우는 까닭은 부분적으로는 체절화된 모듈적 구조 때문일 것이다. 또 어떤 분지

■ 곤충류, 갑각류, 거미류, 지네류 등등.

군들은 발생의 다양한 측면에서 거울상을 취하도록 제약되어 있기 때문에 성공적인지도 모른다.* 땅과 바다를 가득 채우며 융성하는 분지군들은 진화에 능한 분지군들이다. 분지군 선택이 일어나기 때문에, 성공적이지 못한 분지군은 멸종한다. 혹은 변화하는 과제를 만족시킬 만큼 잘 분화하지 못해 시들어간다. 한편, 성공적인 분지군은 계통 발생의 나무에서 풍성한 잎들로 피어나고 번성한다. 분지군 선택과 다윈의 자연선택은 유혹적일 만큼 비슷해 보인다. 하지만 우리는 유혹에 저항해야 한다. 아니면 적어도 경종을 울리는 것을 잊지 말아야 한다. 표면적인 유사성은 우리를 호도할 수 있기 때문이다.

우리가 여기 이렇게 존재한다는 것은 거의 믿기 힘들 정도로 놀라운 사실이다. 우리가 다소간의 차이를 두고 우리와 닮은 동물들로 구성된 풍성한 생태계에 둘러싸여 있다는 것, 우리와 덜 닮았지만 우리에게 모든 영양소를 공급하는 식물들에게 둘러싸여 있다는 것, 우리의 먼 선조를 닮았고 우리가 이 땅에서 주어진 시간을 다하고 돌아갈 때 우리를 부패시킬 박테리아들에게 둘러싸여 있다는 것 역시 너무나 놀라운 사실이다. 다윈은 우리의 존재가 얼마나 커다란 문제인지 이해하는 데 있어서 시대를 앞서갔을 뿐 아니라, 문제의 해결을 깨닫는 면에서도 시대를 앞서갔다. 다윈은 또한 동식물을

---

* 예를 들어, 노래기의 다리에 돌연변이가 일어나면 몸통 양면에 거울상으로 영향을 미칠 것이고, 아마 몸의 길이를 따라서 반복적으로도 영향을 미칠 것이다. 단 하나의 돌연변이지만 발생 과정에서 앞뒤 좌우로 반복되도록 강제되는 것이다. 제약이 분지군의 진화 능력을 높여준다는 게 역설적으로 들릴지도 모르겠다. 상세한 이유는 역시 《불가능의 산을 오르다》의 〈만화경 같은 배아들〉에서 이야기했다.

비롯한 모든 생물이 상호 의존한다는 것, 그 정교한 관계망은 상상을 초월한다는 것을 이해하는 면에서도 시대를 앞서갔다. 어떻게 해서 우리는 그냥 존재하기만 하는 게 아니라 그런 복잡성, 그런 우아함, 너무나 아름답고 너무나 멋진 무한한 형태에 둘러싸여 존재하게 되었을까?

답은 이렇다. 우리가 우리의 존재에 관해 인식할 수 있는 이상, 그리고 그에 관해 질문을 던질 수 있는 이상, 어차피 다른 식으로는 될 수 없었다. 우주론학자들이 지적하듯이, 우리가 하늘의 별을 바라보게 된 것은 우연이 아니다. 어쩌면 별이 없는 우주도 있을지 모른다. 그 우주의 물리법칙들과 물리상수들은 원시 수소를 응집시켜 별로 만들지 않고 고르게 퍼뜨려놓았을지도 모른다. 하지만 그런 우주는 누구에게도 관찰될 수 없다. 별이 없으면 무언가를 관찰하는 개체가 진화할 수 없기 때문이다. 생명이 존재하기 위해서는 에너지를 공급해줄 별이 적어도 하나는 있어야 한다는 의미에서만이 아니다. 별은 화학원소들의 대부분을 제조해내는 용광로와 같으며, 풍요로운 화학이 없으면 생명이 존재할 수 없다. 우리는 여러 물리법칙을 하나하나 짚어가면서 매번 똑같은 말을 할 수 있다. 우리가 그것을 보는 것은 우연이 아니라고 말이다.

생물학도 마찬가지다. 우리가 눈길을 돌리는 어디에나 초록이 보이는 것은 우연이 아니다. 우리가 활짝 피어 번성하는 계통수의 한 가운데에 작은 가지로 자리잡게 된 것은 우연이 아니다. 먹고, 자라고, 썩고, 헤엄치고, 걷고, 날고, 땅을 파고, 몰래 다가가고, 추격하고, 도망치고, 앞질러가고, 앞질러 속이는 무수한 종들에게 우리가 둘러싸여 있는 것은 우연이 아니다. 우리보다 적어도 열 배는 많은 초록식물이 존재하지 않는다면, 우리를 움직일 에너지가 없을 것이다. 포식자와 먹잇감, 기생생물과 숙주가 끝없이 증강하는 무기경쟁을 벌이지 않는다면, 다윈이 이야기한 '자연의 전쟁'과 '기근과 죽음'이 없다면, 무언가를 바라보는 능력을 지닌 신경계는 존재하지 않았을 것이다. 인식하고 이해하는 능력은 말할 것도 없다. 우리는 너무나 아름답고 너무나 멋진 무한한 형태에 둘러싸여 있다. 그것은 우연이 아니다. 그것은 무작위적이지 않은 자연선택에 의한 진화의 직접적인 결과다. 그것은 마을 유일의 게임, 지상 최대의 쇼다.

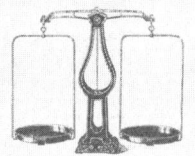

THE HISTORY-DENIERS

부록

역사 부인주의자들

미국에서 가장 유명한 여론조사 기관인 갤럽은 1982년부터 비정기적으로, 그러나 자주, 아래 질문에 대해서 국가 차원의 조사를 실시했다.

인간의 기원과 발달에 관한 당신의 견해는 다음 중 어떤 발언에 가깝습니까?
  1) 인간은 덜 발전된 생명 형태로부터 수백만 년의 기간을 거쳐 발달했고, 신이 그 과정을 이끌었다. (36%)
  2) 인간은 덜 발전된 생명 형태로부터 수백만 년의 기간을 거쳐 발달했고, 신은 그 과정에 참여하지 않았다. (14%)
  3) 신이 지난 1만 년 안짝에 현재의 형태 거의 그대로 인간을 창조했다. (44%)

괄호 안에 적힌 수치들은 2008년 조사 결과다. 1982년, 1993년,

1997년, 1999년, 2001년, 2004년, 2006년, 2007년의 수치들도 거의 비슷하다.

당연한 말이겠지만, 나는 2)번 항목에 표를 던진 14퍼센트의 소수에 해당한다. 2)번 항목에서 '신은 그 과정에 참여하지 않았다'라는 표현은 종교적인 응답자들을 물리치려는 편견에서 의도적으로 작성된 것 같아 좀 안타깝다. 그러나 진짜 결정타는 3)번 항목을 지지한 사람이 한탄스러울 정도로 많다는 것이다. 미국인의 44퍼센트는 신에 의해 인도된 과정이든 아니든, 진화를 완전히 부인했다. 게다가 속뜻을 보면, 그들은 세상의 나이가 1만 년도 안 됐다고 믿는 것 같다. 세상의 진짜 나이는 46억 년이므로, 이것은 북아메리카의 폭이 10미터도 안 된다고 믿는 것과 마찬가지다.

아홉 해의 표본조사에서 3)번 항목에 대한 지지도가 40퍼센트 아래로 떨어진 적은 한 번도 없었다. 개중 두 해에는 무려 47퍼센트나 되었다. 미국인의 40퍼센트 이상은 인간이 다른 동물에서 진화했다는 사실을 부인하고, 우리가(그리고 의미상 모든 생명이) 지난 1만 년 안짝에 신에 의해 창조되었다고 믿는다. 이 책은 꼭 필요하다.

갤럽이 던진 질문은 사람에 초점을 맞추었으므로, 그것이 응답자들의 감정적 반감을 조장해 과학적 견해에 동의하기 어렵게 만들었을지도 모르는 노릇이다. 한편, 퓨포럼도 2008년에 미국인들을 대상으로 한 비슷한 조사의 결과를 발표했는데, 이 조사에서는 구체적으로 사람을 언급하지 않았다. 하지만 결과는 갤럽의 결과와 완벽하게 일치했다. 퓨포럼이 문항으로 제시한 명제들은 570쪽과 같고, 각 항목을 선택한 사람들의 수치도 함께 적혀 있다.

지구의 생명은……
1) 시간이 시작되었을 때부터 현재 형태로 존재했다.   (42%)
2) 시간을 거치며 진화했다.   (48%)
　　자연선택을 통해 진화했다.   (26%)
　　지고의 존재의 손길에 따라 진화했다.   (18%)
　　진화한 것은 맞지만 어떻게 진화했는지는 모른다.   (4%)
3) 모른다.   (10%)

퓨포럼의 질문에는 연대에 관한 언급이 없으므로, 진화를 적극적으로 부정한 42퍼센트의 응답자 중에서 갤럽의 44퍼센트 응답자들처럼 세상의 나이가 1만 년이 못 된다고 믿는 사람이 얼마나 되는지는 알 수 없다. 모르긴 몰라도 퓨포럼의 42퍼센트도 과학자들의 46억 년보다는 수천 년이라는 답을 고르지 않을까 싶다. 지구의 생명이 현재의 형태로 46억 년 동안 변화 없이 존재해왔다는 생각은 생명이 현재의 형태로 수천 년 동안 존재했다는 생각 못지않게 어리석은 데다가, 성경에도 분명히 반하기 때문이다.

영국은 어떨까? 어떻게 비교할 수 있을까? 2006년에 BBC의 (비교적) 고급 과학 다큐멘터리 시리즈인 〈호라이즌(Horizon)〉이* 입소스모리(Ipsos MORI)에 의뢰해, 영국인을 대상으로 여론조사를 실시했다. 안타깝게도 핵심 질문이 그리 잘 작성된 편은 아니었다. 응답자들은 다음 세 가지 '지구 위 생명의 기원과 발달에 관한 이론 혹

---

* 미국의 〈노바*Nova*〉 시리즈와 비슷하다. 원래 〈호라이즌〉에서 방영했던 프로그램을 노바가 받아서 방송하기도 하고, 아예 공동 제작을 하는 경우도 있다.

은 설명' 중에서 하나를 골라야 했다. 각 항목 뒤에 그것을 선택한 사람들의 비율이 적혀 있다.

- a) '진화론'에 따르면, 인간은 덜 발전된 형태의 생물로부터 수백만 년의 기간을 거쳐 발달했다. 신은 그 과정에서 아무런 역할도 하지 않았다. (48%)
- b) '창조론'에 따르면, 신은 지난 1만 년쯤 전에 자신의 형상을 거의 그대로 본따 인간을 창조했다. (22%)
- c) '지적 설계론'에 따르면, 생물의 어떤 속성들은 초자연적인 존재, 가령 신의 개입을 통해서 가장 잘 설명된다. (17%)
- d) 모른다. (12%)

사람들이 상당히 선호하는 한 가지 선택지가 누락되었다는 점이 실망스럽다. 'a)가 옳지만 신이 그 과정에 관여했다'고 생각하는 사람들이 선택할 항목이 없기 때문이다. a)항목에 '신은 아무런 역할도 하지 않았다'는 표현이 들어 있는 것을 감안할 때, 그것을 택한 사람이 48퍼센트밖에 안 되는 것은 놀랄 일이 아니다. 그렇지만 b)의 득표율인 22퍼센트는 경계심을 발동시킬 정도로 높다. 특히 1만 년이라는 웃기지도 않는 연대 한계까지 있다는 점을 감안하면 더 그렇다. b)와 c)를 더하면, 어떤 형태든 창조론을 선호하는 사람이 39퍼센트가 되는 셈이다. 그래도 40퍼센트를 넘는 미국보다는 낮다. 게다가 미국의 수치는 젊은 지구 창조론자들만을 가리키지만, 영국의 39퍼센트에는 오래된 지구 창조론자들도 c)항목으로 포함되어 있을 것이다.

입소스모리 여론조사는 표본 대상자들에게 교육에 관한 질문도 던졌다. 똑같은 세 이론을 두고, 그것을 과학 수업에서 가르쳐야 하는지 말아야 하는지를 물었다. 심란하게도, 응답자의 69퍼센트만이 창조론이나 지적 설계론과 병행하여 가르치느냐 마느냐와는 무관하게, 아무튼 진화를 과학 수업에서 가르쳐야 한다고 답했다.

2005년에 유로바로미터는 더욱 야심 찬 설문조사를 수행했다. 여기에 영국은 포함되었지만 미국은 포함되지 않았다. 유럽 32개국 사람들을 대상으로 과학적 문제에 대한 의견과 신념을 표본조사한 설문이었다(터키도 포함되었는데, 유럽연합에 가입하려는 나라들 중 유일하게 인구 상당수가 무슬림인 나라다).

오른쪽 [표1]은 "오늘날과 같은 형태의 인간은 이전의 다른 동물 종에서 발달했다"는 명제에 대해 여러 나라 사람들이 보인 반응이다. 이 명제는 입소스모리의 a)명제보다 더 온건하다는 점을 눈여겨보자. 신이 진화 과정에서 모종의 역할을 했을 가능성을 배제하지 않은 무장이기 때문이다. 나는 명제에 동의한 비율이 높은 순서대로 나라들을 나열했다. 즉, 현대 과학이 판단하는 정답에 동의한 비율대로 배열했다.

아이슬란드 응답자의 85퍼센트는 과학자들과 마찬가지로 인간이 다른 종에서 진화했다고 생각한다. 터키 인구에서는 고작 27퍼센트만이 그렇게 생각한다. 이 표에서 터키는 진화가 거짓이라고 생각하는 사람이 과반수를 넘는 유일한 나라다. 영국은 다섯 번째고, 13퍼센트가 진화를 적극적으로 부인한다. 이 조사는 유럽을 대상으로 한 것이라서 미국은 포함되지 않았지만, 이런 문제에 있어서 미국은 터키에 겨우 앞서는 수준이라는 사실이 최근 들어 널리 인구에

나라	전체	사실이다(%)	거짓이다(%)	모른다(%)
아이슬란드	500	85	7	8
덴마크	1,013	83	13	4
스웨덴	1,023	82	13	5
프랑스	1,021	80	12	8
영국	1,307	79	13	8
벨기에	1,024	74	21	5
노르웨이	976	74	18	8
스페인	1,036	73	16	11
독일	1,507	69	23	8
이탈리아	1,006	69	20	11
룩셈부르크	518	68	23	10
네덜란드	1,005	68	23	9
아일랜드	1,008	67	21	12
헝가리	1,000	67	21	12
슬로베니아	1,060	67	25	8
핀란드	1,006	66	27	7
체코	1,037	66	27	7
포르투갈	1,009	64	21	15
에스토니아	1,000	64	19	17
몰타	500	63	25	13
스위스	1,000	62	28	10
슬로바키아	1,241	60	29	12
폴란드	999	59	27	14
크로아티아	1,000	58	28	15
오스트리아	1,034	57	28	15
그리스	1,000	55	32	14
루마니아	1,005	55	25	20
불가리아	1,008	50	21	29
라트비아	1,034	49	27	24
리투아니아	1,003	49	30	21
키프로스	504	46	36	18
터키	1,005	27	51	22

자료 : 유로바로미터, 2005년.

[표1] "오늘날과 같은 형태의 인간은 이전의 다른 동물 종에서 발달했다"는 명제에 대한 각국 사람들의 반응

회자된 바 있다.

이보다 더 이상한 것은 오른쪽 [표2]의 결과다. "최초의 인간은 공룡과 같은 시대에 살았다"는 명제에 대한 반응을 보여주는 표다. 이번에도 나는 옳게 답한 비율이 높은 순서대로 국가들을 나열했는데, 이 경우에는 '거짓'이 정답이다.* 여기서도 터키가 바닥이다. 터키 응답자의 42퍼센트는 최초의 인간이 공룡과 공존했다고 믿으며, 30퍼센트만이 부인한다. 스웨덴 응답자의 87퍼센트가 부인하는 것과 대조적이다. 말하는 나도 안타깝지만, 영국은 하위 절반에 들었다. 영국인의 28퍼센트는 과학 지식이나 역사 지식을 교육 자료에서 얻는 게 아니라 만화 '플린스톤 고인돌 가족'에서 얻는 게 틀림없다.

나는 생물학을 가르치는 사람으로서, 유로바로미터 조사의 다른 항목을 볼 때 지구가 한 달에 한 번 태양을 돈다고 믿는 사람이 많다는 사실을(영국은 19퍼센트다) 애처로운 위안으로 삼는다. 아일랜드, 오스트리아, 스페인, 덴마크에서는 그 수치가 20퍼센트를 넘었다. 나는 정말로 궁금하다. 그 사람들은 대체 1년이 뭐라고 생각하는 걸까? 계절이 규칙적으로 오가는 이유가 무엇이라고 생각하는 걸까? 자기들이 사는 세상의 가장 명징한 속성에 대해서 일말의 호기심도 없는 걸까?

물론 그 수치가 높은 것을 내 위안으로 삼는다는 건 안 될 말이다.

■ 현학적으로 따지자면, 현대의 동물학자들이 조류를 살아 있는 공룡으로 분류한다는 사실을 인정해야 한다. 따라서 이 질문의 정답은 엄밀하게 말하면 '사실이다'이고, 터키 응답자의 대다수가 맞힌 셈이다. 하지만 사람들이 이런 질문을 받을 때는 '공룡'에서 조류를 제외하고, 이미 멸종한 '무서운 도마뱀'들만 생각할 거라고 가정해도 무방할 것이다.

나라	전체	사실이다(%)	거짓이다(%)	모른다(%)
스웨덴	1,023	9	87	4
독일	1,507	11	80	9
덴마크	1,013	14	79	6
스위스	1,000	9	79	12
노르웨이	976	13	79	7
체코	1,037	15	78	7
룩셈부르크	518	15	77	9
네덜란드	1,005	14	75	10
핀란드	1,006	21	73	7
아이슬란드	500	12	72	16
슬로베니아	1,060	20	71	9
벨기에	1,024	24	70	6
프랑스	1,021	21	70	9
오스트리아	1,034	15	69	15
헝가리	1,000	18	69	13
에스토니아	1,000	20	66	14
슬로바키아	1,241	18	65	18
영국	1,307	28	64	8
크로아티아	1,000	23	60	17
리투아니아	1,003	23	58	19
스페인	1,036	29	56	15
아일랜드	1,008	27	56	17
이탈리아	1,006	32	55	13
포르투갈	1,009	27	53	21
폴란드	999	33	53	14
라트비아	1,034	27	51	21
그리스	1,000	29	50	21
몰타	500	29	48	24
불가리아	1,008	17	45	39
루마니아	1,005	21	42	37
키프로스	504	32	40	28
터키	1,005	42	30	28

자료 : 유로바로미터, 2005년.

[표2] "최초의 인간은 공룡과 같은 시대에 살았다"는 명제에 대한 각국 사람들의 반응

나도 '애처로운' 위안임을 강조하고 싶다. 내가 하고 싶은 말은 이런 것이다. 우리는 과학에 대한 일반적인 무지에 직면한 것이 아닐까? 이것도 충분히 나쁜 일이지만, 적어도 사람들이 진화과학이라는 특정 분야에 대해서만 선입견을 갖고 반대하는 상황보다는 낫다. 터키에는 그런 선입견이 있는 듯하다(나아가 이슬람 세계 전반이 그럴 것이라는 짐작을 하지 않을 수 없다). 갤럽과 퓨포럼의 조사를 볼 때 미국도 틀림없이 그런 것 같다.

2008년 10월에 미국 고등학교 교사 약 60명이 애틀랜타에 있는 에모리 대학의 과학교육센터에 모였다. 그들이 말해준 공포스러운 이야기들은 널리 소문을 낼 필요가 있다. 한 교사에 따르면, 학생들에게 앞으로 진화를 공부할 거라고 말을 꺼내자 아이들은 "눈물을 터뜨렸다". 또 다른 교사에 따르면, 교실에서 자기가 진화에 관한 말을 꺼내기만 하면 학생들이 "안 돼요!"라고 마구 외친단다. 또 다른 교사는 제자들에게 도리어 질문을 받았다. 진화가 "그저 하나의 이론일 뿐"인데 왜 배워야 하느냐고 묻더란다. 또 다른 교사는 "교회가 학생들을 훈련시켜서, 학교에 가면 이런저런 질문을 던져서 수업 진행을 방해하라고 가르친다"고 했다.

켄터키 주에는 창조박물관이라는 곳이 있다. 후한 자금 지원을 받으면서, 대대적인 규모로 역사 부인에 헌신하는 단체다. 그곳에서 아이들은 모형 공룡의 안장에 올라타고 논다. 이것은 재미만을 노린 것이 아니다. 공룡이 최근까지도 사람과 함께 살았다는 메시지를 뚜렷하게, 구체적으로 전달하려는 것이다. 박물관 운영 주체는 '창세기의 대답들'이라는 비과세 단체다. 미국의 납세자들은 과학적 오류를 대규모로 가르치는 일을 보조하고 있는 셈이다.

미국 전역에서 이런 일은 흔하며, 내가 정말로 인정하기 싫은 참담한 현실이지만, 영국도 점차 그렇게 되어가고 있다. 2006년 2월 〈가디언〉에 이런 기사가 실렸다. "런던의 무슬림 의학도들은 다윈 이론이 거짓이라고 주장하는 소책자를 배포했다. 복음주의적 기독교 학생들도 진화 개념에 도전하는 목소리를 갈수록 크게 내고 있다." 무슬림 학생들의 소책자는 알나스르 재단이 제작을 후원했는데, 이 재단 역시 비과세 자격을 획득한 자선단체로 등록되어 있다.* 그러니까 영국의 납세자들도 크고 심각한 과학적 오류를 교육조직 내부에 체계적으로 퍼뜨리는 일에 돈을 대주고 있는 셈이다.

2006년 〈인디펜던트〉는 유니버시티 칼리지 런던의 교수 스티브 존스(Steve Jones)의 말을 인용했다.

이것은 진정한 사회적 변화입니다. 최근 몇 년 동안, 나는 미국인 동료들에게 공감하고 있습니다. 그들은 생물학 강의를 처음 시작할 때 학생들의 머리에서 창조론을 씻어내는 일부터 해야 하지요. 영국에서는 얼마 전만 해도 우리가 그런 문제에 직면하진 않았습니다. 하지만

■ 거의 모든 종교단체가 쉽게 비과세 지위를 얻는다. 반면에 종교단체가 아닌 단체들은 자신들이 인류를 이롭게 한다는 점을 증명하기 위해 갖은 고생을 해야 한다. 나는 최근에 '이성과 과학'의 증진을 목적으로 하는 자선단체를 설립했다. 한없이 지연되며 엄청난 비용이 드는 과정을 밟아야 했지만, 결국 자선단체 지위를 얻는 데 성공했다. 그 과정에서 나는 영국 자선단체위원회로부터 2006년 9월 28일자 편지를 받았다. 거기에는 다음 문장이 적혀 있었다. "과학 발전이 어떻게 공공의 정신적 향상과 도덕적 향상을 뒷받침하는 경향이 있다는 것인지가 분명하지 않습니다. 이 점에 대한 증거를 제공해주시거나, 그것이 어떻게 인본주의와 합리주의 증진에 결부되어 있는지 설명해주시기 바랍니다." 대조적으로, 종교단체는 아무런 입증 의무도 없이 자동적으로 인류에 대한 기여를 인정받는다. 과학적 오류를 촉진하는 일에 적극적으로 관여하는 단체라도 말이다.

이제 나는 어린 무슬림 학생들로부터 자신들은 의무적으로 창조론을 믿어야 한다는 말을 계속 듣습니다. 이슬람 교도로서 정체성의 일부라는 것이지요. 하지만 내가 더 놀랍게 생각하는 것은 창조론을 진화의 유효한 대안으로 간주하는 다른 영국 학생들입니다. 이것은 걱정스러운 일입니다. 그런 생각이 얼마나 전염성이 강한지 보여주는 것입니다.

여론조사 결과를 볼 때, 미국 인구의 40퍼센트는 창조론자인 셈이다. 철두철미한 골수 반진화 창조론자들이다. '진화하긴 했지만 신이 어떤 식으로든 그 과정을 도왔다'고 믿는 사람들이 아니다(그렇게 믿는 사람들도 많다). 영국이나 다른 유럽 나라들에서는 수치가 그렇게 극단적인 수준은 아니지만, 그렇다고 훨씬 고무적이라고 할 만한 상황도 못 된다. 자기만족에 빠져 있을 실정이 아닌 것이다.

옮긴이의 말
친절한 진화론 입문서, 명쾌한 창조론 반박서

 이것은 리처드 도킨스의 열 번째 책이다. 저자가 서문에서도 밝혔지만 다시 한 번 간략하게 짚어보면, 시작은 1976년의 《이기적 유전자》였다. W. D. 해밀턴, 조지 윌리엄스, 로버트 트리버스 등의 견해를 완벽하게 묶어내며 집단 선택론에 맞서 유전자 선택론을 제기한 《이기적 유전자》는, 유전자의 시각에서 자연선택을 바라보는 새로운 다윈주의를 일반인과 과학자들에게 널리 전파했다. 1982년의 《확장된 표현형》은 《이기적 유전자》에 대한 보충설명 격이었다. 이 두 권의 책이 도킨스의 과학적 견해를 사실상 모두 보여준다.
 이후에 출간된 《눈먼 시계공》(1986)과 《불가능의 산을 오르다》(1996)는 진화가 복잡성을 빚어낼 수 없다는 주장에 대해 논리적으로 반박하는 데 집중했고, 그 사이에 출간된 《에덴의 강》(1995)은 이런 내용들을 짧게 요약한 '요점정리'였다.
 한편 《무지개를 풀며》(1998)와 《악마의 사도》(2003)는 도킨스의 과학 바깥 글쓰기를 본격적으로 보여준 책들이다. 전자는 과학을 통해서 세상의 경이를 더 깊게 느낄 수 있다고 말하는 '과학적 미학' 예찬이었고, 후자는 무신론자의 입장에서 종교에 관해 이야기한 글들이 주로 수록된 책이었다. 《조상 이야기》(2004)는 현재에서 과거로 거슬러 올라가면서 인간의 진화 역사를 되짚어본 것으로, '글로 쓴 다큐멘터리'쯤 된다. 그리고 드디어 《만들어진 신》(2006)이 등장했다. '신은 망상'이라는 주장을 가차없이 전개한 이 책으로 도킨스는 일약 세계 제1의 무신론자로 떠올랐다.

《이기적 유전자》의 저자로서 이미 '다윈의 로트와일러(불도그는 월리스니까 말이다)', '울트라 다윈주의자(호적수 스티븐 제이 굴드가 붙인 명칭이다)'라는 별명을 얻으며, 흡사 인간을 이기적 존재로 끌어내린 주범인 양 오만 가지 오해와 불평을 들었던 그다. 한편으로 그가 무수한 사람들의 시야를 틔워주었고, 과학을 넘어서 20세기 후반의 학문과 대중문화 전반에 어마어마한 영향력을 끼쳤다는 것은 두말할 필요도 없는 사실이다. 이 책을 옮긴 사람 이전에 한 독자로서, 그의 팬클럽이 있다면 당장에 가입하고 싶은 나로서는, 그가 그보다 더 유명해질 수 있다는 사실에 어안이 벙벙했다. 《만들어진 신》의 여파는 그렇게 대단했다. 이제 도킨스는 종교계의 공적 넘버원의 자리에까지 올랐다.

서론이 길었지만, 이 책을 설명하기 위해서는 그의 전작들을 짚어볼 필요가 있었다. 열 번째 책을 가리켜 도킨스가 자신의 '잃어버린 고리'라고 밝혔기 때문이다. 전작들은 모두 진화를 명백한 사실로 가정하고 그 작동법에 관한 이론을 논했는데, 이 책은 진화가 사실인가 하는 근본 질문으로 돌아갔다.

진화는 실제로 일어난 사건인가? 그렇다면 어떤 증거들이 있는가? 질문에 답하기 위해서 도킨스는 자신의 영웅인 다윈의 발자취를 따라간다. 우선 인위선택(가축화)의 증거들을 보여주고, 그로부터 서서히 자연선택의 증거들로 독자를 유인하는 전략이다. 과거가 아니라 지금 바로 우리 눈앞에서 펼쳐지는 현재진행형의 진화 사례들도 소개한다. 그리고 한때 '잃어버린 고리'라고 불렸던 화석기록상의 빈틈들이 지금은 튼실하게 메워졌음을 보여준다. 가령 어류와 양서류의 중간 형태, 호모 사피엔스 진화의 중간 형태에 해당하는 화석들이 그간 얼마나 많이 발견되었는지 그림과 설명으로 똑똑히 보여준다.

그러나 사실 화석들을 거론하면서 "이러니까 진화는 사실이오"라고 말하는 것은 도킨스의 의도가 아니다. 도킨스는 오히려 설령 화석이 하나도 없더라도 다른 분야의 증거들만으로도 충분히 진화를 사실로 짐작할 수 있다고 강조한다. '사건이 벌어진 뒤에 현장에 당도해서 남은 증거들로 추리를 해보는 탐정'에 우리를 비유하면서, 화석은 범행이 녹화된 몰래카메라일 뿐이라고 말한다. 그것 외에도 지문이라든지, 발자국이라든지, 증거가 얼마든지 더 있다는 것이다. 가령 현생 동물들의 해부구조를 비교해본 결과도 그렇고, DNA 비교라는 더욱 강력한 분자생물학적 증거도 있다. 생물의 몸이 완벽하기는커녕 엉망진창 땜질된 역사적 유물이라는 사실은 또 어떤가? 이것은 진화가 아닌 다른 대안적 설명, 즉 창조론이나 지적 설계론으로는 도무지 설명할 수 없는 증거다.

도킨스는 과학자들이 어떻게 진화의 증거를 읽어내고 해석하는가 하는 방법론에 관한 이야기도 많이 하는데, 다른 책들에서는 복잡한 내용이라고 슬쩍 넘어가기 쉬운 그 대목들도 무척 유익하다. 진화의 시계들이나 판구조론에 대한 설명이 그런 배경지식이다.

이쯤 되면, 도킨스가 이 책을 창조론과 지적 설계론에 대한 반박으로 구성했다는 게 확연히 드러난다. 특히 지구의 나이가 1만 년도 안 되었다고 믿는 '젊은 지구 창조론자'들이 주 타깃이다. (여담이지만, 도킨스는 이 책 출간 후에 《뉴스위크》와 한 인터뷰에서 자신은 '젊은 지구 창조론자'들이 짜증날 뿐이며, 프랜시스 콜린스 같은 모범이 존재하는 것을 볼 때 어쩌면 종교와 과학의 양립이 가능할지도 모르겠다고 말했다. 한 발 물러난 셈이다. 콜린스의 견해는 최근 출간된 《신의 언어》에서 잘 살펴볼 수 있다.) 그런 사람들이 미국 인구의 40퍼센트를 차지하기 때문에, 그리고 영국에서도 과학 교육에 종교단체들이 어깃장을 놓는 사례가 갈수록 많아짐에 따라, 도킨스는 그 반대세력에 구체적인 실탄들을 제공하고 싶었던 것이다.

그런데 이 책을 창조론에 대한 도킨스의 반박이라는 논쟁적 시각에서만 보는 것은 억울한 일이다. 이 책은 그 자체로 아주 잘 쓰인 진화론 입문서이기 때문이다. 진화라는 현상, 무작위적 변이와 무작위적이지 않은 선택이라는 다윈의 이론, 적응, 종 분화와 분포, 복제자와 운반자, 화석기록, 종 분류의 임의성, 친족관계와 계통수, 무기경쟁 등, 거의 모든 주제에 관해 환상적인 예제들과 기발한 실험들이 망라되어 있다. 이런 주제의 책으로는 DNA 증거에 치중한 션 B. 캐럴의 《한 치의 의심도 없는 진화 이야기》와 더불어 거의 가장 훌륭하다.

게다가 도킨스의 책을 읽는 재미가 내용뿐이겠는가? 현란하고 도발적이면서도 어려운 것을 끝까지 풀어내는 집요한 문체가 여전하다. 멋진 비유도 많다. (역시 여담이지만, 도킨스는 《이기적 유전자》 30주년 기념판 서문에서 책 제목을 '불멸의 유전자'라고 할걸 그랬나, 하는 소회를 밝혔다. 최재천 교수와 한 어느 인터뷰에서는 '이기적 유전자, 이타적 개체'가 어땠을까라고도 말했다. 오해를 낳고 소모적인 논쟁을 일으킬지언정, 새로운 시각과 정신의 고양을 유발한다는 점에서, 대담한 비유는 충분히 가치 있지 않은가? 다윈도 자연선택을 의인화하는 등의 비유들 때문에 많은 비난을 받았지만, 결국 그런 통찰들 때문에 우리가 요즘도 다윈의 책을 읽는 것 아닌가? 도킨스는 글쓰기에서도 다윈의 적자인 듯하다.)

출간된 지 얼마 되지 않아, 이 책 역시 벌써 작은 논란을 일으켰다. 과학 저술가인 니콜라스 웨이드가 〈뉴욕 타임스〉에 쓴 서평이 발단이었다. 웨이드는 도킨스가 '사실'과 '이론'과 '법칙' 개념을 구분하지 못했다고 지적하면서, 과학철학적으로 엄밀하게 따지자면 진화는 '이론'일 뿐이라고 썼다. 그러자 (누구나 예상했겠지만) 대니얼 데닛을 비롯한 많은 철학자와 과학자로부터 반론의 메일이 답지했다. 과학적 '이론'과 '사실', '현상'과 '해석'이라는 용어들을 두고도 한바탕 논쟁이 벌어질 것인지? 역시 도킨스다.

  현재 도킨스는 옥스퍼드 대학에서 은퇴해, 강연과 저술 작업에 힘을 쏟고 있다. 2009년 초에는 영국 인본주의자협회와 함께 '무신론자 버스 캠페인'을 주도해 주목을 받았다. "아마도 신은 없습니다. 그러니까 걱정은 그만 하고 인생을 즐기세요"라는 문구로 버스 광고를 한 것이다. '리처드 도킨스 재단'을 통해서도 합리적 사고의 중요성을 강조하는 여러 운동들을 펼치고 있다. 그의 열한 번째 책도 그런 내용이 될 것이란다. 《악마의 사도》 맨 끝에 '딸을 위한 기도'

라는 글이 실려 있는데, 그 내용을 확장해 아이들을 위한 책을 쓸 예정이라고 한다.

이 책은 내용 자체만 보더라도 흡족하다. 그간 도킨스가 여기저기에서 이야기해온 진화의 다면적 증거들을 한자리에 모았고, 최신 자료들까지 더했다. 하지만 나로서는 그가 조용한 해설자에 그치지 않고 논쟁적인 투사를 자처하고 나서는 것을 더욱 응원할 수밖에 없다. 그런 일을 할 만한 사람, 지식과 글솜씨와 열정을 함께 갖춘 사람은 참으로 드물기 때문이다. 마이클 셔머가 《리처드 도킨스》에서 이야기했던 바와 같다. "칼 세이건, 스티븐 제이 굴드, 리처드 도킨스 등은 악마가 출몰하는 암흑 같은 우리 세계를 비추는 촛불들이다. 안타깝게도 우리는 칼과 스티븐을 너무 일찍 잃었다. …… 하지만 행운과 건강한 DNA 덕분에 도킨스는 아직 우리 곁에 남아서 과학적 회의주의의 봉홧불이자 전 세계 회의주의자들의 영웅으로 우뚝 서 있다."

그렇다! 진화론의 뛰어난 설명력, 생명의 아름다움, 과학을 통한 계몽의 경이를 우리에게 알려주는 도킨스의 열 번째 책은 그 자체로 선물이다. 그저 그의 만수무강을 빈다.

주

서문 | 진화가 사실이라는 증거 자체

p. 6   낯설게 바라보는 시각을 제안한 책들로: 《이기적 유전자》(1976; 30주년 기념판, 2006)와 《확장된 표현형》(개정판, 1999).

p. 6   그 다음 세 책은: 《눈먼 시계공》(1986), 《에덴의 강》(1995), 《불가능한 산을 오르다》(1996).

p. 7   가장 두꺼운 책인: 《조상 이야기》(2004).

1장 | 그저 하나의 이론?

p. 16   우리 둘은 2004년에 〈선데이 타임스〉에 공동으로 기사를 기고했는데: 'Education: questionable foundation', *Sunday Times*, 20 June 2004.

pp. 26-27 이따금 외계 생명체와 '접촉한다'고 주장하는 사람들이 나에게 편지를 보내: Sagan (1996).

p. 28   "우리 모두가 불과 5분 전에 등장했는지도 모른다": Bertrand Russell, *Religion and Science* (Oxford: Oxford University Press, 1997), 70.

p. 29   특히 일리노이 대학에서 대니얼 사이먼스 교수가 수행한 실험이 유명하다: Simons and Chabris (1999).

p. 31   법정에서 DNA가 증거로 채택된 후, 텍사스 주에서만도 35명의 기결수가: The Innocence Project, http://www.innocenceproject.org.

p. 31   조지 W. 부시는 주지사로 재직한 6년 동안 평균 2주에 한 번꼴로 사형 명령서에 서명했다: 전체는 152건이다. 'Bush's lethal legacy: more executions', *Independent*, 15 Aug. 2007.

p. 34   다윈의 자서전을 보면: Darwin (1887a), 83.

p. 34   매트 리들리의 짐작이 옳다면: Matt Ridley, 'The natural order of things', *Spectator*, 7 Jan. 2009.

2장 | 개, 소, 그리고 양배추

p. 51   친애하는 월리스: Marchant (1916), 169-70.

p. 51   각주. 어느 루머에 따르면: 다윈이 멘델의 연구를 알았다는 이야기는 슬레이터의 논문에서 다뤄졌다. Sclater (2003).

p. 56   (오바마 미국 대통령은 자못 유쾌하게 스스로를 그렇게 칭하지만): 'Puppies and economy fill winner's first day', *Guardian*, 8 Nov. 2008.

p. 57   원래 체형의 비율을 유지한 채 크기만 소형화되는 다른 돌연변이 경로들도 있다: Fred Lanting, 'Pituitary dwarfism in the German Shepherd dog', *Dog World*, Dec. 1984, 다음 웹사이트에도 게시되어 있다. http://www.fredlanting.org/2008/07/pituitary-dwarfism-in-the-german-shepherd-dog-part-1/.

3장 | 대진화의 꽃길

p. 77   나는 대영박물관에 있는 남아메리카 수집품들 중에서: Wallace (1871).

p. 87   "도리페와 성난 일본 전사의 얼굴은": Julian Huxley, 'Evolution's copycats', *Life*, 30 June 1952; also in Huxley (1957) as 'Life's improbable likeness'.

p. 88   나는 이 이론을 놓고 투표를 하는 웹사이트도 보았다: 사무라이 게 투표는 여기에서 진행되고 있다. http://www.pollsb.com/polls/view/13022/the-heike-crab-seems-to-have-a-samurai-face-on-its-back-what-s-the-explanation.

p. 89   어느 권위 있는 비판자는: Martin (1993).

p. 97   친애하는 다윈: Marchant (1916), 170.

pp. 99-100 일리노이 농업시험장에서 옥수수를 대상으로 실험한 것인데: Dudley and Lambert (1992).

p. 101   17세대에 걸쳐서 쥐들의 충치 저항력을 인위선택한 결과다: Ridley (2004), 48.

p. 110 "사람과 접촉하기를 바라고": Trut (1999), 163.
p. 114 흔히 거미난초라고 불리는: 이에 관한 웹사이트들을 몇 소개하면······.
http://www.arthomeandgarden.org/plantoftheweek/articles/orchid_red_spider_8-29-08.htm, http://orchidflowerhq.com/Brassiacare.php, http://www.absoluteastronomy.com/topics/Brassia, http://en.wikipedia.org/wiki/Brassia.
p. 115 '자외선 정원'이라는 제목이 붙은 그 강연의 녹화물을 보면: richard-dawkins.net에서 판매하는 '우주에서 자라기' DVD에 담겨 있다.
p. 116 각 종은 다양한 장소에서 모은 물질들을 이용해 그 종만의 독특한 혼합물을 제조한다: Eltz et al. (2005).
p. 118 청소 습관에 관해서는 내가 다른 곳에서 논한 적이 있으니: Dawkins (2006), 186-7.

4장 | 침묵과 느린 시간

p. 132 각주. 아, 드미트리 멘델레예프가 주기율표를 꿈에서 보았다는 유명한 전설은: 멘델레예프가 주기율표를 꿈에서 보았다는 전설은 다음 논문에서 다뤄졌다. G. W. Baylor, 'What do we really know about Mendeleev's dream of the periodic table? A note on dreams of scientific problem solving', *Dreaming* 11:2 (2001), 89-92.
p. 138 화성암 고형화 과정은 순식간에 진행된다는 장점이 있으므로: 방사능 연대 측정법을 세련되게 개량한 '아이소크론 연대 측정법'에 관해서는 크리스 스타센의 훌륭한 웹사이트 'Talk.Origins'에 상세하게 소개되어 있다. www.talkorigins.org/faqs/isochron-dating.html.
p. 142 무슨 상까지 받았다는 창조론 웹사이트에서 다음 글을 고스란히 인용해본다: http://homepage.ntlworld.com/malcolmbowden/creat.htm.
p. 149 그 조각은 다시 세 쪽으로 나뉘었고: 토리노의 수의 연대 측정에 관하여, Damon et al. (1989).
p. 151 방사능 연대 측정과 동일한 결과를 낳는 대안적 기법이 있다는 것: 이런 기법들이 모두 적힌 목록을 보려면 다음을 참고하라. http://www.usd.edu/esci/age/current_scientific_clocks.html#.

5장 | 바로 우리 눈앞에서

p. 155 위 그래프는 우간다 사냥부가 1962년에 발표한 데이터로 그린 것이다:
Brooks and Buss (1962).

p. 158 그 해에 연구자들이 포다르치스 시쿨라 다섯 쌍을 포드 코피슈테에서 포드 므르차라로 옮겨놓았다: 포드 므르차라의 도마뱀 연구에 관하여, Herrel et al. (2008) and Herrel et al. (2004).

p. 162 대장균을 대상으로 눈부시게 훌륭한 장기 실험을 수행함으로써: 렌스키의 대장균 연구에 관하여, Lenski and Travisano (1994). 렌스키 연구진이 발표한 글들은 다음 웹사이트에 모여 있다.
http://myxo.css.msu.edu/cgi-bin/lenski/prefman.pl?group=aad.

p. 182 유명한 과학 블로그를 운영하는 PZ 마이어스는: http://scienceblogs.com/pharyngula/2008/06/lenski_gives_conservapdia_a_le.php.

p. 185 존 엔들러가 꽉 막힌 옆자리 승객에게 설명한 실험은: 거피 연구에 관하여, Endler (1980, 1983, 1986).

p. 191 리버사이드 소재 캘리포니아 대학의 데이비드 레즈닉도: Reznick et al. (1997).

p. 194 동물학자들 중에는 링굴라가 거의 변하지 않은 '살아 있는 화석'이라는 것을 부정하는 이들도 있다: 가령, Christian C. Emig, 'Proof that *Lingula* (Brachiopoda) is not a living-fossil, and emended diagnoses of the Family Lingulidae', *Carnets de Géologie*, letter 2003/01 (2003).

6장 | 잃어버린 고리? 뭘 잃어버렸단 말인가

p. 197 뭘 잃어버렸단 말인가:
www.talkorigins.org/faqs/faq-transitional/part2c.html#arti,
http://web.archive.org/web/19990203140657/gly.fsu.edu/tour/article_7.html.

p. 202 맨 처음 등장하는 순간부터 이미 발전된 진화 상태로: Dawkins (1986), 229.

p. 207 "정말로 사람이 물고기와 개구리를 거친 뒤에 원숭이에게서 생겨났다면, 어째서 화석기록에는 '개구리원숭이'가 없나요?": 'Darwin's evolutionary theory is a tottering nonsense, built on too many suppositions', *Sydney Morning Herald*, 7 May 2006.

p. 207 방송에 대한 기사가 〈선데이 타임스〉에 실리자 무수한 댓글이 붙었는데: http://www.timesonline.co.uk/tol/news/uk/education/article4448420. ece.

p. 209 에오마이아라는 화석을 소개했다: Ji et al. (2002).

p. 211 《창조의 아틀라스》: 믿을 수 없게도, 이 값비싸고 번쩍번쩍한 쓰레기 종이 뭉치는 현재 세 권이나 나와 있다.

p. 211 낚시용 미끼를 '날도래'라고 한 것이다: 미끼라는 것을 여기서 똑똑히 볼 수 있다. http://www.grahamowengallery.com/fishing/more-fly-tying.html.

p. 223 우리는 곧장 박물관으로 향했다: Smith (1956), 41.

pp. 230-231 틱타알릭! 한번 들으면 절대 잊을 수 없는 이름이다: http://www90. homepage.villanova.edu/lowell.gustafson/anthropology/tiktaalik.html.

p. 236 바로 페조시렌이다: Domning (2001).

p. 236 흥분되는 소식이 하나 들려왔다: Natalia Rybczynski, Mary Dawson and Richard Tedford, 'A Semi-aquatic Arctic mammalian carnivore from the Miocene epoch and origin of Pinnipedia', Nature 458 (2009), pp. 1021-4. 나탈리아 립친스키가 열정적으로 새 화석에 관해 토론하는 모습이 담긴 짧은 영상을 여기서 볼 수 있다. http://nature.ca/pujila/ne_vid_e.cfm.

p. 239 오돈토켈리스 세미테스타체아: Li et al. (2008).

p. 240 오돈토켈리스 논문에 대한 논평은: Reisz and Head (2008).

p. 243 프로가노켈리스: Joyce and Gauthier (2004).

p. 246 나는 다른 책에서 DNA를 가리켜 '죽은 자들의 유전자 책'이라고 표현했다: Dawkins (1998), ch. 10.

7장 | 잃어버린 사람들? 다시 찾은 사람들

p. 253 피테칸트로푸스(자바 원인)는 사람이 아니고: Dubois (1935), 다음에도 인용되어 있다. http://www.talkorigins.org/pdf/fossil-hominids.pdf.

p. 254 '창세기의 대답들'이라는 어느 창조론 조직은, 더는 사용하지 말아야 할 기각된 논증들의 목록에: http://answersingenesis.org/home/area/faq/ dont_use.asp.

p. 255 '그루지야 원인'이다: http://www.talkorigins.org/faqs/homs/d2700.html.

p. 256 우리는 침팬지에서 유래하지 않았다: http://www.talkorigins.org/faqs/homs/chimp.html.

p. 260 모식표본이란 새로운 종으로 명명되어 공식적으로 처음 박물관에 진열되는
　　　　최초의 개체를 말한다: 다음 웹사이트에 유용한 원인 모식표본 목록이
　　　　소개되어 있다. http://www.talkorigins.org/faqs/homs/typespec.html.
p. 261 각주. 다윈의 20세기 후계자들 중 가장 뛰어났다고도 할 수 있는 그는:
　　　　해밀턴의 논문 모음집을 보면 간간이 그의 특이한 회고 에세이들도 끼어 있다.
　　　　Hamilton (1996, 2001). 두 번째 권에는 내가 그에게 바친 부고글도 실려 있다.
p. 266 다양한 이름들로 불렸다:
　　　　http://www.mos.org/evolution/fossils/browse.php.
p. 272 '사후피임약은 소아성애증 환자들의 좋은 친구': 'Morning-after pill
　　　　blocked by politics', Atlanta Journal-Constitution, 24 June 2004.

8장 | 우리가 아홉 달 만에 스스로 해낸 일

p. 288 각주. 세상의 모든 칙칙하고 추한 것: 파이산 (몬티) 픽처스의 허락을 받아
　　　　가사를 수록했다. 테리 존스와 에릭 아이들에게 감사한다.
p. 295 유튜브에서 찾아보면 굉장한 영상이 몇 개 올라오는데: 일례로,
　　　　http://www.youtube.com/watch?v=XH-groCeKbE.
p. 298 크레이그 레이놀즈가 이런 기조의 프로그램을 짜서 '보이드'라고 이름
　　　　붙였다: http://www.red3d.com/cwr/boids/.
p. 309 버클리 소재 캘리포니아 대학의 뛰어난 수리생물학자인 조지 오스터와
　　　　그 연구진이 해독해냈다: Odell et al. (1980).
p. 314 노벨상 수상자인 발생학자 로저 스페리가 수행했던 초기의 고전적 실험도:
　　　　Meyer (1998).
pp. 328-329 '유생의 몸에 있는 558개 세포 모두를 포함하는 계보도다':
　　　　예쁜꼬마선충의 계통수 전체는 여기에 있다.
　　　　http://www.wormatlas.org/userguides.html/ lineage.htm. 웜아틀라스
　　　　사이트 전체가 이 작은 생물에 대한 정보의 보고다. 시드니 브레너, H. 로버트
　　　　호비츠, 존 설스턴의 예쁜꼬마선충 연구에 대한 노벨상 강연도 적극
　　　　추천한다. Brenner (2003), Horvitz (2003), Sulston (2003). 웹사이트에서도
　　　　읽을 수 있다. http://nobelprize.org/nobel_prizes/
　　　　medicine/laureates/2002/index.html.

9장 | 대륙의 방주

p. 342 어떤 자그마한 선충은:
http://www.bayercropscience.co.uk/pdfs/nematodesguide.pdf.

p. 348 녀석들에 대한 연구를 이끌었던 엘렌 첸스키 박사가: Censky et al. (1998).

pp. 351-352 서로 밀접하게 연관된 작은 집단 새들의 구조가: Darwin (1845), 380.

pp. 352-353 그것은 소름 끼치게 생긴 생물로: Darwin (1845), 385-6.

p. 354 그리하여 우리는 진정 놀라운 사실을 알게 되었다: Darwin (1845), 396.

pp. 354-355 나 스스로 사격해서 잡았거나: Darwin (1845), 394-5.

p. 355 그는 섬마다 거북들이 다르다고 말했고: Darwin (1845), 394.

p. 361 "거의 모든 바위 노출부와 섬마다 독특한 음부나 동물상이 있고": Owen et al. (1989).

pp. 366-367 이에 관하여, 대양에 산재한 많은 섬에는: Darwin (1859), 393.

pp. 367-368 박물학자가 북쪽에서 남쪽으로 여행한다면: Darwin (1859), 349.

p. 381 그들은 여기에 어떻게 대처하고 있을까? 참 이상한 방식으로 대처하고 있다: 적어도 그들 중 일부는 혼란을 겪는 듯하고, 다른 일부는 정직하지 못한 것 같다. http://www.answersingenesis.org/articles/am/v2/n2/a-catastrophic-breakup 이 웹페이지에 소개된 젊은 지구 논리를 오래된 지구 창조론자가 다음 웹사이트에서 상세히 반박하고 있다. http://www.answersincreation/org/rebuttal/aig/Answers/2007/answers_v2_n2_tectonics.htm.

p. 381 종 분화에 관해 가장 최근의 권위 있는 저서를: Coyne and Orr (2004).

10장 | 친척들의 계통수

p. 422 토끼를 사용한 이 기법으로: Sarich and Wilson (1967).

p. 428 이런 주제를 초기에 대규모로 연구한 것은 데이비드 페니 교수가 이끈 뉴질랜드 유전학 팀이었다: Penny et al. (1982).

p. 437 힐리스 계통수를 웹사이트에서 내려받은 뒤: www.zo.utexas.edu/faculty/antisense/DownloadfilesToL.html.

p. 445 내가 얀 윙과 공저한 '발톱벌레의 이야기 후기'에서 충분히 다뤘기 때문에: Dawkins (2004).

11장 | 우리 몸에 쓰인 역사

pp. 451-452 왕립동물원의 명석한 관리자인 서튼 씨가: Darwin (1872), 95, 96, 97.

p. 453 1845년 왕립학회에 보낸 기고문에서: Sibson (1848).

pp. 460-461 J. W. S. 프링글 교수는…… 평균곤의 작동 방식을 많이 밝혀냈다: Pringle (1948).

p. 470 "안경사가 나에게 이 모든 단점을 지닌 도구를 팔겠다고 하면": Helmholtz (1881), 194.

p. 473 눈은 다른 광학 도구들이 가질 수 있는 결점을 모조리 갖고 있다: Helmholtz (1881), 201.

p. 481 "기린은 후두가 잘 발달되어 있고": Harrison (1980).

p. 492 "자애롭고 전능하신 신께서": Darwin (1887b).

p. 492 각주. 역시 오스트레일리아 사람이며 창조론자들의 사랑을 한 몸에 받는: M. Denton, *Nature's Destiny* (New York: Free Press, 2002).

p. 494 "기회가 닿는 대로 손에 넣은 것들을 조각조각 이어붙여 변통한 조각보이고": C. S. Pittendrigh, 'Adaptation, natural selection, and behavior', in A. Roe and G. G. Simpson, eds, *Behavior and Evolution* (New Haven: Yale University Press, 1958).

12장 | 무기경쟁과 진화적 신정론

p. 504 포유류 중에서 가장 빠른 달리기 선수 다섯 종은: 다음에서 얻은 목록이다. http://www.petsdo.com/blog/top-twenty-20-fastest-land-animals-including-humans.

p. 505 나는 존 크렙스와 함께 쓴 1979년의 논문에서: Dawkins and Krebs (1979).

p. 506 우리는 메뚜기나 나비의 위장이 지나치게 상세하다고 단언하기 전에: Cott (1940), 158-9.

p. 507 놀랍게 들릴지도 모르지만, 한 종의 수컷과 암컷, 부모와 자식 사이에도 무기경쟁이 있다: Dawkins (2006), 8장 '세대간의 다툼'과 9장 '암수의 다툼'을 참고하라.

pp. 516-517 "서툴고, 소모적이고, 조잡한 실수투성이고": Darwin (1903).

p. 517 자연은 친절하지도, 불친절하지도 않다: Dawkins (1995), 4장 '신의 효용 목적'.

p. 522 여담이지만, 실제로 통증을 못 느끼는 이상 현상을 겪는 사람들이 있다: 예를 들어, http://news.bbc.co.uk/2/hi/health/4195437.stm, http://www.msnbc.msn.com/id/6379795/.

p. 523 스티븐 제이 굴드는 〈무도덕적인 자연〉이라는 멋진 에세이에서 이런 문제들을 고찰한 바 있다: Gould (1983).

13장 | 이러한 생명관에는 장엄함이 있다

p. 526 따라서 자연의 전쟁으로부터: Darwin (1859), 490.

pp. 527-528 어쩌면 논리적인 귀결은 아닐지도 모르지만: Darwin (1859), 243.

pp. 529-530 우리는 모든 생물체가 자신의 비중을 높이려고 안간힘을 쓴다는 사실을: Darwin (1859), 78.

p. 533 "하지만 나는 대중의 의견에 굴복하여": Darwin (1887c).

p. 541 한 논문의 표현을 인용하면, 얼어붙은 사건을 '녹일' 방법을 찾아본 셈이다: Söll and RajBhandary (2006).

p. 542 물리학자 폴 데이비스는 우리가 충분히 뒤져보지 않았다는 합당한 지적을 했다: Davies and Lineweaver (2005).

p. 544 만약 달이 없었다면 지구의 생명이 어떻게 달라졌을까 상상해보는 것은 흥미롭다: Comins (1993).

p. 552 같은 주제에 관해 아버지가 1871년에 쓴 글도 있다: Darwin (1887c).

p. 560 1989년에 나는 〈진화 가능성의 진화〉라는 논문을 써서: Dawkins (1989).

p. 564 우주론학자들이 지적하듯이, 우리가 하늘의 별을 바라보게 된 것은 우연이 아니다: 가령 다음을 보라. Smolin (1997).

부록 | 역사 부인주의자들

p. 568 미국에서 가장 유명한 여론조사 기관인 갤럽은: 갤럽 조사 결과는 다음에서 가져왔다. '진화, 창조론, 지적설계', http://www.gallup.com/poll/21814/Evolution-Creationism-Intelligent-Design.aspx.

p. 569 한편, 퓨포럼도 2008년에: 2005년 7월 17일에 수행된 퓨포럼 조사 결과는 다음에서 가져왔다. '생명의 기원에 관해 여론이 갈리다', http://pewforum.org/surveys/origins/.

p. 570   영국은 어떨까? 어떻게 비교할 수 있을까?: 2006년 1월 5~10일에 수행된 입소스모리 조사 결과는 다음에서 가져왔다. '생명의 기원에 관한 BBC 조사', http://www.ipsos-mori.com/content/bbc-survey-on-the-origins-of-life.ashx.

p. 572   2005년에 유로바로미터는: 2005년 1~2월에 수행된 유로바로미터 224 조사 결과는 다음에서 가져왔다. '유럽인들과 과학기술', http://ec.europa.eu/public_opinion/archives/ebs/ebs_224_report_en.pdf.

p. 572   미국은 터키에 겨우 앞서는 수준이라는 사실이 최근 들어 널리 인구에 회자된 바 있다: Miller et al. (2006).

p. 576   그들이 말해준 공포스러운 이야기들은 널리 소문을 낼 필요가 있다: 'Emory workshop teaches teachers how to teach evolution', *Atlanta Journal-Constitution*, 24 Oct. 2008.

p. 577   "런던의 무슬림 의학도들은 다윈 이론이 거짓이라고 주장하는 소책자를 배포했다": 'Academics fight rise of creationism at universities', *Guardian*, 21 Feb. 2006.

pp. 577-578   이것은 진정한 사회적 변화입니다: 'Creationism debate moves to Britain', *Independent*, 18 May 2006.

참고문헌

Adams, D. and Carwardine, M. 1991. *Last Chance to See*. London: Pan. | 더글러스 애덤스, 마크 카워다인, 《마지막 기회》, 해나무.
Atkins, P. W. 1984. *The Second Law*. New York: Scientific American.
Atkins, P. W. 1995. *The Periodic Kingdom*. London: Weidenfeld & Nicolson. | 피터 앳킨스, 《원소의 왕국》, 사이언스북스.
Atkins, P. W. 2001. *The Elements of Physical Chemistry: With Applications in Biology*. New York: W. H. Freeman. | 피터 앳킨스, 《핵심물리화학》, 교보문고.
Atkins, P. W. and Jones, L. 1997. *Chemistry: Molecules, Matter and Change*, 3rd rev. edn. New York: W. H. Freeman.
Ayala, F. J. 2006. *Darwin and Intelligent Design*. Minneapolis: Fortress.
Barash, D. P. and Barash, N. R. 2005. *Madame Bovary's Ovaries: A Darwinian Look at Literature*. New York: Delacorte. | 데이비드 바래시, 나넬 바래시, 《보바리의 남자, 오셀로의 여자》, 사이언스북스.
Barlow, G. W. 2002. *The Cichlid Fishes: Nature's Grand Experiment in Evolution*, 1st pb edn. Cambridge, Mass.: Basic Books.
Berry, R. J. and Hallam, A. 1986. *The Collins Encyclopedia of Animal Evolution*. London: Collins.

Bodmer, W. and McKie, R. 1994. *The Book of Man: The Quest to Discover Our Genetic Heritage*. London: Little, Brown. | 월터 보드머, 《인간의 책》, 김영사.

Brenner, S. 2003. 'Nature's gift to science', in T. Frängsmyr, ed., *Les Prix Nobel, The Nobel Prizes 2002: Nobel Prizes, Presentations, Biographies and Lectures*, 274-82. Stockholm: The Nobel Foundation.

Brooks, A. C. and Buss, I. O. 1962. 'Trend in tusk size of the Uganda elephant', *Mammalia*, 26, 10-34.

Browne, J. 1996. *Charles Darwin*, vol. 1: *Voyaging*. London: Pimlico.

Browne, J. 2003. *Charles Darwin*, vol. 2: *The Power of Place*. London: Pimlico.

Cain, A. J. 1954. *Animal Species and their Evolution*. London: Hutchinson.

Cairns-Smith, A. G. 1985. *Seven Clues to the Origin of Life: A Scientific Detective Story*. Cambridge: Cambridge University Press. | 그레이엄 케언스 스미스, 《생명의 기원에 관한 일곱 가지 단서》, 동아출판사.

Carroll, S. B. 2006. *The Making of the Fittest: DNA and the Ultimate Forensic Record of Evolution*. New York: W. W. Norton. | 션 B. 캐럴, 《한 치의 의심도 없는 진화 이야기》, 지호.

Censky, E. J., Hodge, K. and Dudley, J. 1998. 'Over-water dispersal of lizards due to hurricanes', *Nature*, 395, 556.

Charlesworth, B. and Charlesworth, D. 2003. *Evolution: A Very Short Introduction*. Oxford: Oxford University Press.

Clack J. A. 2002. *Gaining Ground: The Origin and Evolution of Tetrapods*. Bloomington: Indiana University Press.

Comins, N. E. 1993. *What If the Moon Didn't Exist? Voyages to Earths that Might Have Been*. New York: HarperCollins.

Conway Morris, S. 2003. *Life's Solution: Inevitable Humans in a Lonely Universe*. Cambridge: Cambridge University Press.

Coppinger, R. and Coppinger, L. 2001. *Dogs: A Startling New Understanding of Canine Origin, Behavior and Evolution*. New York: Scribner.

Cott, H. B. 1940. *Adaptive Coloration in Animals*. London: Methuen.

Coyne, J. A. 2009. *Why Evolution is True*. Oxford: Oxford University Press.

Coyne, J. A. and Orr, H. A. 2004. *Speciation*. Sunderland, MA: Sinauer.

Crick, F. H. C. 1981. *Life Itself: Its Origin and Nature*. London: Macdonald.

Cronin, H. 1991. *The Ant and the Peacock: Altruism and Sexual Selection from Darwin to Today*. Cambridge: Cambridge University Press.

Damon, P. E.; Donahue, D. J.; Gore, B. H.; Hatheway, A. L.; Jull, A. J. T.; Linick, T. W.; Sercel, P. J.; Toolin, L. J.; Bronk, R.; Hall, E. T.; Hedges, R. E. M.; Housley, R.; Law, I. A.; Perry, C.; Bonani, G.; Trumbore, S.; Woelfli, W.; Ambers, J. C.; Bowman, S. G. E.; Leese, M. N.; and Tite, M. S. 1989. 'Radiocarbon dating of the Shroud of Turin', *Nature*, 337, 611-15.

Darwin, C. 1845. *Journal of researches into the natural history and geology of the countries visited during the voyage of H.M.S Beagle round the world, under the Command of Capt. Fitz Roy, R.N.*, 2nd edn. London: John Murray. | 찰스 다윈, 《비글 호 항해기》.

Darwin, C. 1859. *On the Origin of Species by Means of Natural Selection*, 1st edn. London: John Murray. | 찰스 다윈, 《종의 기원》

Darwin, C. 1868. *The Variation of Animals and Plants under Domestication*, 2 vols. London: John Murray.

Darwin, C. 1871. *The Descent of Man, and Selection in Relation to Sex*, 2 vols. London: John Murray. | 찰스 다윈, 《인간의 유래》, 한길사.

Darwin, C. 1872. *The Expression of the Emotions in Man and Animals*. London: John Murray. | 찰스 다윈, 《인간과 동물의 감정표현에 대하여》, 서해문집.

Darwin, C. 1882. *The Various Contrivances by which Orchids are Fertilised by Insects*. London: John Murray.

Darwin, C. 1887a. *The Life and Letters of Charles Darwin*, vol. 1. London: John Murray.

Darwin, C. 1887b. *The Life and Letters of Charles Darwin*, vol. 2. London: John Murray.

Darwin, C. 1887c. *The Life and Letters of Charles Darwin*, vol. 3. London: John Murray.

Darwin, C. 1903. *More Letters of Charles Darwin: A Record of his Work in a Series of Hitherto Unpublished Letters*, 2 vols. London: John Murray.

Darwin, C. and Wallace, A. R. 1859. 'On the tendency of species to form varieties; and on the perpetuation of varieties and species by natural means of selection', *Journal of the Proceedings of the Linnaean Society (Zoology)*, 3, 45-62.

Davies, N. B. 2000. *Cuckoos, Cowbirds and Other Cheats.* London: T. & A. D. Poyser.

Davies, P. C. W. 1998. *The Fifth Miracle: The Search for the Origin of Life.* London: Allen Lane, The Penguin Press. | 폴 데이비스, 《생명의 기원—제5의 기적》, 북스힐.

Davies, P. C. W. and Lineweaver, C. H. 2005. 'Finding a second sample of life on earth', *Astrobiology*, 5, 154-63.

Dawkins, R. 1986. *The Blind Watchmaker.* London: Longman. | 리처드 도킨스, 《눈먼 시계공》, 사이언스북스.

Dawkins, R. 1989. 'The evolution of evolvability', in C. E. Langton, ed., *Artificial Life*, 201-20. Reading, Mass.: Addison-Wesley.

Dawkins, R. 1995. *River Out of Eden.* London: Weidenfeld & Nicolson. | 리처드 도킨스, 《에덴의 강》, 사이언스북스.

Dawkins, R. 1996. *Climbing Mount Improbable.* London: Viking.

Dawkins, R. 1998. *Unweaving the Rainbow.* London: Penguin. | 리처드 도킨스, 《무지개를 풀며》, 바다출판사.

Dawkins, R. 1999. *The Extended Phenotype*, rev. edn. Oxford: Oxford University Press. | 리처드 도킨스, 《확장된 표현형》, 을유문화사.

Dawkins, R. 2004. *The Ancestor's Tale: A Pilgrimage to the Dawn of Life.* London: Weidenfeld & Nicolson. | 리처드 도킨스, 《조상 이야기》, 까치글방.

Dawkins, R. 2006. *The Selfish Gene*, 30th anniversary edn. Oxford: Oxford University Press. (First Publ. 1976). | 리처드 도킨스, 《이기적 유전자》, 을유문화사.

Dawkins, R. and Krebs, J. R. 1979. 'Arms races between and within species', *Proceedings of the Royal Society of London*, Series B, 205, 489-511.

De Panafieu, J.-B. and Gries, P. 2007. *Evolution in Action: Natural History through Spectacular Skeletons.* London: Thames & Hudson.

Dennett, D. 1995. *Darwin's Dangerous Idea: Evolution and the Meanings of Life.* London: Allen Lane.

Desmond, A. and Moore, J. 1991. *Darwin: The Life of a Tormented Evolutionist.*

London: Michael Joseph. | 에이드리언 데스먼드, 제임스 무어, 《다윈 평전―고뇌하는 진화론자의 초상》, 뿌리와이파리.

Diamond, J. 1991. *The Rise and Fall of the Third Chimpanzee: Evolution and Human Life*. London: Radius. | 제레드 다이아몬드, 《제3의 침팬지》, 문학사상사.

Domning, D. P. 2001. 'The earliest known fully quadrupedal sirenian', *Nature*, 413, 625-7.

Dubois, E. 1935. 'On the gibbon-like appearance of *Pithecanthropus erectus*', *Proceedings of the Section of Sciences of the Koninklijke Akademie van Wetenschappen*, 38, 578-85.

Dudley, J. W. and Lambert, R. J. 1992. 'Ninety generations of selection for oil and protein in maize', *Maydica*, 37, 81-7.

Eltz, T.; Roubik, D. W.; and Lunau, K. 2005. 'Experience-dependent choices ensure species-specific fragrance accumulation in male orchid bees', *Behavioral Ecology and Sociobiology*, 59, 149-56.

Endler, J. A. 1980. 'Natural selection on color patterns in *Poecilia reticulata*', *Evolution*, 34, 76-91.

Endler, J. A. 1983. 'Natural and sex selection on color patterns in poeciliid fishes', *Environmental Biology of Fishes*, 9, 173-90.

Endler, J. A. 1986. *Natural Selection in the Wild*. Princeton: Princeton University Press.

Fisher, R. A. 1999. *The Genetical Theory of Natural Selection: A Complete Variorum Edition*. Oxford: Oxford University Press.

Fortey, R. 1997. *Life: An Unauthorised Biography. A Natural History of the First Four Thousand Million Years of Life on Earth*. London: HarperCollins. | 리처드 포티, 《생명―40억 년의 비밀》, 까치글방.

Fortey, R. 2000. *Trilobite: Eyewitness to Evolution*. London: HarperCollins. | 리처드 포티, 《삼엽충》, 뿌리와이파리.

Futuyma, D. J. 1998. *Evolutionary Biology*, 3rd edn. Sunderland, Mass.: Sinauer.

Gillespie, N. C. 1979. *Charles Darwin and the Problem of Creation*. Chicago: University of Chicago Press.

Goldschmidt, T. 1996. *Darwin's Dreampond: Drama in Lake Victoria*.

Cambridge, Mass.: MIT Press.
Gould, S. J. 1977. *Ontogeny and Phylogeny*. Cambridge, Mass.: Harvard University Press.
Gould, S. J. 1978. *Ever since Darwin: Reflections in Natural History*. London: Burnett Books / Andre Deutsch. | 스티븐 J. 굴드, 《다윈 이후》, 사이언스북스.
Gould, S. J. 1983. *Hen's Teeth and Horse's Toes*. New York: W. W. Norton.
Grafen, A. 1989. *Evolution and its Influence*. Oxford: Clarendon Press.
Gribbin, J. and Cherfas, J. 2001. *The First Chimpanzee: In Search of Human Origins*. London: Penguin.
Haeckel, E. 1974. *Art Forms in Nature*. New York: Dover.
Haldane, J. B. S. 1985. *On Being the Right Size and Other Essays*. Oxford: Oxford University Press.
Hallam, A. and Wignall, P. B. 1997. *Mass Extinctions and their Aftermath*. Oxford: Oxford University Press.
Hamilton, W. D. 1996. *Narrow Roads of Gene Land*, vol. 1: *Evolution of Social Behavior*. Oxford: W. H. Freeman / Spektrum.
Hamilton, W. D. 2001. *Narrow Roads of Gene Land*, vol. 2: *Evolution of Sex*. Oxford: Oxford University Press.
Harrison, D. F. N. 1980. 'Biomechanics of the giraffe larynx and trachea', *Acta Oto-Laryngology and Otology*, 89, 258-64.
Harrison, D. F. N. 1981. 'Fibre size frequency in the recurrent laryngeal nerves of man and giraffe', *Acta Oto-Laryngology and Otology*, 91, 383-9.
Helmholtz, H. von. 1881. *Popular Lectures on Scientific Subjects*, 2nd edn, trans. E. Atkinson. London: Longmans.
Herrel, A.; Huyghe, K.; Vanhooydonck, B.; Backeljau, T.; Breugelmans, K.; Grbac, I.; Van Damme, R.; and Irschick, D. J. 2008. 'Rapid large-scale evolutionary divergence in morphology and performance associated with exploitation of a different dietary resource', *Proceedings of the National Academy of Sciences*, 105, 4792-5.
Herrel, A.; Vanhooydonck, B.; and Van Damme, R. 2004. 'Omnivory in lacertid lazards: adaptive evolution or constraint?' *Journal of Evolutionary Biology*,

17, 974-84.
Horvitz, H. R. 2003. 'Worms, life and death', in T. Frängsmyr, ed., *Les Prix Nobel, The Nobel Prizes 2002: Nobel Prizes, Presentations, Biographies and Lectures*, 320-51. Stockholm: The Nobel Foundation.
Huxley, J. 1942. *Evolution: The Modern Synthesis*. London: Allen & Unwin.
Huxley, J. 1957. *New Bottles for New Wine: Essays*. London: Chatto & Windus.
Ji, Q.; Luo, Z.-X.; Yuan, C.-X.; Wible, J. R.; Zhang, J.-P.; and Georgi, J. A. 2002. 'The earliest known eutherian mammal', *Nature*, 416, 816-22.
Johanson, D. and Edgar, B. 1996. *From Lucy to Language*. New York: Simon & Schuster.
Johanson, D. C. and Edey, M. A. 1981. *Lucy: The Beginning of Humankind*. London: Granada. | 도널드 조핸슨, 메이틀런드 에디, 《최초의 인간 루시》, 푸른숲.
Jones, S. 1993. *The Language of the Genes: Biology, History and the Evolutionary Future*. London: HarperCollins. | 스티브 존스, 《유전자 언어》, 김영사.
Jones, S. 1999. *Almost Like a Whale: The Origin of Species Updated*. London: Doubleday. | 스티브 존스, 《진화하는 진화론》, 김영사.
Joyce, W. G. and Gauthier, J. A. 2004. 'Palaeoecology of Triassic stem turtles sheds new light on turtle origins', *Proceedings of the Royal Society of London*, Series B, 271, 1-5.
Keynes, R. 2001. *Annie's Box: Charles Darwin, his Daughter and Human Evolution*. London: Fourth Estate.
Kimura, M. 1983. *The Neutral Theory of Molecular Evolution*. Cambridge: Cambridge University Press.
Kingdon, J. 1990. *Island Africa*. London: Collins.
Kingdon, J. 1993. *Self-Made Man and his Undoing*. London: Simon & Schuster.
Kingdon, J. 2003. *Lowly Origin: Where, When, and Why our Ancestors First Stood Up*. Princeton and Oxford: Princeton University Press.
Kitcher, P. 1983. *Abusing Science: The Case Against Creationism*. Milton Keynes: Open University Press. | 필립 키처, 《과학적 사기─창조론자들은 과학을 어떻게 이용하는가?》, 이제이북스.

Leakey, R. 1994. *The Origin of Humankind*. London: Weidenfeld & Nicolson. | 리처드 리키, 《인류의 기원》, 사이언스북스.

Leakey, R. and Lewin, R. 1992. *Origins Reconsidered: In Search of What Makes Us Human*. London: Littler, Brown. | 리처드 리키, 로저 르윈, 《속 오리진》, 세종서적.

Leakey, R. and Lewin, R. 1996. *The Sixth Extinction: Biodiversity and its Survival*. London: Weidenfeld & Nicolson. | 리처드 리키, 로저 르윈, 《제6의 멸종》, 세종서적.

Lenski, R. E. and Travisano, M. 1994. 'Dynamics of adaptation and diversification: a 10,000-generation experiment with bacterial populations', *Proceedings of the National Academy of Sciences*, 91, 6808-14.

Li, C.; Wu, X.-C.; Rieppel, O.; Wang, L.-T.; and Zhao, L.-J. 2008. 'An ancestral turtle from the Late Triassic of southwestern China', *Nature*, 456, 497-501.

Lorenz, K. 2002. *Man Meets Dog*, 2nd edn. London: Routledge. | 콘라트 로렌츠, 《인간, 개를 만나다》, 사이언스북스.

Malthus, T. R. 2007. *An Essay on the Principles of Population*. New York: Dover. (First publ. 1798.)

Marchant, J. 1916. *Alfred Russel Wallace: Letters and Reminiscences*, vol. 1. London: Cassell.

Martin, J. W. 1993. 'The samurai crab', *Terra*, 31, 30-4.

Maynard Smith, J. 2008. *The Theory of Evolution*, 3rd edn. Cambridge: Cambridge University Press.

Mayr, E. 1963. *Animal Species and Evolution*. Cambridge, Mass.: Harvard University Press.

Mayr, E. 1982. *The Growth of Biological Thought: Diversity, Evolution, and Inheritance*. Cambridge, Mass.: Harvard University Press.

Medawar, P. B. 1982. *Pluto's Republic*. Oxford: Oxford University Press.

Mendel, G. 2008. *Experiments in Plant Hybridisation*. New York: Cosimo Classics.

Meyer, R. L. 1998. 'Roger Sperry and his chemoaffinity hypothesis', *Neuropsychologia*, 36, 957-80.

Mille, J. D.; Scott, E. C.; and Okamoto, S. 2006. 'Public acceptance of evolution',

Science, 313, 765-6.

Miller, K. R. 1999. *Finding Darwin's God: A Scientist's Search for Common Ground between God and Evolution*. New York: Cliff Street Books.

Miller, K. R. 2008. *Only a Theory: Evolution and the Battle for America's Soul*. New York: Viking.

Monod, J. 1972. *Chance and Necessity: An Essay on the Natural Philosophy of Modern Biology*. London: Collins. | 자크 모노, 《우연과 필연》, 범우사.

Morris, D. 2008. *Dogs: The Ultimate Dictionary of Over 1,000 Dog Breeds*. London: Trafalgar Square.

Morton, O. 2007. *Eating the Sun: How Plants Power the Planet*. London: Fourth Estate.

Nesse, R. M. and Williams, G. C. 1994. *The Science of Darwinian Medicine*. London: Orion. | 랜덜프 네스, 조지 C. 윌리엄스, 《인간은 왜 병에 걸리는가》, 사이언스북스.

Odell, G. M.; Oster, G.; Burnside, B.; and Alberch, P. 1980. 'A mechanical model for epithelial morphogenesis', *Journal of Mathematical Biology*, 9, 291-5.

Owen, D. F. 1980. *Camouflage and Mimicry*. Oxford: Oxford University Press.

Owen, R. 1841. 'Notes on the anatomy of the Nubian giraffe (Camelopardalis)', *Transactions of the Zoological Society of London*, 2, 217-48.

Owen, R. 1849. 'Notes on the birth of the giraffe at the Zoological Society's gardens, and description of the foetal membranes and some of the natural and morbid appearances observed in the dissection of the young animal', *Transactions of the Zoological Society of London*, 3, 21-8.

Owen, R. B.; Crossley, R.; Johnson, T. C.; Tweddle, D.; Kornfield, I.; Davison, S.; Eccles, D. H.; and Engstrom, D. E. 1989. 'Major low levels of Lake Malawi and their implications for speciation rates in cichlid fishes', *Proceedings of the Royal Society of London*, Series B, 240, 519-53.

Oxford English Dictionary, 2nd edn, 1989. Oxford: Oxford University Press.

Page, M. 2002. *Encyclopedia of Evolution*, 2 vols. Oxford: Oxford University Press.

Penny, D.; Foulds, L. R.; and Hendy, M. D. 1982. 'Testing the theory of evolution by comparing phylogenetic trees constructed from five different protein sequences', *Nature*, 297, 197-200.

Pringle, J. W. S. 1948. 'The gyroscopic mechanism of the halteres of Diptera', *Philosophical Transactions of the Royal Society of London*, Series B, *Biological Sciences*, 223, 347-84.

Prothero, D. R. 2007. *Evolution: What the Fossils Say and Why It Matters.* New York: Columbia University Press.

Quammen, D. 1996. *The Song of the Dodo: Island Biogeography in an Age of Extinction.* London: Hutchinson. | 데이비드 쿼멘, 《도도의 노래》, 푸른숲.

Reisz, R. R. and Head, J. J. 2008. 'Palaeontology: turtle origins out to sea', *Nature*, 456, 450-1.

Reznick, D. N.; Shaw, F. H.; Rodd, H.; and Shaw, R. G. 1997. 'Evaluation of the rate of evolution in natural populations of guppies (*Poecilia reticulata*)', *Science*, 275, 1934-7.

Ridley, Mark 1994. *A Darwin Selection*, 2nd rev. edn. London: Fontana.

Ridley, Mark 2000. *Mendel's Demon: Gene Justice and the Complexity of Life.* London: Weidenfeld & Nicolson.

Ridley, Mark 2004. *Evolution*, 3rd edn. Oxford: Blackwell.

Ridley, Matt 1993. *The Red Queen: Sex and the Evolution of Human Nature.* London: Viking. | 매트 리들리, 《붉은 여왕》, 김영사.

Ridley, Matt 1999. *Genome: The Autobiography of a Species in 23 Chapters.* London: Fourth Estate. | 매트 리들리, 《게놈—23장에 담긴 인간의 자서전》, 김영사.

Ruse, M. 1982. *Darwinism Defended: A Guide to the Evolution Controversies.* Reading, Mass.: Addison-Wesley.

Sagan, C. 1981. *Cosmos.* London: Macdonald. | 칼 세이건, 《코스모스》, 사이언스북스.

Sagan, C. 1996. *The Demon-Haunted World: Science as a Candle in the Dark.* London: Headline. | 칼 세이건, 《악령이 출몰하는 세상》, 김영사.

Sarich, V. M. and Wilson, A. C. 1967. 'Immunological time scale for hominid evolution', *Science*, 158, 1200-3.

Schopf, J. W. 1999. *Cradle of Life: The Discovery of Earth's Earliest Fossils.*

Princeton: Princeton University Press.

Schuenke, M.; Schulte, E.; Schumacher, U.; and Rude, J. 2006. *Atlas of Anatomy*. Stuttgart: Thieme. | 미카엘 슈엔케 외, 《인체해부학》, 서울의학사.

Sclater, A. 2003. 'The extent of Charles Darwin's knowledge of Mendel', *Georgia Journal of Science*, 61, 134-7.

Scott, E. C. 2004. *Evolution vs. Creationism: An Introduction*. Westport, Conn.: Greenwood.

Shermer, M. 2002. *In Darwin's Shadow: The Life and Science of Alfred Russel Wallace*. Oxford: Oxford University Press.

Shubin, N. 2008. *Your Inner Fish: A Journey into the 3.5 Billion-Year History of the Human Body*. London: Allen Lane. | 닐 슈빈, 《내 안의 물고기》, 김영사.

Sibson, F. 1848. 'On the blow-hole of the porpoise', *Philosophical Transactions of the Royal Society of London*, 138, 117-23.

Simons, D. J. and Chabris, C. F. 1999. 'Gorillas in our midst: sustained inattentional blindness for dynamic events', *Perception*, 28, 1059-74.

Simpson, G. G. 1953. *The Major Features of Evolution*. New York: Columbia University Press.

Simpson, G. G. 1980. *Splendid Isolation: The Curious History of South American Mammals*. New Haven: Yale University Press.

Skelton, P. 1993. *Evolution: A Biological and Palaeontological Approach*. Wokingham: Addison-Wesley.

Smith, J. L. B. 1956. *Old Fourlegs: The Story of the Coelacanth*. London: Longmans.

Smolin, L. 1997. *The Life of the Cosmos*. London: Weidenfeld & Nicolson.

Söll, D. and RajBhandary, U. L. 2006. 'The genetic code—thawing the "frozen accident"', *Journal of Biosciences*, 31, 459-63.

Southwood, R. 2003. *The Story of Life*. Oxford: Oxford University Press.

Stringer, C. and McKie, R. 1996. *African Exodus: The Origins of Modern Humanity*. London: Jonathan Cape.

Sulston, J. E. 2003. '*C. elegans*: the cell lineage and beyond', in T. Frängsmyr, ed., *Les Prix Nobel, The Nobel Prizes 2002: Nobel Prizes, Presentations, Biographies and Lectures*, 363-81. Stockholm: The Nobel Foundation.

Sykes, B. 2001. *The Seven Daughters of Eve: The Science that Reveals our Genetic Ancestry*. London: Bantam. | 브라이언 사이키스, 《이브의 일곱 딸들》, 따님.

Thompson, D. A. W. 1942. *On Growth and Form*. Cambridge: Cambridge University Press.

Thompson, S. P. and Gardner, M. 1998. *Calculus Made Easy: Being a Very-Simplest Introduction to Those Beautiful Methods of Reckoning Which Are Generally Called by the Terrifying Names of the Differential Calculus and the Integral Calculus*. Basingstoke: Palgrave Macmillan. | 실바누스 톰슨 외, 《쉽게 배우는 미적분학》, 홍릉과학출판사.

Thompson, K. S. 1991. *Living Fossils: The Story of the Coelacanth*. London: Hutchinson Radius.

Trivers, R. 2002. *Natural Selection and Social Theory*. Oxford: Oxford University Press.

Trut, L. N. 1999. 'Early canid domestication: the farm-fox experiment', *American Scientist*, 87, 160-9.

Tudge, C. 2000. *The Variety of Life: A Survey and a Celebration of All the Creatures that Have Ever Lived*. Oxford: Oxford University Press.

Wallace, A. R. 1871. *Contributions to the Theory of Natural Selection: A Series of Essays*. London: Macmillan.

Weiner, J. 1994. *The Beak of the Finch: A Story of Evolution in our Time*. London: Jonathan Cape. | 조너선 와이너, 《핀치의 부리》, 이끌리오.

Wickler, W. 1968. *Mimicry in Plants and Animals*. London: Weidenfeld & Nicolson.

Williams, G. C. 1966. *Adaptation and Natural Selection: A Critique of Some Current Evolutionary Thought*. Princeton: Princeton University Press.

Williams, G. C. 1992. *Natural Selection: Domains, Levels, and Challenges*. Oxford: Oxford University Press.

Williams, G. C. 1996. *Plan and Purpose in Nature*. London: Weidenfeld & Nicolson. | 조지 윌리엄스, 《진화의 미스터리》, 사이언스북스.

Williams, R. 2006. *Unintelligent Design: Why God Isn't as Smart as She Thinks She Is*. Sydney: Allen & Unwin.

Wilson, E. O. 1984. *Biophilia*. Cambridge, Mass.: Harvard University Press.
Wilson, E. O. 1992. *The Diversity of Life*. Cambridge, Mass.: Harvard University Press. | E. O. 윌슨, 《생명의 다양성》, 까치글방.
Wolpert, L. 1991. *The Triumph of the Embryo*. Oxford: Oxford University Press. | 루이스 월퍼트, 《하나의 세포가 어떻게 인간이 되는가》, 궁리.
Wolpert, L.; Beddington, R.; Brockes, J.; Jessell, T.; Lawrence, P.; and Meyerowitz, E. 1998. *Principles of Development*. London and Oxford: Current Biology / Oxford University Press.
Young, M. and Edis, T. 2004. *Why Intelligent Design Fails: A Scientific Critique of the New Creationism*. New Brunswick, NJ: Rutgers University Press.
Zimmer, C. 1998. *At the Water's Edge: Macroevolution and the Transformation of Life*. New York: Free Press.
Zimmer, C. 2002. *Evolution: The Triumph of an Idea*. London: Heinemann. | 칼 짐머, 《진화》, 세종서적.

사진과 그림 자료 출처

본문의 삽화들과 컬러 화보들을 정확하고 적절하게 사용하도록 귀중한 조언과 안내를 해준 다음 분들에게 특별히 감사한다. 래리 벤저민, 캐서린 보시버트, 필리파 브루어, 랠프 브리츠, 샌드라 채프먼, 제니퍼 클랙, 마거릿 클레그, 대릴 P. 돔닝, 안토니 헤렐, 체리나 조핸슨, 배리 주니퍼, 폴 켄릭, 루오 쩌시, 콜린 매카시, 데이비드 마틸, P. Z. 마이어스, 콜린 파머, 로베르토 포르텔라–미구에스, 마이 쾨라만, 로너 스틸, 크리스 스트링어, 존 설스턴, 피터 웰른호퍼.

컬러 화보

p. 1 : The Earthly Paradise by Jan Brueghel the Elder, 1607-8, Louvre, paris: Lauros/Giraudon/The Bridgeman Art Library.

pp. 2-3 : (a) 야생 양배추 *Brassica oleracea*, 도셋의 절벽: ⓒMartin Fowler/Alamy; (b) 나선형으로 배치된 채소들: Tom Poland; (c) 세계기록을 14개 보유한 버너드 레버리가 키운 거대한 양배추, 1993년 링컨셔 스팔딩: Chris Steele-Perkins/Magnum Photos; (d) 해바라기들, 콜로라도 주 그레이트샌드듄 국립공원: ⓒChris Howes/Wild Places Photography/Alamy; (e) 해바라기밭, 홋카이도: Mitsushi Okada/Getty Images; (f) B. E. 뉴턴이 영국의 벨기언블루 품종 소인 '아스튀시우 뒤 물랭 드 랑스'를 보여주고 있다: Yann Arthus-Bertrand/CORBIS; (g) 1996년 영국 보디빌딩 챔피언십에서 우승한 케이티 노트: ⓒBarry Lewis/Corbis; (h) 치와와 그레이트데인: ⓒmoodboard/Alamy.

pp. 4-5 : (배경) 여름의 초원, 노퍽: ⓒG&M Garden Images/Alamy; (a) 혜성난초 *Angraecum sesquipedale*, 마다가스카르 페리네트 국립공원: Pete Oxford/Nature Picture Library 그리고 다윈의 나방 *Xanthopan morgani praedicta*: ⓒthe National History Museum/Alamy;

(b) 양동이난초 *Coryanthes speciosa*: ⓒCustom Life Science Images/Alamy;

(c) 양동이난초에서 빠져나오는 벌: photolibrary/Oxford Scientific Films;
(d) 안데스 에메랄드 벌새*Amazillia franciae*, 에콰도르 민도: Rolf Nussbaumer/Nature Picture Library; (e) 남아프리카 태양새, 남아프리카공화국 케이프타운: ⓒNic Bothma/epa/Corbis;
(f) 벌새 박각시나방*Macroglossum stellatarum*, Switzerland: Rolf Nussbaumer/Nature Picture Library; (g) 망치난초와 말벌, 서부 오스트레일리아: Babs and Bert Wells/Oxford Scientific Films/photolibrary;
(h) 수컷 뒤영벌을 유혹하는 난초*Ophrys holosericea*: blickwinkel/Alamy;
(i, j) 가시광선에서와 자외선에서의 달맞이꽃*Oenothera biennis*: 모두 Bjørn Rorslett/Science Photo Library; (k) 거미난초*Brassia rex*, 파푸아뉴기니: ⓒDoug Steeley/Alamy.

pp. 6-7 : (a) 한 쌍의 꿩*Phasianus colchius*: Richard Packwood/Oxford Scientific Films/photolibrary; (b) 거피들: Maximillian Winzieri/Alamy; (c) 말레이시아 난초사마귀*Hymenopus coronatus*, 말레이시아: Thomas Minden/Minden Pictures/National Geographic Stock; (d) 나뭇잎사마귀 약충, 에콰도르 아마존 우림: ⓒMichael & Patricia Fogen/Corbis; (e) 꼬리가 나뭇잎처럼 생긴 도마뱀붙이: ⓒJim Zuckerman/Corbis; (f) 뱀을 닮은 애벌레, 코스타리카 우림.

p. 8 : 고릴라 실험: Simons, D. J., & Chabris, C. F. (1999). Gorillas in our midst: Sustained in attentional blindness for dynamic events. *Perception*, 28, 1059-1074. 악어오리 넥타이: courtesy of Josh Timonen. 날도래: photo courtesy of Graham Owen.

p. 9 : 다르위니스 마실레*Darwinius masillae*: ⓒAtlantic Productions Ltd/photo Sam Peach.

pp. 10-11 : (a) 데본기 풍경 by Karen Carr: ⓒField Museum; (b) 틱타알릭*Tiktaalik* 화석: ⓒTed Daeschler/Academy of Natural Science/VIREO; (c) 틱타알릭 모형과 사진: copyright Tyler Keillor; (d) 매너티와 새끼들, 2003년 생태냉 주파크: AFP/Getty Images; (e) 듀공, 2008년 시드니 수족관: AFP/Getty Images; (f) 오돈토켈리스*Odontochelys*: Marlene Donnelly/courtesy of The Field Museum.

pp. 12-13 : (a, b) 글루코스 분자를 감싸는 헥소키나아제 효소: courtesy Thomas A. Steitz; (c) 동물세포 단면도: Russell Knightley/Science Photo Library.

pp. 14-15 : (a) 사람의 수정란과 (b) 30시간 된 세포 2개짜리 인간 배아: 모두 Edelmann/Science Photo Library; (c) 3일 된 세포 8개짜리 인간 배아와 (d) 4일 된 세포 16개짜리 인간 배아: 모두 Dr Yorgos Nikas/Science Photo Library; (e) 막 자궁 내막에 착상한 10일 된 배아; (f) 22일째, 척추가 둥글고 신경관 양쪽이 열린 배아; (g) 24일째, 자궁벽에 단단히 착상되어 있고, 심장이 거의 머리까지 뻗어 있으며, 태반을 통해 자궁과 이어진 배아; (h) 25일째: 모두 photo Lennart Nilsson ⓒLennart Nilsson; embryo (i) 5~6주째; (j) 7주째: 모두 Edelmann/Science Photo Library; (k) 17주째의 태아, (l) 22주째: 모두 Oxford Scientific Films/photolibrary; (m) 신생아: Getty Images/Steve Satushek.

p. 16 : 찌르레기 떼 연속사진: dylan.winter@virgin.net.

p. 17 : 산안드레아스 단층, 캘리포니아 중부 카리조 평원: ⓒKevin Schafer/Alamy.

pp. 18-19 : (a) 해양 암석권의 연대를 보여주는 도표: R. D. Muller, M. Sdrolias, C. Gaina and W. R. Roest, 'Age spreading rates and spreading symmetry of the world's ocean crust', Geochem. Geophys. Geosyst. 9.Q04006. doi:10.1029/2007/GC001743. Image created by Elliot Lim, CIRES & NOAA/NGDC, Marine Geology and Geophysics Division. Data & images available from http://www.ngdc.noaa.gov/mgg/; (b) 해양저 확장 과정을 보여주는 그림: Gary Hincks/Science Photo Library; (c) 대류 흐름을 보여주는 그림: ⓒTom Coulson/Dorling Kindersley.

pp. 20-21 : (a) 화산 칼데라, 갈라파고스 페르난디나 섬: Patrick Morris/Nature Picture Library; (b) 공중에서 내려다본 갈라파고스 군도: Jacques Descloitres, MODIS Land Rapid Response Team, NASA/GSFC; (c), (d), (f), (g) 다이빙하는 펠리컨, 시모어 섬; 헤엄치는 바다이구아나, 페르난디나 섬; 갈라파고스 거북, 산타크루스 섬; 펠리컨과 펭귄과 샐리 라이트풋 게들, 산티아고 섬: 모두 ⓒJosie Cameron Ashcroft; (e) 에스파뇰라 안장 거북 Geochelone elephantopus hoodensis, 갈라파고스 산타크루스 섬: Mark Jones/Oxford Scientific/photolibrary.

pp. 22-23 : (a) 동부 회색캥거루 Macropus giganteus, 뉴사우스웨일스 무라마랑 국립공원: Jean Paul Ferrero/Ardea; (b) 유칼리나무 숲, 서부 오스트레일리아 노스만 근처: Brian Rogers/Natural Visions; (c) 코알라와 새끼: photo courtesy Wendy Blanshard/Lone Pine Koala Sanctuary; (d) 잠수하고 있는

오리너구리*Ornithorhynchus anatinus*; (e) 알락꼬리 여우원숭이*Lemur catta*, 남부 마다가스카르 베렌티 자연보호지구: Hermann Brehm/Nature Picture Library; (f) 바오밥나무*Adansonia grandidieri*, 서부 마다가스카르: Nick Garbutt/Nature Picture Library; (g) 베록스시파카 여우원숭이*Propithecus verreauxi*, 남부 마다가스카르 베렌티 자연보호지구: (왼쪽) Kevin Schafer/Alamy; (가운데) ⓒKevin Schafer/Corbis; (오른쪽) Heather Angel/Natural Visions.

p. 24 : 푸른발 가마우지*Sula nebouxii*: (큰 사진) ⓒMichael DeFreitas South America/Alamy; (위에서 아래로) ⓒWestend 61/Alamy; ⓒFred Lord/Alamy; F1Online/photolibrary; (맨 아래 두 장) Nick Garbutt/Photoshot.

p. 25 : 클레어 달베르토: ⓒDavid Paul/dpimages 2009.

pp. 26-27 : (a) 거미원숭이, 중앙아메리카 벨리즈: Cubolimages srl/Alamy; (b) 수컷 날다람쥐원숭이, 보르네오: Tim Laman/National Geographic Stock; (c) 이집트 과일박쥐: ⓒTim Flach.

pp. 28-29 : (a) 달리고 있는 타조*Struthhio camelus*: ⓒJuniors Bildarchiv/Alamy; (b) 날지 못하는 가마우지*Nannopterum harrisi*, 갈라파고스 페르난디나 섬 푼타 에스피노사: ⓒPeter Nicholson/Alamy; (c) 잠수하고 있는 날지 못하는 가마우지*Nannopterum harrisi*, 갈라파고스 페르난디나 섬: Pete Oxford/Nature Picture Library; (d) 카카포*Strigops harboptilus*, 뉴질랜드; (e) 알을 낳기 전에 제 날개를 떼어내고 있는 수확개미 그림 by John Dawson: National Geographic/Getty Images; (f) 동굴도롱뇽*Proteus anguinus*: Francesco Tomasinelli/Natural Visions; (g) 부리가 짧은 보통의 돌고래*Delphinus delphis*, 멕시코 캘리포니아 만.

pp. 30-31 : (a) 숙주인 때까치*Lanius senator* 알을 둥지에서 밀어내고 있는 유럽뻐꾸기, 스페인: ⓒNature Picture Library/Alamy; (b) 어린 쿠두를 사냥하고 있는 암사자*Panthera leo*, 나미비아 에토샤 국립공원: ⓒMartin Harvey/Alamy; (c) 배추흰나비*Pieris brassicae* 애벌레 속에서 기생 말벌*Cotesia glomerata* 유충들이 나오고 있다: ⓒWILDLIFE GmbH/Alamy; (d) 카푸르 나무들의 천개, 말레이시아 셀랑고르: ⓒHans Strand.

p. 32 : (a) 아마존 강어귀의 항공사진: ⓒStock Connection Distribution/Alamy; (b) 야생 마늘*Allium ursinum*, 콘월: ⓒTom Joslyn/Alamy; (c) 언덕과 방목지, 캘리포니아 모건테리토리: ⓒBrad Perks Lightscapes/Alamy; (d) 엽록체들이

담겨 있는 이끼 *Hookeria luscenes* 잎 세포 두 개를 보여주는 편광현미경 사진: Dr Keith Wheeler/Science Photo Library.

본문 삽화
여기에 표기되지 않은 그림들은 모두 HL 스튜디오가 그렸다.

p. 20 : "그래도 그건 하나의 이론일 뿐이야!" 만화, by David Sipress from the *New Yorker*, 23 May 2005: ⓒThe New Yorker Collection 2005 David Sipress from cartoonbank.com. All Rights Reserved.

p. 64, 66 : 저자가 만들어낸 컴퓨터 이미지들.

p. 84 : 함부르크 닭, 스페인 닭, 폴란드 닭, from Charles Darwin, *The Variation of Animals and Plants under Domestication*, 1868.

p. 86 : 사무라이 전사를 본딴 가부키 가면, 우타가와 도요쿠니 3세가 그린 19세기 우키요에 중에서, photo courtesy Los Angeles Natural History Museum.

p. 87 : 헤이케아 야포니카 게, 1968년에 일본 규슈 아리아케 만에서 잡힌 폭 20.4밀리미터의 수컷, photo Dick Meier, courtesy Los Angeles Natural History Museum.

p. 100 : 기름 함량이 높고 낮은 두 계열로 선택한 옥수수의 데이터, from J. W. Dudley and R. G. Lambert, 'Ninety generations of selection for oil and protein in maize', *Maydica* 37 (1992) 81-7.

p. 101 : 쥐의 두 계열, from H. R. Hunt, C. A. Hoppert and S. Rosen, 'Genetic factors in experimental rat caries', in R. F. Sognnaes, ed., *Advances in Experimental Caries Research*(Washington DC: American Association for the Advancement of Science, 1955), 66-81.

p. 111 : 연구소 여우들과 함께 있는 드미트리 벨랴예프, 1984년 3월 러시아 노보시비르스크, photo RIA Novosti; 삽입된 사진 출처는 D. K. Belayev, 'Destabilizing selection as a factor in domestication', *Journal of Heredity* 70 (1979), 301-8.

p. 155 : 그래프 출처, A. C. Brooks and I. O. Buss, 'Trend in tusk size of the Uganda elephant', *Mammalia* 26:1 (1962), 10-34.

p. 159 : 그래프 출처, A. Herrel, B. Vanhooydonck and R. van Damme, 'Omnivory in lacertid lizards: adaptive evolution or restraint', *Journal of Evolutionary Biology* 17 (2004), 974-84.

p. 161 : 맹장 판막 사진 출처, A. Herrel, B. Vanhooydonck and R. van Damme, 'Omnivory in lacertid lizards: adaptive evolution or restraint', *Journal of Evolutionary Biology* 17 (2004), 974-84; photo courtesy Anthony Herrel.

p. 170, 171, 174, 175 : 렌스키 실험의 도표들, from R. E. Lenski and M. Travisano, 'Dynamics of adaptation and diversification: a 10,000-generation experiment with bacterial populations', *Proceedings of the National Academy of Science* 91 (1994), 6808-14.

p. 193 : 링굴라*Lingula*: '5센티미터의 길쭉한 인산염 껍질에서 기다란 육경을 내놓고 있는 완족류 링굴라의 최근 표본', ⓒNatural History Museum, London. 링굴렐라*Lingulella* 그림 ⓒNatural History Museum, University of Oslo.

p. 210 : 에오마이아 스칸소리아*Eomaia scansoria*, Chinese Academy of Geological Sciences (CAGS), redrawn from Qiang Ji, Zhe-Xi Luo, Chong-Xi Yuan, John R. Wible, Jian-Ping Zhang and Justin A. Georgi, 'The earliest known eutherian mammal', *Nature* 416 (25 April 2002), 816-22.

p. 227 : 유스테노프테론*Eusthenopteron*, after S. M. Andrews and T. S. Westoll, 'The postcranial skeleton of Eusthenopteron *foordi* Whiteaves', *Transactions of the Royal Society of Edinburgh* 68 (1970), 207-329.

p. 228 : 익티오스테가*Ichthyostega*, after Per Erik Ahlberg, Jennifer Clack and Henning Blom, 'The axial skeleton of the Devonian tetrapod *Ichthyostega*', *Nature* 437 (1 Sept. 2005), 137-40, fig. 1.

p. 229 : 아칸토스테가*Acanthostega*, after J. A. Clack, 'The emergence of early tetrapods', *Palaeogeography, Palaeoclimatoogy, Palaeoecology* 232 (2006), 167-89.

p. 230 : 판데릭티스*Panderichthys*, reconstruction after Jennifer A. Clack.

p. 235 : 도표 출처, D. R. Prothero, *Evolution: What the Fossils Say and Why it Matters*, copyright ⓒ2007 Columbia University Press. Reprinted with permission from the publisher.

p. 237(아래) : 페조시렌 포르텔리*Pezosiren portelli* 골격 재구성도 옆면, 길이는 약 2.1미터. 색깔이 입혀진 부분이 화석으로 남은 부분이고, 색깔이 없는

부분은…… 화석이 없다. 꼬리의 길이, 발의 형태와 자세는 부분적으로 추정에 따른 것이다. After D. P. Domning, 'The earliest known fully quadrupedal sirenian', *Nature* 413 (11 Oct. 2001), 626-7, fig. 1.

p. 243 : 도표 출처, W. G. Joyce and J. A. Gauthier, 'Palaoecology of Triassic stem turtles sheds new light on turtle origins', *Proceedings of the Royal Society of London* 271 (2004), 1-5.

p. 280 : 사헬란트로푸스 차덴시스*Sahelanthropus tchadensis*, reconstructed by ⓒBone Clones.

p. 281 : 태아 침팬지의 두개골, reconstructed by ⓒBone Clones.

p. 282 : 아기와 어른 침팬지, photos courtesy Stephen Carr, from Adolf Naef, 'Über die Urformen der Anthropomorphen und die Stammesgeschichte des Menschenschädels', *Die Naturwissenschaften* 14:21 (1926), 472-7. 원래의 출처는 1909~1915년의 미국 자연사박물관 콩고 탐험 때 허버트 랑이 찍은 것이다.

p. 302 : 세 종류의 바이러스, after Neil A. Campbell, Jane B. Reece and Lawrence G. Mitchell, *Biology*, 5th edn, fig. 18.2, p. 321. Copyright ⓒ1999 by Benjamin/Cummings, an imprint of Addison Wesley Longman, Inc. Reprinted by permission of Pearson Education, Inc.

p. 308 : 신경관 형성 과정 그림, courtesy PZ Myers.

pp. 328-329 : 예쁜꼬마선충*Caenorhaditis elegans* 세포들의 계보도, http://www.wormatlas.org.

p. 350 : 갈라파고스 군도 지도, from Charles Darwin, *Journal of Researches*, 1st illus. edn, 1890, ⓒThe Natural History Museum, London.

p. 359 : 세인트헬레나 섬의 입목들, by courtesy of Jonathan Kingdon.

p. 371 : '남아메리카 분리선언!' 만화, by John Holden from Robert S. Diets, 'More about continental drift', *Sea Frontiers*, magazine of the International Oceanographic Foundation, March-April 1967.

p. 386 : 익수룡의 골격, after P. Wellnhofer, *Pterosaurs* (London: Salamander Books, 1991).

p. 390 : 다지증 말, from O. C. Marsh, 'Recent polydactyle horses', *American Journal of Science*, April 1892.

p. 395 : 오카피의 골격, after a drawing by Jonathan Kingdon.

p. 401 : 주머니늑대의 두개골, S. R. Sleightholme and N. P. Ayliffe, International Thylacine Specimen Database, Zoological Society of London (2005).

p. 405 : 윤형동물문 질형목 생물, after Marcus Hartog, 'Rotifera, gastrotricha, and kinorhyncha', *The Cambridge Natural History*, vol. II (1896)

p. 411 : '다양한 종의 게와 가재들', from Ernst Haeckel, *Kunstformen der Natur* (1899~1904)

pp. 414-415 : 그림 출처, D'Arcy Wentworth Thompson, *On Growth and Form* (1917)

p. 434 : '호지킨의 법칙', courtesy Jonathan Hodgkin.

p. 437 : 계통발생수, from David Hillis, Derrick Zwickl and Robin Gutell, University of Texas at Austin, http://www.zo.utexas.edu/faculty/antisense/DownloadfilesToL.html.

p. 462 : 안항구에라*Anhanguera*, after John Sibbick.

p. 464 : 벼룩파리과 타우마톡세나 종의 암컷*Thaumatoxena andreinii silvestri*, from R. H. L. Disney and D. H. Kistner, 'Revision of the termitophilous Thaumatoxeninae (Diptera: Phoridae)', *Journal of Natural History* (1992) 26: 953-91.

p. 479 : 그림 출처, R. J. Berry and A. Hallam, *The Collins Encyclopedia of Animal Evolution* (1986)

p. 482 : 기린 해부, photo Joy S. Reidenberg PhD.

p. 484 : 그림, after George C. Williams.

찾아보기

ㄱ

⟨가디언⟩ 358, 577
가설 23~25, 32~34, 98~99, 379
가재 407, 410, 412, 467
가젤 503, 506~511, 517
가축화 46~48, 105~113
각다귀 460
갈라파고스 군도 85, 349~358
    가마우지 233, 352~353, 458
    땅이구아나 352~353
    바다이구아나 233, 352~353
    큰거북 352, 356, 358
    핀치 349~350, 355~358, 365
    흉내지빠귀 354~355
갑각류 221, 400, 407~412, 420, 561
개 46~48, 56~59, 105~113, 431
개구리 73, 208~209, 314~315, 366
개미 463~466, 527
개체군적 사고 41~42

거미원숭이 388~389
거북 219, 233, 238~247, 355~358
거피 184~192
게 87~90, 407, 410, 412~414
게놈 181, 215, 326, 404~406, 419~437, 441, 489, 536
결정(結晶, 결정화) 123~124, 137~138, 303, 377
경골어류 222, 486
계통수 194, 219, 221, 242~243, 267, 320, 10장, 562, 564
고래 221~222, 232~236, 242~244, 398~399, 452~457
고릴라 160, 217, 251, 422
고스, 필립 291
고정 444~445
고통 516~524, 528~529
고티에, 자크 244
곤드와나 368, 371~372, 379, 380, 458

곤충 71~83, 91, 113~118, 347, 459~461, 476, 561
공룡 143, 218~219, 372, 376, 434, 574
공벌레 400~401
공작 83, 91~93
공진화 117~118
광자 496~503, 543, 545
광합성 146, 498, 543
굴드, 스티븐 제이 194, 206, 523
그루지야 원인 255~256
그리피스, 프레더릭 403
기각류 237
기린 394~395, 479~483, 493
기무라, 모토 440
기생생물 517, 565
꿩 83~84

ㄴ

나방 77~81, 116, 459
나비 75, 79~82, 304, 405, 506
나이테시계(연륜연대학) 125~130, 148
난초 76~77, 81, 113~117
날개 90, 288, 385~386, 417, 457~466
날도마뱀 387
날다람쥐 361
남아메리카 32, 115~116, 233, 9장, 390
낭배 형성 307~309, 313
네안데르탈인 205, 261
〈네이처〉 237, 239, 240
노래기류 221, 400~401, 467, 563
노아의 방주 65
뇌 253, 257~258, 270~271, 280, 455~456, 531, 539

〈눈먼 시계공〉 (프로그램) 64
《눈먼 시계공》 202, 558
뉴질랜드 219, 365~366, 457~458
늑대 47~48, 105~108, 402, 504
니덤, 조지프 310

ㄷ

다르위니우스 마실레 247
다윈(진화 측정 단위) 430
다윈, 이래즈머스(할아버지) 526
다윈, 이래즈머스(형) 34
다윈 찰스 24, 33~34, 46~52, 67, 74~77, 84, 93~98, 154, 250~251, 269, 350~368, 412, 419, 439, 451, 453, 490, 505, 516, 13장
다윈, 프랜시스 533, 551
다트, 레이먼드 260~262
다형질 발현 112
단백질 302~303, 317~321, 326, 552~556
달베르토, 클레어 436
닭 83
대륙 이동 368~382
대쉴러, 에드워드 231
더글러스-해밀턴, 이언 157
데본기 140~144, 244~231
데이비스, 폴 542
덴턴, 데릭 491
덴턴, 마이클 492
도롱뇽 208, 216, 467
도마뱀 157~161, 348, 353, 398, 456
도슨, 찰스 206
도주거리 106~108

돌연변이 57, 60~66, 168~179, 320~321, 412~415, 429, 440~444, 468~469
동위원소 130~138, 144~147, 151, 445
돼지 61, 431
두개골 255~270, 280~284, 392~393, 415
두발보행(이족보행) 489, 259, 280
뒤부아, 유진 252~254
듀공 221, 232~236, 242, 244, 247, 454~455, 475
DNA 31, 244, 291, 302, 403~404, 422, 433~435, 519, 540~541
DNA 빌려오기 403~404
딱정벌레 342, 466, 538

ㄹ

라마르크 이론 33
라이엘, 찰스 251
라이트, 시월 52, 286
라이트, 웬디 272
라티머, 마거릿 223~224
람포린쿠스 461~4363
랑, 허버트 282~283
러셀, 버트런드 28
레이놀즈, 크레이그 298
레이덴버그, 조이 481
레이츠, 로버트 240
레즈닉, 데이비드 191~192
렌스키, 리처드 162~182
로렌츠, 콘라트 48
로머의 빈틈 225
루시 162, 256, 258~259, 272
리들리, 매트 34, 527
리물루스 195

리센코, 트로핌 109
리키, 리처드 270
리키, 메리 259
리토프테르나 390~391
링굴라 193~195, 439
링굴렐라 193~194

ㅁ

마다가스카르 76, 77, 363~364, 369, 370, 378, 380
마이어, 에른스트 39
마이어스, PZ 182
마이오세 140, 235, 237~238,
만새기 398~399, 452
말 102, 389~390, 510
말라위 호수 359~361
망막 131, 241, 470~473
매너티 21, 210, 232, 236~237, 454, 455, 475
매슈, 패트릭 51
맬서스, 토머스 34, 527
맵시벌 492, 523, 527~528
맹장 160
머리핀 사고실험 43~45
메더워, 피터 206, 217
멘델, 그레고어 49~50
모노, 자크 319
모리스, 데즈먼드 282~283
모아 456~458
모턴, 올리버 75
무기경쟁 118, 12장
무성생식 163, 174
무어의 법칙 432~435
《무지개를 풀며》 202, 579

미주신경 474, 478~479, 481~482
미첼, 그레이엄 481,
미토콘드리아 499
밀러, 스탠리 554

ㅂ

바다사자 232, 237, 247
바다표범 232, 237, 245, 247
바이러스 301~303, 319, 404, 420, 519, 537, 540, 556
박쥐 73~74, 384~389, 397, 404, 416~417, 462
박테리아 161~184, 402~406, 435~437, 498~499, 545, 548, 552, 554
발생 과정 306~317
방사능시계 124, 130~145, 438, 444, 446
백악기 140~144, 376, 462, 515
벌새 73, 75, 78~80, 82
베게너, 알프레트 369~372
베이징 원인 252, 270
벨랴예프, 드미트리 108~111
벼룩파리과 464~465
변형 400~403
보어, 닐스 131, 133
보일의 법칙 486~487
본질주의 39~42, 44, 46
볼츠만, 루트비히 550
부비동 490, 496
분자시계 151, 438~446
분지군 선택 218, 562~563
분화 332~334, 347, 349~351
《불가능의 산을 오르다》 65, 293, 550, 562, 579, 563

브레너, 시드니 329~332, 515
블라운트, 재커리 179~180
블라이스, 에드워드 51
비글 호 353, 358, 365
비둘기 46, 84
빙호점토층 129

ㅅ

사리치, 빈센트 422
사이먼스, 대니얼 J. 29~30
사헬란트로푸스 279~280
사회다윈주의 94
산소 130, 553
산안드레아스 단층 372
상동성 385, 416~417
상어 221, 240~241, 478~479, 486~487
새삼 405
〈생물 형태〉 65, 293, 418, 558
섀넌, 클로드 550
석탄기 140~144, 225~229, 547
선캄브리아기 200, 204
선택적 육종 47, 62~63, 70~73, 81~85, 109
선형동물 547, 405, 434
설계의 실수
    눈 466~472
    되돌이 후두신경 473~474, 477~482
    부비동 490
    정관 484
    코알라의 주머니 490~491
설스턴, 존 405
섬 거대증 356
섭입 372

세이건, 칼 26, 88~89
세인트헬레나 섬 358~359
세포 299~334
세포예정사(아포토시스) 300
수분 71~82, 113~117
슈빈, 닐 230
슐래플리, 앤드루 181~182
스미스, J. L. B. 223
스트렙토코쿠스 403
스페리, 로저 314~315
스펜서, 허버트 98
시모니, 찰스 293, 532
시조새 206~207, 516, 218
시클리드 187~189, 358, 360~361
시토크롬C 428, 430, 446
신경관 형성 307~309, 312
신다윈주의 종합 38, 48, 286
신정론 519~520, 523
신중한 포식자 513~514
실러캔스 195, 221~224, 232
실루아기 141~142
십슨, 프랜시스 452

ㅇ

아가미궁 476, 478
아귀 91~96
아르곤-40 136, 138, 145
아르디피테쿠스 279
아르마딜로 363, 400
아미노산 421, 540~541, 554, 556
아칸토스테가 229~230
아프리카 32, 154, 251, 254, 270, 9장
안항구에라 462~463

알베리, 페르 228
RNA 302, 518, 554
RNA 세계 이론 554~557
암불로체투스 234~236
애덤스, 더글러스 458
앳킨슨, 윌 417
앵귈라 섬 348~349, 353
앵초 70, 74
야르비크, 에리크 228
양배추 47~48, 67, 80, 99, 125
양서류 225~227
양성자 132~135, 148
어류 119, 221~234, 456, 474
에딩턴, 아서 549
에뮤 367, 457~458
에오마이아 209~210
에오세 140, 236, 235
AL 444-2 258
엔들러, 존 184~192
여우원숭이 247, 362~364
역사 부인주의자 19, 21~22, 122, 150~151, 205~206, 272, 277, 279, 364, 부록
열역학 제2법칙 546, 548~549
엽록체 498~499
엽상족 222~227
영양 104, 362, 391, 504, 519
예쁜꼬마선충 328~334
오돈토켈리스 세미테스타체아 238~246
오로린 279~280
오르도비스기 140~142, 194
오리너구리 233, 434
오스터, 조지 309~314

오스트랄로피테쿠스 260~281, 416, 418
　보이세이 261
　아파렌시스 258~259, 260, 278
　아프리카누스 260, 264
　하빌리스(루돌펜시스) 265, 266
오스트레일리아 114, 210, 238, 254, 262, 361, 365, 366, 368, 379, 401, 403, 442, 490~492
오언, 리처드 480~481
오카피 394~395
오파린, 알렉산드르 552~553
옥수수 99
올리고세 140, 235
옴파로스 291
와일스, 앤드루 27
와충류 202~204
우생학 61
원숭이 212~217, 363~364, 388~389, 488
원자론 131~134
월리스, 알프레드 러셀 40, 50~52, 76, 78, 97~98, 580
월퍼트, 루이스 293, 299, 307
웜뱃 42, 362, 491
윙, 얀 445
윌리엄스, 로빈 490~491
윌리엄스, 조지 C. 482, 560
윌슨, 앨런 422
유대류 232, 360, 362, 365, 387, 401~403
유사 유전자 441~442, 447
유성생식 53, 74, 174, 403
유스테노프테론 227, 230
유전자풀 46~60, 95, 174, 321, 327, 334, 336, 337~338, 345~346, 354, 402, 444~445, 468~469, 506, 536,
유칼리나무 361
유형성숙 58, 283
윤형동물 405
은여우 112~116
이구아나 348
《이기적 유전자》 463
이론 22~23, 32
이슬람 16, 150, 207, 364, 576
이종교배(이화수분) 54, 71, 74, 76, 357,
익수룡 385~389, 462
익티오스테가 228~229
인간의 진화 250~271
인간 게놈 프로젝트 333, 420~421, 426
인두궁 475
인위선택 48, 63~67, 70, 91~113
잃어버린 고리 6장, 251~256, 263, 266

ㅈ
자기복제 518, 554~556
자기조립 294, 298, 302~303, 317, 319, 327, 557
자바 원인 252~253, 270
자연선택
　경쟁력 있는 개체 선호 516
　고통과 자연선택 519~524, 528
　다윈의 의견 64
　DNA의 자연선택 535
　땜질 489
　유전자 326, 336~338
　자연선택의 시작 554
자코브, 프랑수아 489
장미 71, 81

전성설 289~294
전자 131~133
〈절지 형태〉 65, 293, 558
절지동물 65, 159, 476, 562
정관 484~485, 496
조류(새) 207, 217~220, 457~458
《조상 이야기》 227, 445, 488
조이스, 월터 244
조핸슨, 도널드 162, 258
존재의 대사슬 207, 212~213, 216~217
종
    데이터베이스 536
    새로운 종의 탄생 344~347
    유전자 교환 404
    종의 불변성 46
    종의 지위 261
    지리적 분포 367~368, 381~382
종이접기 비유 304~306
주기율표 132, 135~136, 148
주머니늑대 401~402
중간 형태 42, 44, 198, 207, 217, 232, 253, 256~257, 266, 460, 485, 491
중성자 132~135, 148
쥐 53, 101~103
쥐라기 123, 128, 140~141, 462
증명 23~28
지구
    궤도 545
    위성 544
    자전 542~545
    지구의 나이 150
    축 543
진동굴성 동물 467

진화
    기독교인들의 견해 16~19, 576
    무슬림들의 견해 16, 211, 574, 577~578
    미국인들의 태도 568~577
    영국인들의 태도 570~571
    진화에 대한 반대 16, 19
    진화의 속도 438~440
    진화의 시작 551~553
집단유전학 52, 286
찌르레기 295~296

ㅊ

창세기의 대답들(단체) 254, 576
창조론자 23, 130, 134, 142, 162, 172, 178, 181, 198~204, 207, 211, 253, 381~382, 396, 441, 481, 549, 553, 571
『창조의 아틀라스』 211
척삭 307, 308
천개(숲) 500~507
체절화 406, 474~477, 562
첸스키, 엘렌 348
'최초의 가족' 258
치타 298, 398, 490, 504
침팬지 21, 45, 205~216, 205~251, 256~259, 267, 271~272, 280~284, 414, 419~426

ㅋ

카나리아 84~86
카데린 316
카카포 458
칼륨 아르곤 시계 136~137, 144, 150
칼륨-40 136~139, 145, 150
캄브리아기 140~142, 194, 200~201

캥거루 362~363, 422, 428~431, 442, 491
커리, J. D. 473
컨서버피디아(웹사이트) 181~182
케언스-스미스, 그레이엄 554
KNM ER 1470 두개골 264~268
KNM ER 1813 두개골 264~266
코끼리 154~157, 160, 433
코알라 363, 490, 491
코인, 제리 234, 381, 473
코츠, 마이클 229
코트, 휴 505
코핀저, 레이먼드 58~59, 105~108, 112
콜루고(날원숭이) 388
콜린스, 프랜시스 333
크렙스, 존 324, 505
크릭, 프랜시스 329, 541
클랙, 제니 229
키메우, 카모야 270
키위 457
킹던, 조너선 488

ㅌ

타웅의 아이 258~263
타조 367, 380, 457~459
탄소 130~136, 144~149, 221, 225, 547
탕가니카 호수 359, 361
태반류 362~363, 402~403
태양새 78~82
태양에너지 497, 499, 501, 547~548
토끼 366, 420~422, 426, 428, 430~431
토리노의 수의 148~149
톰슨, 다시 412~419, 560
퇴적암 139, 373

투구게 195, 407, 410
투르카나 소년 270
트라이아스기 141, 239, 244, 246
트위기 두개골 265~266, 269
틱타알릭 230~231
틴너드 114~115

ㅍ

파란트로푸스 보이세이 160, 261
파리 90, 113, 459, 461, 464, 465
파스퇴르, 루이 552, 553
판구조론 370~381, 580
판데릭티스 230
팔레오케르시스 243~246
〈패류 형태〉 65, 599
페니, 데이비드 428
페니의 계통수 430
페르미, 엔리코 556, 558
페름기 141, 143, 193, 225
폐조시렌 236~237
펭귄 233, 247, 263, 458~459
편형동물 202~204
평균곤 459
폐어 221~224, 233
포드 프르차라 158~161
포드 코피슈테 158~161
포케, W. O. 51
푸이일라 다르위니 237
풀잉어 95~96
퓨지, 해럴드 226
프로가노켈리스 243~246
프로테로, 도널드 234
프리온 319

프링글, J. W. S. 460~461
플라톤 37, 39, 40, 46
플레스 부인 262~265
플레시안트로푸스 262~263
피셔, 로널드 52, 286
피테칸트로푸스 에렉투스 252~254
피텐드리, 콜린 494
필트다운인 205

ㅎ

하마 210, 233, 235~236
하인라인, 로버트 103
함입 298~299, 305~309, 312, 314
항생제 182~184, 403
해리스, 리처드 16~18
해밀턴, W. D. 261
해바라기 72~73, 93, 98
해양저 확장 372~373
해우류 236~237, 454~456
핵분열 연대 측정법 151
헉슬리, 줄리언 58, 87~88, 419, 534
헤드, 제이슨 240
헤렐, 안토니 158
헤모글로빈 405, 428~430, 446
헤이케아 야포니카 87~90
헤켈, 에른스트 411~412
헬름홀츠, 헤르만 폰 470~474
호모 254~283
　　네안데르탈렌시스 261, 271
　　로데시엔시스 271
　　루돌펜시스 265~266
　　사피엔스 254, 264, 268, 271, 273~274, 278, 280, 283, 436, 581

사피엔스 네안데르탈렌시스 261
에렉투스 165, 254~255, 260, 270, 272, 274
에르가스테르 268, 270~271
제오르지쿠스 255
플로레시엔시스 258
하빌리스 264~268, 271~275, 279
하이델베르겐시스 271
호지킨, 조너선 405, 421, 433~435
'호지킨의 법칙' 421, 434~435
혹스 유전자 476
홀데인, J. B. S. 52, 200, 286~287, 294, 339, 553
화석 138~144, 193~195, 234, 198~206, 268, 381~382
화성암 123, 137~139, 144, 373, 377
효소 321~327
후두신경, 되돌이 473~474, 477~478, 480~484, 490, 493
후성설 292~294
후커, 조지프 516, 533, 551
히틀러, 아돌프 94
힐리스 도표 436~437
힐리스, 데이비드 436